彩图 1　5XC—5.0 初清机

彩图 2　5XYT—5.0 玉米脱粒初清机

彩图 3　预清机

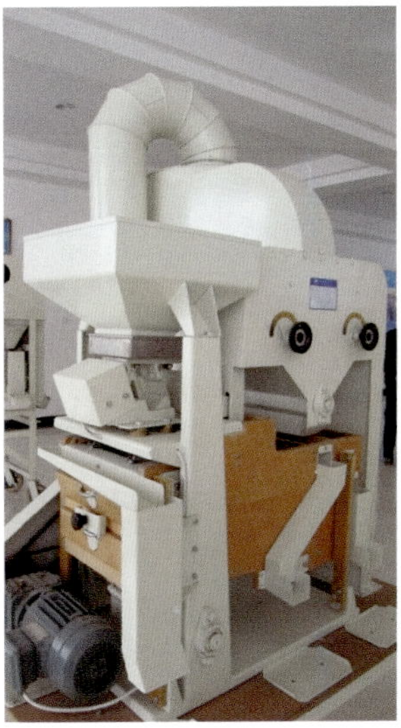

彩图 4　5XL—100 风筛清选机

彩图 5　5BX 型风筛式种子清选机

彩图 6　5XZC—15 型风筛加工车

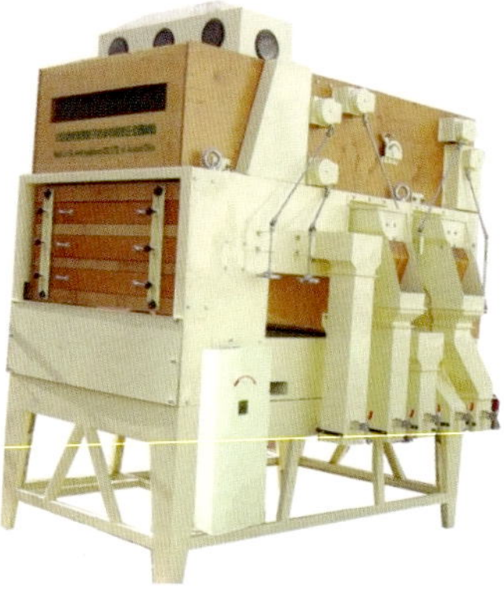

彩图 7　5XQ—5.0 风筛式清选机

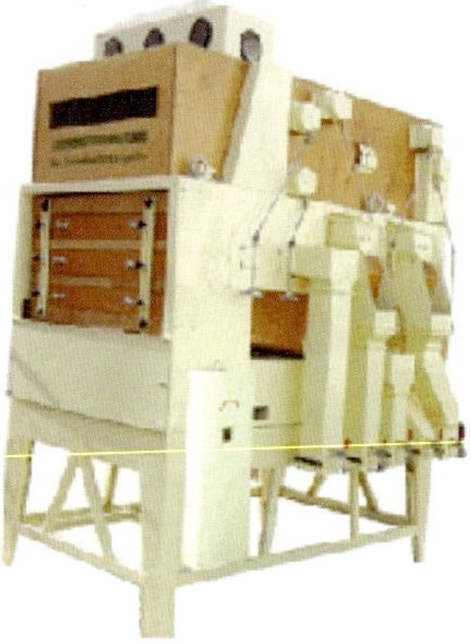

彩图 8　5XDS—5.0 分级选机

彩图 9　分级机

彩图 10　5XY—700 圆筒分级机

彩图 11　5W—5.0 窝眼式清选机

彩图 12　5XW—50 型窝眼清选机

彩图 13　5XZ 系列比重精选车

彩图 14　5BZ 系列比重式清选机

彩图 15　复式清选机

彩图 16　重力清选机

彩图 17　5XT—5.0 玉米加工车

彩图 18　5XYT—10 移动揉搓式玉米脱粒机

彩图 19　5XF—1.3A 复式种子清选机

彩图 20　风筛种子加工车

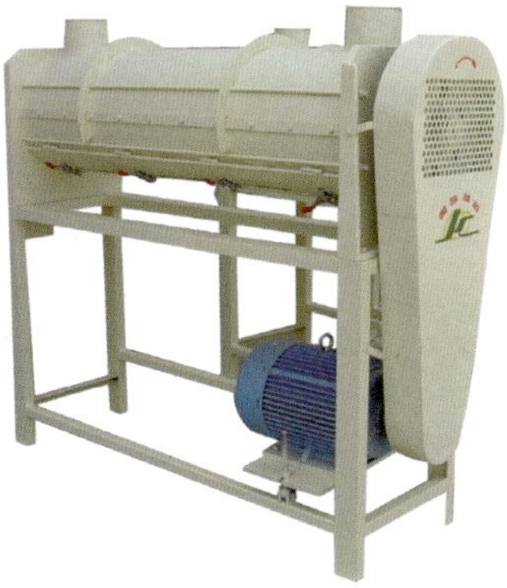

彩图 21　5CMA—2.0 除芒机

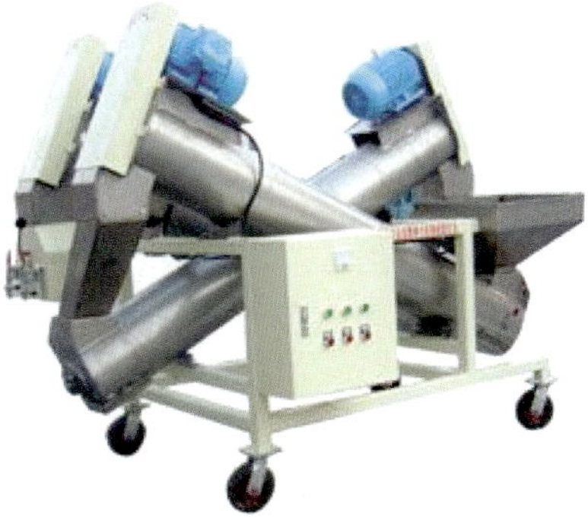

彩图 22　5TY—1 刷种机

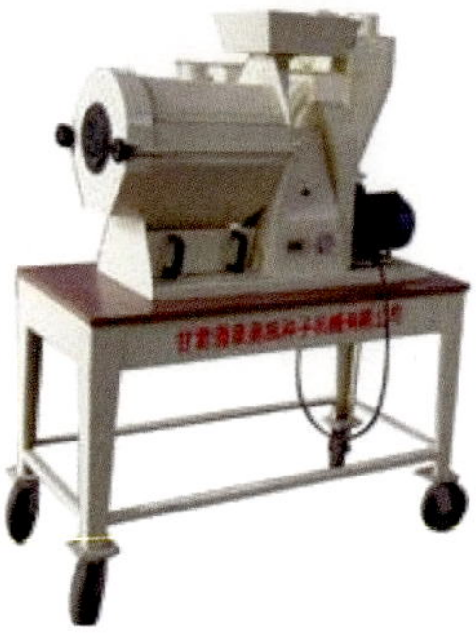

彩图 23　5XP—50 刷种机

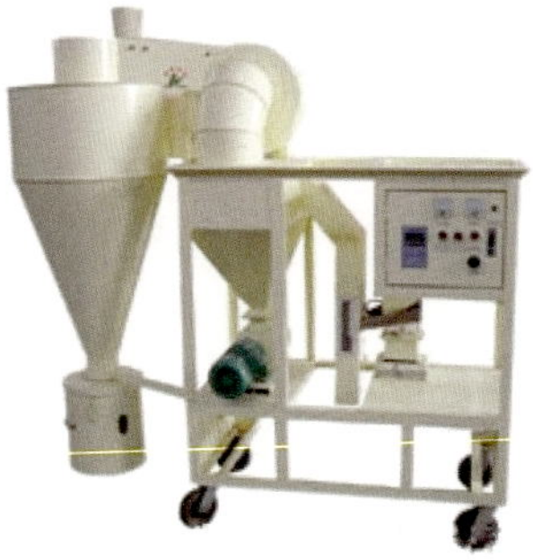

彩图 24　5XC—100 蔬菜花卉清选机

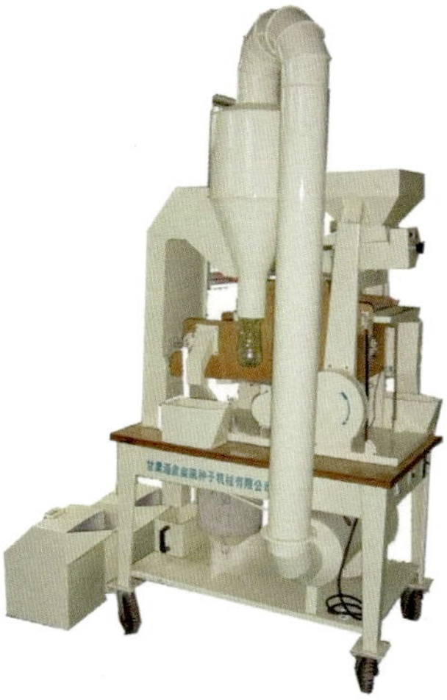

彩图 25　5XL—100 蔬菜花卉种子清选机

彩图 26　5XW—100 蔬菜花卉种子窝眼清选机

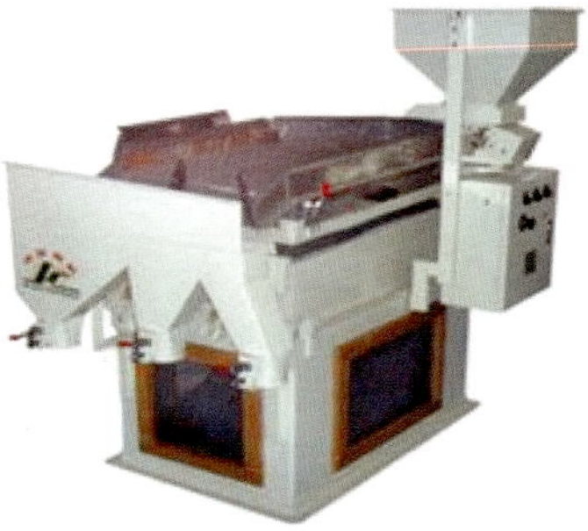

彩图 27　5XZ—100 比重式蔬菜花卉清选机

彩图 28　垂直螺旋式清选机

彩图 29　9DG—15 型打瓜机

彩图 30　瓜子精选机

彩图 31　槽式浸种设备

彩图 32　三足式离心机

彩图 33　打包机

彩图 34　种子封包设备

彩图 35　玉米自然干燥

彩图 36　风槽式干燥设备

彩图 37　滚筒式干燥设备

彩图 38　5HHZ-12 批次式谷物烘干机

彩图 39　5HTZ—5.0 连续式谷物烘干机

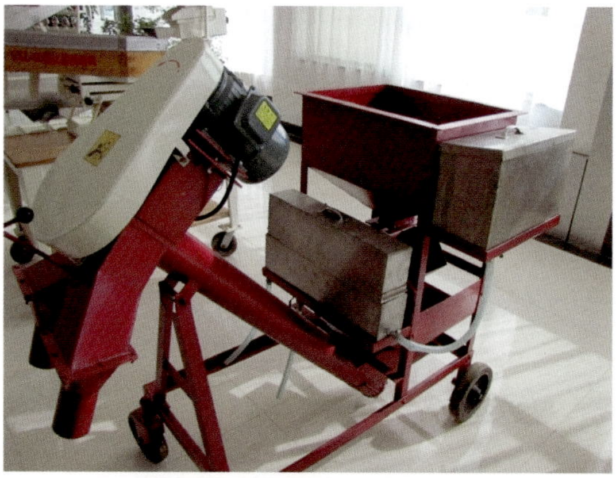

彩图 40　5BY—2.0 种子包衣机

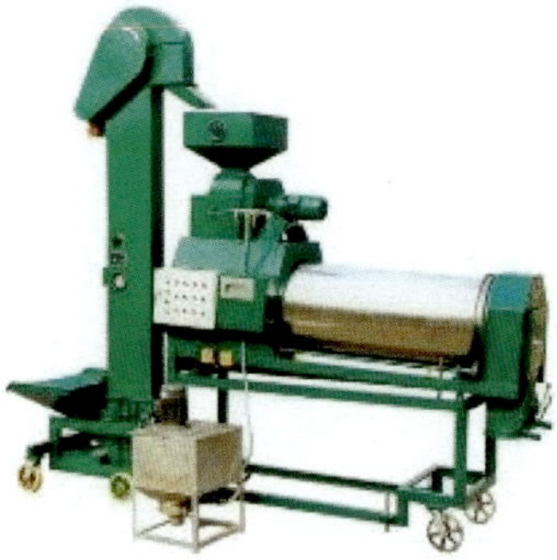

彩图 41　5BY—5A 型种子包衣机

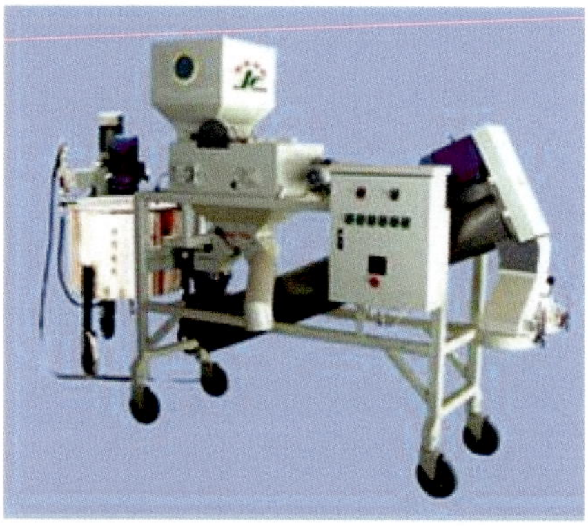

彩图 42　5BY 系列种子包衣机

彩图 43　种子包衣机

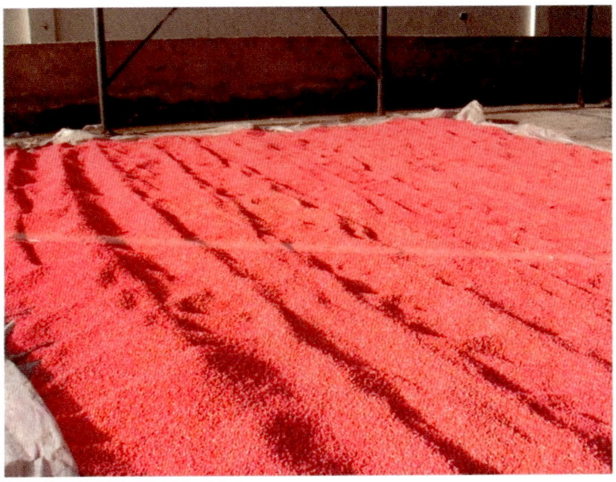

彩图 44　包衣种子

彩图 45　5TC 系列斗式提升机

彩图 46　螺旋提升机

彩图 47　皮带输送机

彩图 48　皮带运输机

彩图 49　ZDTG 系列水平提升机

彩图 50　自动计量包装生产线

彩图 51　种子计量包装流水线

彩图 52　电子计量分装设备

彩图 53　电子计量分装设备

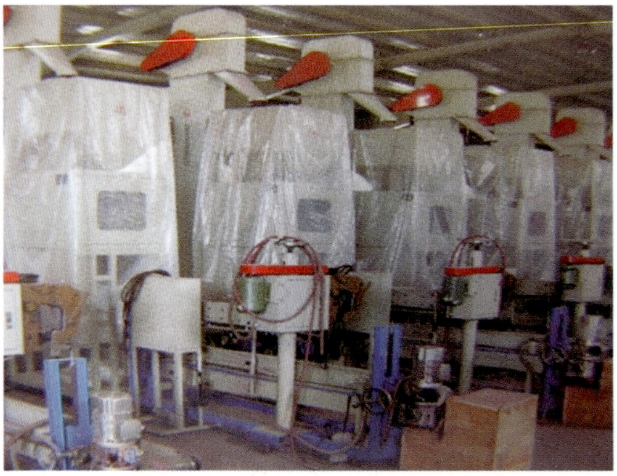

彩图 54　种子自动称量包装机

彩图 55　种子小包装塑封机

彩图 56　罐式分装设备

彩图 57　五子垛

彩图 58　种子包（一）

彩图 59　种子包（二）

彩图 60　种子贮藏

彩图 61　除尘设备（一）

彩图 62　除尘设备（二）

彩图 63　种子运输

彩图 64　仓储设备（一）

彩图 65　仓储设备（二）

彩图 66　5HZD—1500 大型智能化环保节能果穗烘干系统

彩图 67　加工流水线远景

彩图 68　连续流动式干燥设备

彩图 69　5XT 成套加工设备

彩图 70　牧草种子智能化控制系统

21 世纪高职高专“十二五”规划教材

种子加工贮藏技术

主　　编　顾建勤（甘肃酒泉职业技术学院）

副 主 编　崔兴林（甘肃酒泉职业技术学院）

编写人员　赵兴俊（甘肃酒泉职业技术学院）

赵文渊（甘肃酒泉职业技术学院）

闫学林（甘肃酒泉职业技术学院）

秦晓萍（甘肃酒泉职业技术学院）

殷爱民（甘肃省酒泉市种子管理站）

王光万（甘肃酒泉奥凯种子机械有限公司）

李福兴（敦煌种业先锋良种有限公司）

张德忠（甘肃东方农业发展有限公司）

天津大学出版社

TIANJIN UNIVERSITY PRESS

内 容 提 要

“种子加工贮藏技术”是研究种子加工过程中的加工工艺、种子商品化加工处理、保持种性的一门应用课程。教材编写是以提高学生职业核心能力为目标，是在充分借鉴了企事业单位先进的种子加工贮藏技术，采用了先进的高职教育教学成果的基础上完成的。

本书在教学内容上主要设计了三大模块。①基础训练：基于岗位对知识及技能的需求，该模块以系统化的理论知识、程序化的操作步骤、标准化的技术规范，根据工作过程的主要阶段，将种子加工贮藏的研究内容划分为种子采收、取种，种子加工，种子包装、运输，种子贮藏四个单元。②强化训练：结合工作岗位的实际工作任务，结合企业生产的环境，设计了种子加工与贮藏中需完成的16项典型实训项目，实现对知识的强化和深化。③知识拓展：为培养学生举一反三及拓展知识的能力，该模块以资料的形式设置了各类农作物种子的加工与贮藏技术、加工机械的使用维护、加工强制标准及相关法律法规等内容，既有助于学生知识的拓展，又可作为参考资料备用。

本书可作为高职高专院校种子生产与经营专业、作物生产技术专业、园艺技术专业教材，亦可供相关科技人员参考。

图书在版编目（CIP）数据

种子加工贮藏技术/顾建勤主编. —天津：天津大学出版社，2012.3（2016.1 重印）

21 世纪高职高专“十二五”规划教材

ISBN 978-7-5618-4276-8

Ⅰ. ①种… Ⅱ. ①顾… Ⅲ. ①种子—加工—高等职业教育—教材 ②种子—贮藏—高等职业教育—教材 Ⅳ. ①S339

中国版本图书馆 CIP 数据核字（2012）第 008865 号

出版发行 天津大学出版社
地　　址 天津市卫津路 92 号天津大学内（邮编：300072）
电　　话 发行部：022-27403647
网　　址 publish.tju.edu.cn
印　　刷 廊坊市海涛印刷有限公司
经　　销 全国各地新华书店
开　　本 185mm×260mm
印　　张 27.25 12 页彩插
字　　数 699 千
版　　次 2012 年 3 月第 1 版
印　　次 2016 年 1 月第 3 次
定　　价 56.00 元

前　　言

一、什么是种子的加工与贮藏

种子加工是指制种田或选择留用种子田，收获后经过人工或机械等处理，达到标准商品种子的过程。包括种子的采收、脱水、清选及各种处理，但在不同处理的过程中，都应做到不影响种子的完整性和生活力。

种子贮藏是指合格的种子选择适宜环境条件有机存放，达到保持和提高种子质量、延长种性的目的。生产的种子由于受栽培种植条件和种子休眠及调运等因素的限制，使种子暂时存放一定的时间，以备利用。

二、为什么要学习种子的加工与贮藏

高质量的种子是农业增产的关键因素。种子从播种到成熟收获，是在田间度过的；从收获到再次播种，是在室内度过的。而室内阶段往往比田间阶段更长，因此，种子加工贮藏工作就显得特别重要。要保持优良品种的优质种子，如纯度、净度、饱满度、完整度、健康无病虫、活力强等特性不变，不仅应重视种子的田间阶段，更要在种子加工与贮藏的室内阶段下工夫，减少贮藏期间种子的数量损失以及生活力和活力的下降，与田间增产粮食具有同等重要的意义。

良好的加工贮藏条件和科学的加工与贮藏管理方法可以延长种子的寿命，提高种子的播种品质，保持种子的活力，为作物的增产打下良好的基础。相反，如果种子加工贮藏工作没做好，轻则使种子活力下降，发芽力低于播种质量指标时则不能作为种用；重则整仓种子发热、霉烂、生虫，造成农业生产及经济上的重大损失。特别是杂交种子，价格较高，如加工贮藏不当，损失更大。种子安全加工贮藏的意义在于：保持种子的优良种性；节约种子，减少保管费用，种子数量不发生意外的减少；为扩种、备荒提供种子；为种子经营提供物质保证。

在种子采收和加工过程中主要对种子的发芽、净度、水分及纯度产生影响，通过检验防止因加工造成的发芽率降低，防止机械损伤和机械混杂，确定适宜的加工程序和加工机械参数等。在种子贮藏经营贸易中通过检验可防止假冒伪劣种子的流通；正确评定种子质量，以质论价，促进种子质量不断提高；还可保证种子经营贸易中贮藏和运输的安全。

总之，种子加工贮藏是一门十分重要的应用学科，在理论上和生产实践中都具有十分重要的意义和作用。

三、“种子加工与贮藏技术”的内容和任务

种子加工贮藏技术是研究种子加工过程中的加工工艺、种子商品化加工处理、保持种性的一门应用学科。

（一）教材内容

本教材的编写以提高学生职业核心能力为目标，结合教学任务的特点，主要设计了

以下三大模块。

1．基础训练

基于岗位对知识及技能的需求，该模块以系统化的理论知识、程序化的操作步骤、标准化的技术规范，根据工作过程的主要阶段，将种子加工贮藏的研究内容，划分为四个单元。第一单元：种子采收、取种；第二单元：种子加工；第三单元：种子包装、运输；第四单元：种子贮藏。

2．强化训练

结合工作岗位的实际工作任务，结合企业生产的环境，在情境中完成16项典型实训项目，实现对基础训练的强化和深化。

3．知识拓展

为培养学生举一反三及拓展知识的能力，该模块以资料的形式设置了各类农作物种子的加工与贮藏技术、加工机械的使用维护、加工强制标准及相关法律法规等内容，既有助于学生知识的拓展，又可作为参考资料备用。

（二）学习任务

种子加工贮藏研究的任务是种子成熟、去杂、采收、后熟、烘干、脱粒、清选、精选、种子处理、种子包装、运输及贮藏全过程的加工方法、加工原理、加工设备及贮藏管理方法。

1．主要加工工序

种子加工的工序虽然有很多，但是目前我国使用的主要加工工序有以下几种。

（1）种子去杂、采收、取种

这是实现种子与植株及果实分离的过程。

（2）预清选（初清）

预清选主要是在采收后将种子中的各种杂质去掉，并将不合乎要求的子粒清除，预清选只是为进一步清选加工种子打下一个基础，因此，对经过预清选的种子质量要求不是很高。

（3）干燥

干燥的目的是把种子含水量降至安全贮藏所需要的水分以下，以便保管。干燥的方法有很多种，采用人工自然晾晒降水是最简单的办法，还可以采用通自然风、辅助加热风或加热空气强制干燥的方法，使用加热空气干燥的方法叫烘干。

（4）基本清选

基本清选是种子加工中必不可少的工序，基本清选的目的是从种子中剔除大杂、小杂和轻杂。

（5）长度分选

在基本清选后，有些种子中含有比种子长或短的杂质和其他作物子粒，需要清除，如春小麦中的燕麦；小麦中的破碎粒、草籽；水稻中的大米粒等，可以用窝眼清选机进行长度分选。

（6）重力（比重）分选

经过基本清选后的种子虽然大小一致，但是由于饱满度不同，发霉、病害、虫蛀等原因，种子的比重（密度）还有差异，需要进行重力分选。

（7）分级

种子在经过多种清选后，有时由于精密播种等需要，还要按种子的宽度、厚度进行分级。

（8）种子包衣和丸粒化

种子包衣是指把清选后的种子包上一层种衣剂，以达到防病、杀虫、促长、增产等目的。丸粒化是将具杀虫、灭菌、吸水、促氧等多种作用的物料粘裹在种子外表，制成具有一定形状的丸粒，便于机械播种和保苗促长。

（9）定量包装与运输

定量包装是种子加工过程中重要的、必不可少的环节，通过合理包装，以提高种子商品特性，便于销售。

运输是通过物流方式实现种子营销价值的主要环节。

（10）种子贮藏

贮藏方式、方法及贮藏期间的管理是种子仓储岗位的重要职责。

2. 主要加工工艺

在了解了种子加工的主要加工工序后，还要根据实际情况选择最佳的工艺流程。种子加工过程中不仅要求加工后的种子质量，还要求获选率。前提是在满足生产率要求的条件下，排序合理、变化灵活，各工序的生产率要匹配、操作方便。下面以玉米种子加工工艺流程（见图1）为例进行介绍。

（1）玉米种子加工工艺流程

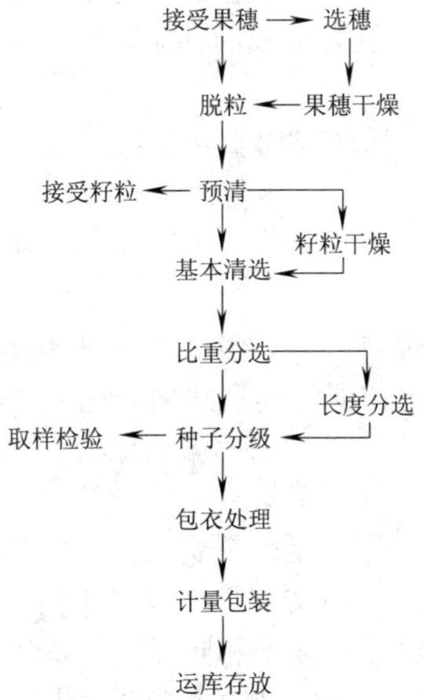

图1　玉米种子加工工艺流程

（2）要点

1）扒皮：相对旋转的橡胶辊（采用玉米联合采收机）。

2）选穗：人工选穗。

3）干燥：果穗干燥室，双向通风，回动系统。

4）脱粒：要求实现破损少、吸尘、抛掷玉米芯三个功能。

5）预清：一般都采用单筛箱的风筛选。

6）分级：圆孔筛用于宽度分级，长孔筛用于厚度分级，窝眼筒用于长度分级。

7）基本精选：一般都采用双筛箱双风道风筛式精选机。

（3）玉米种子加工工艺流程注意事项

1）玉米种子需要干燥时，要考虑配置储仓，储仓分储存湿种子用的和储存干种子用的两种，前者应当有通风装置，以便能延缓种子发芽、霉变的时间；干储仓主要用来调整生产。

2）在包衣机上一定要设置小储仓，以确保喂料均匀，有利于物料和药剂计量的准确性。

3）包衣后的种子与未包衣的种子不允许共同使用同一提升机和计量秤等。以防种子转商后造成人畜中毒。

种子加工贮藏是种子产业化体系的重要环节，要充分与服务农业生产结合。

四、学习“种子加工贮藏技术”的方法

本教材在编写过程中坚持以就业为导向的能力本位的教育目标，吸收现代国际职业教育新思想——OTPAE五步训练法，在能力训练过程中始终坚持贯彻行为活动导向教学法的理念和技术。在教材编写中采用了一种全新的模式和规范，将工作过程关键环节划分为任务环节，每一任务里根据能力训练程序包含目标（Object）、任务（Task）、准备（Prepare）、行动（Action）、评估（Evaluate）五个步骤。

1）目标（Object）：呈现本节特定的学习目标，明确学习内容，确认自己学习行动的目的。

2）任务（Task）：对典型工作任务的呈示，促使学习者形成学习动力。

3）准备（Prepare）：知识是能力形成的基础，掌握必需的基本知识、基本方法、程序，是提高能力的重要前提。

4）行动（Action）：以行为活动导向教学法组织教学的主题部分和重点环节，是能力培训的落脚点。

5）评估（Evaluate）：对本节教学过程中教师如何评价教学效果和学习者如何评估自己学习收获的一个指引。

参与本教材编写工作的各位老师具有多年深入种子加工贮藏一线的实践经验，通过编写基于工作过程的教材，希望把理论和实践结合起来，把教学与生产、实验结合起来，真正实现“从实践中来，到实践中去”的“编用结合”的编写理念。

在教材编写中，顾建勤主要编写了第一单元、第二单元和第三单元及资料二；崔兴林主要编写了第四单元、实训指导一至八、资料三、资料四、资料六至资料十六及图片资料；赵兴俊主要编写了资料五；赵文渊主要编写了实训指导九至十六和资料一。

本书在编撰过程中，种子加工生产企业和同行专家提出了很多宝贵的改进意见和相关资料，尤其是甘肃酒泉职业技术学院闫学林老师和秦晓萍老师、种子管理站的殷爱民、甘肃省酒泉市奥凯种子机械有限公司的王光万、甘肃省敦煌市种业先锋良种有限公司的李福兴以及甘肃省东方农业发展有限公司的张德忠，在此表示衷心感谢。由于时间仓促，且编者水平有限，书中错漏之处敬请读者批评指正。

编　者

2011年10月

目　　录

基础训练

强化训练

知识拓展

基础训练

第一单元　种子采收、取种

各类农作物种子在加工前首先要实现种子从栽培植株及果实上的分离，而分离过程中需要对种子成熟与否、品种、是否需要后熟、采收期、采收方法及相应加工机械作出明确的判断和计划。本单元根据农作物种子的两类取种方式——干取种和湿取种，设计了以下几个任务。

任务一　种子成熟及干取种

任务二　种子湿取种及种子清洗

通过对以上两节内容的学习，要求掌握采收及取种方法，实现能将大部分农作物种子从栽培植株及果实上分离的教学目标。

任务一　种子成熟及干取种

目标（Object）

掌握种子适宜的采收期及干取种的采收方法是保证种子质量的前提。通过对本节的学习，要求能够：

1）根据实际生长状况掌握成熟度的确定、去杂标准、后熟指标及采收期；

2）掌握干取种方法。

任务（Task）

对不同的制种作物，要会判断是否成熟，是否可以干取种，怎样取种。为此需学习：

1）种子成熟度、去杂、采收、后熟的方法和技术；

2）种子干取种的方法。

准备（Prepare）

一、种子成熟度的确定、去杂、采收及后熟

（一）种子成熟

种子成熟包括两方面的意义，即种子形态上的成熟和生理上的成熟，只具备其中一个条件，都不能认为种子已真正成熟。种子形态成熟后被收获，并与母株脱离，但种子内部的生理生化过程仍然继续进行，直到生理成熟。这段时期的变化实质上是成熟过程的延续，又是在收获后进行的，所以称为后熟。种子通过后熟作用完成其生理成熟阶段，才可认为是真正成熟。从形态成熟到生理成熟变化的过程，称为种子后熟阶段。完成后熟作用所需的时间，称为后熟期。不同作物种子后熟期的长短因作物品种和环境条件影响而有差异。

生产种子的作物必须达到充分成熟才可采收，充分成熟才有利于种子的形成和生长发育，才能提高种子的产量，保证品质和活力。确定种子是否已成熟，一般要根据色泽、饱满度、硬度、形状、大小、生长期等进行判断；也可根据该品种某一个或几个主要成熟特征，判断其最适宜成熟度。另外也要根据当地成熟季节的气候确定适宜的采收期。

（二）去杂

在采收前，先逐行逐株检查摘除杂异果、畸形果和自交果（根据人工去雄授粉时做的标记辨认），一般要根据授粉标记或果实及植株的色泽、形状、大小等特征将其他品种或病果、裂果从制种田中剔除出去，做好去杂工作。

（三）种子采收

种子采收是指成熟种子从田间收回的过程。

种子采收的方法有人工采收和机械采收两大类。在粮食作物制种面积较大的生产单位有的采用机械采收，其他基本都是以人工采收为主。

1. 人工采收

传统上一般利用人的手工来完成种子采收。

（1）人工采收的特点

人工采收虽然增加成本，但可以保证种子质量，具有去杂、成熟度选择、及时进行分类处理等优点。因此，目前世界各国的制种基本上仍然以人工采收为主。

（2）人工采收应注意的问题

1）根据田间生产和检测科学判定种子质量，通过发放田间种子质量鉴定单，对不符合质量的种子田，予以分别处理；对生产质量合格者如期采收。

2）确定采收时间，清理田间杂株和遗漏的父本植株，以免混入种子。

3）严格剔除杂穗或自交果。

4）不要在下雨天采收。

5）采收后及时拉运、脱水或晾晒、取种，防止霉变或降低种子活力。

6）采收时严防碰伤，造成微生物污染。

7）采收前要有严格的计划，如脱水方法、采收时间、采收顺序、收购方式以及人力、物力、财力准备等。

2. 机械采收

采用一定的机器设备来完成。

（1）机械采收的特点

种子机械采收可以节省大量的劳动力，采收时间短，速度快，便于管理。一般适应生产量大的粮食作物种子的采收，如小麦、水稻、豆类等。

（2）机械采收注意的问题

除人工采收应注意的问题外，机械采收还须注意以下几点。

1）选择适宜的采收种子的机械。

2）种子成熟大体一致。

3）严禁损伤种子。

二、取种

取种是指将成熟的种子从生长的部位分别取出的过程。

果菜类种子采种时往往是连同果实整体进行的，也有部分果菜类种子同果实采收后，需完成一段时间后熟后再取种，这类取种方法叫湿取种。

大部分农作物和蔬菜花卉取种是在脱水后通过脱离、打碾进行，这种方法叫干取种。

（一）湿取种

湿取种的方法有人工取种和机械取种两种（湿取种在下个任务中学习）。

（二）干取种

种子的干取种是指为了安全取种，种子带穗柱或枝叶收获、脱水后，采用脱离或打碾等措施，分离取出种子的过程。大多数种子生产采用此方法取种，如玉米、小麦等。

1. 脱离取种

按照取种的难易程度，脱离取种主要可分为人工手搓脱离、手摇机械脱离和机械脱离三种。

（1）人工手搓脱离

人工手搓脱离主要用于少量玉米等作物种子的取种。其特点是速度慢，种子损伤少，但质量高，脱离后还需清选。

（2）手摇机械脱离

手摇机械脱离利用简单小型手摇玉米脱粒机取种。其特点是比人工手搓脱离快，有损伤，脱离后也需清选。

（3）机械脱离

机械脱离利用种子脱粒机进行机械取种。

2. 碾压取种

碾压取种是一种古老而常用的半机械取种。如小麦碾压取种，主要靠石磙转动碾压铺在地上的小麦，抖除秸秆和颖壳等，清选获取小麦种子的一种方法。目前也有地方在使用。

3. 敲抖取种

个别作物种子在成熟时，由于花芽分化先后顺序不同，先成熟种子易从植株掉落，难以收获。一般在成熟时间，在先成熟植株下面接上收集物，轻轻敲抖植株结种部位，掉落在收集物上取种。如花卉中的三色瑾、豆类中的绿豆的取种等。

4. 揉搓取种

个别作物种子成熟时，待种子盘脱水后，用手工揉搓取种。如葵花等的取种。

5. 拌打取种

个别作物种子成熟时，连同植株脱水后，采用与地面拌打植株方可取种。如大麻等的取种等。

行动（Action）

活动一　粮棉作物的采收及干取种

以玉米为例，在实训基地进行采收及干取种。

第一步：剥苞叶。玉米收获后要求先剥苞叶，后晒干脱粒。剥苞叶用的剥皮机，主要由剥皮辊、压制器、子粒回收器等三部分构成。现有机型剥净率只达80%左右。

第二步：选穗。人工选穗，根据玉米品种特征特性剔除异品种玉米果穗、虫蛀玉米果穗、发霉玉米果穗、未成熟玉米果穗，以提高玉米种子质量。

第三步：干燥。玉米果穗干燥一般采用自然干燥和机械烘干干燥（彩图35、38、39）。

自然干燥就是利用日光、风等自然条件，使种子含水量降低，达到或接近种子安全贮藏水分的标准，一般比较安全，可降低能源消耗和种子加工成本。对面积较小的玉米制种田的玉米种子果穗在收割前可采用“站秆扒皮”或“高茬晾晒”方法晾晒；对一些暂时不能脱粒或数量较少又无干燥条件的玉米种子可搭晾晒架、晾晒棚或挂藏室，将玉米穗制成吊子挂起来晾晒干燥，在自然干燥期保证种子含水量降低到18%以下。实践中总结出来的最好的自然降水法是高茬晾晒，即在收割玉米秸时留茬高50 cm左右，将需晾晒的玉米果穗扒皮拴成挂，挂在玉米秸茬上，每株玉米秸茬挂6～10个玉米果穗。

在自然干燥有困难时，果穗自然晾晒降水达不到18%以下时可采用机械烘干补充措施。将果穗送入果穗干燥室，双向通风，严格控制温度，使子粒含水量降到18%以下为准。烘干是玉米种子收获后的关键，是解决潮湿玉米果穗因得不到晾晒而发芽、变质、霉烂问题的最好方法。国内烘干机有多种类型，如塔式（彩图39）、斜坡式等，主要由果穗干燥室、双向通风系统、回动系统等几部分组成。

若果穗水分为13%～18%，一般采用机械子粒烘干。将子粒直接送入烘干仓，架在烘干仓中部，通过电脑控制加热器，运用热空气由下向上或由上向下反复流动，直到子粒含水量降到12.5%左右。烘干法要严格控制温度，确保种子的活力和生活力。实践表明，种温在 40 ℃以下，连续烘干 72～96 h，一般对发芽率无明显影响，高于 43 ℃对种子有害。

第四步：脱粒（彩图 17、18）。常用的玉米脱粒机，按脱粒滚筒的不同有纹杆式和钉齿式两种。玉米脱粒机要求在脱粒时对种子破损少，不超过 1%，并且吸尘性能要好，使脱粒种子基本达到无尘、净度达到 99%以上。在玉米脱粒时要对杂交玉米果穗再次进行选穗，根据玉米品种特征、特性，剔除在人工选穗环节中遗漏异品种或质量差的玉米果穗，保证杂交玉米种子纯度和质量。

在玉米种子取种后，还需开展以下工序才能完成加工过程（在后节中分述）。

第五步：清选。

第六步：精选分级。

第七步：种子包衣。

第八步：种子包装。

活动二 部分花卉种子的成熟及干取种

以部分一年生花卉种子干取种采收技术为例。

（一）万寿菊种子的采收

杂交授粉结束后清除花蕾和没有授粉的花朵，撤除棚膜，及时清除父本，加强管理，成熟的花朵采收后除去花朵冠毛（保留 1 mm 长的冠毛）及花瓣、花丝残留，手工搓取种子，晾晒精选，种子水分达到 8%以下即可收购入库。

（二）鸡冠花种子的采收

鸡冠花花期长，成熟不一致，应分批采收。当植株中下部叶片变黄，花头颜色暗淡，有少量种子散落时收割，放在干净的纺织布上晾晒。花序干燥后打碾、精选，种子水分达到 8%以下即可收购入库。

（三）矮牵牛种子的采收

矮牵牛花期 6 月初开始，7 月中下旬开始成熟。蒴果成熟后，自行开裂，散落种子，须在蒴果尖端发黄时起至微开裂时采收。后期有 60%～70%果实成熟时，一次性收割，晾晒 5～7 d 抖落种子，下面铺棚膜，简单风选后用水漂洗精选，种子水分达到 8%以下即可收购入库。

活动三 白菜类蔬菜种子的成熟及干取种

当角果略变成黄色，种子稍发硬，连茎秆拔起，束成小捆，放于干净平整的场地上晒干脱粒，脱粒后用 22～24 目筛子筛去各种杂物，再用 28 目筛子筛去细小沙土，再用风压式清选机（彩图 24）或离心式螺旋清选机（彩图 28）精选，水分低于 8%以下入库。例如，甘蓝（包心菜）种子采收时，每株上下部角果成熟度很不一致，需分期采收，遮阳晾晒，晒干脱粒。

评估（Evaluate）

完成了本节的学习，通过下面的练习进行自我检查（任选当地制种作物）：

1）确定成熟、去杂、后熟及采收期时，需从哪些指标来判断；
2）去杂；
3）简述干取种方法。

附件 1-1 干取种机械及使用（彩图 17、18、22）

种子脱粒机不同于普通谷物脱粒机，它对种子破碎与损伤的要求更严格。根据种子的不同脱粒特性，必须相应地采用不同的脱粒原理进行脱粒。常见的脱粒原理有冲击、揉搓、梳刷、碾压等几种。

一、常见种子脱离机械的种类

（一）揉搓脱粒

揉搓脱粒主要靠谷穗与机械部件、作物与作物之间的摩擦脱粒。脱净率与摩擦力的大小有关。增强对谷穗的揉搓作用，如改变脱粒间隙、改善工作部件摩擦表面等，可提高脱净率和生产率，但往往易导致种子的脱壳与脱皮。提高工作部件的工作速度，也可以增强揉搓作用，从而提高脱净率和生产率。但速度超过一定范围，也会使破碎率大大增加。揉搓脱粒主要采用纹杆滚筒脱粒装置，纹杆式脱粒滚筒主要由纹杆滚筒和栅条凹板组成脱粒系统，被脱粒的作物在滚筒与凹板之间，随着滚筒的旋转，谷物穗部受到纹杆的揉搓而使谷粒与种穗分离，从而达到脱粒的目的。如改变脱粒滚筒与凹板之间的间隙、改善工作部件摩擦表面等，可提高脱净率和生产率，但往往易导致种子的脱壳与脱皮。

（二）梳刷脱粒

梳刷脱粒主要是靠脱粒部件对子粒施加拉力而脱粒的。利用梳刷脱粒原理对水稻和牧草种子脱粒效果较好。常用的梳刷脱粒多采用弓齿式脱粒滚筒。弓齿式脱粒滚筒主要由滚筒主体和各种不同形状、规格和作用的脱粒弓齿组成，弓齿由耐磨性很高的优质碳素钢丝制成，钢丝直径一般为 4～6 mm，弓齿按螺旋线规律分布在滚筒。设计表明，滚筒前部 2、3 排为梳整齿，后部为脱粒齿。滚筒与网状凹板组成脱粒系统。脱粒时谷物秸秆在夹持部件的夹持下，种穗部分在滚筒与凹板之间，随着滚筒的旋转，在弓齿的梳刷作用下使种子子粒与种穗分离，达到脱粒目的。

二、揉搓式玉米脱粒清选机及使用

（一）主要结构与工作原理

该机主要由玉米果穗脱粒系统、筛选系统和风选系统组成（见图 1-1-1）。玉米果穗经输送设备到达脱粒机的进料口 1，经进料口进入脱粒室 2，脱粒室内有格栅式凹板，带有弧形板和弧形齿板的主轴。主轴低速转动，通过弧形齿板、弧形板和格栅凹板的揉搓，达到子粒与穗轴分离的目的。弧形齿板及弧形板在脱粒主轴上带有旋向，使玉米果穗一边揉搓一边向前推进。在推进过程中，子粒与穗轴分离，穗轴经过脱粒机上的排芯口 3 排出机外。子粒进入筛选及风选系统。进入筛选及风选系统的子粒，首先经过第一吸风道 4 将子粒中最轻的杂质大部分除去，再进入筛选。经过上筛 5 将玉米子粒中的大杂质去除。再经过下筛 6 将子粒中的小杂质去除。下筛上的物料，再经过第二吸风道 7 进行第二次除杂。清选后的玉米种子经好种子出口 8 排出机外。这样完成了脱粒清选过程。

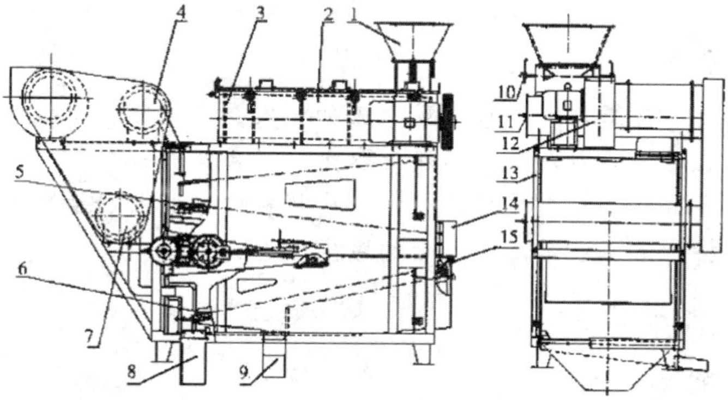

图 1-1-1　5YT—3.5 型玉米脱粒清选机简图

1—进料口；2—脱粒室；3—排芯口；4—第一吸风道；5—上筛；6—下筛；7—第二吸风道；8—好种子出口；9—小杂质出口；10—进料调节杆；11—调节风门；12—风机；13—机架；14—大杂质出口；15—筛子固定手柄

（二）使用与调整

1. 空运转试验

看脱粒机运转方向是否正确。面对主轴皮带轮时，如主轴皮带轮顺时针方向运转即为正确运转方向，清选机电机无运转方向规定。

2. 进料量的控制

脱粒机的进料应均匀并充足，只有这样才能达到满意的脱粒效果，建议采用电磁振动给料机进料。进料口内有一对控制进料量的挡板，用户可以通过它来调节进料量，以达到额定最大进料量的目的。

3. 穗轴排出的调整

穗轴排出口内有一套穗轴排出抑制装置，它由内压板、转轴、配重轴及配重铁组成。调整配重铁数量及在配重轴上的位置就可以抑制穗轴的排出。增加配重铁及配重铁与转轴之间的距离，可使穗轴排出受到较大抑制，这样就可以增加玉米穗在脱粒室内的滞留时间，以利提高脱净率。所以当玉米果穗子粒含水率较高时，应按此方法调整；反之，应减少配重数量，甚至取出配重轴，以降低破碎率。总之，应在确保脱净率的前提下尽量减少配重及配重铁与转轴之间的距离，以使破碎率降至最低。

4. 吸风道风量的调整

第一吸风道和第二吸风道有两个吸风筒，上面各有有机玻璃风量调节活门，可通过转动活门来调节风量的大小。风量的大小以出风口内不排出子粒为宜。

5. 筛片的更换

当脱粒清选的玉米种子子粒大小不同时，需更换筛片。更换筛片须将清选机上固定筛框的挡板手柄松开，拿下挡板及大杂排出口，抽出筛框，即可换所需筛片。

（三）安全注意事项

1）开机后应先空运转 2～4 min，看运转是否正常，有无碰撞等异常声响，待运转正常后方可投料。工作过程中如发现问题，应立即停机检查。

2）机器工作时，严禁将手伸进进料口和排芯口。

3）维修、更换零件必须停机进行，机器处于运转状态时，不得拆装有关零件。

4）机器工作时，严禁打开上盖板。

（四）维修与保养

1）所有轴承处，在工作一个季节后，应加一次润滑油脂。

2）筛片如果长时间不用，应从筛箱中取出，妥善保管。

3）一个工作季节结束后或更换品种时，应将机体中的余料清理干净，避免混杂。

4）机器应保持清洁，经常清理表面的浮尘。

附件 1-2　种子后熟

一、种子的后熟

（一）休眠和后熟的关系

这里的休眠指生理休眠（即种子是活的，给以适宜条件也不发芽），休眠是广义的名词，后熟是休眠的一种状态，或是引起休眠的一种原因。种子未通过后熟作用，不宜作为播种材料，否则发芽率低，出苗不整齐，影响成苗率，而且影响子粒的加工和食用品质。

（二）促进种子后熟的意义

促进种子后熟的顺利完成，对提高种子的质量具有重要意义。在农业实践上为争取生长季节，往往将前作稍稍提早收获，使后作可以提前播种。针对这一情况可采用留株后熟的方法，在作物收割后让种子暂时留在母株上，等在母株上完成后熟作用后再进行脱粒，可大大提高种子品质并保证后季作物不误农时。如果种子已充分成熟，则收获时当即脱粒与留在母株上进行后熟对种子品质无大的影响。

检查种子是否已经完成后熟作用，通常应用最简便的方法就是进行标准的发芽试验，即按检验规程中所确定的操作技术和条件测定种子的发芽势和发芽率，而发芽势可作为反映种子后熟作用所达到的程度的最好指标，将测定结果与同品种已经通过后熟作用的种子作对比，如果二者数值近似，则表明该种子基本上已完成后熟，可以立即供生产使用；否则必须再贮藏一段时期，等待后熟期完全通过，或是采取适当措施（如加温通风）以促进种子的新陈代谢作用，加速其通过后熟期。后一情况在生长季节比较短促的地区是值得注意的。

二、种子后熟期间的生理生化变化

种子的后熟阶段是贮藏物质由量变到质变的生理活动过程，实际上是在种子内发生的准备发芽的变化。

（一）各类物质组成的比例和分子结构的繁简及存在状态等的改变

变化方面和成熟期基本一致，即物质的合成作用占优势。随着后熟作用逐渐完成，可溶性化合物不断减少，而淀粉、蛋白质和脂肪不断积累，酸度降低。

（二）种子内酶的活性（其中包括淀粉酶、脂肪酶和脱氢酶）由强变弱

当种子通过了后熟期，其生理状态即进入一个新阶段，与后熟期的生理状态有着很大的差异，主要表现在以下方面：

1）种子内部的低分子和可同化的物质的相对含量下降，而高分子的贮藏物质积累达到最高限度，如单糖脱水缩合成为复杂的糖类（淀粉是其中最主要的一种），可溶性含氮物质结合成为蛋白质等；

2）种子水分含量下降，自由水大大减少，成为促进物质合成作用的有利条件；

3）由于脂肪酸及氨基酸等有机酸转化为高分子的中性物质，细胞内部的总酸度降低；

4）种胚细胞的呼吸强度降低；

5）酶的主要作用在适宜条件下开始逆转，使水解作用趋向活跃；

6）发芽力由弱转强，即发芽势和发芽率开始提高，可适于生产上作播种材料。

三、影响后熟的因素

种子后熟在贮藏期间进行的快慢和环境条件有很大关系，主要的影响因素有温度、湿度、通气等。

（一）温度

通常较高的温度（不超过 45 ℃）有利于细胞内生理生化变化的进行，促进种子的后熟；反之，会阻碍种子的后熟作用，使发芽率不能提高。但林木种子的后熟有时需要较低的温度。

（二）湿度

湿度对种子的后熟也有较大的影响。空气相对湿度低有利于种子水分向外扩散，促进后熟过程的进行；空气相对湿度高，不利于种子水分的向外扩散，延缓种子的后熟作用。

（三）通气

通气良好，氧气供给充足，有利于促进种子的后熟。二氧化碳对后熟过程有阻碍作用。

四、后熟与种子贮藏的关系

（一）后熟引起种子贮藏期间的“出汗”现象

新入库的农作物种子由于后熟作用尚在进行中，细胞内部的代谢作用仍然比较旺盛，其结果使种子水分逐渐增多，一部分蒸发成为水汽，充满种子堆的间隙，一旦达到过饱和状态，水汽就凝结成微小水滴，附在种子颗粒表面，这就形成种子的“出汗”现象。如种子收获后，未经充分干燥就进仓，同时通风条件较差，这种现象就更容易发生。

从生理生化的角度进行分析，新种子在贮藏过程中释放出较多的水分是由于下列原因造成的。

1）种子刚收获后，尚未完成后熟过程，细胞内部（特别是胚部的细胞）的呼吸作用仍相当旺盛，由于呼吸而放出的水分在通风不良的情况下越积越多。

2）种子在后熟过程中继续进行着物质的转化作用，即由可溶性低分子物质合成为高分子的胶体物质同时放出一定量的水分。例如，由 2 分子葡萄糖转变为较复杂的麦芽糖时，得到 1 分子麦芽糖，同时放出 1 分子的水；又如，2 分子氨基酸缩合成为 1 分子的二肽时，也同时放出 1 分子的水。

3）种子中胶体物质束缚水的能力随后熟的过程而减弱，使一部分原来的胶状结合水变为自由水。

（二）后熟造成仓内不稳定

种子在贮藏期间如果发生“出汗”现象，则表明种子尚处于后熟过程中，还进行着旺盛的生理生化变化，从而引起种子堆内湿度增大，导致出现游离的液态水吸附在种子表面的现象。这时候可导致种子堆内水分的再分配现象，更进一步加强局部种子的呼吸作用，如果没有及时发现，就会引起种子回潮发热，同时也为微生物提供了有利的发育条件，严重时种子就可能霉变、结块，甚至腐烂。因此，贮藏刚收获的种子，在含水量较高而且未完成后熟的情况下，必须采取摊晾、暴晒、通风等有效措施以控制种子细胞内部的生理生化变化，防止积聚过多的水分而发生上述各种不正常现象。

需要注意的是，种子的“出汗”现象和种子的“结露”现象是很相似的，但它们产生的原因却截然不同。“出汗”是由种子细胞内部生理生化活动的结果释放出大量的水分所造成的，产生矛盾的主要方面是内因；而“结露”是由于种子堆周围大气中温、湿度与种子本身的温度及水分存在一定差距所造成的，产生矛盾的主要方面是外因（即大气中温、湿度的变化）。

在生产实践中，为防止后熟期不良现象的发生，必须适时收获，避免提早收获使后熟期延长；充分干燥，促进后熟的完成；加强入库后勤管理，入库后1个月内勤检查，适时通风，降温散湿。

（三）后熟期种子抗逆力强

种子在后熟期间对恶劣环境的抵抗力较强，此时进行高温干燥处理或化学药剂熏蒸杀虫，对种子生活力的损害较轻。如小麦种子的热进仓，利用未通过后熟种子抗性强的特点，采用高温暴晒种子后进仓，起到杀死仓虫的目的。

任务二　种子湿取种及种子清洗

目标（Object）

掌握茄果类及瓜类种子湿取种的方法及清洗方式是保证种子质量的前提。

通过对本节的学习，要求能够：

1）初步掌握湿取种方法；

2）掌握种子的清洗方法。

任务（Task）

为取出种子与胶质体黏合在一起的茄果类及瓜类等作物的种子，需采用相应的取种方法。果菜类的种子从果实中取出后，往往带有果肉、果汁和果胶酸盐，如果不及时除去，就会导致脱水慢，并被空气氧化，造成褐变，影响种子的色泽和质量；另外，还容易造成微生物侵染，降低种子活力，甚至发生霉变。为此必须做到：

1）掌握种子湿取种的方法；

2）掌握种子清洗的方法。

准备（Prepare）

一、种子湿取种

湿取种的方法有人工湿取种和机械湿取种两种。

（一）人工湿取种

人工湿取种有剥开取种和捣烂取种两种。如辣椒取种用小竹板把辣椒果实剥开取下种子；番茄取种捣烂果实后再用清水洗种。人工湿取种速度慢，效率低。但对种类选择适应性强，取种质量高。一般生产量小的制种农户多采用此法。

（二）机械湿取种

机械湿取种是指利用取种机将果实破碎，用水漂洗过筛分离取种，并及时通过清水漂洗种子除去残留的果肉，不同种类的果实取种需选择不同功能的机械。

二、种子清洗

种子清洗的方法，按照清洗时是否添加化学物质，目前主要分为以下三种。

（一）清水洗涤

带水取种时，将果实打烂，反复用水搓洗，除去果肉、果汁，促使种子沉降分离，沥干水分，及时摊薄晾晒或脱水。如西瓜取种等。

（二）酸液浸泡洗涤（彩图 31）

湿取种后，经过稀盐酸处理，可以有效地杀死附着在种子表面的细菌及其他大部分不良杂菌，提高种子发芽率，并使种子护色变亮。由于处理后的种子带有盐酸的刺激性气味，在贮存过程中还能减少害虫的危害。目前，国外一些专业化的种子公司都要求用此法处理番茄种子。

1．稀盐酸的配制

盐酸浓度过大，会伤害种子，影响生活力；过小，则会降低处理效果。根据试验，稀盐酸 pH 值在 0.5～1.0 之间最为理想。为计算及配制方便，可折算为百分比浓度，约为 1%。pH 值可用 pH 精确试纸来对比测定。

2．处理方法

将清洗完毕的种子放在纱网中拧干，然后浸入配好的稀盐酸溶液中。稀盐酸量至少为种子量的 1 倍以上，以保证浸种效果。不断抖动纱网袋使种子保持松散状态，以便种子完全与盐酸接触。15 min 后将种子从盐酸中取出，在清水中松散漂洗约 15 s，拧干或用脱水机甩干后晾晒。有脱水功能的普通洗衣机也可用来脱水。

3．处理结果检验

处理后的种子是否达到理想的效果，可通过以下方法检验：取 1 g 干种子放到 10 mL 水中浸泡至少5 min，并不断晃动，以使种子表面的盐酸充分扩散到水中。然后用精密试纸测水溶液的pH值，应该在2.5～3.0之间。如果达不到3.0，有可能是所配制的盐酸浓度不够或种子漂洗时间太长，应立即加以纠正。

4．注意事项

1）配制稀盐酸时，应将盐酸轻轻注入水中，并不断搅拌，千万不能将水往盐酸中倒，以免造成危险。

2）经常检测稀盐酸pH值，并加盐酸调整，使其始终保持在0.5～1.0之间。一般配好的稀盐酸用过五六次后要重新配制。

3）干种子不能用盐酸处理，否则会对种子造成伤害，降低发芽势和发芽率。

4）盐酸浸种处理对种子表面病菌有抑制作用，但对种子内部病菌无效。对于种传病害，应以加强田间防治为主，盐酸浸种仅可作为防治的最后一道环节。

（三）药剂浸泡清洗种子

目前主要用于白色大板南瓜种子的取种浸泡清洗，如用苏纳米:水=1∶79的溶液，浸泡南瓜、西葫芦白板种子15 min，可有效防止种子带菌并保持种子亮丽的色泽，提高种子质量。

行动（Action）

活动一　茄果类蔬菜的湿取种及种子清洗（以番茄为例）

1）采收：番茄果实由黄变红时，先逐行逐株检查摘除杂异果、畸形果和自交果（根据人工去雄授粉时作的标记辨认），一般在授粉50～60 d后果实完全红熟后即可采收。

2）取籽：采收后让果实再后熟1～2 d后，用机械或人工取籽，进行果肉与种子的分离处理，取出带有胶状黏质的种子，置于容器中自然发酵。

3）发酵：当发酵液面产生一层白色菌膜，手摸种子无黏滑感，部分种子沉于缸底时，即可结束发酵。果肉与种子的分离处理过程中，禁用铁铝等金属器具，只能用塑料、瓦缸等器具，以避免种子接触金属器具后，种皮变黑，影响种子的美观性。

4）淘洗：用清水快速将种子淘洗干净。

5）脱水、晾晒：清洗后的种子用机械（彩图31）脱去大部分水，然后放在尼龙纱布做成的晾床上，置于干燥通风处阴干，严禁在烈日下暴晒，更不能放在水泥地板或铁器上晾晒。

种子清洗晾晒结束后，还需完成如下工序。

6）待种子水分下降到8%以下时要及时收种，利用风压式提升机或风车对种子初选、精选。加工、入库过程防止鼠害及人为的混杂。

7）番茄种子在收购前，一般还要做脱绒处理、盐酸处理、消毒处理等。

8）收购、封样、入库。

活动二　瓜类种子的湿取种及种子清洗（以黄瓜为例）

黄瓜种子采收及加工过程中按照以下几个步骤操作，可确保质量达到国家标准，即：

净度≥99%，芽率≥85%，纯度≥96%（一级≥99%），含水量低于7%，种子无粘连现象。

（一）采种

黄瓜人工授粉后40 d左右，去杂后，瓜皮变黄即可采收，父母本分开采种，将种瓜从有种部分剖开，扒出种子，量多时放在编织袋内，扎上袋口；量少时放入非铁容量（忌用铁器）；挤碎瓜瓤，留适量瓜汁准备发酵。严禁混入清水或用清水发酵，易出芽并沤坏种子。

（二）发酵

常温下发酵24 h左右，不能被雨水冲淋，忌倒入清水，其间可定期搅动，阴雨天时可根据天气情况决定是否淘洗。

（三）淘洗

种子发酵后，淘洗是关键，将种子倒在瓷盆或塑料桶内，不久，种子就分成三层：瓜瓤、叶子等杂质浮在上层，可捞出；中层为秕籽和杂质的混合物；饱满种子沉在底部。将上层倒出后，不断搓洗清淘，直至种子不再黏结果肉，无其他杂质。

（四）晾晒

淘洗后的种子及时晾晒，晾晒处要求平整、干净，将种子摊薄，并间隔翻动，直至晾干。干种子手感扎手，折断种子不连皮。

（五）初选

晒干的种子要及时进行加工。首先，用手不断搓种子，直到种子粒粒分开。其次，用筛子筛，用簸箕簸，清除杂质。

（六）精选和包衣

种子初选完成后，再用良种精选机进行精选，选出来的饱满种子，用种衣剂进行包衣、晾干，直至含水量在8%以下，即可进行种子包装、销售。

评估（Evaluate）

完成了本节的学习，通过下面的练习进行自我检查（任选当地其他制种作物）：

（1）简述湿取种方法；

（2）简述种子的清洗方法。

附件1-3　湿取种机械（彩图29）

以9DG—15型打瓜机为例。

一、工作原理

瓜类通过皮带输送机进入喂料箱，在喂料箱被打瓜爪打碎后进入大筛筒。大筛筒是一个封闭的圆筒，圆筒上有筛孔。当物料进入大筛筒时，一面沿其轴向缓慢地向出口移动进行筛选。其中大于筛孔尺寸的物料在搅拌器的挤压下种子被分离出来从出口端流出。

二、工作流程

（一）上料

在开机前先做好设备检修及机械清洗工作，防止品种混杂。上料时要均匀入料。切忌将杂物投入料斗。

（二）破碎处理

物料进入破碎筒后在破碎轮的作用下将物料破碎，种子、瓜汁、果皮在破碎轮的螺旋作用下种子和瓜汁从接料筒大孔筛片漏入接籽筒，果皮在破碎轮螺旋排出作用下从破碎筒出料口排出，实现种子和果皮的分离。

（三）取籽

种子和瓜汁从接料筒大孔筛片漏入接籽筒后，又流入取籽筒。取籽筒中间为螺旋梳刷轮，种子和瓜汁在梳刷作用下瓜汁从取籽筒筛孔流出，种子在螺旋梳刷轮的作用下从取籽筒排出收集。

三、用途

采用机械加工的方法，实现西瓜、西葫芦及番茄（不同筛片）的皮、瓤、籽分离，把其中的种子取出。

四、技术参数

生产率：2 000 kg/h。

拖拉机带动。

第二单元　种 子 加 工

种子加工是指从收获到播种前对种子所采取的各种处理，包括种子干燥、种子清选、种子包衣、种子包装等一系列工序，以达到提高种子质量、保证种子安全贮藏、促进田间成苗及提高产量的要求。

种子加工是种子产业的重要组成部分，在农业生产上具有重要意义。种子加工是提高农作物单位面积产量最经济、最有效的增产措施，也是今后粮食增产的一个重要技术保证。加工后的种子出苗整齐、苗多苗壮、分蘖多、成穗多，一般可增产 5%～10%。经过加工后的种子可减少播种量，节约成本。经加工后，种子净度可提高 2%～3%，千粒重可提高 2%～3%，发芽率提高 5%～10%，种子质量明显提高，其不仅增产潜力大，减少播种量，而且对加工清理出来的瘦籽、碎粒还可用作饲料等其他用途，也在一定程度上节约了粮食。

种子加工可按种子质量标准化的要求提供不同级别的商品种子，并实行标准化包装销售，提高了种子的商品性，从而有效地防止种子经营中伪劣种子的流通。种子加工处理后，子粒饱满，大小均匀，适用于机械化播种，而且因田间杂草少，作物生长整齐，成熟一致，可大大减少田间管理的劳动量，并且有利于进行田间机械化作业，提高劳动效率。通过种子加工，可去掉大部分含病虫害的子粒，并且在种子包衣过程中，将药、肥溶于包衣剂中，缓慢释放，为幼苗生长提供了良好条件，因此可减少化肥农药施用量，有利于环境保护，不断促进农业的可持续发展。

另外种子加工，不仅对农业生产发展具有十分重要的意义，而且对于确保种子的安全贮藏、运输，保持种子较高的生活力和活力，同样具有积极的作用。本单元基于工作过程主要设计了以下几个任务。

任务一　种子干燥
任务二　种子清选、精选
任务三　种子处理

任务一　种 子 干 燥

目标（Object）

种子干燥的方法是提高种子商品性及抵御自然灾害，实现抢收，保证种子质量的重要措施。

通过对本节的学习，要求能够：

1）初步掌握种子干燥的方法；

2）了解种子的干燥设备。

任务（Task）

对不同的制种作物，要会根据需要实施干燥。为此需学习：

1）了解玉米种子干燥的方法；

2）了解蔬菜种子干燥的方法。

准备（Prepare）

一、种子的物理特性

种子的物理特性一般包括两类，一类是根据单粒种子进行测定，求其平均值，如子粒的大小、硬度和透明度等；另一类是根据一个种子群体进行测定（取相当数量的种子作为样品），如千粒重、比重、容重、密度、孔隙度及散落性等。种子的物理特性主要决定于作物品种的遗传特性，在一定程度上又受环境条件的影响。从种子加工和贮藏的角度看，种子的物理特性和种子的清选分级、干燥、运输以及贮藏保管等生产环节都有密切关系。因此了解各种种子的物理特性，对做好种子加工贮藏等工作，具有一定的指导意义。

（一）种子的容重、比重、密度和孔隙度

种子千粒重对衡量同一作物品种不同来源的种子播种品质有一定的参考价值，但对不同品种的种子而言，则只能说明品种特性而不能作为评定种子品质的标准。因此，在某些情况下，测定种子的容重和比重更具有生产实践意义。

1. 种子的容重

种子的容重是指单位容积内种子的绝对质量，单位为 g/L。

种子的容重大小受多种因素的影响，如种子颗粒的大小、形状、整齐度、表面特性、内部组织结构、化学成分（特别是水分和脂肪）以及混杂物的种类和数量等。凡颗粒细小、参差不齐、外形圆滑、内部充实，组织结构致密、水分及油分含量低、淀粉和蛋白质含量高，并混有各种沉重的杂质（如泥沙等），则容重较大；反之，则容重较小。一般情况下，种子水分越低，容重越大。

种子容重在生产上的应用相当广泛，如检验上将容重列为品质指标之一。在贮运工作中可根据容重推算一定容量内的种子质量，或一定质量的种子所需的仓容和运输时所需车厢数目，计算时可应用以下公式

$$体积=质量/容重$$

2. 种子的比重

种子比重为一定种子的绝对质量和它的绝对体积之比，单位为 g/mL，即

种子的比重=种子质量/种子体积

对不同作物或不同品种而言，种子比重因形态构造（有无附属物）、细胞组织的致密程度和化学成分的不同而有很大差异。就同一品种而言，种子比重随成熟度和充实饱满度的变化而变化。大多数作物的种子成熟越充分，内部积累的营养物质越多，则子粒越充实，比重就越大。但油料作物种子却相反。因此，种子比重不仅是一个衡量种子品质的指标，在某种情况下，也可作为种子成熟度的间接指标。如果种子在高温高湿条件下贮藏，由于连续不断的呼吸作用，消耗掉一部分有机养料，可使比重逐渐下降。

测定种子比重的方法有多种，其中最简便的方法是用有精细刻度的 5～10 mL 的小量筒，内装 1/3 左右的 50%的酒精，记下酒精所达到的刻度，然后称适当质量（一般为 3～5 g）的净种子样品，小心放入量筒中，再观察酒精平面升高的刻度，即为该种子样品的绝对体积，代入公式即可求出比重。表 1-2-1 为一些农作物种子的容重和比重。种子的比重和容重，在一般情况下成直线正相关。

表 1-2-1　各种农作物种子的容重和比重

作物种类	容重（g/L）	比重（g/mL）	作物种类	容重（g/L）	比重（g/mL）
稻谷	460～600	1.04～1.18	大豆	725～760	1.14～1.28
玉米	725～750	1.11～1.22	豌豆	800	1.32～1.40
小米	610	1.00～1. 22	蚕豆	705	1.10～1.38
高粱	740	1.14～1.28	油菜	635～680	1.11～1.18
荞麦	550	1.00～1.15	蓖麻	495	0.92
小麦	651～765	1.20～1. 53	紫云英	700	1.18～1.34
大麦	455～485	0.96～1.11	苕子	740～790	1.35
裸麦	600～650	1.20～1.37			

3. 种子的密度和孔隙度

种子装在一定容量的容器中，所占的实际容积仅仅是其中一部分，其余部分为种子间隙，充满着空气或其他气体。种子所占实际体积与容器的容积之比，如用百分率表示，即为种子密度。容器内种子间隙的体积与容器的容积之比，用百分率表示即为种子孔隙度。二者之和恒为 100%，且互为消长。

测定种子的密度，首先要测定种子的绝对质量、绝对体积及容重，然后代入下式即得

种子密度=绝对体积/容重体积×100%

在一个装满种子的容器中，除种子所占的实际体积外，其余为孔隙，则种子的孔隙度为

孔隙度=100%-种子密度

几种作物种子的孔隙度如表 1-2-2 所示。

表 1-2-2　几种作物种子的孔隙度（%）

作　　物	密　　度	孔　隙　度	作　　物	密　　度	孔　隙　度
稻谷	35～50	50～65	玉米	45～65	35～55
小麦	55～65	35～45	黍稷	50～70	30～50
大麦	45～55	45～55	荞麦	40～50	50～60
燕麦	30～50	50～70	亚麻	55～65	35～45
黑麦	55～65	35～45	向日葵	20～40	60～80

种子堆的孔隙度大小标志着种子堆中空气的流通状况，孔隙度大的种子堆空气流通较畅。产生的热量和水汽容易散发；投药熏蒸时，带有药蒸气的空气容易深入到种子堆的内部。如果种子堆的孔隙度小，热量容易积累，发热时必须强制机械通风；在投药时也必须在种子堆中安放探管使药进入到种子堆内部。

（二）种子的散落性和自动分级

1．种子的散落性

作物种子就每一单粒而言，是一小团干缩的凝胶，其形状固定，非遇强大外力，不易变化。但通常一大批种子是一个群体，各子粒相互间的排列位置稍受外力就可发生变动，同时又存在一定的摩擦力。因此，就种子群而言，它具有一定程度的流动性。当种子从高处落下或向低处移动时，形成一股流水状的种子流，种子所具有的这种特性就称为散落性。

当种子从一定高度自然落在一个平面上，达到相当数量时，就会形成一个圆锥体。由于各种作物种子的散落性不一致，其形成的圆锥体亦因此而有差别。圆锥体的斜面与底部直径所夹之角α称为种子的自然倾斜角。它可作为衡量种子散落性好与差的指标，如图 1-2-1 所示。

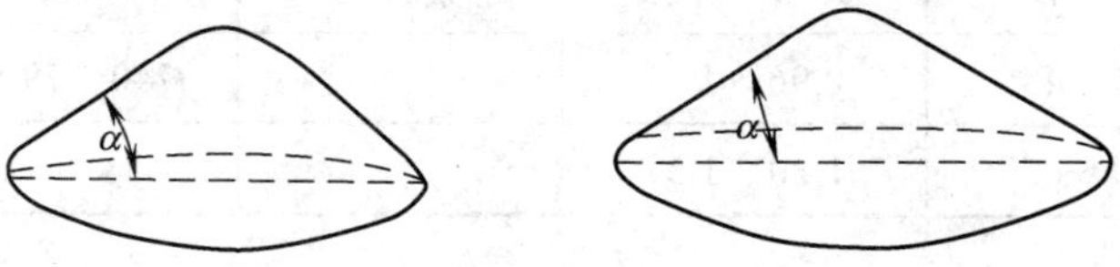

（a）　　（b）

图 1-2-1　种子堆静止示意图所示

（a）散落性差，静止角大　（b）散落性好，静止角小

2．种子的自动分级

当种子堆移动时，其中的各个组成部分均受到外界环境条件和本身物理特性的综合作用而发生重新分配现象，即性质相似的部分趋向聚集于相同部位，而失去它们在整个种子堆里原来的均匀性，在品质和成分上增加了差异程度，这种现象称为自动分级。

种子堆移动时发生自动分级现象，主要是由于种子堆的各个组成部分具有不同的散落性所致；而散落性的差异是由各个组成部分的摩擦力不等和受外力不同的影响所引起的。种子的净度和整齐度越低，发生自动分级的可能性也越大。当种子流从高处向下散落形成一个圆锥形的种子堆时，充实饱满的子粒和沉重的杂质大多集中于圆锥形的顶部或滚到斜面中部，而瘦小、皱瘪的子粒和轻浮的杂质则多分散在圆锥体的四周或积集于基部（见表 1-2-3）。

表 1-2-3　种子装入圆筒仓内的自动分级

自种子堆上取样的部位	容重（g/L）	绝对质量（g）	碎粒（%）	不饱满粒（%）	杂草种子（%）	有机杂质（%）	轻杂质（%）	尘土（%）
顶　　部	704.1	16.7	1.84	0.09	0.32	0.14	0.15	0.75
斜面中部	708.5	16.g	1.57	0.11	0.21	0.04	0.36	0.32
基　　部	667.5	15.2	2.20	0.47	1.01	0.65	2.14	0.69

从生产观点看，自动分级也有它有利的一面，如许多清选工具和方法就是利用种子的这一特性而设计的。例如，用簸箕簸除种子中混杂的空瘪粒和轻质细小杂质，利用筛子的旋转运动或前后摇摆将比重不同的种子和杂质分离，或者利用垂直螺旋式清选机以及各种斜面清选机进行种子清选分级，都是根据自动分级这一原理设计的。同时在种子清选分级工作中，还可利用种子自动分级这一特性来提高工作效率。

（三）种子的导热性和比热容

1．种子的导热性

种子堆传递热量的性能称为导热性。种子具有一定的导热性能，但种子堆却是不良导热量在种子堆内的传递，主要是通过传导传热和对流传热来进行的。

种子导热性的强弱通常用传热系数来表示。传热系数就是指单位时间内通过单位面积静止种子堆的热量。它决定于种子的特性、水分的高低、堆装所受压力以及不同部位的温差等条件。种子堆各层之间的温差越大，则通过种子堆的热量越多，传热系数也越大。

生产上要测出种子的传热系数，则先要测定种子的导热系数。种子的导热系数是指 1 m 厚的种子堆，当表层和底层的温差相差 1℃时，在每小时内通过该种子堆每平方米表层面积的热量，单位为 kJ/（h • m • ℃）。作物种子的导热系数一般都比较小，大多数在 0.418 4～0.836 8 kJ/（h • m • ℃）之间，并随种温和水分变化而有增减。表 1-2-4 列出了几种作物种子的导热系数。

1-2-4　几种作物种子的导热系数

作 物 种 类	种温（℃）	水分（%）	导热系数[（kJ/（h • m •℃）]
小麦	20.0	22.8	0.828 4
	16.6	17.8	0.548 1
	10.0	17.5	0.38.19
大麦	17.5	18.6	0.640 1
燕麦	18.0	17.7	0.497 8
黑麦	16.7	11.7	0.723 8
黍	18.0	11.9	0.602 5

种子的导热性差，在生产上会带来两种相反的作用。在贮藏期间，如果种子本身温度比较低，由于导热不良，则不易受外界气温上升的影响，可保持比较长期的低温状态，对安全贮藏有利。但当外界气温较低而种子温度较高的情况下，由于导热很慢，种子不能迅速冷却，以致长期处在高温条件下，持续进行旺盛的生理代谢作用，促使生活力迅

速减退和丧失，这就不利于种子贮藏。因此，种子入库时，不但要考虑水分是否符合规定标准，同时还需注意种温是否基本上一致，以免招致意外损失。例如，在高温潮湿的气候条件下所收获的种子，需加强通风，使种子温度和水分逐步下降，直到冬季可达到稳定状态，来春气温上升，空气湿度增大，则将仓库保持密闭，直到炎夏，种子仍能保持接近冬季的低温，因而可以避免夏季高温影响而确保贮藏安全。

2. 种子的比热容

种子的比热容是指 1 kg 种子温度升高 1 ℃时所需的热量，其单位为 kJ/（kg · ℃）。它决定于种子的化学成分（包括水分）及各种成分的比率。在种子的主要化学成分中，干淀粉的比热容为 1.548 1 kJ/（kg · ℃），油脂为 2.050 1 kJ/（kg · ℃），干纤维为 1.338 8 kJ/（kg · ℃），水为 4.184 kJ/（kg · ℃），绝对干燥的作物种子的比热容大多在 1.673 6 kJ/（kg · ℃）左右，如小麦与黑麦为 1.548 1 kJ/(kg ·℃)，向日葵为 1.644 3 kJ/(kg ·℃)，亚麻为 1.661 0 kJ/(kg ·℃)，大麻为 1.552 2 kJ/（kg · ℃），蓖麻为 1.840 9 kJ/（kg · ℃）。水的比热容超过一般种子干物质比热容 1 倍以上，因此种子的含水量越高，比热容就越大。

刚收获的作物种子，水分较高，比热容亦较大，如直接进行烘干，则使种子升高到一定温度所需的热量亦较大，即消耗燃料亦越多，而且也不可能一次完成烘干的操作过程，如加温太高，还会导致种子死亡。因此，种子收获后，放在田间或晒场上进行预干，是最经济而稳妥的办法。

（四）种子的吸附性和吸湿性

1. 种子的吸附性

种子胶体具有多孔性的毛细管结构，在种子的表面和毛细管的内壁可以吸附其他物质的气体分子，这种性能称为吸附性。

农作物种子吸附性的强弱取决于多种因素，主要包括以下方面。

（1）种子的形态结构

凡组织结构疏松的，则吸附力较强；而表面光滑、坚实或被有蜡质的，吸附力较弱。

（2）吸附面的大小

子粒有效面积越大，吸附力越强。当其他条件相同时，子粒越小，比表面积越大，其吸附性比大粒种子强，此外，胚部较大的和表面露出较多的种子，其吸附性也较强。

（3）气体浓度

环境中气体的浓度越高，则种子内部与外部的气体压力相差也越大，因而加速其吸附。

（4）气体的化学性质

凡是容易凝结的气体，以及化学性质较为活泼的气体，一般都易被吸附。

（5）温度

吸附是放热过程，当气体被吸附于吸附剂（种子）表面的同时，会伴随放出一定的热量，称为吸附热。解吸则是吸热过程，气体从吸附剂表面脱离时，需吸收一定的热量。在气体浓度不变的条件下，温度下降，放热过程加强，有利于吸附的进行，促使吸附量增加；温度上升，吸热过程加强，有利于解吸的进行，吸附量减少。熏蒸后在低温下散发毒气较为困难，原因就在于此。

2．种子的吸湿性

种子对于水汽的吸附和解吸的性能称为种子的吸湿性。吸湿性是吸附性的一种具体表现。由于种子的主要成分是亲水胶体（典型的油质种子除外），所以大多数种子对水汽的吸附能力是相当强的。

种子吸湿性的强弱主要决定于种子的化学组成和细胞结构。种子含亲水胶体的比率越大，吸湿性越强；反之，含油脂较多的种子，吸湿性较弱。禾谷类作物种子由于胚部含有较多的亲水胶体物质，其吸湿性要较胚乳部分强得多，因此，在比较潮湿的气候条件下，胚部比胚乳部分容易吸湿回潮，往往成为每颗子粒发霉变质的起始点。在贮藏上解决这个问题的根本措施是干种子密闭贮藏，以隔绝外界水分的侵入。

3．种子平衡水分

种子水分随着吸附与解吸过程而变化，如果将种子置于固定不变的温度和湿度环境条件下，经过相当时间，种子水分保持在一定水平，基本上稳定不变，此时种子对水汽的吸附和解吸作用以同等的速度进行，即达到动态平衡状态。因此，此时的种子水分为种子在该特定条件下的平衡水分，此时的相对湿度称为平衡相对湿度。当温度固定，将不同湿度下的种子平衡水分画成曲线，就得到 S 形曲线，称为等温吸附曲线（吸湿平衡曲线），如图 1-2-2 所示。

这条曲线有两个转折点：第一个转折点（阶段 I 与阶段 II 之间）出现是因为种子非常干燥，种子胶体中的亲水基团处于裸露状态，对水分子有极强的亲和力，因此强烈地吸收水分，平衡水分很快上升。当种子的所有亲水基团都吸附水分就形成第一层水膜。由于有第一层水膜存在，种子和空气中的水分子有一层间隔，不是靠种子的亲水胶体而是靠水分子之间微弱的氢键吸引，才能形成第二层水膜。因此尽管空气相对湿度增加，但第二层水膜形成很慢，因此造成此时的平衡水分增加缓慢。第二个转折点（阶段 II 与阶段 III 之间）出现是因为种子水分增加后逐渐趋向饱和而凝结，种子内部水汽压突然下降，空气中的水汽在外界水汽压作用下大量进入种子中，所以种子的平衡水分迅速上升。

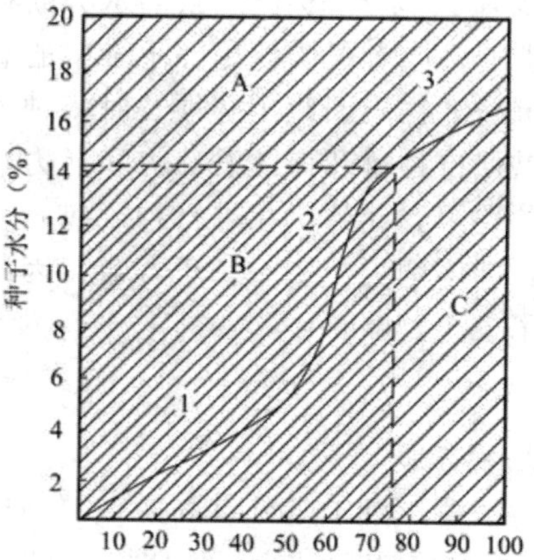

图 1-2-2　种子等温吸附曲线

A—区种子贮藏不安全；B—区种子贮藏安全；C—区种子仅限于短期贮藏；

1—阶段Ⅰ；2—阶段Ⅱ；3—阶断Ⅲ

种子的平衡水分受温度、相对湿度和种子本身的影响。当湿度不变时，种子的平衡水分随温度升高而减小，呈负相关；当温度不变时，种子的平衡水分随相对湿度的增加而增大，呈正相关；从种子本身来看，种子的胚中轴或胚较大、种子表面粗糙、破损、种子内部结构致密、毛细管多而细，种子平衡水分高。此外，种子中化学物质的亲水性对种子的平衡水分有着极大的影响。凡含大量蛋白质、淀粉的种子平衡水分较高，而含大量脂肪的种子平衡水分较低，如表 1-2-5 所示。

表 1-2-5　部分作物种子在不同温度和相对湿度下的平衡水分

作物种子	温度（℃）	相对湿度（%）							
		20	30	40	50	60	70	80	90
小麦	0	8.7	10.1	11.2	12.4	13.5	15.0	16.7	21.3
大麦		9.2	10.6	12.1	13.1	14.4	16.4	18.3	21.1
黍		8.2	10.2	11.7	12.5	13.6	15.2	17.1	19.1
稻谷	20	7.5	9.1	10.4	11.4	12.5	13.7	15.2	17.6
玉米		8.2	9.4	10.?	11.9	13.2	14.9	16.9	19.2
小麦		7.8	9.0	10.5	11.6	12.7	14.3	15.9	18.3
大麦		7.8	9.2	10.7	11.3	13.1	14.3	16.0	19.9
黍		8.8	9.5	10.9	12.0	13.4	15.2	17.5	20.9
大豆		5.4	6.5	7.1	8.0	9.5	14.4	15.3	20.9
小麦	30	7.4	8.8	10.2	11.4	12.5	14.0	15.7	19.3
大麦		7.6	9.1	10.4	12.2	13.2	14.3	16.6	19.0
黍		7.2	8.7	10.2	11.0	12.1	13.6	15.3	17.7

二、种子干燥的原理和方法

（一）种子干燥的目的和作用

1. 种子干燥的目的

新收获的种子一般水分高达 25%～45%。这么高水分的种子，呼吸强度大，放出的热量和水分多，种子易发热霉变，或者很快耗尽种子堆中的氧气而因厌氧呼吸产生的酒精致死，或者遇到低温受冻害而死亡。因此，必须及时将种子干燥，使其水分降低到安全包装和安全贮藏的范围，以保持种子旺盛的发芽力和活力，提高种子质量，使种子能安全经过从收获到播种的贮藏期限。此外，在进行种子包衣和处理过程中，也可造成种子含水量的增加，使种子呼吸强度增大，影响种子寿命，因此，在种子包衣和处理后也应及时进行种子干燥，使种子安全贮藏。

2. 种子干燥的作用

（1）防变质、霉变、虫蛀和冻害

刚收获的种子，生命代谢旺盛，种子水分过高，很容易引起种子的伤害。当种子水分在 40%～60%以上时，种子将发芽；种子水分在 18%～20%或以上时，种子发热变质或受冻死亡；种子水分在 12%～14%或以上时，种子将会发生霉变；种子水分在 8%～9%或以上时，种子仓库害虫开始活动繁殖而蛀食种子。因此，对新收获、水分高达 25%～35%的种子，必须及时采用干燥方法，将种子水分降低到安全水分范围。这是确保种子发芽力和活力的重要步骤。

（2）确保安全包装、安全贮藏和安全运输

种子是活的生物有机体，每时每刻都在进行着呼吸作用，但其呼吸强度随着水分和温度的增高而加强，并且会放出大量的水分和热量，使种子发热霉变，在氧气耗尽时，还将转变为缺氧呼吸而产生酒精杀死种子。只有采用干燥方法，将种子水分降低到安全水平才能确保安全包装、安全贮藏和安全运输，并保持其生活力和活力直至销售和播种。

（3）保持包衣和处理种子的活力

种子包衣和处理过程中使用的包衣剂和处理药液一般为水溶液，在包衣和处理过程中，它们会使种子吸水回潮而水分增加，这不仅会造成种子呼吸强度增加，易发生劣变，而且药液还会伤害种子胚根，影响种子的正常发芽和成苗，因此，在种子包衣过程和处理后应该及时干燥才能保持其发芽力和活力。

（二）种子干燥原理和干燥过程

1．种子干燥的原理

种子干燥是通过干燥介质给种子加热，利用种子内部水分不断向表面扩散和表面水分不断蒸发来实现的。种子表面水分的蒸发，取决于空气中水蒸气分压力的大小。空气中水蒸气的分压力表示空气中水蒸气含量的多少，空气中水蒸气含量随水蒸气分压力的增加而增加。空气中水蒸气分压力与种子表面间水蒸气分压力之差，是种子干燥的推动力，它的大小决定种子表面水分的蒸发速度。压力差大，种子表面的水分蒸发速度快。而种子内部水分的移动现象，称为内扩散，又分为湿扩散和热扩散两种。

（1）湿扩散

种子干燥过程中，其表面水分蒸发，破坏了种子的水分平衡，使其表面含水率小于内部含水率，形成了湿度梯度，而引起水分向含水率低的方向移动，这种现象称为湿扩散。

（2）热扩散

种子受热后，表面温度高于内部温度，形成温度梯度。由于存在温度梯度，水分随热源方向由高温处移向低温处，这种现象称为热扩散。

温度梯度与湿度梯度方向一致时，种子中水分热扩散与湿扩散方向一致，加速种子干燥而不影响干燥效果和质量。温度梯度和湿度梯度方向相反，种子中水分热扩散和湿扩散也以相反方向移动，则影响干燥速度。加热温度较低，种子体积较小，对水分向外移动的影响不大；如果温度较高，热扩散比湿扩散进行得强烈时，往往种子内部水分向外移动的速度低于种子表面水分蒸发的速度，从而影响干燥质量。严重的情况下，种子内部的水分不但不能扩散到种子表面，反而往内迁移，形成种子表面裂纹等现象。

2．影响种子干燥的因素

影响种子干燥的因素主要有相对湿度、温度、气流速度和种子本身的生理状态和化学成分。

（1）相对湿度

在温度不变的条件下，干燥环境中的相对湿度决定了种子的干燥速度和降水量，如空气的相对湿度小，对含水率一定的种子，其干燥的推动力就大，干燥速度快；反之，则干燥速度慢。所以相对湿度是决定干燥种子是否可以采用自然通风或辅助加热干燥的重要参数。干燥种子时干燥介质的相对湿度一般不能超过60%。

影响相对湿度变化的因素：一是绝对湿度的大小，这取决于空气中实际含水量的多少；二是饱和湿度的高低，这取决于温度的高低，温度越高，饱和湿度越大，则相对湿度越低。

（2）温度

温度是影响种子干燥的主要因素之一。干燥环境的温度高，一方面具有降低空气相对湿度、增加持水能力的作用；另一方面能使种子水分迅速蒸发。在相同的相对湿度情况下，温度高时干燥的潜在能力大。在一个气温较高、相对湿度较大的天气，对种子进行干燥，要比同样湿度但气温较低的天气进行干燥有较高的干燥潜在能力。所以应尽量避免在气温较低的情况下对种子进行干燥。

（3）气流速度

种子干燥过程中，存在着吸附于种子表面的浮游状气膜层，阻止种子表面水分的蒸发。所以必须用流动的空气将其逐走，使种子表面水分继续蒸发。空气的流速高，种子的干燥速度快，则缩短了干燥时间。但空气流速过高，会加大风机功率和热能的损耗。所以在提高气流速度的同时，要考虑热能的充分利用以及使风机功率保持在合理的范围内。

（4）种子本身生理状态和化学成分

1）种子生理状态对干燥的影响：刚收获的种子含水率较高，新陈代谢旺盛，进行干燥时宜缓慢进行，可采用先低温后高温的二次干燥。如直接用高温进行干燥种子容易丧失发芽能力。

2）种子的化学成分对干燥的影响：①水稻、小麦、玉米等属于淀粉类种子，其组织结构疏松，所以干燥起来较容易，可采用相对较高的温度进行干燥，上述种子毛细管粗大，传湿力强，所以干燥起来比较容易，可采用相对湿度较高的温度进行干燥；②大豆、蚕豆等属于蛋白质类的种子，其组织结构紧密，毛细管较细，传湿力弱，但种皮却很疏松易失去水分，干燥时，如采用较高的温度和气流速度，种子内的水分蒸发得较慢，而种皮的水分蒸发得较快，使其水分脱节易造成种皮破裂，不易贮藏，而且影响种子的生命力，所以对这类种子进行干燥时，尽量采用较低的温度进行干燥；③油菜、亚麻等油质类种子，因其含有大量的脂肪，为非亲水性物质，这类种子的水分往往比上述两类种子容易散发，可用高温快速干燥。

除生理状态和化学成分外，种子子粒大小不同，吸热量也不一致，大粒种子需热量多，小粒则少。

种子的干燥条件中，温度、相对湿度和气流速度之间存在着一定关系。温度越高，相对湿度越低，气流速度越高，则干燥效果越好；在相反的情况下，干燥效果就差。应当指出，种子干燥时，必须确保种子的生命力，否则即使种子能达到干燥，也失去了种子干燥的意义。

（三）种子干燥方法（彩图35-39）

种子干燥方法可分为自然干燥、机械通风干燥、加热干燥和干燥剂干燥等方法。

1．自然干燥

种子自然干燥就是人们利用日光、风等自然条件，使种子的含水量降低，达到或接近种子安全贮藏水分标准的方法。一般情况下，水稻、小麦、高粱、大豆和部分蔬菜、花卉等作物种子采取自然干燥可以达到安全水分。

自然干燥可以降低能源消耗，防止种子未烘干前因受冻而降低发芽率；可以加快种子降水速度，促进种子早日收贮入库，同时也会降低种子的加工成本。

（1）自然干燥的作用原理

这是目前我国普遍采用的节约能源、廉价安全的种子自然干燥的主要方法。其干燥原理是将种子在日光下晾晒，种子内的水分向两个方向转移：一方面水分受热蒸发向上散发于空气中；另一方面，由于表层种子受热较多、温度较高，而底层则受热较少、温度较低，因而在种子层中产生了温度陡差，根据湿热扩散定律——水分在干燥物体中沿着热流的方向移动，因此在日晒干燥时，种子中的水分也由表层向底层移动，因而造成表层与底层种子含水量在同一时间内可差3%～5%。但应注意，在南方炎夏高温天气，中午或下午水泥晒场或柏油场地晒种时，因表面温度太高，易伤害种子。

（2）自然干燥方法

自然干燥分脱粒前和脱粒后自然干燥，干燥方法也不相同。

1）果穗干燥：脱粒前的种子干燥可以在田间进行，也可在场院、晾晒棚、晒架、挂藏室等处进行，利用日光暴晒或自然风干等办法降低种子的含水量。田间晾晒的优点是场地宽广，处理得当会使穗或谷穗植株等充分受到日光和流动空气（风）的作用而降低水分。例如，玉米种子的果穗在收割前可采用“站秆扒皮”或“高茬晾晒”的方法晾晒；高粱收割后可用刀削下穗头晒在高秆垛码上面；小麦、水稻可捆紧竖起，穗向上堆放晒干。这些方法主要是利用成熟到收获这段较短的时间，使种子水分降低到一定程度。对一些暂时不能脱粒或数量较少又无人工干燥条件的种子，可采用搭晾晒棚、挂藏室、搭晾晒架等方法，将植株捆成捆挂起来。玉米果穗可制成吊子挂起来晾晒。部分蔬菜花卉可带茎秆晾晒。

2）子粒干燥：这种方法古老简单，晾晒种子就是在晴天有太阳光时将脱粒后的种子均匀地摊铺在晒场上，利用日光产生的温度及风力干燥种子。这种自然干燥可利用日光中的紫外线而起到一定的杀菌作用，此外，还可以促进种子的成熟，提高发芽率。晒场的条件包括四周通风情况，对晾晒种子降低水分的效果有很大差别。晒场常见的有土晒场和水泥晒场两种，水泥晒场由于场面较干燥且场面温度易于升高，晒种的速度快，容易清理，晾晒效果优于土晒场。水泥晒场一般可按一定距离，中间修成鱼脊形，中间高两边低，晒场四周应设排水沟，以免积存雨水影响晒种。

（3）自然干燥的特点

1）成本低，设备简单，投资少。

2）受季节和气候影响大，干燥速度慢。

3）产品质量受环境影响大，干燥时间长。

（4）自然干燥的要求

为使种子干燥达到预期效果，晒场晾晒应做到以下几点。

1）清场预晒：晾晒种子前，先清理晒场，扫除泥沙、异品种种子、杂物，然后晒场预晒增温，即“晒种先晒场”。种子出晒时间不宜过早，在近中午时分开始晾晒，否则容易引起近地面种子结露，影响干燥效果。

2）薄摊勤翻：薄摊勤翻的目的是扩大种子与阳光和干燥空气的接触面，提高干燥效果。为了防止上层干、底层湿的现象，在晾晒时种子摊的厚度不可过大，一般可摊成5～20 cm厚。大粒种子可摊铺15～20 cm；一般小粒种子如油菜、甘蓝、小麦、水稻等种子，薄摊厚度不宜超过3～5 cm；中粒如玉米、大豆、向日葵、甜菜等不宜超过10～15 cm。如果阳光充足，风力较大时还可以厚些。为了扩大接触面，受热均匀，可将种子耙成波浪形，形成种子垄，增加种子层的表面积，这样晒种比平摊的降水速率快。每小时翻动一次，中午高温期间增加翻动次数，使上下层干燥均匀（见表1-2-6）。翻动要彻底，使底层水分能彻底散发出去，防止水分发生分层现象。在翻动时注意防止油菜、大豆等种子种皮的破损。

表1-2-6 翻动次数种子和种子水分的关系

作物	晒种厚度（cm）	翻动次数	暴晒时间（h）	含水量（%）		
				晒前	晒后	水分减少量
晚粳	4	3	6	20.04	19.01	1.03
		6	6	20.04	17.28	2.76
		12	6	20.04	16.24	3.80

3）注意防冻：如果西北地区在10月中下旬至11月，种子水分仍然在16%以上，最低温度6 ℃，种子就会有受冻的危险。

4）冷却入仓：除需要热进仓杀虫处理的种子外，暴晒过后的种子均需要冷却后方能入仓，散装贮藏的种子尤其要注意，否则种子接触冷地面后，在底层发生结露现象或种子余热不散，造成不良后果。

2．种子机械通风干燥

（1）通风干燥

对新收获的水分含量较高的种子，因遇到阴雨天气或没有热空气干燥机械时，可利用送风机将外界凉冷干燥空气吹入种子堆中，把种子堆间隙的水汽和呼吸热量带走，以达到不断吹走水汽和热量，避免热量积聚导致种子发热变质，而使种子变干和降温的目的。是一种暂时防止潮湿种子发热变质，抑制微生物生长的干燥方法。

（2）种子通风干燥的条件和限制

通风干燥是利用外界的空气作为干燥介质，因此，种子降水程度受外界空气相对湿度影响。一般只有当外界相对湿度低于70%时，采用通风干燥才是最为经济和有效的方法。当种子的持水力与空气的吸水力达到平衡时，种子既不向空气中散发水分，也不从空气中吸收水分。

（3）种子通风干燥方法

这种干燥方法较为简便，只要有一个鼓风机就能进行通风干燥工作（见图1-2-3）。

3．加热干燥法

这是一种利用加热空气作为干燥介质（干燥空气）直接通过种子层，使种子中的水分汽化，从而干燥种子的方法。在温暖潮湿的热带、亚热带地区，特别是大规模种子生产单位或长期贮藏的蔬菜种子，需利用加热干燥方法。加热干燥法根据加温程度和作业快慢可分为低温慢速干燥法和高温快速干燥法。

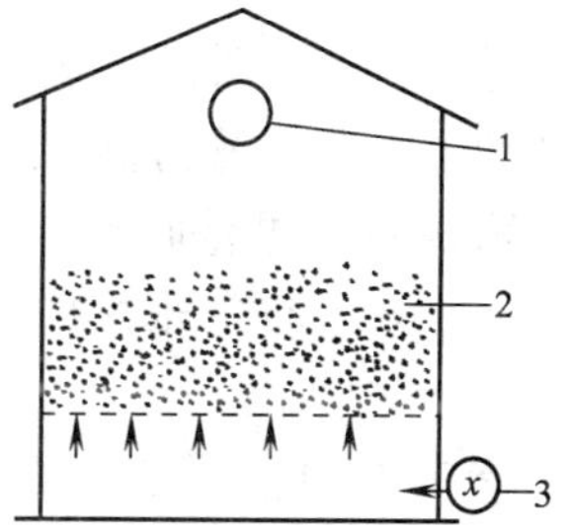

图 1-2-3　通风干燥法

1—排风口；2—种子；3—鼓风机

低温慢速干燥法所用的气流温度一般仅高于大气温度8℃以下，同时，一般 1 m^2 种子采用 6 m^2/min 以下气流量，干燥时间较长，多用于仓内干燥。

高温快速干燥是采用较高的温度和较大的气流量对种子进行干燥，又分为加热气体对静止种子层干燥和对移动的种子层干燥两种。

加热气流对静止种子层干燥，加热气体通过静止的种子层以对流方式进行干燥，加热气体温度不宜超过 43℃。目前常用的热气流烘干室就属于这种形式的干燥设备，还有袋式干燥机、箱式干燥机等。加热气流对移动种子层干燥，种子在干燥机中移动连续作业，使种子受热均匀，提高工作效率。属于这种形式的烘干设备有滚筒式干燥机、输送带式干燥机等。

此外，还有利用远红外、太阳能等作为热源的干燥方法。

4．干燥剂干燥法

干燥剂干燥法是将种子与干燥剂按一定比例封入密闭容器内，利用干燥剂的吸湿能力，不断吸收种子扩散出来的水分，使种子变干，直到达到平衡水分为止的干燥方法。这种干燥法主要适用少量种质资源和科学研究种子的保存。

除以上几种常用的干燥方法外，还有冷冻干燥法、热能照射干燥法等。

行动（Action）

活动一　茄果类蔬菜种子的干燥方法（以番茄为例）

用清水快速将种子淘洗干净，清洗后的种子放在尼龙纱布做成的晾床上，置于干燥通风处阴干；也可用风槽干燥或加热干燥。下面以风槽干燥为例。

第一步：检修风槽干燥设备，清洁干燥槽，切忌混杂。

第二步：将需干燥的种子放于风槽内，摊平，厚度以 15～20 cm 为宜。注意要将槽底各处摊上种子，不能出现漏风空洞。

第三步：开风机实施干燥，每半小时停机将种子上下翻动一遍，直至水分达到标准。

第四步：待种子水分下降到 8%以下时及时收种，利用风压式提升机或风车对种子初选、精选。加工、入库过程要防止鼠害及人为的机械混杂。

活动二 玉米种子的干燥

玉米种子可采用自然干燥或加热干燥，加热干燥根据实训条件，参考附件 2-1。下面以玉米种子自然干燥为例。

第一步：果穗收获。

第二步：将需干燥的果穗摊平于晾晒场，厚度以 2～3 层果穗为宜。要做好防冻、防雨、防雪、防鼠工作。

第三步：隔 2～3 d 要将种子上下翻动一遍，直至水分达到标准。若有子粒烘干设备，水分降至 18%便可脱粒。

第四步：待种子水分下降到 13%以下时及时脱粒，利用移动式种子加工车等设备，开展脱粒、初选、精选等加工，加工、入库过程防止鼠害及人为的机械混杂。

评估（Evaluate）

完成了本节的学习，通过下面的练习进行自我检查（任选当地其他制种作物）：

1）简述影响种子干燥的因素；

2）简述当地其他制种作物种子的干燥方法。

附件 2-1 种子的加热干燥设备

一、种子加热干燥机械

常用的种子加热干燥机械主要为堆放分批式干燥设备和连续流动式干燥设备两大类型。

（一）堆放分批式干燥设备

堆放分批式干燥是在种子处于静止状态时进行干燥，其设备结构比较简单，可采用砖木结构，从而具有建造容易、热效率高、干燥成本低、操作简单等优点。堆放分批式干燥设备的另一个特点是，玉米穗和粒状种子（如小麦、水稻和其他作物种子等）都能用同一设备进行干燥，所以比连续流动式干燥设备利用率高，常用的堆放式分批干燥设备有简易堆放式干燥设备、斜床堆放式干燥设备、多用途堆放式干燥设备等种类。下面以斜床堆放式干燥设备为例作如下介绍。

斜床堆放式干燥设备是目前国内普遍采用的干燥设备，包括斜床堆放式干燥床、单侧斜床堆放式干燥室、双排列斜床堆放式干燥室等类型。

虽然斜床堆放式干燥设备的结构因类型不同而各有不同，但其干燥工艺大同小异，所以这里选斜床堆放式干燥床简介如下。斜床堆放式干燥床具有设备投资少、结构简单、建造容易、安全可靠、操作方便、干燥成本低以及进料排风方便等特点。斜床堆放式种子干燥床的干燥工艺流程比较简单。

1. 结构

这种干燥床的结构主要由间接加热煤炉、连接风道、通风机、排潮风道、种床等组成，其结构如图 1-2-4 所示。

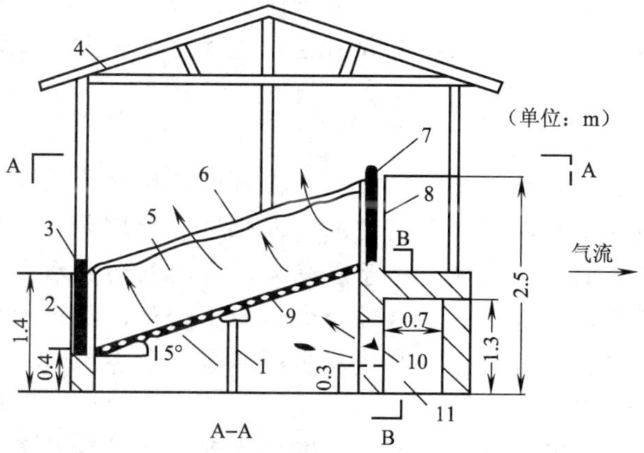

图 1-2-4　斜床堆放式种子干燥床结构示意图

1—支架；2—出料口；3—出料口挡板；4—棚盖；5—种层；6—床壁；
7—进料口挡板；8—进料口；9—种床；10—进风口；11—扩散风道；A、B—剖面图

2. 干燥工艺流程

斜床堆放式种子干燥床的干燥工艺流程比较简单，即由通风机将由燃煤炉加热的热空气和大量冷空气抽进连接风道，混合后吹入扩散风道，并均匀地通过整个种层，对种子进行干燥（见图 1-2-5）。

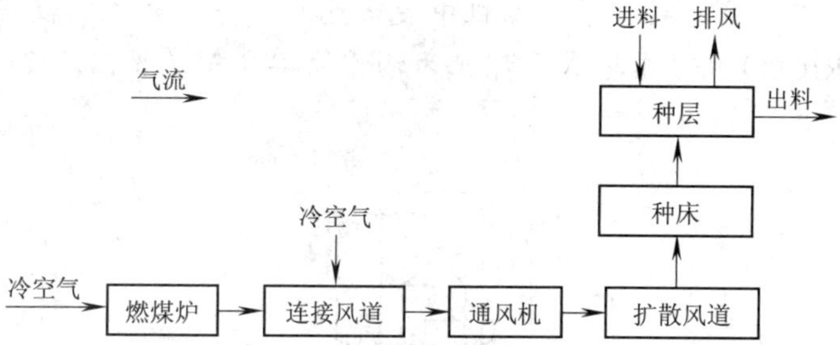

图 1-2-5　斜床堆放式种子干燥床的干燥工艺流程图

（二）连续流动式干燥设备（彩图 4）

虽然堆放分批式干燥设备结构简单、用途广、费用低，但生产能力较低，劳动强度比较大，因此对于水稻、小麦或脱粒后玉米等高水分颗粒，采用连续流动式干燥设备进行干燥更为合适。在干燥过程中，为了使种子能够均匀受热，提高生产率，种子在干燥机中必须流动，进行连续干燥。高水分的种子不断加入干燥机，经干燥后又连续排出。所以这种干燥方法又称为连续干燥。连续流动式干燥设备生产能力大，干燥质量也比较高，并易与其他加工机械配套成线。目前常用的连续流动式干燥机有圆仓式循环干燥机、循环通风干燥机、连续式干燥机、通风带式干燥机等种类。

1. 连续流动式干燥设备原理

连续流动式干燥设备的种类很多，但其原理基本上一致，这里以连续式干燥机为例

作以下简介。

在连续干燥机中，加热气体的流动方向与种子移动方向的配合有多种形式，彼此以同方向运动的称为顺流式；彼此以相反方向运动的称为对流式；二者以互相垂直方向运动的称为错流式。

（1）顺流式

种子进入干燥机后，就与加热气体接触，在向出口移动的过程中被加热，含水量降低，而加热气体的温度下降，相对湿度增加。因此这种干燥方法的缺点是，潮湿的种子一开始就遇到温度较高的加热气体，由于温差大，种子表面的水分很快散发出去，使种子表层与内部水分脱节，造成由于表层过分失水而干缩化，阻止加热气体对种子的加热作用，甚至使种皮爆裂。但这种方法热能损失小。

（2）对流式

种子进入干燥机后，温度逐渐升高，其温度达到最高时离开干燥机，这种方法从种子受热的角度看较为合理，但热能损失大。

（3）错流式

便于应用不同温度的气体，种子需要在干燥机中反复几次，才可均匀受热。目前所用的连续式干燥机中，多采用错流式。

2. 连续式干燥机结构及其特点

连续式干燥机按其结构不同又可分为滚动式干燥机、百叶窗式干燥机、风槽式干燥机、塔式干燥机等种类。

塔式干燥机是连续流动式种子干燥机中最常见的一种，也是比较理想的一种，现以美国贝力科（BERICO）930 型塔式干燥机为例作简单介绍（见图 1-2-6）。

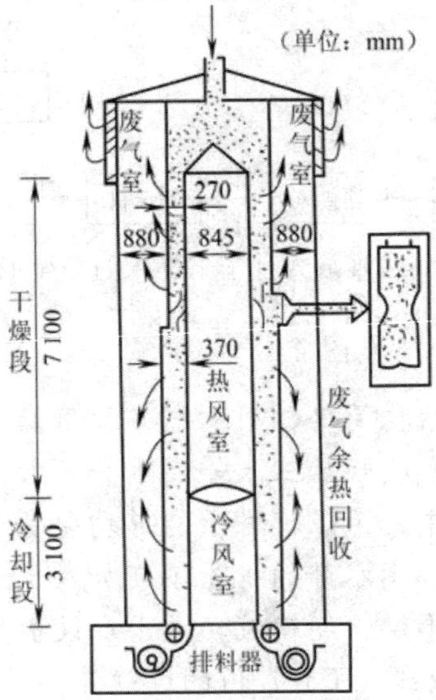

图 1-2-6　塔式干燥机

贝力科 930 型塔式干燥机主要由两个矩形断面的竖筒形干燥室、风机室以及提升机等组成。风机室内有冷、热两个通风机和 1 个燃油炉（也可采用燃煤热风炉），因此干燥室分为两段，上段为干燥段；下段为冷却段。在干燥时，种子由提升机不断地输送到干燥机的顶部，然后均分到两个竖筒形干燥室内，缓慢地通过干燥段和冷却段后由排料器排出。通风方式基本上和径向通风干燥仓类似，但冷风室和热风室之间是由可动隔板隔开的。

1）外壳用镀锌板制成，以保持竖筒内的种子不受风雨侵蚀和减少热损失。在外壳的上部，三面都装有排气百叶窗，所以不管风雨自什么方向来，都不会影响正常干燥与废气的排出，因此这种干燥机不必装在室内。

2）在干燥段的中部，有一个能使种子内部外层互换的分流装置，从而使种子干燥后水分比较均匀一致。

3）由于连续流动式干燥设备大都采用高温快速干燥的工艺，因此干燥的种子温度也比较高，故在冷却时可将冷空气加热到一定程度。贝力科 930 型塔式干燥机配有这种余热回收装置，因而热效率较高。

二、干燥机选型与配套（彩图 38、39）

（一）根据作物种类和数量确定干燥工艺

不同的作物种类可以选用不同原理和结构的干燥机。由于对生产率、降水幅度的要求不同，首先在保证种子质量的情况下确定干燥工艺，普通的干燥工艺均为干燥—缓苏—冷却。但对不同的种子在不同水分条件下，其干燥加热时间、缓苏时间、热风温度、种子温度和热风风量等参数应适当调整，即选择不同的干燥工艺和干燥机，如种子品种多、数量少或分散存放，应选用小型批式干燥机或小型移动式干燥机；如品种单一、数量大、干燥期短，应选用大型连续式干燥机为宜。当种子水分含量过大，一次降不到安全水分时，可采用二次干燥工艺。干燥机热风温度和种子受热温度是保证种子质量的关键。近年来，由于对种子质量和色泽要求的重视，一般采用适当降低热风温度来干燥种子，以此提高干燥后的种子等级。

（二）根据环境条件选择干燥机

由于各种作物的收获季节不同，以及南北方干燥时温度差异等因素，必须考虑干燥效果和作业成本。例如，北方地区外界温度低，所需的单位热耗相对较大，成本也较大，因此在北方 0 ℃左右作业的干燥机外壁及热风管道应加保温层，减少热量损失。

（三）根据当地能源资源，选择干燥机热源

干燥机必须配有一定的热源才能完成干燥作业，所以选择干燥机时要考虑当地的能源资源，以做到合理利用，降低成本。例如，有煤矿的地区或省份，热源以煤、无烟煤或焦炭为宜，价格较低，但燃煤热风炉一次性投资大；生产水稻地区或有稻谷加工厂的地方应大力推广使用稻壳炉或秸秆炉；生产玉米种子地区可使用燃玉米芯炉等，既节省了能源，又降低了干燥成本；有油田和天然气的地区，可用轻柴油、重油或天然气等作为热风炉燃料，这类燃料使用成本高，但油气炉一次性投资小。专用种子干燥机应用燃煤粉炉、燃油或天然气油气炉为宜，因为它的风温稳定，易控制，能够保证干燥种子的发芽率。现有型或移动式干燥机可因地制宜，选用煤、煤粉、秸秆、稻壳、玉米芯、木材（板皮、树枝等）和打包或压制的秸秆等作燃料，既经济又实用。

（四）以服务半径确定干燥机的生产率

干燥机的配备宜大不宜小。因为多数情况下是在收获季节遇上雨季或种子水分高时，才使用干燥机，干燥量大，生产率小的干燥机不能解决问题。种子繁育集中地区应配备大中型的即生产率在 10～15 t/h 以上的干燥机。固定式干燥机的服务半径宜小不宜大，以减少运输距离，降低成本，提高效益。移动式干燥机可用于农村和南方制种不集中地区，生产率一般为 1～3 t/h 为宜；过小，干燥太慢，不受用户欢迎，最好一机多用，不但适用于种子，还适用于一些经济作物。服务半径大，才能发挥移动式干燥机的作用。

配置大中小型的干燥机应综合分析，根据干燥期内干燥种子的数量、降水幅度和降水速度来确定干燥机的生产率。

（五）附属设备的配备

干燥机要完成干燥作业必须配备一些附属设备。机械化程度高，自动控制可靠，工人的劳动强度就会大大降低。连续式干燥机在储粮段应设上下料位器，流程中的暂存仓应设满仓、空仓料位器，提升机应有自动停机及堵塞报警装置等。有了料位器，当干燥机装满时，上料位器工作，就会自动停止供种，当机内种子降至下料位时，就自动向干燥机供种，使干燥机始终保持稳定作业。电控装置必须可靠，电机应设有过载保护装置，并能实现手动和自动连锁控制，排粮机构应能实现调速或无级变速。温度控制是保证种子质量的关键，温控仪表应能显示热风温度及各段粮温，温度显示必须准确；高温应能报警，并能对热风炉的燃料消耗量、热风供给量及引烟机和鼓风机等进行控制，以保证供给的热风温度相对稳定。有条件的地方和单位应配置在线水分测试仪和在线流量秤。干燥机的电、温控装置及生产率等应逐步实现智能化控制。

（六）干燥机机型的选择确定

用批式循环干燥机干燥种子，已被很多种子企业所接受。南方水稻种子多选用江苏久阳、上海三久、无锡金子和山本机械（苏州）等生产的批式循环种子干燥机（见表 1-2-7）。玉米、小麦和北方水稻种子干燥量大的地区可选用连续式混流种子干燥机，如佳木斯农副产品加工机械化研究所和铁岭精工等生产的混流烘干机，黑龙江哈美达和兴凯湖机械有限公司等生产的顺流干燥机。牧草种子干燥应选择滚筒干燥机，油菜种子干燥应选择混流干燥机。

表 1-2-7　批式循环种子干燥机技术性能

技术性能 \ 生产企业	江苏久阳	上海三久	无锡金子农机	苏州山本机械
干燥段	横向八槽	纵向四槽	横向八槽	纵向四槽
提升机	6、8 英寸[①]料斗	6、8 英寸料斗	6、8 英寸料斗	嵌入式电机，8 英寸料斗
操作控制系统	电气自动控制	电气自动控制	电脑全自动控制	电脑全自动控制，可编辑程序，液晶控制面板，水分差异分布曲线显示品质调制程序设定，干燥历史记录保存

续表

技术性能＼生产企业	江苏久阳	上海三久	无锡金子农机	苏州山本机械
循环方式	旋转式排粮轮/排粮槽机构	旋转式排粮轮/排粮槽机构	旋转式排粮轮/排粮槽机构	摆动式排粮筒机构
水分检测	电阻式单粒自动水分仪	电阻式单粒自动水分仪	电阻式单粒自动水分仪	电阻式连续测定水分仪
燃料器	欧洲产通用燃烧器	专用燃烧器	变频燃料气	分级式变频燃料气
出料方式	自动出料、手动拉绳式	手动拉绳式	自动出料	自动、间歇式出料
风机产地	离心风机 南京（关键部件进口）	混斜流式风机 上海	离心风机 日本（70%国产）	双混流式风机 日本（40%国产）
典型机型	5HXG—60 5HXG—70 5HXG—80 5HXG—100	ACF—62 NewPro—100 NewPro—60—85 NewPro—120	CEL—60 CEL—1 000	NCD—80BC NCD—100BC

注：① 1 英寸约合 2.54 cm。

三、金属筒仓的选型与配套

（一）仓型

种子干燥系统常用的金属仓多为钢结构锥底金属筒仓，装卸方便，便于清理，不易混种。

（二）仓容量

金属筒仓容量的大小应根据干燥机每天处理的湿种子量来确定。如 10 t/h 的种子干燥机，连续作业时每天干燥 200～240 t 种子，为保证夜间的正常干燥作业，且不影响第二天的工作，湿储仓和干储仓的仓容量分别为 200 t；或考虑 1 天的预留量，选用两个 200 t 的湿储仓和干储仓。总之金属筒仓的选择宜大不宜小。

金属仓的技术要求和配置如下。

1）金属筒仓壁板不应有折叠、变形等异常，仓内不应有漏雨和渗雨现象。

2）湿储仓仓内应有种子温度与料位检测装置。

3）湿储仓仓顶应有引风机，仓底应有鼓风机。

4）仓内应配跌落梯或匀布器等防种子破碎装置。

5）仓壁上应有入孔、内外爬梯，仓顶有通气孔、入孔和护栏。

（三）使用及注意事项

1）金属筒仓进种前，打开入仓输送机、提升机（或提升机出口）与仓顶口阀门，关好仓底阀门和仓壁门。

2）湿种子装入存储仓后，为均衡仓内种子水分和温度，应间断地开动通风设备。

3）干储仓种子温度高于环境温度 5～8 ℃时，要开动风机进行冷却。

4）干燥系统作业时储存仓内不准进人。

四、干燥机常用机型的使用与维护

（一）混流干燥机

1．干燥机使用操作

（1）空运转

每年干燥作业前或检修后应进行半小时空运转，即开动输送机、提升机、热风机、冷风机和排种电机等，确认无不正常现象，再向机内装种子。

（2）装种子

1）干燥开始时可装全湿种子，先自动进行循环干燥。

2）先装一半低水分种子，再装满高水分种子，直接连续干燥。

（3）预热干燥

种子装满后，热风炉点火，按顺序启动各风机，从升温到正常所需温度要缓慢升温，预热干燥 10～30 min（根据种子水分含量高低而定，水分高可时间长，水分低时间短）后，开始循环干燥或连续干燥作业。

（4）排种及排种速度

1）排出的种子没有达到安全水分所需水分时，应自行循环干燥作业。

2）排出的种子水分达到了安全水分，可进入连续烘干作业。

3）排种速度应根据湿种子水分含量高低及是否达到所需安全水分而定，水分高速度慢，水分低速度快。

（5）热风温度

在降水幅度大时，热风温度应根据种子的不同，控制在上限温度为宜，当降水幅度小时，可适当降低温度，并加快排种速度。

2．干燥机正常作业

1）根据湿种子的品种、原始水分、降水幅度及热风温度来确定该机正常作业的各项指标，并在控制台上将这些数据调整准确，保证干种子、湿种子能够连续出进，使整个生产过程在一个连续的状态下正常工作。这项工作较为复杂，要根据化验后种子的最终水分来调整，保持机内湿种子始终处在上下料位之间，使干燥机下部连续排种、上部连续进种，且排出的干种子恰好在所要求的水分范围之内，这样才能保证干燥机稳定连续作业。

2）每隔半个小时取样化验一次，以检查干燥后种子水分含量的高低。如种子水分偏高，应减少排种速度，即增加种子在机内的干燥时间；如种子水分过低，则应提高排种速度，即减少种子在机内的干燥时间。

3）应经常注意控制台上的仪表、指示灯和报警装置等。

3．停机

干燥结束停机前，应把机内的种子循环干燥至所需水分，先停炉，当热风温度降低至 40 ℃左右时停止主风机，开始冷却排种。

4．种子水分测定

（1）快速水分测试仪测定

要求每 30 min 测定一次。

（2）烘箱法测定

按 GB/T 5 497 规定执行。生产中每班次至少要用烘箱法对干燥后的干种子进行一次检测，并对快速测定仪标定一次。

5. 故障原因及排除方法

故障原因及排除方法见表 1-2-8。

表 1-2-8 故障原因及排除方法

故障名称	原因	排除办法
水分不均匀度过大	湿种子水分差异过大	将湿种子分级堆放，分批干燥，每批水分差不大于 3%
	热风温度波动较大	燃煤热风炉没烧好，按操作规程操作
	排种机构的排种间隙不均匀	停机，调整排种间隙
	排种机构局部堵塞	停机清理
	热风风量分配不均	增加导风板
水稻种子爆腰率或破碎率过高	风温过高，干燥速度过快	降低热风温度或增加排种速度
	水稻种子一次降水幅度过大	增加排种速度，进行二次烘干
干燥剂生产率低，降水幅度小	热风温度低，降水慢	保持风温在允许温度以上
	煤层薄，炉温低	适当加厚煤层，增加炉温
	煤层厚，炉排速度过慢	适当加快炉排速度
	炉温低，热风温度低	开大引烟机风门或检查炉膛沉降室等是否堵塞
	废气室百叶窗堵塞	清除百叶窗
干燥机进种口跑热风，即从提升机喂入口方向出风	百叶窗堵塞或排气面积小	清理百叶窗或加大排气面积
	上排气阻力过大	在废气室中间加排气口
	干燥机下料位器过低	提高下料位器高度
	储粮段种子层过薄或缺种子	提高下料位器高度或上满种子
鼓风机刚停时风温升高，刚开时风温下降	鼓风机风门开度过大，冷风过多	应加调节风门，关小或合理打开，分配风量（前小或不开，后大或全开）
排种叶轮不转	调速电机不转	检查绝缘，排除故障，更换热保护
	链条断	连接上链条
	硬、大物体卡死叶轮	打开检视孔取出杂物
	链轮轴键磨损	更换新轴键

续表

故障名称	原因	排除办法
排种不均	排种叶轮与侧分种子板之间有堵塞物	清除堵塞物
	排种叶轮与侧分种子板间隙不一致	调整侧分种子板与排种叶轮间隙，使排种段的排种叶轮间隙一致
角状盒外端漏种子或百叶窗向外漏种子	风量过大，风速过快	相应关小风机风门开度
	角状盒立边与侧板间隙过大	校正焊好角状盒立边
	干燥机缺种子	装满种子
	储粮段种子过薄	提高下料位器高度
全部电机不工作	电源缺相	接通电源
	控制线路保险烧坏	换保护元件
	控制线路断路	将断线接好
主风机电机及轴承座温升过高	轴承座内缺油	加注或更换润滑剂
	轴承磨损或损坏	更换轴承
	联轴器不同心	调整同心度
机内冒烟起火	物料长期堵塞不清理	关闭主风机，迅速全开排料电机快速排种，打开所有紧急排种口放种子，停机清理
	换热器开焊串水	检查换热器密封及焊接情况，查出串烟部位加强密封
料位不准	料位器失灵	检修料位器
	提升机皮带打滑或流管堵塞	紧提升机皮带或清通流管
热风温度不稳	燃料发热量不够	更换燃料
	换热器列管内壁结垢过多	清理换热器内管壁
风机噪声大或震动大	风机的脚松动	紧固风机地脚
	风机动平衡不好	重新做动平衡
	轴承磨损	更换轴承

（二）批式循环干燥机

1. 安装场所的选择原则

1）干燥机应装在室内，要选择通风良好的厂房。

2）应将排风管通至室外，离排风口 1 m 之内不应有障碍物。

3）应将排尘管接至室外，否则将增加厂房内的粉尘量。

4）干燥机四周应有足够空间，以方便装卸种子。

5）安装干燥机的地面应平坦、坚实。

6）干燥房应有足够高度，操作者可以方便地进出干燥机顶盖窗口并进行维护和修理。

7）干燥机房选址不应紧靠河边等与水面较近的地方，因此类地区湿度较大，易影响干燥机的干燥效果。

8）干燥机不应选择在居民区，干燥作业产生的噪声和灰尘会对居民的正常生活产生不良影响。

2. 电源总开关及电缆线的准备

干燥机电源进线应采用线芯直径 2.5 mm 以上的电缆线，应单独安装闸刀开关，并安装 25 A 空气开关保护，电源保险丝为 32 A，为了安全务必装接地线。

3. 试运转前的准备工作

（1）检查电源及各电机的旋转方向是否正确

干燥机所用电源为 50 Hz、380 V/220 V 交流电，如果电源电压变动范围超过 ±10%，应该安装稳压器，以避免出现电器故障。

通电后打开提升机中段侧面检视窗盖，提升机料斗应从下向上运动。转向不符时应交换电源进线接线盒三相导线中的任意两相。

（2）燃料的准备

多采用柴油或轻柴油为燃料，在气温 5 ℃以下时应采用−10#柴油为燃料，用户应根据当地的气候条件选用合适牌号的柴油。柴油的储存、沉淀、添加管理方法应高于农用拖拉机用油标准，一般柴油经过 48 h 沉淀后才能使用。干燥机应使用清洁的柴油，柴油不干净是燃烧器故障的主要原因。开机前应加满油箱，加油时务必关掉干燥机总电源。切不可误用汽油，否则会引起火灾及人员伤亡事故。

（3）检查各传动皮带的张紧度

从提升机观察窗口检查提升机皮带的张紧度是否适宜，皮带松弛时会产生打滑，影响提升能力。提升机皮带张紧时要两侧均匀，张紧的同时要检查皮带是否居中（以不和两侧摩擦产生噪声为宜）。如果皮带侧移，则说明皮带两侧张紧度不一致，应作进一步调整。

检查其他电机传动皮带（V 带）松紧度。

（4）干燥机的试运转

新安装的干燥机或干燥季节作业之前，都应进行试运转，以检查各部分运转是否正常，如遇故障应及时维修、调整。干燥机试运转按以下步骤进行。

1）检查电源并合上总电源开关。合上总电源开关，控制箱电源指示灯亮。

2）设定试运转时间。可根据干燥机的状况选择试运转的时间，新机器和停机时间较长的机器，试运转时间应较长一些，一般在 10～20 min，停机时间较短可试运转 5～10 min。

3）设定试运转热风温度。温度控制系统可以在 0～65 ℃范围内设定工作温度，在干燥机运转时，设定温度可以高于环境气温约 5 ℃。例如，室内温度为 25 ℃，设定温度值可为 30 ℃。当打开电源开关后，燃烧器会开始工作，达到 30 ℃时停止。

4）启动操作过程。在设定好相关工作状态后，可以启动干燥机进行试运行。

注意：在工作过程中，如遇电机过载，控制箱热保护器工作，该电机停止工作，相对应的故障指示灯（红）闪烁，故障排除后按“干燥”按钮，返回初始状态，重新启动干燥机。

（5）干燥作业

1）干燥热风温度设定。一般种子干燥采用的热风温度为环境温度，即 20～25 ℃，最高温度不高于 48～50 ℃。配备电脑控制程序的干燥机，设定好被干燥种子的干燥温度后，不论每一批次的干燥中种子是否装满干燥机规定的额定容料量，电脑都将自动调整干燥参数。

干燥温度取决于干燥机的机型、种子的种类、环境温度和容料量，对此设备生产企业会在使用说明书或机器上特别说明。

批式循环干燥机干燥种子时的热风温度见表 1-2-9、表 1-2-10。

表 1-2-9　5XHG—60 型、5XHG—70 型干燥机的推荐热风温度

室内气温（℃）	干燥热风温度（℃）					
	2 000 kg	3 000 kg	4 000 kg	5 000 kg	6 000 kg	7 000 kg
5	22	24	26	28	31	34
10	24	26	28	30	33	36
15	26	28	30	32	35	38
20	28	30	32	34	37	40

表 1-2-10　5XHG—80 型、5XHG—90 型、5XHG—100 型干燥机的推荐热风温度

室内气温（℃）	干燥热风温度（℃）					
	5 000 kg	6 000 kg	7 000 kg	8 000 kg	9 000 kg	10 000 kg
5	26	28	30	32	35	37
10	28	30	32	34	37	39
15	30	32	34	36	39	41

注：高水分种子（高于 25%时）不宜采用批式循环干燥机干燥。

2）其他干燥参数设定。其他干燥参数包括被干燥种子名称（稻、麦或其他）、干燥终止水分设定，配置电脑控制程序的干燥机要设定实际装料量及调制时间设定，不同品种水分仪测定数据有差异的需要按标准仪器设定水分差异修正数值等。

3）进料。按下电源开关，电源指示灯亮，再按“进料”键，进料指示灯亮，同时上搅龙、提升机、下搅龙、排风机、除尘机开始运转。此时机器处于进料工作状态，可以进行进料工作。当装入种子达到上限，满仓报警指示灯亮，报警器同时响起报警声，提示装料已满，停止装料，按下“暂停”键，机器暂停。进料时应注意

以下情况：①种子不能装得太满，否则种子容易堵塞上搅龙，产生机械故障；②提升机未动工之前，不要打开进料斗闸门装料，否则开机后会造成提升机下部堵塞；③未安装满仓报警器的干燥机，在装料时应有人注意机器观察窗，防止进料过满发生堵塞。

4）干燥。一般情况下，当装料完成后或当完成循环通风后，按“暂停”键，然后按“干燥”键，此时“干燥”作业指示灯点亮，同时机器的上搅龙、提升机、下搅龙、排风机、除尘机及排粮轮开始工作，在约 12 s 后，燃烧器开始点火工作，随着温度升高达到设定的热风温度、燃烧器熄火。当热风温度低于设定温度 2～4 ℃时（不同企业的产品会有差异），燃烧器重新点火工作。在干燥过程中燃烧器随着热风温度的升降不断地开闭工作，当种子干燥到设定水分值时，机器自动停机。

5）出料。当被干燥的种子达到设定水分值停机后，干燥机将自动处于“停机”状态。如要马上出料，可按下“出料”键。出料时“出料”工作指示灯亮，同时机器的各转动部件开始运转（但燃烧器不工作）。此时全自动干燥机将自动打开出料阀门，干燥后的种子将自动从出料管排出。

6）干燥机的维修和保养见表 1-2-11。

表 1-2-11　干燥机的定期维护保养

部　位	项　目	作业季节前	使用期间	作业季节后	备　注
循环结构	涂黄油				
燃油系统	清洗进油滤清器	●	●	●	必要时
	清除喷嘴积炭		●	●	必要时
	清除喷嘴滤芯	●	●	●	必要时
	擦去光敏管灰尘	●	●	●	必要时
输送机 V 带	检查调整张紧力	●	●		
提升机平皮带	检查调整张紧力	●	●		
排风机 V 带	检查调整张紧力	●			
上搅龙	清除残粒			●	
干燥段	清扫网板，去残粒，去积尘		●	●	
	冷热风道及死角		●	●	
	清扫加温板		●	●	
下机体	清扫冷热分室		●	●	
	清除下搅龙残粒			●	
	清除下搅龙出口部残粒		●	●	

续表

部　位	项　目	作业季节前	使用期间	作业季节后	备　注
干燥机试运转	确认有无异常声音	●			
	自动水分机校正	●			
	燃烧器工作状况	●			
	各电机工作状况	●			
	时间继电器状况	●			
	温度控制器状况	●			
	各传动机构状况	●			

（三）电器操作及安全注意事项

1）停调速电机时，必须先将调速钮旋至零位，然后切断控制器开关，最后按电机“停”的按钮。启动时先启动电机，后开控制器开关。

2）热风机启动时，必须先关闭风量调节阀门（或风叶门）后，再启动电机。

3）故障停机后，提升机不得在畚斗内有种子（机底堵满种子）的情况下进行启动。

4）连续作业时，要求电压波动在 380 V±5 V 范围内。

5）上料位灯不亮，即种子不满。干燥作业时，要确保种子层处于上、下料位之间，否则会出现热风泄漏现象。因漏风会产生热源损失和干燥能力明显下降，所以作业时，要确保满塔作业。

6）经常检查角盒上是否挂有麻绳、草棍纤维类长形物，如有，可从储种子箱两侧角盒处进行清理。

7）每干燥作业一段时间（一般为干燥 3 000～5 000 t 种子）以后，根据原料种子净度情况定期清理干燥机，将干燥机内和中间风道室隔板上的种子排尽，以便将水稻芒和颖壳排放干净，否则将影响干燥均匀度。

8）进入干燥机待干燥的种子，必须进行预清理，除去大部分粉尘和颖壳，尤其是除去大杂，否则极易造成排种机构的损坏。

9）随时观察主风机轴承润滑箱内油面及箱上面两个温度指示表，所示温度一般不超过 70 ℃。

10）每次开机前必须先按电铃，通知操作人员注意，以免造成伤害。

11）在干燥机工作场地，须设有消防用沙箱，灭火器，消防用铁锹、铁钩等消防工具。

12）严密监视热风炉的烟道气有无泄漏现象，以防烟道气窜入干燥机引发火灾。

13）在干燥机明显位置应挂有“严禁烟火”的标志牌。

14）干燥机出现故障时，按工艺流程的顺序，首先将干燥机前面的所有设备紧急停机，然后根据故障的原因，采用不同的排除方法。

（四）燃煤热风炉

1. 燃煤热风炉结构（见图 1-2-7）

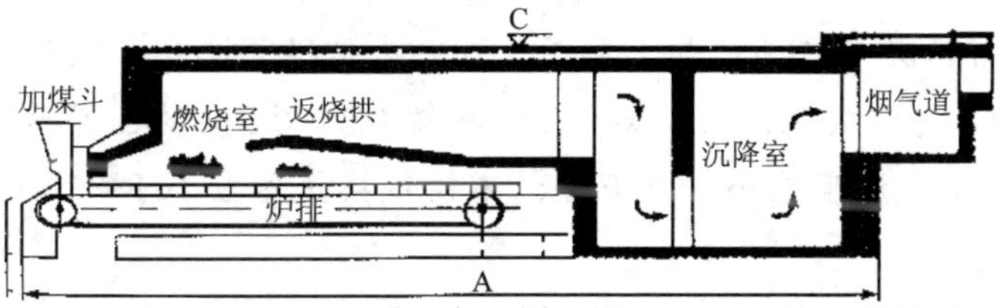

图 1-2-7 燃煤热风炉结构简图

2. 工作原理

先点燃木材再加煤，炉排应存有正在燃烧的煤。当新煤不断经加煤斗加入时，在鼓风机风力作用下，燃煤不断燃烧。随着炉排的缓慢移动，燃烧后的煤渣及没燃烧完的煤块从炉排的末端掉下，经除渣机排出炉外。燃烧产生的高温烟气及轻粉尘经燃烧室上腔，再经沉降室、烟气道后进入换热器管内，再经三四个返程后，在引烟机的吸力作用下，从烟囱排入大气。较重的颗粒粉尘在沉降室处落下。高温烟气经过换热器管道时，管道会变得很热，冷风从换热器管道的外端缝隙经过时，把管道热量吸收，空气经过三四节换热器后逐渐变热，最后达到设定所需的热风温度，热风经主风机吸入后送给干燥机使用。

3. 调整与控制

1）调整鼓风机风门、引烟机风门、炉排配风门和煤层厚度。

2）控制炉排速度和炉温。

4. 使用操作

（1）基本要求

热风炉制造、安装、砌筑应符合 JB/T 6672 的要求。

（2）烘炉前检查

1）炉排传动链轮啮合良好，传动平稳。

2）炉排销两端面与炉排体侧板无摩擦、卡阻、抖动现象。

3）所有电机调速箱和轴承应加注润滑油。

4）鼓风机、引烟机、上煤机、除渣机转动正常。

（3）烘炉

1）烘炉应用木柴小火烘 48 h。

2）逐渐加煤，间断开启鼓风机和引烟机，炉膛温度不可骤然升温。

3）热风炉出气孔不冒蒸汽，孔周围没有潮湿痕迹时可结束烘炉。一般烘炉时间为 5～7 d。

（4）点火

1）点火顺序：引燃木柴—人工送煤—煤斗装煤—调节煤斗闸板—炉排间断送煤—机械上煤。

2）开机原则：先开出渣机，后开炉排送料。先开主风机，再开引烟机，后开鼓风机。

注意：初次起炉时，可等炉温升至100 ℃以上时再开主风机。其他情况下，必须按上述要求先开主风机，否则换热器干烧得不到冷却会有烧坏的危险。

3）炉膛内正常情况下应满足如下要求：①火床平稳，没有冷风火口；②火焰密集，呈橘黄色，排出烟气为淡灰色；③煤层在距炉排端0.3～0.5 m的位置燃烧完毕；④调节风门将进入换热气的烟气温度应小于750 ℃；不锈钢换热器应小于850 ℃。

（5）温度调整

需要增加热量升温时，将炉排速度由慢变快（Ⅰ速调到Ⅱ速），提高挡煤板高度，适当增加煤层厚度；需要减小热量时，相反操作。

（6）燃煤的选择与使用

1）应选择发热量在20 MJ/kg左右的Ⅱ类烟煤。

2）当煤粉量过大、过干时，可适当掺水。

3）不可直接向煤斗内浇水。

（7）炉排速度与燃煤厚度

1）炉排速度应控制在2～14 m/h之间。

2）一般烟煤应采用薄煤层快速燃烧。

3）雨天因烟中水分过大，应采用厚煤层慢速燃烧。

4）只有外界温度和输出热风温度变动较大或改换煤种时，煤层厚度才作相应改变，一般调整好后，不宜多动。

5）发生结焦妨碍通风时，应及时打碎清理。如果结焦严重应及时更换煤种。

6）热量上不去时，应更换煤种。

7）煤层不均时，就应将煤层摊平，保持煤层平整。

8）不允许长期压火。在低温时压火，煤不要压得太多。煤闸板200 mm内不许压煤。

（8）停炉

1）故障停炉。关闭鼓风机、炉排电机、引烟风机，打开副烟道热风炉上所有炉门、风门、闸门，加煤压火。

2）紧急停炉。由于临时停电造成设备不能运转时，应在1）的基础上打开换热器冷风门，打开烟道闸门进行自然通风。

3）长期停炉。放掉煤斗中的煤。提前0.5～1 h停止供煤，当燃煤离开闸板300 mm时，关闭炉排电机，将煤闸板放下。关闭鼓风机，待煤燃后，关闭引烟机，但此时热风机不能停。到热风温度低于40 ℃时再停热风机。

5. 保养与维修

1）由于炉排工作环境恶劣，煤层较大，要求每周要加注润滑油一次。

2）每个干燥周期后，应对换热器管道逐个进行清理。

6. 炉排故障及排除方法（见表 1-2-12）

表 1-2-12 炉排故障、原因及排除方法

炉排故障	原因	排除方法
炉排跑偏	炉排两边调节螺母松紧不等	调整螺母
	炉排在链轮处拱起，与侧密封角钢卡住	调整炉排松紧度
炉排卡住	炉膛结焦，炉排运行阻力增加	经常清理炉膛
	炉排长销轴与炉膛侧板摩擦	更换合适销轴
炉排拱起	炉排过紧	调松炉排两边调节杆螺母

（五）燃油（气）炉

国内外的燃油炉型号基本没有统一的规定，一般以燃油消耗量计算发热量选择确定燃油炉。燃油炉又叫燃烧器、燃烧机或全自动燃烧机等。种子干燥用的油炉有直接加热和间接加热两种。直接加热式油炉称为燃油炉，基本上使用轻柴油；间接加热式燃油炉称为燃油热风炉，大多使用重柴油和渣油为燃料。燃油炉又分为半自动和全自动两种。

1. 燃油炉燃料的使用

燃油炉使用的燃料包括轻柴油、重油等，在种子干燥中直接燃烧加热时，北方夏季或在南方多用 0#柴油，在北方冬季多用-10#、-20#和-35#柴油。燃油雾化才能燃烧。雾化的方法可分为：油压式、空气或蒸汽式及旋转圆盘式。喷油嘴雾化的好坏，直接影响到燃油能否完全燃烧及燃烧后气体中有无明显灰分及对种子颜色的影响。

2. 半自动燃油炉工作特点

半自动燃油炉（见图 1-2-8）主要由储油箱、过滤器、流量计、油箱开关、油泵、油压调节阀、燃烧筒（室）、回油管等组成。其特点如下。

图 1-2-8 半自动燃油炉

1）半预混内燃式燃烧，燃料燃烧较完全，在炉膛燃烧后产生无烟、无尘的纯净火焰，一般有一个喷油嘴，更换不同直径的喷油嘴，可改变供油量的大小。

2）冷炉点火容易，通过调整风门可获得最佳助燃空气，火焰形状好且稳定。

3）对炉压不敏感，几乎能在任何炉压的炉膛内正常燃烧。

4）通过加装电子点火、火焰监测及其控制装置等能将其改造成自动燃油炉；将油枪改为气枪，即可进行燃气燃烧。

3. 全自动燃油炉工作特点

全自动燃油炉由喷油嘴、油泵、风机、可调风门、控制盒、点火电极、电机等零部件组成（见图 1-2-9）。油泵产生的高压柴油由喷嘴雾状喷出，被点火电极生成的电火花点燃，形成火焰加热空气。其特点如下。

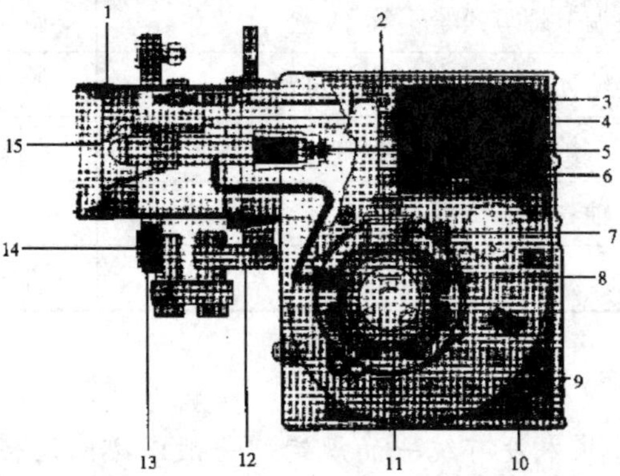

图 1-2-9　全自动燃油炉

1—燃油头；2—燃烧头调节螺钉；3—控制盒；4—外壳；5—预热器；6—光敏管；7—油电磁阀；8—泵压力调节螺钉；9—自动风门挡板；10—消音罩壳；11—油泵；12—连接铰链；13—安装法兰；14—法兰垫片；15—稳焰盘

1）结构紧凑，体积小，质量轻，燃烧效率高。

2）具有全自动启动、控制、监测、自动关机等功能。

3）能对进出口温度、压差等进行精确的控制，可根据温度设定值自动调节风门和喷油量，实现超高温自动关机熄火、低温自动点火工作。

4）可配有一个或两个喷油嘴，一个喷油嘴（一段火）可带燃油预热器和伺服马达，火焰大小及温度调整方便、控制可靠。

4. 燃气炉工作特点

燃气炉又叫燃气燃烧器，为直接加热炉（见图 1-2-10），一般以天然气、液化石油气或城市煤气等为燃料。其特点如下。

图 1-2-10　燃气炉外形

1）全自动控制，燃气阀组由操作阀、安全阀、最小压力开关、调压器和燃气过滤器成套组合，通过调节燃烧空气和燃烧头，使燃气和空气充分混合，获得最佳的燃烧状况，热效率高，一氧化碳排放量几乎为零。

2）与各种锅炉法兰配对的滑动法兰，可以调整燃烧器伸入锅炉的位置，使用维护保养方便。

3）空气和燃气在燃烧头内混合，能适应任何类型的燃烧室。

4）单段运行（开/关），电离电极检测火焰。

5）带流量调节装置的燃烧空气进口，手动关闭风门。

五、种子加热干燥操作技术

正确掌握种子加热干燥操作技术，是保证种子干燥质量、降低成本、提高生产率的关键，主要须掌握以下几点。

（一）种子干燥时间

种子的干燥与外界气温、相对湿度有密切关系，当气温较高、相对湿度低时，有利于种子干燥。实践证明，种子迅速干燥有以下几点好处。

1）能充分发挥干燥设备效能。因为机械干燥开始得早，有效期长，干燥的数量多，降水速度快，增加了干燥量。

2）可以节约燃料，降低成本，降低热耗。

3）可以防止种子受冻、雪埰、遭雨雪浸湿等危害，能提早入库，减少种子损失，保证发芽率。

（二）干燥前的准备工作

做好干燥前的准备工作是保证完成干燥任务的重要环节，根据经验，干燥前要做好以下工作。

1）做好设备的检查、保养和维修工作。

2）检查测温、控温装置是否可靠、准确。

3）要清除干燥机地面等处的残存种子（更换品种时），防止混杂。

4）如果室外气温较低，玉米穗在干燥前最好先放到室内进行 2～3 h 的缓温，再加热烘干。未经干燥的种子堆放时间不能过长，防止发热变质。

5）为使干燥床透气性能好、干燥均匀，装机前对种穗要注意挑选，严禁把苞叶、花丝、散粒和其他杂质装入机内。

6）如果烘干子粒，种子在干燥前最好先进行清选去杂，然后装入干燥机中。因为颗粒小的种子较大粒种子受热快，易造成小粒种子受热过度。

（三）种子干燥的温度

热气流的温度高低是直接影响种子干燥速度和质量的重要因素，因此在干燥种子时一定要严格控制好温度，在操作过程中注意以下几点。

1. 根据干燥的作物不同确定热气流的温度

干燥玉米果穗 40～43 ℃；干燥玉米子粒 38～43 ℃；干燥水稻 35～40 ℃；干燥大

豆 20～25 ℃；干燥高梁 35～40 ℃；干燥啤酒大麦宜将温度控制在 45 ℃温度以下。这是根据种子生理和化学特性确定的。

2. 热气流温度高低要根据被干燥种子的含水量来确定

种子含水量高则干燥的温度要低些，含水量低则干燥温度高些。尤其是刚装入干燥机中的玉米穗，由于含水量高，因此必须先用低温进行干燥，然后逐渐提高气流温度。首先以高于常温 5～10 ℃的气流干燥 2～3 h，然后再逐渐达到适宜温度进行干燥，特别是刚收获的种子，含水量往往较高，新陈代谢旺盛，应先进行较长时间的低温干燥，然后再高温进行干燥。如果直接高温干燥，种子容易丧失生命力。

3. 随时测定和掌握温度变化

在整个干燥过程中要随时测定和掌握温度变化，不准超过规定温度标准，特别是不准长时间超过规定温度，要防止温度突然升高。调节温度高低通过开大或缩小冷、热风口来实现。温度低时要开大热风口，缩小冷风口；温度高时要开大冷风口，必要时再缩小热风口，直到适合为止。调整时要注意保证风机有足够的吸风量。

4. 测定气流通过种层前后的温度来确定种子的干燥程度

气流通过种层使种子受热、水分蒸发、热量消耗、气流温度降低。水分蒸发越多，气流温度下降越大，通过种层前、后气流温差也大。当种子接近安全水分时，温差缩小，一般当通过种层前、后气流温差为 5～7 ℃时，种子接近安全水分。

（四）种子干燥需要的气流量

气流量是种子干燥的重要因素，种子干燥过程中，必须有足够数量的流动气流（介质）通过种层，把热量传给种子，带走种子蒸发出来的水分。如果通过种层气流量不足，不但影响种子的干燥速度，也影响干燥质量。因此在选择风机和确定每床干燥批量时，都要考虑这个因素。

由于种子采用干燥方式不同，需要气流量也不一致。一般是低温需气流量小，温度越高要求气流量越大。不加温干燥，每立方米种子需气流量为 0.4～2 m^3/min（种子含水量越高需要气流量越大）；采用辅助加温干燥种子时，每立方米种子需气流量一般为 1～6 m^3/min。采用加温干燥种子时，气流量随着机型不同也有区别。一般干燥每立方米玉米果穗要求气流量为 8～15 m^3/min，而袋式干燥机每立方米种子需气流量为 25～40 m^3/min。

为了保证种子干燥有足够的气流量，操作上，在保证温度的同时，要尽量打开冷风口，不准长时间用关闭冷风口的办法提高气流速度。如果床内温度低，应该增加燃烧炉供应热量，不能用长时间关闭冷风口办法来提高温度，这样会造成种子干燥中气流量不足，降低种子发芽率。

（五）气流的相对湿度

气流的相对湿度是影响干燥质量和速度的又一重要因素，相对湿度决定了种子干燥速度和降水量。相对湿度越低，气流的持水能力越强，种子的干燥速度越快。可以说，相对温度越低越好。一般要求相对湿度不超过60%，这是根据种子平衡水分确定的。

（六）气流的变换方式

小型干燥床由于气流方向不能改变，存在底层和顶层、背风面和迎风面降水速度不一致的问题。为解决这个问题可采取以下方法。

1）干燥中途进行人工翻动。

2）干燥进行中，气流通过方向有所变动，使降水均匀一致。气流应先从种层下面向上吹，当下层种子将达到安全水时，再改变气流方向（即气流由种层上面向下循环），当上中层种子也达到安全水分时即完成干燥。

3）对于多室的大中型干燥室，如果几个室的种子含水量不同，由风机送来的热气流首先通过含水量低的种室，再通过含水量高的种室。这样既保证了干燥的速度，又做到热气流的二次利用或多次利用。

（七）种子干燥层的厚度

种子干燥层的厚度应根据风机的风量和穿透能力来确定。干燥层过厚或过薄都会影响生产效率和干燥质量，一般干燥玉米穗高度不超过3 m，玉米粒不超过1.5 m，其他谷物种粒不超过1 m。

如果使用小型干燥室干燥，玉米穗厚度一般为70～110 cm，干燥子粒（玉米、水稻）25～40 cm。中型干燥室和封闭式双向干燥室种子层厚度一般为：干燥玉米穗170～200 cm；干燥玉米、水稻种粒40～60 cm。同时种子干燥层厚薄要均匀、平整，中型干燥室干燥层厚度可超过2 m以上。

（八）水分、温度变化

干燥过程中，要准确而及时地掌握干燥全过程中任何阶段（即预热、等速、降速干燥阶段）水分、温度的变化，准确控制温度，严格掌握水分变化。特别是进入降速干燥阶段，更要注意防止由于温度过高或干燥持续时间过长而引起表皮干裂现象，即“爆腰”，以免降低种子发芽率。要求做到每隔1 h测1次热气流的温度，以利调节。每隔2 h用水分速测仪测1次种子水分变化情况，并作好记录。

（九）降水速率

各地调查资料显示，干燥玉米穗降水速率为（0.3%～0.45%）/h，干燥水稻降水速率为（0.5%～0.8%）/h。一般降水速率不宜过快，干燥玉米穗降水速率应在0.5%/h左右，干燥水稻降水速率以在1%/h左右为好。

对含水量超过25%以上的种子最好采取二次干燥，即先干燥到含水量18%～20.9%，脱粒后再进行子粒干燥，直至达到安全水分为止。敦煌种业先锋良种有限公司经研究确定，玉米脱粒时的含水量在 18.0%时，种子的损伤减少到最低限度。玉米穗与粒不宜混合干燥，以防止玉米粒堵塞种穗空隙，阻碍热气流上升。

种子干燥中发芽率降低应从以下方面查找原因。

1）干燥前存放的时间过长，发生捂堆、发热变质、受冻等。

2）气流量不足，每立方米种子气流量小于 5 m^3/min。

3）空气的相对湿度高，超过 60%。

4）气流的温度超过 43 ℃。

5）种层铺得过厚。

6）通过种子的气流量不均匀。

（十）种子干物质衡算及水分蒸发量计算

1. 种子水分表示方法

我国种子检验规程将“种子水分”定义为：按规定程序把种子样品烘干所失去的重量，用失去重量占供检样品原始重量的百分率表示。

通常用湿重为基数的水分的百分率来表示：

种子水分（M）=试样水分重（W）/试样烘前重（G）×100%

=[试样烘前重（G）−试样烘后重（G_g）]/试样烘前重（G）×100%

可以把种子看作是绝对干的物质和水分的机械混合物，因此

$$G=G_g+W$$

式中 G——种子重量（kg）；

G_g——种子重量中绝对干物质的重量（kg）；

W——种子重量中水分的重量（kg）。

2. 种子干物质衡算

干物质衡算是建立在种子干燥过程中无损失，即种子中水分汽化而干物质重量不变的基础上的，即烘干前种子干物质重量 G_{g1} 等于烘干后种子干物质重量 G_{g2}。

3. 种子水分蒸发量计算

经过干燥后的种子重量由 G_1 变为 G_2，其减少的重量等于干燥时被汽化的水分量 $W_{失}$，M_1 为起始水分，M_2 为测算时水分。

$$W_{失}=G_1\times(M_1-M_2)/(1-M_2)$$

利用上式可以计算干燥过程水分减少量，也可以计算种子在贮藏过程中由于水分降低所生产的损耗。

例：玉米种子 20 万 kg，入库时水分为 13%，经贮藏期间的整晒，出库时水分为 12.5%，求水分损耗量（$W_{失}$）：

$$W_{失}=200\,000\times(0.13-0.125)/(1-0.125)=1\,142.9\text{ kg}$$

任务二　种子清选、精选

目标（Object）

采收后的种子只有通过清选、精选之后，才有可能达到对种子质量的强制标准，为了提高种子的质量及商品性，必须对种子实施加工。

通过对本节的学习，要求能够：

1）初步掌握种子清选、精选的方法；

2）了解种子的清选、精选设备。

任务（Task）

采收的种子，往往净度、芽率达不到标准，手工挑选基本不能适应产业化生产的需要，对大批量的生产只能利用加工机械实施清选、精选及各种处理。为此：

1）了解种子清选、精选方法；

2）了解种子清选、精选的加工机械。

准备（Prepare）

一、种子清选、精选的内容

（一）种子清选的内容

未经清选的种子堆成分复杂，除含有不同大小、饱满度和完整度的种子外，也含有大量混杂物，包括植株残体、花和果实残片、泥沙、小石块、虫尸、菌瘿及杂草种子等，各类种子和不同混杂物所具有的物理性质如形状、大小、散落性、比重等不同，对种子贮藏、播种造成的影响较大，种子清选和分级主要是根据种子群体及混杂物的这种差异性，利用机械操作（如运转、振动、鼓风）清除混入种子中的茎、叶、穗和损伤种子的碎片、杂草种子、泥沙、石块等掺杂物，以提高种子纯净度，并为种子安全干燥和包装贮藏做好准备。

（二）种子精选分级的目的和内容

种子精选分级的主要目的是剔除混入的异作物或异品种种子、不饱满的、虫蛀或劣变的种子，以提高种子的精度级别和利用率，即可提高纯度、发芽率和种子活力。

（三）种子清选、精选的要求

1. 种子清选

种子清选一般作为新收获种子的初选和基本清选。清选中要求除去混入种子中的空壳、茎叶碎片、泥沙、砾石等掺杂物。

2. 种子精选

种子精选一般作为种子的精选分级。精选要求从种子中分离异作物、异品种以及饱满度、密度、活力低的种子。

二、种子清选、精选原理

种子清选、精选可根据种子尺寸大小、种子比重、空气动力学特性、种子表面特性、种子颜色和种子静电特性等差异进行分离，以清除掺杂物和废料。

（一）根据种子的大小特性进行分离

1. 种子形状和大小

种子形状和大小通常以长度（l）、宽度（b）和厚度（a）三个尺寸来表示（见图 1-2-11）。根据各种种长、宽、厚度之间的关系主要有如下四种情况。

1）$l>b>a$，为扁长形种子，如水稻、小麦等种子。

2）$l>b=a$，为圆柱形种子，如小豆等种子。

3）$l=b>a$，为扁圆形种子，如野豌豆等种子。

4）$l=b=a$，为球形种子，如豌豆种子等。

根据种子的大小，可用不同形状和规格的筛孔，把种子和夹杂物分离开，也可以将长短和大小不同的本品种种子进行分级。

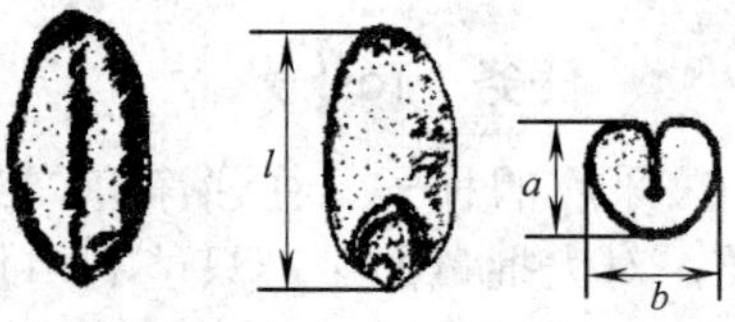

图 1-2-11

2. 分布曲线

（1）分布曲线的作用

分布曲线是取一定数量的种子，对每一粒种子尺寸进行测量，以种子的尺寸为横坐标，以每一种尺寸的粒数或百分比为纵坐标所绘制的曲线就是种子的分布曲线。采用分布曲线来表示种子的物理特性较数字表示更准确和直观。子粒的长度、宽度、厚度、临界速度、摩擦系数、比重等均可根据测量值来绘制成分布曲线（见图 1-2-12）。利用分布曲线可以合理地选择某些工作部件与某些工作参数，如筛孔尺寸、窝眼尺寸等。

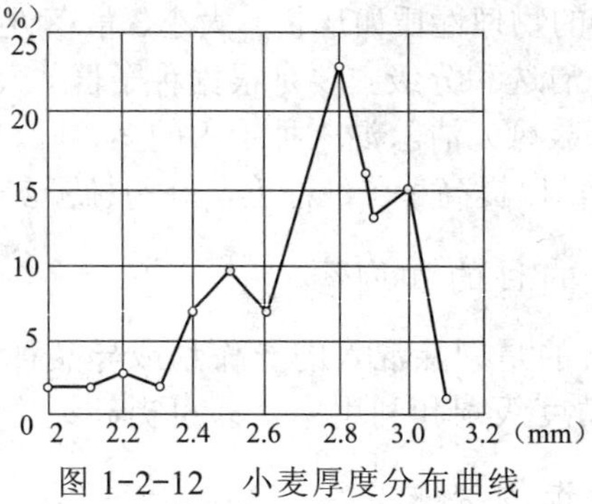

图 1-2-12　小麦厚度分布曲线

（2）分布曲线的绘制方法

工具：游标卡尺。

绘制方法如下。

1）用游标卡尺测定 100 粒待筛选种子的厚度或宽度，并记录数据。

2）数据整理。

① 找出最小值和最大值，求极差（极差=最大值-最小值）。

② 求组距，组距=极差/组数（组数 8～12）。

③ 确定每一组的上限和下限。

第一组的下限=最小值-1/2×组距。

第一组的上限=最小值+1/2×组距。

第二组的下限=第一组的下限+组距。

第二组的上限=第一组的上限+组距。

第三组的下限=第二组的下限+组距。

第三组的上限=第二组的上限+组距。

其他组限的确定依此类推。

④ 数据归组（画记号）。

⑤ 计算百分率（每一组数据的频率）。

3）以小麦厚度或玉米宽度为横坐标，百分率为纵坐标绘制曲线。

4）确定筛选该批物料上、下筛片的规格。

3．分选的原理与方法

（1）依长度分离种子

依长度分离种子可用窝眼筒将长短不一的种子分离。其方法是将一些长度不同的种子放在钻有窝眼的平板上，窝眼的直径要大于短粒种子的长度而小于长粒种子的长度，这样可使短粒种子落入窝眼内，长粒种子则不能。然后逐渐使平板的一端提高，长粒种子的重心随之发生位移，由于重力作用而下落，而短粒种子则下落较迟。窝眼筒实际上就是将平板制成圆筒，筒内壁制成U形窝眼，筒内装有出种槽。工作时，将需要进行分离的种子置于筒内，并使圆筒做回转运动。落入窝眼中的短粒种子，靠窝眼的旋转被带到一定高度后，由于自身的重力作用而坠入出种槽内。长粒种子则直接从窝眼筒流到另一出口而与短粒种子分离。

（2）依宽度分离种子

依宽度分离种子（见图1-2-13）可用圆孔筛将宽度不同的种子与杂物进行分离。圆孔筛的直径应小于种子长度而大于种子厚度。在工作过程中，宽度大于筛孔直径的种子留在筛面上，宽度小于筛孔直径的种子则通过筛孔落下而分离。

（3）依厚度分离种子

依厚度分离种子（见图1-2-14）一般选用长方形筛孔。孔径长度应大大超过种子长度，而孔径宽度应小于种子的宽度，这样才能保证厚度适宜的种子通过筛孔。

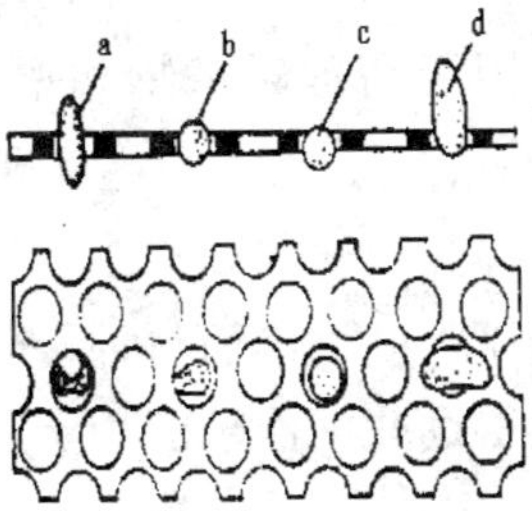

图1-2-13 圆孔筛清选种子原理

a、b、c—（种子）可通过筛孔；d—不能通过

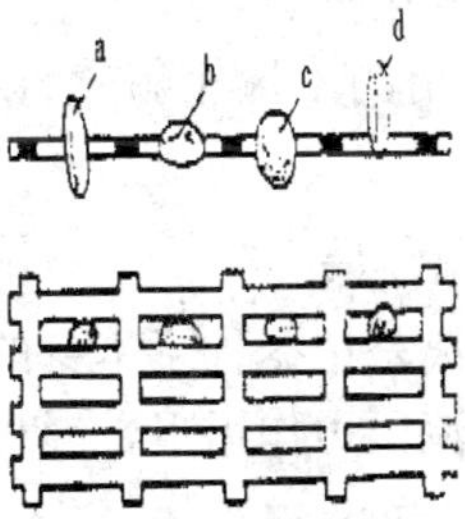

图1-2-14 长孔筛清选种子原理

a、b、c—（种子）可通过筛孔；d—不能通过

4．筛子分类（见图1-2-15）

1）冲孔筛；

2）编织筛；

3）可调鱼鳞筛。

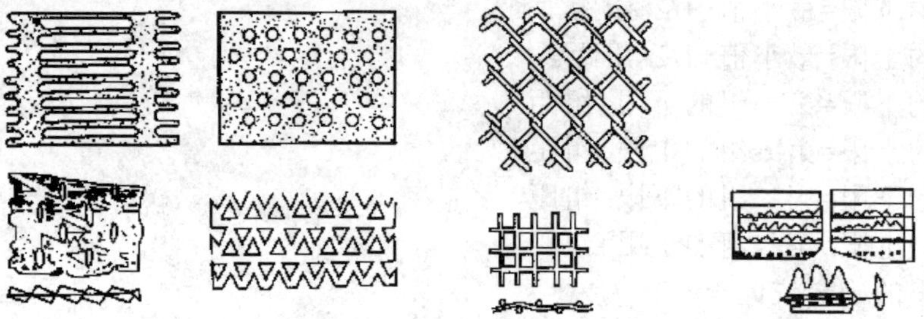

图 1-2-15　筛子的种类

（a）冲孔筛　（b）编织筛　（c）可调鱼鳞筛

（二）根据种子的空气动力学特性进行分离

目前利用空气动力学分离种子的方式有如下几种。

1. 垂直气流分离

垂直气流分离，一般配合筛子进行，其工作原理如图 1-2-16 所示。当种子沿筛面下滑时，受到气流作用，轻种子和轻杂物的临界速度小于气流速度，便随气流一起上升，到气道上端断面扩大，气流速度变小，轻种子和轻杂物落入沉降室中，而质量较大的种子则沿筛面下滑，从而起到分离的作用。

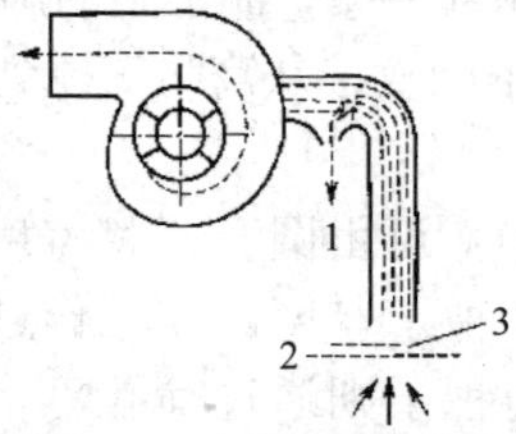

图 1-2-16　直气流分离示意图

1—轻杂质；2—筛网；3—谷粒

2. 平行气流分离

目前农村使用的木风车就属此类，它一般只能用于清理轻杂物和瘪谷，不能真正起到种子分级的作用。

3. 倾斜气流分离

倾斜气流分离是根据种子本身的重力和所受气流压力的大小而将种子分离，如图 1-2-17 所示。在同一气流压力作用下，轻种子和轻杂物被吹得远些，而重的种子则就近落下。

4. 将种子抛扔进行分离

目前使用的带式扬场机属于这类分离机械（见图 1-2-18）。当种子从喂料斗中下落到传动带上，种子借助惯性向前抛出，轻质种子或迎风面大的杂物，受气流阻力较大而落在近处；重质或迎风面小的种子，受气流阻力较小而落在远处。这种分离也只能作为初步分级，不能达到精选的目的。

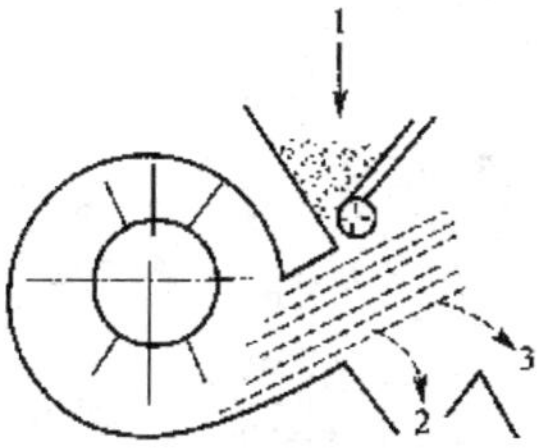

图 1-2-17 倾斜气流清选示意图

1—喂料斗；2—谷粒；3—轻杂质

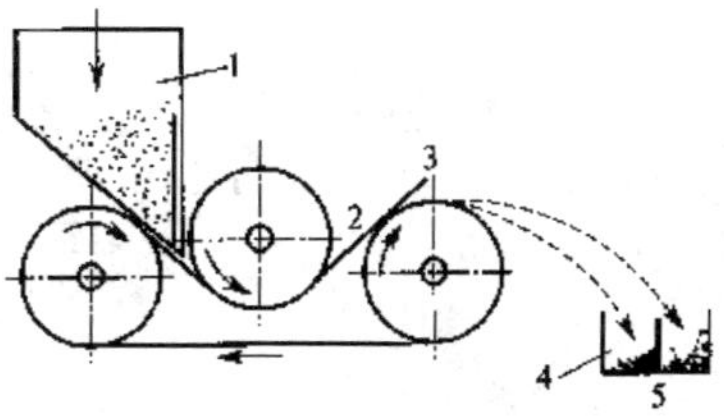

图 1-2-18 带式扬场机工作示意图

1—喂料斗；2—滚筒；3—皮带；4—轻种子；5—重种子

5．空气筛分离

空气筛是利用种子的空气动力学特性和种子的尺寸特性，将空气流和筛子组合在一起的种子清选装置。这是目前使用最广泛的清选机，在许多种子清选厂中都可见到。

（三）根据种子的表面特性进行分离

1．原理

根据种子的表面形状及表面粗糙程度等不同情况的差异进行分离。1 粒重量为 G 的种子，放置在倾角为α的斜面上，它与斜面的摩擦角为β（见图 1-2-19）。

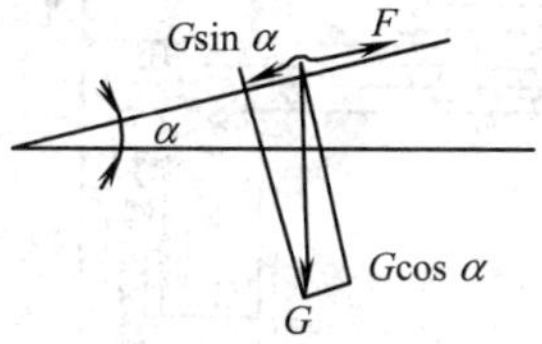

图 1-2-19 种子下滑的受力分析

则摩擦力 F 的大小为

$$F=G\cos\alpha\cdot\tan\beta$$

当种子重力在斜面方向上的分力大于种子与斜面间的摩擦力时，种子下滑；反之，则种子向上移动，这样就可将表面粗糙的种子与光滑种子分离开。种子表面的光滑程度不同，摩擦角也不相同。表面粗糙的摩擦角大，表面光滑的摩擦角小。

2．分离机具和方法

目前最常用的种子表面特性分离机具是帆布滚筒（见图 1-2-20）。采用这种机具及其相应的分离方法，一般可以剔除杂草种子和谷类作物中的野燕麦。设计这种机械主要是用于剔除豆类中的石块和泥块，也能分离未成熟和破损的种子。例如，清除豆类种子中的菟丝子等杂草种子，可以把种子倾倒在一张向上移动的布带上，随着布带的向上转动，杂草种子被带向上，而光滑的种子向倾斜方向滚落到底部。另外，也可根据分离的要求和被分离物质的状况采用不同性质的斜面。对形状不同的种子，可选择光滑的斜面；对表面状况不同的种子，可采用粗糙程度不同的斜面。斜面的角度与分离效果密切相关，若需分离物质的自流角与种子的自流角有显著差异，则分离效果较明显。

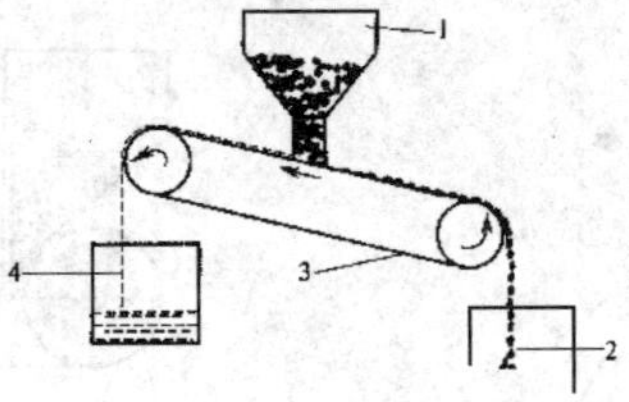

图 1-2-20　帆布滚筒分离器

1—漏斗；2—圆滑种子；3—粗帆布；4—扁平或粗糙种子

（四）根据种子色泽进行分离

用颜色分离是根据种子颜色明亮或灰暗的特征来分离的。待分离的种子在通过一段光亮区域时，每粒种子的反射光与事先在背景上选择好的标准光色进行比较。当种子的反射光不同于标准光色时，即产生信号，则此种子就会从混合群体中被排斥落入另一个管道从而实现分离。

光电色泽种子分离机结构如图 1-2-21 所示。

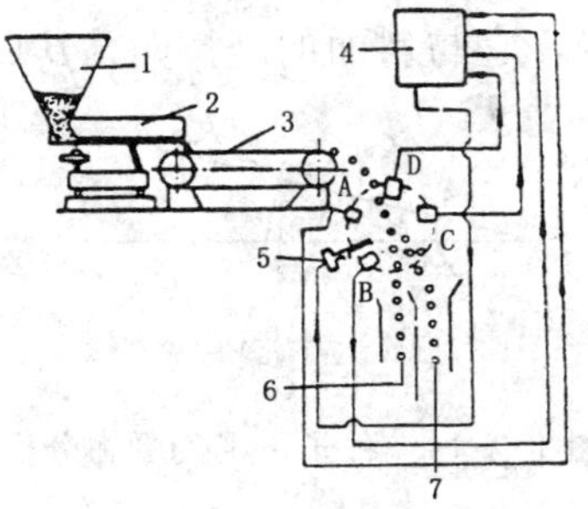

图 1-2-21　光电色泽种子分离机图解

1—种子漏斗；2—震动器；3—输送器；4—放大器；5—气流喷口；6—优良种子；7—异色种子

（五）根据种子的密度进行分离

种子的密度因作物种类、饱满度、含水量以及受病虫害程度的不同而有差异，密度差异越大，其分离效果越显著。目前最常用的方法有以下两种。

1．利用液体进行分选

利用种子在液体中的浮力不同进行分选（见图 1-2-22）。当种子的密度大于液体的密度时，种子就下沉；反之则浮起。将浮起部分捞去，即可将轻重不同的种子分离开。用液体进行分离的种子，如生产上不是立即用来播种，则应洗净后随即干燥。

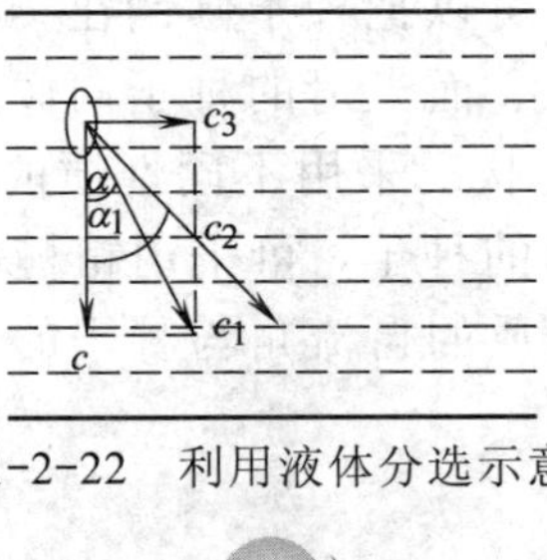

图 1-2-22　利用液体分选示意图

2．根据种子的比重进行分离

主要是按种子混合物密度或比重的差异分选种子。种子的比重因作物种类、饱满度、含水量以及受病虫害程度的不同而有差异，比重差异越大，其分离效果越显著。

（六）根据种子弹性特性进行分离（彩图 28）

这种分离方法是利用不同种子的弹力和表面形状的差异进行分离的。如大豆种子中混入水稻和麦类种子，或者饱满大豆种子中混入压伤压扁粒。由于饱满的大豆种子弹力大，跳跃能力较大，弹跳得较远，而混入的水稻、麦类和压扁种粒弹力较小，跳跃距离也小。当大豆种子与混入的水稻、麦类或压扁大豆种子混合物沿着弹力螺旋分离器滑道下流时，则饱满大豆种子跳跃到外面滑道，进入弹力大种子盛接盘；而水稻、麦类或压扁种粒跳跃入内滑道，滑入弹力小种子盛接盘，得以分离（如图 1-2-23 所示）。

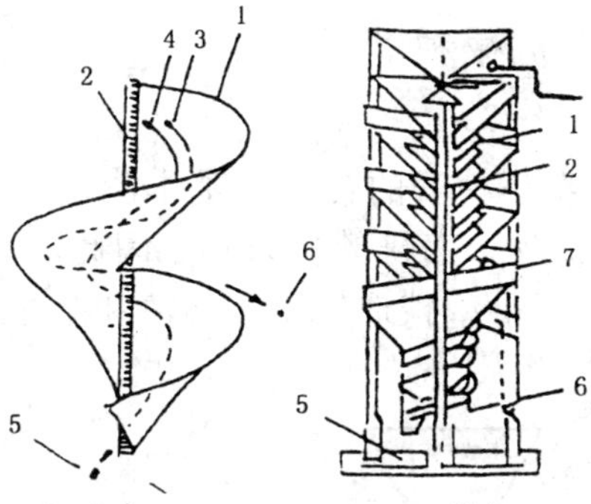

图 1-2-23　螺旋分离机

（a）摩擦作用原理　（b）外貌

1—螺旋槽；2—轴；3、6—球形种子；4—非球形种子；5—非球形种子出口；7—挡槽

（七）利用种子磁性进行分离

一般表面粗糙的种子可吸附磁粉，当用磁性分离机清选时，磁粉和种子混合物一起经过磁性滚筒，光滑的种子不粘或少粘磁粉，可自由地落下，而杂质或粗糙的种子粘有磁粉则被吸收在滚筒表面，随滚筒转到下方时被刷子刷落。这种清选机一般都装有 2～3 个滚筒，以提高清选效果。（见图 1-2-24）

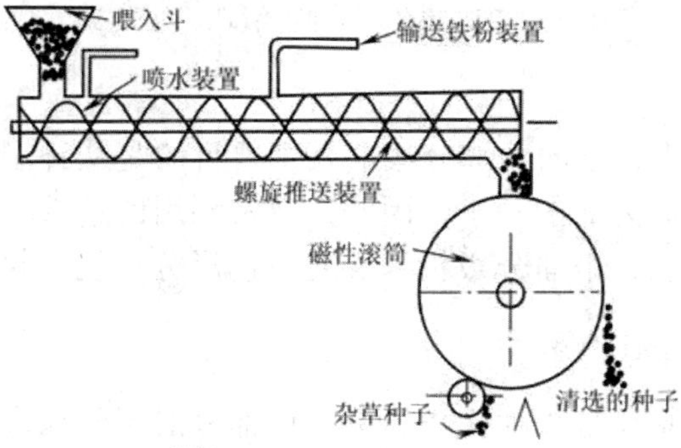

图 1-2-24　磁性分离机

（八）根据种子负电性进行分离

一般种子不带负电。当种子劣变后，种子负电性增加。因此带负电性高的种子活力

低，而不带负电或带负电低的种子，则活力高。现已设计出种子静电分离器，当种子混合样品通过电场时，凡是带负电的种子被正极吸引到一边而落下，得以剔除低活力种子，达到选出高活力种子的目的。

（九）根据种皮特性进行分离

利用特殊的类似窝眼筒的滚筒，筒内代替窝眼的是锋利尖锐的钢针，甜豌豆种皮损伤或有皱褶的种子在滚筒旋转过程中被钢针戳住种皮，种子挂在针上。当挂有种子的钢针随滚筒旋转上升到一定高度后，由于本身的重力作用或被刷子刷落，种子落入输送槽中被推运器送出而分离。这种方法也可以用于清除带虫眼的豌豆种子。

三、种子清选、精选方法和要求

（一）种子清选、精选机械种类

1. 种子清选机械（彩图 1～3）

种子清选，一般作为新收获种子的初选和基本清选。清选的主要目的是除去混入种子中的空壳、茎叶碎片、泥沙、石砾等掺杂物。因此，最常用的清选机械有空气筛、带式扬场机等机器，如 5X—4.0 型精选机用于初清和基本清选。空气筛种子清选机示意图如图 1-2-25 所示。

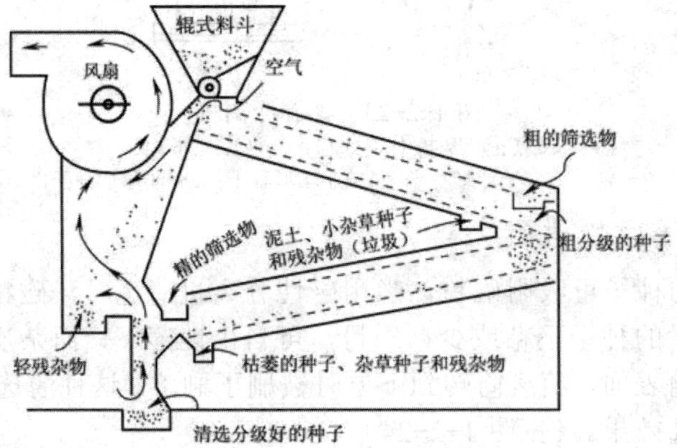

图 1-2-25　空气筛种子清选机示意图

2. 种子精选机械

种子精选，一般作为种子的精选分级，其主要目的是从种子中分离异作物、异品种或饱满度和密度低以及活力低的种子。因此，通常利用的精选机械有风筛式清选机、窝眼筒清选机、比重清选机、平面分级机以及光电色泽分离机等机械。

（二）种子清选、精选的方法

平面分级机的工作原理与风筛式清选机筛选部分的工作原理是相同的，利用种子的宽度和厚度尺寸不同来进行分级；窝眼筒清选机是按种子长度进行分选的清选设备；比重清选机主要按比重差异分选外形尺寸基本一致的颗粒状物料，把比重较大和较小的成分从原始物料中分离出来。

窝眼筒清选机与风筛式清选机、比重式清选机等配套组成种子加工成套设备，以便清除风筛清选机和比重清洗机无法清除的短粒杂质（如野豌豆）和长粒杂质（如燕麦），同时又可作为单机独立操作。下面根据加工原理的不同，选择几种典型的精选机械进行介绍。

四、典型的精选机械

（一）风筛清选机（彩图 4～7）

风筛清选机是种子加工中最常用的基本机型。5XD 型风筛清选机是我国在引进和吸收国外先进机型和技术的基础上研制的，是小麦、水稻、玉米、菜籽及牧草籽等作物的种子清选和分级种子加工设备。

1. 性能及特点

1）该机采用前后吸风道清除灰尘、轻杂物和秕粒；上中下三层筛分离大杂、大粒种子以及小杂、小粒种子；从主排料口获得合格的种子。

2）该机采用的风机为后倾直叶轮式，径向进风，冲击损失小，噪声低，效率高。

3）该机清筛机构采用橡胶球清筛，双筛箱四层筛自衡式结构，上筛箱的两层筛倾角为 4°，下筛箱的两层筛倾角为 5°，振动频率为 70～350 次/min，筛箱底板可以转换。设计无极调节的风室，整机设计合理，结构优化。

4）该机筛体内设计了返料装置，使筛片得到充分利用。

5）该机操作灵活，观察方便，外形美观，使用安全。

6）该机密封性能强，泄漏少，除尘器可与工作场地隔离，粉尘少。

7）该机既可作为单机使用，也可与窝眼筒清选机、比重式清选机等设备配合成套使用。

2. 工作原理

当物料从喂入口进入清选机后，在喂料辊作用下，使物料能沿筛片的宽度方向均匀地进入上层筛片，在进入上层筛片之前，受到前吸风道进口气流的作用，使得其中比较轻的杂质（临界速度小于气流速度的）被吸入到前沉降室输送至槽底部，然后被螺旋输送机输送到排料口排出。排料口安装有防止外界空气被吸入的多块木制条状活门板，进入筛片的子粒经过多层筛片的作用分别把不同的杂质从各个排料口排出。各层筛片根据不同的作用配置了圆孔筛和长孔筛，分别对子粒的厚度和宽度进行清选。经过筛选后的子粒，在排出之前，先到达小网筛，子粒在这里受到下风机吹出的上升气流的作用，残存的轻瘪子粒（那些临界速度小于上升气流速度的子粒）被吹入后沉降室沉降在底部，然后被螺旋输送机输送到排料口排出，在排料口处同样安装有防止外界空气被吸入的多块木制条状活门板，由于后吸风道比较高，残存的轻瘪子粒中比重较大的那些子粒可能在还没有吹到后沉降室之前就落下来返回到好种子中，降低了好种子的质量。所以在后吸风道下部安装有辅助排料口，用来排出轻瘪这部分子粒，同时安装有可以调整高度的挡板，可以控制排出轻瘪子粒的质量，最后加工出来的好种子从机器的主排料口排出。风筛清选机的结构示意图如图 1-2-26 所示。

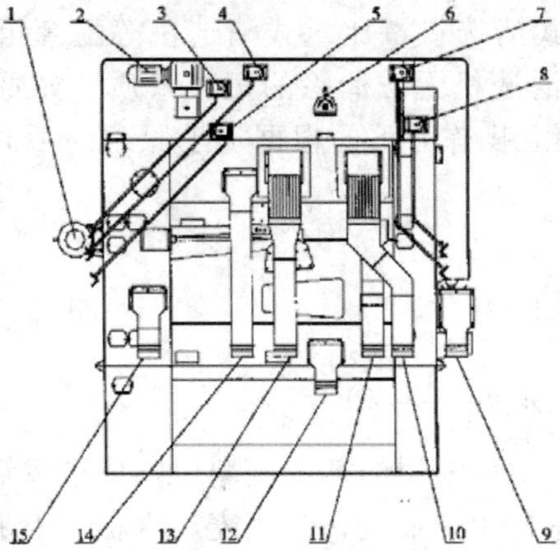

图 1-2-26　5XD—5.0/10.0 风筛清选机

1—筛箱震动电机；2—喂料辊电机；3—喂料闸门调节器；4—前吸风道空气短路阀门调节器；5—前吸风道风量调节器；6—风量分配调节器；7—后吸风道空气短路阀门调节器；8—后吸风道风量调节器；9—轻瘪粒排出口；10—轻杂排出口（后吸风道）；11—大杂排出口；12—小杂排出口；13—轻杂排出口（前吸风道）；14—大杂排出口；15—小杂排出口（可调）

3. 主要组成结构及作用

（1）带喂料辊的喂料系统

喂料系统由喂料斗、喂料辊、喂料搅拌器、喂料辊调速机构、喂料闸门、喂料闸门调节器等部分组成（见图 1-2-27）。

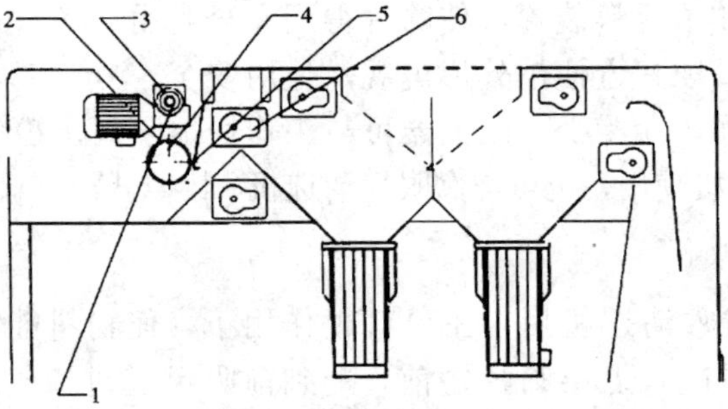

图 1-2-27　带喂料辊的喂料系统简图

1—搅拌器；2—喂料斗；3—电机和喂料辊调速机构；4—喂料辊；5—喂料闸门；6—喂料闸门调节器

1）喂料斗。喂料斗与机器的整个宽度相同，工作时应当始终保持完全充满物料，这一点很重要，因为只有这样物料才能沿筛片的宽度均匀分布。能否均匀分布将直接影响风筛清选机的生产率。

2）喂料搅拌器。喂料搅拌器安装在喂料斗内，它的作用是使流动性差的物料能不间断地喂入机器里。该装置多用于加工牧草种子。

3）喂料辊。喂料辊可以确保喂料的均匀一致性，同时降低并稳定物料的下落速度，稳定的喂料对提高前吸风系统的效果是有好处的。

4）喂料闸门。喂料闸门由铰链连接，可以根据所要求的生产率和物料特性调节喂料辊与闸门之间的间隙达到控制喂入量的目的。喂料闸门上装有弹簧，当大杂质通过时，喂料闸门的间隙在这些杂质的推挤下可以瞬时加大，不至于堵塞喂料口，等这些杂质通过后，在弹簧的作用下，又会恢复到原来的位置。

5）喂料闸门调节器。喂料闸门调节器通过手柄调节，手柄被安装在容易操作的高度，闸门可以在 5～10 mm 范围内调整，可以通过多种物料。

（2）前吸风系统

由前吸风道和前吸风道调节器、前风道短路阀调节器、前沉降室和排料螺旋输送机、条状活门板等部分组成（见图 1-2-28）。

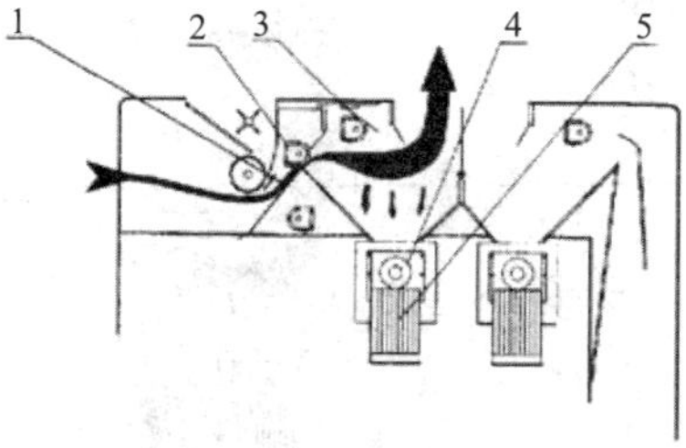

图 1-2-28　前吸风系统简图

1—前吸风道；2—前吸风道调节器；3—前风道短路阀门调节器；4—前沉降室排料螺旋输送机；5—条状活门板

1）前吸风道和前吸风道调节器。前吸风道的吸气口在喂料辊的正下方，物料在下落的过程中，气流通过物料使其在进入筛箱之前先进行第一次风选。用调节器调节前吸风道吸气口的大小，达到改变风速的目的。调节器连接着风速调节板，调节板位于喂料辊的下方，通过涡轮涡杆机构改变调节板的位置，保证了调节的灵敏和位置的准确。调节器是通过手柄来调节的，手柄安装在机器外部合适的高度。前吸风道可以吸走如尘土、谷壳等轻杂质，刻度为“0”时相当于最小的吸风效果，刻度为“10”时表示最大的吸风效果。但要注意，如果吸风道的风速太大就会将好种子甚至重子粒吸到前沉降室内，经螺旋输送机排出，因此可以通过检查前沉降室排出的物料判断前吸风道速度是否合适。

2）前风道短路阀和调节器。前风道短路阀位于前沉降室的顶部，调节前风道短路阀也可以控制前吸风道的风量，当前风道短路阀处于关闭状态时，所有的风量都是通过前吸风道进入的，此时，在前吸风系统可获得最大的风量；相反，当前风道短路阀处于打开状态时，在总风量中会有一部分风从短路阀进入，其他的风量才从前吸风道进入，此时在前吸风系统可获得最小的风量，即前风道短路阀起到了短路前吸风系统风量的作用。用调节器调节前风道短路阀，通过涡轮涡杆机构改变阀门的位置，保证了调节灵敏和位置的准确，调节器是通过手柄来调节的，手柄安装在机器外部合适的高度，为了获得最好的清选效果，必须使振动给料器喂料和前吸风道风速的调节相平衡。

3）前沉降室和排料螺旋输送机。前沉降室的作用是分离各种轻杂质和尘土。前吸风道连接着前沉降室，含有尘土和轻杂质的气流从前吸风道吸入到前沉降室。由于前沉降室的截面积远远大于前吸风道的截面积，到达前沉降室后，气流速度会大大降低，低于随气流吸入的尘土和轻杂质的临界速度，所以这些尘土和杂质就会沉降下来，落到前沉降室的底部，经位于底部的螺旋输送机将它们输送到排料口排出。

4）前条状活门板。排料口处设有带有铰链的条状活门板，在前沉降室内负压的作用下，紧紧盖在排料口处把排料口密封，防止空气进入前吸风系统，并防止操作人员因接触到旋转的叶片而受到伤害，当螺旋输送机送出的物料到达排料口时，物料将条状活门板“推开”，等物料排出后，条状活门板重新把排料口密封。应定期检查密封活门的铰链板，保证它们能自由摆动。注意不要用手触摸铰链活门板的后面。

（3）后吸风系统（见图 1-2-29）

后吸风道系统由后吸风道和调节器、后沉降室和排料螺旋输送机、后风道短路阀和调节器、后条状活门板、顶部多余空气排口、辅助排料口、小网筛和上方调节罩、风量分配阀、玻璃观察窗等部分组成。

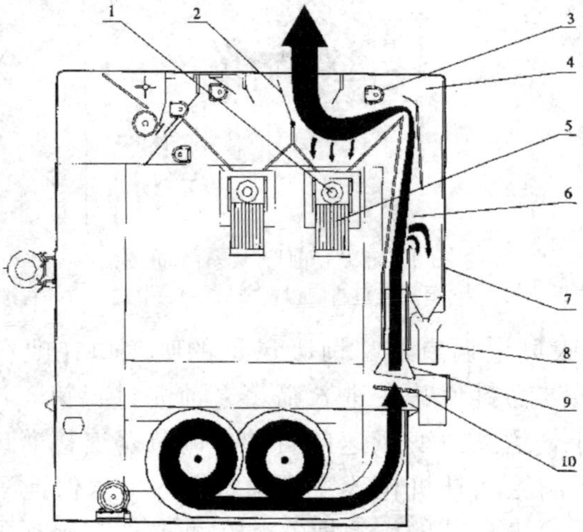

图 1-2-29　后吸风系统简图

1—后沉降室和排料螺旋输送机；2—风量分配阀；3—后风道短路阀和调节器；4—顶部多余空气排口；5—后条状活门板；6—后吸风道；7—玻璃观察窗；8—辅助排料口；9—上方调节罩；10—小网筛

1）后吸风道和调节器。后吸风道位于机器后部上方，在气流的作用下，从小网筛上分离出来的杂质进入后吸风道到达沉降室。后吸风道下面与小网筛上方调节罩和辅助排料口相连接，中间没有风量挡板。

2）小网筛和上方调节罩。小网筛由筛网和筛框组成，位于底层筛片的末端，安装后可以和底层筛箱一起振动，后吸风系统的气流将通过它，经过风选和筛后的子粒从底层筛片表面向下流动时，必须经小网筛后才能排出，在通过小网筛时，受到向上气流的作用，再一次分离轻瘪子粒。小网筛上方设有一个可以调节高度的调节罩，为了达到最好的风选效果，调节罩应调至小网筛上方 10～20 mm 以上，应注意空气罩不要阻碍子粒的流动。刻度为“0”时，调节罩的距离最大，此时从调节罩和空小网筛之间排出的向上气流量最多，通过空气罩排出的气流量最少，由于空气罩的截面积没变，所以气流的速度最小，绝大部分种子从主排口排出。

3）后沉降室和排料螺旋输送机。后沉降室的作用是分离从小网筛上来的各种轻杂质和干净空气的。后吸风道连接着后沉降室，含有杂质的气流从后吸风道吸入到后沉降室，由于后沉降室的截面积远远大于后吸风道的截面积，到达后沉降室后，气流速度会大大降低，低于随气流吸入的尘土和轻杂质的临界速度。所以这些杂质就会沉降下来，落到后沉降室的底部，经位于底部的螺旋输送机将它们输送到排料口排出。

4）后风道短路阀调节器。后风道短路阀位于后沉降室的顶部，调节后风道短路阀也可以控制后吸风道的风量。假设底部风机不运转，当后风道短路阀处于关闭状态时，所有的风量都是通过后吸风道进入的。此时在后吸风系统可获得最大的风量；相反，当后风道短路阀处于打开状态时，在总风量中会有一部分风从短路阀进入，剩余的风量才从后吸风道进入，此时在后吸风系统可获得最小的风量，即后风道短路阀起到了短路后吸风系统风量的作用。用调节器调节后风道短路阀，通过涡轮涡杆机构改变阀门的位置，保证了调节灵敏和位置的准确，调节器是通过手柄来调节的，手柄安装在机器外部合适的高度。与前吸风系统相比，由于有了下吹风系统、辅助排料口和顶部多余风量排出口，所以实际情况要复杂得多。调节器设在顶部，通过后吸风道上小网筛上方调节罩和后空气短路阀调节器的相互作用，就可以改变通过小网筛的气流速度，达到最好的风选效果。后风道短路阀全部打开，小网筛距离最大，此时风选效果最差。

5）后条状活门板。排料口处也设有带有铰链的齿状密封板，其结构、功能和注意点与前条状活门板相同。

6）顶部多余空气排口。顶部多余空气排口位于机器顶部后端，为一个可以拆卸的门，在门的下面安装有一个八角孔筛网，用来控制后吸风道的风量，从底部吹上来的气体可由此排走，门的状态开或关，决定于后沉降室的压力。后沉降室内不能出现正压力，当后沉降室排料口处的条状活门板出现微微向外打开的现象，说明后沉降室内出现正压力，就会出现灰尘外逸现象，整个后吸风系统就混乱了。但是由于清选的需要，往往又不能减少底部风机的风量，此时应把这个门打开排走多余的向上气流。

7）辅助排料口。辅助排料口位于后吸风道下方，那些被向上气流吹起的轻瘪粒，比较重的子粒到达一定高度后，由于后吸风道截面积发生变化而使气流速度减小，以至使这些子粒不再向上升而落下，经辅助排料口排出，以减少好种子的损失。

8）风量分配阀。风量分配阀位于风选部分的中间位置，一般地说，35%～50%的风量分配在前吸风系统，其余的风量分配到后吸风系统。前后吸风系统的风量调整都是在0～7挡之间。

9）玻璃观察窗。玻璃观察窗安装在后吸风道上面，通过它可以观察被吹上来的杂质的情况，判断后吸风道的气流速度是否合适，合适的气流速度应当是从观察窗看到子粒总的是向上运动，其中一些子粒一直向上最终被吸入到后沉降室内，另一些子粒向上运动一段后下落从辅助排料口排出。

（4）底部吹风系统

底部吹风系统由风机、风机电机和调速装置、多管通风道等部分组成。

1）风机。底部吹风系统共有两个风机，它将空气经过多管风道吹出，使整个小网筛下面都有相同速度的空气通过。

2）风机电机和调速装置。电机用一条 V 带驱动风机，通过调节无级变速器的调节旋钮可以改变电机的转数。但是应当注意的是，每次重新启动机器时，应在机器启动后缓慢调节旋钮，逐步改变风机转数直到合适为止。

在清选谷物时，风机的转数可控制在 300～500 r/min 之间，此时只要调节后吸风系统，就可以平衡风机吹出的风量。

在清选玉米、大豆时，风机的转数要提高到 720 r/min，这时才能把空气短路阀全部打开，若后吸风系统仍有正压存在（即后沉降室出现正压力，条状活门板被吹起），这时就需要打开顶部多余空气排口，排出多余的风量。

3）多管通风道。多管通风道与底部风机出风口相连接，起匀风作用，防止管道拐弯时过多的空气被离心力推向管子的外侧。

（5）筛选系统

由上下两个筛箱、筛箱驱动装置、导向板、流向分配板、可变换工艺流程的筛片、排出口等部分组成（见图 1-2-30）。

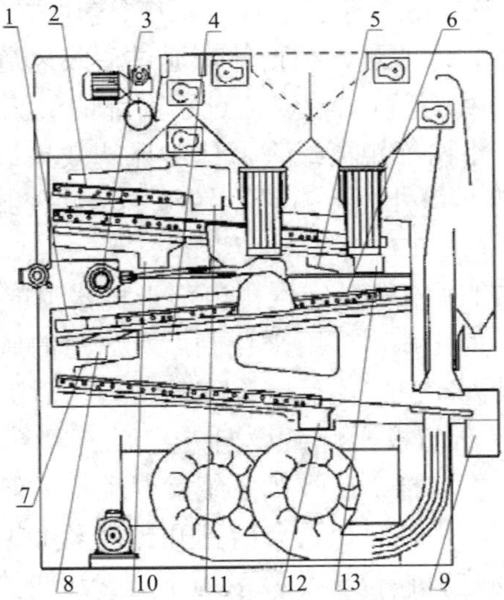

图 1-2-30　筛选系统简图

1—流向分配板；2—上筛箱；3—筛箱驱动装置；4—下筛箱；5—导向板；
6—筛片；7—导向板；8—主排口；9、10、11、12、13—杂质排出口

1）上下筛箱。根据机器的型号，每一个筛箱可能有 2 层或 3 层筛片。安装更换筛片时，先拧松锁紧把手，卸下后挡板，拉出定位板，用专用的拉杆抽出筛架（格），在筛架（格）抽出后，筛架（格）轨道应当干净、无杂物，以保证新的筛架（格）能够自由滑入，将新筛架（格）放入轨道，然后装好定位板，安装后挡板，再拧紧锁紧把手。每一层筛片下面都有一个大小完全相同的橡胶球托盘，托盘内有若干清理筛片用的橡胶球，在筛片振动时，这些球可以上下跳动，不断地敲击筛片，达到清理筛片的目的。

2）筛箱驱动系统。筛箱上装有偏心驱动轴，电机通过一条齿形皮带驱动它，轴上安装有两个偏心轴承，分别用于驱动每一个筛箱。两个筛箱的移动方向相反，可以保证机器的动态平衡。偏心轴承上安装有连杆，连杆的另一端通过弹簧钢板与筛箱相连。当偏心轴转动时，连杆通过拉杆将水平驱动力传递到筛箱，使筛箱平稳地运动。

3）导向板。导向板是为了将它上层筛片加工下来的物料送至下层筛片的喂入端，这样就可以保证筛片的全部长度都可以利用，同时物料还能沿机器的宽度均匀分布。除第四层筛片没有导向板外，其余每层都设有导向板。

4）流向分配板。流向分配板是用来根据所选定的流程，决定物料在两层筛片上并联同时清选，或物料在筛片上串联先后清选。

5XD—5.0 型共有两个流向分配板，大的一块安装在上筛箱下层筛片的前端，小的一

块安装在下筛箱上层筛片的后端。

4．主要技术参数

风机：XMBD—3—5—W，3 kW，190～950 r/min。

偏心驱动电机：XMBD—3—5—W，3 kW，190～950 r/min。

生产率：5 000～12 000 kg/L（按小麦计）。

风机转速：140～700 r/min。

筛箱振幅：30 mm。

筛箱振动频率：280 次/min。

5．风筛清选机的使用与维护

风筛清选机机型较多，结构略有差异，在使用维护上共性居多，现介绍如下。

（1）设备的安装

风筛清选机筛选部分一般采用木质构件为主，因此要求安装在干燥、通风条件良好的室内。风筛清选机安装时，周围应留出足够的空间进行操作和维修机器。机器进料口前侧及出杂口一侧应至少有 1 000 mm 的空间，以便更换筛片及监控排杂情况。机器的另一侧和成品出口端应留出 760 mm 空间，以便维护皮带及处理有关故障。

机器必须安装在适当加固的水泥地面上。不平度在±0.8 mm 以内。用螺栓将机器准确地固定在地基上，若需要可以加垫片进行调整。

机器一旦被安装好，应在启动前撤去所有固定筛体的木块。

在所有输送管连接好后，设备应进行 10～15 min 的空载运转，并特别检查下列事项。

1）所有螺栓应拧紧并在正确位置。

2）任何零散物，如备用筛片、工具等必须远离操作区域。

3）所有电机都应有正确的转向。

4）电机运行的电流值应在铭牌上额定值范围内。

（2）筛选流程及筛片的选择

风筛清选机在使用前，首先要根据加工物料原始含杂情况以及对加工后物料的尺寸和净度要求选择适当筛选流程和筛片。一般来说，如果在原始物料中含有的大杂比较多，则应在筛选流程上安排上筛和中筛清除大杂，下筛清除小杂；如果原始物料中含有的小杂比较多，则应在筛选流程上安排中筛和下筛去小杂，上筛清除大杂。

在确定了筛选流程后，再来选择筛片。

1）流程上采用中筛除大杂。

① 上筛的选用原则。经过上筛清选后的物料（筛下物）中只含有较少的大杂（尺寸比好种子略大），而且筛选出的大杂（筛上物）中不含好种子。

② 中筛的选用原则。筛孔比上筛略小，经过中筛清选后的物料（筛下物）中基本不含大杂，而且筛选出的大杂（筛上物）中不能含有较多的好种子（可根据对加工后物料的净度要求作出取舍）。

③ 下筛的选择原则。经过下筛清选后的物料（筛上物）中基本不含小杂，而且筛选出的小杂（筛下物）中不能含有较多的好种子（可根据对加工后物料的净度要求作出取舍）。

2）流程上采用中筛除小杂。

① 上筛的选用原则。经过上筛清选后的物料（筛下物）中基本不含大杂，而且筛选出的大杂（筛上物）中不能含有较多的好种子（可根据对加工后物料的净度要求作出取舍）。

② 中筛的选用原则。经过中筛清选后的物料（筛上物）中只含有较少的小杂，而且筛选出的小杂（筛下物）中不含好种子。

③ 下筛的选择原则。经过下筛清选后的物料（筛上物）中基本不含小杂，而且筛选出的小杂（筛下物）中不能含有较多的好种子（可根据对加工后物料的净度要求作出取舍）。

最常用也是最简单有效的选择方法是用手筛或成品筛对加工种子进行筛选，采用效果最满意的孔形和尺寸的筛片装机使用。

（3）调整

1）喂入量的调整。

一般以筛面厚度为两层种子为佳，禾本科牧草种子小于一层。喂入量要与风筛清选机的额定生产率相匹配。喂入量过大，会影响清选效果；喂入量过小，则影响生产效率。

2）前吸风道的调整。

前吸风道的作用是清除物料中的颖壳、尘土等轻杂质。前吸风道风量过大容易将好种子吸走，过小则不能完全清除物料中的轻杂，所以调节时一般以刚好不吸入好种子为准（可与前沉降室卸压风门配合调整）。

3）后吸风道的调整。

后吸风道的作用是清除物料中的轻瘪粒、虫蛀粒及茎秆等轻杂质。后吸风道的调整包括风量（可与后沉降室卸压风门配合调整）的调整和小筛与吸风口间隙的调整。调整时可通过后吸风道上的观察窗进行观察，一般以不吸入好种子为准。

4）下吹风的调整（部分机型无下吹风机）。

下吹风的作用在于保证后吸风道清选质量。清选较轻的种子时风量要调小；清选较重的种子如玉米、小麦等，风量则要适当调大。

（4）维护与保养

1）每次作业前应检查各紧固件是否松动，转动是否灵活，有无异常声响，故障全部排除后方可作业。

2）检查V带与链条的张紧度，必要时给予调整。

3）各滚动轴承与链条要加足润滑油，以后每工作200 h再加注一次。

4）各相对滑动部件表面应加注机油，以后每隔一个时期加注一次，以保证各调节机构操作灵活。

5）尺寸不足和老化的橡胶球必须及时更换。

6）风筛清选机必须在室内存放，并有良好的通风防潮措施，以防木质件受潮变形。

7）成套存放时，要彻底清扫机器，空转排出各部位残存的种子和杂物，使机器恢复到完好的技术状态。

8）取下筛片，清理干净后涂防锈油，以防生锈。

（二）窝眼筒清选（彩图 11、12）

窝眼筒清选机是按种子长度进行分选的清选设备。窝眼筒清选机能将混入好种子中的长、短杂质清除出去。如水稻种子中的米可视为短杂，小麦种子中的野豌豆可视为短杂，混入小麦种子中的野燕麦可视为长杂，等等。窝眼清选机能将它们有效地分离开来。不过与平面筛筛选相比，窝眼筒清选生产效率略低。

1. 主要功能

1）分级：即按种子长度进行分级。

2）清选：从种子中清除有害杂草种子（如短杂草子或长杂草子）。

窝眼筒清选机可与风筛清选机、比重清选机等配套组成种子加工成套设备，以便清除风筛清选机和比重清洗机无法清除的短粒杂质（如野豌豆）和长粒杂质（如燕麦），同时又可作为单机独立操作。

2. 主要部件

主要部件见图 1-2-31。

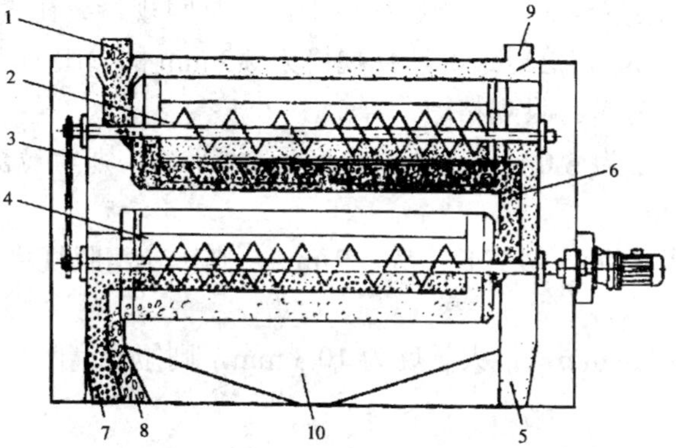

图 1-2-31 5W—5.0 型窝眼清选机结构图

1—进料口；2—清除短杂质窝眼筒；3—刮板；4—清除长杂质窝眼筒；5—短杂质出料口；6—长杂质窝眼筒进料口；7—好种子出料槽；8—长杂质出料口；9—吸尘口；10—清粮（种）口

3. 工作原理

种子由进料口进入清除短杂质窝眼筒，并随着滚筒的转动由刮板向前输送，这时小于窝眼直径的小粒种子和野豌豆等杂质由窝眼筒带起进入分离槽，由搅龙送入短杂质出料口，其余种子则通过窝眼进口处，进入长杂质窝眼筒继续清选，随着该窝眼筒的旋转，小于窝眼直径的好种子被送入分离槽中并由搅龙进入出口，而大于窝眼直径规格的长杂则被刮板送入长杂质出料口，从而完成窝眼清选。

种子清选的质量主要由窝眼筒的转速、窝眼筒的加工质量以及分离槽落料边的高度决定。窝眼筒转速和分离槽角度一般机型都可以无级调整，窝眼筒可以更换。

4. 使用操作

（1）上下窝眼筒的功能及其变通形式

1）上窝眼筒能分离比被清选物料外形尺寸（主要指长度）小的圆形或椭圆形以及破碎的物料。

2）下窝眼筒主要用来分离比被清选物料外形尺寸（主要指长度）长的物料。为提高获选率，减少损失，增强分选效果，下滚筒可不装刮板。

3）变通形式。下窝眼筒通过加装刮板并选用合适的窝眼片，也可用来对短粒谷物进行分离，因此，刮板作为随机备件，用户可根据需要选择使用。

（2）窝眼规格的选择原则

窝眼规格必须与被加工的种子长度尺寸相符，不同的谷物，窝眼的规格不同，下面对如何选择窝眼规格作一具体说明。

1）短粒谷物窝眼筒。

窝眼直径/种子的平均长度：比重大的种子为0.8～0.9，比重小的种子为0.95～1。

2）长粒谷物窝眼筒。

窝眼直径/种子的平均长度：比重大的种子为1.1～1.2，比重小的种子为1.3～1.4。

从谷物中任意选取20～30个完整的颗粒所量出的平均长度即为谷物平均长度。而谷物最长长度为从谷物中随意取出100个完整的谷物颗粒，其中最长谷物颗粒的长度即为最长长度。

实际上选择短粒窝眼规格时，为清选得更干净，窝眼规格要比设定的大一些，如谷物平均长度的0.8倍为5.9 mm，这时最好选择规格为6.3 mm的窝眼而不是5.6 mm的窝眼。

下面举例说明如何选择窝眼规格。

小麦：假如平均长度为6.0 mm，最长长度为8.5 mm，则短粒窝眼规格为5.6 mm，长粒窝眼规格为9.5 mm。

大麦：平均长度为7 mm，最大长度为9.2 mm，则短粒窝眼规格为6.3 mm，长粒窝眼规格为11 mm。

燕麦：平均长度为7.6 mm，最大长度为10.3 mm，则短粒窝眼规格为7.1 mm，长窝眼规格为12.5 mm。

（3）转速的调整

滚筒转速对分级效果影响极大，因此必须细调。旋转减速机手柄，转速可在5.8～58 r/min的范围内无级调整。这个转速范围能满足一般谷物的清选要求。用取样器观察分离后的成品种子和分离出的短杂，先把转速调整到分级效果最明显处，然后兼顾上下两筒，细调转速定到合适处即可。

（4）分离槽角度（即落料边高度）的调整

通过旋转把手（上下分离槽调节把手）可以调节分离槽角度。分离槽角度可以从观察窗中看到，并且其实际角度与观察窗看到的一致。用取样器观察分离出的杂质和分离后的种子，转动调节把手，把分离槽角度调节至满意为止。

5．安全保护及保养

（1）安全保护

为了安全起见，防止机器突然启动，部分机型装有自锁机构，锁紧装置使链轮和电路处于锁紧状态时，可更换窝眼筒板，更换完毕后，使锁紧作用撤销，行程开关接通即可开机。

为保持工作场地清洁，通过窝眼机顶部的出风口，用一根接管与除尘管路风道相连，使封闭的窝眼机工作腔内形成负压，可起到除尘作用，保证工作场地的清洁。

（2）维护保养

机器每运转 500 h，要检查滚动轴承，如果轴承运转时发出异常声音，必须更换轴承。机器工作 1 000 h 后，要及时加油，并检查螺栓连接部分是否松动及橡胶圈、滚子链条张紧装置。工作 15 000 h 后，必须进行大修。

（三）比重清选（彩图 13、14）

比重清选机主要按比重差异分选外形尺寸基本一致的颗粒状物料，把比重较大和较小的成分从原始物料中分离出来。在种子加工中，主要用于去除混杂在好种子中的沙石土块等比重较大的杂质和部分不饱满种子、虫蛀种子、霉变种子、发芽种子、变形种子以及其他比重较小的杂质。不但能对小粒种子如白菜籽、甘蓝籽、胡萝卜籽、萝卜籽、紫云英籽、牧草种子和花卉种子等进行分选，也能对小麦、玉米、水稻等农作物种子进行分选。现以 5TZ—2200 型比重清选机为例作简单介绍。

1．工作原理

在倾斜的工作台面（也称为筛床）上，通过重力、振动和气流的综合作用，使物料形成流化态，并按轻重自动分层。从最底层到最上层物料逐渐从重变轻。底层物料与台面接触，受振动和摩擦的作用较大，主要沿振动方向往上爬移。浮在上层的物料受振动力较小，主要受气流、自身重力和后来物料挤压的作用，沿台面的倾斜方向往低处流动。这样，物料便按轻重向台面的不同区域运动，最重的物料移动到排料端的最高处，最轻的物料流向最低处。在台面的边缘，可调节的导向板把不同区域的料流导向各自的排料槽，从而完成物料的分选作业。

2．主要技术规格及参数

生产率：3～4 t/h（按小麦计）。

风机电机：Y160 M—4，11 kW。

振动台工作电机：Y90L—6，1.1 kW。

风机叶轮型式：多叶前弯曲叶轮。

工作台有效工作面积：1.58 m^2。

工作台出料口长度：2 200 mm。

振幅调节：2 mm、3 mm、4 mm、5 mm、6 mm、7 mm、8 mm、9 mm、10 mm。

频率：350～600 r/min，无极调速。

台面纵向倾角：0°～10°。

台面横向倾角：0°～6°。

外形尺寸：（长×宽×高）=2 750 mm×1 525 mm×1 730 mm。

3．主要零部件的构造及作用

（1）工作台面

工作台面是该机的主要工作部件，它可以确保作用在被加工物料上的气流均匀分布，轻杂漂浮在表面移向左方，同时由它产生作用力，把比重大的物料送至右上方。其结构如图 1-2-32 所示，主要由框架、匀风筛板、匀风筛、工作筛面和挡料板等组成，对于粒度大小不同的物料，其配用的工作筛面的类型也不同。本机备有多种可供用户选择的工作筛面类型。其中 I 型为铜丝编织筛，用于加工小粒种子；II 型为方钢丝编织筛，用于加工小麦、水稻等中粒种子；III 型为孔眼较 II 型更大的方钢丝编织筛，用于加工大粒种子如玉米、菜豆和大豆等。工作台面与振动台装卸简单，更换筛面迅速，清理方便。

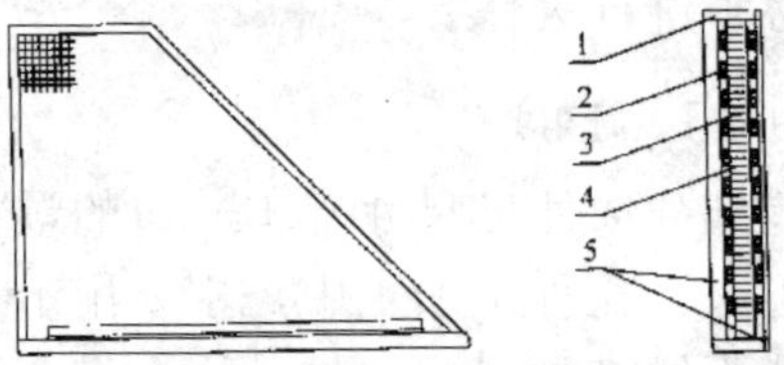

图 1-2-32　三角形工作台面结构示意图

1—框架；2—匀风筛板；3—匀风筛；4—工作筛面；5—挡料板

（2）分料斗

分料斗是振动台架的组成部分，它们之间用铰链连接。工作时用三个手轮锁紧，松开三个手轮就能将分料斗打开，以便更换工作台面或清理工作台面。其结构如图 1-2-33 所示，主要由分料斗和导料板组成。它的作用是将工作台面出口分成不同物料区，如轻杂、轻重混合物、好种等。因为物料中轻杂的含量不同，对好种的质量要求也不同，所以导料板的位置应根据需要而定。轻杂由出料口 1 排出，轻重混合物由出料口 2 排出。出料口 3～6 为好种排出口，且千粒重依次递增。根据需要，增加导料板数量和长度，好种也可从其中的一个出口排出。若出料口 1 含好种子较多，则需将左边导料板左移一定距离；若出料口 3 好种净度不高，则应将右边导料板右移一定距离，这时的出料口 2 排除的二次处理量就增加，反之则导料板左移。

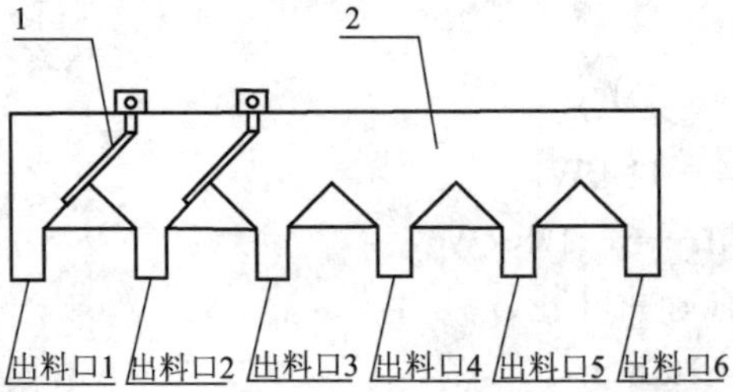

图 1-2-33　分料斗结构示意图

1—导料板；2—分料斗

（3）振动框架

图 1-2-34 是振动框架的结构示意图。振动框架主要由上、中、下三个框架，撑板，纵、横向锁紧手轮和纵、横向倾角调节手轮等组成。下框架撑板、板弹簧与机座连接，上框架与振动台架和工作台面连接，工作时整个振动框架、振动台架和工作台面一起做往复运动。通过调节上、中、下三个框架的相对角度，可以改变工作台面的纵向和横向倾角，从而满足不同物料的加工要求。通常，纵向倾角越大，分选质量越高，但工作台面上的物料向右上方运动越困难。正常工作时，工作台面在纵向要有一定的倾斜度且整个工作台面铺满物料，才能保证加工质量。倾角的大小视不同品种的物料而异，一般来说物料与工作台面的摩擦系数越大，则纵向倾角也越大，反之越小，横向倾角越大物料在工作台面上停留的时间越短，分选越不彻底。横向倾角越小，物料在工作台面上停留的时间越长，物料层也越厚，同时生产效率越低，通常工作台面上的物料层厚度以 10～30 mm 为宜。

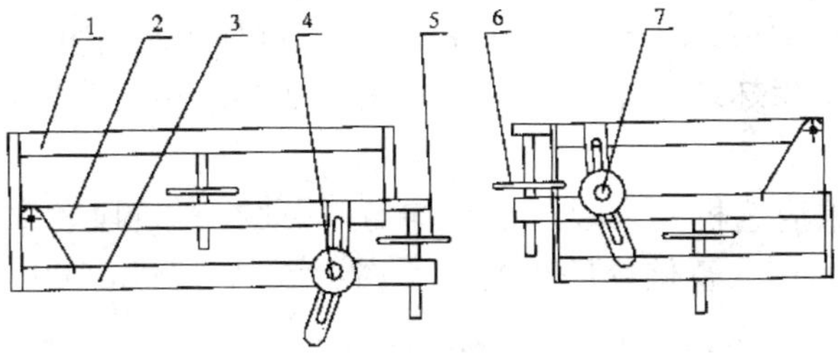

图 1-2-34　振动框架结构示意图

1—上框架；2—中框架；3—下框架；4—纵向锁紧手轮；5—纵向倾角调节手轮；6—横向倾角调节手轮；7—横向锁紧手轮

（4）风量调节装置

风量调节装置的作用在于改变风机的进风量，以满足加工不同物料的要求。转动调节手轮，改变活门与吸风箱壁之间的距离，即可达到调节风量的目的。滤网用来滤清空气，以防灰尘、杂质进入风机发生堵筛现象，影响工作质量。风量的增加或减少可以参照气压指示装置进行。工作时，风量的大小必须调至使工作台面上的物料流化。风量的高低对机器的工作质量影响较大，风量过高使台面上的物料向左下方移动，反之向右上方移动。

（5）调速装置

图 1-2-35 是调速装置的结构图。调速装置主要由电机、电机底座、变速轮、变速皮带和手轮等组成。调速装置主要用来改变工作台面的振动频率，调节手轮可改变电机与电机底座在上下方向的相对位置，即改变变速轮与被动轮之间的中心距，这样皮带张紧力得到变化，迫使变速轮盘轴向滑动，从而改变传动比，实现变速的目的。通常加工物料的粒度大小变化较小时，只需调节手轮，就能满足加工要求。若粒度变化较大，即转速变化范围较大时，需先改变电机与电机底座的相对位置，使转速调至所要求的值附近，然后调节手轮，即能达到较好的加工效果。

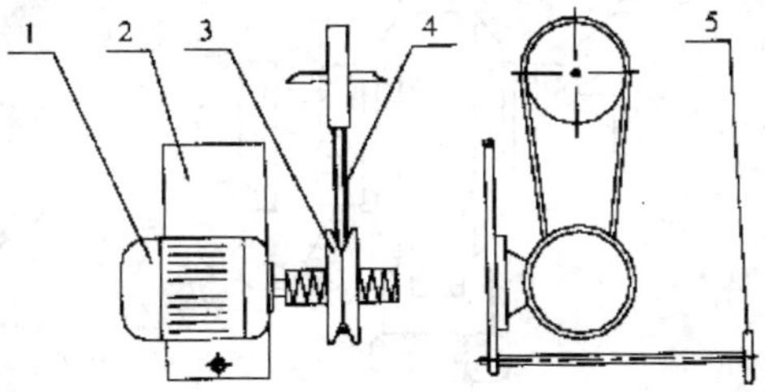

图 1-2-35　调速装置结构示意图

1—电机；2—电机底座；3—变速轮；4—变速皮带；5—手轮

（6）振幅调节机构

振幅调节机构主要由偏心调节机构、固定轴承座、皮带轮、偏心轴等组成，其主要作用是将电机提供的旋转运动改变成工作台面的往复运动，且能满足改变振幅大小的要求。偏心量的调节采用双偏心机构，改变两个偏心套圆周方向的相对位置，就能起到调节作用。对于不同物料，其要求的振幅值也不同，通常随着物料粒度的增大，需要的振幅值也相应增加。

4．使用前的准备

5TZ—2200 型比重清选机的部分工作部件采用木质制成，因此要求安装在干燥、通风条件良好的室内进行工作。在有条件的情况下，单机使用最好在除尘口配上吸尘管道，以免轻杂外扬，污染工作环境，空气吸出量以大于 2 500 m^3/h 为宜，除尘口与吸尘管道之间用软管连接。

5TZ—2200 型比重清选机要求喂入连续均匀，因此在喂料口之上要配置一个暂储仓，暂储仓容积不小于 1.5 m^3。暂储仓的出料口要高于该机喂料口 100 mm 左右，它们之间用厚质帆布连接。

5TZ—2200 型比重清选机与基础之间用 4 个 M12 的地脚螺钉连接，连接要牢固，工作时不能产生振动。若用 M12 的膨胀螺栓连接，则要求水泥地面有足够的坚硬度，用高标号水泥（不低于 500 号）浇注，混凝土厚度不小于 200 mm。

在空机起动前，应检查各紧固件是否有松动现象。用手转动风机轴和偏心轮轴，检查转动是否灵活，有无卡滞现象。各部分保证完好后，启动电机，检查风机和偏心轴转向是否正确，然后空载运转 1 h 左右，检查各电机和轴承，温升正常，方可投入使用。

5．操作使用及安全规则

（1）主要调节机构的使用

1）工作台面倾角的调节。如图 1-2-35 所示，松开纵向或横向锁紧手轮 4 或 7，转动纵向或横向倾角调节手轮 5 或 6，就能改变工作台面的纵向或横向倾角。倾角的增大或减小可参照刻度牌进行，倾角调节手轮右旋时，倾角减小；反之，倾角增大。倾角调节完成后，必须拧紧纵向和横向锁紧手轮。

2）风量大小的调节。转动风量调节手轮，就能改变风量的大小，手轮右旋时，风量增加；反之，减少。其值大小可以参照气压指示装置进行改变。

3）振动频率的调节。如图 1-2-35 所示，手轮 5 右旋，频率升高，反之降低。

4）振幅的调节有以下几个步骤（见图 1-2-36）：

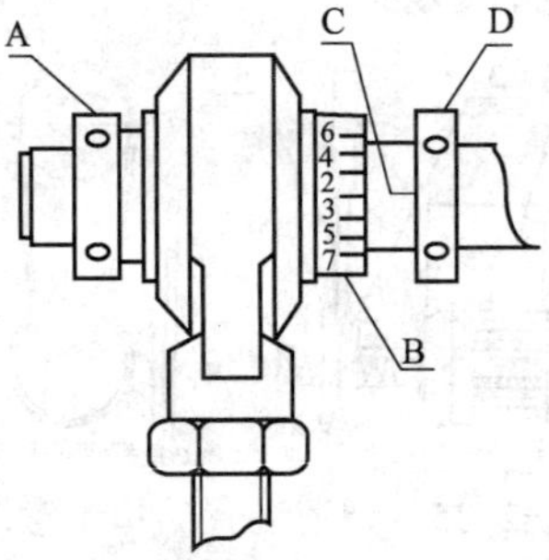

图 1-2-36　偏心调节机构外形简图

① 松开螺母 A；

② 移动大偏心套 B，使 C 脱开销孔；

③ 转动小偏心套 D，使 C 对准大偏心套 B 上的刻度线，其刻度即为振幅值；

④ 选好所要的刻度后，移回大偏心套 B，使 C 插入销孔；

⑤ 锁紧螺母 A。

必须注意，调整时，左右两边必须同时进行，以确保选择的振幅值一致。

（2）常用的主要参数推荐值

见表 1-2-13。

表 1-2-13　主要工作参数推荐表

加工物料	工作台面类型	静压（mmH_2O）①	振动频率（次/min）	振幅（mm）	纵向倾角	横向倾角
白菜籽、甘蓝籽、萝卜籽、青椒籽、番茄籽等	I	15～16	420～530	4～6	3°～6°	0°～2°
小麦、水稻等	II	25～45	380～420	7～10	4°～6°	0°～2°
玉米、菜豆等	III	60～90	360～420	6～10	3°～6°	0°～2°

注：① mmH_2O=9.806 65Pa。

（3）操作中可能出现的问题、产生的原因及解决的方法（见表 1-2-14）

表 1-2-14　操作指南表

序号	可能出现的问题	产生的原因	解决方法
1	物料层过厚	喂入量太大	调节进料口插板，减少喂入量
		横向倾角太小	增大横向倾角
2	工作台面右上方物料铺不满	风量过大	减小风量
		纵向倾角过大	减小纵向倾角
		振动频率和振幅偏低	增加频率和振幅值
		横向倾角过大	减小横向倾角
		工作台面类型选用不当	更换工作台面
		喂入量太小	调节进料口插板开度，增加喂入量
3	工作台面左下方物料铺不满	与序号 2 相应栏 1～4 相反	与序号 2 相应栏 1～4 相反
		与序号 2 相应栏 5～6 相同	与序号 2 相应栏 5～6 相同
4	工作台面左右两端物料铺不满	纵向倾角与振动频率和振幅搭配不当	增加或降低振幅和频率，相应地降低或加大纵向倾角
		地脚松动	紧固地脚螺母
5	物料漏入振动台架内腔	工作台面和振动台架配合不紧密	先松开台面压紧手轮，上紧锁紧手轮，最后拧紧台面压紧手轮
6	轻杂排出口含好种子过多	喂入量太大	减小喂入量
		风量太小	增加风量
		导料板位置不当	导料板左移
7	好种子出口含重杂较多	重杂排出口开度不当	增加重杂排出口开度
8	工作台面出口边排出物料不按轻至重规律分布	工作台运动特性不符合设计要求，有附加运动出现	调节左右两边振幅值
		左右两边振幅值不一致	调节连杆长度（等长）
		机座固定不牢固，有振动现象	加固底座连接
9	频率调节手轮拧不动	未松开锁紧螺母	先松开锁紧螺母再调
10	频率调节机构出现振动	锁紧螺母未紧	拧紧锁紧螺母
11	风压、风量过低	滤网阻力过大 风机反向转动	定期卸下滤网清理干净 更正电机转向
12	工作台筛孔被堵	物料含小杂太多	清除物料中的小杂
13	加工后物料净度不高	导料板位置不当	移动导料板位置
		原始物料净度太低	预清物料或再次分选

（4）安全规则

1）电机外壳必须接地。

2）工作时要上好皮带罩。

3）工作时切勿用手触及运动部件。

4）工作台筛面不能与硬质物体相碰，以免筛面变形。

6．维护和保养

1）机器使用后每隔一两个班次，检查紧固件是否有松动现象。

2）检查易损件是否有疲劳现象，若发现应及时更换，以免引起其他部件的损坏。

3）工作一定时间后，定期清理进风箱滤网，以免影响气流特性。

4）工作台筛面如出现堵孔现象应及时清理。

5）物料中若含小杂过多，堵筛现象严重，应对物料进行预清，排除堵筛的可能性，以便提高分选质量。

6）每工作 200 h，各轴承应加注润滑脂。

7）变速轮滑动轴、大小偏心套滑动表面以及各调节机构运动摩擦部位，应每月加注润滑油一次，保证调节灵活。

8）长时间（半年以上）不用，使用前各润滑部位需重新加注新润滑油。

7．运输、存放及保管

1）运输过程中，机器不能倒置或侧置，不能有大的冲击和振动。

2）在包装或装车前，应将比重分选机的振动框架与机架之间用垫板垫牢，使振动框架不能活动，防止运输过程中由于振动造成的机器损坏。

（四）种子分级（彩图 8、9、10）

种子分级后外形尺寸基本一致，有利于机械精量播种。根据种子的尺寸特性采用不同规格的筛片进行筛选分级，目前通常使用平面筛或圆筒筛进行种子分级。每种规格的筛片可以将种子筛分为小于和大于该筛孔尺寸的两级种子。

机械精量播种机要求对种子进行分级，即将种子按精量播种机不同播种穴盘的尺寸，分成不同的尺寸组，以保证每个孔眼里只能落下一粒种子。国外曾对种子分级要求作出规定，将种子分为六级、八级甚至十二级。

1．工作原理

平面分级机的工作原理与风筛式清选机的筛选部分工作原理是相同的，利用种子的宽度和厚度尺寸不同来进行分级，但分级机工作流程调节更加灵活，以适应不同的种子分级要求，下面以 5XDS—10 型分级机来作具体说明。

2．主要结构及使用操作

如图 1-2-37 所示，本机可分为四大部分：进料部分、筛选部分、传动部分、机架和支架部分。

（1）进料部分

如图 1-2-38 所示，进料部分由入料口、拨料辊、喂料轮、进料间隙调节机构等组成。

入料口占用了机器的整个宽度，应总是完全充满物料，或是至少物料能分散在机器的整个宽度。因为它能影响分级质量和生产率。喂料辊能确保给料均匀，同时可降低谷物的下料速度，喂料活门可根据需求的产量和要求调整配重块的前后距离。

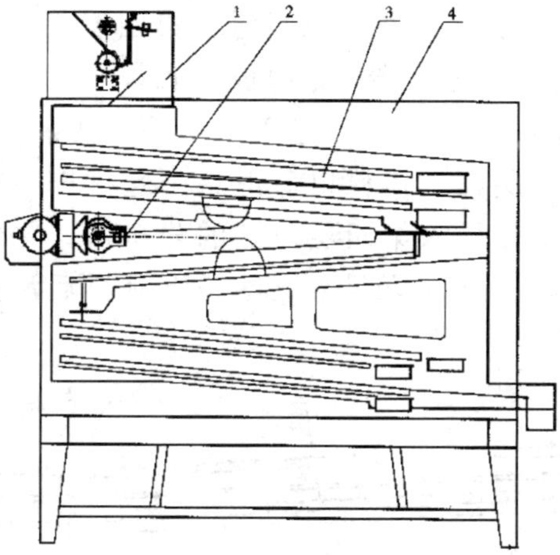

图 1-2-37　平面分级机的结构简图

1—进料部分；2—传动部分；3—筛选部分；4—机架和支架部分

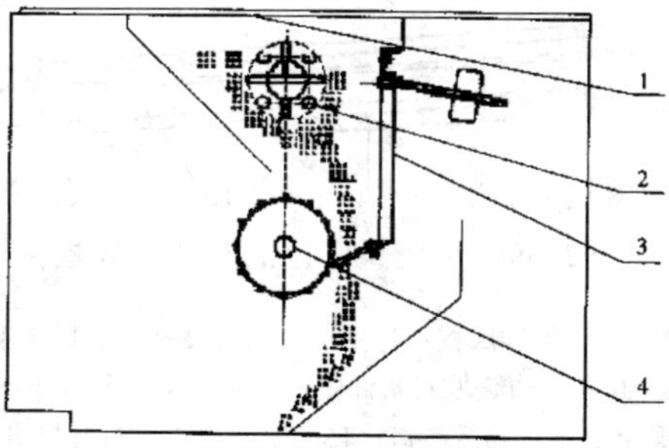

图 1-2-38　进料部分结构图

1—入料口；2—拨料辊；3—进料间隙调节机构；4—喂料轮

（2）筛选部分

筛选部分由上下两个筛箱组成。上下筛箱分别由筛箱侧板、筛片、清洁球架、出料口、出杂口等组成。筛箱侧板由胶合板制成，由与机架相连的四个吊板悬挂，它靠偏心机构传递动力使其往复运动。筛箱中筛孔形状有圆孔和长孔两种，筛孔尺寸有很多种，可视清选作物种子尺寸的大小进行相应选用。

为使筛子正常工作不产生堵塞，本机选用橡胶球清筛。在筛箱摆动时，清洁球在筛片与清洁球架之间进行无规则的碰撞，使堵塞在筛孔中的物料脱离筛孔，达到清筛的目的。该结构不需外加传动，传动结构简单，减少了易损件。

（3）传动部分

本机选用 V 带传动，由电机通过 V 带传递给偏心轴带动筛箱做往复运动。

（4）机架和支架部分

该机机架和支架主要是用来组装各部分结构。

3. 可变换工艺流程的筛片及底板

可变换工艺流程的筛片及底板如图 1-2-39 所示。

(1) 分三级时的筛片、底板配置

如图 1-2-39 所示，当物料需要分三级时，第四层筛上排料口不装，第三层可拆卸底板不装，一、四层前端装分料器，导向板与底板平行安装。工作过程如图 1-2-41 所示，落入上筛箱的物料经分料器 1/2 进入一层筛，其余 1/2 进入二层筛，一层和二层筛的筛上物进入一、二层筛上排料口后汇集一起排出，一、二层筛下物经底板直接落入第三层底板，汇集后导入第四层前端的分料器，物料经分料器进入第四层筛和第五层筛，筛下物经底板进入第四、五层筛下排料后汇集在一起排出；筛上物汇集后由主排口排出。

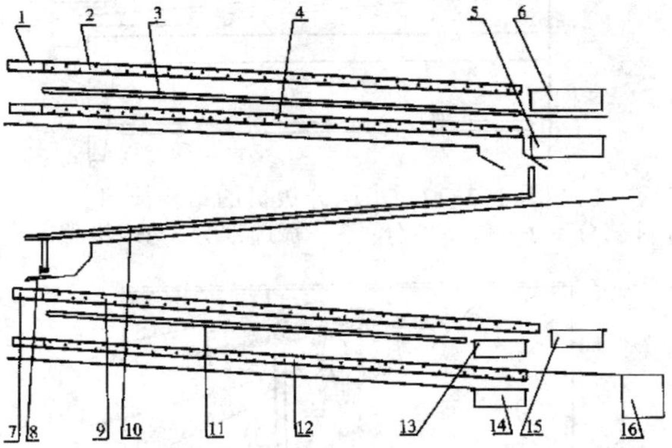

图 1-2-39　可变换工艺的筛片及底板简图

1—分料器；2—第一层筛；3—第一层可拆卸底板；4—第二层筛；5—第二层筛上物排料口；6—第一层筛上物排料口；7—分料器；8—导料板；9—第四层筛；10—第三层可拆卸底板；11—第四层可拆卸底板；12—第五层筛；13—第四层筛下料排料口；14—第五层筛下物排料口；15—第四层筛上料排料口；16—主排口

(2) 分四级时的筛片、底板配置

如图 1-2-41 中，当物料需要分四级时，第一层和第二层筛上排料口不装，第一层可拆卸底板不装，装第三层可拆卸底板，一、四层前端不装分料器，第一层筛前端装底板，第四层筛前端装隔板，导向板垂直安装，使第三层可拆卸底板和不可拆底板的物料分别进入第五层筛和第四层筛。

工作过程如图 1-2-42 所示，落入上筛箱的物料经过第一层筛和第二层筛后，种子按大小分级，筛上物为大粒种子，汇集后进入第三层不可拆底板，经导料板进入第四层筛，第四层筛按种子宽度分级，将种子分为大圆粒和大扁粒，经过第四层筛选后，筛上物为大圆粒，由第四层筛上排料口排出；筛下物为大扁粒，经第四层可拆卸底板由第四层筛下排料口排出。第一层和第二层筛的筛下物为小粒，经第二层底板进入第三层可拆卸底板，经底板直接进入第五层筛，经第五层筛将种子分为小圆粒和小扁粒，筛选后筛上物为小圆粒，由主排口排出，筛下物为小扁粒，经底板由第五层筛下排料口排出。

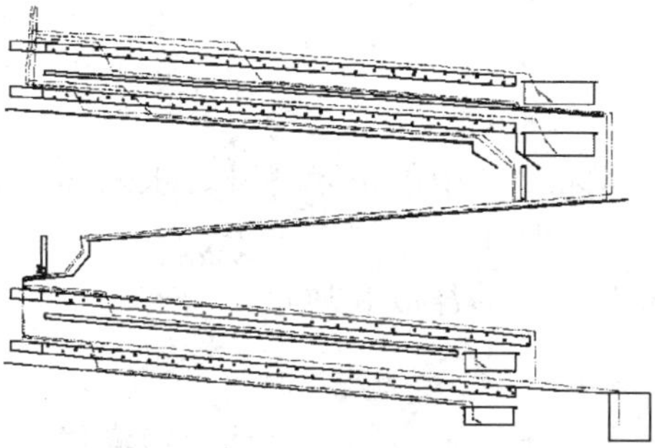

图 1-2-40　分三级时的筛片和底板配置图

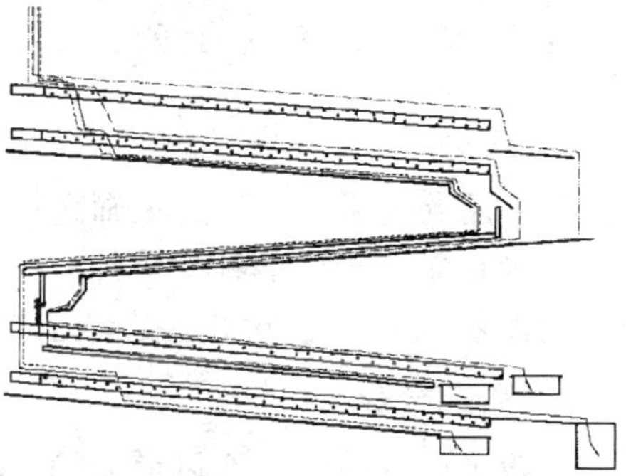

图 1-2-41　分四级时的筛片和底板配置图

4. 清洁球架、筛片的安装

该机共可用筛片 15 张，筛片规格可根据种子几何形状及尺寸由用户选定，与之配套使用的清洁球架也是 15 件，装入筛片时，可将筛片与清洁球架摞起一并送入筛箱轨道内，装入筛片时请注意上筛箱二层及下筛箱四、五层筛筛体前长 10 mm 的舌唇应朝主排料口方向，并与筛箱内前横梁或后一筛片搭接紧密。

5. 主要技术参数

偏心驱动电机：型号 Y132 M2—6 型，功率 5.5 kW，转速 960 r/min。

喂料辊电机：型号MB07 Y—0.75 Ra63—10—B31型，功率0.75 kW，转速200～1 000 r/min。

生产率：（10 000±5%）kg/h，小麦。

筛箱振幅：30 mm。

筛箱倾角：上筛 4°，下筛 5°。

外形尺寸：长×宽×高=3 840 mm×1 950 mm×4 280 mm。

行动（Action）

活动一　茄果类蔬菜种子的精选（以番茄为例）（彩图 10）

下面利用风压式提升机设备演示蔬菜种子精选的加工原理、操作方法。在晾晒半干时，可用风压式提升机或风车对种子进行初选，清除部分杂质，这有利于种子的再次精选和快速晾晒，若水分低于 8%应再次精选。

1）做好准备工作。

2）接通电源。

3）先开风机电源。

4）将料放入料斗。

5）调整震动强弱旋钮，控制入料大小。

6）根据精选程度，调整风机转速，直至轻种子及其他杂质被选去。

7）根据需要可反复精选 2～3 次。

活动二　玉米种子的清选、精选

1. 清选

脱粒后的玉米种子通过风筛选机械除去混入玉米种子中的玉米茎秆、玉米碎叶、破碎的玉米穗轴、损伤的种子碎片、异作物种子、杂草种子、不饱满种子，以及在脱粒时混入的泥沙、石块等杂物，提高玉米良种及玉米杂交种的净度和质量。

2. 精选分级

一般采用双筛箱、双风道风筛式精选机对玉米种子进一步精选。选出饱满优良的种子并分成等级。其目的是从玉米种子中进一步分离出在清选时遗漏的异作物、异品种以及饱满度和比重低、活力低的玉米种子。玉米良种在包装前一定要分级，分级时依据种子大小、比重、空气动力学特性选用合理的筛孔：依玉米种子长度分离可用窝眼筒，依玉米种子厚度分离可用长孔筛，依玉米种子宽度分离可用圆孔筛。一般进行三级分级，为精量播种提供最佳的内在质量及外观性状，达到苗齐、苗全、苗壮的目的。

评估（Evaluate）

完成了本节的学习，通过下面的练习进行自我检查（任选当地其他制种作物）：

1）简述种子清选、精选的原理；

2）掌握操作蔬菜、玉米加工机械开展清选和精选的技术。

附件 2-2　移动式种子加工设备（彩图 5、6、13、17～20）

一、移动式种子加工设备简介和分类

（一）移动式种子加工设备简介

移动式种子加工设备是以满足国内种子加工多样化的需要为目的，将种子加工设备配置以加工时所需的物料、风力、除尘、输送、电控等相关设施，然后将主机和相关设施有机地组装在同一行走底盘上的种子加工机械。这种机械既克服了成套设备大且不便移动的缺点，移动灵活，便于异地对物料加工，减少了搬运过程中的损失和费用；又能通过选型，组成配套机组，实现流水作业，达到清除种子物料中多种不同属性的杂质和后续加工的目的，满足种子加工各项指标的要求。

移动式种子加工设备在其结构上表现出如下特点：一是必须具备行走装置，实现移动的目的；二是必须配备齐全的主机作业时所需的相关设施，确保独立作业；三是相互之间可以选型配套，组成不同形式的移动式种子加工流线；四是在确保性能的前提下，尽可能确保结构紧凑、体积小、重量轻、重心低，增强其移动性，且便于选型配套。

（二）移动式种子加工设备的种类

移动式种子加工设备因其有行走装置，又被称为种子加工车，常用的有风筛清选车（见图 1-2-42）、玉米种子脱粒清选车（见图 1-2-43）、比重精选车（见图 1-2-49）、复

式清选车（见图 1-2-51）、移动包衣机（见图 1-2-52）。

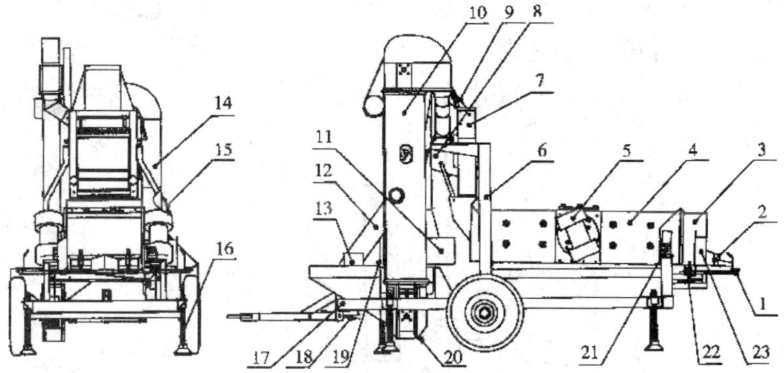

图 2-42　风筛清选车结构简图

1—麻袋架；2—种子排出口；3—排料箱；4—振动筛；5—振动电机；6—机架；7—风筛；8—散料器；9—卸料器；10—提升机；11—风机；12—轻杂排杂管；13—电控箱；14—风管；15—风门；16—支撑丝杠；17—底盘；18—压力闭风门；19—提升机闸板；20—插板；21—橡胶弹簧；22—小杂排出口；23—大杂排出口

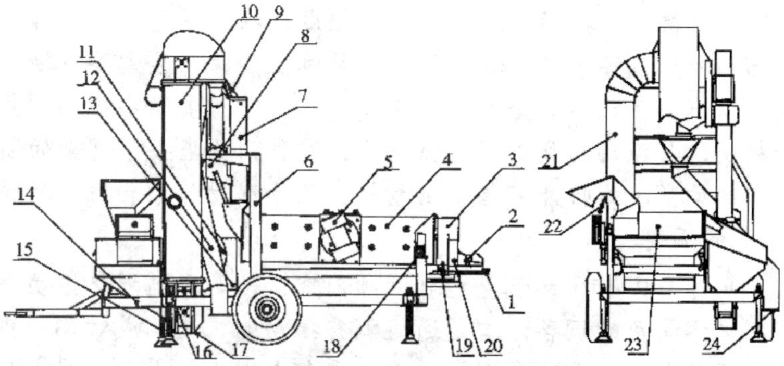

图 2-43　玉米种子脱粒清选车结构简图

1—麻袋架；2—种子排出口；3—排料箱；4—振动筛；5—振动电机；6—机架；7—风筛；8—散料器；9—卸料器；10—提升机；11—风机；12—轻杂排杂管；13—电控箱；14—底盘；15—支撑丝杠；16—提升机闸板；17—插板；18—橡胶弹簧；19—小杂排出口；20—大杂排出口；21—风管；22—风门；23—玉米脱粒装置；24—压力闭风门

根据种子加工的需要，不同功能的种子加工车可以组合成多种不同的配套机组，形成移动式种子加工流水线，如风选—筛选—比重选配套机（见图 1-2-56），玉米脱粒—风选—筛选—比重选配套机（见图 1-2-57），玉米脱粒—风选—筛选—比重选—包衣—包装配套机（见图 1-2-58）等。

二、移动式种子加工设备基本结构与原理

（一）风选清选车结构（彩图 13、14）

风选清选车是在一个可以移动的底盘上安装了主机，即风筛清选机、提升机、风机、管道和电器控制系统等，组成了可以独立完成风选、筛选作业的种子加工车。

1. 风选部分

风选部分由风机、管道、风门、卸料器、轻杂排杂管和立式空气筛组成。

立式空气筛（见图 1-2-44）又称风筛，实际上是一个变截面分选吸风管道。与常见

的垂直吸风道相比，立式空气筛可以通过调整镶有平板玻璃的铁框架来改变距离和角度，使吸风管道内部的截面积从下往上依次渐大。因此一定数量的空气通过时，流速也会依次降低，使不同临界速度的种子物料，在变速的气流中得到分离。与等截面的垂直吸风道相比，立式空气筛使物料在管道中有更多的停留时间，有利于轻重物料更好地分离，提高风选效果。

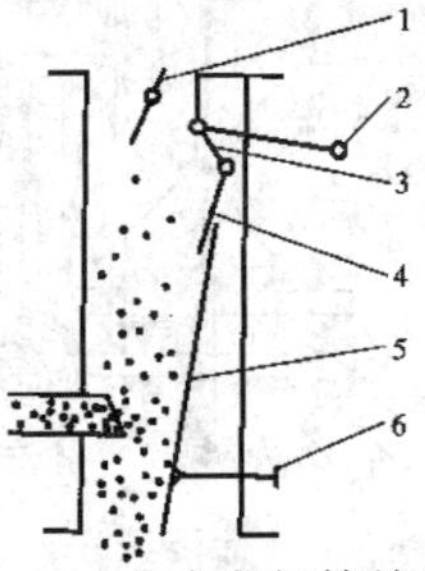

图 1-2-44　立式空气筛结构简目

1—总风门；2—调节手柄；3—旋转板；4—铁框架；5—平板玻璃；6—调节旋钮

2. 筛选部分

筛选部分主要由机架、振动筛和振动电机组成。振动筛用 4 个减震的橡胶弹簧安装在机架上。振动筛内可以安装 2～4 层筛体，筛体上的筛片按需要更换，筛体采用橡胶球清筛。两台包括调整参数都完全相同的振动电机，对称安装在振动筛两侧，加工时它们的转动方向相反，是振动筛加工时的驱动力。这种结构省去了复杂的曲柄连杆机构和皮带传动，具有结构紧凑、性能可靠、重量轻、便于移动作业和维修的特点。

3. 振动电机的调整

振动机电（见图 1-2-45）的调整包括两项内容：一是通过调整振动电机轴线与筛面的夹角，实现振动方向角的调整；二是通过调整振动电机两端成对偏心块重合的多少，实现调整筛面振幅的大小，重合多则振幅大，重合少则振幅小，如图 1-2-46 所示。

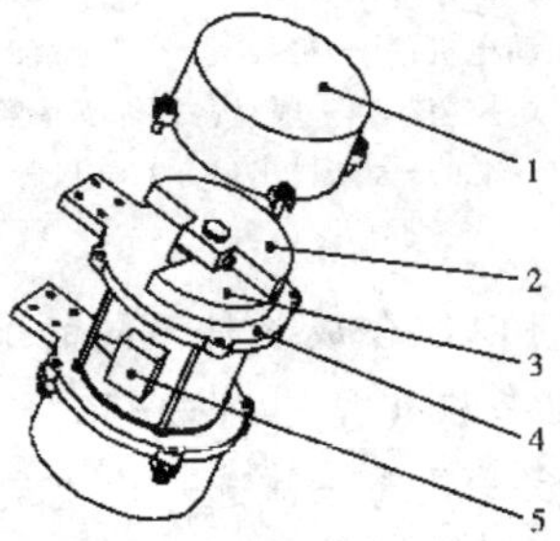

图 1-2-45　振动电机结构简图

1—防护罩；2—可调偏心块；3—固定偏心块；4—电机端盖；5—接线盒

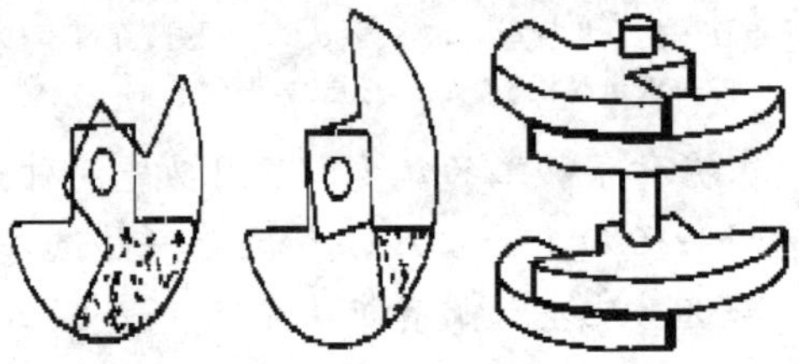

（a）　　（b）

图 1-2-46　偏心块调整示意图

（a）振幅大　（b）振幅小

4. 指示牌的调整和使用

指示牌（见图 1-2-47）是用来指示振动方向角和振幅大小的。松开指示牌中心的固定螺栓，转动指示牌，使指示牌上 4 个小圆圈的虚影中心线与实际中心连线完全重合（见图 1-2-48），紧固固定螺栓。此时从指示牌中心垂直筛面引线交于指示牌圆周的角度刻线 A 处，即为振动方向角的度数。刻度线 B 的虚影与振幅线 C 相交处的读数，即为振幅的毫米数。

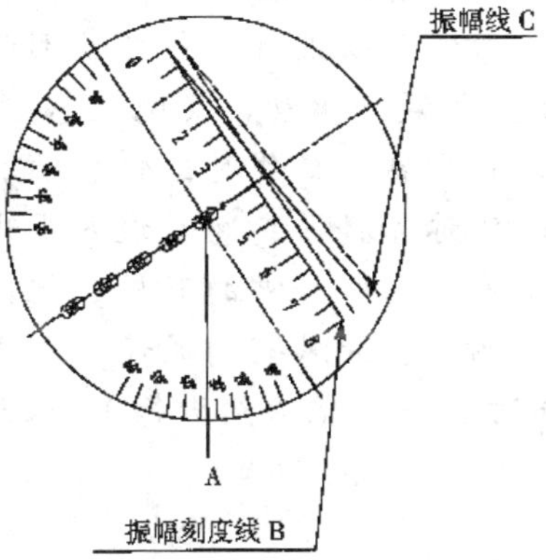

图 1-2-47　指示牌视读示意图

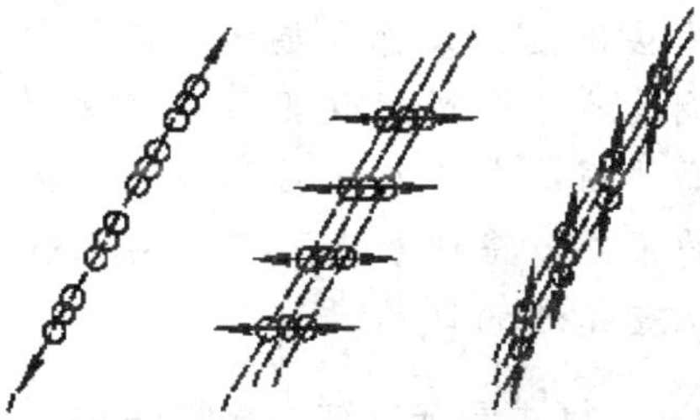

图 1-2-48　指示牌小圆圈调整定位示意图

（二）比重精选车结构（彩图 11）

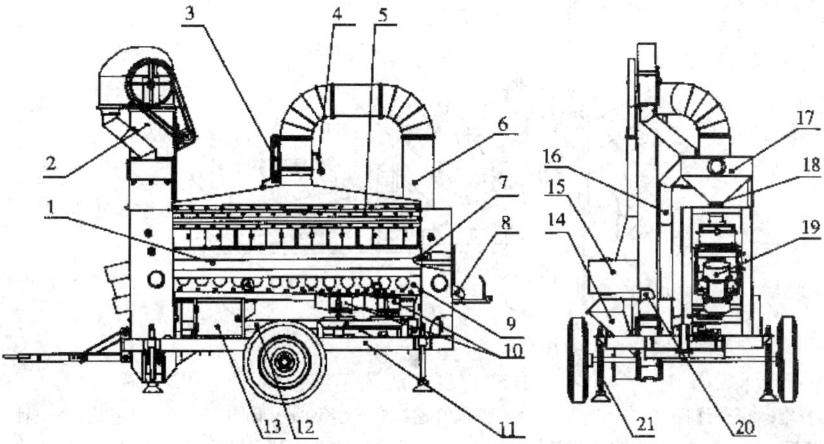

图 1-2-49　比重精选车结构简图

1—比重精选机；2—提升机；3—风压表；4—总风门；5—分风门；6—风管；7—落料台面；8—排杂口；9—振动体；10—排种口；11—底盘；12—回料槽；13—电控箱；14—提升机喂入斗；15—风机；16—溢流管；17—平衡仓；18—平衡仓闸板；19—振动电机；20—喂入斗闸板；21—支撑丝杠

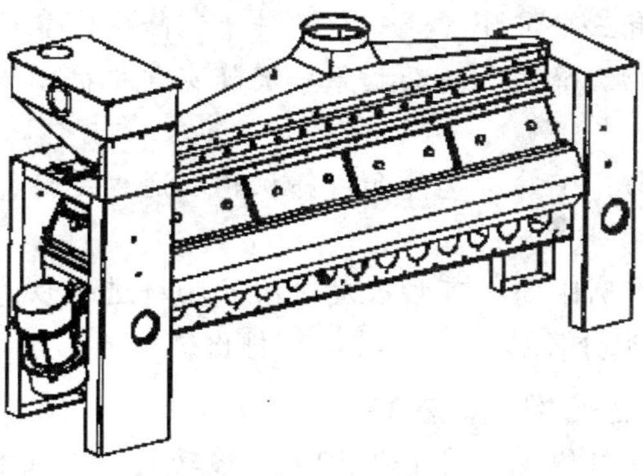

图 1-2-50　长槽比重精选机外形图

选用的长槽比重精选机与常见的正压、双倾角、比重清选机相比，其结构特点有所不同，具有负压、单倾角、长槽形工作台面。工作台面设计安装在长形的振动体上，靠一台振动电机为驱动力。物料在工作台面上靠震动驱动，实现流态化运动，同时风从台面下方向上通过，使物料实现有序层化和分离。工作时工作台面的前半部分为层化区，又称分层区；后半部分为分离区，又称落料区。物料进入层化区，通过调节各个分风门改变各分风室的风速，实现比重精选所必需的有序层化，为比重分离作好准备。层化后的物料进入分离区，通过调节各分风室的风速，利用悬浮速度的不同，将种子与杂质分离（当然在分离的同时有序层化依然进行），从而实现种子比重精选的目的。

（三）复式清选车结构（彩图 12）

复式清选车（见图 1-2-51）是利用风选、筛选和窝眼选三种清选部件联合作业，实现对种子物料清选的加工机械。

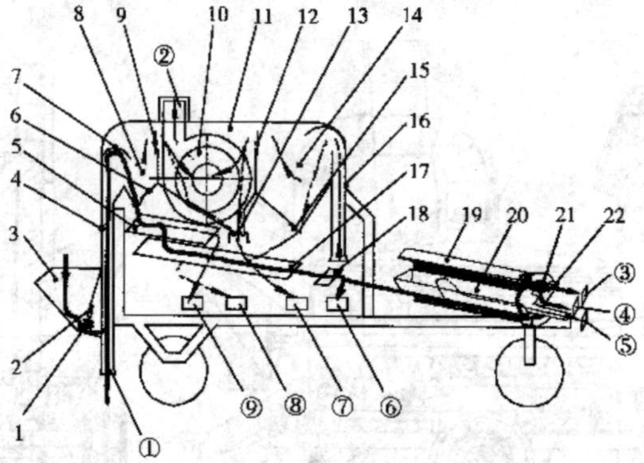

图 1-2-51　复式清选车结构简图

1—八角橡胶辊；2—闸门；3—料斗；4—第一吸风管道；5—上筛；6—闭风门；7—反射板；8—种子沉降室；9—风量调节板；10—风机；11—夹杂物第一沉降室；12—风量调节板；13—机械闭风门；14—夹杂物第二沉降室；15—闭风门；16—第二吸风管道；17—下筛；18—尾筛；19—窝眼筒；20—V 形分离槽；21—叶轮；22—排种槽；①—重夹杂物出口；②—风机出风口；③、④、⑥—种子出口；⑤—短种子及夹杂物出口；⑦、⑧、⑨—夹杂物出口

该清选车设有第一吸风管道和第二吸风管道。第一吸风管道的作用是上料兼风选，并能清除重杂质；第二吸风管道位于尾筛处，用于进一步清除瘦秕粒、虫害粒等轻杂。

在清选车的上方设有三个沉降室：一个是种子沉降室，靠压力打开闭风门自动排料到筛面；另两个是夹杂物沉降室，夹杂物第一沉降室靠机械闭风排杂，夹杂物第二沉降室靠压力闭风门排杂。

在筛选部分设有上筛、下筛、尾筛和清筛机构，通过更换筛片，可按宽度和厚度对种子物料进行筛选。

在清选车的后部设有窝眼筒，可按长度对种子物料进一步清选，其短杂被窝眼筒带到一定高度后，落入 V 形分离槽中，经排杂口排出。

（四）移动式包衣机组结构（彩图 15、16、17）

一般移动式种子包衣机组（见图 1-2-52）由移动式包衣机主机、药液桶、斗式提升机以及空气压缩机等组成。

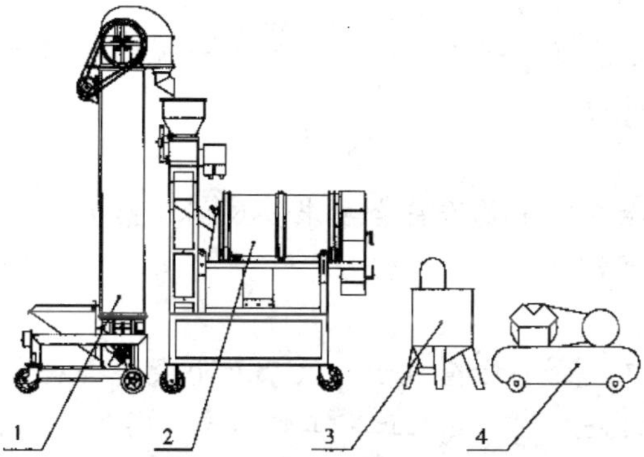

图 1-2-52　移动式包衣机组外形图

1—斗式提升机；2—移动式包衣机；3—药液桶；4—空气压缩机

三、移动式种子加工设备常用机型的使用与维护

移动式种子加工设备的使用简便灵活，可独自完成种子加工中的某项工艺；也可以组成配套机组，形成流水线，连续完成种子加工的多项工艺流程。

1. 风筛清选车的使用

（1）场地要求

风筛清选车（以下简称机器）根据生产要求，无论置在厂房内，还是在场院上进行作业，地面都要求平整、坚固，且有足够面积。

（2）供电要求

选用 380 V、50 Hz 的电源为动力，采用三相四线制连接。

（3）筛片的选择

加工的物料不同，筛片的孔形和尺寸也不同。加工前须选择合适的筛片，按要求进行更换，并安装牢固。

（4）机器的固定

将机器移送到确定加工的地方，卸掉运输过程中的紧固件，检查螺丝和连接部位，加以紧固后用自身的支撑丝杠将机器固定牢靠。

（5）机器的启动

接通电源后启动提升机、风机的开关，检查转向使其符合要求。

（6）排料口处理

在振动筛的排料口，接好编织袋，用来接收种子、大杂和小杂。

（7）确认运转正常

将风机、振动筛和提升机依次启动，空载运转 3～5 min，观察运转是否牢靠。

（8）加入物料

在确认运转正常后将种子物料倒入提升机的喂入斗中，缓缓打开提升机闸板，使物料注入畚斗，升运到散料器。闸板开启的大小，决定生产率的高低和加工的质量，因此需要认真调试。

（9）立式空气筛的调整

从立式空气筛的玻璃窗观察散料器的散料均匀情况，并通过调节手柄加以调整，使物料均匀散落到立式空气筛内。

（10）风门的调整

调整风机风门，并检查轻杂是否符合要求。风门开启大小的原则应是最大限度地吸走轻杂，但其中不得有好种子。

（11）机器的调整

在振动筛的各排料口，分别检查种子、大杂和小杂是否符合要求，是否需要更换筛片。若符合要求则机器调整完毕，进入正常工作状态。同一批物料，只要确保喂料正常，一般情况下，机器不需做大的调整，但也要经常观察，进行必要的微调。

（12）停机

无论是临时停机，还是加工完毕停机，停机的顺序与开机相反：先停提升机，再停风机，最后停振动筛。

（13）清机

待机器停止运行后，开始清机。清洗的程序为：①抽出提升机下方的插板，将存留在底部的物料清除；②卸下振动筛的排料箱，清除滞留在箱内的物料。清机完毕，将卸下的零部件重新安装好，为下一次加工作好准备。

2. 比重精选车的使用

（1）场地要求

比重精选车（以下简称机器），无论在厂房内，还是在场院上加工，要求作业区地面平整、坚固，且有足够面积。

（2）供电要求

选用 380 V、50 Hz 的电源为动力，采用三相四线制连接。

（3）台面的选择

比重精选车的工作台面分为分层台面和落料台面两种，均可整体抽出更换不同的规格。看上去如同筛子，但不发挥筛子的作用，是托浮着物料在其上面进行流态化运动，在风的共同作用下，实现有序层化。不同的种子物料应按要求选择相应的台面。

（4）机器的固定

将机器移送到确定加工的地方，卸掉运输过程中的紧固件，检查螺丝和连接部位，加以紧固后用自身的支撑丝杠将机器固定牢靠。

（5）风压表注水

向风压表的 U 形管内注入有色水，液面与刻度“0”持平（机械表不需要操作）。

（6）机器的启动

接通电源后启动提升机、风机的开关，检查转向使其符合要求。

（7）排料口处理

在各排出口接好编织袋，用来接收种子和杂质。

（8）确认运转正常

依次启动风机、回料槽、振动体、提升机的电机，空载运转 3～5 min，观察有无异常。

（9）预加真空度

在空运转过程中适度打开各分风门，调节总风门，使风压表的真空度数值略低于工作状态下的数值。

（10）加入物料

确认机器运转正常，将种子物料倒入提升机喂入斗内，缓缓打开喂入斗闸板，将物料提升到平衡仓内。

（11）开启闸板

待平衡仓的溢料管开始溢料，再缓缓打开平衡仓闸板，使物料均匀、持续地流到振动体的工作台面上。闸板开启的大小决定机器的生产率和加工质量。

（12）工作台面物料的调整

此项操作是能否使用好比重精选车的关键。物料在振动体的作用下，以流态化的形式向前流动，配合调整分风门和总风门，使分层台面实现有序层化，使落料台面实现有效分离。种子从排种口出，轻杂由末端的排杂口排出，混合物料通过回料槽返回到喂入斗。检查种子和杂质的分离效果，若符合要求则可以进入正式加工。在加工过程中同一批物料应均匀、持续地喂入。一般情况下机器无须作大的调整，但操作人员还须不断观察，进行必要的微调。若需要临时停机，须注意停机顺序，一般情况下应先停提升机，再停振动体、风机和回料槽。

停机和再次开机都会造成加工质量下降，为此应尽量减少停机次数。

无论是调试机器时用的物料，还是停机、开机短时加工的物料，都不能视为合格品，均需重新加工。只有在满负荷正常加工状态下种子才可保证质量。

（13）加工结束前的操作

在加工将要结束的时候需要在喂入斗内加一定数量已经加工好的种子，以确保工作台面能够满负荷正常工作，保证加工质量。

（14）停机和清机

待种子和杂质全部排完后加工完毕，可以停机。此时的停机顺序并无严格的要求。停机后按要求进行清机，卸下相关的零部件，将机器内滞留的物料彻底清除后，再将相关零部件安装好，为下一次加工作好准备。

3. 5XC—3.0/5.0 型玉米种子脱粒加工车

该机型主要用于玉米种子的脱粒清选作业。去掉脱粒装置后，通过更换筛片和调节风量也可以单独用于对小麦、玉米、高粱、脱绒棉籽和水稻等种子的清选加工。

（1）筛选部分主要参数

生产能力：3 000～5 000 kg/h。

上筛倾斜角：4°。

下筛倾斜角：6°。

筛箱振动频率：395 r/min。

筛箱振幅：20 mm。

（2）结构与工作原理

该机型可分为六大部分，分别是脱粒部分、喂入部分、风选部分、筛选部分、传动部分、机架及行走部分。

1）脱粒部分。脱粒部分由喂料口、脱粒筒、脱粒辊、出料口等构成。脱粒筒内有螺旋导板，脱粒辊上装有螺旋线排列的方块形钉齿。玉米棒喂入脱粒筒后将随着脱粒辊的转动和螺旋导板及钉齿的共同作用，由喂入端向排芯口排出，子粒在脱粒筒和脱粒辊的相对摩擦、运动、碰撞下与玉米芯分开来，由脱粒筒下部的带孔的凹板落下，进入喂入部分的喂料斗中。

2）喂入部分。喂入部分（见图 1-2-53）由喂料斗 1 和八角橡胶辊 3 和闸门 4 组成。闸门 4 的开闭可用手柄 7 通过四连杆机构控制，以满足不同生产率要求。八角橡胶辊工作中匀速回转，使由闸门流出的种子能够均匀、连续地进入预选提升管道（前吸风道）。

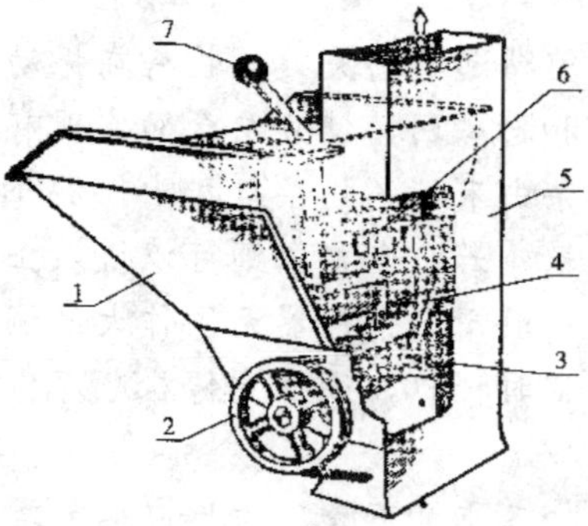

图 1-2-53　喂入及气力输送部分结构图

1—料斗；2—皮带轮；3—八角橡胶辊；4—闸门；5—第一吸风管道；6—板簧；7—手柄

3）风选部分。风选部分由风机，前吸风道，后吸风道，前后沉降室和排气管道等组成，风机为离心式。前吸风道下部靠喂料斗侧开有长方形槽孔，重杂质可直接落至地面。前吸风道由两段组成，上半段与机体相连，下半段与喂料斗相连。后吸风道入口位于后筛正上方。前后沉降室下方安装有一整体式铰链活门，工作时沉降室内形成负压，活门自动关闭，气流便由吸风道吸入。当沉降室内沉降的种子和杂物达到一定数量时，便压开活门落到筛上（前沉降室）或排料槽（后沉降室）内。在前后沉降室间设有闸门，用手通过四连杆机构操纵，以改变前后吸风道气流速度，满足清选不同种子的要求。在前后沉降室侧壁和后吸风道后板上装有 6 个圆形监视窗，可随时观察工作情况。

4）筛选部分。由筛箱和清洁球架部分组成。筛箱由薄板制成，由与机架相连的 4 个吊板悬挂，它靠偏心机构传递动力使其往复运动，筛片钉制在木质筛框上，与清洁球架一起塞进筛箱侧板的滑道中，由堵槽和压筛器固定。筛孔形状有圆孔和长孔两种，筛孔尺寸有多种，可视清选作物种子尺寸的大小不同而选用。上筛的作用是筛除大于所选种子外形尺寸的杂质，下筛则筛除小于所清选种子外形尺寸的碎粒、小粒、杂质等。后筛主要起承托种子的作用，保证后吸风道风量通过。

为使筛子正常工作不产生堵塞，上下筛均选用橡胶球清筛。在筛箱摆动瞄清洁球在筛片与清洁球架之间进行无规则的碰撞，使堵塞在筛孔中的物料脱离筛孔，达到清筛的目的。该机构无须外加传动，减少了易损件。

筛箱侧面有 3 个出料口，其中上面有 2 个收集槽。第一个出料口是排出沉积室收集槽流出的轻杂质，第二个出料口是排出下筛筛出的小杂质，第三个出料口是排出不能通过上筛的大杂质；筛箱后端有两个出料口，排出的是经过风筛选后的好种子。

5）传动部分。本机传动均选用 V 带传动，由电机皮带轮传递给风机皮带轮，再由风机轴小皮带轮传递给偏心皮带轮，带动筛箱振动。喂料辐由偏心皮带轮上的小皮带轮传递给喂料辊皮带轮。

6）机架及行走部分。机架主要是用来组装各功能部分的。前部装喂料部分、脱粒部分，中间装筛选器，上部装风选器，下边装行走部分。行走部分有 3 个地轮，2 个在前，1 个在后，后轮轮叉上装有牵引杆。这部分的主要作用是承托整个机体，进行短途移动。在机架上还配有 4 个调节丝杠，它们在机器的使用过程中起支承和调平机架的作用。

工作过程如图 1-2-54 所示，玉米果穗从脱粒筒喂料斗喂入脱粒筒中，经脱粒筒与脱粒辊的碰撞及摩擦作用，将子粒与玉米芯分离开，经脱粒筒下面的凹板落入喂料斗中。玉米芯在脱粒辊上的钉齿与螺旋导板的作用下，移向排芯口排出。喂料斗 3 中待选的种子，经闸门 2 和八角橡胶辊 1 到前吸风道 5，同时在风机 8 的气流作用下被提升。被提升的种子碰到反射板 6 后折入前沉降室 7 中，降到前沉降室底部后压开活门落到上筛上面。轻杂质随气流经风机由出风口 9 和外接管道排出，由于重杂质的临界速度大于气流速度，故不能被提升，通过前吸风道口落到地面。

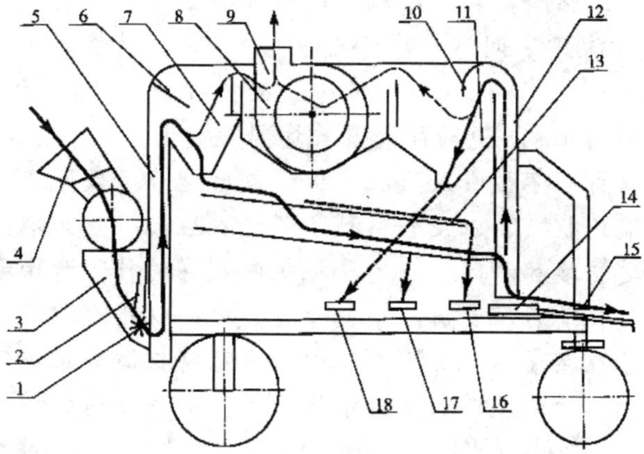

图 1-2-54　5XC—3.0/5.0 玉米种子脱粒加工车结构简图

1—八角橡胶辊；2—闸门；3—喂料斗；4—脱粒筒；5—前吸风道；6—反射板一；7—前沉降室；8—风机；9—风机出风口；10—反射板二；11—后沉降室；12—后吸风道；13—筛片；14—小网筛；15—主排口；16—大杂口；17—小杂口；18—轻杂口

落到上筛的种子宽厚尺寸小于上筛筛孔尺寸的，通过上筛落到下筛上；大于上筛筛孔尺寸的大杂质和其他大谷粒从筛面上滑下，经收集槽由大杂口 16 排出。落到下筛上的种子和杂质，其宽厚尺寸小于下筛筛孔尺寸的，通过下筛落到筛箱底部，由收集槽经小杂口 17 排出；其余种子经过下筛筛面喂入到后吸风道再次对种子进行风选，把病弱及虫蛀等子粒和杂质吸入后沉降室 11 中。其中较重的落到沉降室底，堆积一定数量后压开活门，经收集槽由轻杂口 18 排出。最轻杂质随气流经风机排出。好的种子落到后筛，由主排口排出。

（3）使用和调整

1）5XC—3.0/5.0 型玉米种子脱粒加工车最好在室内进行作业，机器停放地点要平坦、坚实，因作业时灰尘较多，故清选机停放位置应考虑排尘方便，排风管道便于引向室外。合理规划种子运卸路线，留有足够操作、保养、维修位置。若因条件所限必须在室外作业时，应找避风处停放，注意将机器出风口顺风向位置放置，减少风力对清选效果的影响。风速大于三级时应考虑安装防风屏障。

2）在风机出口弯头上安装有排风管。为保障作业间的环境卫生，应自备集尘布袋一条，接在排风管末端，引至室外，注意严禁将布袋封口。

3）机器进入工地，使用时一定要放下支脚，用螺杆将机架升起使前轮卸载。机架纵横方向应调平。横向的倾斜会使筛面物料偏集一侧，对选种的工效和质量影响相对纵向的倾斜更大。

4）机器在工作场地固牢后，按规定的风机旋转方向（从传动正面看为逆时针方向）和电器安全规程接好电源。检查各皮带轮有无卡阻现象。按传动路线逐级挂皮带。每挂一级，试转一下，直至挂完。若发现传动部分有故障，要及时排除。全部挂完皮带后，试运转 10 min，确认正常后即可作业。

5）为确保清选质量，应根据作物、品种选择筛孔尺寸。选择筛孔尺寸时应符合以下原则：①上筛筛孔尺寸，应保证全部种子通过，筛除大杂物；②下筛筛孔尺寸，应保证合格种子全部留在筛上，筛除瘦粒、小粒、破粒、小杂质。

6）清选机的调整。①风量调整。关闭喂料斗闸门，将待选种子装入料斗，预先将后吸风道操作手柄指针调到“1”位，前吸风道手柄指针调到“2”至“4”位。待正常运转后打开喂料斗控制闸门手柄，逐渐加大喂入量到额定生产率；然后操纵前吸风道手柄，慢慢改变风量，使合格种子不被带入风机为止；最后调节后吸风道手柄，使通过后吸风道入口下面的种子呈流化状态，以使合格种子不进入后沉降室为准。②清机。喂料斗里的种子喂完后特别是要更换品种时，一定要把机内残存的种子清除干净，可使机器继续运转 5～10 min，同时将前后风量调节手柄开关数次，以排除积沉在前后沉降室内的余种和杂质，确实无种子及杂质从沉降室内流出，方可将机器停止运转。先清扫上筛面的种子和杂质于排杂槽，然后将上筛拆下，清除下筛。如筛箱内的种子已清除干净，最后装上所需的上下筛片，可继续工作。

（4）维护和保养

1）每次作业之前应检查各部位紧固螺钉是否松动，转动是否灵活，有无异常的声音，在排除故障后方可使用。

2）检查 V 带张力，予以张紧调整。

3）对润滑点加油。

4）每次作业结束后应进行清扫和检查，及时排除故障。

5）机器存放时应做到：切断电源，卸下外部电线，全面清扫机器，空转排除各部残存的种子及杂质，检查修理，恢复到完好技术状态，取下筛片，卸下 V 带，另行保管。把机器放在室内干燥处。

6）机器在运输时喂料斗应升高一定位置。

7）机器在长距离运输时宜用车辆装运。

（5）安全技术要求

1）作业前应认真检查机器，发现问题要及时修复，否则不可开机作业。

2）作业前应空转机器 10 min，发现问题立即停机修复，否则不可作业。

3）作业时应坚守岗位，发生故障及时切断电源停机检修。

4）开机作业时应将机体一侧安全罩装好并紧固螺钉，否则不可开机作业。

5）该机电路一定要由电工安装，地面动力线应采用电缆线。使用普通动力线时需架高于地面 2.5 m，否则不能作业。

6）若在较长时间内不选种，应将电源切断以防意外事故。

4. 5XF—1.3A 型复式清选机

（1）工作原理

图 1-2-55 为 5XF—1.3A 型复式清选机工作原理简图。工作时种子和夹杂物经过料斗 3 底部出口闸门 2 和八角橡胶辊 1，均匀连续地排入第一吸风管道 4，其中重夹杂物不能被气流吸走，从第一吸风管道的进风口①落于地面，而种子被吸入种子沉降室 8，在反射板 7 的阻拦下，落入种子沉降室底部，待积至一定数量后，压开闭风门 6 落至上筛 5 的入口端。颖壳、灰尘等轻夹杂物随气流经风量调节板 9，进入夹杂物第一沉降室 11。轻夹杂物中的重者落于夹杂物第一沉降室底部，经交替开闭的机械闭风门 13，从夹杂物出口⑦排出。轻者随气流经风机 10 的出风口②排出。

落于上筛的种子及夹杂物中，大于筛孔尺寸的物料沿上筛面下滑，从夹杂物出口⑨排出，其余全部落至下筛筛面上。小于下筛 17 筛孔尺寸的种子及夹杂物，落到筛箱底部，经夹杂物出口⑧排出。留在下筛筛面上的合格种子随筛箱振动沿筛面滑到小网筛 18 上，在第二吸风管道 16 的配合下，利用气流进一步清选，将瘦秕和受虫害的种子及少量夹杂物吸入夹杂物第二沉降室 14 中，其中重者降到沉降室底部，待积累一定数量后，压开闭风门 15，经轻夹杂物出口⑦排出，轻者随气流通过风量调节板 12 进入夹杂物第一沉降室再次分离。灰尘等细小夹杂物经风机排出，其他则落到夹杂物第一沉降室 11 底部，经机械闭风门从夹杂物出口⑦排出。

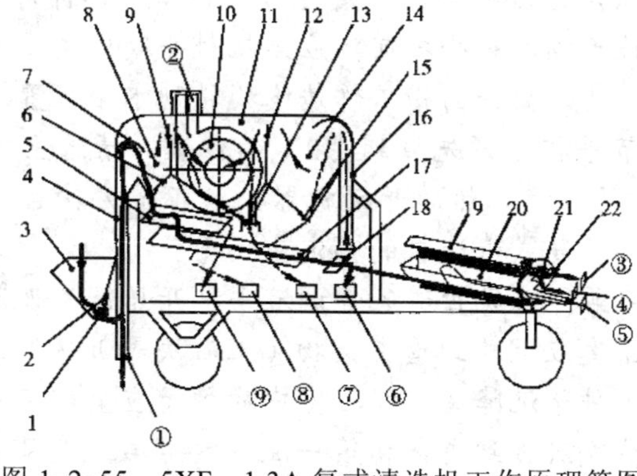

图 1-2-55　5XF—1.3A 复式清选机工作原理简图

1—八角橡胶辊；2—闸门；3—料斗；4—第一吸风管道；5—上筛；6—闭风门；7—反射板；8—种子沉降室；9—风量调节板；10—风机；11—夹杂物第一沉降室；12—风量调节板；13—机械闭风门；14—夹杂物第二沉降室；15—闭风门；16—第二吸风管道；17—下筛；18—小网筛；19—窝眼筒；20—V 形分离槽；21—叶轮；22—排种槽；①—重夹杂物出口；②—风机出风口；③、④、⑥—种子出口；⑤—短种子及夹杂物出口；⑦、⑧、⑨—夹杂物出口由小网筛筛面流过的种子，如不需要进一步按长度尺寸分级，则由种子出口⑥排出，需按种子长度尺寸分级时，用活动盖板将种子出口⑥盖住，种子进入窝眼筒19。其中短小的种子被窝眼带到一定高度后落入V形分离槽20中，经短种子出口⑤排出。合格的种子沿窝眼筒轴向移动到叶轮21，被其提升后，掉到排种槽22，再由出种口③、④排出。

（2）使用前安装和调试

1）使用前的检查与固定。清选机在使用前应检查它的完好程度。对需要更换和修复的零部件一定要进行更换、修复。松动部位要紧固，按要求全面润滑各润滑点，然后安装皮带。

复式清选车可放置在露天场地或厂房内进行工作，最好安装在厂房内。安装的地面要坚实平坦，停放的位置要考虑种子装卸的方便，要有足够的操作、保养和维修空间及排尘方便等。如条件限制只能在露天场地工作，机器也要顺风向安放，以减少风力对清选机清选效果的影响。

选好场地后要用水平仪将清选机的机架纵向和横向调平，避免筛子、吸风管道和窝眼筒在倾斜状态下工作造成负荷不均，降低清选质量。水平调好后，要用木楔将轮子挡牢。

当机器状态良好并安放牢固后，先用手搬动皮带轮，检查有无碰卡现象，如果正常则可接通动力线，开车试运转。在试运转中要检查各机构的运动状态，连接的牢固性和可靠性。经过10 min左右时间的试运转，确认状态完好，即可把麻袋放到麻袋夹持器上，喂入种子进行试清选，如一切正常后再投入工作。夜间作业时应事先装好充足的照明设备。

2）筛子选择。机器试清选前要用套筛作筛选试验，依试验的结果来确定筛孔尺寸，选择筛子。选择的筛子应符合下列要求：选择的上筛，应使种子中的大杂物全部筛出，合乎规格的种子应能全部通过上筛筛孔。选择的下筛应使草子、沙子、破碎种子等小于筛孔尺寸的夹杂物通过筛孔，而合格的种子全部留在筛面上。如果套筛能满足上述两项要求，则认为选择得合适，否则需要另选再试，直到合适为止。

3）清选机的调试。试清选过程中应对清选机的各工作部件进行调整，以保证清选机在良好的状态下工作。种子装入料斗之前，应先把料斗闸门关闭，将第二吸风管道风量调节手柄放到零的位置，窝眼筒分离槽工作边缘旋转到水平位置。在清选麦类作物种子时第一吸风管道风量调节手柄可预先放到“2”的位置。清选豆类、玉米种子时将风量调节手柄预先放到“4”的位置，然后开动机器，待正常运转后，再打开料斗闸门，逐渐加大喂入量，达到或接近复式清选机的额定生产率。

当喂入量调好后，用第一吸风管道风量调节手柄开始调整吸风管道中的气流速度。第一吸风管道中的气流速度应调整到重夹杂物（土石块等）从管道进风口落下，其余的种子及夹杂物全部被吸入种子沉降室。沉降室中的种子应全部沉降，并从闭风门进入筛子的入口端。轻夹杂物被气流带到夹杂物第一沉降室。第二吸风管道中的气流速度可用第二吸风管道风量调节手柄调整。首先能使小网筛上的种子处于“沸腾”状态，再向下调整风量，把种子中瘦秕种子和夹杂物送入夹杂物第二沉降室。风选工作情况可从检查窗中鉴别，也可以从沉降室的出口处判断，即夹杂物第一沉降室排出的只是轻夹杂物，第二沉降室中排出的夹杂物是瘦秕种子及碎粒。如果不是这样，可适当调整手柄，使气流速度增大或减小，直到将手柄调至最佳位置为止。

调整吸风管道气流速度时要注意两个吸风管道的相互影响，即调整一个吸风管道的气流速度时另一个吸风管道也必须作相应的调整。

复式清选机的筛箱用4个橡胶支座或木滑块与机架相连接，在偏心机构的驱动下做往复运动。工作时要求筛箱运动平稳，无扭摆现象。决定筛箱工作平稳、无扭摆的主要因素是橡胶支座或木滑块与机架连接点的位置是否正确，4个橡胶支座或木滑块的尺寸和硬度是否一样，如不合要求需松开固定螺栓进行调整或更换。

上筛在保证大夹杂物中没有种子的前提下应尽量选用大倾角。若大夹杂中有种子则应使上筛倾角变小。

上筛打杆式清洁器的敲击程度，应保证种子在筛面上不做垂直跳动，而孔又不被种子等堵塞为宜。要注意不要敲击过重，防止种子跳离筛面，影响分离效果。

下筛的清洁刷子应保证均匀并全面与筛子接触。过紧地压在筛板上会过多地消耗功率和减少刷子的使用寿命。接触过松时筛子易堵塞。其接触程度以刷子的毛与筛子接触，而刷毛不超过筛面0.5～1 mm为宜，具体可用移动滚轮导轨位置进行调整。

窝眼筒的工作质量决定于V形分离槽工作边缘的位置。工作边缘过高短小种子及夹杂物未到分离槽工作边缘就又掉入窝眼筒中，这时会使合格的种子中含有短粒种子及夹杂物。如工作边缘过低，虽然窝眼筒中种子比较干净，但V形分离槽中会含有合格的种子，造成损失。因而V形分离槽的工作边缘位置要合适。为保证分选质量，除净合格种子中的短粒及夹杂物，只有将V形分离槽工作边缘降低些。

排种槽和V形分离槽摆幅的大小，影响合格的种子和短粒种子及夹杂塞在窝眼筒中的排出速度。摆幅通过十字叉架横轴在双摇杆长孔中的位置来调整，十字叉架横轴上移，摆幅加大，下移则减小。

窝眼筒V形分离槽下面的均布板高低要恰当，过高导致效果不好，过低易损伤种子。一般以距窝眼筒内壁8～10 mm为宜。

窝眼筒种子出口端有一挡种板，是为了防止叶轮上来的种子掉到窝眼筒外。挡种板的位置可调。

4）清机。复式清选机更换所清选的种子时必须对机器进行全面清理，扫除残留的种子，以免造成种子混杂，影响种子质量。清除时应先打开料斗闸门，翻转窝眼筒内的分离槽，关闭第一和第二吸风管道（风量调节手柄放到零的位置），然后使机器空载运转。当机器中无残留的种子出来时停机取出上下筛和小网筛，打开各个出口，卸下窝眼筒种子出口端的挡板，然后用扫帚或刷子仔细清扫机器各部分，清除各筛孔卡住的种子等，再空转机器，直到全部残留的种子出来为止，并清扫停放清选机的场地。清扫完毕后，重新将卸下的部件装好，这时可对更换的种子批进行清选。

（3）主要技术参数

外形尺寸：5 180 mm×1 881 mm×2 432 mm。

生产率：1 250 kg/h。

功率消耗：清选麦类作物种子2.5 kW；清选豆类作物种子4.5 kW。

电机转速：1 450 r/min。

风机转速：清选麦类作物种子950 r/min　清选豆类作物种子1 100 r/min。

窝眼筒转速：32 r/min。

筛箱振动频率：420 次/min。

筛箱振幅：14 mm。

上筛倾角：6° 25'，3° 35'。

下筛倾角：7° 15'。

（4）使用注意事项

1）复式清选机工作前经过仔细检查和保养后，确保技术状态完好才准开机。运转过程中不能进行润滑、套皮带、更换筛子和调整维修。料斗中的种子快排完时禁止用手清理，以免被八角橡胶辊咬伤。

2）复式清选机维修后应清点并存放好工具和配件，不可遗留在清选机中，以防损坏部件。

3）风机出风口要用粗布袋罩上，防止种子或小石块等飞出伤人。

4）作业完毕后切断电源，清扫机器内部，并将清选机放在干燥的库房中。

5）清选机运输时行走速度不得超过 8 km/h，行走部分要加油润滑。

5. 常用配套机组的使用

（1）风选—筛选—比重选配套机组

图 1-2-56 为风选—筛选—比重选配套机组外形图。该机组是通过选用风筛清选车和比重精选车配备而成的。是一种使用较为广泛的组合形式。可以一次性实现小麦、水稻、大豆、玉米（子粒）、棉花（光籽）等多种种子物料的风选、筛选和比重选。

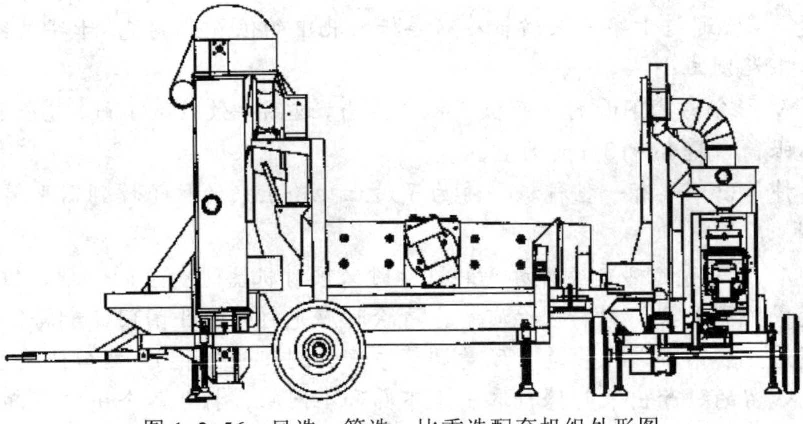

图 1-2-56 风选—筛选—比重选配套机组外形图

如果到制种基地就近直接从植种户手中收购种子时，需要一户一清机，难以实现流水作业，这时就需将配套机组拆开，把风筛清选车运送到收购地点单独使用。先对种子物料进行基本清选，然后将基本清选过的物料运回、集中，再在比重精选车上进行比重精选。这种分成两步加工的效果与就地组成流水线加工的效果相同。

（2）玉米脱粒—风选—筛选—比重选配套机组

在风筛清选车的基础上，将玉米脱粒机有机地组合进去，即形成能够对玉米果穗进行脱粒并随即进行风选、筛选的玉米种子脱粒清选车，简称脱清车。将脱清车与比重精选车组合在一起，就形成了玉米脱粒—风选—筛选—比重选配套机组（见图 1-2-58）。

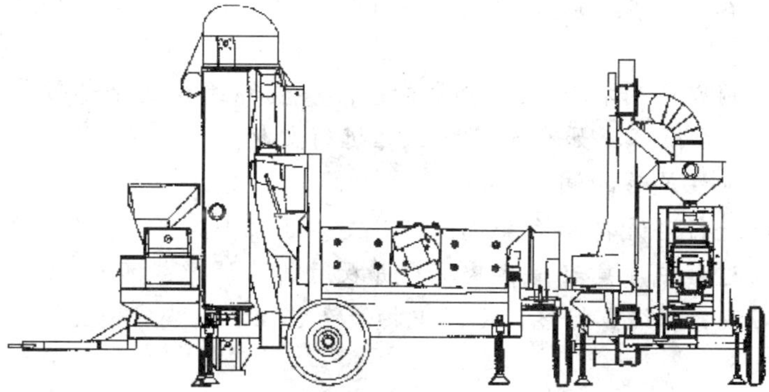

图 1-2-57　玉米脱粒—风选—筛选—比重选配套机组外形图

如图 1-2-57 所示，配套机组可以就地组成机组进行加工，但在玉米收获季节将多台脱清车投放到玉米种子收购点上，直接对植种户交来的玉米种子果穗进行脱粒、风选、筛选，达到初清或者基本清选的目的，然后将其运回集中，再在比重精选车或成套设备上进行精选加工，这样可以获得更高净度的商品种子。这种加工方式能省去不必要的搬倒和运输，降低费用，有利于确保种子质量。

在以上两种常用配套机组的基础上，根据种子加工的需要，还可以向后道工序延续（见图 1-2-58）。例如，配备种子分级机，可对种子进行分级。配备包衣机，可对种子进行包衣；配备计量包装设备，可对种子进行计量包装。总之移动式种子加工设备在配套使用方面具有较强的灵活性。

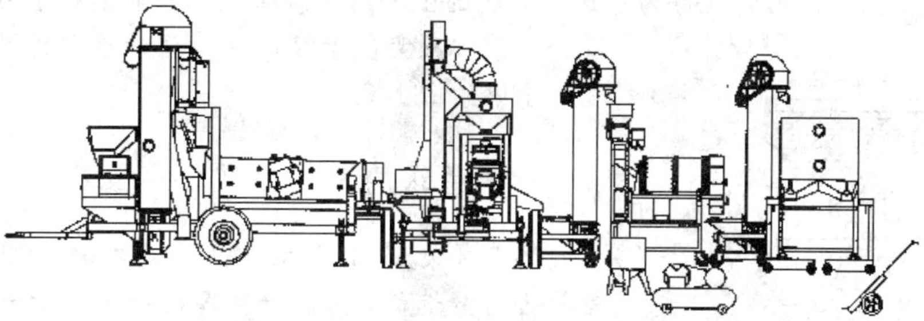

图 1-2-58　玉米脱粒—风选—筛选—比重选—包衣—包装配套机组外形图

6. 常用机型的维护

以风筛清选车和比重精选车（以下简称机器）为例，说明移动式种子加工设备的维护。

（1）安全操作

1）务必使用三相四线制，并保证接地可靠；检查并更换破损的电缆线。

2）应检查机器上的各种安全防护设施是否齐全并确实有效。

3）确保机器上的各种安全警示标志齐全醒目，并按警示做好工作，确保安全。

（2）移动和运输维护

移动式种子加工设备使用前后均需移动或运输。移动是指靠机器自身的行走轮，牵引到较近的地方使用。运输是指将机器装载到车辆上运送到较远的地方使用。

1）无论是近距离移动还是远距离运输，均需将自由摆动的零部件按要求用专门的卡具卡紧，以防移动或运输过程中因剧烈震动造成损坏。

2）因无减震装置，近距离移动时其牵引速度一般控制在 20 km/h 以下，不宜过快。

（3）使用维护

1）使用机器前必须对机器进行全面检修。检查螺丝和连接部位是否松动并加以紧固；检查易损件是否损坏，如有损坏，及时进行更换。

2）润滑部位加注足够的润滑剂。

3）接通电源进行空运转，检查机器本身是否正常。

4）机器作业过程中注意有无异常现象并及时排除故障。

5）严禁将石块、麻绳、标签、化纤织物等杂物喂入机内，以免降低机器性能，甚至损坏机器。

（4）存放要求

1）对机器进行全面清理，清除泥土、灰尘、杂物和滞留的种子物料，并将机器擦拭干净。

2）检查是否有损坏的零部件和松动的部位并进行修理、更换和紧固。

3）润滑部位加足润滑油或润滑脂并对易锈部位进行涂油处理。

4）将机器移到机库或棚内，用自身的丝杠将机器抬高以减轻轮胎的压力。

5）如果露天存放，还要用苫布把机器罩好，避免日晒雨淋。

附件 2-3　种子色选机械

色选是通过光电作用，利用种子与异色杂质、本作物种子中的变色子粒色泽差异进行分选的方法。色选使用的设备为色选机。色选主要用于清除风选、筛选和重力分选都无法清除的杂质及变色子粒，如黄豆种子中的黑大豆、红小豆种子中的白小豆。

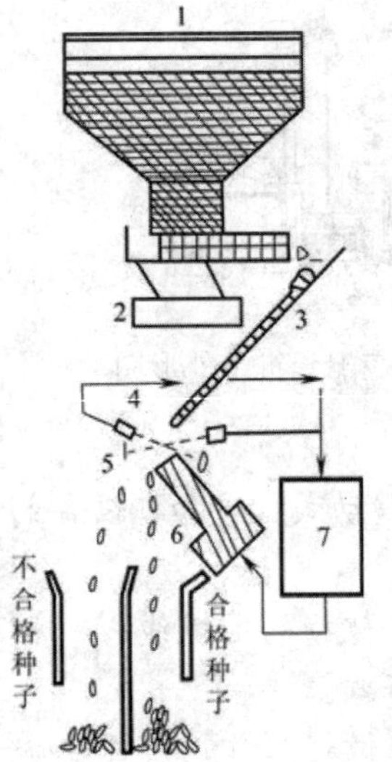

图 1-2-59　色选原理图

1—进料斗；2—振动喂料器；3—通道；4—光电探测器；5—基准色板；6—气流喷射阀；7—放大器

一、色选的基本原理

色选（见图 1-2-59）是利用物料之间不同的色泽差异进行分选的。将某一单颗粒物料置于一个光照均衡的地方，物料两侧受到光电探测器的探照。光电探测器可测量物料反射光的强度，并与标准色板（又称背镜、反光板）反射光的强度相比较。色选机将光强差值信号放大处理，当信号大于预定值时，驱动喷射阀将物料吹出，此为不合格产品；反之，喷射阀不动作，说明检验物料是合格产品，沿另一个出口排出。

二、MMS.24A 型色选机

（一）总体结构

MMS.24A 型色选机由进料斗、振动喂料器、通道、光电箱、出料斗、斗式提机和电控箱等部分组成。

进料斗分隔为左右两室，分别接收原料与一次分选后的不合格产品，斗式提升机为双联，用于提升一次分选后的不合格产品（吹出物）及二次分选后的“合格产品”（未吹出物），并分别送往进料斗相应的右室、左室。

振动喂料器由4组相互独立的振动簸斗组成。每组簸斗分别为6组通道供料。二次喂料簸斗与一次喂料簸斗的结构有所不同，其落料入口有6条分叉的支管，分别对应6条二次色选通道。支管的出口处很狭窄，以使二次喂料成为一条条均匀的细束。每组喂料量的大小可由电控面板上的电位器分别调整。

通道由24条互相平行的狭长不锈钢V形管组成，安装时与水平面的夹角成63°。每6条V形管为一组，每组V形管的座板上均装有一个100 W的加热器。通道可以保证物料以一定速度展示在光电探测器的监测区域内，以便对异色子粒进行识别与剔除。

光电箱由两组40 W高稳定度照明光源、24个光电探测器、24路前置放大器及一套调整基色的反光板机构组成。两组光源用于两种不同色选目的的照明。光电探测器和前置放大器，承担了相应通道异色杂质信号的捕捉与放大。调整反光板可使光电探测器捕捉到的基准电平与物料基准色信号相一致，从而使不同于物料基准色的异色杂质得以选出。

出料斗由排料系统和喷气系统组成，排料系统承担一次色选和二次色选后物料的收集与排出。喷气系统由24个高可靠性高速喷射阀和24只喷嘴组成，分别承担24路通道异色杂质的吹出，流量计由接料板、流量传动器等组成，用于对成品瞬时流量和累计流量的检测，以便随时监控设备的产量。

电控箱由前后面板、电源机笼、驱动机笼和逻辑控制系统组成，是MMS.24A型色选机的中枢。前面板上的时间继电器用于设定光电箱清扫周期，瞬时流量和累计流量表用于显示一次色选后成品产量，电平显示表监视用于各通道信号电平，面板上其余旋钮用于调整选黑或选白的灵敏度和振动喂料器的喂料量。电源机笼为整机提供多组稳定的电源。

主动机笼的24路主路放大器将前置放大器提供的信号进行整形放大，以便供给比较电路作出是否是异色子粒的判断。当信号电平超过设定的标准电F时，产生输出脉冲提供给驱动电路。驱动机笼的24笼的24路驱动电路按照主放大电路提供的脉冲信号产生驱动脉冲，控制高速喷高压阀的开启与关闭。逻辑控制系统的逻辑板、温机板、喂料板、清扫板等保证了温机、喂料、清扫、提升等功能的正常运行，并对这些功能的故障状态进行声光报警和连锁控制。

（二）工作过程

进料斗内的物料，由振动喂料器输送到对应的通道，沿通道均匀下落。物料流经分选区时，正常种子中夹杂的异色杂质，被前灯箱中的光学系统和光学传感器拾取。由于此信号电压伏值很低，不足以触发驱动电路动作，所以要经过数千倍的多级放大。被放大的信号进入比较器电路与设定的标准电平相比较（此电平可根据不同的需要由电控箱面板上的灵敏度调节旋钮设定）。超过设定标准的异色杂质信号，送到下一级脉宽调整电路调整到一个定值。这个脉冲宽度不能过窄也不能过宽。过窄，喷射阀来不及完全打开，气流强度不够，异色杂质吹不出去。过宽，每剔除一个异色杂质所带出的正常种子会大大增加，而且喷射阀因长时间承受较大电流而容易损坏。如果异色杂质信号幅值低于设定的标准电平值，到比较器这一级就中止，不再往下传递。

由于光学系统与喷射阀的安装位置不在一个水平面上，相互间有一定的距离，所以捕捉到异色杂质后，不能让喷射阀立刻动作，否则会早吹，故需延长一段时间。经脉宽调整电路输送出的脉冲信号必须要在延时调整电路中进行延时处理，产生一个与输入脉冲有一定时间差的延时脉冲，最后送到驱动电路，由驱动电路控制喷射阀开启，将异色杂质吹走。正常种子继续下落，途中对流量计内部的接料板产生一定的冲击力。安装在接料板上的压力传感器将感知到的压力变化转变为电信号，送到电控箱中的流量线路板，经放大，标定后，由面板上的流量计以数字显示方式指示出瞬时流量值和累计流量值。MMS.24A 型色选机的主要技术参数见表 1-2-15。

表 1-2-15　MMS. 24A 型色选机的主要技术参数

产量(t/h)	通道（条）			功率（kW）			外形尺寸长（mm）×宽（mm）×高（mm）
	总数	一次色选	二次色选	主机	空气干燥器	空气压缩机	
1.4	24	18	6	1	0.2	7.5	830×1 090×2 300

（三）种子清选和精选工作的要求

为了提高清选和精选的效果和效率，对清选、精选有以下要求。

1. 明确分离目的

在种子分选前，首先应明确其目的，是清选还是精选，经分离要求种子达到的等级标准，以便正确选择分离机型。

2. 了解欲选种子的组成

在选用分离机械前，必须分析欲选种子大小、比重、色泽等特性及混杂物的特性，并明确获选种子要求，以便正确选用清选、精选机械，以及正确选择清选用筛规格大小、窝眼筒窝眼直径大小等技术参数。

3. 熟悉机械性能，合理调节运转数据

不同机械均按分离目的而设计制造。只有完全掌握机械性能，选用正确分离机件，合理调节运转参数，才能获得最佳效果。

4. 及时检查分离效果

在分离过程中，应及时了解清选、精选的效果，及时改进和调节机器运转参数，以获得最佳分离效果。

5. 确保种子质量

在整个清选和精选过程中，不应影响种子的生活力和活力。

任务三 种子的处理

目标（Object）

采收后的种子经过清选、精选之后，往往需经过处理才有可能达到种子质量的强制标准，为了提高种子的质量及商品性，必须对种子实施加工。

通过对本节的学习，要求能够：

1）掌握种子的处理技术；

2）了解种子的处理设备。

任务（Task）

对精选后的种子，为了提高种子的外观质量及贮藏质量，需对种子作包衣或丸化处理，以增强种子的发芽力及活力，提高种子的防虫防病能力及适播性，延长种子的贮藏期。如棉花种子，在未彻底脱绒前基本不具有机械播种的性能，即使带绒播种，由于破种子、不饱满种子夹杂其中，往往出苗率低。而脱绒种子既具有良好的机械精选性又具有良好的播种性，极大地提高了种子质量及生产效率。为此通过对本节的学习，应掌握：

1）种子处理的方法；

2）了解种子处理的加工机械。

准备（Prepare）

一、种子处理和包衣的含义、目的

种子处理和包衣是指在种子收获后到播种前，采用各种有效的处理，包括杀菌消毒，温汤浸种，肥料浸种、拌种，低温层积，生长调节剂处理和包衣等强化方法，使种子达到播种要求。近年来，随着科学技术的不断发展，种子处理技术和种子包衣剂不断改进，为农业生产的稳步发展提供了有力的保障。种子处理和包衣的主要目的有以下几个方面。

1）防止种子携带和感染土壤中的病虫害，保护种子正常发芽和出苗生长。

2）提高种子对不利土壤和气候条件的抗逆能力，如提高种子的抗旱性、抗寒性、抗潮湿性等，增加成苗率。

3）提高种子的耐藏性，防止种子劣变。

4）改变种子的大小和形状，便于机械播种。

5）增强种子活力，促进全苗、壮苗，提高作物产量，改善产品质量。

由此可见，种子处理和包衣是种子加工工作的重要环节，也是提高种子质量和商品性，增加种子经济效益，防止种子假冒的重要措施。

一般种子处理是以单一目的而进行的。虽然种子包衣也类似种子处理，但它是以单一目的或多种目的设计种衣剂配方，并且其技术也较为复杂，所以，本书将种子处理和种子包衣分开介绍。

二、种子处理方法

种子处理的方法很多，包括利用化学物质、生物因素及物理方法等。处理方法不同，其作用和效果也不尽相同。通常采用的主要方法有以下几种。

（一）晒种

播前晒种，能促进种子的后熟，增加种子酶的活性，同时能降低水分，提高种子发芽势和发芽率，还可以杀虫灭菌，减轻病虫害的发生。其方法是选择晴天晒种 2～3 d。晒种时注意不要在柏油路上翻晒，以免温度过高烫伤种子，降低发芽率。在水泥场上晒种时，为防烫伤种子，要注意不要摊得过薄，一般以 5～10 cm 为宜，并要每隔 2～3 h 翻动 1 次。

（二）温汤浸种

温汤浸种是根据种子的耐热能力常比病菌的耐热能力强的特点，用较高温度杀死种子表面和潜伏在种子内部的病菌，并兼有促进种子萌发的作用。进行温汤浸种，应根据各种作物种子的生理特点，严格掌握浸种温度和时间。具体方法如下。

1）玉米：用 2 份开水、1 份冷水（相当于 55 ℃左右）兑成的温水浸种 5～6 h，可杀死种子表面的病菌。

2）小麦、大麦：先用冷水浸 5～6 h，然后放到 54～55 ℃的温水中不断搅动，经 10 min 后取出，用冷水淋洗晾干后即可播种。此法可杀死潜伏在种子内的散黑穗病菌。

另外，麦种也可用冷浸日晒的方法进行处理。方法是先将麦种在冷水中浸 5 h 左右，可在上午 6 时浸种到 11 时取出，将种子薄薄地摊在晒场上暴晒，每隔 30 min 翻动 1 次，下午 5 时收种，若麦粒不充分干燥，可在第二天继续暴晒到充分干燥为止。这种方法能杀死种子内外的病菌，对防治散黑穗病等效果很好。

3）棉花：用 3 份开水兑 1 份冷水混合，水温在 70 ℃左右，然后倒入棉花种子，边浸边搅，保持 55～60 ℃浸 30 min 后，在 40 ℃以下继续浸 2～3 h，然后取出晾干播种。一般每 50 kg 水浸棉籽 17.5 kg 左右。该法具有杀菌催芽的作用，对防治棉花炭疽病等效果较好。

4）蚕豆、豌豆：先将锅里的水烧开，将充分干燥的蚕豆、豌豆种子倒入竹筐内，再浸到开水里用木棒不断搅拌，蚕豆浸 30 s，豌豆浸 25 s，时间一到立即提出，放在冷水中凉一下，再摊开晒干备用。此法可杀死蚕豆象和豌豆象。

5）油菜：用 50～54 ℃温水浸 20 min，对油菜霜霉病、白锈病等有一定防治效果。但要严格掌握水温，低于 46 ℃就失去杀菌作用，高于 60 ℃又会降低种子的发芽率。

浸种的效果主要决定于水温、水的相对量、浸种时间、种子密度及通气情况，若浸种方法没有掌握好，对种子萌发会有不良的影响。

（三）药剂处理

1. 药剂浸（拌）种

不同作物的种子上所带病菌不同，处理时应合理选用药物，用药剂浸种或拌种防治病虫，并严格掌握药剂浓度和处理时间。一些种子药剂处理方法见表 1-2-16。

随着内吸杀菌剂的迅速发展，种子消毒的效果和作用大大提高。通过种子处理，不仅可以防治种子内部带菌的病害，而且为防治地上部病害开辟了一条新的途径。过去多数用于拌种的杀菌剂，对潜伏于种子内部的病菌效果不佳，所以防治此类病害，常采用温汤浸种或石灰水浸种等方法，程序较麻烦，现多用内吸性杀菌剂拌种。例如，75%萎锈灵制剂，每升种子用 0.8 g 的药剂拌种，能完全防治大麦散黑穗病。多数内吸杀菌剂拌种对土壤病菌防治效果也较好，如噻苯唑制剂（有效成分 60%），每升小麦种子用 3.2 g 该药剂，可以防治小麦矮腥黑穗病；100 kg 种子用地茂散制剂（有效成分50%）65～95 g 拌种，防止棉苗立枯病的效果超过汞制剂。

表 1-2-16　作物种子药剂处理简表

药剂种类和规格	处理种子	防治对象	药剂浓度	处理方法	备注
代森铵（50%）水溶液	水稻、棉花、甘薯	水稻白叶枯病	1:500	浸种 24～48 h	在空气中不稳定，对甘薯用过的药液可连续使用，0.5 kg 药剂可浸种薯 1 250～1 500 kg
		棉花炭疽病、立枯病	1:250	浸种	
		甘薯黑斑病	1:200～400	浸种 10 min	
代森锌（65%，80%可湿性粉剂，4%粉剂）	大豆、白菜、甘薯	大豆霜霉病	0.3%～0.4%	拌种	吸湿性强，吸水后粘成团，逐渐分解失效。在日光下不稳定，遇碱性或含铜物质更易分解
		白菜霜霉病			
		甘薯疮痂病	600 倍	浸种	
代森锰锌（70%可湿性粉剂）	棉花	棉花苗期病害	棉籽重量的 0.5%药量	湿拌	药量为商品量
抗菌剂 402（乙蒜素，80%乳油）	棉花、大麦、甘薯、水稻	棉苗病害	1:5 000～8 000	浸种16～24 h，捞出催芽播种	有效浓度 100～160 mg/kg
		棉花黄萎病、枯萎病	1:1 000	55～60 ℃浸种 30 min	有效浓度 800 mg/kg
		大麦条纹病	1:2 000	浸种 24 h，捞出播种	有效浓度 100 mg/kg
		甘薯黑斑病	1:2 000～2 500	浸种薯 10 min	有效浓度 320～400 mg/kg
		水稻烂秧、恶苗、稻瘟病	1:6 000～8 000	籼稻浸 2～3 d，粳稻浸 3～4 d，捞出催芽播种	有效浓度 100～133.3 mg/kg
福尔马林（甲醛 40%水溶液）	水稻、小麦、玉米、棉花、马铃薯、甜菜	稻瘟病、恶苗病	1:50	浸种 3 h（处理前先用清水浸 1～2 d，处理后用清水冲洗，再继续浸种、催芽、播种）	处理过的种子不可放在日光下暴晒 配好的溶液应放入密闭的容器内，不宜放于金属容器内
		小麦腥黑穗病、秆黑粉病	1:300	浸种 15 min，处理前先用清水浸种 5～6 d，处理后用清水冲洗	
		玉米黑穗病	1:350		
		马铃薯疮痂病	1:240		
		甜菜褐斑病	1:100	浸种 5 min	
		棉苗病害、棉角斑病	1:200	闷种 10 h（处理后在阴处摊晾后播种）	

续表

药剂种类和规格	处理种子	防治对象	药剂浓度	处理方法	备注
瑞毒霉（25%可湿性粉剂	谷子、大豆	谷子白发病、大豆霜霉病	0.2%～0.3%	拌种用种子量的0.2%～0.3%	为上下传导的内吸杀菌剂
硫酸铜（蓝矾）	水稻、大麦、小麦、高粱、黍、烟草	小麦腥黑穗病、坚黑穗病，大麦坚黑穗病、褐斑病	1:250～500	浸种 3～5 h	
		高粱散黑穗病、黍黑	0.5%	浸种 1 h	
		烟草炭疽病	1:100	浸种 10 min	取出用清水冲洗后，晒干播种
稀硫酸	紫云英	菌核病	7%～8%	用种子容量 60%，浸种 3～4 h	菌核全部杀死
多菌灵（苯并咪唑 44 号）（25%或 50%可湿性粉剂）	小麦、棉花、花生、甘薯	小麦腥黑穗病、杆黑粉病		有效成分 156 g，加水 156 kg，浸麦种 100 kg，36～48 h 后捞出播种	药液可连续使用
		棉苗炭疽病、立枯病		100 kg 种子用有效成分 500 g 拌种或 250 g 加水 250 kg 浸种 24 h	
		棉花枯萎病	1:100（50%可湿性粉剂）	浸种 24 h	可兼治苗期病害
		花生立枯病、茎腐病、根腐病		50%可湿性粉剂 0.5%～1%拌种	100 kg50%可湿性粉剂 500～1 000 g（有效成分 250～500 g）
		甘薯黑斑病		50 mg/kg 药液浸种薯 10 min 或 30 mg/kg 药液浸苗基部 3～5 min	
敌克松（70%原粉）	玉米、高粱、棉花、烟草	玉米大小斑病、丝黑穗病		50 kg 种子用药 100～150 g 拌种	
		高粱紫斑病、叶斑病	1:500	浸种	
		棉花炭疽病、立枯病		50 kg 棉籽用药 250～500 g 拌种	
		烟草黑胫病		50 kg 种子用药 150 g 拌种	
硫磺粉（50%粉剂）	大麦、小麦、高粱、燕麦	小麦秆黑粉病，大麦、燕麦坚黑穗病、高粱散黑穗病		50 kg 种子用药 250 g 拌种	播前早拌较好
六氯苯（50%粉剂）	小麦、玉米	小麦腥黑穗病、秆黑粉病、玉米丝黑穗病		50 kg 种子用药 150 g 拌种，亦可用药 1 kg 与细土 7 kg 混合，与种子同播	
五氯硝基苯（70%粉剂）	小麦、高粱	小麦腥黑穗病、秆黑粉病、高粱散黑穗病		50 kg 种子用药 100～200 g 拌种	

续表

药剂种类和规格	处理种子	防治对象	药剂浓度	处理方法	备注
五西合剂（用西力生1份与五氯硝基苯3份配成的药剂）	棉花、高粱	棉花炭疽病、立枯病		50 kg的棉籽用250 g药拌种，也可用0.5 kg药混细土250 kg，每667 m^2用10 kg与种子混播	防病效果比单用汞制剂好，棉苗病害严重地区可二法兼用
		高粱黑穗病		用药0.5 kg细土50 kg盖种	
氯硝散	棉花、玉米、粟	棉苗病害		50 kg棉籽加水湿润后，用药150～250 g拌种	
		玉米丝黑穗病		用药50～75 kg拌干细土50 kg盖种	
		粟白发病		每50 kg种子用药150～250 g先加细土2.5～5 kg混匀后拌种	
四氯苯醌（50%可湿性粉剂）	棉花、大豆、菜豆、豌豆、甘薯	棉花炭疽病、棉花红腐病大豆霜霉、菜豆霜霉病、甘薯腐烂病	1:800～1 600	50 kg种子用药拌种，甘薯用800～1 600倍溶液浸种	不溶于水，遇碱分解，对人畜低毒
二氯奈醌（50%粉剂，50%可湿性粉剂）	玉米、棉花、水稻、豆类、蔬菜	玉米干腐病、小麦腥黑穗病、棉苗猝倒病、稻瘟病、豆类及蔬菜幼苗立枯病		拌种用药量为种子重量的0.1%～0.3%	不能与矿油、二硝基甲酚和石硫合剂混用
皂矾（绿矾、麦矾、硫酸亚铁）	大麦	大麦条纹病、坚黑穗病、云纹斑病、网斑病	0.5%	浸种6 h	浸种后勿用清水冲洗，以免降低种子发芽率
石灰水	水稻、小麦、大麦	水稻稻瘟病、胡麻斑病、恶苗病	1%	35℃浸1 d，30℃浸1～2 d，25℃浸2 d，20℃浸3 d，15℃浸6 d	浸种时避免阳光直射 种子厚度不宜超过66.7 cm 水层要高于种子13.3～16.7 cm，切勿搅动 预先用硫酸铵浸选过的种子，不能用石灰水浸种，以免降低种子发芽率
稻脚青（甲基胂、黄酸锌）(20%麻、亚麻，40%可湿性粉剂)	棉花、黄麻、亚麻	棉苗炭疽病、立枯病，黄麻炭疽病，黄麻枯萎病，亚麻炭疽病，亚麻立枯病		50 kg种子用药100～250 g拌种	
稻瘟净(1.5%粉剂，50%乳剂)	水稻	稻瘟病	1:500	浸种20 h或预浸4～6 h再浸药液15 h	
敌稻瘟（4%或40%粉剂，40%乳剂）	棉花	棉花炭疽病、立枯病	1:800～1 000	乳剂浸种24 h	浸过种的药液可连续使用

续表

药剂种类和规格	处理种子	防治对象	药剂浓度	处理方法	备注
福美双（50%可湿性粉剂）	小麦、大麦、玉米、水稻、花椰菜、甘蓝、莴苣	小麦腥黑穗病、干黑粉病、大麦坚黑穗病		50 kg 种子用药150 g拌种	
		玉米黑粉病		50 kg 种子用药250 g拌种	
		稻瘟病、稻胡麻叶斑病、稻秧立枯病		100 kg 种子用药0.5 kg（含有效成分250 g）拌种	
		花椰菜、甘蓝、莴苣、立枯病		100 kg 种子用药0.8 kg（含有效成分400 g）拌种	
托布津（50%可湿性粉剂）	小麦、大麦、甘薯、马铃薯	麦类黑穗病		50 kg 种子用药100～150 g拌种	
		甘薯黑斑病	1:200	浸种薯10 min	
		马铃薯细菌病、环腐病	1:500	浸种薯2 h	
二硝散（50%可湿性粉剂）	棉花	棉花枯萎病、黄萎病	0.2%～0.3%	在55～60 ℃的温汤中浸种30 min	棉籽脱绒
退菌特（土习脱）（50%可湿性粉剂）	棉花、红麻	棉苗炭疽病、立枯病 红麻炭疽病	1:50～100	50 kg 棉籽用药250～500 g拌种或与20倍细土混合后搓种立即播种 在18℃浸种24 h	
稻宁（甲基胂酸钙）（10%可湿性粉剂）	棉花	棉苗炭疽病、立枯病		50 kg 棉籽用药250 g拌种	
萎锈灵（25%，50%可湿性粉剂，10%乳油）	大麦、小麦、高粱、红麻	大麦散黑穗病、小麦腥黑穗病、小麦散黑穗病、高粱坚黑穗病、红麻立枯病	0.2%～0.3%	50 kg种子用药100～150 g拌种，浸种浓度稍低（0.1%～0.2%）	内吸性杀菌剂，对人畜低毒
克菌丹（50%可湿性粉剂）	小麦、燕麦、高粱、水稻、黍、大豆、芝麻、洋葱、茄子	小麦腥黑穗病、燕麦坚黑穗病、高粱坚黑穗病、谷粒黑穗病、大豆紫斑病、芝麻枯萎病、洋葱条黑粉病、茄黄萎病		50 kg 种子用药150 g拌种	在碱性溶液中易分解，对人畜低毒
粉锈宁	小麦、大麦、玉米	小麦散黑穗病、小麦腥黑穗病、大麦散黑穗病、玉米死黑穗病	0.1%～0.3%		
辛硫磷	大小麦、玉米、高粱、谷子、花生等	防治蛴螬、蝼蛄等地下害虫		50%乳油 100～165 mL，加水5～7.5 kg，拌种50 kg	无光照条件下（施入土中），残效期很长，可达1～2个月。适合防治地下害虫

为了兼治多种病害或虫害，常将几种杀菌剂或杀菌剂与杀虫剂混合处理种子（见表 1-2-17）。著名的“五西合剂”就是将防治棉花炭疽病菌、红腐病菌的西力生与防治立枯病菌的特效药五氯硝基苯混合配成的。又如，把福美双与地茂散以不同比例进行混配，混剂的增效作用是很明显的。若将上述两种药剂换以克菌丹和地茂散，也显示相似的增效作用，如两者都是非内吸性杀菌剂（福美双+克菌丹），则增效作用完全消失。因此混剂一般包含两种有效成分，一种杀菌剂品种，即非内吸性杀菌剂，用得最多的是福美双、代森锰锌、克菌丹、8-羟基喹啉铜等。另一种成分是内吸杀菌剂，例如，萎锈灵—福美双混剂（两种药剂有多种配合，其中一种含萎锈灵和福美双各 40%）。用萎锈灵—福美双混剂拌种可防治大麦散黑穗病、坚黑穗病、小麦腥黑穗病、玉米小斑病、洋葱黑粉病等多种病害。这些混剂与单一制剂比较，除扩大了防治范围外，还有几个突出优点，即：新老品种搭配，相对降低了内吸杀菌剂的用量，从而降低了施药成本，同时扩大了老品种的应用范围；两种性质不同的品种混在一起，对延缓病菌抗药性有一定作用；有些内吸杀菌剂有增效作用。此外，还有不少杀菌剂—杀虫剂的混剂、杀菌剂—肥料的混剂，这就更进一步扩大了种子处理的应用范围。

表 1-2-17　种子处理的混剂

混剂名称	组　　成	防治对象
苯菌灵 F2	苯来特+福美双	水稻恶苗病、稻瘟病、稻胡麻叶斑病、稻白叶枯病
多百	多菌灵+百菌清	花生黑斑、黑斑病、黄瓜白粉病
托福（丰米）	甲基托布津+福美双	水稻恶苗病、胡麻叶斑病、稻瘟病
萎福	萎锈灵+福美双	大麦散黑穗病
	甲呋酰苯胺+双瓜盐	大麦散黑穗病
	五氯硝基苯+氯唑灵	马铃薯丝核菌病
	百菌清+克菌丹	谷类、棉花、亚麻、花生、大豆、甜菜的丝核菌病

2. 克黑净

用于防治禾谷类作物黑粉病。主剂 60 g 用少量清水搅拌成药浆状，倒入沸水 0.5～1 kg 再搅拌均匀，将主剂倒入大桶后将辅剂 25 mL 倒入桶内，再加入 15～20 kg 清水混匀后即可使用，所配药剂应为 1 次喷施所需剂量。

一般病情田选择不育系盛花期喷施不育系穗层 1 次即可。在连年重病田及连续阴雨天气后应在第 1 次喷施后隔 2 d 再喷施 1 次。喷药应在上午 10 点前完成，如遇阴雨天或晨雾较重可选择在下午 4 点左右喷施。

3. 棉籽的硫酸脱绒

棉籽硫酸脱绒有防治棉花苗期病害和黄萎病、枯萎病的作用，又便于播种，这是目前防止棉花种子带菌的有效方法。同时，处理时由于用清水冲洗，还可将小籽、秕籽、破籽、嫩籽及其他漂浮在水面的杂质清除，达到选种的目的。

（四）生长调节剂处理种子

一般通过休眠期的作物种子，在一定的水分、温度和空气条件下，就可以萌发。但由于种种因素的干扰，往往影响种子的发芽，而植物生长调节剂正是通过激发种子内部的酶活性和某些内源激素来抵御这种干扰，促进种子发芽、生根，达到苗齐、苗壮。

1．赤霉素

许多种子经处理后可提早萌发出苗，并有不同程度的增产效果，赤霉素就有这种功能。赤霉素处理种子的浓度一般为 10～250 mg/kg，时间以 12～24 h 为宜。如用 20 mg/kg 的赤霉素溶液处理高粱、大豆、棉花、水稻种子能加速发芽，提高出苗率。

2．三十烷醇

三十烷醇是一种天然产物，存在于棉、茶、水果、蔬菜等多种植物和昆虫的蜡质中，是一种无公害的新型植物生长调节剂。三十烷醇具有多种生理作用，如促进能量储存、增加干物质积累、改善细胞透性、调节生理功能、增加叶面积、促进组织吸水、增加叶绿素含量、提高光合强度、提高酶的活性、增强呼吸作用、促进矿质元素吸收、增加蛋白质含量、促进种子萌芽、促进生长和发根、促进花芽分化、增加开花数、促进早熟、提高结实率和粒重、改善品质、提高抗逆性等。对水稻、麦类、棉花、大豆、玉米、高粱、烟草、甜菜、花生、蔬菜、花卉、果树、甘蔗等均有明显增产效果和改善品质的作用。在蘑菇等食用菌上应用也能获得增产。三十烷醇对人畜无害。

催芽的作物在催芽前用 0.1%的三十烷醇乳油 1 000 倍稀释液浸种 2 d 后催芽播种；旱田作物在播前用 0.1%的三十烷醇乳油 1 000 倍稀释液浸种 0.5～1 d 播种，均可达到增强发芽势，提高发芽率的目的。一般能增产 6%～33%。

三十烷醇施药量不可盲目增加，浸种浓度随意提高会抑制发芽，加水稀释倍数不可少于 300 倍，一般以 1 000～2 000 倍为宜。三十烷醇可与多菌灵、杀虫双等多种农药混合使用。

3．穗萌抑制剂

专门用于抑制杂交稻种子阴雨条件下田间穗上发芽，提高种子的播种品质。对制种的产量、性状无副作用，并且在多数条件下能提高千粒重 0.5 g 左右，也可提高种子的耐藏性。

4．萘乙酸

萘乙酸（NAA）是广谱性植物生长调节剂，可适用于多种单子叶、双子叶、一年生和多年生作物。药液经叶片、嫩枝、种子等进入植物体内，有促进生根、防止落花落果、抑制薯块萌芽、形成无籽果实等作用。对人畜低毒，但对皮肤和黏膜有刺激性。萘乙酸遇碱生成盐，盐类能溶于水。商品有 70%萘乙酸钠盐原粉、80%萘乙酸原粉。水稻移栽前，用 10 mg/kg 的药液浸秧根 1～2 h，促进返青并壮秧。小麦用 20 mg/kg 药液浸种 6～12 h，促进分蘖并壮苗。甘薯定植前，用 10～20 mg/kg 药液浸薯秧基部（浸深 3～4 cm）6 h，可提高成活率并壮秧。

同一作物的不同品种对萘乙酸的反应不尽相同，施药浓度、时期等都要因品种而异，用前做好试验，以确定适宜浓度和施药时期。

5．多效唑

多效唑是 20 世纪 80 年代研制成功的三唑类植物生长调节剂，是内源赤霉素合成的抑制剂，也可提高水稻吲哚乙酸（IAA）氧化酶的活性，降低稻苗内源 IAA 的水平。明显减弱稻苗顶端生长优势，促进侧芽（分蘖）滋生。秧苗外观表现矮壮多蘖，叶色浓绿，根系发达。解剖学研究表明，多效唑可使稻苗根、叶鞘、叶的细胞变小，各器官的细胞层数增加。跟踪分析表明，水稻种子、叶、根都能吸收多效唑。叶片吸收的多效唑大部分滞留在吸收部分，很少向外运输。低浓度多效唑可增进稻苗叶片的光合效率；高浓度多效唑则抑制光合效率。多效唑可提高根系呼吸强度，降低地上部分呼吸强度，提高叶片气孔抗阻，降低叶面蒸腾作用。多效唑属低毒植物生长调节剂，制剂为25%乳油和15%可湿性粉剂。

控制机插秧苗徒长，以100 mg/kg的多效唑药液150 kg，将100 kg水稻种子浸泡36 h，可催芽播种。35 d秧龄，苗高不超过25 cm，适合我国当前推广的插秧机机栽。冬小麦用200 g/kg药液浸种10～12 h，清水冲洗后晾干播种。用200 mg/ kg药液浸种12 h，可控制株高，防倒伏，增粒增重。

在不同的地区、不同的作物和品种上使用前，要先做试验而后应用。用于种子处理时，一般出苗期可能比对照晚几天，如田间管理正常，并不影响苗期促根控长的良好效果。施药后，如对作物生长量抑制过度，可施赤霉素使之恢复生长。

（五）肥料浸拌种

1．菌肥处理

以常用的有根瘤菌、固氮菌为例：利用人工对根瘤菌、固氮菌进行培养，制成粉剂拌种。如大豆，用根瘤菌粉剂拌种，能促进根瘤菌较快形成。其方法是：播前选用优良菌种，制成粉剂，倒在清洁的容器中，稀释成泥浆状，然后与种子均匀拌和，摊开晾干立即播种，避免阳光直射把根瘤菌杀死。同时注意不要晾得太干，以免影响根瘤菌的生长繁殖。使用根瘤菌拌种的种子不能再用其他菌剂拌种。菌种用量一般为30～40亿/667m^2单位。

2．肥料拌种

常用的肥料主要有硫酸铵、过磷酸钙、骨粉等。硫酸铵拌种可促进幼苗生长，增强抗寒能力。小麦在迟播地瘦的情况下效果尤为显著。

3．920增效剂（制种乐）

920增效剂（制种乐）主要用于杂交稻制种，用药时间分别在始穗期、割叶及割叶第二天，用一瓶（35 mL/667m^2），按1:2.5:1.5按上述时期分3次与920混用，每次加水20～45 kg/667m^2。920增效剂3次总用量超过有效成分8 g/亩，容易造成倒伏。

（六）微量元素处理

农作物正常生长发育需要多种微量元素。而在不同地区的不同土壤中，又常常是缺少这种或那种微量元素，利用微量元素浸种或拌种，不仅能补偿土壤养分的不平衡，而且使用方法简便，经济有效，因而日益受到人们的重视。目前世界农业中广泛施用的微肥是硼、铜、锌、锰、钼。

特别是在微量元素缺乏的土壤里，采用微肥处理种子，增产效果非常显著。如在缺锌土壤上1 kg棉种拌硫酸锌4 g，可增产棉8.75 kg/667m^2。小麦用锌肥拌种，增产26.6 kg/667m^2。豫北各县种子公司在玉米制种时用锌肥拌种，制种产量提高8%以上。在土壤普查的基础上，对缺微量元素土壤，采用种子播前微肥处理必将获得显著的增产效益。但微肥元素浓度的高低直接影响处理效果。不同种子对浸种时间长短要求不一。因而微肥处理时应事先做好预备试验，确定最佳浓度和时间，否则起不到应有的效果。

（七）物理因素处理

物理因素处理简单易行，包括射线处理、电场处理、磁场处理、温度处理等。

1．射线处理

主要指用γ、β、α、χ射线等低剂量（2.58×10^{-2}～58×10^{-1} C/kg）照射种子，有促进种子萌芽、生长旺盛、增加产量等作用；用 1.29×10^{-1}～2.58×10^{-1} C/kg 的剂量，可使种子提早发芽和提早成熟。低功率激光照射种子，也有提高发芽率，促进幼苗生长，早熟、增产的作用。如航天照射—空间射线处理种子等。

2．低频电流处理

处理时将种子放在绝缘的容器中（水稻、大小麦等种子可以预先浸种 24 h），将种子或浸种水作为通电介质，处理后种被透水性和酶活性均增强，发芽出苗迅速，根系发达，分蘖增加。

3．高频电场处理

利用电场对种子进行一定方式的处理，可达到杀虫灭菌、促进发芽的目的。在许多作物上有明显的增产效果。高频电场处理需用 16～20 MHz 的高频率来处理种子几十秒钟。场强的大小和处理的时间长短因作物而有所差别。

4．红外线处理

红外线为肉眼不能察觉的光波，波长在 770 nm 以上。照射已萌动的种子 10～20 h，能使种皮、果皮的通透性改善，因而能促使提早出苗，苗期生长健壮。

5．紫外线处理

紫外线是肉眼不可见的光，波长 40～390 nm。紫外线穿透力强，照射种子 2～10 min，能促进酶活化，提高种子发芽势、发芽率。

6．磁场和磁化水处理

随着科学技术的发展，磁场与生物之间的关系越来越明显。用磁场处理种子，已成为一项新的技术。在水稻、小麦、番茄、菜豆等种子上试验，处理后可大大提高发芽势和发芽率，并有刺激生根和提高根系活力作用。分析表明，这与种子呼吸强度的提高有关。磁化水浸种比清水浸种表现出明显的优势。

7．低温层积

低温层积的做法是将种子放在湿润而通气良好的基质（通常用沙）里，保持低温（通常为 3～5 ℃）一段时间。不同植物种子层积时间差异很大。如杏种子需 150 d，而苹果种子只需 60 d。低温处理可有效地打破植物种子的胚休眠。研究表明，种子在低温层积期间，胚轴的细胞数、胚轴干重及总长度等均有增加，同时胚的吸氧量也增加。此外，脂肪酶、蛋白酶等的活性提高，种子中可溶性物质增多，这些都为种子萌发做好了物质及能量上的准备。

三、种子包衣技术

（一）种子包衣技术的发展

1926 年美国的 Thornton 和 Ganulee 首先提出种子包衣问题。20 世纪 30 年代英国的 Germains 种子公司在禾谷类作物上首次成功地研制出种衣剂。1941 年美国缅因州种子科技人员为了便于小粒蔬菜和花卉种子的机械播种，利用包衣种子进行机械播种。20 世纪 60 年代随着欧洲育苗业的兴起，种植者要求种子单粒化、高质量，以便控制株行距、播深，从而促进种衣剂的迅速商业化。1976 年，美国的 McGinnis 进行了小麦包衣种子田间试验，获得了抗潮、抗冷、抗病、出苗快、长势好的效果。到 20 世纪 80 年代，世界上发达国家种子包衣技术已基本成熟。种衣剂也发展为农药型、药肥型以及目前的生物型和特异型种衣剂。

我国种子包衣技术研究起步较晚，1976 年原轻工业部甜菜糖业研究所对甜菜种子包衣进行了研究，1980 年毛达如等人进行了夏玉米包裹肥衣试验，取得显著增产效果。1981 年中国农业科学院土肥所研制成功适用于我国牧草种子飞播的种子包衣技术。中国农业大学李金玉等人于 1980 年开始研制种衣剂，并研制出应用于多种作物的不同型号种衣剂，1991 年获发明专利。其后，全国许多省市相继开发了种子包衣剂。近年来，我国种子包衣率明显提高。

由于农药型种衣剂会污染土壤和造成人畜中毒，德国已禁止使用克菌丹农药型包衣剂，美国正在研究高效低毒型包衣剂、生物型包衣剂和多聚糖类种子包衣剂。因此，开发天然无毒种子包衣剂是种子包衣技术的发展趋向。

（二）种子包衣方法的分类

1. 种子包衣

种子包衣是指利用黏着剂或成膜剂，将杀菌剂、杀虫剂、微肥、植物生长调节剂、着色剂或填充剂等非种子材料，包裹在种子外面，以达到使种子成球形或基本保持原有形状，以提高种子抗逆性、抗病性，加快发芽，促进成苗，增加产量，提高质量的一项种子新技术。

2. 种子包衣方法分类

目前种子包衣方法主要分为两类。

（1）种子丸化

种子丸化是指利用黏着剂，将杀菌剂、杀虫剂、染料、填充剂等非种子物质黏着在种子外面。通常将丸化后的种子做成在大小和形状上没有明显差异的球形单粒种子。这种包衣方法主要适用小粒农作物、蔬菜等种子，如油菜、烟草、胡萝卜、葱类、白菜、甘蓝和甜菜等种子，以利精量播种。因为这种包衣方法在包衣时，加入了填充剂（如滑石粉）等惰性材料，所以种子的体积和重量都有增加，干粒重也随着增加。

（2）种子包膜

种子包膜是指利用成膜剂，将杀菌剂、杀虫剂、微肥、染料等非种子物质包裹在种子外面，形成一层薄膜，经包膜后，成为基本上保持原来种子形状的种子。但其大小和重量的变化范围，因种衣剂类型而有所变化。一般这种包衣方法适用于大粒和中粒种子，如玉米、棉花、大豆、小麦等作物种子。

（三）种衣剂的类型及其性能

种衣剂是一种用于种子包衣的新制剂，主要由杀虫剂、杀菌剂、复合肥料、微量元素、植物生长调节剂、缓释剂和成膜剂或黏着剂等加工制成药肥复合型的种子包衣新产品。种衣剂以种子为载体，借助于成膜剂或黏着剂黏附在种子上，很快固化为一层均匀的药膜，不易脱落。播种后种衣剂对种子形成一个保护屏障，吸水后膨胀，不会马上被溶解，随种子萌动、发芽、出苗成长，有效成分逐渐被植株根系吸收，传导到幼苗植株各部位，使幼苗植株对种子带菌、土壤带菌及地上地下害虫起到防病治虫的作用，促进幼苗生长，增加作物产量。

目前，种衣剂按其组成成分和性能的不同，可分为农药型、复合型、生物型和特异型等类型。

1．农药型

这种类型的种衣剂的应用目的是防治种子和土壤的病害、虫害。种衣剂中主要成分是农药。美国玉米种衣剂和我国目前应用的多种种衣剂属于这种类型。长期大量应用农药型种衣剂会污染土壤和造成人畜中毒，因此应尽可能选用高效低毒的农药加入种衣剂中。

2．复合型

这种种衣剂是为防病、提高抗性和促进生长等多种目的而设计的复合配方类型。因此类种衣剂中的化学成分由农药、微肥、植物生长调节剂或抗性物质等组成，目前许多种衣剂都属这种类型。

3．生物型

这是新开发的种衣剂，根据生物菌类之间拮抗原理，筛选有益的拮抗根菌，以抵抗有害病菌的繁殖、侵害，从而达到防病的目的。美国为防止农药污染土壤，开发了根菌类生物型包衣剂。如防治十字花科种子黑腐病、芹菜种传病害、番茄及辣椒病害等生物型包衣剂。浙江省种子公司也开发了根菌类生物型包衣剂。从环保角度看，开发天然、无毒、不污染土壤的生物型包衣剂也是一个发展趋势。

4．特异型

特异型种衣剂是根据不同作物和目的而专门设计的种衣剂类型。有人用过氧化钙包衣小麦种子，使播种在冷湿土壤中的小麦出苗率从30%提高到90%。为水稻旱育秧而设计的高吸水种衣剂、高吸水树脂抗旱种衣剂、直播稻专用的种衣剂、水稻浸种催芽型种衣剂等均属于此类型。

（四）种衣剂配方成分和理化特性

1．种衣剂配方成分

目前使用的种衣剂，其成分主要有以下两类。

（1）有效活性成分

该成分是对种子和作物生长发育起作用的主要成分。如杀菌剂主要用于杀死种子上的病菌和土壤病菌，保护幼苗健康生长。目前我国应用于种衣剂的农药有呋喃丹、甲胺磷、辛硫磷、多菌灵、五氯硝基苯、粉锈宁等。如微肥主要用于促进种子发芽和幼苗植株发育。像油菜缺硼容易造成花而不实，则其种子包衣可加硼。其他作物种子可针对性地加入锌、镁等微肥。如植物生长调节剂主要用于促进幼苗发根和生长，像加赤霉酸促进生长，加萘乙酸促进发根等；用于潮湿寒冷土地播种时，种衣剂中加入萘乙烯（Styrene）可防止冰冻伤害；种衣剂中加入半透性纤维素类可防止种子过快吸胀损伤；靠近种子的内层加入活性炭、滑石粉和肥土粉，可防止农药和除草剂的伤害；种衣剂中加入过氧化钙，种子吸水后放出氧气，促进幼苗发根和生长等。

（2）非活性成分

种衣剂除有效活性成分外，还需要有其他配用助剂，以保持种衣剂的理化特性。这些助剂包括包膜种子用的成膜剂、悬浮剂、抗冻剂、防腐剂、酸度调整剂、胶体保护剂、渗透剂、黏度稳定剂、扩散剂和警戒色染料等。种子丸化的黏着剂主要为高分子聚合物，如阿拉伯树胶、淀粉、羧甲基纤维素、甲基纤维素，乙基纤维素，聚乙烯醋酸纤维（盐）、藻阮酸钠、聚偏二氯乙烯（PVDC）、聚乙烯氧化物（PEO）、聚乙烯醇（PVOH）等。填充剂的材料较多，有黏土、硅藻土、泥炭、云母、蛭石、珍珠岩、活性炭、磷矿粉等。在选用填充剂时应考虑取用方便，价格便宜，对种子无害。着色剂主要有草绿、胭脂红、柠檬黄、靛蓝，按不同比例配比，可得到多种颜色，一方面可作识别种子的标志，另一方面也可作为警戒色，防止鸟雀取食。

种子包膜用的成膜剂种类也较多，如用于大豆种子的成膜剂为乙基纤维素（EC），甜菜种子的成膜剂为聚吡咯烷酮等。种子包膜是将农药、微肥、激素等材料溶解和混入成膜剂而制成种衣剂，为乳糊状的剂型。

2．种衣剂理化特性

优良包膜型种衣剂的理化特性应达到如下要求。

（1）合理的细度

细度是成膜性好坏的基础。种衣剂细度标准为 2～4 μm。要求≤2 μm 的粒子在 92%以上，≤4 μm 的粒子在 95%以上。

（2）适当的黏度

黏度是影响种衣剂黏着在种子上牢度的关键因素。不同种子的动力黏度不同，一般在 150～400 MPa·s（黏度单位）之间，小麦、大豆要求在 180～270 MPa·s 之间，玉米要求在 50～250 MPa·s 之间，棉花种子要求在 250～400 MPa·s 之间。

（3）适宜的酸度

酸度决定了是否影响种子发芽和贮藏期的稳定性，要求种衣剂为微酸性至中性，一般 pH 值为 6～7 为宜。

（4）高纯度

纯度是指所用原料的纯度，要求有效成分含量要高。

（5）良好的成膜性

成膜性是种衣剂的又一关键物性，要求能迅速固化成膜，种子不粘连，不结块。

（6）种衣牢度

种子包衣后，膜光滑，不易脱落。牢度的大小用种衣脱落率表示，一般种衣脱落率不超过药剂干重的 0.5%～0.7%。

（7）良好的缓解性

种衣剂能透气、透水，有再湿性，播种后吸水很快膨胀，但不立即溶于水，而是缓慢释放药效，药效一般维持 45～60 d。

（8）良好的贮藏稳定性

冬季不结冰，夏季有效成分不分解，一般可贮存 2 年。

（9）对种子的高度安全性和对防治对象较高的生物活性

种子经包衣后的发芽率和出苗率应与未包衣的种子相近，对病虫害的防治效果应较高。

（五）种子包衣技术和包衣机械

1. 种子包衣对包衣机械的要求

种子包衣作业是把种子放入包衣机内，通过机械的作用把种衣剂均匀地包裹在种子表面的过程。种子包衣属于批量连续式生产，种子被一斗一斗定量地计量，同时药液也被一勺一勺定时地计入，最后搅拌排出。丸化种子则定量定时加入各种成分在丸衣罐内滚动至一定体积再过筛、染色，最后完成丸化。

种子包衣时，对机械的要求有以下几点。

（1）保证密闭性

为了保证操作人员不受药害，包衣机械在作业时必须保证完全密闭，即拌粉药物时，药粉不能散扬到空气中或抛洒在地面上；拌药物时，药液不可随意滴落到容器外，以免污染作业环境。

（2）保证混拌包衣均匀

机械在性能上应能适用粉剂、液剂或粉剂和液剂同时使用，要保证种子和药剂能按比例进行混拌包衣，比例能根据需要作出调整，调整方法要简单易行。包衣时，要保证药液能均匀地黏附在种子表面或丸化。

（3）有较高的经济性

机械要效率高、造价低，构造要简单，与药物接触的零部件要采用防腐材料或采取防腐措施，以提高机械的使用寿命。

2. 包衣前准备

包衣作业开始前应做好机械的准备、药剂的准备和种子的准备。

（1）机械的准备

根据种子种类和包衣方式，选择合适的包衣机。包衣前首先要检查包衣机的技术状态是否良好，如发现问题，应逐一认真解决，妥善处理，确认机械技术状态良好后才可投入作业。

（2）药剂的准备

首先应根据不同种子选择不同类型的种衣剂，还应根据加工种子的数量、配比，准备足够量的药物。

对于液剂药物的准备，主要是根据不同药物的要求配制好混合液。一般液剂药物的使用说明中都会详细指出药物和水的混合比例，并按说明书中的比例进行配制。混合时一定要搅动，使药液混合均匀。

对于药物的准备，如果只使用 1 种液剂药物，就只准备 1 种。如果同时需要 2 种就准备 2 种，但必须注意药剂的配比，不可用药过量。对于初次进行包衣的操作者来讲，最好能在有经验的农艺师、工程师指导下做好药物的准备工作。

（3）种子的准备

凡进行包衣的种子必须是经过精选加工后的种子，种子含水量在安全贮藏水分之内。对于种子加工线来讲，包衣作业是最后一项工序，包衣机械都置于加工线的最末端。根据我国当前的生产习惯，包衣作业是在播种前进行，即加工后的种子先贮藏过冬，到来年春天播种时再包衣。在包衣前对种子进行一次检查，确认种子的净度、发芽率、含水率都合乎要求时，方可进行包衣作业。

（4）发芽试验

任何作物种子在采用种衣剂机械包衣处理前，都必须做发芽试验，只有发芽率较高的种子才能进行种衣剂包衣处理。经过种衣剂包衣处理的每批种子，也都要做发芽试验，以检验包衣处理种子的发芽率。包衣种子的发芽试验，必须在沙床中进行，否则在培养皿中做试验会因药剂的浓度影响发芽率。

3．种子包衣机械

目前种子包衣机主要分为种子丸化包衣机、种子包膜包衣机和多用途种子包衣机等（彩图 40～43）。现将代表类型的包衣机作如下简单介绍。

（1）5ZY—1200 种子包衣机

1）主要用途和特点。5ZY—1200 种子包衣机对玉米、小麦、水稻、大豆、棉花、蔬菜和牧草等作物种子的包衣均有良好的适应性。该机生产率可在一定范围内进行调节，喂料轮驱动和计量泵驱动由同一台电机完成，可保证供料和供药的同步性，通过变频器调节电机转速可调节包衣机的生产率，而调节好的药种比却不会发生变化。该机在喂料口、出料口以及储药箱内均装有感应器，无种、无药或出料口发生堵塞时均可自动停机，可避免由于误操作或工人疏忽造成的损失。另外，该机搅拌器内搅龙可抽出，方便彻底清理，不会发生混种。与药物接触的零部件均采用不锈钢制成。

2）主要结构和工作原理。种子包衣机由药桶、雾化甩盘、分料轮、储药箱、计量量杯、计量泵、齿杆式搅拌器等部分组成（见图 1-2-60）。

种子从喂料口流入分料轮内，分料轮实际为一个容积式计量装置，每转一圈随其落下的种子是等量的。经过分料轮计量后的种子在甩盘作用下成伞状环绕甩盘落下，同时药液在计量泵的作用下进入高速旋转的甩盘，经甩盘雾化后与环绕周围的种子充分接触，然后种子进入齿杆式搅拌器，经充分搅拌后包衣合格的种子排出机外。

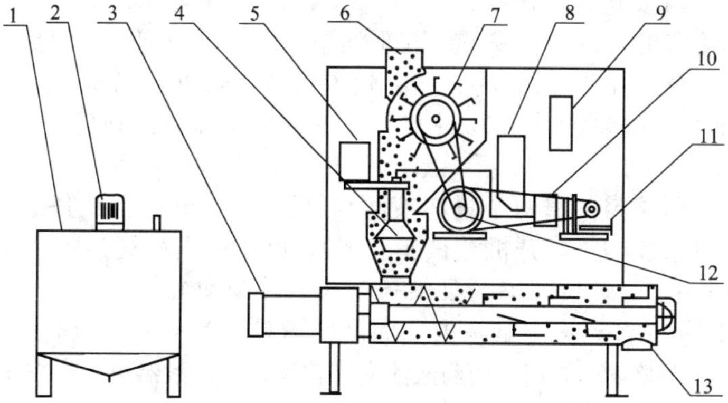

图 1-2-60 5ZBL—8.0 型种子包衣机工作简图

1—药桶；2—药泵电机；3—搅拌电机；4—雾化甩盘；5—甩盘电机；6—喂料口；7—分料轮；8—储药箱；9—计量量杯；10—计量泵；11—计量泵调节手柄；12—喂料轮和计量泵电机；13—齿杆式搅拌器

3）主要技术参数。

① 生产率：8 t/h。

② 配套动力：3.17 kW。

③ 药种可调范围：1:25～1:300。

④ 噪声：<85 dB。

⑤ 整机重量：350 kg。

⑥ 外形尺寸（长×宽×高）：1 830 mm×780 mm×1 230 mm。

4）使用前准备。

① 放置包衣机的车间须通风条件良好，机器附近应安装有水源与电源，机器下面应有污水处理管道。包衣过程中产生的废气需经过滤器除尘后按合法途径排放。

② 安装时在机器周围留出足够的操作空间，保证混合轴能从管内抽出。机器上所有的门应可以打开而不受阻碍，以便维修。

③ 放置机器的地面应平整、坚硬，底架与地面用 4 条 M12 的地脚螺栓连接牢固，工作时不能产生振动。若用 M12 的膨胀螺栓连接，则要求水泥地面有足够的坚硬度，须用高标号水泥（不低于 500 号）浇筑，混凝土厚度不小于 150 mm。

④ 机器上方必须设有储料仓，容量不小于 0.5 m^3，无种料位器尽可能安装在料仓底部，使入料口处在工作过程中应始终充满种子，以防止机器频繁启动和停机。在种子出口处装好堵塞料位器，一旦种子在出口处发生堵塞现象，机器堵塞报警灯亮并自动停机。

⑤ 在空车启动前，检查一下各紧固件是否有松动现象，检查各传动皮带与链条张紧程度是否合适，有无卡滞现象。检查各调节部位是否灵活、可靠。各润滑点加注润滑油脂。各部件保证完好后往药筒内加入≥20 L 的水，打开供药阀，扳动药泵电机开关，发动电机，检查电机转向是否正确，有无异常声响。观察水流是否均匀，输液管路有无漏液现象。按下急停按钮看是否有故障，然后空转 1 h 左右，检查电机与轴承升温正常后，方可投入使用。

5）药种比调节（前提条件：包衣机自带量杯内径 70 mm）包衣机，种子、药剂准备就绪后，进行以下操作。

① 调整输药阀门，让药液流向量杯。

② 将计数器设定为 3（即给料轮转 3 圈后停止）。

③ 开机测试，接取包衣机出口物料（即给料轮转 3 圈的物料），该次的物料不计。

④ 重复步骤③，接取 3 次物料。

⑤ 将步骤④接取的 3 次物料称重，取平均值，该值设为 $x$kg（注意：x 的单位是 kg）。

⑥ 包衣需要的药种比为 1:n，将 x 和 n 代入公式 $y=500x/3.7\rho n$（ρ是种衣剂密度，一般ρ=1 或取种衣剂厂家提供的数值），计算得出的数值 y 即为给料轮转 3 圈每个量杯需要增加的药液高度。

⑦ 打开量杯排药阀门，将两个量杯液面高度降到 1 cm 处（或任意整数，记下）。

⑧ 将料仓出口插板插上，开机测试（清零），自动停机后观察每个量液面高度增量，与 y 值（单位为 mm）比较后调整药泵供药量（多减少增）。

重复步骤⑦、⑧，直到每个量杯内液面高度增量均为 y mm，调整结束。

打开料仓插板，调整输药阀门，让药液流向雾化室，将计数器第一位数调至 9，开始包衣。

6）维护和保养。

① 每次作业前应检查紧固件是否松动，转动部件是否灵活，有无异常声响，调节手柄是否可靠，输液管路接口处有无泄漏现象，一切正常后方可开机。

② 检查链条的张紧度，必要时给予调整或更换。

③ 各滚动轴承与链驱动加足油脂，以后每工作 200 h 再加注一次。

④ 应定期清扫电器箱内的灰尘，以延长电器元件的使用寿命。

⑤ 机器较长时间不用时，要将内外擦洗干净，易生锈部位可重涂防锈漆。

（2）5BY—5A型种子（包膜）包衣机（彩图41）

1）用途。该种子包衣机适用各类种子包衣工作。

2）机械结构。该机由机架、喂料配料装置、喷涂滚筒机构、排料装袋机构、供气系统、电气系统、供液系统等部分构成（如图1-2-61所示）。

3）工作原理和工艺流程。种子在翻滚搅拌过程中，一方面，由入口端向较低的出口端运动；另一方面，在抄板和导向板的作用下，随滚筒上下运动，形成“种子雨”。与此同时种衣剂也经计量后流入喷头，随气流雾化，和“种子雨”形成一定夹角，反复喷涂各粒种子表面，形成薄膜，实现包衣，也可实现种子染色、包肥等多种功能。

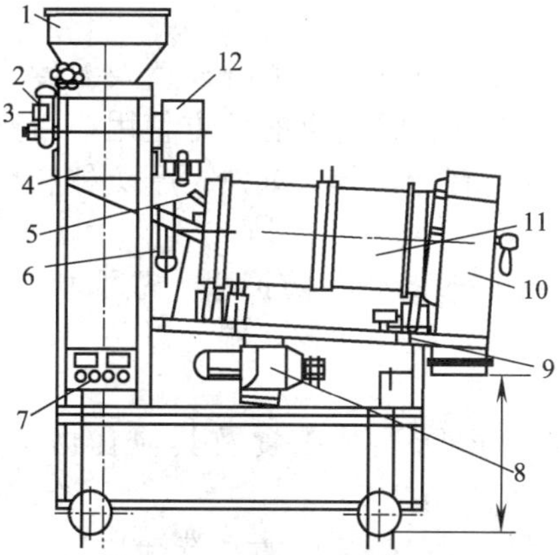

图1-2-61 5BY—5A型种子包衣机结构示意图

1—喂料斗；2—计量摆杆；3—配重块；4—配料箱；5—喷头；6—调压阀组合；7—配电箱；8—减速机；9—倾角调节手轮；10—排料箱；11—滚筒；12—药液箱

（六）使用种衣剂注意事项

1. 安全贮存保管种衣剂

种衣剂应装在容器内，贴上标签，存放在单一的库内或凉爽阴凉处。严禁和粮食、食品等存放在一个地方。搬动时，严禁吸烟、吃东西、喝水。存放种衣剂的地方，必须有专人严加保管。存放种衣剂的地方严禁儿童或闲人进入玩耍、触摸，并要备有肥皂、碱性液体物质，以备发生意外时使用。

2. 安全处理种子

在使用种衣剂包衣处理种子时必须注意以下几点。

1）种子部门严禁在无技术人员指导下，将种农剂零售给农民使用。

2）种子部门必须采用包衣机具包衣种子后出售。

3）进行种子包衣的人员，严禁徒手接触种农剂或用手直接包衣，必须采用包衣机或其他器皿进行种子包衣。

4）负责包衣处理种子的人员在包衣种子时必须使用防护措施，如穿工作服、戴口罩及乳胶手套，严防种衣剂接触皮肤，操作结束时立即脱去防护用具。

5）工作中不准吸烟、喝水、吃东西，工作结束时用肥皂彻底清洗裸露的脸、手后再进食、喝水。

6）包衣处理种子的地方严禁闲人尤其严禁儿童进入。

7）包衣后的种子要保管好，严防畜禽进入场地吃食包衣的种子。

8）包衣后必须晾干成膜后再播种，不能在地头边包衣边播种，以防药未固化成膜而脱落。

9）使用种衣剂时，不能另外加水使用。

10）除水稻外，一般播种时不需浸种。

3. 安全使用种衣剂

1）种衣剂不能同敌稗等除草剂同时使用，如先使用种衣剂，需 30 d 后才能再使用敌稗；如先使用敌稗，亦需 30 d 后才能播种包衣种子，否则容易发生药害或降低种衣剂的效果。

2）种衣剂在水中会逐渐水解，水解速度随 pH 值及温度升高而加快，所以不要和碱性农药、肥料同时使用，也不能在盐碱较重的地方使用，否则容易分解失效。

3）在搬运种子时，检查包装有无破损、漏洞，严防种衣剂处理的种子被儿童或禽畜误吃后中毒。

4）使用包衣后的种子，播种人员要穿防护服、戴手套。

5）播种时不能吃东西、喝水，徒手擦脸、眼，以防中毒，工作结束后用肥皂洗净手脸后才可进食或饮水。

6）装过包衣种子的口袋，严防误装粮食及其他食物、饲料，应将袋深埋或焚烧以防中毒。

7）装过包衣种子的盆、篮子等，必须用清水洗净后再作他用，严禁再盛食物。洗盆和篮子的水严禁倒在河流、水塘、井池边，可以将水倒在树根、田间，以防人、畜、禽、鱼中毒。

8）出苗后，严禁用间下来的苗喂牲畜。

9）凡含有呋喃丹成分的各型号种衣剂严禁在瓜、果、蔬菜上使用，尤其叶菜类绝对禁用，因呋喃丹为内吸性毒药，残效期长，菜类生育期短，用后对人有害。

10）用含有呋喃丹种衣剂包衣水稻种子时，注意防止污染水系。

11）严禁用喷雾器将含有呋喃丹的种衣剂用水稀释后直接向作物喷施，因呋喃丹的分子较轻，喷施易污染空气，对人类造成危害。

12）食用种衣剂后的死虫、死鸟，严防家禽、家畜误食，发生二次中毒。

呋喃丹中毒会出现头痛、神经衰弱、呕吐、瞳孔收缩、视觉模糊、肌肉震颤或发抖、四肢痉挛、流涎、出汗、拉肚子等症状，误吃后不能催吐，应立即送医；触及眼睛时，须用清水冲洗 15 min 或滴入 1 滴阿托品；触及皮肤，要立即用碱水冲洗。

行动（Action）

活动一　茄果类蔬菜种子的处理（以番茄为例）

有些番茄种子在收购前，还要作脱绒处理、盐酸处理、消毒处理等。

（一）脱绒处理（彩图 22、23）

通过处理可以减少包装量，降低运输成本，提高播种品质。可以用脱绒机脱绒或手工脱绒，手工脱绒时可以将适量种子装于布袋中反复在水泥地面上摔打脱绒。

（二）盐酸处理（彩图 31、32）

种子在水中淘洗干净后用 1%的分析纯盐酸浸种 15 min，浸种时晃动种子，捞出后用清水稍微冲洗即可，有时要求干种子的 pH 值范围须达到 2.4～2.7，清洗后的种子放在尼龙纱布做成的晾床上，置于干燥通风处阴干，从而起到杀菌和改善种子表面发黑程度的作用，提高种子的商品性。

（三）消毒处理

种子在水中淘洗干净后，用 1%的次氯酸钙浸种 20 min，捞出后在清水中淘洗 3 遍，晾干。

活动二　玉米种子的包衣处理（彩图 19）

（一）科学选用种衣剂

经大量的田间试验和生产实践，筛选出成膜性好、悬浮颗粒小、药液成分稳定的立克莠种衣剂、20%的克·福悬浮种衣剂等。在生产中取得了良好的应用效果。

（二）调配好药种比例

种子包衣机进行药种比例调配时，只需操作药液贮箱上的计量泵的计量开关，即可将药种比例调配到适宜的浓度范围。一般用 20%的克·福悬浮种衣剂进行玉米种子包衣，将药种比调配在 1:50 为宜。

（三）调节好种子流量和药量大小

要充分保证进入种衣机的种子流量能持续均匀地供给包衣机，通过调节计量泵转速调节药量大小，保证药液能够连续均匀地供给包衣机，才能保证种子包衣的均匀度和药种比一致。

（四）提高种子包衣成膜效果

经精选过的种子送入自动化包衣机后，达到迅速成膜、均匀一致的效果，要求自然成膜时间保持在 40 min 以上，成膜后机械包装过程中脱落率不高于 1%，贮藏半年后脱落率不高于 5%。

（五）包衣注意事项

种子包衣过程中要注意加工人员的安全防护，各环节机械除尘、通风，尽量减少人与药剂及药剂处理种子接触。

评估（Evaluate）

完成了对本节的学习，通过下面的练习进行自我检查（任选当地其他制种作物）。

1）简述种子处理的主要方法。

2）演示玉米种子的包衣方法及主要设备。

附件 2-4　种子的其他加工机械

一、种子除芒

大多数禾本科牧草种子都有芒刺，如不除去会影响种子的流动性和后续加工作业。一般采用种子除芒机进行。

（一）结构与工作原理（彩图 21）

该机结构如图 1-2-62 所示。被选物料由进料口流入除芒室内，除芒室的圆筒内壁装有固定齿片，中间转轴上有同样的齿片，排列成螺旋状，物料在螺旋排列的齿片作用下，做圆周和轴向运动，通过齿片棱角的打击和揉搓，去除物料表面的颖壳与芒刺，除芒后的物料由出料口排出，作业过程中的灰尘从除尘口被吸走。

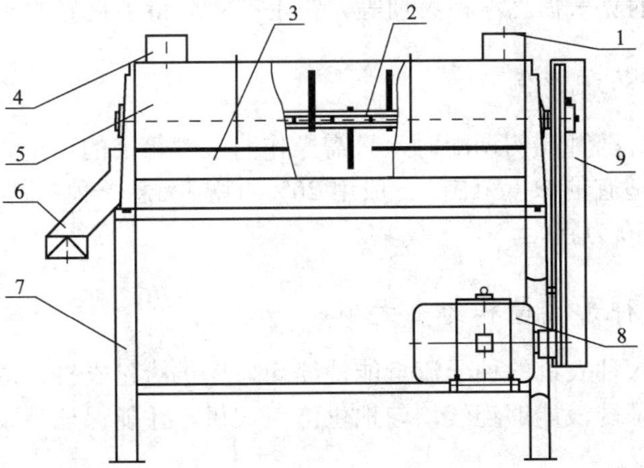

图 1-2-62　除芒机结构图

1—进料口；2—齿片；3—堵板；4—除尘口；5—除芒室；6—出料口；7—机座；8—电机；9—护罩

（二）使用调整

1）机器安装时，要用地脚螺栓固定好机器，机架纵向、横向都要保持水平。

2）使用前，紧固各部件螺栓，看皮带传动有无障碍，皮带张紧要适宜，先空载运转 10 min，确认完好后，即可作业。

3）该机喂入量必须在作业状态下进行调整，首先要对配套提升机的供给量进行控制，并根据所要求的生产能力和除芒率调整出料口配重块。配重块顺时针方向转动时，生产率增加，而除芒率降低；反之，生产率减少，而除芒率提高。

4）该机作业完成后，不能立即停机，应继续空转 5 min，使全部物料卸完后方可停机。清除残留物料时，打开位于筒下部的清理铁门。

（三）维护保养

1）每次作业前，应检查各部件紧固螺栓是否松动，转动是否灵活，有无不正常的声音，在排除故障后方可使用。

2）作业前检查 V 带张紧力，必要时予以张紧调整。

3）对轴承处每隔 30～40 h 断电停机加注润滑油。

4）每次作业结束后进行清扫和检查，及时排除故障。

5）机器进行大修时，需请专业人员进行指导。

6）机器保存时应切断电源，彻底清扫机器，检查修理，恢复到完好技术状态，取下 V 带另行保管，机器放在室内干燥处。

（四）安全技术要求

1）青少年和未掌握本机操作要求的人员严禁操作。

2）动力线无破损，符合绝缘要求，机体应接地良好，以防触电事故发生。

3）按操作规程操作，作业前认真检查机器，发现问题及时修复解决，否则不可开机。

4）作业前机器空转 10 min，发现问题，切断电源及时解决。

5）作业时操作者要认真负责、坚守岗位，不能拆卸传动皮带轮上的防护罩，手不可伸入皮带和运动部件。

6）作业时中途停电，一定要切断电源，以防意外。

7）机器在场上或近距离转移时，先切断电源，停机后方可移机。

8）机器运输时，应先切断电源，清扫干净。

9）作业过程中，要换种清理或清除堵塞时，仍然先断开电源，机器停稳后才能清理，以免夹伤手指。

10）严禁在机器运转时紧固螺栓或加注润滑油。

11）作业时严禁打开除芒室上的堵板。

12）为确保用户安全，在机器的防护罩上面有“警告”安全标志，请操作者注意。

二、种子清刷机（彩图 22、23）

种子清刷主要用于处理几何形状复杂、不易于清选作业或不利于播种的种子，如带芒的种子（老芒麦种子）、带绒毛的种子（胡萝卜、番茄、沙拐枣种子）、易粘连的种子（瓜类种子）、带皮的种子（草木樨）和带翅的种子（落叶松），还可以对多胚甜菜种子进行分离。这些种子经除芒、除毛处理后，表面变得光滑，增加了流动性，易于通过筛孔，从而方便该类种子的进一步加工，并改善外观效果。种子的清刷一般采用刷种机进行。

（一）刷种机结构与工作原理

刷种机主要由喂料、刷种、出料、机架、主轴调节和传动系统等组成（见图 1-2-63）。目前应用较普遍的 5SZ 系列机型有 600 mm 和 800 mm 两种筛筒直径的机型。

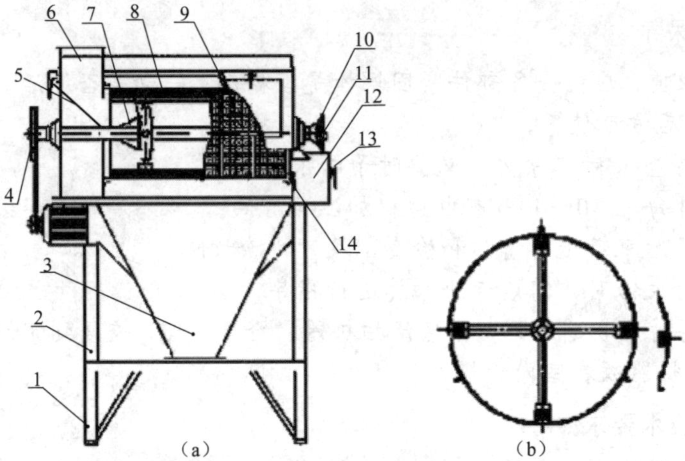

图 1-2-63 刷种机结构图

（a）刷种机　　（b）毛刷与筛筒

1—底架；2—机架；3—出料斗；4—传动系统；5—喂料挡板；6—进料口；7—齿轮箱；8—毛刷；9—筛筒；10—锁定螺钉；11—手轮；12—出料口；13—观察窗；14—出料口挡板

1. 喂料部分

喂料部分主要由进料口和喂料挡板组成。物料由进料口进入，通过喂料挡板进入筛筒。在成套设备中使用时，有些物料不需要刷种，则可将喂料挡板旋转，堵住筛筒进口，物料则由进料口直接落入出料斗。

2. 刷种部分

刷种部分主要由毛刷和筛筒组成。

三片圆弧形筛网固定在机架上形成筛筒，筛网由不锈钢方钢丝编织而成。四把毛刷固定在主轴上，与主轴共同旋转。物料进入筛筒后，毛刷旋转带动物料在毛刷和筛筒之间运动，使种子与种子之间、种子与固定筛网之间产生摩擦和揉搓来清除种子表面的附着物，从而达到表面处理的目的。

毛刷的刷毛有猪鬃、尼龙丝或钢丝等材质，用于刷理不同黏结牢固度的附着物。

3. 出料部分

出料部分由出料口、出料口挡板及出料斗组成。物料被刷理后通过出料口排出，落入出料斗中。脱落的芒、毛等和部分小粒种子也有从筛筒网眼中钻出，同样也落入出料斗，两股料流同时排出机外。单机使用时出料斗下装有接料卡子，便于接袋装料。出料挡板的高低可以调节，用来控制刷种时间。

4. 机架部分

机架部分由侧板、门板、机架、底架和顶盖等组成，起支持作用。刷种过程中产生的灰尘可从顶盖上的吸尘口处吸出。

5. 主轴调节部分

主轴调节部分由内轴、手轮、两个齿轮箱、丝杠及丝母等组成。调节部分用来调整毛刷与筛筒之间的间隙。内轴安装在主轴的内孔里，内轴通过其上的三个键，将两个大伞齿轮和手轮固定。通过旋转手轮来带动两个大伞齿轮旋转，再通过两个大伞齿轮带动四个小伞齿轮及与它连接在一起的丝杠旋转，毛刷随丝杠的旋转做径向移动，从而使刷面与筛筒之间的间隙得到调节。

6. 传动系统

传动系统由电机、V带及皮带轮等组成，有的机型还装有变频调节器。电机固定在机架上，通过V带带动主轴旋转。主轴的转速可通过更换不同直径的皮带轮来改变，带变频调节器的机型可通过变频来控制转速。

（二）适用范围

1）刷种机适用于表皮较结实的种子，不适于易脱壳、易破碎的种子。

2）刷种机作业时粉尘较大，应配置除尘设施，以免粉尘外溢影响工作环境。

（三）使用与调整

1. 机器的安装

1）机器应安装在室内坚固、平坦的混凝土地面上，靠近电源且通风良好的地方。为使工作方便，须合理安排物料的运卸路线，并留有足够的操作、保养和维修空间。

2）机器应调整水平，并通过脚螺栓与地面连接。

3）机器安装完毕后，检查皮带轮、手轮转动是否灵活，转向是否正确，与成套设备的连接是否可靠等，确认无误后方可运转。

2. 机器的使用与操作

（1）操作程序

1）如需更换筛网，打开前后门板，松开筛网与筛网之间的螺栓（为安全起见，可先套上两根绳子），取下筛网，然后将所选用的筛网装在筛网架上。注意上筛网时定位销要对准网架上的定位销，螺栓应加弹簧垫圈，然后将门板封严。

筛网的选用：胡萝卜、草木樨、番茄种子等选用11～13目筛网；老芒麦、水稻种子等选用7～9目筛网。

2）将喂料口上的观察孔盖打开，将喂料挡板置于加工位置，然后关闭观察孔。

3）打开出料口观察孔盖，将出料口挡板调至合适位置，然后将手轮上的锁定螺钉拔出，旋转手轮（逆时针旋转可减小间隙），调整刷子与筛网的间隙，调整好后将锁定螺钉插入，盖上观察孔盖。

4）启动电机，空转10 min，各部分无异常现象后即可喂料加工。

3. 操作注意事项

1）开始作业之前首先应确定种子的含水率。种子的含水率应符合下列标准，否则刷种效果将受到影响。如胡萝卜的含水率<10%，番茄的含水率<8%，老芒麦的含水率<11%，草木樨的含水率<12%。

2）更换种子品种时，一定要把机体内的种子清除干净，不可残留任何种粒。清除方法如下：①停止喂料后机器再空载运转10 min左右；②停机后将出料口挡板调至最低处，然后调小刷子与筛网的间隙，再让机器空转几分钟，直至出料口处没有种子流出为止；③检查各部位，若还有残留种子，则人工清理，必要时打开筛网清理，直至没有残留种子为止；④筛网严禁撞击和蹬踏，以免造成变形而影响刷种效果。

4. 机器的调整

（1）电机轴与主轴之间皮带张紧度的调节

当皮带张紧度需要调节时，首先松开电机与电机座的四个螺栓，顺着电机座上的长孔移动电机，使皮带张紧适当，然后拧紧螺栓。

（2）刷种间隙和刷种时间的调节

对于不同品种的种子和相同品种不同批次的种子，刷种间隙和刷种时间均应做细致的调节，使两个参数（刷种间隙、刷种时间）之间处于最佳的配合状态。其方法如下：种子开始加工时，从出料口观察刷种情况，若有种子破碎现象，则应增大刷种间隙（手轮顺时针旋转可增大间隙）；若刷种不彻底，则应减小刷种间隙（手轮逆时针旋转缩小间隙）；若刷种效果好时，则将出料口挡板降低，使种子在刷种筒内停留时间（即刷种时间）缩短，增加生产率。注意，所有调整均应停机进行。

（3）主轴转速的调节通过更换皮带轮或调节电流频率来实现

转速越高，刷种效果越明显，反之亦然。更换皮带轮后，皮带的张紧度要做相应的调整。

通过调整毛刷与筛筒筒壁之间的间隙、改变主轴转速或控制排料时间等均可改变刷理强度，以适应不同种子的表面处理，但刷理强度不宜过高，以免使种子表皮产生损伤或种温增加过多，降低种子发芽率。

（四）维护保养

1）每次作业之前，应检查各部位紧固螺栓是否松动，转动部件转动是否灵活，有无不正常的声音等，在排除故障后方可使用。

2）检查 V 带的张紧度，必要时应予以调整。

3）轴承上的润滑点应每半年加注一次润滑油。

4）物料品种更换时，应将机器内外清理干净，防止品种混杂。

5）机器存放时，应切断电源，彻底清扫机器，检查修理，使其保持完好的技术状态。

（五）安全技术要求

1）机器工作时，要按照操作规程进行作业，作业前检查动力、传动等部分，发现问题及时修理。

2）作业前须空转 8～10 min，发现问题立即停机修理。

3）作业时操作者要坚守岗位，发现问题应及时停机，切断电源，不能开机或停机带电修理与调整。

4）开机作业时，必须将皮带罩罩好。

5）电路应由电工安装，地面动力线要采用电缆线。工作时若发现有接触不良现象，应及时切断电源，停机检修。

6）在加工物料和维修机器时，不允许有任何异物进入刷种筒内。

7）若更换物料品种需要调整毛刷间隙或清理机器内部时，要切断电源。

（六）常见故障及排除方法

常见故障及排除方法见表 1-2-18。

表 1-2-18　常见故障及排除方法

故　　障	原　　因	排 除 方 法
物料只进不出	喂入筒堵塞	停机，打开进口料观察孔盖并疏通
主轴转速降低	V 带松弛	调整三角带，使其张紧
除净率低	刷种时间短	提高出料挡板高度
	刷种间隙大	减小刷种间隙
	转速低	换上较大的电机皮带轮或提高电流频率
	刷子磨损	更换刷子
种子破碎率高	刷种时间长	降低出料挡板高度
	刷种间隙小	加大刷种间隙
	转速高	换上较小的电机皮带轮或降低电流频率

（七）其他机型简介

除上述机型外，还有结构原理与之相同的实验室设备，用于物料的工艺参数试验小批量种子加工。

此外，还有专门用于蔬菜和花卉种子加工的小型批量式机型，该机采用全封闭的配筋钢板筒壁，即刷理筒，又是机器外壳；有三把固定在螺杆上的毛刷，停机后打开筒盖，可直接调节毛刷与筒壁之间的间隙；主轴转速由变频调节器来控制；刷种时间通过可调定时器或人工来控制。每批种子加工完后，打开筒盖自动滑入卸料斗中，用料箱接取。

三、种子磨光机

种子磨光机常用于近似球形的蔬菜、牧草、林木、花卉等种子加工的前处理工序。种子磨光是指清除种子表面的附属物（芒、刺、毛、翅、颖片、膜片等），并擦光表皮，同时可以分离双粒种子与成团的种子以及未脱净的穗头、碎裂种球与脱壳、脱荚等，在不使种球破裂或极少破裂的前提下，使之重量、体积降低，为进一步清选加工创造条件，便于包装、运输和贮藏。

（一）磨光种子的优点

1）便于进一步剥裂、包衣等加工处理。

2）用种单位可不需再做除杂处理。

3）便于机械、半机械播种。

4）减少用种量（用种量只有磨光前的 80%～85%）。

5）可缩短发芽率测定时间。

6）便于药剂拌种。

7）减少种子流通过程中的费用。

以甜菜种子为例，甜菜种子经磨光后可减重 14.029%，体积降低 37.43%，总粒数减少 1.3%（筛去了磨碎种子和小粒种子），含杂率在 1%以内。磨光后的种球发芽率、发芽势均能得以提高，同时还可以杀死种子内的害虫，使之不能随种子调运传到异地。从流通过程的经济效益分析来看，磨光后的甜菜种子包装费、铁路运输费、检疫费和仓储费都节省较多。

（二）磨光机的结构与工作原理

图 1-2-64 为德国 PETKUS 公司生产的喷风式种子磨光机结构图。该磨光机主要由进料及调节装置、螺旋输料室、磨光室、主轴及传动装置、磨光度调节装置、除尘系统及腔体机架等部分构成。如图 1-2-65 所示，从左至右可将磨光机腔体分为排料室、磨光室、螺旋输料室、送风室。腔体内安装有两头封闭的空心主轴，横穿磨光机整个腔体。磨光室由压辊和筛片支架组成，磨光室段的主轴上固定装有压辊，压辊上开有与空心轴连通的缝槽；螺旋输料室段的主轴上固定装有螺旋输料器；送风室段的主轴上连续开有小孔，风机吹出的气流进入送风室内，从空心轴上的通孔进入空心轴内并向磨光室端输送。皮带轮安装在主轴的右端，由所配置的电机驱动，从而带动螺旋输料器和压辊一起旋转，使磨光机进行运转。

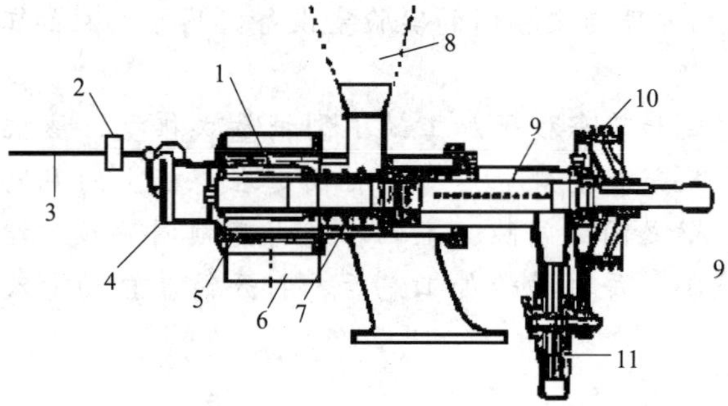

图 1-2-64　德国 PETKUS 公司的种子磨光机结构图

1—压辊；2—配重；3—配重杆；4—出料口；5—筛片；6—配重；7—除尘接口；8—入料口；9—主轴；10—皮带轮；11—风机；12—进料挡板；13—进料调节把手

（三）工作过程

磨光机主要适用于甜菜种子及其他近球形的谷物磨光加工。作业时，种子从暂贮仓经过入料斗进入腔体内，被螺旋输料器推送至磨光室。通过旋动进料调节把手，控制进料挡板的开度大小来调节加工生产率。进入磨光室内的种子，因种子与种子之间以及种子与腔体内筛片内壁之间的相互挤擦而被逐渐磨圆抛光。通过调整配重杆上的配重块位置，可以调节磨光度，配重向外移动时，配重施加于排料挡板上的外力增加，种子向磨光室方向挤压，增加了磨光室内的压力，从而增大磨光度。风机吹出的气流由空心轴内送入磨光室，并经压辊的缝槽吹向筛片，从种子上磨下的粉屑在气流的作用下穿过筛片经除尘口排出，进入除尘系统，除尘风量要求在 20 m^3/min。

（四）设备的安装与调试

1. 机器的安装

根据种子加工厂工艺流程的需要，常将磨光设备配置在种子加工生产线的前端。种子进入磨光工序之前需要进行预清选、去石、去铁等工艺，确保种子在磨光机中作业流畅。

机器应水平放置，固定牢靠，并装好入料斗和出料斗，注意选择出料斗的安装位置，使手无法伸入磨光室中，确保人身安全。配备良好的除尘系统与磨光机的除尘接口相连接。机器在固定完毕并确认线路连接无误后方可试机。注意检查转动方向和料流输送方向是否正确，试运行后检查所有的螺栓是否松脱，如有发现，及时紧固。

2. 进料调节

通过转动进料挡板下端的调节手柄来调整进料速度，向右旋动把手为关闭挡板，向左旋动把手为打开挡板。

3. 磨光度调节

通过移动配重在配重杆上的位置来调节种子磨光力度，配重向外侧移动，磨光度增加；配重向内侧移动，磨光度减小。

（五）维护

1. 筛片清理与调节

每批种子加工后应清理磨光机筛片，若筛片出现损坏应立即更换。

2. 取出筛片支架的方法（见图 1-2-65）

1）卸下配重、配重杆及挡板。

2）卸下排料接口。

3）将筛片支架连同筛片一起取出。

4）松开固定销，用螺丝刀和锤子取出筛片夹固装置。

5）筛片能被轻易取出。

6）安装步骤与拆卸方法相反。

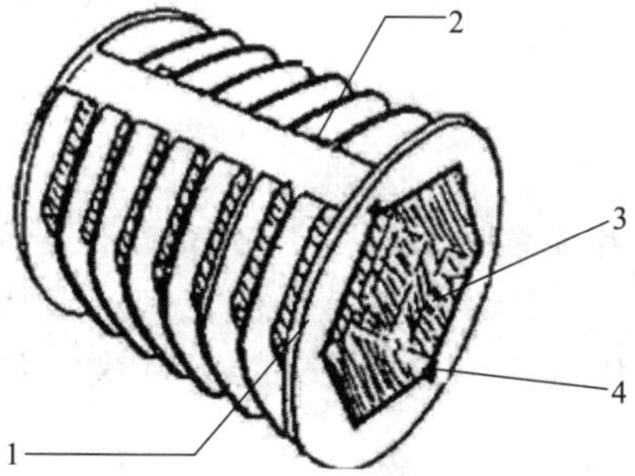

图 1-2-65　筛片

1—筛片支架；2—固定销；3—筛片；4—筛片拼接

3. 更换筛片支架的方法（见图 1-2-66）

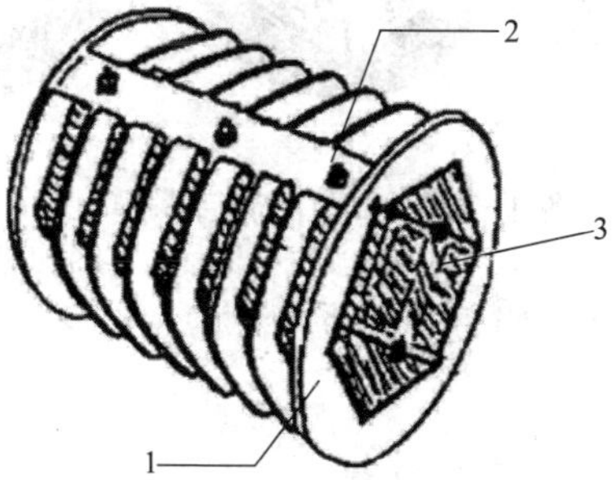

图 1-2-66　筛片支架图

1—筛片支架；2—螺母；3—筛片

1）卸下配重、配重杆及挡板。

2）取下排料接口。

3）将筛片支架连同筛片一起取出。

4）先取下螺母，之后取下螺杆和筛片。

5）安装方法与拆卸相反。

4. 取出压辊，清理缝槽

工作一定期限后，根据需要将压辊从主轴上取出，便于清理压辊上的气孔，防止堵塞。主要步骤如图 1-2-67 所示。

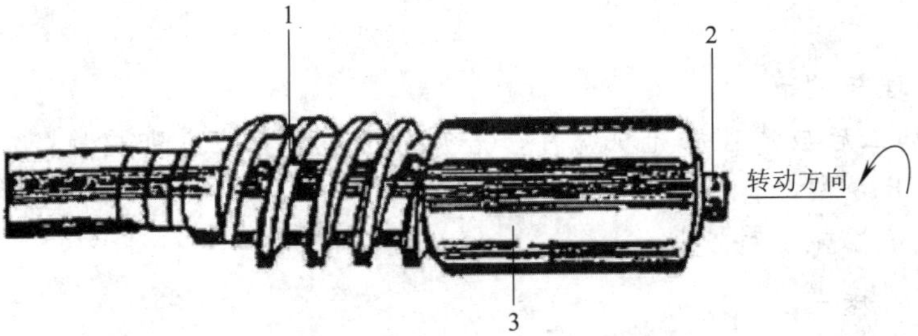

图 1-2-67　压辊的拆卸原理图

1—螺旋输料器；2—胀销；3—压辊

1）将主轴固定，防止转动。

2）拆下胀销，将压辊抽出，必要时可以向外牵引螺旋输料器。

3）清理压辊。

4）安装方法与拆卸相反。

5. 筛片的装配

图 1-2-68 a 为正确的筛片安装方式。图 1-2-68 b 为错误的筛片安装方式，将垫衬物放置在筛片与筛片支架之间，在筛片与筛片支架之间形成间隙。图 1-2-68c 同样也为错误的筛片安装方式，未放置垫衬物，在筛片与筛片支架之间形成间隙。

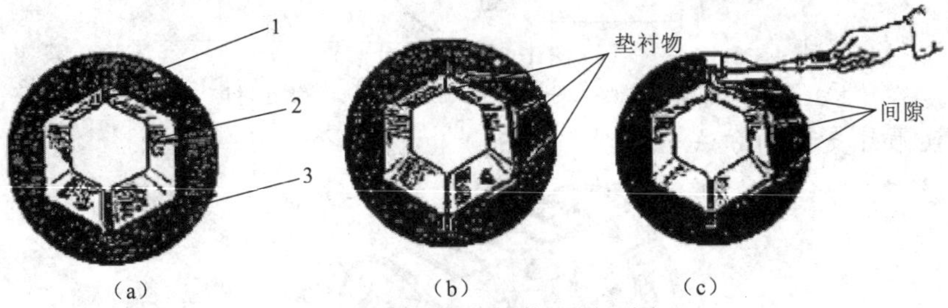

图 1-2-68　筛片的装配原理图

（a）正确的安装方法　（b）错误的安装方法　（c）错误的安装方法

1—筛片垫衬物；2—筛片；3—筛片支架

（六）保养

1）磨光机和电机的轴承均属于免维护型。

2）经常检查筛片、压辊和螺旋输料器。

3）经常检查和调紧驱动皮带。

（七）常见故障与排除方法

常见故障及解决方法见表 1-2-19。

表 1-2-19　常见故障及排除方法

故障现象	发生原因	排除方法
电机启动不了	电机保险丝烧断	更换保险丝
	电机保护启动	检查电机保护，更改设置
	电机只有两相电	更换保险丝
电机轰声大，电耗快	绕线错误	电机需要维修
	转子有擦碰现象	电机需要维修
	电机使用两相流	更换保险丝
保险丝烧断或电机保护突然触发	电机线路短路	排除线路短路
	电机漏电	电机需要维修
	接线不合理	纠正接线
转动方向错误	接线错误	交换两相电接线
粉屑排不出	出口被阻塞	清除阻塞的粉屑

（八）安全技术要求

1）按照操作说明书中所规定的期限对机器进行定期检查和检测。

2）在规定的期限间隔内更换水力制动软管，即便未检测到危害安全的缺陷。

3）机器出现安全问题需进行调整时，须立即停机，并通知相关责任人和部门。

4）为了安全起见，留长发的操作工人须将头发束在背后或盘起，操作工应穿适身服装，不能佩戴首饰，以防衣物卷入机器或首饰被传动件磨损。

5）配备具有一定资格和熟练的操作工，有关电气装置、液压系统、气体燃料等方面的操作应由相应的专业技术人员来进行。

6）只有机器处于安全和稳定的状态时才能开机作业，开机前确保所有的安全防护装置、紧急断电装置、消声原件和排风机均安装好并处于工作状态。

7）每加工班次至少对机器检查一次，查看是否有明显的损坏和缺陷，若发现，应立即向相关责任机构报告。必要时，立即停机并断开电源。

8）机器出现非正常情况，立即停机并断开电源。

9）机器工作时，不能关闭吸尘装置和吹风机。

10）机器处于停机维护和检修时，关停电控装置并锁定，在主开关上贴上警示标签。

11）在检修和保养过程中，要经常紧定所有松动的螺栓连接。

12）安装、检修、保养时拆卸下的安全防护装置须在安装、维护和检修工作完成后立即重新安装，并对其进行检查。

13）机器工作时，工作人员要经常佩戴指定的护耳器。

四、棉种普通脱绒设备

棉花制种田中采集的籽棉经轧花机轧花后，产生皮棉和毛籽两种产品。由于毛籽表面残留一层短绒，造成毛籽之间互相粘连，流动性差，不能直接进行清选；同时，短绒内还携带一些病菌，必须进行脱绒将毛籽加工成光籽，这样一方面可以消除病虫害，另一方面又可以进行棉种清选、包衣及包装。因此棉种加工包括毛籽脱绒和光籽清选加工两部分。

（一）棉种脱绒方法分类

棉种脱绒分为化学脱绒和机械脱绒两类。化学脱绒一般有干酸脱绒、浓硫酸脱绒、稀硫酸脱绒和泡沫酸脱绒四种方法，其中，稀硫酸脱绒又分为过量式稀硫酸脱绒和计量式稀硫酸脱绒。机械脱绒按采用磨料的不同可分为砂瓦脱绒和钢刷脱绒两种。当前，我国应用较多的是泡沫酸脱绒和过量式稀硫酸脱绒。

1. 干酸脱绒

干酸脱绒工艺简单，脱绒质量好，生产比较安全，操作方便，是一种比较成熟的脱绒方法，在美国干燥地区得到普遍推广和应用，但是这种加工工艺只适合于毛籽加工贮藏季节空气相对湿度低于40%的地区。当毛籽含水量超过10%时不适合采用这种方法，否则残酸会渗入种皮，杀伤种子，造成发芽率严重下降。由于该工艺采用气态酸，盐酸的泄漏对厂房、设备具有较大的腐蚀性，对周边环境也会造成一定程度的污染。因此此种加工工艺对设备的密封性能要求非常严格，其推广范围受到一定的限制。

2. 浓硫酸脱绒

浓硫酸脱绒采用的工艺流程是将机械剥绒后的棉种与98%的硫酸按5:1的比例在反应罐中充分混合，在85 ℃的条件下搅拌3～4 min，将短绒腐蚀脱去，并将脱绒后的棉籽加水冲洗，然后将光籽送入干燥机内干燥，除去表面水分，再进行精选及药物处理。采用这种工艺对浓硫酸的消耗和耗水量较大，每千克棉种约耗水7 kg，产生的废水处理量很大，废水中含有大量的硫酸和短绒等污物，对环境造成一定污染。脱绒后的棉种残酸高，对脱绒和精选设备腐蚀严重。这种脱绒方法已经被限制使用。我国目前采用浓硫酸脱绒的主要是科研育种机构对小批量种子进行脱绒处理。

3. 稀硫酸脱绒

稀硫酸脱绒是在浓硫酸脱绒技术的基础上发展起来的。稀硫酸脱绒工艺克服了浓硫酸脱绒的弊端，降低了硫酸用量，酸籽比由浓硫酸脱绒的1:5提高到1:30，大大减轻了对环境的污染，这种工艺方法在国外得到普遍应用。

（1）带离心机过量式稀硫酸脱绒

过量式稀硫酸脱绒技术是从浓硫酸脱绒方法中演变而来的，是美国在20世纪70年代中期开发出的一种棉种脱绒方法。我国于20世纪80年代初开始引进，通过消化吸收与改进，于90年代初期成功研制出棉种过量式稀硫酸脱绒成套设备。

过量式稀硫酸脱绒工艺首先将硫酸稀释到8%～10%的浓度后，加入一定量的活化剂（目前国内许多棉种加工企业已经不添加活化剂）；将毛籽与稀硫酸液按3:1左右的比例分别计量，在搅拌槽内进行浸泡搅拌，使毛籽全部润湿。然后将润湿的毛籽送入离心机中通过离心甩干，脱去多余的酸液（脱去的酸液经过回收管回收，过滤后可以重复利用）。从离心机中出来的毛籽（含有占种子重量8%～10%的稀硫酸溶液）输送到烘干机中烘干。在烘干机中随着水分的蒸发，稀硫酸不断浓缩，棉绒逐步被碳化，碳化后的棉绒变脆，在转动摩擦中脱落。烘干机的入口气温应低于210 ℃，出口气温为55～53 ℃；烘干机口的种子温度为 50～53 ℃，种子在烘干机中烘干的时间为 10～12 min。从烘干中出来的棉种，短绒尚未完全脱落，再输送到摩擦机中继续摩擦，使棉绒全部脱掉。摩擦机出口空气温度一般保持在 43 ℃。从摩擦机出来的光籽，可以接送到精选系统中进行精选、包衣及包装。

带离心机的过量式脱绒工艺是目前棉种脱绒工艺中较为成熟可靠的一种加工工艺，操作方便，物耗低，能耗低，加工成本低。加工后棉种残绒低，残酸低，对种子损伤小，可以不用氨中和，便于种子贮藏。加工过程中的稀硫酸可以回收循环利用，既节约成本又减少了对环境的污染。设备使用寿命较适合在各种气候条件下使用。但毛籽含短绒率超过 10%时加工过程受到限制。棉籽本身有损伤或裂纹时，处理后的棉种发芽率受到影响。目前这种生产工艺在我国受到普遍重视，已有数十家棉花种子加工企业开始采用过量式稀硫脱绒工艺。

（2）不带离心机的计量式稀硫酸脱绒

计量式稀硫酸脱绒工艺是在 20 世纪 80 年代初，由美国西方设备公司根据中国的特殊条件而专门设计的一种脱绒方法，目的是省去价格昂贵的离心机。种脱绒方法要求稀硫酸浓度为 12%，毛籽含短绒率为 7%～8%。毛籽和稀硫酸分别计量，在反应槽中直接混合，混合后把棉种输入烘干机中进行烘干，再送入摩擦机中摩擦，脱掉棉种表面的短绒。脱绒后的棉种，再送到精选系统中精选。这种不带离心机的计量式脱绒工艺，省去了离心机，投资相对较小。由于工艺设计上要求棉籽与稀硫酸按照一定比例进行计量与混合，而实际上棉种含短绒量很难保持一定值以及供种、供酸系统亦不可能绝对一致，使混合后的棉中含酸和含水量不稳定，影响了毛籽脱绒效果和种子质量。毛籽脱绒过程中不稳定，物耗高，毛籽质量无法控制。我国曾先后引进 6 条这种加工线，现在基本上都改造成带离心机的过量式稀硫酸脱绒工艺。

4. 泡沫酸脱绒

泡沫酸脱绒工艺是在稀硫酸脱绒技术的基础上发展起来的，工艺中省去离心机，同时减少了高速旋转的离心机对种子的损伤。工艺过程是把浓硫酸（98%）、水、发泡剂按比例混合，在压缩空气的作用下使硫酸稀释并泡沫化，增加单位重量酸的体积，通过输送管道将泡沫酸送入反应槽，与棉种充分混合，然后将含有泡沫酸的棉种输入烘干机中烘干，使稀酸浓缩，水解碳化并在摩擦机中脱去棉绒。脱绒后的光籽中和后送到清选系统中进行加工。

泡沫酸脱绒技术与稀硫酸脱绒技术的不同之处是在浓度为 8%～10%的稀硫酸中加入了发泡剂（非离子表面活性剂），并在压缩空气的作用下使之泡沫化，硫酸的体积因此增加近 50 倍，大大增强了稀硫酸溶液的渗透活性，增加了稀硫酸溶液与棉绒的接触机会。用最少的酸液浸透尽量多的棉绒，不仅将酸籽比提高到 1:50，减少了硫酸的用量，而且由于棉籽是和泡沫化的硫酸接触，靠棉绒的毛细管作用吸收酸液，作用过程柔和，酸液不易渗入种子内部，从而能有效地保证种子质量不受影响。我国于 20 世纪 80 年代初从美国拉莫斯公司引进了一套泡沫酸脱绒设备，安装在山东聊城。80 年代中期农业部在此技术基础上研制出加工能力为 1 t/h 的棉籽泡沫酸脱绒成套设备。泡沫酸脱绒工艺省去了离心机，投资较低，适合于不同气候条件下使用。作业过程供料、供酸系统稳定，烘干、摩擦温度便于控制，用酸量少，对棉种的酸处理轻柔，烘干耗能少，易中和，能很好地保证棉种的发芽率，目前已在国内得到广泛应用。

5. 机械式脱绒

根据采用的磨料不同，机械脱绒可以分为砂瓦脱绒和钢刷脱绒两种工艺。机械脱绒克服了化学脱绒设备庞大、工艺参数复杂、设备投资费用高等问题，特别是将脱掉的棉籽短绒收集利用，可以获得较高的经济效益，生产成本相对较低，无污染。缺点是种子机械损伤率较高。

（二）主要脱绒工艺、技术参数与质量指标

1. 过量式稀硫酸脱绒

（1）工艺流程

稀硫酸脱绒的工作原理是将浓硫酸稀释成浓度为8%～14%的稀酸液，在酸储罐内加入一定量的活化剂进行混合，用液下泵和一组喷头将酸液喷洒到搅拌器内待脱绒的毛籽上，并进行充分搅拌，使棉种表面全部渗透酸混合液。通过螺旋输送机将经过酸处理的棉种喂入到离心机中进行脱液，使多余的酸混合液甩出返回酸混合罐内循环使用。经过脱液的棉种送入烘干机中进行干燥，随着棉绒内水分的蒸发，硫酸浓度提高，使棉短绒碳化，部分短绒被脱掉。经过烘干后的棉种送入摩擦机内，已碳化的棉种经空心翻板的搅动，在摩擦机连续旋转的作用下使棉籽自动跌落碰撞与摩擦，达到脱绒、磨光的目的。脱绒后棉种用氨气或石灰水中和光籽表面的残酸（此工序根据情况可省掉）。最后经过风筛清选、重力精选、包衣，再经过风干或烘干后，通过计量秤称重包装入库。工艺流程如图 1-2-69 所示。

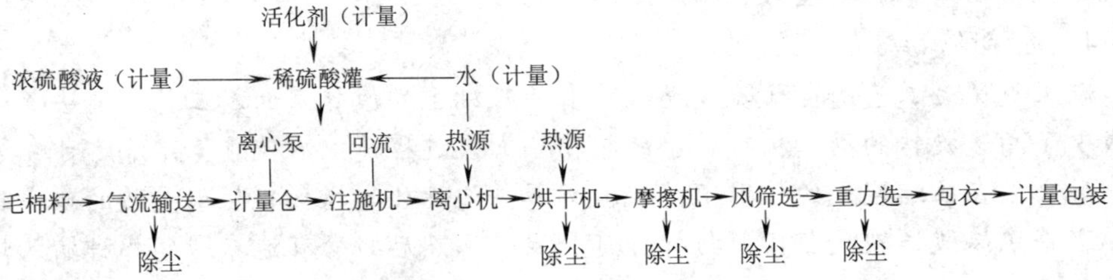

图 1-2-69　过量式稀硫酸脱绒工艺流

（2）主要技术指标

脱绒生产能力：3～10 t/h（适应范围：毛籽含绒6%～8%）。

酸绒比：1:5（硫酸浓度96%～98%）。

酸水比：1:10左右（硫酸浓度96%～98%）。

硫酸消耗量：13～16 kg/t光籽；活化剂消耗：0.4～0.8 kg/h。

稀酸浓度：8%～14%（质量百分比）；稀酸温度：小于45℃。

离心机转速：600～700 r/min。

烘干机进口空气温度：120～210 ℃（温度计传感器装在进气管道中心，距滚筒端面进料箱250～300 mm）。

烘干机进口风压压力差：6 666～9 333 Pa（温度计传感器装在进气管道中心，距滚筒端面进料箱 250～300 mm）。

烘干机出口空气温度：55～70 ℃（温度计传感器装在进气管道中心，距滚筒出料箱顶部 250～300 mm）。

烘干机出口种温：48～52 ℃。

烘干机出口高度：100～150 mm（正常生产）。

摩擦机进口空气温度：60～150 ℃（温度计传感器装在进气管道中心，距滚筒端面进料箱 250～300 mm）。

摩擦机出口空气温度：50 ℃（温度计传感器装在进气管道中心，距滚筒出料箱顶部 250～300 mm）。

摩擦机出口种温：小于 48 ℃。

摩擦机出口高度：110～150 mm（正常生产）。

种子在烘干机中滞留时间：小于 20 min。

种子在摩擦机中滞留时间：小于 25 min。

（3）主要工序注意事项

1）严格控制毛籽的质量。稀硫酸脱绒的过程是将稀硫酸液均匀喷洒在毛籽上，使毛籽完全润湿，再经过烘干、摩擦脱掉短绒。为了保证脱绒后的种子质量，一是要控制原料毛籽短绒的含量，一般要求短绒含量控制在 7%以下，这样不但能提高脱绒的效果，还能减少酸液的消耗，当短绒含量≥10%时，离心机卸料系统将无法正常工作；二是尽量减少剥绒过程中对种子表皮的损伤；三是保证原料毛籽的内在质量，原料毛籽的含水量≤12%，健籽率≥75%，发芽率≥80%。

2）严格控制种子温度和残酸量。在过量式稀硫酸脱绒工艺中，对种子质量影响最大的是种子温度和残酸量。种子温度过高必然会影响种子活力，残酸指标过高则会影响种子的贮藏和出苗。因此要求烘干机的进口空气温度不得超过 210 ℃，出口空气温度在 55℃左右，摩擦机的出口空气温度控制在 50 ℃以下，种子温度不能超过 54 ℃。

过量式稀硫酸脱绒工艺主要是通过离心机来控制种子残酸量。因此在整套设备中必须确保离心机的工作性能和正常运转，使种子残酸率保持在 0.05%～0.25%之间，切忌过量酸脱绒后再用重碱中和。

2. 泡沫酸脱绒

（1）工艺流程

泡沫酸脱绒的工作原理是将泡沫状的稀硫酸定量、均匀地喷洒在经锯齿剥绒机剥绒后的毛籽表面上，经过搅拌、湿润，使泡沫酸充分渗透到毛籽短绒中，然后将其送入滚筒烘干机中进行加热烘干，使毛籽短绒逐渐被碳化，通过摩擦和棉籽间的撞击作用使短绒脱落，形成光籽，然后对其进行中和，将种子表面的残酸中和掉，最后经过精选、包衣、包装，成为成品棉种。棉籽泡沫酸脱绒与包衣过程复杂，整个加工过程中棉籽不断受到酸、碱、机械、高温等作用。因此棉种加工处理必须按照加工工艺流程以及每个步骤必须遵守的各项技术规程严格把关，跟踪检测加工后种子的残酸、残绒、水分、健籽率和发芽率等指标。如发现问题要找出原因，及时解决处理。泡沫酸脱绒工艺流程如图 1-2-70 所示。

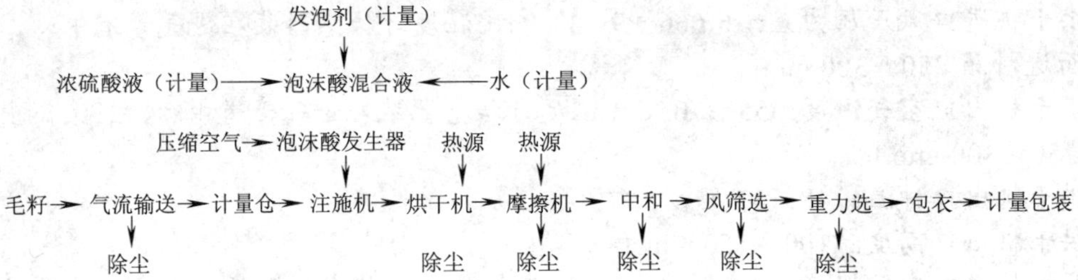

图 1-2-70　棉籽泡沫酸脱绒工艺流程图

（2）主要技术参数指标

脱绒生产能力：1 000～3 000 kg/h（适应范围：毛籽残绒率 6%～13%）。

酸绒比：1:4.5（硫酸浓度 96%～98%）。

酸水比：1:10 左右（硫酸浓度 96%～98%）。

浓硫酸消耗量：14～33 kg/t 光籽（根据毛籽含绒量不同）。

稀酸浓度：10%左右（质量百分比）。

稀酸温度：小于 55 ℃。

耗发泡剂：1 t/2 kg 毛籽（毛籽含绒量 10%～13%）。

耗碳酸钙：5.5～6.5 kg/t 光籽（碳酸钙纯度为 98%的粉末）或 15%氨水 20 mL/kg 光籽。

烘干机进口空气温度：160～220 ℃（温度计传感器装在进气管道中心，距滚筒端面进料箱 250～300 mm）。

烘干机进口风压压力差：490～686 Pa（50～70 mmH_2O），位置同上。

烘干机出口空气温度：55～60 ℃（温度计传感器装在出气管道中心距滚筒出料箱顶部 250～300 mm）。

烘干机出口种子温度：小于 48 ℃。

烘干机出口高度：100～160 mm（正常生产）。

摩擦机进口空气温度：70～150 ℃（位置同上）。

摩擦机出口空气温度：38～40 ℃（温度计传感器装在出气管道中心，距滚筒出料箱顶部 250～300 mm）。

摩擦机出口种子温度：小于 52 ℃。

摩擦机出口高度：150～200 mm（正常生产）。

种子在烘干机中滞留时间：小于 20 min。

种子在摩擦机中滞留时间：小于 25 min。

（3）主要加工工序注意事项

1）棉种原料的基本要求。

一般轧花以后产生的毛籽短绒率皆在 13%以上；毛籽含短绒量越多，加工过程中耗费的成本越高。因此从 20 世纪 90 年代初开始，有些企业在化学脱绒之前都要采取机械剥绒方式去除棉种表面短绒，使含短绒量降到 8%以下。这样一方面可以通过销售短绒获取一定的经济效益，而且也降低了棉种脱绒的加工成本。特别值得注意的是，机械剥绒不能过度，否则会造成种子表皮的破损，在酸处理时浸入硫酸，容易导致种子发芽能力下降。在实施机械剥绒时要根据不同的品种适当调节好剥绒机的剥籽辊与锯齿的间距，最大限度地减少种子破损。

脱绒前的棉种必须进行检测，要求健籽率≥75%，含水率≤12%，破籽率≤2%，棉籽含绒量基本均匀。当棉种水分含量超过 12%时，要进行晾晒或实施低温烘干。

2）泡沫酸的配制和计量。

泡沫酸液中硫酸浓度必须合适，一般在 10.3%～10.6%之间，并根据毛籽含绒量进行适当调整。泡沫酸的发泡效果直接影响脱绒质量，故应采用高效发泡剂。发泡剂原汁很稠，尤其是冬季，流动性很差，也不便于自动计量，在使用之前应对发泡剂进行稀释。

泡沫酸是根据毛籽含绒量的多少和生产量通过计量器定量供应的。当棉籽含绒量为 7%～8%、生产量为 1 t/h 时，浓度为 10.3%的泡沫酸输出流量计可以设为 115～135 L/h。实际加工过程中可以根据以上参数作相应调节，使棉籽和泡沫酸达到最佳匹配。

3）滚筒内温度控制。

经过泡沫酸湿润酸解的毛籽，其烘干与脱绒过程是在两个滚筒内完成的。滚筒内温度的高低和种子在滚筒内移动的快慢直接影响到脱绒效果和种子活力。因此在实际操作中必须严格控制好滚筒进口空气温度和种子在滚筒内滞留的时间。一般而言，烘干滚筒进口空气温度应控制在 160～220 ℃，棉籽在筒内的时间滞留不宜超过 20 min；摩擦滚筒出口空气温度控制在 52～54 ℃，棉籽在筒内的滞留时间不宜超过 25 min。当然由于温度和时间可以互相补偿，因此可以通过降低温度，延长滞留时间的办法来提高脱绒效果和保证种子不受伤害（如进口空气温度 140～150 ℃，出口空气温度 46～50 ℃，种子在两个滚筒内的滞留时间各为 25 min）。空气温度控制可以通过调整蒸气阀开度和电辅助加热器来实现，毛籽在滚筒内的滞留时间则通过滚筒倾斜角度来调节。

4）中和。

经过泡沫酸脱绒处理后的光籽，表皮上仍然黏附一些硫酸，称为残酸。经过多年研究与应用确认：当毛籽表面的残酸量低于棉籽重量的 0.15%时，就不会影响棉种的发芽和储存。因此应对脱绒后的光籽进行中和处理使其残酸量小于 0.15%。目前国内外对残酸中和主要采用四种形式：氨气中和、氨水中和、碱水中和和碳酸钙中和。

① 氨气中和。氨气中和（将液体氨加热变成气体）工艺是最简单、最有效的方法。气体氨中和比较均匀，不需要大型设备，只需在输送系统中安整一定容积的储料斗即可以完成中和任务，并且中和后棉籽表面色泽比较好。

氨气中和的具体工艺是，首先将液氨加热，使液氨蒸发汽化成为氨气。将氨气加热使其温度与从摩擦机出来的光籽温度接近，通过热态氨气与流动的光籽充分接触，中和光籽表面黏附的残酸。氨气与光籽采用逆向流动方式，即棉籽从中和器上部流入，氨气从中和器圆筒中部通入，两者之间在逆向流动过程中接触并发生反应，使中和后光籽的残酸含量达到要求。

氨气中和反应后生成硫酸铵是棉苗生长过程中所需的肥料，中和过程中产生的微量水分随时挥发，不会增加棉籽本身的水分与重量。缺点是氨气有毒，并有强刺激性臭味，渗透挥发性极强，易从容器、管道接头等不密封的位置泄漏，导致车间内刺激性臭味较浓，对操作工人身体健康产生不利影响，而且氨气很容易通过棉籽的机械破损、表面裂缝处渗入棉籽内部，造成对光籽的伤害；同时氨气比例偏高或者光籽中和的时间过长，都会影响棉籽活力，降低发芽率。氨气中和光籽的残酸含量较难控制，对操作工人的技术水平要求较高，当供给的氨气过多时会伤害光籽；氨气量偏少，则光籽残酸较高，起不到中和的效果。

② 氨水中和。氨水（$NH_3 \cdot H_2O$）是氨的水溶液，氨分子在水中以水合物形式存在，部分电离分解生成 NH_4^+和 OH^-，所以氨水是一种碱液。氨水的浓度一般为 20%左右，用浓度为 15%的碱液对光籽残酸进行中和，对光籽的活力及发芽率基本没有影响。

③ 氢氧化钠中和。用氢氧化钠中和棉籽，虽然用量较少，但其价格高于氨水，增加了加工成本。另外碱液中和反应生成物为硫酸钠结晶，附着在中和后的光籽表面上并呈白色状，棉籽色泽较差。这样不仅影响棉籽的外观质量，而且在种子储存过程中，随着气温的升高，易吸水，导致棉籽水分升高，对棉籽的贮藏造成不利影响。因此氢氧化钠中和适宜在北方较为干燥的地区使用。

④ 碳酸钙中和。用于中和的碳酸钙为粉末状，纯度为 98%。用量为 5.5～6.5 kg/t 光籽。

5）测定残酸含量。

为了正确做好残酸中和，需要及时测量棉籽的残酸含量。目前常用检验残酸率的方法有两种：pH 滴定法和硼砂滴定法。其测电方法如下。

① pH 滴定法。pH 滴定的具体做法是在成品棉籽中随机取样 3 次，每次 50 粒种子，称重求得子指（g），再置入三角瓶内，加入 100 mL 蒸馏水，加盖后用力振摇，置于 30 ℃的恒温箱中浸 30 min，然后取出再振摇均匀，静止后用酸度计测出溶液的 pH 值，按下列公式即可计算出种子的残酸率

$$种子残酸率=980/（10pH\times 子指）\times 100\%$$

上述测定方法应注意以下几点：

a. 浸泡时种子与蒸馏水必须按 1 g 种子加 2 mL 蒸馏水的比例，否则浸泡不完全。浸泡时间及温度也必须按上述要求进行，时间过长种子内含物质外渗，会使 pH 值提高，干扰测定结果的准确性。

b. 使用的酸度计必须准确到小数点后第二位。如果采用普通 pH 试纸，本身太粗又是目测，不可能得到准确的结果。

c. 此法与 EDTA 络合滴定法不同，测定的不是 SO_3^{2-}而是 H^+离子，所以无须顾及种子内的硫酸根含量。根据测定计算，当泡沫酸脱绒种子浸出液的 pH 值在 2.82～2.90 之间时，其残酸含量才不至于超过 0.15%，具体要视种子子粒大小而定。

② 硼砂滴定法。硼砂是由强碱、弱酸组成的一种盐，可以用来中和酸。以溴甲酚绿与甲基红的混合液为指示剂，它在酸性溶液中呈红色，在碱性溶液中呈绿色，滴定的等当点较易掌握。具体做法是随机取 50 粒种子，置于三角瓶内，加入 100 mL 50℃的蒸馏水，加盖后用力摇晃 2 min，然后取浸提液 50 mL，放置于另一个三角瓶内，加入 3 滴指示剂。溶液呈红色然后进行滴定，使溶液颜色由红变无色，再滴至微绿色，达到等当点（pH 值 5.5），然后记下滴定毫升数，按下列公式即可计算出种子残酸率：

$$种子残酸率=2\times 0.098\times 滴定毫升数/50 粒种子质量\times 100\%$$

6）精选和包衣。

通过风筛清选机和重力式精选机两道工序，对中和后的光籽进行精选，将其中的杂质、灰尘和未成熟、破损、瘪籽等清除干净，选出成熟度好、整齐度一致、健籽率和发芽率较高的种子，然后采用包衣机进行包衣，最后根据种子商品化要求进行计量包装。

脱绒包衣后的成品种子要达到以下质量指标：残酸量≤0.15%，残绒量≤0.2%，破籽率≤7%，含水率≤12%，净度≥99%，发芽率不低于脱绒前（一般要求≥80%），包衣合格率≥90%，种衣牢固度≥99.65%。

7）停机时种子的处理。

生产加工期间因停电或机器故障被迫停机时，应及时关闭热源，打开烘干机及摩擦机的各个进出风口阀门，让滚筒内的温度迅速下降。待来电后及时清出滚筒内的棉种，并单独存放，经过取样、检验后根据结果决定取舍。

8）计量故障。

计量系统的故障具有隐蔽性而往往不易察觉。计量故障主要有如下三种。①酸液流量计球阀被卡死。预防这种故障，生产中应防止杂物掉入配酸槽中，要经常检查流量计中的球阀是否晃动，若其被卡死须立即拆开并进行清理。常用的方法是卸下流量计底部的塑料阀兰，向玻璃管内注入高压空气冲洗即可。②棉籽计量仓出口被堵塞。预防的办法是喂料工作人员要将棉籽中的杂物清除干净。③中和器故障。造成中和器故障的原因可能是铁锤滑落造成进种子量减少；碱勺脱落导致供碱液量降低，灰绒等杂物堵塞筛状液柱，使定量供给的碱液部分回流至碱槽内，导致供碱量减少，棉籽不能完全被中和。预防中和器发生故障的方法是经常检查计量铁锤和碱勺是否松动。

9）棉种质量控制。

棉籽脱绒前要测定毛籽的短绒量，根据短绒量和设备生产能力配制泡沫酸液和碱液。设定棉籽、泡沫酸和碱液的供给量，随时检测光籽的残酸量和残绒量，根据实际情况随时进行调节，将结果及时反馈给当班负责人。一般生产中每隔 2 h 要测定一次光籽残酸率，依据检测结果检查各环节的运行状态。同时要注意对成品包衣种子品质指标的检测，不达标的种子不能入库和销售。

10）密封故障。

烘干滚筒两端连接处、籽绒分离箱、吸尘管道等处的密封部位，由于长时间遭受高温的烘烤、摩擦碰撞和酸气的腐蚀，易损坏造成漏风，导致滚筒内部分风量短路，不能及时、快速地把热源处的热量送到滚筒内，虽然滚筒进口温度很高，但筒内温度却达不到要求，棉籽表面上酸解的短绒得不到充分干燥碳化，难以脱落。因此要求每个年度生产前将这些部位陈旧的密封件全部更换。

3. 机械脱绒

（1）工艺流程

刷轮式棉种脱绒机是以高速旋转的柔性钢丝刷轮辊及与其配合的带有条形孔的筛状筒形腔壳对毛籽上的短绒施加撕刷、搓刷、摩擦作用和种子间相互摩擦而剥脱棉籽表面短绒，加工出符合机械播种的棉籽。脱下的短绒经过筛网筒上的长孔由风机吹出，经过除尘设备收集起来，从而大大减少了短绒及灰尘向加工车间及外部环境的扩散，保持良好的工作环境，回收的短绒可以继续利用。脱掉短绒的光籽由出料口排出，再经过风筛选、比重选和包衣等处理，即可获得脱绒包衣的种子。工艺流程如图 1-2-71 所示。

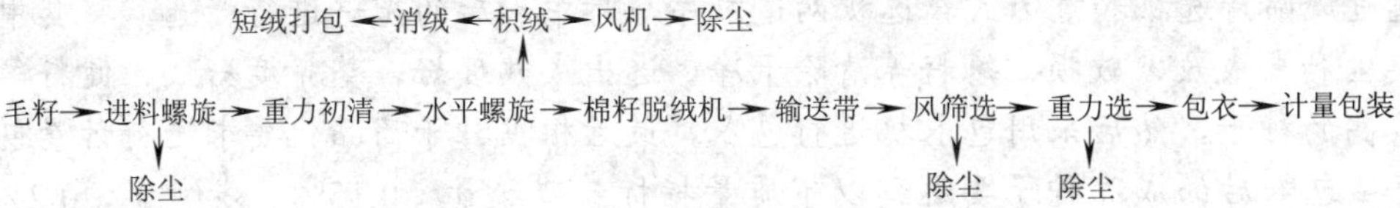

图 1-2-71　刷轮式棉种脱绒工艺流程

（2）性能和技术指标

刷轮式棉种脱绒机操作简便易掌握，性能稳定，加工质量直观易调控，无药染，短绒可以回收利用，资源利用率高，加工过程中若遇停电、清机等也不会造成种子浪费。

生产率：500 kg/h（单机）。

加工后棉种残绒率：≤1%。

棉籽破损增加率：≤5%。

（3）综合评价

刷轮式棉种脱绒机不仅设备投资小，而且毛籽短绒得以收集利用，可以获得较高的经济效益。

钢刷脱绒也存在自身的不足，主要表现在以下几个方面。

1）生产率较低。泡沫酸脱绒和稀硫酸脱绒设备的生产率可以达到 1～5 t/h，目前，钢刷脱绒机械的生产率一般在 500 kg/h 左右，远远低于化学脱绒设备。因此钢刷脱绒比较适合一些中小型棉种加工企业。

2）残绒率偏高。采用钢刷脱绒后的种子残绒率往往在 1%～3%之间，虽然通过调试可以使残绒率降到 1%以下，但种子的破损率也会相应提高。

3）对种子表皮会有不同程度的损伤。棉种加工过程中，由于机械压力和反复摩擦，易造成种子种皮破裂、脱落以及半粒，特别是成熟度差或种皮薄的棉种更容易受到损伤。

五、MPT 型泡沫酸脱绒成套设备

MPT 型泡沫酸脱绒成套设备工艺流程图和设备布置方案图分别如图 1-2-72 和图 1-2-73 所示。毛籽经过计量后，利用气流输送到旋风分离器，通过阻风阀进入种子酸处理机，同时泡沫酸经供酸泵、流量计供给泡沫发生器，产生泡沫洒注在酸处理机内的毛棉籽上，经过搅拌、湿润，然后送入烘干系统中的旋转滚筒。滚筒中的气流是经过第一热交换器、电加热器与空气交换产生的（或电热风炉直接供给的）140～160 ℃的热空气。湿棉籽在烘干滚筒内与热空气混合，水分被蒸发，使棉籽表面硫酸浓度增高，短绒脆化，经抄板翻搅和摩擦，脱掉部分短绒，到达出口时，气流温度为 50℃左右，脱掉的短绒和棉籽经过绒籽分离箱分离，短绒随气流进入集尘室，棉籽经过第一台斗式提升机提升进入摩擦滚筒。在第二热交换器中与空气交换产生的（或电热风炉直接供给的）65～75℃的热空气进入摩擦滚筒，继续对棉籽进行干燥和摩擦，使棉籽表面的短绒全部脱落，成为光籽，然后由第二台斗式提升机送至种子残酸中和器，用浓度为 13%的氨水（或 17%的氢氧化钠水溶液）进行中和，使光籽表面残酸含量小于 0.15%。中和后的光籽送至风筛清选机和重力清选机内，清除杂质、破籽、大粒籽、瘦粒籽和瘪籽。经过精选的种子进入包衣机或装袋称重入库。

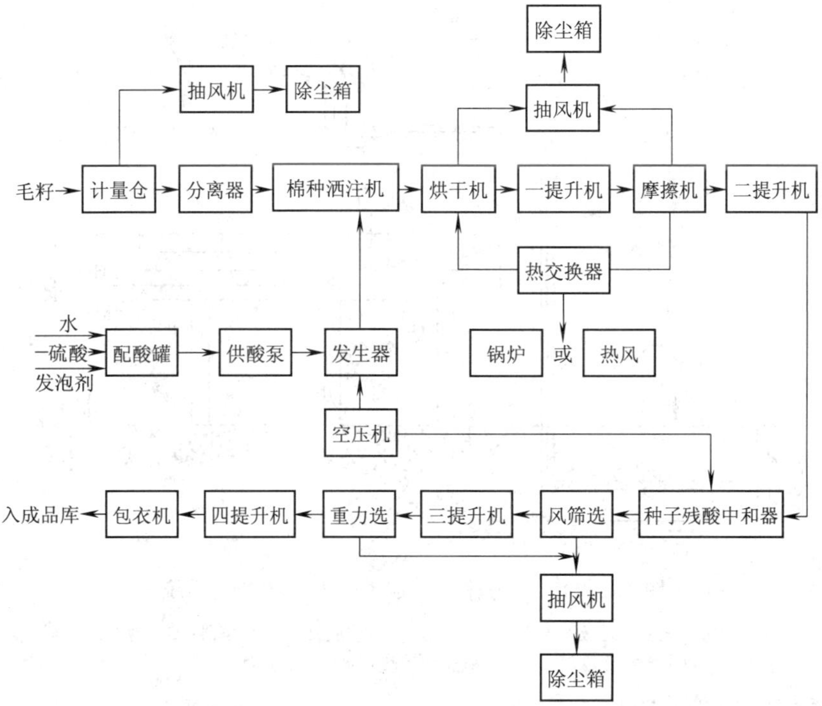

图 1-2-72　MPT 型泡沫酸脱绒成套设备工艺流程图

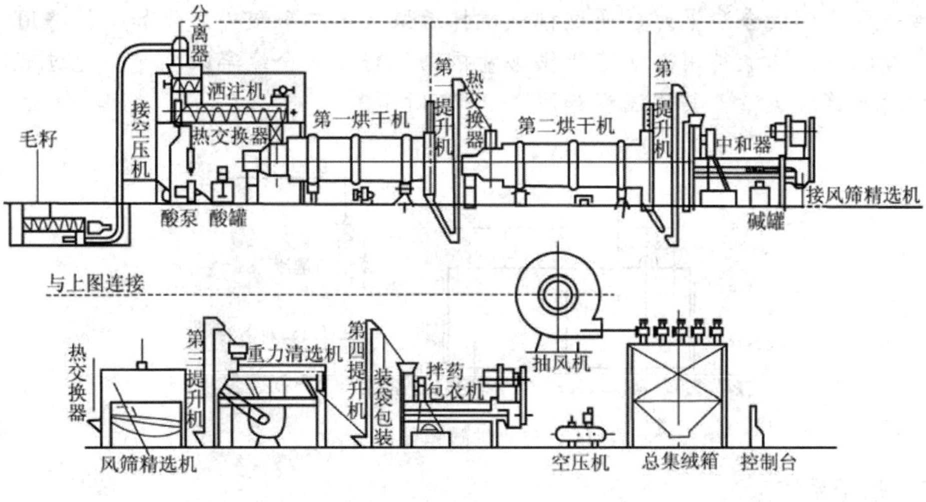

图 1-2-73　MPT 型泡沫酸脱绒成套设备布置方案图

（一）风力输送、定量喂入、酸处理系统

该系统采用负压输送方式，将料斗内的毛籽经过螺旋计量，由气流输送到毛籽分离器，经阻风阀进入酸处理机；酸处理机将毛籽与同时进入的泡沫酸进行充分搅拌混合，

再连续、均匀地输送给烘干机。毛籽供给量根据毛籽的含绒率和棉花品种，通过调节无级变速器控制螺旋转速来调整。具体过程如图 1-2-74 所示。

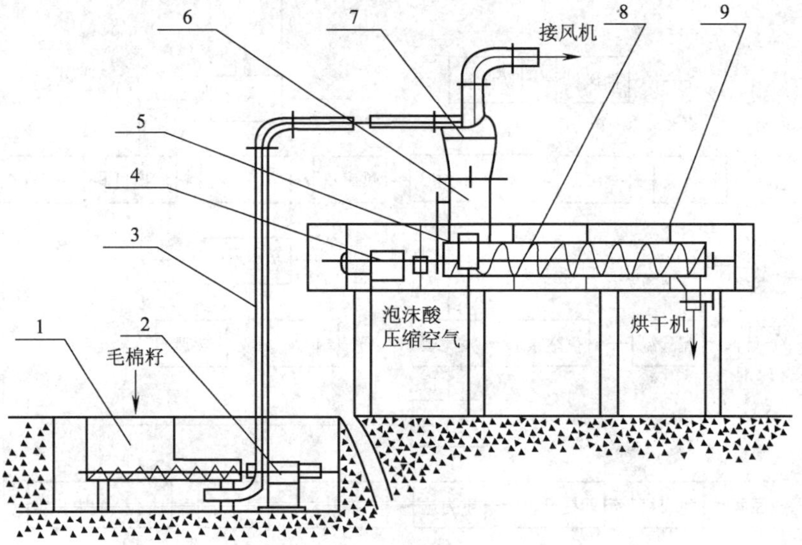

图 1-2-74　风力输送、定量喂入、酸处理系统图

1—喂料斗；2—计量无级变速器；3—输送管；4—酸处理机变速器；5—泡沫发生器；6—阻风阀；7—毛籽分离器；8—种子酸处理机；9—操作平台

（二）泡沫酸供给系统

该系统由空气压缩机、两个酸槽和两个供酸泵组成。在第一个酸槽内将硫酸、发泡剂、水按一定比例混合配置好，通过机械搅拌后泵入第二个酸槽内供加工棉籽用。第一酸槽可继续配置泡沫酸待用。泡沫酸供给量根据供籽量和含绒率来确定，通过节流阀调节流量计的泡沫酸流量。具体流程如图 1-2-75 所示。

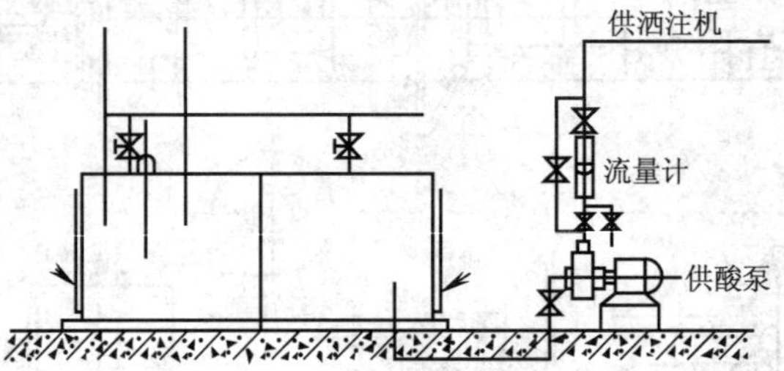

图 1-2-75　供酸系统流程图

（三）烘干系统

该系统由烘干滚筒（热交换器、电加热器）、籽绒分离箱等组成。烘干滚筒装配在可调托架上，生产过程中根据种子表面的水分和脱绒情况，通过升降机构来调节托架的倾角，使毛籽表面的水分由 20%～24%下降到 12%，达到稀硫酸浓缩、短绒碳化的目的，可以脱掉毛籽表面 30%～40%的短绒。结构流程如图 1-2-76 所示。

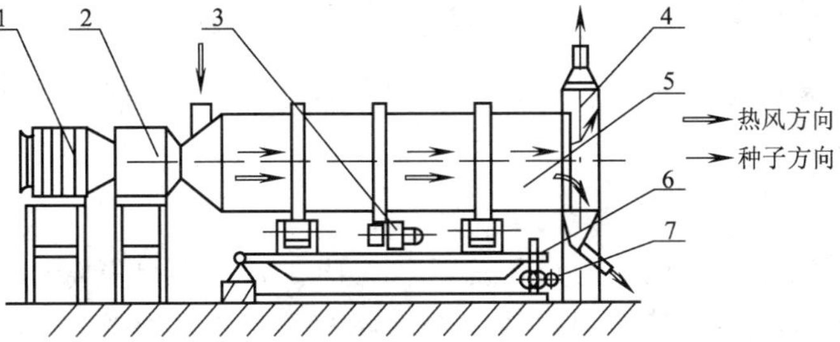

图 1-2-76　烘干系统结构与流程图

1—蒸汽换热器；2—电加热器；3—减速器；4—籽绒分离箱；5—烘干滚筒；6—活动可调机架；7—升降机构

（四）摩擦系统

该系统由摩擦机、第二热交换器及籽绒分离箱等组成，作用是对经过干燥的种子继续干燥和摩擦，使种子的脱绒率达到 93%，水分达到 12%以下，摩擦机进口温度控制在 75 ℃左右，出口温度控制在 50 ℃左右，摩擦机出口的种子温度小于48 ℃。摩擦机结构与烘干系统相似。

（五）种子残酸中和系统

中和系统主要由中和机对脱绒后光籽表面的残酸进行中和，中和溶液是浓度为 13%的氨水（或 17%的氢氧化钠水溶液），氨水由配置槽通过供液泵送入供液器，由空压机压缩空气将其喷洒到光籽的表面上，经齿杆均匀搅拌，使中和后种子的残酸含量降至 0.15%以下，水分小于 12%。中和溶液供给量可以根据光籽残酸含量，调节配重铁或供药勺，以达到最佳的中和效果。具体结构如图 1-2-77 所示。

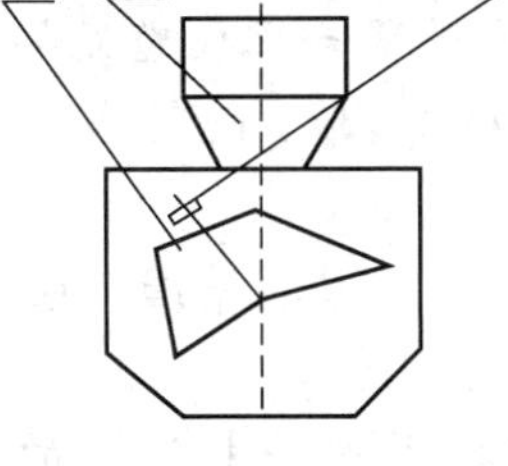

图 1-2-77　种子残酸中和器简图

1—称重斗；2—喂料斗；3—可调配重铁

（六）精选包衣系统

具体参见精选包衣系统中的有关章节。

（七）供热系统

供热系统采用蒸汽锅炉与热交换器配合，通过汽—汽换热方式，为烘干、摩擦系统提供热源。锅炉产生的蒸汽经过分汽缸分别送往第一热交换器和第二热交换器，对流经热交换器的冷空气实施加热。电加热装置主要用于调节补偿蒸汽温度的不足。供热系统也可以采用 RF 125—200/0.55 型自动燃煤热风炉供热。

（八）电器控制系统

电器控制系统是由电器控制柜和操作台组成的电控系统，它可对成套设备中的所有机器实施操作控制。

（九）除尘系统

除尘系统由送风管道、调节阀门、通风机、除尘器、集绒箱等组成，主要用于车间内的通风除尘和短绒收集，使车间内粉尘含量指标符合国家标准。

附件 2-5　泡沫酸脱绒工艺操作规程

棉籽泡沫酸脱绒加工是一个涉及变量较多的较复杂的加工过程。棉籽在整个过程中，一方面要受到硫酸、热空气、碳酸钙、种衣剂等的作用和影响，还要经过输送、搅拌、摩擦、筛选等物理过程。为了确保最终产品的质量，就要对整个加工过程实行全面质量管理，使整个加工过程中的各个环节都处于受控状态，即通过各系统稳定的工作状态来满足棉种加工的特殊要求。

一、进料计量系统操作规程

（一）进料、计量系统岗位责任制

1）熟练掌握本系统的设备组成、工作原理、操作方法、开停顺序等，认真阅读各设备的使用说明书。

2）熟练掌握罗茨风机及喂料系统的工作原理，能根据实际生产量及时开停设备。

3）熟练掌握计量仓无级变频调速器的操作方法，并能根据毛籽含绒率，熟练进行生产率的调整与测定。注意，生产过程一旦调整完毕，不准随意调节。

4）注意观察计量仓中的料位视镜玻璃，随时决定进料系统的开停，为下道工序提供连续、准确的毛籽输送量。

5）注意接收仓的毛籽中不能含有石块、草绳、包装袋等异物，防止人为造成堵塞等故障。

6）注意操作环境的清洁卫生，及时清扫地上的棉籽，防止人为踏伤、机械碾碎棉籽。

7）在生产过程中要巡视、检查设备的运行状况，并做好记录。

8）在生产过程中注意观察除尘系统的工作状况，对积聚的灰尘、废绒进行及时清理，防止造成输送系统的堵塞。

9）更换品种前应对设备内部与周边进行认真清理，要特别注意对设备死角的清理，防止造成品种混杂。

（二）开车前的准备工作

1）开车前应仔细检查有无影响安全的因素存在，如检修人员是否撤离，检修工具、材料等是否遗漏，螺栓是否坚固等。

2）所有润滑点是否已按要求加润滑油，有关设备是否已按要求加入润滑机油。

3）开车前必须先鸣铃警告三声，确认安全后方可按顺序启动电机。

4）空车检查设备有无卡死、碰撞现象。开车检查设备转向是否正确，并根据实际需要加以调整。

（三）生产率调整与测定

生产率是由计量仓输出螺旋的转速高低进行容积式计量来确定的。不同品种、不同含绒量的毛籽，其容重也会有所不同。因此应根据物料分别进行生产率的调整和测定，并以此数据指导生产。计量仓输出螺旋的转速要通过变频调速器进行控制和调整。对于不同品种和不同含绒量的棉籽应先进行喂料试验，找出额定转数。根据经验在进料量为 2 t/h 的情况下，转数一般为 15～20 r/min（棉籽绒量为 8%～13%），以这个转速为基准参考值进行调整，测出实际输送量的转速，从而为准确指导下一步的生产提供条件。

转速与产量之间关系测定的具体操作方法是：①向计量仓输入一定数量的毛籽（在调试过程中始终能覆盖输送螺旋，最好为满仓测试，因料位高度不一样，产生的压力不一样，对输送量也会产生影响）。②将注施机出口与干燥机进口之间的连接管卸下，用布袋或编织袋在注施机出口处接取毛籽。③调整计量仓变频器的频率，根据不同频率来测定输送螺旋转速。④启动注施机和计量仓，待毛籽从注施机出口正常流出后，开始计时和重新接取棉籽，并测计量仓螺旋，以 3 min 的接取量为 1 次试验，取 3 次试验的平均值，换算出生产率。如不符合要求可以调整变频器频率来调整计量仓螺旋转速并重复上述过程，直至达到要求为止。

（四）进料系统操作程序

1）进料系统的开机顺序。鸣铃三声警告—喂料除尘风机—罗茨风机—接收仓喂料装置。

2）进料系统的停车顺序。停车顺序与开机顺序正好相反。由于计量仓具有一定的贮藏量，并且进料系统的输送量大于加工设备。因此车间操作人员应注意观察计量仓的料位视镜玻璃，当物料达到一定高度料位时，要停止进料。随时注意进料或停机。

二、泡沫酸系统操作规程

（一）岗位责任制

1）熟练掌握泡沫酸系统的设备组成、工作顺序及操作方法。

2）熟练掌握计量泵、气泵的操作方法，并能根据棉籽含绒率、酸度表的指示值确定硫酸、发泡剂混合液及水的用量。

3）掌握浓硫酸及发泡剂的物理化学性质。根据有关规定搬运或配置酸的过程中必须穿防护服装，做到安全操作。

4）根据检测人员提供的棉籽含绒量，能够准确确定泡沫溶液消耗量，为下道工序奠定基础。

5）正常工作过程中每 2 h 记录一次泡沫酸系统的工作状态，每次整理工艺参数时都要进行相应记录。

6）在生产过程中，定期巡视、检查设备的运行状况，并作好记录。

7）每班生产结束或发生机械故障需要停机时，操作人员用清水多次冲洗酸处理器内外，清理注施机中的棉绒、草绳等异物，减少停机期间余酸对设备的腐蚀，延长设备的使用寿命。

（二）开车前的准备工作

1）检查所有螺栓是否坚固，尤其是检查注施机内搅拌轴与轴头之间的螺栓是否拧紧，搅拌叶片与外壳之间不能产生接触摩擦，以防破坏防腐层。

2）检查注施机、空压机气站、计量泵、齿轮箱等是否按要求注入机油，轴承是否有油润滑。

3）检查注施机链条的松紧程度是否符合要求、泡沫发生器气压是否符合要求等。

4）对计量泵、注施机分别进行手动盘车，应自然灵活，无卡死、碰撞现象。

5）检查硫酸罐、发泡剂罐（或混合罐）的原料是否能满足当班生产，并将罐口处的阀门打开，开启酸系统排放阀。

（三）工艺参数的调整

在泡沫酸系统中硫酸的作用是碳化棉短绒，水和发泡剂用来携带酸，增大单位重量浓硫酸的容积，使其与短绒均匀浸透，受到硫酸的作用，起到脱绒目的。因此三者用量都与棉籽含绒量有关，含绒量越高，三者用量均增加。一般来说，酸绒比为 1:4.5 左右，即 1 kg 浓度为 96%～98%的硫酸可掉 4.5 kg 左右的短绒。酸水比为 1:10 左右，即 1 kg 浓度为 96%～98%的硫酸加 10 kg 左右的水稀释。发泡剂主要起产生泡沫、增加酸液渗透能力和增大表面积的作用，在一定范围内差异并不显著，一般处理 1 t 毛籽用量为 2 kg（为发泡剂 1:3 稀释后用量）。当毛籽含绒量超过 8%或脱绒率下降时应适当增加发泡剂用量。总的控制目标是在注施机内棉短绒被均匀浸透而没有多余水分，在摩擦机出口观察毛籽被磨光且表皮呈棕红色为最佳。如摩擦机出口毛籽表面仍有较多残绒，并用手指即能刮掉，说明烘干和摩擦温度不够；如刮不掉，则为酸和水用量不够，此时应适当增加硫酸和水的用量以达到要求的脱绒效果。

1. 浓硫酸的计量

以直接混合式为例。当棉籽含绒率为 $a\%$时，根据酸绒比 1:4.5 则硫酸用量为

$$Q=P\times(100\times a\%/4.5)$$

式中　Q—— 用酸总量；

　　　P——棉种数量。

此式表明硫酸用量是随着毛籽含绒率的变化而改变的。

2. 浓硫酸和发泡剂计量方法

由于我国的液体流量计都是以水作为标定介质的，因此对于硫酸和发泡剂（或发泡剂与水混合液）等比重、黏度均与水有较大差别的介质其实际流量值与流量计刻度标定值是有较大差别的，并且由于各地加工时的环境、温度不同，黏度也会有所变化而使流量计显示值发生变化。因此酸系统中硫酸和发泡剂（或发泡剂与水的混合液）的精确计量，应通过调整酸泵流量来完成，生产过程中以酸泵流量作为基准，流量计刻度作为参考。

采用浓硫酸、水和发泡剂直接混合的工艺，浓硫酸和发泡剂混合液的计量是靠计量泵手柄来调整泵流量，并通过实际测量来确定手柄调整位置。

计量泵是一种精密的隔膜式计量泵，靠隔膜的开闭来输送液体介质，而隔膜的开启程度是可调的，因此泵的输送量是可变的，这要在生产前进行测定调整。

浓硫酸和发泡剂计量的具体步骤如下。

第一步：将浓硫酸罐阀门打开，将酸泵进出口阀门全部打开，并将出口管道拆下来，便于容器盛接。

第二步：将浓硫酸计量泵调整手柄调定到一个位置，一般为整个调整行程的 1/3～1/2 处，准备进行计量。

第三步：备好 500 mL 的烧杯或量杯若干，置于计量泵出口处，准备接浓硫酸。

第四步：启动计量泵，将浓硫酸泵出，此时要特别注意安全，防止酸液溅出。待泵工作正常后，开始计时并更换烧杯，以接取 3 min 为一次试验，以 3 次重复平均值为一个参数。适当调整手柄位置后进行重新测试，并将测试结果填入浓硫酸、发泡剂混合液测试表（见表 1-2-20）。

第五步：各组参数测试完成后，将泵出口管道重新接好，完成测试过程。

第六步：对于发泡剂的测试过程与上述浓硫酸的测试过程基本相同，不同的地方是首先将发泡剂与水按 1:3 的比例配制好后，置入发泡剂预混箱后，再进行测试工作。

表 1-2-20　浓硫酸、发泡剂混合液测试表

序号	浓硫酸										发泡剂									
	泵刻度	流量计刻度	分钟泵送量（kg）				小时泵送量（kg）				泵刻度	流量计刻度	分钟泵送量（kg）				小时泵送量（kg）			
			1	2	3		1	2	3	平均			1	2	3		1	2	3	平均

3. 泡沫酸系统的试压与试漏

泡沫酸系统用于计量输送硫酸、水和发泡剂并产生泡沫酸，管道及元件要承受一定的工作压力（0.05～0.1 MPa），不允许有泄漏现象。因此在试车生产前必须进行认真检查。检查的内容是各法兰接头处是否紧固，管道粘接口是否牢固、密封、可靠，各阀门连接是否正确。在上述检查完毕后，用水进行试压。先将排放阀关闭，将水流量调至 150～200 L/h，分别对各个管道进行试压可以发现系统中有无泄漏现象。

4. 发泡器所需压力的调整

如果采用的气源为集中建站（气站的具体操作请查看气站使用说明书），可以从气站引来一根高压气管作为泡沫酸发生器所需的气源，管上装有阀门和调压装置，将压力调至 0.1 MPa 即能满足发泡器所需用的压力。

（四）操作程序

1）将发泡剂与水按1:3的比例，在预混箱中预配，充分搅拌，混合均匀，确定发泡剂的流量计参数。

2）确定浓硫酸的流量计参数、自来水的流量计参数和发泡器气源的工作压力。

3）将烘干机、摩擦机按规程预热20 min后，启动酸处理器（注施机），再启动泡沫酸供应系统。

4）打开浓硫酸计量泵、自来水管、发泡剂计量泵和发泡器气源管道进出阀门（按确定好的流量计参数调整阀门大小），依顺序启动电机。

5）以酸度计上的显示值为依据调整流量计数值。

6）泡沫酸系统启动约1 min后，启动计量仓计量螺旋，开始进料。

7）在生产过程中要注意酸度计上的指示值是否稳定，注施机中的棉籽是否充分浸透，有无多余的酸液。如发现问题随时调整泡沫酸的供应量。

8）注意检查注施机轴上有无过多的棉绒、草绳等异物缠绕；若轴上缠绕异物较多，则停止计量仓供料和注施机，迅速清除掉杂物，以提高注施机搅拌的均匀性，减少轴负荷。随后要立即启动注施机和计量仓供料，以实现连续生产。

注意：这种操作时间不能太长，否则会影响种子质量。同时要注意烘干机滚筒因断料而造成出口空气温度升高，随时注意调整。

三、脱绒系统操作规程

（一）脱绒系统的岗位责任制

1）根据毛籽含绒率确定干燥机、摩擦机的工艺参数，根据摩擦机出口的种子状态进行脱绒系统工艺参数的调整。

2）执行工艺技术参数，特别是对烘干机进口风压、各滚筒出口种子温度进行认真记录和观察，发现异常及时处理。

每半小时监测记录1次摩擦机种子出口温度，原则上种子温度应控制在48 ℃以下，否则要降低进口温度或减少种子在机内的停留时间。每2 h要监测1次种子的残酸含量并进行相应处理。

3）生产过程中对本系统的设备进行巡检，做好记录；每次调整工艺参数后都要进行相应记录。

4）协助配合上下道工序的操作，并根据实际情况，调整本系统内的设备运行。

5）更换品种时，应及时清理滚筒中、地坑和提升机等设备残留的棉种，防止品种混杂。

6）生产结束后要清理附着在滚筒内壁上碳化的棉绒块，减少腐蚀，延长设备使用寿命。

7）保持工作环境的清洁卫生，严禁在车间或粉尘间吸烟或明火作业，防止发生粉尘、液化气爆炸，做到文明、安全生产。

（二）开车前的准备工作及注意事项

1）检查所有螺栓是否紧固，空转时有无异常响声。

2）烘干机、摩擦机、减速机和顶升器中是否加注足量的润滑油，链条是否有润滑油；

承重托轮、定位轮表面是否有机油润滑，设备转向是否正确。

3）检查除尘风机轴承是否已加油润滑。传动 V 带的松紧度是否合适，V 带是否断裂，如有问题应及时调整并更换，做好记录。

4）检查除尘风机的风门开度是否合适。要求烘干机进口风压为 490～686 Pa（50～70 mmH_2O），摩擦机进口风压为 392～588 Pa（40～60 mmH_2O）。在生产过程中也必须保持这个风压数值，否则要及时检查调整。

5）检查其他设备的润滑状况，斗式提升机皮带松紧度是否正常等。

6）检查烘干机和摩擦机出口高度是否已按要求调整好。一般烘干机口高度为 100～120 mm，摩擦机出口高度是 110～150 mm。正常生产时种子在烘干机中滞留时间小于 15 min，种子在摩擦机中滞留时间小于 25 min。

7）如果烘干系统热源采用燃气加热装置，应首先检查燃烧器接口是否正确；排掉液化气管道中的空气与杂质，并按要求调整好燃烧器进口压力（0.35 kg/cm^2）。

8）检查废绒打包设备及包装材料是否准备就绪，然后开始工作。

（三）操作程序

1. 开车顺序及操作

开启干燥机、摩擦机相应的燃烧器进气阀门（应在开车前调整好工作压力），启动干燥风机和摩擦风机，将风机风门按烘干机进口风压为 490～686 Pa（50～70 mmH_2O）、摩擦机进口风压为 392～588 Pa（40～60 mmH_2O）进行调整，对两滚筒进行预热。使干燥机进口热空气温度为 180～220 ℃、摩擦机进口热空气温度为 100～150 ℃，预热时间一般为 15～20 min.

两个滚筒预热完毕后，开启泡沫酸系统，再启动计量仓，开始投料生产。1#、2#斗式提升机，15 min 左右干燥机开始出料。此时排出的物料大部分是成熟度较差的种子，流动性较差，应密切注意出料情况，防止 1#提升机进料口堵塞。投料约 40 min 后摩擦机开始出料，开始时多为空壳籽和尚未脱净籽，应将此部分子粒直接排出，以免堵塞后续设备。

加工过程中要定时检查烘干机、摩擦机进口风压、进出口空气温度和摩擦口种子温度及脱绒状态。一般情况下应达到在烘干机内基本蒸发掉棉籽表面短绒的水分，并去掉部分短绒，在摩擦机内脱掉全部短绒，并磨光棉籽表面。预达到此要求，干燥机进口温度应为 180～220 ℃，出口温度为 55～60 ℃，机进口空气温度与烘干机出口棉籽状态有关，如果烘干机出口棉籽上有水分尚未全部蒸发，则摩擦机进口温度需提高，反之应降低，一般为 100～150 ℃，此时摩擦机出口空气温度为 38～40 ℃，最高不能超过 50 ℃。烘干机、摩擦机的出口高度控制棉籽在滚筒内的停留时间，如棉籽水偏高、含绒量高，应提高出口高度，以延长干燥时间，满足脱绒要求；反之，可以适当降低出口高度，提高生产率或减轻设备负荷。一般烘干机出口高度为 100～120 mm，摩擦机出口高度为 110～150 mm。同时种子温度与其在干燥机、摩擦机内的停留时间有关，一般来说种子在烘干机内的停留时间小于 15 min，种子在摩擦机停留时间小于 25 min。在正常生产过程中应严格控制烘干机出口种子温度低于 50 ℃，摩擦机出口种子温度低于 48 ℃。总之对工艺参数的调整，必须严格按照“进口温度为参考，出口温度为依据，种子温度最重要”的原则执行。

2. 停车顺序及操作

系统停止进料后烘干机内的棉籽会越来越少，所需要的热量也越来越少，因此当注施机中的棉籽全部进入烘干机后，应逐渐减低烘干机燃烧器的温度，同时要逐渐降低烘干机出口高度。但要注意每次降幅不能超过 20 mm，每隔 5 min 降一次，直至滚筒出口高度降至−150 mm 位置，再经过约 5 min 左右的运转，烘干机中的棉籽就会全部排出。在排料的整个过程中，以烘干机出口空气温度标准为主要依据，逐渐降低进口空气温度，约 10 min 后，关闭烘干机燃烧器，然后关闭烘干机风机及 1#提升机，将烘干滚筒升至水平位置。

摩擦机的停车顺序及操作过程与烘干机的过程相同。

经常检查系统中烘干、摩擦风机的运行状况，如果发现风机振动，应及时关闭风机，迅速清理风机叶片上黏附的短线，然后开启风机，保证系统正常工作。

另外，若非正常停机，尽可能不要关闭风机，待滚筒内种子温度迅速下降后，再停有关设备。若是突然停电造成停机的，应打开滚筒出料箱的孔门，使滚筒内热空气排出，并将滚筒内的棉种单独处理。

四、精选系统的操作规程

（一）岗位责任制

1）掌握风筛清选机、重力式清选机的操作及调整方法，并能根据光籽品种的特征、特性确定风筛清选机筛片尺寸参数，根据精选效果进行精选系统技术参数的调整。

2）生产过程中对本系统的设备进行认真巡检，并做好记录。

3）每 2 h 对本系统的工作情况做一次记录，每次调整工艺参数后都要做相应记录。

4）更换品种时应及时清理风筛清选机筛片、重力式清选机台面以及地坑、提升机等设备中残留的棉种，防止品种混杂。

5）保持工作环境的清洁卫生，严禁在车间或粉尘间吸烟或明火作业，防止发生粉尘火灾或燃烧器爆炸，做到文明、安全生产。

6）定时检查、清理除尘器及杂质仓中的收集物，确保生产顺利进行。

（二）开车前的准备工作及注意事项

1）根据种子状况，确定风筛清选机筛片形状与尺寸，并安装好。

2）检查所有螺栓是否紧固。

3）检查所有润滑点、减速机、风机等是否按要求加油润滑。

4）传动皮带及斗式提升机传动带松紧度是否合适。

5）对风筛清选机、重力式清选机、斗式提升机、风机、除尘排杂等要进行手动盘车试摇，确保自然灵活，无卡死、碰撞现象。

6）检查杂物收集、除尘器排杂口等是否连接接料袋。

（三）精选系统的关键调整

1. 风筛清选机筛片及风道风门大小的选择原则

风筛清选机主要是根据种子的几何尺寸与杂质的区别，利用风选除去灰尘、轻杂及瘪籽等，利用不同形状和尺寸的筛片进行选种。筛选光籽时主要利用中筛和下筛。中筛筛孔尺寸应小于大杂和较大的、残绒较多的种子并使它们留在筛片上，大于其他部分的种子，使它们能顺利通过筛孔。下筛筛孔尺寸的选择应使所得到的合格种子大于筛孔，破籽、小籽、小杂等能通过筛孔。一般情况下，中筛用圆孔筛，筛孔直径为 7 mm、7.5 mm、8 mm，下筛用长孔筛，孔长为 19 mm，孔宽为 3.175 mm、3.373 mm、3.57 mm。风道中风门的开度大小应以合格种子中无轻杂、风道排杂口处无好种子为宜。经过风筛清选机选过的种子，外形尺寸基本均匀一致。

2. 重力式清选机风机风量、振动频率及台面倾角的调整

重力式清选机是按种子比重的差异对种子实施精选的，目的是淘汰混在种子中的秕籽和不成熟籽，得到饱满健壮的优质种子。风机主要是使种子通过风的作用在台面上分层，轻籽浮上，好籽沉下。因此风量的大小应使筛面上种子既能达到分层效果，又不致使筛面上的种子“沸腾”。如果台面上种子不能分层，说明风量太小；出现“沸腾”说明，风量过大。台面振动频率越高，生产率越高；台面振动频率过低，台面上的种子整体移动缓慢，不能使轻、重种子分离，导致种子在台面上堆积。台面倾角与种子物理特性有关，由于棉花种子比重差异较大，在作业过程中应尽量选用较大的倾角，调整好后，种子应布满台面，在分层区（即进料口周围区域）台面上应有一定厚度的种子，并在台面的后半部呈现出明显的分离区，台面最高处排料口的种子比重最大，依次类推，最低处排料口排出的即为秕籽和不成熟光籽，中间部分出口的为好次混合光籽，通过提升机将其返回重选。这样就能保证获得最好的种子，淘汰最次的秕籽。

（四）操作程序

开启杂籽收集系统及通风除尘系统后，启动各相关提升机，再启动风筛清选机进行种子清选，清除瘪籽和未脱净籽，得到尺寸基本均匀一致的光籽，清选后的种子经斗式提升机提升，进入重力式清选机进行重力分选，淘汰秕籽，得到饱满健壮的好种子，这部分种子经过提升机提升，进入包衣和包装系统。

五、中和、包衣、包装系统操作规程

（一）中和、包衣、包装岗位责任制

1）熟练掌握种子中和、包衣的技术要求，并能根据不同的种子情况，确定种衣剂、碳酸钙和水的比例，注意混合液的搅拌，防止沉淀。根据种子的中和与包衣效果进行技术参数的调整和记录。

2）熟练掌握计量包装秤的工作原理及各部分参数的调整，认真检查包装物与品种的对应及防伪标签等是否完整。

3）在生产过程中对本系统的设备进行巡检，并做好记录。

4）每 2 h 对本系统的工作情况做 1 次记录，每次调整工艺参数后都要作出相应记录。

5）更换品种时，应及时清理中和机、包衣机、地坑、料仓、地面、提升机、包装秤等设备中残留的棉种，防止品种混杂。

6）注意车间内包装物及成品的摆放与清理，保持车间内的卫生，做到安全文明生产。

7）在交接班时，做好成品的交接工作和有关入库手续，统计成品及各种包装物的数量，并在交接班记录表上签字。

（二）开车前准备工作

1）检查所有螺栓是否紧固，包衣机参数和混合液配制等是否正确。

2）所有润滑点及减速器是否已按要求加油润滑。

3）各传动皮带的松紧度是否合适。

4）检查各台设备除尘接口风门是否调整好。

5）检查包装材料是否到位。

（三）操作程序

如果中和与包衣同时进行，根据试验结果，种衣剂、碳酸钙和水的比例是 4:（5.5～6.5）:（5.5～6.5），在作业过程中要根据未中和光籽表面的残酸值来最终确定三者的比例。供液前应先对计量泵进行测试，具体方法与前述的泡沫酸测试方法相同，棉种和混合液的比例一般为 1 000:（15～17）kg。精选后的种子进入包衣机后，泵入混合液，进行中和与包衣，然后进入风干滚筒中，棉种在气流作用下风干表面水分，再经过振动输送与筛选，进入包装料仓中。通过计量、包装，分拣打包，完成整个过程。

六、电控系统操作规程

（一）岗位责任制

1）熟练掌握电控系统的组成及各部分的作用，熟悉操作盘上各个按钮的具体位置。

2）熟练掌握整个生产线各部分的操作规程与开停顺序。

3）排除加工期间内各部分出现的故障，做好电控系统的维护保养工作，对经常出现故障的元器件做到及时更换，尽可能地减少因设备故障造成的种子质量下降。

4）控制好整条生产线的工艺参数，并做好记录。

（二）操作要则

1）电控系统中各机器的启停是以生产线流程方向为参照的，开车时从流程之尾向前逐个启动开机，停车时则顺序相反。

2）在实际生产中多采取分段工作方式，即先进料，后脱绒、精选，再中和、包衣。因此在运行中监控人员可将巡查对象分为电控操作台、泡沫酸系统、脱绒系统、精选系统及中和包衣、包装等部分。

① 电控操作台控制电源开关的两把钥匙应一个封存备用，一个在自动完毕后由电控操作人员随身携带，不宜留在开关上。

② 注意观察进料系统中落籽器是否堵塞或有无异物输入。

③ 注意检查各台机器电机的工作状态，如温度、声音等。除进料系统及精选系统之后的电机在正常生产中有启有停、间歇工作外，其余各台机机器一经开机不得中途停车。如有停车应立即采取措施，使之重新运转。

④ 注意个别设备可能出现积料或堵塞，防止电机缺相运行。

⑤ 注意各台仪表显示值是否正常，显示信号是否存在问题，如有问题应及时处理。

3）作业过程中如果需要个别单机启、停，应通过电控操作台来完成，不宜用电源闸刀开关、急停按钮或控制电源开关。

附件 2-6：泡沫酸脱绒设备的使用与维护

一、进料计量系统

（一）维护与保养

1）作业过程中要定期检查设备的工作状态是否稳定。

2）检查风机运转情况，工作台是否稳定，地脚螺栓是否有松动等。

3）连续作业过程中要经常给计量仓链条加油润滑，避免干摩擦。

4）要定期更换闭风器、罗茨风机、变速器齿轮箱内机油，以免尘渣过多，磨损机件。

5）每次更换品种时应将接收仓、闭风器、输送管道、计量仓内及喂料处周围地面的棉籽清理干净。

6）设备长期停用时应将计量仓链轮、链条及齿轮等涂黄油封好。

（二）常见故障及排除方法

1. 闭风器不供料

（1）原因

1）电机烧毁，闭风器停转。

2）闭风器叶片折断。

3）计量仓中物料搭桥。

4）棉籽中含有过大的棉绒团或其他异物。

（2）排除方法

1）检查电机及闭风器轴承有无损坏或有无异物卡死，及时进行更换或修理。

2）用摇把转动闭风器（或用手盘动），检查闭风器叶片有无损坏，及时进行修理或更换。

3）搅动计量仓中堆积的物料，使其不再搭桥，注意不要用脚踩踏计量仓中的棉籽。

4）清除计量仓中的异物。

2. 输籽管路压力不足

（1）原因

1）罗茨风机电机缺相运行。

2）罗茨风机风门开度不够或风管旁通阀门未关。

3）输籽管路密封不严。

（2）排除方法

1）检查电机接线是否缺相。

2）开大风机风门或关闭旁通阀门。

3）将漏风法兰接口处密封。

3. 计量仓主动链条跳链

（1）原因

计量仓内进料过多、过实，棉籽潮湿或含绒量太大。

（2）排除方法

减少计量仓内存料量。

4. 计量仓底部及出口破碎子粒较多

（1）原因

计量螺旋与仓体之间的间隙太小。

（2）排除方法

将计量螺旋和带座轴承整体上移，确保计量螺旋与仓体之间间隙大于10 mm。

5. 罗茨风机电机电流急剧升高，输送物料不畅

（1）原因

计量仓中物料已满，卸料器堵塞，输送管路压力剧增。这种现象非常危险，极易造成电机烧毁，谨防此类事故发生。

（2）排除方法

及时清理仓中物料，检查卸料管道，保证畅通。

二、泡沫酸系统

（一）维护与保养

1）在生产过程中定期检查注施机、计量仓、发泡剂预混箱等减速机中有无润滑，并定期更换。

2）定期检查各设备轴承是否有润滑油，并定期加润滑油脂。有链条传动的部位要经常擦油润滑，防止干摩擦。

3）生产季节完成后要关闭浓酸罐阀门，并将整个泡沫酸系统的所有管道、阀门、泵、发泡器等设备用清水充分清洗干净并装好，以后备用。

4）每次向酸罐中注入浓硫酸时要对酸液进行过滤，避免在加工过程中堵塞酸泵或流量计。

5）每次向酸罐中注入浓硫酸应沉淀1 h后再使用。预混发泡剂时，注意不要将赃物掉入预混箱中，以免堵塞发泡剂泵或流量计。

6）对注施机进行保养时，应小心处理不要破坏防腐层。

（二）常见故障及排除方法

1. 注施机主传动链条跳链

（1）原因

1）喂入量太大。

2）棉籽含绒量太大。

3）有长绒或其他杂物缠绕搅拌轴。

4）搅拌轴中部吊轴承太紧或被卡住。

5）搅拌轴不同心。

（2）排除方法

1）适当减少喂入量。

2）清除缠绕在搅拌轴上的长绒或杂物。

3）检查并调整搅拌轴。

2. 计量泵不泵液

（1）原因

1）有关阀门未开启或储罐内无料。

2）吸入管路过长或管路漏气。

3）泵头内单向阀粘住。

4）有杂物堵塞泵头或流量计。

（2）排除方法

1）检查储罐和阀门。

2）缩短吸入管路并切实密封。

3）用自来水冲洗泵头。若还不通，应拆下泵头或流量计并用水进行清洗。组装时注意不要安错泵头与单向阀方向。

三、脱绒系统

（一）维护与保养

1）在工作过程中要定期检查烘干机、摩擦机、减速机的工作状态。检查系统中各部分轴承是否有润滑。燃烧器进气管是否通畅，有无杂质堵塞现象等。

2）定期检查风机轴承、电机、传动V带等是否发生异常，并及时调整好。

3）再生产过程中烘干机、摩擦机的链条、承重轮、导向轮及密封胶皮每2～3 h加一次机油，避免干摩擦。定期更换减速机内的机油，防止尘渣过多，磨损机件。

4）注意检查废绒收集仓中的废绒是否及时排出，输送螺旋、打包机等是否正常工作，并注意检查润滑部位润滑情况，防止废绒堵塞、搭桥，影响系统正常工作。

5）加工季节结束后应将烘干机、摩擦机、轨道、承重轮、导向轮、链条、链轮等裸露部位涂黄油封好。拆下传动皮带，检查系统中是否有严重磨损或损伤的轴承并及时更换。

（二）常见故障排除方法

1. 烘干机、摩擦机进口风压逐渐降低或突然降低

（1）原因

1）风机风门锁紧螺栓松动或风门被关闭。

2）提升机堵塞严重，出料箱截面积缩小，毛籽被除尘风机吸走，系统阻力增大。

3）废绒收集仓中的废绒没有及时排除，堵塞风机、管道。

4）风机V带较松或有部分皮带出现裂痕与断裂，使风机转速降低。

5）管道漏风。

（2）排除方法

1）重新调整好风机风门位置并锁紧。

2）清除管道中堵塞的棉籽。

3）及时清除废绒收集仓中的废绒。

4）更换或张紧传动皮带。

5）修补管道漏风处。

2. 斗式提升机堵塞

（1）原因

1）进料量过大。

2）毛籽没有烘干、含绒高，流动性差

3）提升机畚斗脱落或有异物堵塞溜管。

4）烘干或摩擦滚筒降幅太大。

5）提升机畚斗皮带过松，提升能力降低。

（2）排除方法

1）减少喂入量。

2）提高烘干机、摩擦机进口温度，烘干毛籽，脱去部分短绒，提高流动性。

3）清除管道中的异物。

4）按操作规程逐步降低滚筒排料口高度。

5）张紧提升机畚斗皮带。

3. 烘干机、摩擦机进口温度升不上去

（1）原因

1）供热系统堵塞、热量供应不足。

2）除尘风机风门开度太大。

（2）排除方法

1）增大供热量。

2）调整除尘风机风门。

四、精选系统

（一）维修与保养

1）检查风筛清选机轴承间隙、油封密封，若出现轴承磨损严重或油封泄漏，应及时更换。

2）检查风筛清选机筛箱驱动皮带、螺旋驱动皮带、顶部风选系统喂入辊和喂料的传动、张紧等是否完好，螺栓是否紧固。

3）生产季节定期清理风筛清选机筛面上的缠绕杂物。检查橡胶球磨损情况，如果磨损严重应及时更换。

4）检查重力式清选机各部位工作是否可靠，各个润滑部位及轴承是否有油润滑。

5）定期清理重力式清选机工作台面，特别注意清理台面下面的通风细网，防止堵塞，通风不畅。

6）定期检查重力式清选机各连接螺栓是否松动。

7）定期检查杂物收集，脉冲除尘等各台设备，注意闭风器叶轮的密封受损情况及脉冲除尘布袋的维护与更换工作。

8）生产季节结束后清理掉机器的所有废绒、棉籽，维护好设备。

（二）常见故障及排除方法

1. 风筛清选机除尘收集系统中有好的毛籽

（1）原因

风筛清选机风选系统量调节过大。

（2）排除方法

适当调小风选系统风量。

2. 杂物收集系统管道堵塞

（1）原因

1）风机出口受堵。

2）除尘器中堵满杂物或毛籽。

3）精选设备出现问题导致排杂量突增。

4）管道漏风。

（2）排除方法

1）清理堵塞废绒。

2）检查闭风器运行状况和杂物仓是否满仓。

3）注意保持精选设备排杂的均匀性，特别是刚刚开机时。

4）修补管道。

五、中和包衣包装系统

1）检查系统各设备轴承润滑、螺栓固定与传动系统的张紧情况，并进行调整。

2）定期清理药液混合箱，防止药液沉积，堵塞药泵管道；特别是停产时要及时用清水将预混箱、泵及管道等清理干净，防止药液风干堵塞管道。

3）定期校验计量秤，保证计量系统的精度。

4）生产季节结束后清理所有的废绒、棉籽，减小腐蚀。

六、电控系统故障原因及排除

作业中电气系统可能出现的故障有三种，即断路、短路及供电参数发生变化。

（一）电压表示值为零

1. 原因

1）变电室熔断器断路或配电室未送电。

2）开关柜开关在系统运行中自动断开。

2. 排除方法

恢复供电。

（二）风机启动中其回路熔断器短路

1. 原因

1）风机启动前未关风门。

2）启动时间太长或接线相序有误造成短路。

2. 排除方法

1）关闭风机风门。

2）调节电器的时间旋钮或改正接线后重新启动。

（三）电机运行过程中输出力下降，发热异常或电流表示值三相不平衡

1. 原因

熔断器出现问题导致缺相运行。

2. 排除方法

立即停止该电机，更换相对应的电气元件。

（四）个别电机运行中自行停车

1. 原因

继电器原件动作或二次线路接触不良。

2. 排除方法

1）检查系统中有无堵塞、过载现象。

2）检查继电器整定值及二次自保线路。

（五）电机启动后磁力启动器振荡而不吸合

1. 原因

可动铁芯内掉入异物或磁力启动器产品质量不好。

2. 排除方法

检查电机磁力启动器，如果存在问题应及时更换。

（六）指示灯、按钮等不亮

1. 原因

线路接触不良或灯泡已坏。

2. 排除方法

1）重新焊接接头。

2）转紧指示灯螺扣或更换指示灯泡。

（七）个别电机不能启动

1. 原因

电控系统互锁未解除。

2. 排除方法

启动互锁解除按钮。

第三单元　种子包装、运输

目标（Object）

根据《中华人民共和国种子法》第三十四条的规定，有性繁殖作物的子粒、果实，包括颖果、荚果、蒴果、核果等应当加工、包装后销售。

通过对本节的学习，应该能够：

1）掌握种子包装的方法；

2）了解种子运输的基本要求。

任务（Task）

对清选干燥和精选分级等加工后的种子，加以合理包装，可防止种子混杂、病虫害感染、吸湿回潮，减缓种子劣变，提高种子商品特性，保持种子旺盛活力，保证安全贮藏运输，同时便于销售。为此要了解或掌握：

1）种子包装的要求；

2）包装材料的种类和特性及选择；

3）防湿容器包装的种子安全含水量；

4）包装标签；

5）包装机械和包装方法；

6）种子包装袋喷码；

7）已包装种子的保存；

8）种子运输的意义；

9）种子运输的基本要求；

10）种子运输的方式和工具；

11）运输技术要点。

准备（Prepare）

一、种子包装的要求（彩图 55～60）

1）防湿包装的种子必须达到包装所要求的种子含水量和净度等标准。确保种子在包装容器内，在贮藏和运输过程中不变质，保持原有质量和活力。

2）包装容器必须防湿、清洁、无毒、不易破裂、重量轻。种子是一个活的生物有机体，如不做防湿包装，在高湿条件下种子会吸湿回潮；有毒气体会伤害种子，从而导致种子丧失生活力。

3）按不同要求确定包装数量。应按不同种类、苗床或大田播种量、生产面积等因素，确定适合包装数量，以利使用或方便销售。

4）有较长保存期限。保存时间长，则要求包装种子水分更低，包装材料好。

5）包装种子贮藏条件。在低湿干燥气候地区，要求包装条件较低；而在潮湿温暖地区，则要求严格。

6）包装容器外面应加印或粘贴标签纸，写明作物和品种名称、采种年月、种子质量指标资料和高产栽培技术要点等，最好印上醒目的作物或种子图案，引起种植者的兴趣，以使良种能得到较好的销量。

二、包装材料的种类和特性及选择

（一）包装材料的种类和性质

目前应用比较广泛的包装材料主要有麻袋、多层纸袋、铁皮罐、聚乙烯铝箔复合袋及聚乙烯袋等。用红麻制成的麻袋，强度好，透湿容易，可以重复使用，适宜大量种子的包装，但防湿、防虫和防鼠性能差。

金属罐如果封口得当，可以绝对防止受潮，并隔绝气体，防光，防水淹，防有害烟气，防虫、防鼠性能好，并适于高速自动包装和封口，是较适合的少量种子包装容器。

聚乙烯铝箔复合袋强度适当，透湿率极低，是最适合的防湿袋材料（见表 1-3-1）。该复合袋由数层组成。因为铝箔有微小孔隙，最内及最外层为聚乙烯薄膜，有充分的防湿效果。一般认为，用这种袋装种子，1 年内种子含水量不会发生大的变化。

表 1-3-1　铝箔厚度和透湿率

种　类	铝箔厚度（mm）	透湿率[g/（m^2·24 h）]
1	0.007～0.008	<7
2	0.008～0.010	<5
3	0.010～0.015	<2.5
4	0.015～0.020	<1.5
5	0.020～0.025 以上	0

引自日本工业规格 21500—1960。

聚乙烯和聚氯乙烯等为多孔型塑料，不能完全防湿。密封在用这种材料制成的袋和容器里的干燥种子会慢慢地吸湿，因此其厚度必须在 0.1 mm 以上。但这种防湿包装只有 1 年左右的有效期。

聚乙烯薄膜是用途最广的热塑性薄膜。通常可分为低密度型（密度 0.914～0.925 g/cm^3）、中密度型（密度 0.93～0.94 g/cm^3）、高密度型（密度 0.95～0.96 g/cm^3）。这三种密度的聚乙烯薄膜均为微孔材料，对水汽和其他气体的通透性因密度不同而有所差异。经试验，在 37.8 ℃和 100%的相对湿度下，645.16×10^{-4} m^2（100 平方英寸）的 0.025 4 mm（1 密耳）厚薄膜，在 24 h 内可透过水汽：低密度薄膜为 1.4 g，中密度薄膜为 0.7 g，高密度薄膜为 0.3 g。

铝箔（其厚度小于 3.81×10^{-5} m）虽有许多微孔，但水汽透过率仍很低，仅为 0.19 g，

0.89×10^{-5} m 铝箔透水汽 0.29 g，1.27×10^{-5} m 的铝箔透水汽 0.12 g；更厚的铝箔几乎已不透水汽。

铝箔同聚乙烯薄膜复合制品的防湿和抗裂强度更好。

纸袋多用漂白亚硫酸盐纸或牛皮纸制皮，其表面覆有一层洁白陶土以便印刷。许多纸质种子袋系多层结构，由几层光滑纸或皱纹纸制成。多层纸袋因用途不同而有不同结构。普通多层纸袋的抗破力差，防湿、防虫、防鼠性能差，在非常干燥时会干化，易破损，不能有效保护种子生活力。

纸板盒和纸板罐（筒）也广泛应用于种子包装。多层牛皮纸能保护种子的大多数物理品质，主要适用于自动包装和封口设备。

不同包装材料对种子的影响不同。现将有关资料摘引于表 1-3-2。

表 1-3-2　各种包装袋所保存种子的含水量和发芽率（%）

袋的种类	调查年月	洋葱		胡萝卜		莴苣		甘蓝		黄瓜		番茄	
		含水量	发芽率	含水量	发芽率	含水量	发芽率	含水量	发芽率	含水量	发芽率	含水量	发芽率
实验开始	1962.12	5.9	97	5.4	78	4.4	96	4.3	92	4.4	86	5.3	97
纸袋	1961.9	11.8	83	10.4	45	9.7	58	9.8	76	9.4	84	12	91
	1962.10	—	0	—	0	—	1	—	2	—	58	—	71
聚乙烯袋（低密度，0.1 mm）	1961.9	10.1	93	9.5	74	7.8	85	8.4	89	7.5	89	93.7	93
	1962.10	11.8	51	10.4	24	8.4	52	10.1	77	8.3	75	9.7	83
聚乙烯袋（高密度，0.09 mm）	1961.9	8.9	94	8.7	78	7.1	90	7.6	89	6.8	93	9.0	96
	1962.10	10.4	93	10.0	50	8.0	72	9.8	80	7.7	88	9.6	84
优质纸+铝箔（7 μm）+聚乙烯（20 μm）复合袋	1961.9	5.7	96	5.3	78	4.2	94	4.3	92	—	—	5.5	95
	1962.10	5.7	98	5.5	76	4.3	90	4.3	91	—	—	—	—
玻璃纸（300μm）+聚乙烯（13μm）+铝箔（15μm）+聚乙烯（30μm）复合袋	1961.9	5.7	96	5.4	80	4.3	92	4.3	91	4.4	90	5.5	97
	1962.10	5.7	96	5.4	80	4.3	92	4.3	93	4.3	93	5.2	98

注：试验开始封入，次年开封测定，袋的表面积为 120 cm^2 的 1 袋中的种子。

（二）包装材料和容器的选择

包装容器要按种子种类、种子特性、种子水分、保存期限、贮藏条件、种子用途和运输距离及地区等因素来选择。

多孔纸袋或针织袋一般适用于通气性好的种子种类（如豆类），或是数量大、贮存在干燥低温场所、保存期限短的包装。

小纸袋、聚乙烯袋、铝箔复合袋、铁皮罐等通常用于零售种子的包装。

钢皮罐、铝盒、塑料瓶、玻璃瓶和聚乙烯铝箔复合袋等容器可用于价高或少量种子长期保存或品种资源保存的包装。

在高温高湿的热带和亚热带地区，应尽量选择严密、防湿的种子包装容器，并且将种子干燥到安全包装保存的水分，封入防湿容器以防种子生活力的丧失。

三、防湿容器包装的种子安全含水量

根据安全包装和贮藏原理，当种子含水量降低至25%相对湿度平衡的含水量时，种子寿命可延长，有利于保持种子旺盛的活力。但这种含水量因种子种类不同而有差异(见表1-3-3)。如果不能达到干燥程度，则会加速种子的劣变死亡。因为高水分种子在这种密闭容器里，由于呼吸作用很快耗尽氧气而累积二氧化碳气体，最终导致无氧呼吸而中毒死亡。所以防湿密封包装的种子必须干燥到安全包装的含水量，才能达到保持种子原有活力的效果。

表1-3-3　封入封闭容器的种子上限含水量（%）

种　子	含水量	种　子	含水量	种　子	含水量	种　子	含水量
大豆	8.0	黑麦草	8.0	茄子	6.0	萝卜	5.0
甜玉米	8.0	四季豆	7.0	番茄	5.5	芜菁甘蓝	5.0
大麦	10.0	菜豆	7.0	芜菁	5.0	菠菜	8.0
玉米	10.0	甜菜	7.5	羽衣甘蓝	5.0	南瓜	6.0
燕麦	8.0	硬叶甘蓝	5.0	球茎甘蓝	5.0	西瓜	6.5
黑麦	8.0	抱子甘蓝	5.0	韭葱	6.5	金鱼草	5.9
小麦	8.0	胡萝卜	7.0	莴苣	5.5	紫菀	6.5
糖甜菜	7.5	花椰菜	5.0	甜瓜	5.0	菊	6.3
苜蓿	6.0	块根芹	7.0	芥菜	5.0	风铃草	6.3
三叶草	8.0	甜芹	7.0	洋葱	6.5	羽扇豆	8.0
剪股颖	9.0	君达菜	7.5	葱	6.5	勿忘草	7.1
早熟禾	9.0	甘蓝	5.0	皱叶欧芹	6.5	龙面花	5.7
羊茅	9.0	白菜	5.0	欧洲防风	6.0	钓钟柳	6.5
梯牧草	9.0	细香葱	6.5	豌豆	7.0	矮牵牛	6.2
六月禾	6.0	甜玉米	8.0	辣椒	4.5	福禄考	7.8
紫羊茅	8.0	黄瓜	6.0	西葫芦	6.0	其他全部	6.0

四、包装标签

国外种子法要求在种子包装容器上必须附有标签。标签上的内容主要包括种子公司名称、种子名称、种子净度、发芽率、异作物和杂草种子含量、种子处理方法和种子净重或粒数等。我国种子工程和种子产业化要求挂牌包装，以加强种子质量管理。

种子标签可挂在麻袋上或贴在金属容器、纸板箱的外面，也可直接印制在塑料袋、铝箔复合袋及金属容器上，图文醒目，以吸引顾客选购。

五、包装机械和包装方法（彩图 50～60）

（一）种子包装数量

目前种子包装主要有按种子重量包装和按种子粒数包装两种。一般农作物和牧草种子采用重量包装。其包装重量，按农业生产规模、播种面积和用种量进行包装。我国根据农户生产规模较小、全国地区差异大、作物种类的差异大的特点，杂交水稻有每袋 3～5 kg，玉米有每袋 5～10 kg，蔬菜有每袋 4 g、8 g、20 g、100 g、200 g 等不同的包装。目前随着种子质量的提高和精量播种的需要，对比较昂贵的蔬菜和花卉种子开始采用粒数包装，如每袋 100 粒、200 粒等包装。因此为适应种子定量和定数包装，种子包装机械也有相应两种类型。

（二）种子包装工艺流程和机械

1. 种子包装工艺流程

种子包装主要包括：种子从散装仓库输送到加料箱→称量或计数→装袋或容器→封口或缝口→贴或挂标签等程序。

在发达国家和我国的一些地区，种子包装已基本上实现自动化或半自动化操作。种子从散装仓库，通过重力或空气提升器、皮带输送机、升降机等机械运送到加料箱中，然后进入称量设备。当达到预定的重量或体积时，即自动切断种子流，接着种子进入包装机，打开包装容器口，种子流入包装容器，最后种子袋（或容器）经缝口机缝口或封口和贴标签（或预先印上），即完成了包装操作。

2. 种子定量包装机（见图 1-3-1）

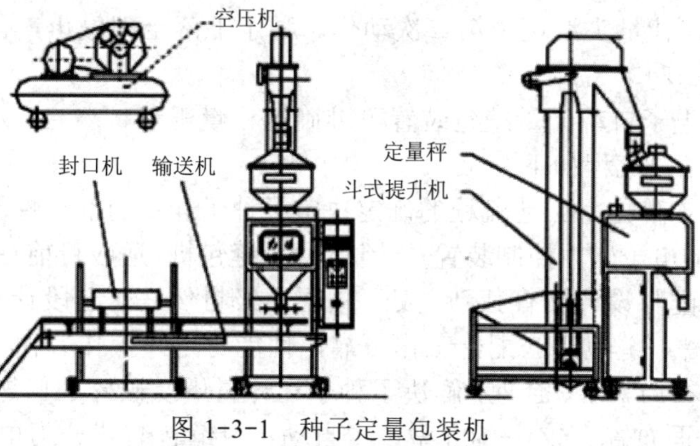

图 1-3-1　种子定量包装机

下面以 5ZJ—100 型电子自动计量缝包装置为例加以说明。

（1）用途、结构及原理

1）用途：5ZJ—100 型电子自动计量缝包装置是一套精度较高的计量缝包装置，主要用于玉米、小麦、水稻、大豆等种子的自动计量缝包。

2）结构及原理：该装置由计量头、料斗、台秤、支架、限位开关及控制箱等部分组成（见图 1-3-2）。计量头可直接接在料仓上，计量头下面的支架上放有台秤及料斗，限制开关调试后装在秤的固定臂上，不能随意拆装。

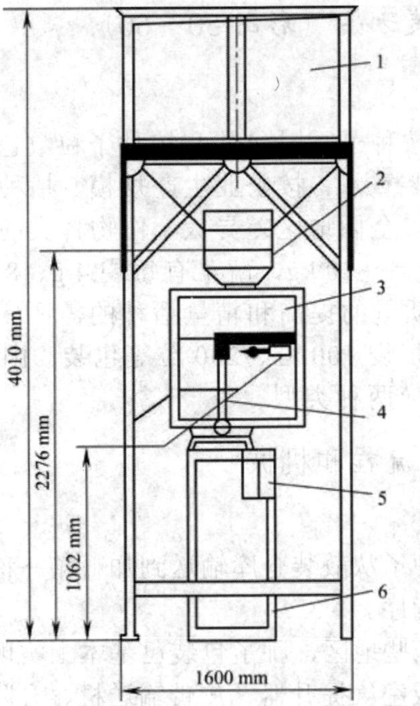

图 1-3-2　5ZJ—100 型电子自动计量装置示意图

1—料仓；2—计量头；3—料斗；4—控制台；5—台秤；6—控制箱；7—支架

计量头为控制种子称重时间及重量的执行部件，被称的种子通过计量头进入台秤料斗，当种子达到所需要的重量时，限制开关发出信号，这时计量头滑块做第一次动作。当大量种子进入时，仍有少量种子慢慢流入料斗，直到被称种子达到要求重量，限制开关再次发出信号，计量头滑块做第二次动作。种子下落全部停止，计量工作结束。

（2）工作原理和工艺流程

5ZJ—100 型电子自动计量缝包装置可准确地称量玉米、小麦、水稻、大豆等各类作物种子，其主要工艺流程如下。

1）工艺流程的确定。工艺流程的确定决定了种子计量的准确性及适用范围，该装置采用目前最先进的电子磁力控制装置及计量台秤、缝包机，适应目前种子加工生产的需要。

2）机型的选配与设计具有独到之处，采用两级自然跌落分段计量，并可自动控制流量大小与计量台秤、缝包机匹配，工作可靠，性能稳定，操作方便。

3）整个装置布局紧凑、合理，解决了种子在计量中易破碎的问题，保证了种子质量。

4）设备的平面布置。5ZJ—100 型电子自动计量缝包装置分为电子自动计量、装袋、缝袋及电器控制，最大高度为 4.01 m，缝袋高度为 1.45 m，总投影面积为 3.55 m^2。

瑞士还生产有先进的定量小包装机械。只要将种子放入漏斗，经定量秤称重，流入小包装袋，自动封口，自动移到收集道口，由工人装入定制的纸箱，效率很高。

（3）种子定数包装机

先进的种子定数包装机，只要将精选种子放入漏斗，经定数的光电计数器，流入包装袋，自动封口，自动移到出口道，由工人装入定制纸箱，即完成整个包装过程，效率很高。

六、种子包装袋喷码

随着种子产业的发展，人们对种子包装的要求日趋规范，并将喷码机引入生产流程中，替代原有的封口压印或贴标签等方式，通过喷码机将生产日期、包装日期、产地、生产批号、防伪编码及质量追踪码清晰、准确、快捷地喷印在种子包装袋上，为企业带来产品标志规范化、消费者易识别、生产管理者可追溯等多种益处。

（一）喷码机工作原理

在瞬间通过给高速分裂的墨滴充电，使其在高压极板间产生不同程度的偏转，从而在墨滴落到产品表面时形成不同的点阵图形或文字。

（二）喷码机的组成

喷码机主要由电子系统、墨路系统和用户界面三大部分组成。另外墨路系统还包括墨路管和打印头系统，耗材指不同规格的墨水。

（三）使用和注意事项

1）开启设备后喷码机能够对喷头部分自动预热，保持喷头恒温，促使墨水快干。

2）回收系统进入墨路循环，可被重新有效利用。

七、已包装种子的保存

虽然包装好的种子已具备一定的防湿、防虫或防鼠特性，但仍然会受到高温和潮湿环境的影响，加速劣变。所以包好的种子仍须存放在防湿、防虫、防鼠、干燥低温的仓库或场所，分种类、品种进行堆垛，为了便于进行适当通风，种子袋堆垛之间应留有适当的空间；还须做好防火和检查等管理工作，确保已包装种子的安全保存，真正发挥种子包装的作用。

八、种子运输的意义

在当前这个经济全球化时代，种子生产与经营高度交融，跨国公司纷纷进入我国，使种子加工与经营走向世界。特别是优越的种子生产基地，生产的种子大约有98%经运输后被销往国际市场。种子运输也受到了前所未有的重视。

运输可以看做是农作物种子的异地生产和动态贮藏，运输过程中产地的检疫程度、产品的包装、运输条件等都会对运输效果产生重要影响。因此，只有具备良好的技术和运输设施才能达到理想的运输效果，保证应有的社会效益和经济效益。

种子运输的意义有以下几个。

1）丰富农作物资源。

2）促进农业丰产丰收。

3）调剂和繁荣市场。

4）提高人民生活质量。

5）防灾、减灾和备荒。

6）传播文明。

1995年2月25日农业部发布第5号令——《植物检疫条例实施细则》，要求如下。

一是要把好源头检疫关，以产地检疫为重点，大力推进基地建设，生产健康合格种子（苗）。

二是要加强调运检疫管理，切断检疫性有害生物传播途径。应检植物及植物产品在调运时，必须严格按照农业部《农业植物调运检疫规程》进行检疫，规范填写植物检疫证书。特别是从检疫性有害生物发生区调出（入）的农产品及其填充物，要进行严格的检疫，必要时依法进行除害处理。

三是要加强市场检疫管理，掌握所辖区内的种子、种苗繁殖和经营户情况，严格开展市场检查，严厉打击不经检疫私自调运种子（苗）和应检农产品的违法行为。

九、种子运输的基本要求

种子是一种特殊商品，运输要求较为严格。在运输时，要切断检疫性有害生物的传播途径，满足种子在运输过程中所需要的条件，才能确保运输安全，减少损失。

（一）进（出）境检疫

种子检疫是以法律为依据，行业和技术手段相结合，防止危险性有害生物的传播蔓延，保护农业生产安全的一项重要措施。种子检疫经历100多年的发展历史，尤其是我国改革开放以来，国际交流日益增多，在贸易过程中实施强制性检疫制度，调用种子必须严格按照《中华人民共和国进出境动植物检疫条例》和农业部《农业植物调运检疫规程》进行检疫，这也是种子跨区域运输前的必备条件。

对输入（出）种子，货主或代理人应在货物进（出）境前持相关单证向进（出）境口岸（省、市、县）植物检疫机关报检，经检疫合格，准予进（出）境，否则，分别作除害、退货或销毁处理。

（二）包装规范

对输入（出）种子，必须按照包装标准要求，规范包装。

（三）安全运输

一般而言，运输过程中的环境条件是难以控制的，很难满足运输要求，特别是雨水侵蚀和倒车装卸，极易对种子质量造成不良影响。因此，运输中的各个环节一定要做好防潮、防混、防盗工作，使种子迅速到达目的地。

十、种子运输的方式和工具（彩图63）

（一）公路运输

公路运输是我国最重要和最常用的短途运输方式，虽然存在成本高、运量小、耗能大等缺点，但其灵活性强、速度快、适应地区广。公路运输的主要工具有各种大小车辆。随着高速公路的不断建成，高速运输已成为公路运输的主流。

（二）铁路运输

铁路运输具有运输量大、速度快、运输振动小、运费较低（运费高于水运，低于陆运）、连续性强等优点，适合于长途运输。其缺点是机动性能差。铁路运输工具主要有普通棚车和集装箱。

1．普通棚车

目前，在我国种子运输中普通棚货车仍为重要的运输工具。

2．集装箱

集装箱是如今发展非常迅速的一种运输工具，既省人力、时间，又保证产品质量。集装箱突出的特点是：抗压强度大，可以长期反复使用；便于机械化装卸，货物周转迅速；能创造良好的贮运条件，保护产品不受伤害。

（三）水路运输

利用各种轮船进行水路运输具有运输量大、成本低、行驶平稳等优点，尤其是海运这种最便宜的运输方式。在国外，海运价格只有铁路的1/8，公路的1/40。但其受自然条件限制较大，运输的连续性差，速度慢，因此水路运输果蔬的种类受到限制。水路运输工具中用于短途转运或销售的一般为木船、小艇、拖驳和帆船；远途运输则用大型船舶、远洋货轮等。

（四）空运

空运的最大特点是速度快，但装载量很小，运价昂贵，适于运输特供检验和引种的样品及急需或救灾种子等。

十一、运输技术要点

1）运输的种子质量要符合运输标准。

2）包装符合要求，尽量采用双层包装，严防种子混杂和撒露。

3）防雨、防潮、防污染。

4）做好卫生工作。在装载种子之前，车船应认真清扫，彻底消毒，确保卫生。

5）装运时轻拿轻放，防止包装破损，堆码要注意安全稳当。

行动（Action）

活动一　简述茄果类蔬菜种子的包装方法（以番茄为例）

1）精选完毕，取样检验种子质量；清扫干净场地及工具设备，避免人为混杂；种子合格后封样并开始包装。

2）外运种子在包装时，需用内衬防水防潮塑料膜的多层编织袋来包装种子。

3）包装及标签要标明品种名称、数量、产地、生产单位及日期；按种子批的大小先将批次数量的种子充分混匀，需要包衣的先包衣。

4）按包装数量（净重）包装。

5）清点入库，置于阴凉干燥通风处贮藏。

活动二　演示玉米种子的包装方法及运输方式

玉米种子精选分级后进行合理的包装，可防止混杂、病虫感染、吸湿回潮、减缓种子劣变，保证种子活力，提高种子的商品性。便于种子安全贮藏、运输和销售。

目前，玉米种子包装主要以重量包装为主，每袋 2～10 kg，然后将小包装装入 50 kg 的大包装袋中，以便运输和仓储。

评估（Evaluate）

完成了本节的学习，通过下面的练习进行自我检查：

1）简述种子包装材料的种类；

2）简述蔬菜、玉米种子运输的注意事项。

附件 3-1　种子加工成套设备

一、种子加工成套设备的组成与操作原则（彩图 66～70）

（一）种子加工成套设备组成

种子加工成套设备通常由加工设备、定量包装设备和辅助设备组成。种子加工成套设备能完成的工艺有以下几项。

1. 清选

根据物料的物理特性如尺寸特性、空气动力特性、表面比重和特性、弹性等的差异，将好种子与混杂物、废种子分离。主要设备有风筛选、窝眼选和比重选等。

2. 分级

将清选后的种子按种子尺寸差异分选为若干个等级。主要设备有种子分级机等。

3. 包衣丸粒化

在种子清选以后进行包衣、丸粒化等处理。主要设备有包衣机、丸粒化机、包衣种子烘干机等。

4. 定量包装

通过计量包装，提高种子的商品性，使种子便于流通和安全储运。主要设备有自动定量秤和包装机。

5. 辅助设备

通常有物料输送系统、除尘系统、集杂系统、物料暂存系统、电气控制系统、安装检修平台等。

（二）种子加工成套设备总体布置方式

种子加工成套设备的布置可以分为三种：平面式、立体式和半立体式。

1. 平面式布置

这种布置是所有设备都安装在同一平面上，物料从一台设备清选出来以后依靠提升设备提升至另一台设备继续清选，采用这种布置方式厂房建筑要求相对矮，种子加工线路明确，设备安装方便，但设备占地面积大，种子提升次数较多，易使种子产生破碎。

2. 立体式布置

采用这种方式是设备逐层排列，将种子一次提升至安装在最高部位的设备上清选后，自流至下一台设备上再次进行清选，直至完成清选的全部过程。采用这种布置方式流程清晰，种子只经过一次提升，因此破碎较少，但土建或平台修建成本相对较高。

3. 半立体式布置

这种方式综合了以上两种方式的优点，目前应用比较广，设备布置时通常有两层平台，种子分级机和包衣机等部分设备放置在二层平台上方，节省了设备的占地面积，并使设备的布置更加紧凑。

（三）种子加工流水线设计原则

种子加工流水线设计的主要任务是根据要求进行种子加工流水线总体方案设计、工艺流程设计、加工设备选定、辅助设备设计及初步概算等，它既是一项专业性非常强的工作，又是种子加工厂总体规划设计的先导性工作。种子加工流水线设计应以实用、可靠为主要目的，并在确保实用性和可靠性的前提下，尽可能提高经济性和先进性。具体应把握好以下几点。

1. 工艺设计在先原则

种子加工流水线是种子加工厂建设的核心内容，在建设种子加工中心（厂）时必须遵循工艺设计在先原则，即先进行种子加工流水线的总体方案设计和工艺流程设计，再按照总体方案设计和工艺流程设计的要求进行土建等其他建设项目的设计工作。

2. 工艺流程弹性可变原则

我国种子加工不仅加工的作物种类较多，同一作物种子加工前的原始状态也千差万别，加工要求和目的也多种多样。因此在设计种子加工流水线时一定要保证加工流水线工艺流程可变可调，以满足各种不同加工需要。

3. 可靠性原则

种子加工不仅季节性很强，而且时限性也很强。设计种子加工流水线要充分考虑系统可靠性，确保加工季节种子加工流水线运行可靠，少出故障。易损件安全系数要留得足够大，还要充分考虑系统和单机检修方便。

4. 兼顾长远需求原则

充分考虑长远发展需求，通过巧妙设计，在工艺流程设计和设备选定及总体配置设计等方面预先为增加功能、提高总体性能与扩大生产规模留有可能，以满足长远发展需求。

5. 厉行节约原则

在保证上述要求前提下，尽可能通过优化设计节约投资，降低建设成本。

（四）种子加工成套设备的安装与调试

1. 安装前的准备工作

1）成套设备的安装在土建完成并验收后进行。

2）成套设备安装前要求安装人员熟悉各个设备的技术要求和安装工艺，严格按有关要求进行安装。

3）设备进入车间安装前必须查对和验收，以免短缺。

4）设备安装前应做好质量检查，如有机件损坏应修复或更换。

5）备齐安装所需工具、设备及材料。

2. 安装注意事项

1）设备安装好后各零部件应转动灵活，无卡碰和撞击声。设备及零部件之间的联结必须牢固紧密，不得有漏气、漏种和漏油等现象。

2）输送设备安装。斗式提升机机头轴与底轮轴轴线应在与水平面垂直的同一平面内，轴线与水平面平行，垂直度偏差每米长度为 2 mm，累积偏差为 8 mm。

3）各单机的安装按其使用说明书进行。

4）电控装置的安装应与设备的安装协调一致，要求线路连接牢固、绝缘性能好、无漏电现象。

5）设备安装好后要进行验收，如有不合格处应及时予以修正。

3. 安装后的调试

1）电路连接完成后要进行调试。

2）先进行单机调试，开车前要清除落入设备中的杂物，检查设备的安装技术状态是否良好，各连接部分是否牢固，先启动试转，然后开车运行（空转）。单机调试的目的主要是检查线路安装质量，如检查机器运转方向是否正确及设备运行状况是否良好。

3）单机运转正常后再进行全套设备的空载运转，进一步检查系统设备、线路的运行情况。

4）空转 2 h 以后检查各电机、轴承等发热元器件是否工作正常，如发现问题应立即解决。

5）全线运转正常后进行负载运转调试，发现问题及时解决，如连续工作 4～8 h 后无故障可交付生产使用。

（五）种子加工成套设备操作使用

1. 技术检查与准备

1）检查各设备连接是否牢固，转动是否灵活，各转动件旋转方向是否正确，有无异物落入和漏种、漏气和漏油等现象。

2）检查传动带张紧是否适度，润滑部分是否加了油。

3）检查设备的工作状态与生产工艺流程是否一致。

4）根据所选的物料，投入使用前要求对单机进行调整，如筛片、工作台面型号规格的选择，风门、风量调节、倾角、振幅、频率等的选择，都应按物料加工要求来确定。

2. 操作顺序

1）设备启运之前一定要先按预报铃，待预报铃声响过之后，合上电源总开关，把操作台上各种转换开关转到相应的工作位置或在模拟屏上选择所需的加工工艺流程。

2）全部按钮手动启动，启动顺序由出料端逐台由后向前启动。关机时按工艺流程方向各设备由前向后顺序关机。但不论开哪一台机器都必须先开除尘风机，停机时除尘风机最后关停。

3）如发生故障，操作控制柜上相应指示灯发出红光，这时应立即关机，根据指示灯查找故障设备，排除故障后重新启动。

4）在运行过程中工作人员不得随意关停机具。

5）工作人员应严格坚守岗位，保证所管理的设备处于良好技术状态。

6）应严加注意故障报警和超载工作状况。

7）做好交接工作。当班人员下班前应备好下一班的物料，做好清扫和保养工作。

8）加工后每批物料都应抽样进行质量分析检查和样品存档。

9）流程中三通的流向选择，应根据需要事先预置好，并由电气控制面板上的工艺流程模拟屏指示加以确认。

（六）维护保养与故障排除

各单机、设备须按其使用说明书进行维护保养和故障排除，并注意以下几点。

1）轴承润滑油采用 HJ—3 钙基润滑脂（GB 491—65），电动滚筒、减速箱润滑油采用 HJ—40 机械油，各润滑部位每工作 200 h，应加注足够的润滑油脂。

2）经常检查输送带、传动带、链条的松紧度，必要时进行调节。

3）电控系统的空气开关、行程开关、电磁阀、显示灯等要经常检查，损坏的要及时更换。

4）在更换物料品种时需打开机具的盖板，将机内及管道内的所有物料、灰尘清刷干净。

5）每个班次均要清理筛面，若发现筛面破裂要予以更换修补。

6）当机器发生故障时应立即切断电源，切不可在机器运转时维修或带电维修，更不能让机器带病作业。斗式提升机堵塞时可立即拉开机器底座下面的插板，清除物料后才能再开机。

7）定期检修设备。每加工 1～2 个生产季节要进行一次全面检修，大修一年一次。大修时要更换润滑油，清洁轴承，更换损坏的零件。

8）生产作业中每班应检查电脑计量包装秤的准确性，每工作 500 次检查一次称量，每次误差应在±0.1%之内。

二、种子输送系统（彩图 45～49）

种子输送系统由垂直输送设备、溜管、水平输料设备等组成。物料输送系统设计应以通顺流畅、破碎率低、线路最短、投资最小、实用可靠为原则。

（一）斗式提升机

斗式提升机常配置在种子加工流水线上，实现种子物料的垂直输送。该机横断面尺寸小，工作时噪声低、密封性好、物料垂直输送距离大，因而布置紧凑、占地少、工作环境好。

1. 结构

斗式提升机的一般结构如图 1-3-3 所示，基本构件有机头、传动装置、畚斗及牵引带、机筒、机座、观察窗等。

1）机头。机头由外壳、头轮、轴、轴承、舌板等组成。

2）传动装置。斗式提升机采用的减速装置有 V 带传动、链传动、摆线针轮减速器、轴装式减速器等形式。对于有重载启动要求的提升机，还需装设液力耦合器。对于输送量在 20 t/h 以上、提升高度在 20 m 以上的斗式提升机，必须设置止逆装置。

3）畚斗。畚斗一般采用工程塑料斗。

4）牵引带。斗式提升机的牵引带采用畚斗皮带。牵引带与畚斗的连接，采用特殊的畚斗螺钉。用于种子加工的斗式提升机，牵引带线速度不能超过 1.2 m/s。

5）机座。机座底轮应采用鼠笼式以减少种子破损，底座应设清理口，无清理死角。

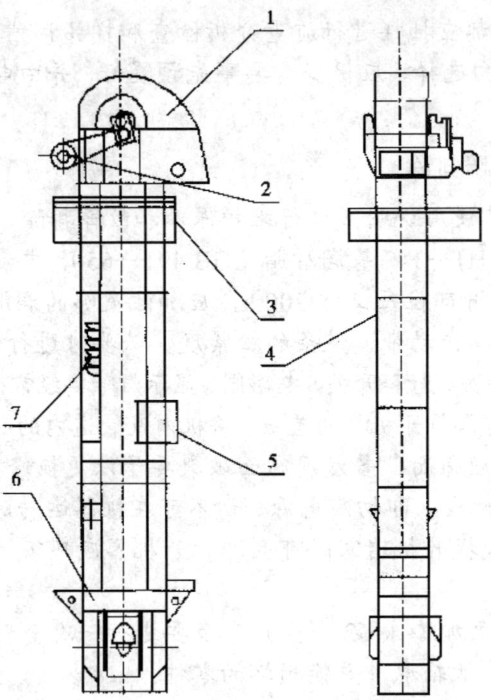

图 1-3-3　斗式提升机结构简图

1—机头；2—传动装置；3—检修平台；4—机筒；5—观察窗；6—机座；7—畚斗及牵引带

2. 操作及维护

1）注意防止大的石子、金属块以及铁丝、麻绳等杂质进入提升机喂料斗。

2）定期将提升机下部的物料清理干净。

3）定期对传动部位添加润滑油，防止磨损。

4）上料前先空机运转，检查传动装置和牵引带等有无异常声响。

5）先启动设备后下料，严禁在设备停止时下料。

6）注意设备运行情况，发现有润滑不良、零件松动，牵引带跑偏、卡死、噪声和电气失灵等异常现象须立即停机检查，排除故障后方可继续工作。

7）设备发生事故后须切断电源停机进行检修。

（二）开式提升机

开式提升机是一种依靠链条带动畚斗来提升物料的提升机，由于种子不会出现“回粮”现象，破碎率几乎为零，且运行平稳可靠，特别适用于向日葵、豆类、蔬菜等种子的输送。

开式提升机主要由畚斗、底座、中间节及头部四部分组成（见图 1-3-4）。工作时减速电机主动轴带动两个链轮同步运转，从而使与其啮合的两根链条在封闭轨道上同步移动。当物料输送到进料器时，物料滑落进水平向前运动的尼龙畚斗中，再由进料器上的毛刷将畚斗中多余的物料刷进下一个畚斗中，由于物料是滑落到畚斗中而不是强制刮取的，所以不会使物料产生破碎现象。

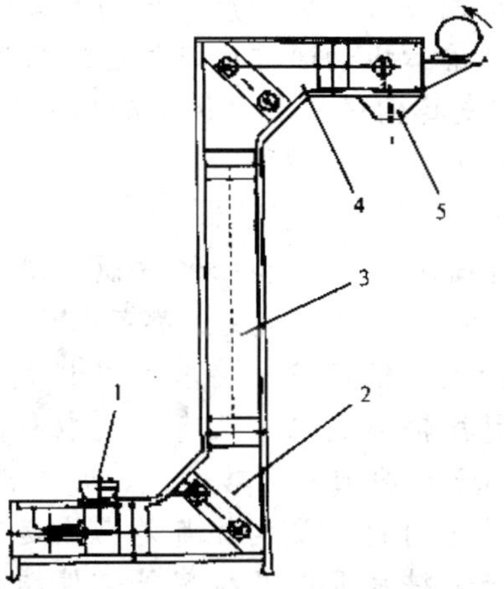

图 1-3-4　KT—5.0 型开式提升机结构简图

1—喂料斗；2—底座；3—中间节；4—头部；5—出料口

这样，通过两链条的同步移动就使得两根链条之间的畚斗在其封闭轨道上连续不断地移动。在翻转轮的作用下，畚斗翻转，畚斗中的物料由提升机出料口落入与其配套的设备暂存仓中。

（三）溜管

溜管又称自溜管、料管，形状有方形、圆形之分，材料有钢板、工程塑料和玻璃之分。溜管安装斜度一般不小于 36°，加工玉米种子一般不小于 38°，加工水稻、小麦种子一般不小于 45°，如遇高水分种子或含杂质灰分较高的种子，则应适当增加溜管倾角。

为防止种子物料对管壁的磨损，通常在溜管内部垫有一定厚度的工程塑料衬管，增加溜管的耐用性。

（四）水平输送设备

水平输送设备有皮带输送、螺旋输送、刮板输送和振动输送等多种形式。

1. 水平振动输送器

振动输送机可实现一机多入口或多出口的水平输送，因此在种子行业中得到了广泛的应用。在工作过程中可将种子连续、均匀地输送到预定的受料装置中。输送能力强，特别适用于输送比重小的轻质物料；工作过程中传递给底架的振动力很小，因此对基座的要求较低。

该机结构如图 1-3-5 所示，主要由电机、偏心机构、板弹簧、平衡装置、底架和输送槽等组成。

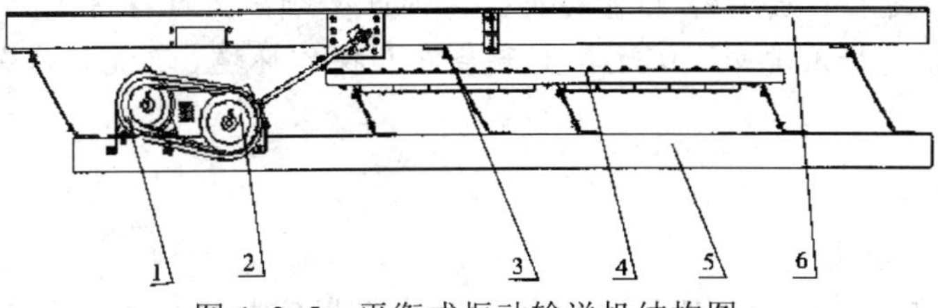

图 1-3-5　平衡式振动输送机结构图

1—电机；2—偏心机构；3—板弹簧；4—平衡装置；5—底架；6—输送槽

1）偏心机构。通过偏心机构旋转，达到产生振动的目的。

2）连杆。偏心机构产生的偏心振动通过连杆传递给输送槽和平衡块。

3）板弹簧。它起到了分别支撑输送槽和平衡块的作用，同时板弹簧与垂直方向的角度也确定了种子振动的运动方向。

2. 皮带输送机

皮带输送机的特点是构造简单，操作和维修方便，工作平稳可靠，输送量大，输送距离长，噪声小，能耗低，在整个输送长度上都可以进行装料和卸料且不损伤种粒。缺点是输送带易磨损。皮带输送机根据使用要求可以制成多种类型，有固定式和移动式。有输送小包装种子的平形托辊输送机，又有输送散种的槽形托辊输送机；有用托辊作支撑的托辊带式输送帆，还有伸缩式、转向式、管式、波纹挡边式皮带输送机等。不论何种类型的皮带输送机，它们的主要构件都是由输送带、支承装置、驱动装置、张紧装置、清扫装置、进料和卸料装置以及机架等部件组成的。托辊带式输送机一般结构如图 1-3-6 所示。

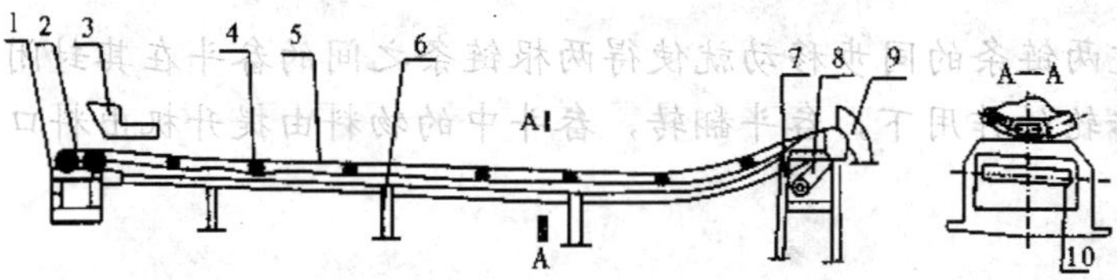

图 1-3-6　托辊带式输送机结构图

1—尾架；2—拉紧装置；3—进料斗；4—上托辊；5—胶带；6—中间架；7—头架；8—传动装置；9—抛料罩；10—下托辊

皮带输送机的基本布置形式有五种，如图 1-3-7 所示。

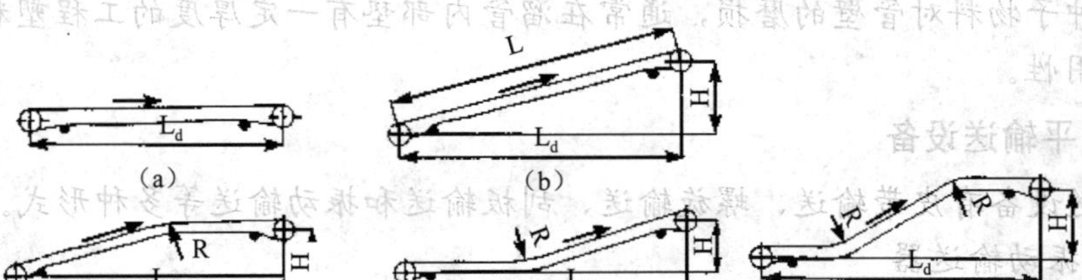

图 1-3-7　固定胶带输送机基本布置形式外形图

（a）水平输送（b）倾斜输送（c）带凸弧曲线段输送（d）带凹弧曲线段输送（e）带凹凸弧曲线段输送

三、除尘系统（彩图 61、62）

种子加工生产过程中会产生大量的灰尘，因此必须配置除尘系统，使车间内空气粉尘浓度符合国家相关标准要求，以改善生产条件和操作环境，还能完成某些工艺过程（如风选等）。

（一）除尘管网

1. 设计原则与要求

1）对有灰尘产生的地方，设计吸尘装置时应根据密封性的原则，尽量缩小尘源的范围，在适当部位合理安排除尘口。

2）在设计通风网路时应了解工艺过程，确定各除尘点所需风量。吸尘口应正对产生灰尘最多的地方，并保证空气通过尘源进入吸尘口。

3）为防止种子被吸走，吸尘口风速不应超过 4 m/s。

4）在满足除尘条件下，应尽量减少所需的风量，降低功率消耗。

5）除尘管网应不妨碍工人的操作和安全。

2. 除尘管网设计计算步骤及网路布置

1）计算各除尘点的风量和阻力。

2）把各台需吸风的机器设备按具体情况组成风网，并合理地排列管道。

3）绘制除尘管网的计算简图。

4）确定风网主干线风管，并将各管段编号。一般主干线风管的风速不应小于 12 m/s。风速的最大值由风管的最小直径所限制，而风速的最小值则由可靠的输送速度（大约 12 m/s）限制，而且支管中的风速应小于主干线风管的风速。

5）主干线风管中的压力损失是由与主干线风管相连的各管段中压力损失差的和来确定。

3. 除尘管网的管道设计

1）主干线风管尽可能平直，不影响现场的设备操作、运输和通行。尽可能保证与建筑的结构配合，少占空间，便于安装和维修。

2）为避免堵塞，通风除尘管道直径最小为 80 mm。

3）水平安装的管道应保持足够风速。

（二）风机

风机是除尘管网系统的重要设备之一。在种子加工工业，常用的风机有轴流式风机、离心式风机和罗茨风机。种子加工生产线上通常使用离心式风机，主要由叶轮、外壳、轴和轴承、支架等部件组成。离心式风机工作时，气流由轴向吸入，经 90° 转弯，由于叶片的作用而获得能量，并由蜗壳形外壳的径向出口甩出。

离心式风机的性能主要通过一些参数来表示，主要有风量、风压、功率和效率等。选用适宜通风机是保证通风除尘系统正常而又经济地运转的关键，选择的通风机不但能提供除尘系统所需的风量和风压，而且要使风机的工作点处于高效区。选用离心式风机有以下几个注意事项。

1. 正确确定系统风量和风压

考虑到管道可能漏风等原因，一般是在系统所需风量、风压的基础上乘以一个安全系数来确定风机的风量和风压。除尘系统风量附加安全系数为 1.1～1.15，除尘系统风压附加安全系数为 1.15～1.2。因此正确地确定系统风量、风压是风机选型的关键。风压偏高、风量偏大，与实际需要相差太大，不但会造成大量的能源浪费，而且往往给运行带来很大困难。因此实际选型时要按选定的通风机样本中的性能表或性能曲线选择合适的风机规格，应尽量采用同一型号中效率最高、耗电量最小的风机。

2. 要考虑气体含尘量对风机特性的影响

风机在含尘气体中工作，风量会减小，工作效率降低，功率增加。在设计含尘量大的除尘系统时，应尽量把风机放在除尘器后边。

3. 采取必要的消音及减震措施

除尘风机是种子加工生产线噪声污染的主要来源之一，主要表现为机械噪声、电机噪声及空气动力噪声。随着人们环境意识的增强，对风机所产生的噪声的控制要求也越来越严格。为了降低风机噪声，需定期对风机叶轮、轴承等工作部件进行维护。将除尘风机配置在生产车间外时有条件的可建立隔声室。选用风机时，在保证风机压力系数不变的前提下尽量采用低转速风机，最好对通风机的进出口采用软连接，机座加减震器。

（三）除尘器

反映除尘设备性能优劣的主要参数包括除尘效率、设备阻力、处理风量、日常运行成本、日常维护费用和使用寿命等。除尘效率是指除尘器所收集的粉尘重量占进入该除尘器的粉尘重量的百分比。要通过经济分析和评价选择适宜的除尘设备。种子加工设备中常用简易布袋除尘器和离心式除尘器等。

1. 简易布袋除尘器

简易布袋除尘器设备成本很低，但土建成本较高，其工作原理如图 1-3-8 所示。

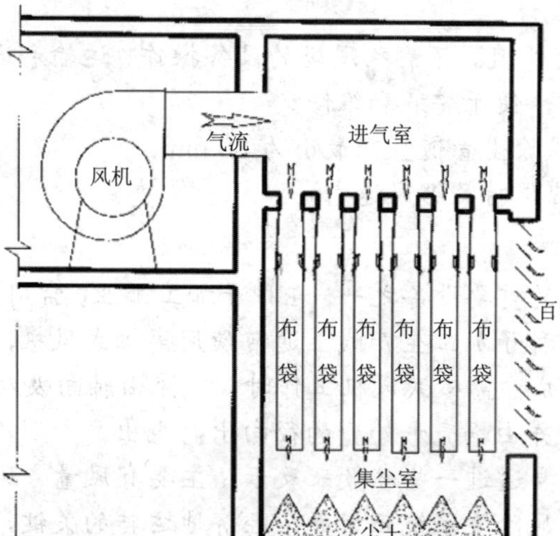

图 1-3-8　简易布袋除尘工作原理图

其基本构造是：侧壁开有进气口和底板上开有若干孔洞的密封进气室，挂在进气室孔洞下的无底布袋（布筒），开设百叶窗的集尘室。

基本工作原理是：含尘气流由风机吹入进气室，穿过楼板孔洞后进入布袋内部。起始阶段，少量气流穿越布袋侧壁，一部分尘土截留在布袋上，而大部分气流从布袋开口处排出，部分尘土沉降在集尘室地板上，部分尘土随尾气从集尘室百叶窗排出。使用一段时间后，若不及时清理地面积尘，尘土漫积起来会堵住布袋开口，含尘气流主要从布袋侧壁钻出，由于没有清理机构，尘土会淤积在布袋内侧和滤布中，使布袋阻力急剧增加，迫使除尘风量大大降低，从而影响除尘效果，如图 1-3-9 所示。若扎上布袋开口，其效果与之相同。即使能及时清理地面尘土，布袋上的粉尘也很难清理，而且会越积越多，使布袋失去滤尘作用，这时含尘气流主要从布袋开口处排出，集尘室只起到沉降室的作用，从百叶窗排放的尾气含尘量会较大。

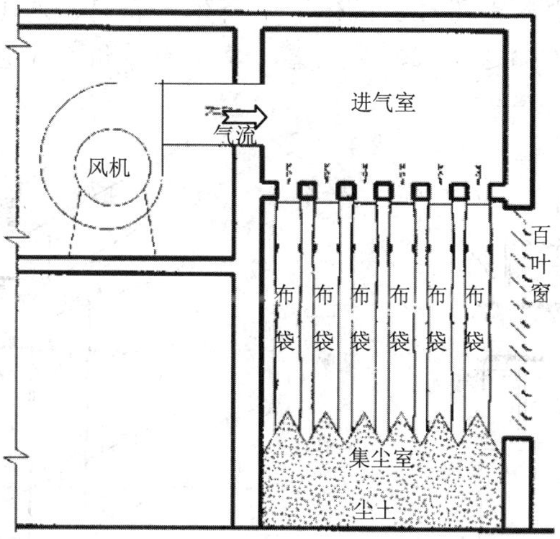

图 1-3-9　使用后的简易布袋除尘图

2. 脉冲式布袋除尘器

脉冲式布袋除尘器除尘效率较高，可达 99%～99.99%，但造价较高，一般用于对粉尘有严格限制的场合，常用的有圆形和方形两种，除造型不同外，其结构原理基本相同。

（1）基本结构

方形脉冲式布袋除尘器由上箱体、中箱体、下箱体、排灰系统和消灰系统五个部分组成，如图 1-3-10 所示。

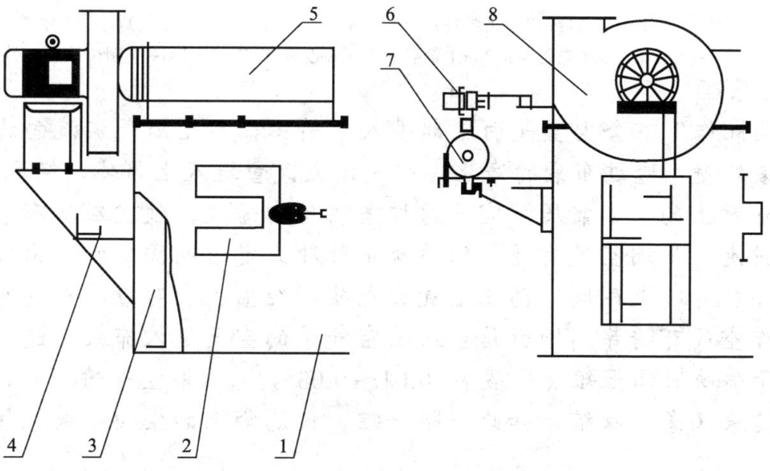

图 1-3-10　方形脉冲式布袋除尘器结构图

1—方形下箱体；2—箱门；3—滤尘布袋；4—脉冲控制仪；5—上箱体；
6—脉冲电磁阀；7—储气罐；8—离心通风机

1）上箱体：包括盖板、出气口。

2）中箱体：包括多孔板、骨架、滤袋、进气口、检修门。

3）下箱体：包括灰斗、挡灰板、检修道、支脚。

4）排灰系统：包括螺旋输送器、排灰阀、减速器、电动机。

5）消灰系统：包括控制仪、电磁脉冲阀、气包、喷吹管。

圆形脉冲式布袋除尘器由圆形上筒体、下筒体、箱门、滤尘圆布袋、脉冲控制仪、脉冲电磁阀、储气罐和离心通风机、关风器、集尘斗等组成（见图 1-3-11）。

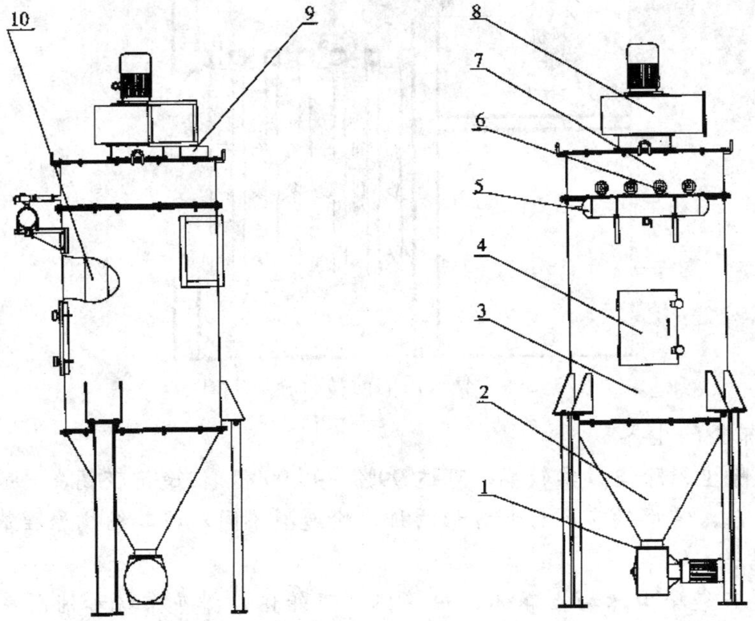

图 1-3-11　圆形脉冲式布袋除尘器结构图

1—关风器；2—集尘斗；3—下筒体；4—箱门；5—储气罐
6—脉冲电磁阀；7—上筒体；8—离心通风机；9—脉冲控制仪；10—滤尘圆布袋

（2）工作原理

在离心风机作用下含尘空气由底部吸入下筒体，粉尘随气流流向滤袋，但尘粒被隔离在滤袋外壁，透过布袋的净化，空气经文氏管进入上筒体，经风机出口排出。吸附在滤袋外壁上的尘粒靠压缩空气通过喷嘴反向喷吹，使尘粒从布袋抖落下来，随物料一起排走。压缩空气对滤袋的喷吹是脉冲式定时间隔喷吹。由脉冲控制仪发出信号，循序打开各电磁阀，高压空气由电磁阀经喷吹管对准对应的布袋喷射。在喷吹期间压缩空气可诱导周围数倍于压缩空气量的空气进入布袋，造成布袋瞬间急剧膨胀，由于喷吹时间很短（一般为 0.01～0.03 s），压缩空气喷过后，在风机负压的作用下，滤袋又急剧收缩，如此一胀一缩，使滤袋上的尘粒很快脱落，随物料一起排走。

3. 旋风除尘风机

旋风除尘风机主要由旋风风机、分离筒、刹克龙、回流管和集尘箱等组成，如图 1-3-12 所示。其基本工作原理是：含尘气流通过旋风风机后做强烈旋转运动，粉尘被甩到分离筒壁并向刹克龙集中，通过刹克龙的二次分离，大部分粉尘被收集并排放到集尘箱，少数粉尘随尾气回流到旋风风机进口处进行再分离，从而分离效率较高。国产旋风除尘风机对玉米脱落的表皮分离效果一般。旋风除尘风机造价较低，空间占用少适合经济型成套设备。

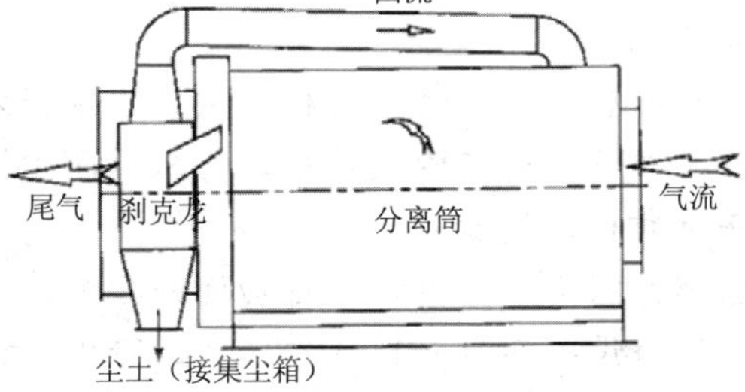

图 1-3-12　旋风除尘风机工作原理图

4. 离心除尘器

离心除尘器俗名刹克龙，是利用旋转气流的惯性离心力将尘粒从空气中分离出来的净化设备。由于离心除尘器结构简单，制造容易，运行费用低，因此在种子加工行业得到广泛应用。

离心除尘器的工作原理是（见图 1-3-13）：灰尘较高的空气以较高的速度沿外圆筒切线方向进入后，即在内外圆筒之间和锥体部分做自上而下的旋转运动。在旋转过程中由于尘粒的惯性离心力比空气大很多倍，因此被甩向器壁。当尘粒与器壁接触后，便逐步失去惯性力而沿壁面下落，经排灰口排出。自上而下的旋转气流，除其中一部分在中途逐渐由外向内而经内圆筒排出的，其余部分则随着圆锥筒的收缩而向锥体中心靠拢，在接近锥体下端时，又开始旋转上升，形成自下而上的旋转气流，然后经内筒顶部排出。

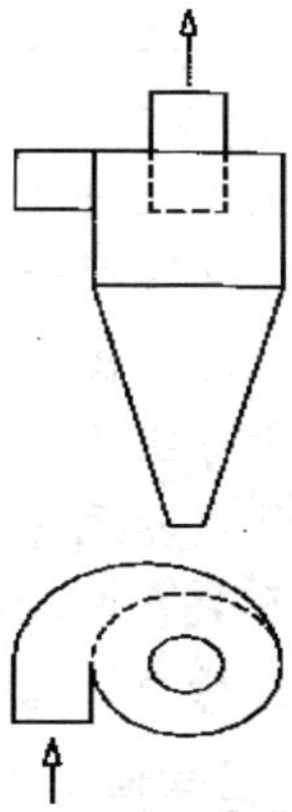

图 1-3-13　离心除尘器工作原理图

四、电控和温控系统（彩图 70）

电控与温控设备应根据种子加工工艺流程要求进行设计和制造。电控设备控制对象主要是种子加工机械的电动机，它的功能以控制为主，操作频率较高，控制电路比较复杂，具体控制方案也随着加工工艺流程要求有较大变化。因此，控制电路多采用断路器、接触器、热继电器、中间继电器、时间继电器等元件组装成固定式电控柜。

种子加工成套电气控制系统是成套设备运行的关键，它不仅反映种子加工成套设备的作业水平，而且是降低劳动强度、减少能源消耗、提高生产效率的关键环节。

（一）电控设计原则

电控系统主要根据种子加工的特点和不同种子的加工要求，采用集中控制和工艺流程模拟显示，可以手动控制和连锁自动控制，力求操作方便，工作安全、可靠。各电机的过载、短路、缺相和失压等保护通过装在电气控制柜内的自动开关、交流接触器和热继电器控制。整套设备的运行和故障情况通过显示屏上的绿、红指示灯显示。

1. 电气控制应满足操作工艺和安全要求

（1）设备关启动顺序原则

启动顺序由出料端逐台由后向前启动。关机时按工艺流程方向各设备由前向后顺序关机，不论开哪一台机器都必须先开启除尘风机，停机时除尘风机最后关停。

（2）电气控制分为手动控制和连锁自动控制

手动控制时每台设备都可以单启、单停。自动连锁控制时，实行分段控制。工作中任何一台机器出现故障，整套设备实行分段连锁保护。除尘风机实行单独控制，但在出现故障时整套设备应立即停车。

2. 电器元件选用和布置

（1）选用电器元件

要充分保证电路功能要求，即负载要求，做到经济合理。在完成配电、控制和保护任务前提下，充分发挥本身所具备的各种功能和作用。因此必须选用符合国家标准的电器元件。

（2）电器元件布置

要将断路器、开关等保护电器布置在操作人员容易接近位置，与其他电器和带电零部件保持一定距离，保证操作人员身体安全。各类仪表等指示元件尽可能安装在视线水平面上，所有操作手柄、按钮都应装在1.4～1.8 m高度处，即操作者手臂能够达到的范围内。各种电器元件布置应按电路（回路）分组，便于检查和维护，减压启动变压器等较重器件要装在电控柜底部，总空气开关装在电控柜一侧，各类电器元件连接导线应布置于塑料线槽内，保证使用安全。

（二）电气原理及维护

电气原理图与机械制图标准一样，均应按国家IEC标准绘制。一般的定型产品除了电气原理图还有安装接线图。种子加工工艺流程，因加工作物种子不同变化很大，因此电控柜属于工艺控制柜，只绘制电气原理图。

1. 电路组成

（1）主回路

电源从空气开关、交流接触器、热继电器到电动机。

（2）控制回路

通过电器元件使电机运转或停止的电路。

（3）信号回路

每台设备的运行或停止工作的指标信号，用指示灯显示。

（4）模拟屏显示回路

分为静态显示和动态显示。它包括每台设备的连锁、顺序（程序）启动、单机启动、低压启动、正反转启动等控制回路。在种子加工设备中常用的是11 kW电机采用Y—Δ减压启动，电机功率在15 kW以上的采用自耦变压器减压启动。

2. 保护接地和接零

（1）接地和接零

保护接地就是把电器设备的金属外壳、框架等非带电体用接地装置与大地连接，主要适用于电源终点不接地的低电压系统，防止设备漏电而造成触电事故。

保护接零是在电源终点接地的低压系统中，把电气设备的金属外壳框架与中线相连接。如果电气设备的绝缘损坏而碰壳，中线的电阻很小，则短路电流很大，将使电路中保护开关动作或使电路中保护熔丝断开，切断电源，促使外壳不带电，便没有触电可能。

（2）电控安装与维修

电气设备必须做到正确安装使用，才能在额定工作条件下正常工作，达到规定使用寿命，减小维修工作量。因此必须掌握正确的维护与修理常识。

一般在使用前应按电气原理图检查其标牌上的技术数据是否和使用要求相符，特别注意核对线圈电压数据，然后推拉活动部件使其闭合、打开，机构应灵活无卡滞现象，各主触头动作应同步。把铁芯极面上的防锈油擦净，并检查有无杂物落入接触器内部，然后方可使用。

电气设备应定期检查可动部分有无卡碰、动作不灵活现象，固定部分有无松动，零件有无损坏，触头表面应保持清洁，不允许有任何杂物。如触头表面出现因电弧作用而形成的小珠，应及时清除，但银和银基合金触头的表面在分断电弧过程中生成的黑色氧化膜不清除。触头在使用过程中出现磨损后可调整超程。只有当触头厚度磨损达到触头材料厚度的 2/3 时，才能调换触头。接触器上的灭弧室应保持完好，如发现损坏、破碎等现象，应及时更换，切不可在不带灭弧室的条件下使用。

3. 温控系统

温控设备主要是在种子干燥过程中对加热炉的炉况、干燥室、干燥种子的温度进行检测和控制，以保证按种子质量要求的温度进行干燥，确保种子发芽率不降低。温控系统一般由电耦、传感器、多点数字温度计、数字温度指标调节仪、执行器等元件构成。

4. 电控、温控的应用和发展方向

目前我国已建成 1 000 多条种子加工生产线，其中电控与温度都是采用常规的电器元件和常规的热工仪表进行工艺流程的控制、温度检测及温度控制。并且在种子加工成套设备中采用小型工业控制机、可编程序控制器（PLC 机）对加工工艺流程进行控制，采用单板机进行温度控制和检测，都达到了良好效果。

采用可编程序控制器的优点是：基本逻辑指令通用性强，便于掌握，编程方便灵活，功能齐全，主要有程序自动启动及停止，手动程序启动及停止，点动用于调试设备功能，模拟屏预选流程，对电机具有失压、过载、短路、断相等保护，另外还具有体积小、适应性强、抗干扰性好、使用方便、维护简单、性价比高等特点。

PLC 机能够提供几十个生产流程，满足复杂种子加工生产线要求，是一种较先进的自动控制系统。

温度控制及检测采用微电脑（单板机）控制质量高，使用方便，检测温度通道多，有较高抗干扰性和可靠性，在种子加工厂这一环境下能可靠运行。

五、选型与配套

（一）确定种子加工成套设备生产能力

目前国内生产的种子加工成套设备主要有每小时加工 3 t、5 t、8 t、10 t 和 12 t 等几个规格（以小麦作为加工对象，如果加工的是其他品种，则需要乘以一个相应的折算系数，如玉米为 0.8，水稻为 0.7，棉籽为 0.7，苜蓿为 0.2）。种子企业应该根据种子的年产量、收获时间、加工时间和销售时间及生产管理方式等因素综合确定设备的生产能力。

（二）确定种子加工成套设备中的主要机型

1. 干燥设备

成套中的干燥设备应该选用连续式烘干机，并且干仓的容量能保证至少一个班次的作业。为了减少种子破碎，应避免选用循环式干燥机。优先选用变截面五角盒混流干燥机。由于干燥作业和后续的清选加工作业可以同时进行，也可以错时进行，所以不要求其生产能力一定相同，具体应根据生产作业流程确定。

2. 预处理设备

并不是所有的种子加工成套设备都须安装预处理设备。如果加工对象是玉米子粒，则不需要脱粒设备；如果是果穗，则必须进行脱粒作业。如果是联合收割机收获的小麦一般还需要脱壳。而水稻及大多数禾本科种子需要除芒，红三叶草种子则需要破皮处理。棉花种子需要脱绒处理。甜菜种子需要磨光处理。番茄种子需要刷种除毛。由于种子形态差异比较大，因此不同的种子前处理工序有所不同。

3. 清选分级设备

清选分级主要用的机器有风筛式清选机、比重式清选机、窝眼筒清选机、分级机等设备。风筛式清选机按种子的宽度和厚度进行清选，同时可以去除大部分颖壳、尘土等杂物，建议选用双筛箱自衡式结构。比重清选机按种子的比重进行清选，建议选用长方形筛床的机型。窝眼筒清选机按种子的长度进行清选，建议选用组合式结构。分级机用于进行种子分级，有圆筒筛分级机和平面筛分级机两种机型。此外还有部分专用的种子清选设备可以加入到种子加工成套设备当中，如大豆螺旋分离机、谷糙分离机等。由于种子外形尺寸和形态差异比较大，要根据清选的种子物理特性来选择具体使用哪种清选设备来组成种子加工成套设备。

4. 包衣、丸粒化设备

种子包衣及丸粒化设备是 20 世纪末兴起的种子加工技术。目前在国内得到普遍应用，因此包衣机是种子加工成套设备中必不可少的一项。种类繁多，分类方法各异，用户可根据自己的实际情况选择种子加工成套设备中定量包装设备的数量和机型。

（三）选择种子加工成套设备的生产厂家

目前国内生产种子加工成套设备的厂家比较多，选购设备时应多方比较供货方，选择规模大、信誉好的企业。

（四）种子加工设备的流程与布置

种子加工生产线总体方案应委托专业的种子加工技术研究部门或工程技术部门设计，也可以由种子加工设备厂家设计。在设计过程中应加强沟通，根据“安全、环保、节省、高效、方便”的原则，按照要求和被加工种子的特点合理确定加工工艺流程和布局。

（五）典型的种子加工设备工艺解决方案

由于种子加工成套设备一般占地面积较大，投资也比较大，所以投资者都希望发挥设备的最大优势，可以用来清选经营的所有品种，即使是同一个品种，种子的质量差异也比较大。因此对种子加工成套设备流程的第一个要求就是流程可以变换，以适应不同作物种子的物料加工或不同品种的种子加工，其次种子加工成套设备的流程设计要合理，便于使用，针对不同的机器使用特点要有相应的附件，以满足设备的使用要求。举例来说，比重清选机在正常工作过程中要求台面上布满物料，并且要求进料稳定，否则，比重式清选机将不能正常工作，或清选能力下降。如果将物料直接投放到台面上进行清选，很难满足这样的使用要求，因此在比重清选机前方应设置一下缓冲仓，并在缓冲仓出口处安装振动给料器。当缓冲仓内没有物料时，要立即使比重式清选机停止工作，当缓冲仓内存有物料时，可重新开启比重式清选机，这样始终保持台面上正常厚度的物料层，振动给料器保证了比重式清选机稳定的喂料量。再比如包衣后的种子如果使用提升机直接进入计量秤，由于国产种衣剂配比一般比较大，种子比较湿，种子粘连在计量秤的计量斗上，造成计量秤的工作故障，粘在提升机畚斗上造成提升机畚斗堵塞，由于种子在成品袋内也会板结，这样就需要在包衣机之后增加一套能够使包衣后种子快速干燥的设备，以解决这些问题。另外种子加工成套设备中必须配有除尘系统，以改善加工车间的工作环境。

（六）种子加工成套设备主要技术参数（GB/T 21158—2007）

1. 范围

本标准规定了种子加工成套设备（以下简称成套设备）术语和定义、型式和型号及主参数系列、技术要求、试验方法、检验规则、标志和包装及运输等。

本标准适用于：

——小麦种子加工成套设备

——水稻种子加工成套设备

——玉米种子加工成套设备

——大豆种子加工成套设备

——蔬菜种子加工成套设备

——棉花种子（光籽，以下相同）加工成套设备

——油菜种子加工成套设备

——甜菜种子加工成套设备

其他农作物种子加工成套设备可参照执行。

2. 规范性引用文件

下列文件中的条款通过本标准的引用而成为本标准的条款。凡是注日期的引用文件，其随后所有的修改单（不包括勘误表内容）或修订版均不适用于本标准。然而，鼓励根据本标准达成协议的各方研究是否可使用这些文件的最新版本。凡是不注日期的引用文件，其最新版本适用于本标准。

GB/T 2681　电工成套设备中的导线颜色

GB/T 2682　电工成套设备中的指示灯和按钮的颜色

GB/T 3543.2　农作物种子检验规程　扦样

GB/T 3543.3　农作物种子检验规程　净度分析

CB/T 3797—2005　电气控制设备

GB/T 4404.1　粮食作物种子　禾谷类

GB/T 5748　作业场所空气中粉尘测定方法

GB/T 5983　种子清选机试验方法

GB/T 9480　农林拖拉机和机械、草坪和园艺动力机械

GB/T 12138　布袋除尘器性能测试方法

GB/T 12994　种子加工机械术语

GB/T 13306　标牌

GB 16297　大气污染物综合排放标准

GB Z 2—2002　工作场所有害因素职业接触限值

GB Z 159—2004　工作场所空气中有害物质监测的采样规范

HJ/T 286　环境保护产品技术要求　工业锅炉多管旋风除尘器

JB/T 5673　农林拖拉机及机具涂漆　通用技术条件

JB/T 10200　种子加工和粮食处理设备产品型号编制规则

LS/T 3501.12　粮油加工机械通用技术条件　产品包装

NY/T 374　种子加工成套设备安装验收规程

NY/T 611—2002　农作物种子定量包装

WS/T 69—1996　作业场所噪声测量规范

3. 术语和定义

GB/T 12994　确定的及下列术语和定义适用于本标准。

（1）长杂（large impurities）

形状与被加工作物种子相似，最大尺寸大于被加工农作物种子长度尺寸的杂质及其他植物种子（如小麦种子中的燕麦种子）。

（2）短杂（small impurities）

形状与被加工作物种子相似，最大尺寸小于被加工农作物种子长度尺寸的杂质及其他品种种子（如水稻种子中的整粒糙米）。

（3）异形杂质（different shape impurities）

最大尺寸与被加工农作物种子相近，而形状明显不同的杂质（如大豆种子的并肩石、异形粒及破损粒）。

（4）形状分选（separating by shspe）

根据被加工农作物种子与异形杂质在斜面上运动速度和轨迹的差异，将其分离的方法。

（5）发芽粒（sprouted kernel）

已长出芽或幼根的种子子粒（如芽或幼根已突出稻壳的水稻种子）。

（6）破损粒（broken kernel）

子粒残缺或已被压扁或裂口并改变形状的种子子粒。

4. 型式和型号及主参数系列

（1）型式

1）成套设备按加工农作物种子不同划分型式和命名，如小麦种子加工成套设备、蔬

菜种子加工成套设备、棉花种子加工成套设备等。

2）加工三种及以上农作物种子的成套设备，可称通用型种子加工成套设备。

（2）型号

按 JB/T 10200 规定编制各种型式成套设备产品型号。

（3）主参数系列

以生产率为成套设备主参数。主要农作物种子加工成套设备主参数系列应符合表 1-3-4 规定。

表 1-3-4　主要农作物种子加工成套设备主参数系列

序　　号	型　　式	主参数系列（t/h）
1	小麦种子加工成套设备	1.0、1.5、3、5、（7）、10、15
2	水稻种子加工成套设备	1.0、1.5、3、5、（7）、10
3	玉米种子加工成套设备	3、5、（7）、10、15、20
4	大豆种子加工成套设备	3、5、（7）、10
5	蔬菜种子加工成套设备	0.2、0.3、0.5、1.0
6	棉花种子加工成套设备	0.5、1.0、1.5、3、5
7	油菜种子加工成套设备	0.5、1.0、1.5、3、5
8	甜菜种子加工成套设备	0.5、1.0、1.5、3、5

注：括号内的数字为保留机型主参数。

5. 技术要求

（1）一般技术要求

1）成套设备应符合本标准规定，并按规定程序批准的图样和技术文件制造。

2）从原料种子接收到成品种子包装全过程作业应连续完成。杂质应能机械清理或人工辅助清理。

3）加工工序齐全，工艺流程可灵活选择，能适应不同原料种子质量及成品种子等级变化需要。

4）按表 1-3-5 配置的设备和辅助设备提升机、输送机应是符合相关标准的合格产品。

5）各工序加工量平衡，成套设备生产稳定。

6）设备布置合理，使用维修方便，便于清理。

（2）工艺流程和设备配置

主要农作物种子加工成套设备加工工艺流程和设备配置应符合表 1-3-5 规定。

表 1-3-5　工艺流程和设备配置

序　　号	型　　式	一般加工工艺流程	设 备 配 置
1	小麦种子加工成套设备	进料+基本清选+重力分选+长度分选→包衣→包装	风筛式清选机、重力式分选机、窝眼筒分选机、包衣机、定量包装机
2	水稻种子加工成套设备	进料→基本清选+重力分选→长度分选或重力分选→包衣→包装	风筛式清选机、重力式分选机、窝眼筒分选机或谷糙分离机、包衣机、定量包装机

续表

序　　号	型　　式	一般加工工艺流程	设 备 配 置
4	大豆种子加工成套设备	进料+基本清选→重力分选→形状分选→包衣→包装	风筛式清选机、重力式分选机、带式分选机或螺旋分选机、包衣机、定量包装机
5	蔬菜种子加工成套设备	进料→基本清选+重力分选→重力分选（去石）+包衣→包装	风筛式清选机、重力式分选机、去石机、包衣机、定量包装机
6	棉花种子加工成套设备	进料+基本清选+重力分选+包衣→包装	风筛式清选机、重力式分选机、包衣机、定量包装机
7	油菜种子加工成套设备	进料→基本清选或制丸机、定量包装机+重力分选→包衣→包装	风筛式清选机、重力式分选机、包衣机、定量包装机
8	甜菜种子加工成套设备	进料→基本清选+重力分选→包衣或丸化→包装	风筛式清选机、重力式分选机、包衣机或制丸机、定量包装机

注：水稻种子加工成套设备生产率>3 t/h，除短杂宜采用重力分选及重力谷糙分离机。

（3）性能指标

1）小麦、水稻、玉米及大豆种子加工成套设备性能指标应符合表 1-3-6 规定。

表 1-3-6　小麦、水稻、玉米及大豆种子加工成套设备性能指标

序　　号	性 能 指 标	小麦种子加工成套设备	水稻种子加工成套设备	玉米种子加工成套设备	大豆种子加工成套设备
1	生产率（t/h）	符合表 1-3-4 规定			
2	净度（%）	≥98			
3	获选率（%）	≥97	≥97	≥98	≥97
4	除长杂率（%）	≥95	—	—	—
5	除短杂率（%）		≥90		
6	发芽粒清除率（%）		≥85		
7	异形杂质清除率（%）				≥90
8	分级合格率（%）			≥90	
9	包衣合格率（%）	≥95	≥92	≥93	≥92
10	包装成品合格率（%）	≥98			
11	提升机(单机)破损率(%)	≤0.10	≤0.12	≤0.10	≤0.12
12	每吨种子耗电量（kW·L/t）	符合相关标准			

注：种子原始净度 94%～96%，其他指标参见 GB/T 4404.1～4404.2。

2）蔬菜种子加工成套设备性能指标应符合表 1-3-7 规定。

表 1-3-7　蔬菜种子加工成套设备性能指标

序　号	性能指标	白菜　甘蓝	茄子　辣椒　番茄	芹菜　菠菜
1	生产率（t/h）	符合表 1-3-4 规定		
2	净度（%）	≥98	≥98	芹菜≥95　菠菜≥97
3	获选率（%）	≥96	≥92	≥93
4	去石率（%）	≥96	≥95	≥95
5	包衣合格率（%）	≥95	≥90	≥90
6	包装成品合格率（%）	≥98		
7	提升机（单机）破损率（%）	≤0.10	≤0.12	≤0.10
8	每吨种子耗电量（kw・L/t）	符合相关标准		

注：种子原始净度，白菜、甘蓝、茄子、辣椒、番茄 94%～96%，芹菜、菠菜 91%～93%，其他指标参见 GB/T 16715.2～16715.5。

3）棉花、油菜及甜菜种子加工成套设备性能指标应符合表 1-3-8 规定。

表 1-3-8　棉花、油菜及甜菜种子加工成套设备性能指标

序　号	性能指标	棉花种子加工成套设备	油菜种子加工成套设备		甜菜种子加工成套设备
			杂交种子	常规种子	
1	生产率（t/h）	符合表 1-3-4 规定			
2	净度（%）	≥99	≥97	≥98	≥98
3	获选率（%）	≥98			
4	去石率（%）	≥90	≥95	≥95	≥90
5	健籽率（%）	≥95	—	—	—
6	包装成品合格率（%）	≥98			
7	提升机（单机）破损率（%）	≤0.12	≤0.10	≤0.10	≤0.12
8	每吨种子耗电量（kW・L/t）	符合相关标准			

注：棉花种子原始净度 95%～97%，油菜、甜菜种子 95%～96%。其他指标参见 GB/T 4407.1～4407.2 及 QB/T 19176。

（4）使用有效度

1）小麦、水稻、玉米、大豆种子加工成套设备和棉花、油菜、甜菜种子加工成套设备使用有效度应大于或等于 93%。

2）蔬菜种子加工成套设备使用有效度应大于或等于 92%。

（5）除尘设备

1）卸料坑进料口、提升机和输送机出料口缓冲仓和分级仓及成膜仓进料口均应设置除尘吸风口和吸风截止阀。

2）除尘管道连接应密封，无粉尘泄漏。

3）除尘器除尘效率：①旋风除尘器除尘效率应大于或等于 85%；②布袋除尘器除尘效率应大于或等于 95%。

4）除尘设备排放气体中颗粒物浓度及速率应符合 GB 16297 规定。

（6）电气控制设备

1）电气控制设备所装用的元器件、印制板、控制单元及操作件应是符合相关标准的合格产品。

2）导线颜色应符合 GB/T 2861 规定，指示灯和按钮颜色应符合 GB/T 2862 规定。

3）电气控制设备应具备的功能：①应具有短路、过载、零电压、欠压及过压保护作用；②顺序启动和顺序停机、单机启动和停机及各设备连锁功能；③每台设备运行和停止、缓冲仓和分级仓及成膜仓的上下料位均应有指示信号。

4）控制柜（台）设计、安装及布线应符合 GB/T 3797-2005 中规定。

（7）外观质量

1）成套设备的清选机械、包衣机、定量包装机及辅助设备涂漆颜色应相谐调。涂漆质量应符合 JB/T 5673 的规定。

2）提升机溜管和除尘管道空间布置应整齐排列有序。

3）安装工艺允许的现场焊接应焊缝均匀，无烧穿及焊点外溢。焊后补漆应符合 JB/T 5673 规定。

（8）工作场所职业卫生要求

1）加工车间空气中含粉尘浓度不大于 8 mg/m^3，包装车间和控制室不大于 4 mg/m^3。

2）加工车间工作地点噪声不大于 85 dB（A），包装车间和控制室不大于 75 dB（A）。

3）包衣车间空气中含有毒物质容许浓度应符合 GB Z2—2002 规定。

（9）环境条件适应性

1）环境空气相对湿度不大于 80%，包衣车间温度不低于 100 ℃，成套设备应能正常工作。

2）额定电源电压变化±10%，额定频率变化±2%，成套设备应能正常工作。

（10）安全技术要求

1）外露的传动件和风机进风口应安装防护装置。防护装置的结构、安全距离应符合 GB 10395.1—2001 规定。

2）对加防护装置仍不能消除或充分限制的危险部位，应装有指示危险用的安全标志，并符合 GB 10396 规定。

3）控制柜和所有电动机驱动的设备应装设安全接地保护，并应符合 GB/T 3797—2005 规定。

4）电气控制设备中电压超过 50 V 的带电件应具有防止意外触电保护措施，并符合 GB/T 3797—2005 中 5.4.10.1 规定。

5）集尘设备宜放置室外，需要放置室内时，应装置直接通往室外的泄爆管道。

（11）使用说明书

1）成套设备使用说明书应按 GB/T 9480 规定编写。

2）成套设备的清选机械、包衣机、定量包装机、提升机及输送机使用说明书应按 GB/T 9480 或 GB/T 9969.1 规定编写。

6. 试验方法

（1）试验要求

1）成套设备性能试验一般进行 3 次，每次不少于 30 min。试验测定结果取平均值。

2）应按规定的测试程序完成试验项目全部数据的测定，除包衣机外不得单机或单项试验测定。

3）以标准作物种子小麦种子加工成套设备为例进行性能试验。其他型式成套设备性能试验参照本章及 GB/T 5983 规定执行。

（2）试验准备

1）试验测定用仪器、仪表应校验合格。现场测试用仪器、仪表及准确度要求参见附录 A。

2）试验用小麦种子应是同一产地、同一品种、同一收获期质量基本一致的种子。种子原始净度 94%～96%，水分应符合 GB/T 4404.1 的规定。

3）试验用种衣剂应是符合相关标准的合格产品，按规定的环境条件，成膜时间应小于 20 min。

4）试验用成套设备应按 NY/T 374 规定安装，并通过验收，能正常作业。

5）成套设备全线空运行 10 min，喂入准备好的小麦种子，设计生产率运行 20 min。

（3）取样

1）基本清选前取样。在风筛式清选机喂入口接取，一次试验取样三次，在试验期间等间隔进行，每次取样质量不少于 1 kg。

2）长度分选后取样。在窝眼筒分选机主排出口接取，一次试验取样三次，在试验期间等间隔进行，每次取样质量不少于 1 kg。

3）包衣种子取样。在成膜仓出料口接取，一次试验取样三次，在试验期间等间隔进行，每次取样质量不少于 0.5 kg。

4）包装成品取样。在定量包装机成品输送带上抽取，一次试验取样三次，在试验期间等间隔进行，每次取样数量不少于 10 个包装件。

5）同类提升机破损率测定取样。分别在提升机进、出料口接收，一次试验取样三次，在试验期间等间隔进行，每次取样质量不少于 0.5 kg。

（4）样品处理

1）将（3）中 1）、2）三次接取的样品，按 GB/T 3543.2 规定分别配制成混合样品和送检样品。再按 GB/T 3543.3 规定分析计算出清选前后小麦种子的净度和每千克种子含长杂的粒数。要求在做净度分析分离样品时，应将未成熟的、瘦小的、皱缩的、破损的、带病的及发过芽的净种子全按杂质处理。

2）将（3）中 3）三次接取的样品，按 GB/T 3543.2 规定配制成混合样品，从中分捡出 300 粒，称量出其质量。从中分选出符合相关标准的包衣合格种子，称量出其质量。

3）将（3）中 4）三次抽取的包装件，按 NY/T 611—2002 中规定，分选出净含量和封缄合格的包装件。

4）将（3）中 5）每次在提升机进、出料口接取的样品，按 GB/T 3543.2 规定配制成混合样品，从中各分捡出 100 g 送检样品，从送检样品中分选出破损粒，称量出其质量。

（5）测试程序

1）按顺序启动成套设备，全线达到设计生产率之后：①记录开始时间；②开始记录耗电量；③开始计量风筛式清选机喂入量和窝眼筒分选机主排出口排出种子质量；④开始记录包装件数量；⑤按（3）规定取样；⑥按 GB/T 5748 规定采样测定加工车间、包装车间及控制室空气中粉尘浓度；⑦按 WS/T 69—1996 规定测定加工车间工作地点、包装车间及控制室噪声；⑧按 GB Z159—2004 规定在包衣车间采样测定空气中有毒物质浓度；⑨按 GB/T 12138、HJ/T 286 规定测定除尘器除尘效率；⑩按 GB 16297 规定采样测定除尘设备排放气体中颗粒物浓度及速率；⑪测定记录环境温度及湿度。

2）完成上述程序试验测定结束，记录结束时间及耗电量。准备第二次试验。

（6）试验测定结果计算

1）纯工作小时生产率。

$$E_C=W_q/T$$

式中 E_c—— 纯工作小时生产率（t/h）；

W_q—— 测定时间内，风筛式清选机喂入种子质量（t）；

T—— 测定时间间隔数值（h）。

2）加工每吨种子耗电量。

$$E_d=Q/W_q$$

式中 E_d—— 吨种子耗电量（kW · h/t）；

Q—— 测定时间间隔内成套设备耗电量（kW · h）。

3）获选率。

$$a=[(w\times u)/(W_q\times u_q)]\times 100\%$$

式中 a—— 获选率（%）；

w—— 测定时间间隔内窝眼筒分选机主排出口排出种子质量（t）；

u_q—— 清选前种子净度（%）；

u—— 清选后种子净度（%）。

4）长杂率。

$$b=[(H_q-H)/H]\times 100\%$$

式中 b—— 除长杂率（%）；

H_q—— 清选前每千克种子含长杂粒数；

H—— 清选后每千克种子含长杂粒数。

5）包衣合格率。

$$R=(A/Z)\times 100\%$$

式中 R—— 包衣合格率（%）；

A—— 包衣合格种子质量（g）；

Z—— 送检样品（300 粒）质量（g）。

6）包装成品合格率。

$$Q=(B_h/B)\times 100\%$$

式中　Q——包装成品合格率（%）；

B_h——抽检样品中净含量和封缄合格的包装件件数；

B——抽检样品件数。

7）提升机（单机）破损率。

$$s=(S/G-S_q/G_Q)\times100\%$$

式中　s——提升机（单机）破损率（%）；

S——提升机出料送检样品中破损粒质量（g）；

S_q——提升机进料送检样品中破损粒质量（g）；

G——提升机出料送检样品质量（g）；

G_Q——提升机进料送检样品质量（g）。

（7）电气控制设备性能测定

按 GB/T 3797—2005 中规定执行。

（8）试验报告

试验报告应包括以下内容，必要时应以图表形式加以说明：①试验目的、时间、地点及相关说明；②成套设备简介；③试验条件及作业状态；④试验结果及分析；⑤试验结论；⑥试验负责单位及参加人员。

7. 检验规则

（1）型式检验

1）成套设备的清选机械、包衣机、定量包装机、提升机及输送机产品具有下列情况之一时，应进行型式检验：①新设计的产品；②按用户要求增加生产能力或增加使用功能的产品；③第一次使用的外购产品；④交收检验发现有质量问题的产品；⑤停产一年以上再生产的产品。

2）型式检验内容和方法按 GB/T 5983 及相关标准执行。

3）成套设备如需型式检验按规定执行。

（2）交收检验

成套设备交收检验应按规定的项目方法执行。可按用户要求增减检验项目。

8. 标志、包装、运输及储存

（1）标志

在成套设备产品明显部位设置符合 GB/T 13306 规定的产品标牌。产品标牌内容包括：①制造厂名称；②产品型号、名称；③制造日期及出厂编号；④产品执行标准编号。

（2）包装

成套设备的清选机械、包衣机、定量包装机及控制柜应采用防雨封闭箱包装：提升机、输送机分解件及仓体，宜采用花格箱包装；台架类可裸装。包装技术要求按 LS/T 3501.12 规定执行。

（3）运输

成套设备包装件应符合公路、水路或铁路运输规定。

（4）储存

成套设备安装前应在库房内储存，地面应干燥，空气相对湿度不大于 85%。

（5）附录 A（资料性附录）

现场测试用仪器、仪表（不包括引用标准中所使用的仪器、仪表）及准确度要求如表 3-1-9 所示。

表 1-3-9　测试用仪器仪表准确度要求

序　号	名　称	准确度要求
1	温度计	±1 ℃
2	湿度计	±3%
3	秒表	±0.5s/d
4	快速水分测定仪	±0.5%
5	天平	0.01g
6	度盘秤（2 kg）	±0.2%
7	台秤（500 kg）	±0.5%
8	电子皮带秤	±0.25%
9	动态称量流量计	±1%
10	功率表	1.0 级

第四单元 种子贮藏

种子从收获至播种前需经过或长或短的贮藏阶段。种子贮藏的任务是采用合理的贮藏设备和先进、科学的贮藏技术，人为地控制贮藏条件，将种子质量的变化降到最低限度，最有效地保持种子旺盛的发芽力和生活力，从而确保播种价值。

种子贮藏期限的长短，因作物种类、耕作制度及贮藏目的而不同。如翻秋播种的种子贮藏期短，后备种子则要长一些，而种质资源保存的种子贮藏期则更长。一般情况下，贮藏期短的种子不易丧失生活力，贮藏期长的则容易丧失生活力。不过这不是绝对的，品质优良的种子，在干燥低温条件下，采用科学管理方法还是可延长寿命的，反之则不能，甚至可能引起种子迅速变质。所以，从提高种子耐藏性着手，改善贮藏条件，并采用科学的管理方法是种子安全贮藏的重要保证。

任务一 种子仓库

目标（Object）

种子仓库是贮藏种子的场所，为了保持种子的活力，降低衰变，应将种子置于能更好地保持种子质量及活力的场所。

通过对本节的学习，应该能够：

1）了解种子贮藏的环境要求；

2）了解种子仓库的类型及入库的方法。

任务（Task）

具备怎样的特点及功能的库房才能作为种子仓库呢？为此，学生应：

1）了解种子贮藏的环境要求；

2）了解种子仓库的建造特点及类型；

3）贮藏设备；

4）种子的入库；

5）入库方法。

准备（Prepare）

一、了解种子贮藏的环境要求

种子是活的有机体。每时每刻都在进行着呼吸作用，即使是非常干燥或处于休眠状态的种子，呼吸作用仍在进行，但强度减弱。种子的呼吸作用与种子的安全贮藏有非常密切的关系，因此，了解种子的呼吸及其各种影响因素，对控制呼吸作用和做好种子贮藏工作具有重要的实践意义。

种子呼吸的性质，根据是否有外界氧气参与分为两类：有氧呼吸和缺氧呼吸。

有氧呼吸即通常所指的呼吸作用，其过程可以简括如下：

$$C_6H_{12}O_6+6O_2 \rightarrow 6CO_2+6H_2O+\text{能量}（2\,870.22\ \text{kJ}）$$

无氧呼吸一般指在缺氧条件下，细胞把种子贮存的某些有机物分解成为不彻底的氧化产物，同时释放能量的过程。反应式如下：

$$C_6H_{12}O_6 \rightarrow 2C_2H_5OH+2CO_2+\text{能量}（100.416\ \text{kJ}）$$

种子呼吸强度的大小，因作物、品种、收获期、成熟度、种子大小、完整度和生理状态不同而不同，同时还受环境条件的影响，其中水分、温度和通气状况对种子影响更大。为此需创造低温、干燥、通风的贮藏环境，才有利于种子的贮藏。

二、种子仓库的建造特点及类型（彩图 64、65）

首先应在经济调查的基础上确定建仓地点，然后设计仓库的类型和大小。不但要考虑该地区当前的生产情况，还要考虑该地区的生产发展状况及远景规划，使仓库布局更为合理。

（一）建仓地段要求

1）仓基选择坐北朝南、地势高且干燥的地段较好。要防止仓库地面渗水，尤其是长江以南地区，除山区、丘陵地外，地下水位普遍较高，而且雨水较多，因此必须根据当地的水文资料及群众经验，选择高于洪水水位的地点或加高建仓地基。

2）建仓地段的土质必须坚实稳固。在有可能坍陷的地段，不宜建造仓库。一般种子仓库要求的土质坚实度，每平方米面积上应能承受 10 t 以上的压力，如果不能达到这个要求，则应加大仓库四角的基础和砖墩的基础，否则会发生房基下沉或地面断裂而造成不必要的损失。

3）建仓地点应尽可能靠近铁路、公路或水路运输线，以便利种子的运输。

4）建仓地点应尽量接近种子繁育和生产基地，以减少种子的运输费用。

5）建仓以不占用耕地或尽可能地少用耕地为原则。

（二）建仓标准

1．仓房应牢固

仓房应能承受种子对地面和仓壁的压力，以及风力和不良气候的影响。建筑材料从仓顶、房身到墙基和地坪，都应采用隔热防湿材料，以确保种子贮藏安全。

2．具有密闭与通风性能

密闭的目的是隔绝雨水、潮湿或高温等对种子的不良影响，并使药剂熏蒸杀虫达到预期效果。通风的目的是散去仓内的水汽和热量，以防种子长期处在高温高湿条件下影响其生活力。目前在机械通风设备尚未普及的情况下，一般采用自然通风。自然通风是根据空气对流原理进行的，因此，门、窗以对称设置为宜；窗户以翻窗形式为好，以便关闭时能做到密闭可靠；窗户高低应适当，过高则屋檐阻碍空气对流，不利通风，过低则影响仓库利用率。

3. 具有防虫、防杂、防鼠、防雀的性能

仓内房顶应设天花板，内壁四周需平整，并用石灰刷白，便于查清虫迹，仓内不留缝隙，既可杜绝害虫的栖息，又便于清理种子，防止混杂。库门需装防鼠板，窗户应装铁丝网，以防鼠雀进入。

4. 仓库附近应设晒场、保管室和检验室等建筑物

晒场用以干燥或处理进仓前的种子，其面积大小视仓库而定，一般以相当于仓库面积的1.5～2倍为宜。保管室是贮放仓库器材工具的专用房，其大小可根据仓库实际需用和器材多少而定。检验室需设在安静而光线充足的地区。同时，根据需要可以设立熏蒸室，用于种子的熏蒸和麻袋等包装用品的熏蒸。

（三）仓库的保养

种子入库前必须对仓库进行全面检查与维修，以确保种子在贮藏期间的安全。检查仓房首先应从大处着眼，仔细观察仓房有无下陷、倾斜等迹象，如有倒塌的可能，则不能存放种子。然后，从外到内逐步进行检查，先看房顶是否渗漏，再看仓内地坪是否平整光滑，如发现地坪有渗水、裂缝、麻点时，必须补修，修补完后，刷一层沥青，使地坪保持平整光滑。同样，内墙壁也应保持光滑洁白，如有缝隙应予嵌补抹平，并用石灰水刷白。仓内不能留小洞，防止老鼠潜入。新建仓库应作短期试存，观察其可靠性，试存结束后，即按建仓标准检修，确定其安全可靠后，方能长期贮存种子。

（四）仓库的类型

目前我国普遍采用的仓库可分为简易仓、房式仓、土圆仓、圆筒仓、低温仓库五类。其中简易仓和土圆仓造价低廉，施工方便，农村采用较为普遍；而房式仓、圆筒仓及低温仓库则以种子公司采用较多。总之，不论哪种类型仓库，建造时都应考虑到种子的安全性和仓库的牢固度。

1. 简易仓

简易仓（见图 1-4-1）利用民房改造而成，将原民房结构保留，堵塞仓内各处破漏洞，并用纸筋石灰把梁柱、墙壁抹平刷白，地面将土夯实，铺一层沥青纸（油毛毡），再铺上 13～17 cm 厚的干河沙；压平后再铺一层土坯，压实并用纸筋石灰抹平即可。总之，要使仓内达到无洞无缝、不漏不潮、平整光滑的要求，并待充分干燥后，才可存放种子。

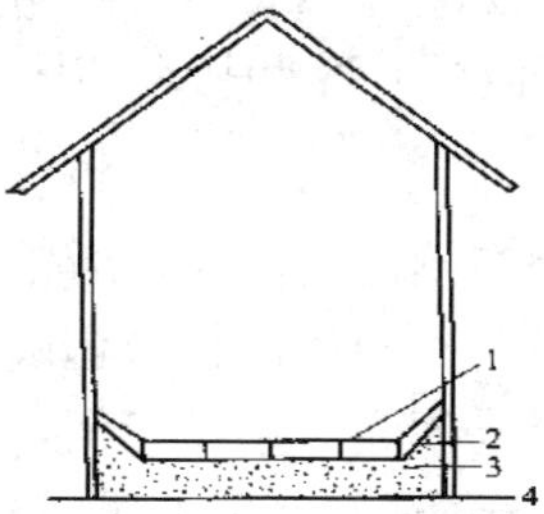

图 1-4-1 简易仓

1—纸筋石灰地坪；2—土坯；3—干沙；4—油毛毡

2. 房式仓

房式仓外形如一般住房（见图 1-4-2），因取材不同分为木材结构、砖木结构或钢筋水泥结构等多种。木材结构由于取材不易，密闭性能及防鼠、防火等性能较差，现已逐渐拆除改建。目前建造的大部分是钢筋水泥结构的房式仓。这类仓库较牢固，密闭性能好，能达到防鼠、防雀、防火的要求。仓内无柱子，仓顶均设天花板，内壁四周及地坪都铺设用以防湿的沥青层。这类仓库适宜于贮藏散装或包装种子。仓容量 15 万～150 万 kg 不等。

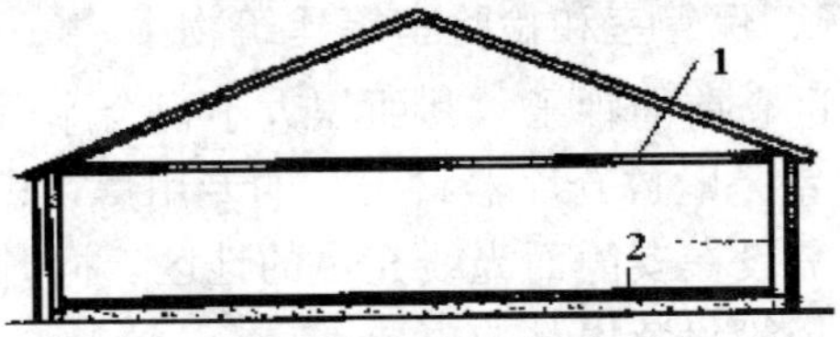

图 1-4-2　房式仓

1—天花板；2—沥青层

3．土圆仓

土圆仓，也叫土圆囤，是用黄泥、三合土或草泥建成的，仓体呈圆筒形（见图 1-4-3）。这类仓库结构简单，造价低廉，适用于广大农村专业户，尤其适合气候干燥的北方。其仓容量一般在 0.5 万～2.5 万 kg 之间。由于土圆仓存放种子数量较少，体积小，一般密闭条件也不如大仓，因此仓内的种子易受大气温度的影响，基本上随大气温度的升降而变化，略低或略高于气温。表层种子因仓内空间小，易受太阳辐射热的影响，种温变化较快。据观察，土圆仓的表层种子经一个夏季和冬季的贮存，至第 2 年 5 月，其水分比入仓时增加近 5%，其余的仅增加 1%～2%。因此，土圆仓内表层种子贮存到第 2 年，因受大气温湿度的影响较大，生活力一般较低，所以在表层 30 cm 以内的种子，不宜做种用。

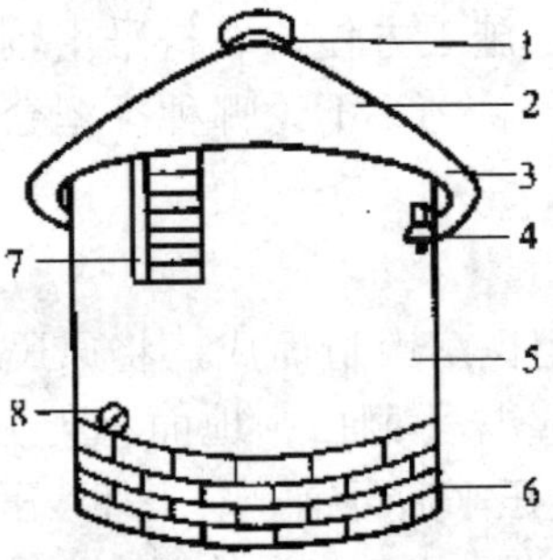

图 1-4-3　土圆仓外貌

1—通气孔；2—仓顶；3—仓檐；4—通气窗；5—墙身；
6—仓基；7—进口；8—出口

4．圆筒仓

这类仓库的仓体呈圆筒形。因筒形比较高大，通常配有遥测温湿仪、进出仓输送装置及自动过磅、自动清理等机械设备。一般的机械化圆筒仓由十多个筒体排列组成，四个筒体组合的中心成为星仓。这类仓库充分利用空间，仓容量大，占地面积小，一般要比房式仓省地 6～8 倍，但造价较高，适宜存放要求较严格的种子。

5．低温仓

这类仓库是根据种子安全贮藏的低温、干燥、密闭等基本条件建造的。其形状、结构大体与房式仓相同，但构造相当严密，其内壁四周与地坪除有防潮层外，墙壁及天花板都有较厚的隔热层。库房内设有缓冲间。低温仓不能设窗，以免外界温、湿透过缝隙传入仓内，有时仓内外温差过大，会在玻璃上凝结水而滴入种子堆。垛底设置 18 cm 高度的透气木质垫架，两垛种子间留 60 cm 过道，垛周边离墙体 50 cm，以利取样、检查和防潮。库房内备有降温和除湿机械设备，能使种温控制在 15 ℃以下，相对湿度在 65% 左右，是目前较为理想的种子贮藏库。

三、贮藏设备

为提高管理人员的工作效率和减轻劳动强度，种子仓库应配备下列设备。

（一）检验设备

为准确掌握种子在贮藏期间的变化动态和种子进出仓时的品质，必须对种子进行检验。检验设备应按所需测定项目设置，如测温仪、水分测定仪、烘箱、发芽箱、容重器、扩大镜、显微镜和手筛等。

（二）装卸、输送设备种子包（见图 1-4-4、图 1-4-5 及彩图 45～49）

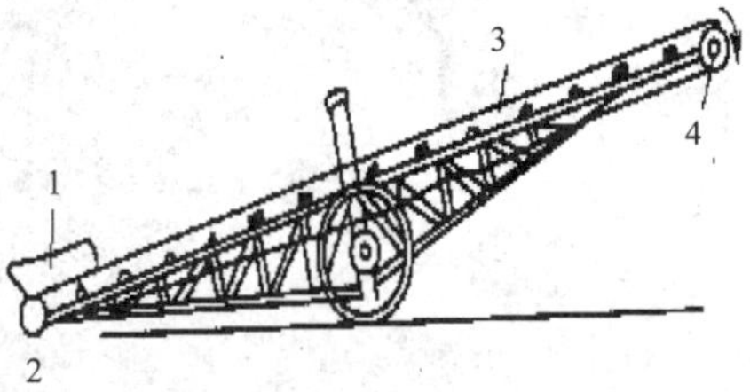

图 1-4-4　移动式皮带输送机图

1—接收槽；2—牵引滚筒；3—转动环带；4—传动滚筒

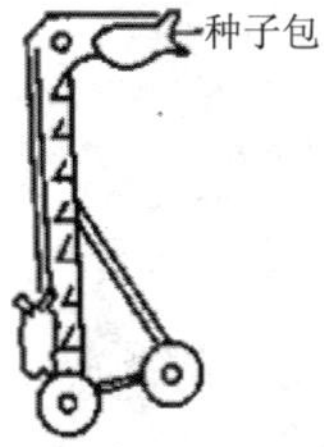

图 1-4-5　堆包机

（三）机械通风设备

当自然风不能降低仓内温湿度时，应及时采用机械通风。通风机械主要包括风机（鼓风、吸气）及管道（地下、地上两种）（见图 1-4-6、图 1-4-7）。一般情况下，吸风的通风效果比鼓风好。

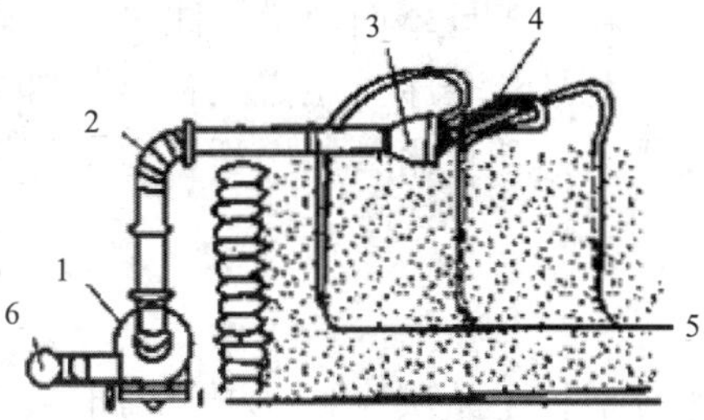

图 1-4-6　多管吸风机装置

1—吸风机；2—风管弯头；3—空气分配头；4—软管；5—支风管；6—废气出口

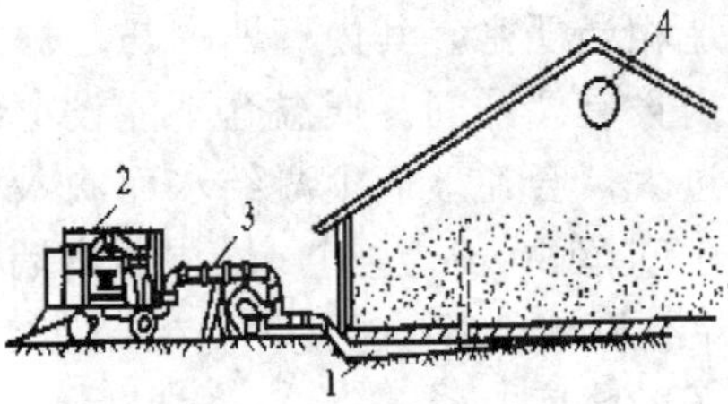

图 1-4-7　种子地下通风装置

1—分气管；2—通风管；3—空气推动装置；4—排风器

（四）种子加工设备

种子加工设备主要包括清选设备、干燥设备和药剂处理设备三大部分。清选设备又分为粗选和精选两种类型。干燥设备除晒场外，还应备有人工干燥机。药剂处理机械有包衣机、消毒机、药物拌种机等，对种子进行消毒灭菌，以防止种子病害蔓延（见图 1-4-8）。

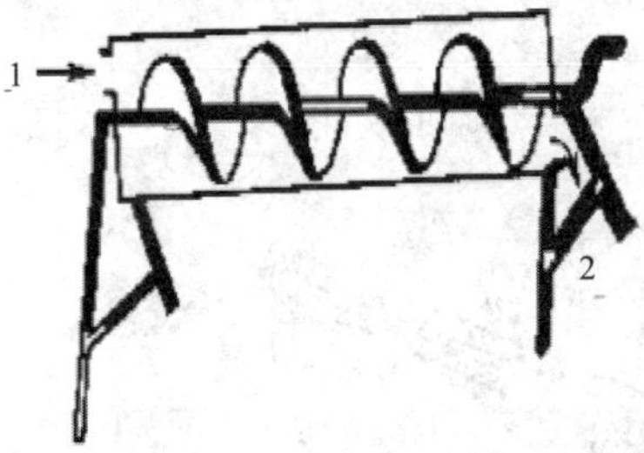

图 1-4-8　拌药机

1—种子和农药进口；2—出口

（五）熏蒸设备与消防设备

熏蒸设备是防治仓库内害虫必不可少的设备，有各种型号的防毒面具、防毒口罩、投药器及熏蒸剂等。仓库管理工作中的重要内容之一就是防火，因此，仓库应有消防设备，包括各种灭火器、干沙、消防栓等。

（六）其他设备

为了随时了解种子堆各部位和袋装种子堆垛不同部位的温度和湿度，目前，通常采用遥测温湿度仪，将其探头埋在种子堆不同部位，即可及时观察到种子堆内的温湿度变化，了解种子贮藏的稳定性。此外，仓库内还需配备包装器材如打包机、封口机，各种规格的麻袋、复合袋、晒场用具，计量用具如磅秤、电子秤等。

四、入库前的准备

种子入库前的准备工作包括种子品质检验、种子的干燥和清选分级以及仓房维修和清仓消毒等。概括地讲是两个方面的准备，即种子的准备和仓库的准备。

1. 种子的准备

（1）种子入库的标准

种子贮藏期间的稳定性因作物种类、成熟度及收获季节等的不同而存在显著差异。例如，在相同的水分条件下，一般油料作物种子比含淀粉或蛋白质较多的种子难保藏。对贮藏种子水分的要求也不相同，如籼稻种子的安全水分在南方必须在 13%以下才能安全度过夏季；而含油分较多的种子如油菜、花生、芝麻、棉花等种子的水分必须降低到 8%～10%以下。破损粒或成熟度差的种子，由于呼吸强度大，在含水量较高时，很容易遭受微生物及仓虫危害，种子生活力也极易丧失，因此，这类种子必须严格加以清选剔除。凡不符合入仓标准的种子，都不能急于进仓，必须重新处理，经检验合格以后，才能进仓储藏。

（2）种子入库前的分批

种子在进仓以前，不但要按不同作物、不同品种严格分开，还应根据产地、收获季节、水分及纯净度等情况分别堆放和处理。每批种子不论数量多少，都应均匀一致。要求从不同部位所取得的样品都能反映出每批种子所具有的共同特点。不同批的种子存在着一定的差异，如差异显著，就应分别堆放，或者进行重新整理，使其标准达到基本一致时，才能并堆，否则将会影响种子的品质。如纯净度低的种子，混入纯净度高的种子堆，不仅会降低后者在生产上的使用价值，而且还会影响种子在贮藏期间的稳定性。纯净度低的种子，容易吸湿回潮。同样，把水分悬殊太大的不同批的种子混放在一起，会造成种子堆内水分的转移，致使种子发霉变质。对于感染病虫或成熟不一的种子，均应分别堆放。种子入库前的分批，对保证种子播种品质和长期安全贮藏十分重要，必须认真按原则进行。入库时要做到“五分开”，即新、陈种子分开，干、湿种子分开，有虫、无虫种子分开，不同种类的种子分开，不同纯净度的种子分开贮藏，以提高贮藏的稳定性。

2. 仓库的准备

（1）仓库全面检查

仓库使用前应进行全面检查，确认仓库是否安全，门窗是否齐全、关闭是否灵便及紧密，防鼠、防雀设备是否完好等。

（2）清仓

做好清仓和消毒工作，是防止品种混杂和病虫滋生的基础，特别是那些长期贮藏种子而又年久失修（包括改造仓）的仓库更为重要。清仓工作包括清理仓库与仓内外整洁两方面。清理仓库不仅要将仓内的异品种种子、杂质、垃圾等全部清除，而且还要清理仓具、剔刮虫窝、修补墙面、嵌缝粉刷。仓外应经常铲除杂草，排去污水，使仓外环境保持清洁。

（3）消毒

不论是旧仓还是已存放过种子的新建仓，都应该做好消毒工作。方法有喷洒和熏蒸两种。消毒必须在补修墙面及嵌缝粉刷之前进行，特别要在全面粉刷之前完成。因为新粉刷的石灰，在没有干燥前碱性很强，容易使药物分解失效。

空仓消毒可用敌百虫或敌敌畏等药剂处理。用敌百虫消毒，可将敌百虫原液稀释至 0.5%～1%，充分搅拌后，用喷雾器均匀喷布，用药量为 3 kg 的 0.5%～1%水溶液可喷雾 100 m^2 的面积。也可用 1%的敌百虫水溶液浸渍锯木屑，晒干后制成烟剂进行烟熏杀虫。用药后关闭门窗不少于 72 h，以达到充分杀虫的目的。仓库消毒后，存放种子前一定要经过清扫。用敌敌畏消毒，每立方米仓容用 80%的乳油 100～200 mg。

施药用以下方法：①喷雾法，用 80%的敌敌畏乳油 1～2 g 兑水 1 kg，配成 0.1%～0.2%的稀释液即可喷雾；②挂条法，将在 80%的敌敌畏乳油中浸过的宽布条或纸条，挂在仓房空中，行距约 2 m，条距 2～3 m，任其自行挥发杀虫。

上述两种方法，施药后门窗必须密闭 72 h，才能有效。消毒后须通风 24 h，种子才能进仓，以保障人体安全；还可以用磷化铝熏蒸消毒，但需注意安全。

（4）仓容计算

仓容计算是为了合理使用和保养仓库，有计划地贮藏种子。通常计算仓容的方法是在不损坏仓库、安全贮藏种子、不影响操作的前提下，合理地测算出仓库的可用面积、可堆高度、种子容积，再根据堆放种子的种类来确定仓房的容量。

袋装仓容量=可堆放面积×每平方米每层包装种子质量×堆放层数

散装仓容量=仓库容积×种子容重

每平方米每层包装种子质量参考值为：小麦、玉米、大豆每袋种子重量 90 kg，平均每层量为 172 kg/m^2；稻谷、大麦每袋种子质量 70 kg，平均每层质量为 143 kg/m^2。对于无设计标准的简易仓、改建仓等，可根据仓房的牢固程度和堆放方式加以研究确定。

五、入库方法（彩图 57～60）

入库的种子必须是经过清选和干燥后达到安全贮藏标准的种子。入库前还须做好标签和卡片。标签上注明作物、品种、等级及经营单位全称，并牢牢拴在袋外。卡片应在包装封口前填写好装入种子袋内或放在种子囤、堆内。填写内容有作物、品种、纯度、发芽率、水分、生产年月和经营单位。入库时，必须随即过磅登记，按种子类别和级别分别堆放，防止混杂。堆放的形式可分为袋装堆放和散装堆放两种。

（一）袋装堆放

袋装堆放是指用麻袋、布袋等包装种子，然后堆垛贮藏。袋装堆放适用于多品种种子，并能防止品种间的混杂，有利于通风，便于管理。为了管理和检查方便，堆垛时应距离墙壁 0.5 m，垛与垛之间相距 0.6 m 留作操作道。垛高和垛宽根据种子干燥程度和种子状况酌情增减。含水量较高的种子，垛宽越窄越好，便于通风散去种子内的潮气和热量；干燥种子垛宽可适当加大。堆垛的方向应与库房的门窗相平行，如门窗是南北对开，则垛向应从南到北，这样便于管理，打开门窗时，有利空气流通。堆放时袋口要朝里，以免感染虫害和防止散口倒堆。一般包装种子，底部有垫仓板，离地约 20 cm，利于通气。袋装堆垛形式视仓房条件、贮藏目的、种子品质、入库季节和气温高低等情况灵活运用。袋装堆垛法主要有如下几种。

1．实垛法

实垛法（见图 1-4-9）是指袋与袋之间不留距离，有规则地依次堆放，宽度一般以 4 列为好，也可以堆成 2 列、6 列或 8 列等。长度视仓库而定，有时放满全仓。堆垛两头要堆成半“非”字形，以防止倒桩。此法仓容利用率较高，但对种子品质要求很严格，一般适宜于冬季低温入库的种子或临时性存放种子。

2.“非”字形及半“非”字形堆垛法

这种堆垛法通风性能好，不易倒塌，便于检查。按照“非”字或半“非”字形排列堆成。如“非”字形堆法（见图 1-4-10），第一层中间并列各直放两包，左右两侧各横放三包，形如“非”字。第二层则用中间两排与两边换位，第三层堆法与第一层相同。半“非”字形是“非”字形的减半。

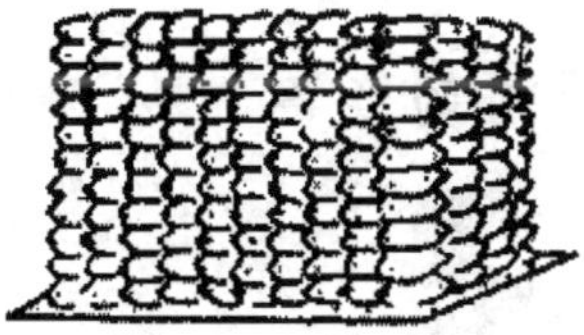

图 1-4-9　实垛

图 1-4-10　“非”字形堆垛

3. 通风垛

这种堆垛法空隙较大，便于通风、散湿、散热，多半用于秋冬季节保管高水分种子。夏季采用此法，便于逐包检查种子的安全情况。通风垛有“井”字形、“口”字形等多种形式。堆垛难度较大，应注意安全，不宜堆得过高，宽度不宜过宽。

（二）散装堆放

在种子数量多，仓容不足或包装工具缺乏时，多半采用散装堆放。此法适宜存放充分干燥、净度较高的种子。

1. 全仓散堆及单间散堆

用此法可堆放数量较多的种子，仓容利用率高，也可根据种子数量和管理方便的要求或需要堆放多个品种时，为了避免混杂，可将全仓隔成几个单间，进行堆放。种子一般可堆高 2～3 m，但必须在安全线以下，全仓散堆数量大，必须严格掌握种子入库标准，平时加强日常管理，尤其要注意表层种子的结露或“出汗”等不正常现象。

2. 围包散堆

仓壁不十分坚固或没有防潮层的仓库，或堆放散落性较大的种子（如大豆、豌豆）时，可采用此法。如图 1-4-11 所示，堆放前按仓房大小，以一批同品种种子做成麻袋包装，将包沿壁四周离墙 0.5 m 垛成围包墙，堆放高度不宜过高，围包高度可至 2 m 左右，在围包以内围包散堆即可散放种子。围包内的种子必须低于围包高度，并应注意防止塌包。要包包靠紧，层层骑缝，使围包连成一体，不易倒塌，同时由下而上逐层缩进 3 cm 左右。

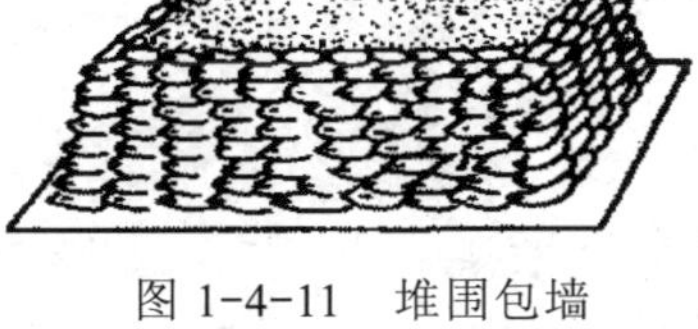

图 1-4-11　堆围包墙

3. 围囤散堆

在品种多而数量又不大的情况下可采用此法，或当品种级别不同或种子还不符合入库标准而又来不及处理时，也可作为临时堆放措施。堆放时边堆边围囤，囤高一般在 2 m 左右。

行动（Action）

活动一　简述选择种子库房的标准

阴凉、干燥、通风。

活动二　以种子库房为例，种子入库前的准备

1）仓库全面检查。

2）清仓。

3）消毒。

评估（Evaluate）

完成了本节的学习，通过下面的练习进行自我检查：

1）简述种子贮藏的环境要求；

2）简述种子仓库的类型及入库的方法。

任务二　种子仓库的管理

目标（Object）

种子贮藏期间的环境条件和管理是保持贮藏种子质量符合标准的最主要措施，管理质量的优劣程度将直接影响着种子的种用价值及商品性。

通过对本节的学习，应该能够：

1）了解种子贮藏期间的变化特点；

2）掌握种子贮藏期间的管理重点。

任务（Task）

为做好种子贮藏期间的管理工作，首先要了解种子在贮藏期间的变化特点和保持种子质量轻微衰变的贮藏条件；其次，根据贮藏需要制订和采取相应的管理措施，为此须掌握：

1）呼吸与种子贮藏的关系；

2）温度与水分的变化；

3）种子的结露和预防；

4）种子发热和预防；

5）种子的衰老变化；

6）管理制度和管理工作；

7）合理通风；

8）种子的检查。

准备（Prepare）

一、呼吸与种子贮藏的关系

种子的呼吸是种子贮藏期间生命活动的集中和具体表现，对种子贮藏有两方面的影响。有利方面是呼吸可以促进种子的后熟作用，但通过后熟的种子还是要设法降低种子的呼吸强度；利用呼吸自然缺氧，可以达到驱虫的目的。不利方面是在贮藏期间种子呼吸强度过高会引起以下诸多问题。

1）旺盛的种子呼吸消耗了大量贮藏干物质。据计算，每放出 1 g 二氧化碳必须消耗 0.68 g 葡萄糖。贮藏物质的损耗会影响种子的质量和种子生活力。

2）种子呼吸作用释放出大量的热量和水分。由于种子堆是热的不良导体，这些水分和热量不能散发出去，使种子堆湿度增大，种温增高，湿度与热量重新被种子吸收后，使得种子的呼吸强度提高。如此循环最后会造成种子发热霉变，完全丧失生活力。

3）缺氧呼吸会产生有毒物质，积累后会毒害种胚，降低或使种子丧失生活力。

4）种子呼吸释放的水汽和热量，使仓虫和微生物活动加强，加剧对种子的取食和危害。而它们生命活动的结果又释放出大量的热能和水汽，间接地促进了种子呼吸强度的提高。因此，必须尽可能地在种子贮藏期间降低种子的呼吸强度，使种子处于极微弱的生命活动状态中。在种子贮藏期间把种子的呼吸作用控制在最低限度，可有效地保持种子的生活力。一切措施，包括收获、脱粒、清选、干燥、仓房选择、种子品质、环境条件和管理制度等都必须围绕降低种子呼吸强度和减缓劣变进程展开。

二、种子贮藏期间的变化

种子入库后，环境条件转为干燥、低温、密闭状态。但种子的生命活动并没有停止，而只是随着条件的改变而进行得更缓慢。由于种子本身的代谢作用以及受环境的影响，致使仓内的温度状况逐渐发生变化，如吸湿回潮、发热和虫霉等异常情况出现。因此了解种子贮藏期间的各种变化，对于做好种子贮藏管理工作具有十分重要的意义。

（一）温度与水分的变化

种子入库后，处于一个全新的环境之中，各种环境因子中对贮藏种子生命力影响最大的是温度和水分。一般情况下，大气温湿度的变化影响着仓内温湿度；仓内温湿度的变化影响着种温和种子水分。此“三温三湿”变化规律，主要指一年中和一天中的变化规律，对种子的安全贮藏有着重要意义。

1. 温度的变化

（1）种温日变化

种温在一昼夜之间的变化叫日变化。通常在一天中，12—14 时气温最高，凌晨 4 时左右气温最低。仓温日变化的最高、最低值较气温迟 1～2 h，这随仓房结构与密闭情况不同而异。由于种子是不良导体，种温的最低、最高值比气温最低、最高值出现的时间迟 2～3h。种温以每日上午 6—7 时最低，之后逐渐上升，下午 5—6 时最高，之后又逐渐下降。种温的日变化表现并不十分明显，仅对种子堆表层 15～30 cm 和沿壁四周有影响，变化幅度较小，一般在 1 ℃左右，距表面 30 cm 以下种温几乎无变化。

（2）种温年变化

种温在一年之中的变化称为年变化。种温的年变化较大，在气温上升季节（3—8 月），种温随着上升，但种温低于仓温和气温；在气温下降季节（9 月至次年 2 月），种温也随着下降，但高于仓温和气温。种温升降的速度一般比气温慢半个月至 1 个月，因此最低种温出现在 3 月或 3 月以后；最高种温出现在 9 月或 9 月以后。

种温的年变化（见图 1-4-12）表现在种子堆各层次之间也较明显，各层次之间的变化幅度受种子堆大小和堆放方式、仓房结构严密程度以及作物种类等的影响。小型种子堆、包装堆放、大粒种子及仓房密闭性能差的，种温随气温变化较快，各层次间的温差幅度也较小，基本上随气温在同一幅度内升降。在和上面相反的另种条件下，种温随气温变化较慢，各层次间的温差也较明显。在 1 年中 1—3 月下层种温最高，中层其次，上层最低；6—10 月却为上层最高，中层其次，下层最低；4—5 月与 11—12 月三层种温基本平衡。

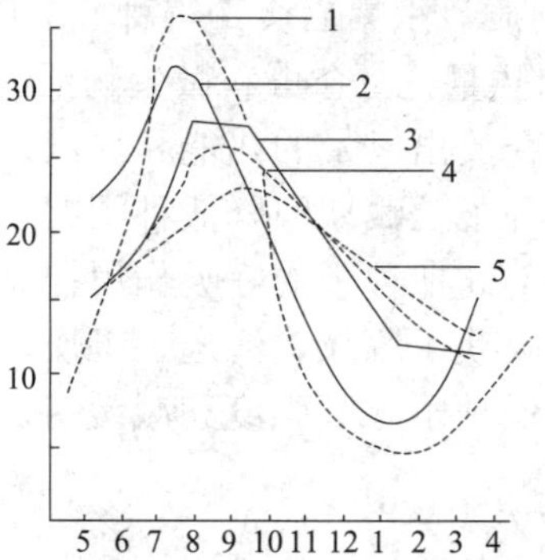

图 1-4-12　平房仓大量散装稻谷各层温度的年变化

1—气温；2—仓温；3—上层温度；4—中层温度；5—下层温度

2．水分的变化

（1）种子水分的日变化和年变化

种子水分受空气湿度影响反应较快，变化也较大，一天中以每日上午 2—4 时最高，下午 4—6 时最低。变化范围在种子堆表面 15～20 cm，30 cm 下影响较小。一年中的变化随季节而不同，在正常情况下，低温和梅雨季节的种子水分较高，夏、秋季节的种子水分较低。各层次的种子水分变化各不相同，上层受影响最大，影响深度一般在 30 cm 左右，而其表面的种子水分变化较为突出，中层和下层的种子水分变化较小，但下层近地面 15 cm 左右的种子易受地面的影响，种子水分上升较多。所以，表面层和接触地面的种子易受大气温湿度的影响，水分增多时会发生结露，甚至发芽、发热、霉烂现象。种子结露现象多发生在每年 4 月、11 月的前后，必须引起注意。

（2）种堆内冷热空气对流

种堆内冷热空气对流会造成种子水分分层现象。此现象常发生在秋冬季节。一般所说的“结顶”大都是由此产生和发展的结果。进入秋冬季节，经常翻动种堆的表面层，使种堆内部水分向外散发，可以降低种子水分，防止结露、结顶。

（3）种堆内的水分热扩散

种堆内的水分热扩散也叫湿热扩散。种堆内的温度是不平衡的，常存在着温差。种堆水分按照热传递的方向而移动的现象，称为水分热扩散现象，也就是种堆内水汽总是从温暖部位向冷凉部位移动的现象。湿热扩散造成的局部水分增高常常发生在阴凉的墙边、柱石周围、墙角、种堆的底部等部位。种堆中冷热温差越大，时间越长，湿热扩散就越严重，甚至产生结露，严重影响贮藏种子的安全。种堆水分的湿热扩散和空气对流而导致的水分转移，往往同时发生，不易区分。

（4）种堆水分的再分配

种子水分能通过水汽的解吸和吸附作用而转移，这一规律叫做水分再分配。温度越高，水分再分配（平衡）速度越快。所以在种子入库和堆放时，必须把不同水分的种子分开堆放，以防干燥的种子受潮，影响种子的安全贮藏。

（二）种子的结露和预防

1．种子结露的原因和部位

结露是空气中的水汽量达到饱和状态后，凝结成水的现象，发生在种子上就叫种子结露。开始出现结露的温度，称为露点温度，也叫露点，即水分含量一定的空气，当它达到饱和状态时（相对湿度 100%）所对应的温度。

由于热空气遇到冷种子后，温度降低，使空气的饱和含水量减小，相对湿度变大。当温度降低到空气饱和含水量等于当时空气的绝对湿度时，相对湿度达到 100%，此时在种子表面开始结露。如果温度再下降，相对湿度超过 100%，空气中的水汽不能以水汽状态存在，在种子上的结露现象就越明显。种子结露是一种物理现象，一年四季均有可能发生，只要当空气与种子之间存在温差，并达到露点就会发生结露现象；空气湿度越大，也越容易引起结露；种子水分越高，结露的温差越小；反之，种子越干燥，结露的温差越大，种子也越不易结露。种子水分与结露温差的关系见表 1-4-1。

表 1-4-1　种子水分与结露温差的关系

水分（%）	10	11	12	13	14	15	16	17	18
结露温差（℃）	12～14	10～12	8～10	7～8	6～7	4～5	3～4	2	1

2．仓内结露的部位

（1）种子堆表面结露

种子堆表面结露多半发生在开春后，外界气温上升，空气比较潮湿，这种湿热空气进入仓内首先接触种子堆表面，引起种子表面层结露，其深度一般由表面深至 3 cm 左右。

（2）种子堆上层结露

秋、冬转换季节，气温下降，影响上层种子的温度。而中下层种子温度仍较高，热空气上升，遇到上层冷种子，二者造成温差引起上层结露，其部位于距表面 20～30 cm 处。

（3）地坪结露

这种情况常发生在经过暴晒的种子未经冷却，直接堆放在地坪上，造成地坪湿度增大，引起地坪结露；也有可能发生在距地坪 2～4 cm 的种子层，所以也叫下层结露。

（4）垂直结露

发生在靠近内墙壁和柱子周围的种子，成垂直形。前者常见于圆筒仓的南面，因日照强，墙壁传热快，种子传热慢而引起结露；后者常发生在钢筋水泥柱子周围，这种柱子传热快于种子，使柱子或靠近柱子周围种子结露。木质柱子结露的可能性小一些。其次房式仓的西北面也存在结露的可能性。

（5）种子堆内结露

种子堆内通常不会发生结露，如果种子堆内存在发热点，而热点温度又较高，则在发热点的周围就会发生结露。另一种情况是两批不同温度的种子堆放在一起，或是同一批经暴晒的种子入库时间不同，造成二者温差引起种子堆内夹层结露。

（6）冷藏种子结露

经过冷藏的种子温度较低，遇到外界热空气也会发生结露，尤其是夏季高温时，从低温库提出来的种子，更易引起结露。

（7）覆盖薄膜结露

应用塑料薄膜进行密封贮藏，有隔湿作用。然而在有温差存在的情况下，却易凝结水珠。结露发生在薄膜温度高的一面。

3. 种子结露的预测

种子结露是由于空气与种子之间存在温差而引起的，但并非任何温差都会引起结露，只有达到露点温度时才会发生结露现象。为了预防种子结露，及时掌握露点温度显得十分重要，预测露点温度就可以预测结露的发生。预测露点温度的方法有多种，在此介绍常用的两种。

（1）应用种堆露点近似值检查表

预测种子的露点温度，一般可采用检查露点温度的方法进行。例如，已知仓内种子水分含量为13%，种温 20 ℃，查表 1-4-2，以种子水分含量 13%向下、种温 20 ℃向右，二者的交点就是露点的近似值，即约在温度 12 ℃。说明种子水分含量为 13%时，种温由 20 ℃降至 12 ℃，即温差在 8 ℃以上时，就有可能发生结露现象。

表 1-4-2 种子堆露点温度近似值检查表

种温（℃）	种子水分（%）								
	10	11	12	13	14	15	16	17	18
0	-14	-11	-9	-7	-6	-4	-3	-2	-1
5	-9	-7	-5	-3	-1	0	1	3	4
10	-2	0	1	3	4	5	7	8	9
13	1	3	4	6	7	9	10	11	12
14	2	4	6	7	8	10	11	12	13
15	3	5	6	8	9	10	12	13	14
16	3	5	7	8	10	11	13	14	15
18	4	6	8	10	12	13	15	16	17
20	6	8	10	12	13	15	16	18	19
22	8	10	12	14	15	17	18	20	21
24	10	12	14	16	17	19	20	22	23
26	12	14	16	18	20	21	22	24	25
28	14	16	18	20	22	23	24	26	27
30	16	18	20	22	24	25	26	28	29
32	18	20	22	24	26	27	28	30	31
34	20	22	24	26	28	29	30	32	33

（2）应用空气饱和湿度表

在一定温度下，空气的饱和湿度为一常数，当空气中实有水汽达到饱和时便能发生结露。因此，根据这种关系就可预测露点。

例如，种温为 20 ℃，仓内或种堆的湿度为 74%，这时露点的测算方法：①查饱和水汽量表（见表 1-4-3），得出 20 ℃时的饱和水汽量为 17.117 g/m^3。②计算 20 ℃时的实有水汽量为 17.117×74%=12.667 g/m^3。③再查饱和水汽量表，当 12.667g/m^3 为饱和水汽量时，其相当的温度在 15 ℃与 14 ℃之间，接近 15 ℃，则取 15 ℃为所求的露点。

表 1-4-3　空气的饱和水汽量表

温度（℃）	饱和水汽量（g/m^3）	温度（℃）	饱和水汽量（g/m^3）	温度（℃）	饱和水汽量（g/m^3）	温度（℃）	饱和水汽量（g/m^3）
-20	1.078	-3	3.926	14	11.961	31	31.702
-19	1.170	-2	4.211	15	12.712	32	33.446
-18	1.269	-1	4.513	16	13.504	33	35.272
-17	1.375	0	4.835	17	14.338	34	37.183
-16	1.489	1	5.176	18	15.217	35	39.183
-15	1.611	2	5.538	19	16.143	36	41.274
-14	1.882	3	5.922	20	17.117	37	43.461
-13	1.942	4	6.330	21	18.142	38	45.746
-12	2.032	5	6.768	22	19.220	39	48.133
-11	2.192	6	7.217	23	20.353	40	50.625
-10	2.363	7	7.703	24	21.544	41	53.8
-9	2.548	8	8.215	25	22.795	42	56.7
-8	2.741	9	8.858	26	24.108	43	59.3
-7	2.949	10	9.329	27	25.486	44	62.3
-6	3.171	11	9.934	28	26.931	45	65.4
-5	3.407	12	10.574	29	28.447	50	83.2
-4	3.658	13	11.249	30	30.036	100	597.4

4．种子结露的预防

防止种子结露的方法，关键在于设法缩小种子与空气、接触物之间的温差，具体措施如下。

（1）保持种子干燥

干燥种子能抑制种子生理活动及虫、霉为害，也能使结露的温差增大，在一般的温差条件下，不至于立即发生结露。

（2）密闭门窗保温

季节转换时期气温变化大，这时要密闭门窗，对缝隙要糊 2～3 层纸条，尽可能少出入仓库，以利隔绝外界湿热空气进入仓内，从而预防结露。

（3）表面覆盖移湿

春季在种子堆表面覆盖 1～2 层麻袋片，可起到一定的缓和作用。即使结露也是发生在麻袋片上，到天晴时将麻袋移置仓外晒干冷却再使用，可防种子表面结露。

（4）翻动面层散热

秋末冬初气温下降，经常耙动种子面层深至 20～30 cm，必要时可耙深沟散热，防止上层结露。

（5）种子冷却入库

经暴晒或烘干的种子，除热处理之外，都应冷却入库，可防地坪结露。

（6）围包柱子

有柱子的仓库，可将柱子整体用 1 层麻袋包扎或用报纸 4～5 层包扎，可防柱子周围的种子结露。

（7）通风降温排湿

气温下降后，如果种子堆内温度过高，可采用机械通风方法降温，使之降至与气温接近，可防止上层结露。对于采用塑料薄膜覆盖贮藏的种子堆，在 10 月中、下旬应揭去薄膜改为通风贮藏。

（8）仓内空间增温

将门窗密封，在仓内用电灯照明，可使仓内增温，提高空气持湿能力，减少温差，可防上层结露。

（9）冷藏种子增温

冷藏种子在高温季节出库，须进行逐步增温或通过过渡间，使之与外界气温相接近，可防结露。但每次增温温差不宜超过 5 ℃。

5．种子结露的处理

种子结露预防失误时，应及时采取措施加以补救。补救措施主要是降低种子水分，以防进一步发展。通常的处理方法是倒仓暴晒或烘干，也可以根据结露部位的大小进行处理。如果仅是表面层结露，可将结露部分种子深至 50 cm 的一层揭去暴晒。结露发生在深层，则可采用机械通风排湿。当暴晒受到气候影响，又无烘干通风设备时，可根据结露部位采用就仓吸湿的办法，也可收到较好的效果。即采用装有生石灰的麻袋，平埋在结露部位，让其吸湿降水，经过 4～5 d 取出。如果种子水分仍达不到安全标准，可更换石灰再埋入，直至达到安全水分为止。

（三）种子发热和预防

1．种子发热的判断

种温不符合“三温三湿”变化规律而发生异常高温，即为发热。种温究竟达到多高才算发热，不可能规定一个统一的标准，必须通过实践加以仔细鉴别。正常情况下可从以下方面判断。

（1）种温与记录比较

同一层种温与前几次检查记录对照，是按三温变化规律变化的，不是发热。

（2）各检查点比较

同一批种子比较，各检查点间的温度应一致。

（3）种温与仓温比较

在春天气温上升季节，种温不正常地上升，其幅度超过日平均仓温 3～5 ℃以上；在秋冬气温下降季节，种温长期不降，甚至上升，均是发热的现象。

（4）检查的温度数据与早几年比较

一般情况下，相近年份同季节的温度变化应相接近。

在判断种子是否发热时，除对温度进行对比分析外，还要检查种子的色、味、水分以及虫霉的发生情况，以作出正确的判断。

2．种子发热的原因

（1）种子呼吸放热

种子在贮藏期间新陈代谢旺盛，会释放出大量的热能，积聚在种子堆内。这些热量又进一步促进种子的生理活动，释放出更多的热量和水分，如此循环往复，导致种子发热。这种情况多发生于新收获的或受潮的种子。

（2）微生物的迅速生长和繁殖引起发热

在相同条件下，微生物释放的热量远比种子要多。实践证明，种子发热往往伴随着种子发霉。因此，种子本身呼吸热和微生物活动的共同作用结果，是导致种子发热的主要原因。

（3）仓虫活动

仓虫大量聚集在一起，其呼吸和活动摩擦会产生热量。

（4）种子堆放不合理

种子堆各层之间或局部与整体之间温差较大，造成水分转移、结露等情况，也能引起种子发热。仓房条件差或管理不当，往往也会引起种子发热。

总之，发热是种子本身的生理生化特点、环境条件和管理措施等综合造成的结果。

3．种子发热的种类

根据种子堆发热部位，种子发热可分为以下五种类型。

（1）上层发热

一般发生在近表层 15～30 cm 厚的种子层。发生时间一般在初春或秋季。秋季气温下降，新收入仓种子后熟呼吸旺盛，释放出大量水汽。外界气温逐渐下降影响到仓壁，使靠仓壁的种温和仓温随之降低，近墙壁的空气形成一股气流向下流动，由于种堆中央受气温影响小，种温仍较高，形成一股向上的气流，因此向下的气流，经过底层，由种子堆的中央转而向上，通过种温较高的中心层，再到达顶层中心较冷部分，与四周的下降气流形成回路。在此气流循环回路中，种子堆中水分随气流流动，热水汽向上运动在上层遇冷而凝结，此部位水分增高，使种子和微生物呼吸增强，引起发热（见图 1-4-13）。

（2）下层发热

发生在接近地面的一层种子。多半由于晒热的种子未经冷却就入库，遇到冷地面发生结露引起发热，或因地面渗水使种子吸湿返潮而引起发热。开春后，热空气沿仓壁上升，冷空气在中心部位下沉，形成回流。在此气流循环中，种子堆中水分随气流流动，遇地面较冷种子层而凝结，使下层种子水分增高，引起发热（见图 1-4-14）。

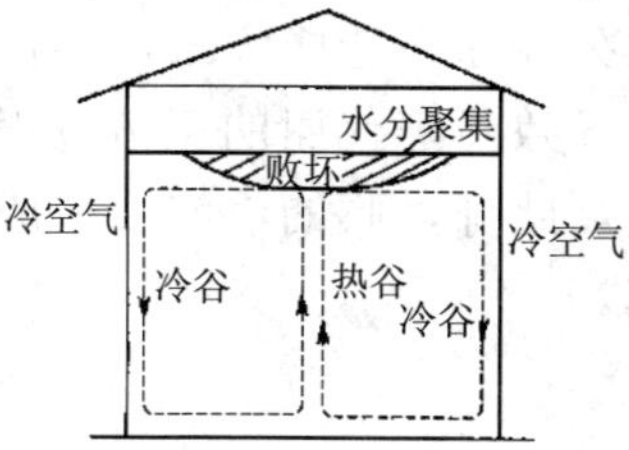

图 1-4-13 上层发热原理图

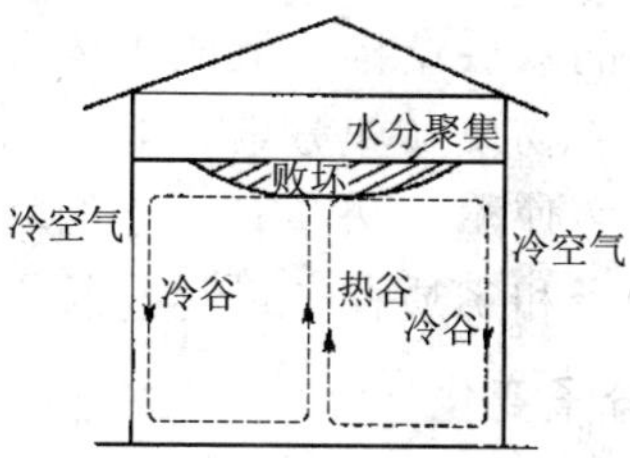

图 1-4-14 下层发热原理图

（3）垂直发热

在靠近仓壁、柱子等部位，当冷种子遇到仓壁或热种子接触到冷仓壁或柱子形成结露，并产生发热现象，称为垂直发热。前者发生在春季朝南的近仓壁部位，后者多发生在秋季朝北的近仓壁部位。

（4）局部发热

这种发热通常呈窝状形，发热部位不固定，多半由于分批入库的种子品质不一致，如水分相差过大、整齐度差或净度不同等造成。某些仓虫大量聚集繁殖也可以引起发热。

（5）整仓（全囤）发热

上述四种发热现象中，无论哪种发热现象，发生后如不迅速处理或及时制止，都有可能导致整仓（整囤）种子发热。

4. 预防措施

（1）严格掌握种子入库的质量

种子入库前必须严格进行清选、干燥和分级，不达到标准，不能入库，对长期贮藏的种子，要求更加严格。入库时，种子必须经过冷却（热进仓处理的除外）。

（2）做好清仓消毒，改善仓储条件

贮藏条件的好坏直接影响种子的安全状况。仓房必须具备通风、密闭、隔湿、防热等条件，以便在气候剧变阶段和梅雨季节做好密闭工作；而当仓内温湿度高于仓外时，又能及时通风，使种子长期处在干燥、低温、密闭的条件下，确保安全贮藏。

（3）加强管理，勤于检查

应根据气候变化规律和种子生理状况，制订出具体的管理措施，及时检查，及早发现问题，采取对策，加以制止。种子发热后，应根据种子结露发热的严重情况，采用翻耙、开沟、扒塘等措施排除热量，必要时进行翻仓、摊晾和过风等办法降温散湿。发过热的种子必须经过发芽试验，凡已丧失生活力的种子，皆应改作他用。

（四）种子的衰老变化

同一切生物一样，种子也要经历形成、生长、发育、成熟和死亡的过程。在贮藏期间，种子的形态结构及生理生化方面均会发生一系列的劣变，正是这些变化的积累造成种子生命力的最终丧失。

1. 细胞膜变化

细胞膜分质膜和内膜两大类，是许多酶的载体以及生理活动的场所。在成熟、干燥过程中，种子的细胞膜发生深刻的变化，遭到不同程度的破坏。当种子发生劣变时，干燥种子膜的受损渗漏程度较为严重，劣变种子再度吸水时，膜的修复很缓慢，甚至无法恢复到正常的双层结构，造成永久性损伤。膜的永久性损伤造成大量可溶性营养物质以及生理上重要物质（如激素、酶蛋白等）的渗漏，导致新陈代谢的正常过程受到严重影响。膜的破坏使酶无法存在，它的功能亦随之丧失。此外，膜的渗漏会造成微生物大量繁殖，死种子和劣质种子最容易长霉就是这个原因。

2. 大分子变化

大分子主要是指对生物物质合成起关键作用的核酸。种子的劣变表现在核酸方面的反应有二：一是原有核酸解体，二是新的核酸合成受阻。核酸和蛋白质结合而形成核蛋白，它是细胞核和细胞质的主要组分。核酸的降解和合成受阻，其影响面是极其广泛的。在生产上，由衰老种子长成的幼苗畸形、矮小、早衰，瘦弱苗明显增多，最终导致产量降低。同时种子衰老过程中蛋白质的变性首先表现在酶蛋白的变性上，最终使酶的活性丧失和代谢失调。

3. 有毒物质积累

种子贮藏过程中，随时间推移特别是在不良的环境条件下各种生理活动产生的有毒物质逐渐积累，使正常生理活动受到抑制，最终导致死亡（有毒物质的积累主要在胚部）。另外，微生物分泌的毒素也有毒害作用（尤其在高温高湿条件下）。

总之，种子衰老过程是一个从量变到质变的过程，随着衰老的程度而有不同的表现和特点，最终导致种子死亡。

三、种子贮藏期间的管理

种子贮藏期间的管理工作十分重要，应该根据具体情况建立各项制度，提出措施，勤加检查，以便及时发现和解决问题，尽量减少损失。

（一）管理制度和管理工作

1. 管理制度

种子入库后，建立和健全管理制度十分必要。管理制度内容包括以下几方面。

（1）生产岗位责任制

担任此项工作的人员要具有一定的责任心以及事业心。保管人员要不断钻研业务，努力提高科学管理水平。有关部门也要对其定期考核。

（2）安全保卫制度

仓库要建立值班制度，组织人员巡查，及时消除不安全因素，做好防火、防盗工作，保证不出事故。

（3）清洁卫生制度

做好清洁卫生工作是消除仓库病虫害的先决条件。仓库内外需经常打扫、消毒，保持清洁。要求做到仓内“六面光”，仓外“三不留”（杂草、垃圾、污水）。种子出仓时，应做到出一仓清一仓，出一囤清一囤，防止混杂和感染病虫害。

（4）检查和评比制度

检查内容包括气温、仓温、种子温度、大气湿度、仓内湿度、种子水分、发芽率、虫霉情况以及仓库情况等。根据种子仓库情况开展“五无”仓库的评比，“五无”种子仓库是指种子贮藏期间无虫、无霉变、无鼠雀、无事故、无混杂。

（5）建立档案制度

每批种子入库，都应将其来源、数量、品质状况等逐项登记入册，每次检查后的结果必须详细记录和保存，便于前后对比分析和考查，有利于发现问题，及时采取措施，改进工作。

（6）财务会计制度

每批种子进出仓库，必须严格实行审批手续和过磅记账，账目要清楚，对种子的余缺做到心中有数，不误农时，对不合理的额外损耗要弄清原因或适当程度追查责任。

2. 管理工作

（1）防止混杂

种子进出仓库时容易发生品种混杂，需特别注意。

(2) 隔热防湿，合理通风

根据不同季节，做好仓库的密闭与通风工作。

(3) 治虫、防霉、防鼠雀

(4) 防事故发生

贮藏期间要防止发生火灾、水淹、盗窃、错收错发和不能说明原因的损耗等仓储事故。

(5) 检查工作

查仓是一项细致的工作，检查要有详细的记录。具体步骤是，打开仓门后，先闻一下有无异味，然后再看门口、种子表面等部位有无鼠雀活动留下的痕迹，观察墙壁等部位有无仓虫；划区设点安放测温湿度仪器；扦取样品，供水分、发芽率、虫害、霉变等项目的测定所用；观测温湿度结果；观看仓库内外有无倾斜、缝隙和鼠洞；根据检查结果，进行分析，针对问题，及时处理或提出解决的方法。

(二) 合理通风

1. 通风的目的

通风是种子在贮藏期间必不可少的一项重要管理措施。通风可以降低温度和水分，抑制种子生理活动和害虫、霉菌的为害；维持种子堆内温度的均衡性；促使种子堆内的气体对流，排除种子本身代谢作用产生的有害物质和药剂熏蒸后的有毒气体等。有发热症状或经过机械烘干的种子，则更需要通风散热。

2. 通风的原则

无论哪种通风方式，通风之前均必须测定仓库内外的温度和相对湿度的大小，以决定能否通风。

1) 遇雨天、刮台风以及浓雾等天气，不宜通风。

2) 当外界温湿度均低于仓内时，可以通风。但要注意寒流的侵袭，通风过大而引起表层种子结露。

3) 当仓内外温度相同，而仓外湿度低于仓内；或者仓内外湿度基本相同而仓外温度低于仓内时，可以通风。前者以散湿为主，后者以降温为主。

4) 仓外温度高于仓内而相对湿度低于仓内；或者仓外温度低于仓内而相对湿度高于仓内，这时能不能通风，则取决于当时的绝对湿度，如果仓外绝对湿度高于仓内，不能通风，反之能通风。绝对湿度（g/m^3）等于当时的饱和水汽量（g/m^3）乘以当时的相对湿度（%）。

例如，在仓外气温为 15 ℃、空气相对湿度为 80%；仓内温度为 20 ℃、相对湿度为 65%的情况下，试判断能否通风。

经查饱和水汽量表知道，温度 15 ℃时的饱和水汽量为 12.712 g/m^3，温度 20 ℃时的饱和水汽量为 17.117 g/m^3，它们的绝对湿度分别为

$$仓外绝对湿度=12.712\times80\%=10.169\ g/m^3$$

$$仓内绝对湿度=17.117\times65\%=11.261\ g/m^3$$

二者相比较，仓内绝对湿度大于仓外，因此可以通风。

3. 通风方法

通风的方法有自然通风和机械通风两种，可根据目前仓房的设备条件和需要选择进行。

（1）自然通风法

这是根据仓房内外温、湿度状况，选择有利于降温降湿的时机，打开门窗让空气进行自然交流达到仓内降温散湿的一种方法。其效果与温差、风速和种子堆装方式有关。温差越大，内外空气交换量越多，通风效果越好；风速越大则风压增大，空气流量也多，通风效果好；仓内包装堆放的通风效果比散装堆放的好，而包装小堆和通风桩又比大堆和实垛的通风效果好。

（2）机械通风法

机械通风是一种用机械鼓风（或吸风）通过通风管或通风槽进行空气交流，使种子堆达到降温、降湿的方法，多半用于散装种子。由于它是采用机械动力，通风效果比自然通风好，具有通风时间短、降温快、降温均匀等优点。

机械通风的方式有风管式机械通风和风槽式机械通风两种，根据空气在种子堆内流动的方式不同，又可分为压入式机械通风与吸出式机械通风。用风机把干燥冷空气从管道或内槽压入种子堆，使堆内的湿热空气由表面排出的叫压入式；从管道或风槽吸出湿热空气，而干冷空气从表面进入种子堆的叫吸出式。用风管式通风降温（见图 1-4-15）一般采用吸出式为宜。吸出式通风对上、中层种子降温效果显著，对下层种子降温效果较差。为了避免发生这种情况，在用吸出式之后再改用压入式，可防止表层种子结露。通风降温后，还需要拔去通风管以防管壁周围的种子结露。风槽式机械通风可根据通风槽能否移动，又分为固定式（地下）和移动式（地上）两种。固定式又称地槽式，在仓房地平面以下开设地槽。移动式通风槽可制成三角形或半圆形，根据仓房形状布置在地坪上（见图 1-4-16）。

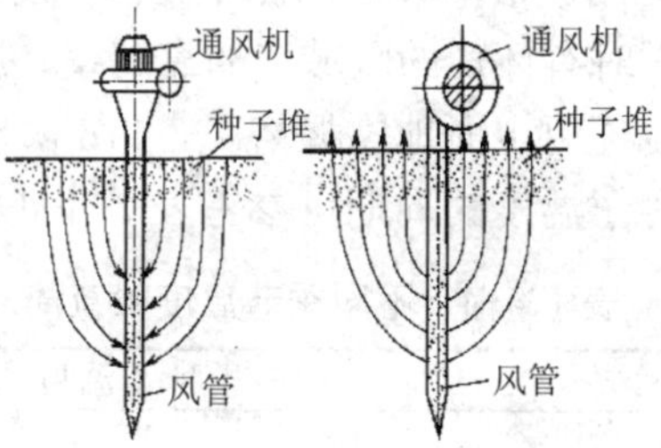

图 1-4-15　单管通风两种用法

（a）吸出式　（b）压入式

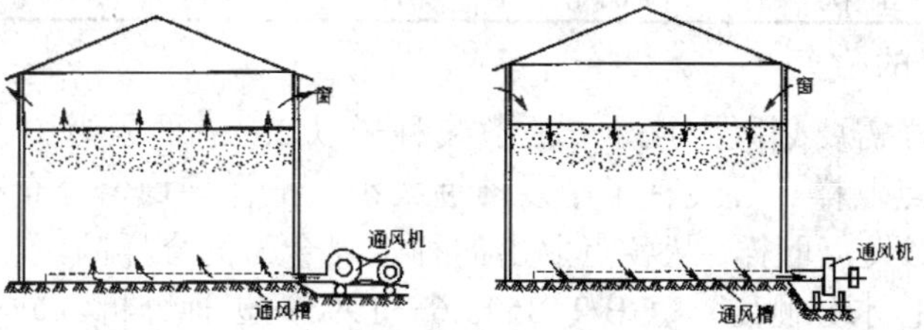

图 1-4-16　通风槽两种用法

机械通风应注意以下事项。

1）机械通风的效果与当时的温、湿度有关。外界温、湿度低，通风效果较好；反之，除特殊情况外，一般不能通风。通常选择气温与种温的温差在 10 ℃以上效果较为明显。为防止种子从潮湿空气中吸湿，应在当时的相对湿度低于种子平衡水分的相对湿度条件下进行通风。

2）通风前要耙平种子堆表面，使种子堆厚薄均匀，以免因种子堆的厚薄不同造成通风不均匀。

3）采用压入式通风时，为预防种子堆表面结露，可在面上铺一层草包。在结露未消失前，不能停止通风。采用吸出式通风时，则要用容器在风机出口处盛接凝结水。在水滴未止前不能停机，更不能中途停机，以防风管内的凝结水经管道孔流入种子堆。地槽通风则可在出风口接水或垫糠包吸湿。

4）吸出式风管通风，种子堆的上中层降温快，底层降温效果较差，在没有达到通风要求时不能停止通风；或采用先吸后压的方式，以提高通风效果。

5）通风时需加强温度检查，随时掌握种温下降状况和可能出现的死角。出现死角的原因主要是通风管槽布置不合理引起的。补救办法是在死角部位增加风管。

6）在实施通风作业时，应打开全部门窗，以加快空气流量。不进行通风时，应将进风口严密堵塞，以免种子受外界湿热空气的影响。

（三）种子的检查

1．种温的检查

种温变化一般能反映出贮藏种子的安危状况，而且相当灵敏，检查方法也简单易行。所以生产上普遍采用检查种温的方法指导贮藏工作。检查温度的仪器有曲柄温度计（米温计）、杆状温度计和遥测温度仪等。种温检查首先要划区定点，如散装种子在种子堆 100 m^2 面积范围内，将它分成上、中、下三层，每层设 5 个检查点（似梅花形），共有 15 处，即 3 层 5 点 15 处的测定方法。包装种子则用波浪形设点的测定方法。设点并非机械不变，可根据种子堆的不同情况酌情增减。对于平时有怀疑的区域，如靠墙壁、屋角、近窗处以及曾漏雨、渗水等部位，都应增加辅助点，以便更全面地掌握情况。1 d 内检查种温以上午 9—10 时为好，同时记录仓温和气温。检查种子温度的周期可参考表 1-4-4。

表 1-4-4　不同季节温度检查周期

种子水分（%）	夏秋季		冬季种子温度		春季种子温度		
	新收获未熟种子完成后熟种子	已完成后熟种子	0 ℃以上	0 ℃以下	低于 5 ℃	5～10 ℃	10 ℃以上
安全水分以下	1 d1 次	1 d1 次	5～7 d1 次	15 d1 次	7～10 d1 次	5 d1 次	3 d1 次
安全水分以上	1 d1 次	1 d1 次	3 d1 次	7 d1 次	5 d1 次	3 d1 次	1 d1 次

2．种子水分的检查

检查水分同样需要划区定点，一般散装种子以 25 m^2 面积为一小区，分 3 层 5 点 15 处设 15 个检查点取样。袋装种子则以堆桩大小，把样袋均匀分布在堆桩的上、中、下各部，并成波浪形设点取样。从各点取出的种子混合为混合样品，然后按照国家标准《农作物种子检验规程水分测定》（GB/T 3543.6—1995）进行分析。分析时先用感官法看、摸、闻、咬，即看种子色泽有无变化、摸种子有无潮湿的感觉、闻种子有无霉味、咬种子是否松脆。如种子色泽无变化，有干燥感觉，无霉味，咬上去很松脆则表示是安全的。对于那些感觉上有怀疑的种子，则应用仪器复验。

检查水分的周期取决于种温，种温在 0 ℃以下时，每月检查 1 次；在 0 ℃以上时，每月检查 2 次。每次整理种子以后，也应检查 1 次。仓库密闭性较差，遇到阴雨天气或梅雨季节时可以根据需要增加测定次数。种子进出仓和熏蒸杀虫前也应该了解种子的水分。

3. 仓库害虫的检查

检查方法一般采用筛检法，在一个检查点取 1 kg 种子，经过一定时间的振动筛理，把虫子筛下来，然后分析其虫种及活虫头数（头/kg），再决定防治措施。筛检害虫的周期，一般冬季温度在 15 ℃以下，每 2～3 个月检查 1 次；春秋季温度在 15～20 ℃之间，每月检查 1 次；温度超过 20 ℃，每月检查 2 次；夏季高温，则应每周检查 1 次。

4. 发芽率的检查

种子在贮藏期内，其发芽率因贮藏条件和贮藏时间不同而发生变化。根据发芽率的变化状况，及时采取措施改善贮藏条件，以免造成损失。检查发芽率的方法，可根据定点取样，将其混合成混合样品。然后按照国家标准（GB/T 3543.4—1995 农作物种子检验规程发芽试验）进行分析。一般情况下，种子发芽率应每 4 个月检查 1 次。根据气温变化情况可酌情增加检查次数，如在高温或低温之后，以及药剂熏蒸前后都应检查 1 次。最后 1 次不得迟于种子出仓前 10 d 完成。

5. 鼠、雀、霉检查

检查霉烂的方法一般采用目测和鼻闻，检查部位一般是种子易受潮的墙壁角落、底层和上层或沿门窗、漏雨、渗水等部位。查鼠雀是观察仓内有无鼠雀粪便和活动留下的足迹，平时应将种子堆表面整平以便发现足迹。一经发现应立即予以捕捉消灭，还需堵塞漏洞。

6. 仓库设施检查

检查仓库地坪渗水、房顶漏雨、灰壁脱落等情况，特别是遇到强热带风暴、台风、暴雨等天气，更应加强检查。同时对门窗启闭的灵活性和防雀网、防鼠板的牢固程度进行检查。

行动（Action）

活动一　以种子仓库为例，对种子贮藏期间进行检查

1）种温检查；
2）种子水分检查；
3）仓库害虫检查；
4）发芽率检查；
5）鼠、雀、霉检查；
6）仓库设施检查。

活动二　制订种子贮藏期间的管理方案

1）管理制度和管理工作；
2）合理通风；
3）种子的检查。

评估（Evaluate）

完成了本节的学习，通过下面的练习进行自我检查：

1）简述种子贮藏期间检查的项目；

2）简述种子贮藏期间的管理重点及措施。

任务三　种子低温贮藏库的管理

目标（Object）

种子贮藏期间的环境条件和管理是保持贮藏种子质量符合标准的最主要措施，管理质量的优劣程度将直接影响种子的种用价值及商品性。

通过对本节的学习，应能够：

1）了解种子贮藏期间的变化特点；

2）掌握种子贮藏期间的管理重点。

任务（Task）

为做好种子贮藏期间的管理工作，首先要了解种子在贮藏期间的变化特点和保持种子质量轻微衰变的贮藏条件；其次，要根据贮藏需要制订和采取相应的管理措施，为此应掌握：

1）种子低温仓库的基本要求；

2）种子低温仓库设备和技术管理特点；

3）种子低温仓库设备管理；

4）种子低温仓库技术管理；

5）低温仓库技术档案管理。

准备（Prepare）

低温仓库采用机械降温的方法使库内的温度保持在15 ℃以下，相对湿度控制在65%左右。经过试验和生产用种贮藏实践表明，这类仓库对于贮藏杂交种子和一些名贵种子，能延长其寿命和保持较高的发芽率。但是，这种仓库造价比一般房式仓高，并须配有成套的降温机械。

低温低湿种子库的建筑结构、设备配置、温湿度控制要求、监测技术和种子管理等技术都与常温库有所不同，下面简要介绍其特点和管理要求。

一、种子低温仓库的基本要求

低温库是依靠人工制冷降低库内温度的，如果不能隔绝外来气温的影响，低温效能就差，制冷费用也大。一座良好的低温库必须具备以下要求。

（一）隔热保冷

隔热保冷是低温库最基本的要求，库内的隔热保冷性能，直接关系到制冷设备的工作时间、耗能及费用等方面的问题。为此，仓库的墙壁、天花板及地坪的建造，都应选用较好的隔热材料。隔热材料的性能与它的导热系数有关，导热系数越小，导热能力越差，隔热则越好。每种隔热材料的导热系数与它的容重成正相关，容重大，导热系数也大。选材时应尽可能采用导热系数小的隔热材料。对某种材料又要选用容重小的作为隔热材料。一般用的隔热材料导热系数以 0.083 6～0.502 kJ（m·h·℃）为好。

仓壁、屋顶、地坪的结构对低温仓库的隔热影响较大。隔热结构好，耗冷量少，制冷设备工作时间短，耗费也少；反之，耗冷量就多。

屋顶受热时间长，面积大，尤其要做好隔热工作。屋顶要设天花板，在天花板上可放隔热材料，如放 30 cm 厚的膨胀珍珠岩粉用以隔热。低温库仓壁有内外两层，外墙为承重墙，内墙起隔热防潮作用，两墙之间填充导热系数小的材料作为隔热层，如图 1-4-17 所示。隔热层可以是稻壳、膨胀珍珠岩、空心砖软木或泡沫塑料。

根据主体墙和保温层用材的不同，可分以下几种。

1．稻壳隔热层

用稻壳做隔热层取材方便又较经济（见图 1-4-18），但是稻壳易生虫和吸湿，并要有相当的厚度才能保冷，在使用过程中要保持干燥，受潮后要翻晒或更换以防霉烂。稻壳中要按其重量的一定比例加入杀虫药剂以防虫。

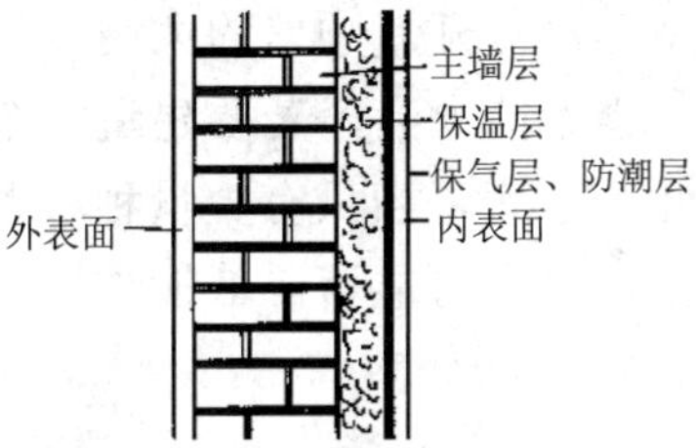

图 1-4-17　保温墙模式

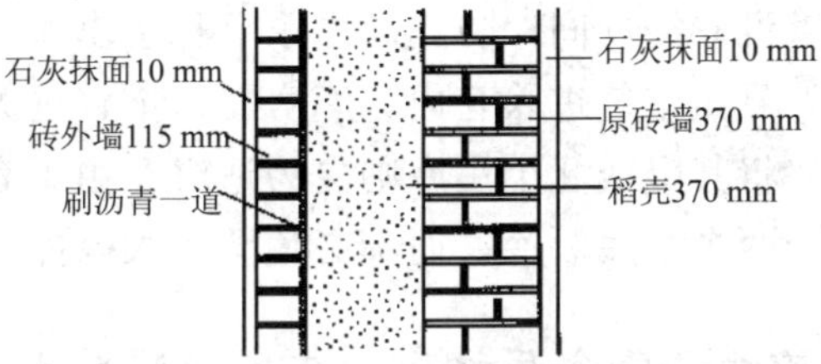

图 1-4-18　稻壳隔热层

2．膨胀珍珠岩隔热层

一般砖外墙（承重墙）厚 37 cm，砖内墙（保温墙）厚 12 cm，两墙之间填充膨胀珍珠岩粉 12 cm（见图 1-4-19）。膨胀珍珠岩是一种矿物产品，质地较轻，价格便宜，分岩粉和岩块两种，其中岩粉料较便宜。膨胀珍珠岩也易吸湿，因此在使用过程要防止吸湿。

3．空心砖软木隔热层

用空心砖做墙体，可增加墙的厚度和空间，降低传热能力。软木的隔热性能较好，价格较贵，粘贴时要贴得平整牢固，再用塑料面或木板做面层（见图 1-4-20）。

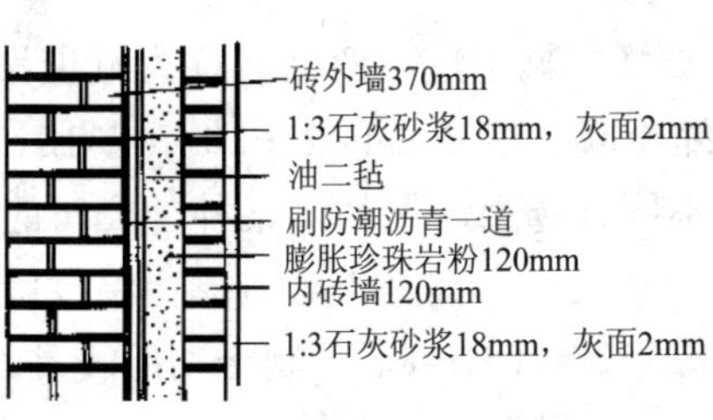

图 1-4-19　膨胀珍珠岩隔热层

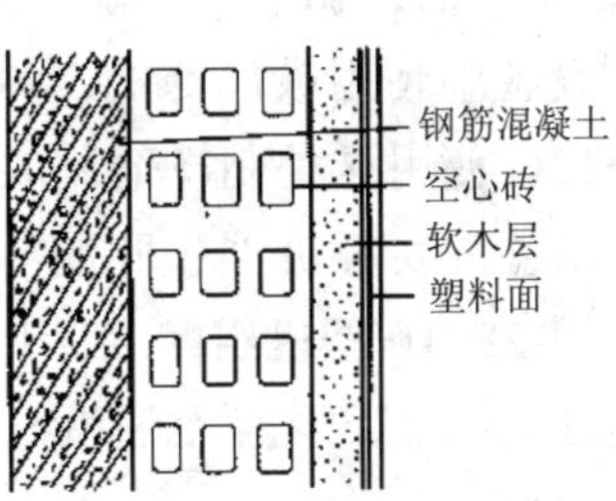

图 1-4-20　空心砖软木隔热层

4. 泡沫塑料隔热层

泡沫塑料的隔热性能比以上几种隔热材料均好，质地轻，可粘贴在天花板上。用这种材料做隔热层不会霉烂，不会燃烧，是目前较为理想的隔热材料。

仓库的墙壁、屋顶及地坪容易渗透雨水和潮气，隔热层的材料也易受潮。实践证明，隔热层受潮后，它的隔热性能下降 1/2～2/3，制冷量增加 10%～30%，不仅影响隔热保冷的效果，还要增加保管费用，因此墙壁、屋顶和地坪都需有防潮层，以提高隔热功能。一般用的防潮材料有沥青和油毛毡及其他防水涂料如负离子氯丁胶等，可根据实际需要选用。

（二）结构严密

仓库结构的严密程度对防止外界热、湿空气影响，以及提高隔热保冷功能有密切的关系。结构越严密，隔热保冷功能越好。

低温库不能设窗，以免外界温、湿空气透过玻璃和窗框缝隙传入仓内，或因仓内外温差过大，会在玻璃上凝结水而滴入种子堆。库门必须能很好地隔热和密封，门上衬以密封橡胶层。低温库最好设二道门，二道门中间有拐弯，以减少热量、水汽的进入。有条件的可以设立缓冲间，防止高温季节种子出库时结露。对开启频繁的大门可以安装风幕，避免外界热空气进入仓内。库房面积不宜过大，也不能太高，若要建造一个单独的大低温库，将其隔成几个小库则更为适宜。由于有几个小库，当只有少量种子贮藏时，只需要将一两个小库制冷，而不必使整个大仓库降温，这样可显著降低操作费用。

二、种子低温仓库设备和技术管理特点

制冷设备主要是制冷机。制冷机主要由四部分组成，即压缩机、冷凝器、膨胀阀和蒸发器。机器启动后，压缩机工作，对蒸发管产生抽吸、降压作用，液态的冷冻剂经由膨胀阀进入蒸发器并在蒸发器内蒸发变为气态，同时吸收大量的热量，然后压缩机把从蒸发器中进入的气态制冷剂从低压变成高压送入分油器和冷凝器。制冷剂在冷凝器中被水或空气冷却后，便由气态变成液态，再沿管道经膨胀阀调节进入蒸发器，制冷剂在蒸发器中再次吸收介质（空气）的大量热量，并由液体变成气体，压力降低。在蒸发器周围制成的冷气由风机送入贮种仓库。如此循环不止，构成一个连续的冷却系统，进行不间断的冷却，达到制冷效果。至于制冷的程度，可由膨胀阀（又叫节流阀）调节流量大小而增减。

当前制冷设备中使用较广泛的制冷剂为二氯二氟甲烷，商品名称为氟里昂 12，简写成 F-12 或 R-12。使用这种制冷剂制成的压缩冷凝机组产品有 2F-10、4F-10、4FV-10 等各种型号。各低温库可根据面积和制冷量的不同来选用。例如，某种子公司的 500 m^2 面积的低温库选用 2F-10 型机组配 KD/1-B 型空调机组，在夏季可将库内温度降至 15 ℃以下。另一种是氟里昂 22，化学名称为一氯二氟甲烷（CHF_2Cl），制冷功能较高，对比 F-12 可提高 40%～60%。

三、种子低温仓库设备管理

库内主机及其附属设备是创造低温低湿条件的重要设施，因此，设备管理是低温仓库管理的主要内容。通常要做好下列工作。

1）制订正确适用的规章制度，加强对机房值班工人的技术培训，使工人熟练掌握机器性能、设备安全操作规程、维修保养和实际操作技术，做到“三好”（管好、用好、修好）、“四会”（会使用、会保养、会检查、会排除故障）。

2）健全机器设备的检查、维修和保养制度。搞好设备的大修理和事故的及时处理，确保设备始终处于良好的技术状态，延长机器使用寿命。

3）做好设备的备用品、配件管理。为了满足检修、维修和保养的需要，要经常储备一定品种与数量的备件。

4）精心管理使用智能温湿度仪器。探头在库内安放，要充分注意合理性、代表性。

5）建立机房岗位责任制，及时、如实地记录机房工作日志。

四、种子低温仓库技术管理要点

（一）严格建立仓储管理制度

1）种子入库前，彻底清仓，按照操作规程严格消毒或熏蒸。种子垛底必须配备透气木质（或塑料）垫架。两垛之间、垛与墙体之间应当保留一定间距。

2）把好入库前的种子质量关。种子入库前做好翻晒、精选与熏蒸；种子含水量达不到国家规定标准，无质量合格证的种子不准入库；种子进库时间安排在清晨或晚间；中午不宜种子入库，若室外温度或种温较高，宜将种子先存放缓冲室，待后再安排入库。

3）合理安排种垛位置，科学利用仓库空间，提高利用率。

4）库室密封门尽量少开，即使要查库，也要多项事宜统筹进行，减少开门次数。

5）严格控制库房温湿度。通常，库内温度控制在 15 ℃以下，相对湿度控制在 65%左右，并保持稳定状态。

6）建立库房安全保卫制度，加强防火工作，配备必要的消防用具，注意用电安全。

7）种子进低温库不能马上开机降温，应先通风降低湿度，否则降温过快，达到露点，会造成结露。

（二）收集与贮存主要种子信息

1）按照国家颁发的种子检验操作规程，获取每批种子入库时初始的发芽率含水量及主要性状的检验资料。

2）种子存贮日期、重量和位置（库室编号及位点编号）。

3）为寄贮单位存贮种子，双方共同封存样品资料。

（三）收集与贮存主要监测信息

1）种子贮藏期间，本地自然气温、相对湿度、雨量等重要气象资料。

2）库内每天定时、定层次、定位点的温度及相对湿度的资料。有条件的，应将智能温湿度仪与电脑接口连接，并把有关信息储存在电脑中。

3）种子贮藏过程中，种子质量检验的有关监测数据。

五、低温仓库技术档案管理

低温仓库的技术档案包括：工艺规程、装备图纸、机房工作日志、种子入库出库清单、库内温湿度测定记录、种子质量检验资料以及有关试验研究资料等。这些档案是低温仓库技术成果的记录和进行生产技术活动的依据。每个保管季节结束后，必须做好工作总结，并将资料分类与编号归档，由专职人员保管，不得随意丢失。

行动（Action）

活动　以低温仓库为例，制定种子低温仓库的管理方案

1）严格建立仓储管理制度；

2）收集与贮存主要种子信息；

3）收集与贮存主要监测信息；

评估（Evaluate）

完成了本节的学习，通过下面的练习进行自我检查：

1）种子低温库对温湿度有何要求？

2）种子低温仓库的基本要求有哪些？

3）简述种子低温仓库的技术管理要点。

任务四　种子仓储虫害的防治技术

种子仓库害虫是指生活在种子仓库或加工场所，在种子晾晒、脱粒、清选、包装和运输过程中为害种子、加工设备、包装材料及其运输工具的害虫和害螨。广义上讲，指所有为害贮藏物品的害虫和害螨。

种子仓库害虫的主要特点有五个。一是种类繁多。目前全世界已知的仓库害虫有490余种，分属于10目58科；害螨约82种，分属于蜱螨目的2个亚目18科。我国已知的仓库害虫有250余种，分属于7目42科；害螨54种，分属于蜱螨目的2个亚目15科。二是分布广泛。有许多主要的仓库害虫是世界性种类，这也是不同于其他害虫的一个重要特点。随一些动植物及其产品的调运以及人为活动的逐渐传播、扩散，仓库害虫的分布日益扩展。三是食性复杂。在仓库害虫中有单食性害虫、寡食性害虫和多食性害虫。有些害虫则兼食动植物，属于杂食性种类，这些害虫有些是一种害虫单独发生，有些则是多种害虫混合发生。四是种群密度惊人。五是为害所造成的损失十分巨大。据估计，全世界每年贮粮因受虫害而损失5%～10%，我国贮存1年以上的种子平均损失率约为8%，有的地区种子损失率高达25%。

种子被仓库害虫为害所造成的损失主要有：一是数量减少；二是降低种子的生活力和发芽率；三是导致种子发热霉变，色泽变劣；四是由于被虫吐丝连缀的种子及虫尸、虫粪等碎屑粉末，使种子中夹杂物增加；五是增加了种子的损伤粒和虫蚀粒，从而降低了种子的完好率。

目标（Object）

种子仓储虫害是危害种子数量、质量及商品性的主要危害之一，通过对本节的学习，应该了解：

1）种子仓库害虫概述；

2）种子仓库害虫分类与生活习性；

3）种子仓库害虫的综合防治技术。

任务（Task）

为做好种子贮藏期间的管理工作，做好种子仓库害虫的综合防治是种子仓库管理的重点项目。为此应做到：

1）了解种子仓库害虫的发生条件；

2）掌握种子仓库害虫的综合防治技术。

准备（Prepare）

一、种子仓库害虫概述

（一）种子仓库害虫的传播途径

1．自然传播

（1）随种子传播

麦蛾、绿豆象、蚕豆象等害虫，在作物成熟时，将卵产在子粒中或卵孵化为幼虫在子粒中，随着子粒的收获、贮藏而带入仓库中，继续在仓库中为害。

（2）自身活动传播

成虫可直接由仓库外或田间飞入仓库内或害虫在仓库外砖石、杂草、包装材料以及加工设备上隐藏越冬，翌年春天进入仓库内为害。

（3）风力传播

由于仓库害虫体小，可以借助风力，随风扩散传播到仓库内。

（4）随其他动物活动传播

可黏附在鸟类、鼠类、昆虫等动物体上传播蔓延。如螨类可借助老鼠的活动在仓库内传播。

2. 人为传播

（1）已感染仓库害虫的贮藏物的传播

已经感染仓库害虫的种子、农产品在调运及贮藏时感染无虫种子，造成蔓延传播。

（2）贮运用具、包装材料以及加工设备的传播

已经感染仓库害虫的贮运用具、包装材料以及加工设备在使用过程中造成仓库害虫的蔓延传播。

（3）空仓传播

仓库和加工厂内的洞、孔、缝成为仓库害虫越冬栖息的场所，它们随着新种子的入库出来继续进行为害。

（4）种子加工废弃物的传播

在种子加工过程中废弃的芯、糠、种皮、果皮及秕粒等杂物，未能及时彻底清理而造成仓库害虫的繁殖和传播。

（二）种子仓库害虫的为害方式

1. 根据取食习性分类

（1）第一食性（或称初期性）害虫

第一食性害虫多以完整子粒为食，如麦蛾、绿豆象、玉米象、大谷盗、谷蠹、拟谷盗等害虫。

（2）第二食性（或称后期性）害虫

第二食性害虫多以破碎或不完整的子粒及碎屑粉末为食，如锯谷盗、扁谷盗、长头谷盗等大多数鞘翅目害虫和蛾类幼虫等。

（3）中间食性害虫

中间食性害虫既取食完整子粒又取食破碎种子或腐败杂物及虫粪、虫尸等，如黄粉虫、黑粉虫、螨类、皮蠹、赤拟谷盗和杂拟谷盗等。

2. 根据为害方式分类

（1）蛀食害虫

蛀食害虫又称为隐蔽性害虫，主要蛀食子粒的胚乳部分，卵、幼虫、蛹都在子粒内完成发育，羽化为成虫后才从子粒中钻出，如麦蛾、玉米象、豌豆象、蚕豆象等。

（2）剥食害虫

害虫从子粒外部开始为害，一般先咬食子粒的胚部，随着龄期的增长，逐渐剥食子粒的果实或种皮，如印度谷螟。

（3）侵食害虫

害虫从子粒外部开始为害，将子粒咬食成不规则缺口或使完整的子粒裂开或破碎，如大谷盗。

（4）缀食害虫

一般蛾类幼虫均喜欢吐丝将子粒连缀成块，匿伏其中为害，如粉斑螟、米黑虫的

幼虫。

（三）影响种子仓库害虫发生的生态因子

影响种子仓库害虫发生的生态因子包括生物因子和非生物因子两大类。生物因子主要包括食物营养、捕食性和寄生性天敌、人类的活动等；非生物因子包括温度、湿度、气体成分以及光的性质、强度和周期等。

1. 营养因子

种子仓库害虫在生长发育过程中需要多种营养物质，不同种类的害虫或同种而不同虫期的害虫，对食物的选择性是不同的，也就是说，不同种类的种子对仓库害虫的取食影响是不同的。根据种子仓库害虫取食范围的宽窄，可将种子仓库害虫分为以下四种。

（1）单食性

一般以一种种子为食，如豌豆象只为害豌豆，蚕豆象只为害蚕豆。

（2）寡食性

以相近科属的植物种子为食，如绿豆象只为害豆类作物的种子。

（3）多食性

以多种植物种子为食，如玉米象、麦蛾等害虫能取食多种谷类、豆类、油菜等植物的种子。

（4）杂食性

有些仓库害虫种类从其取食的食物性质上讲，既可以各种植物种子为食，又可以各种动物毛皮等物品为食，如皮蠹、螨类、拟步行虫、蜚蠊等。

由此可见，仓库内种子的种类不仅影响到仓库害虫的取食性，而且还影响到它们的繁殖能力、发育速度及种群密度。尽管寡食性或多食性害虫能以一种以上的种子为食，但不同的种子对它们的生长发育和繁殖能力的影响是不同的，其中又各有其最适宜的食物种类，如绿豆象最喜食绿豆，麦蛾最喜食小麦和稻谷，谷蠹最喜食稻谷，皮蠹最喜食富含蛋白的种子等。种子仓库害虫取食了最适宜与嗜食的食料能使其生长发育加快、繁殖率增加、死亡率降低。这是由于不同的种子对不同的害虫具有不同的营养价值。

2. 天敌因子

种子仓库害虫的天敌是指捕食或寄生于种子仓库害虫的昆虫、螨类、病原微生物或其他节肢动物。种子仓库害虫的天敌是仓库生态系统中的一个重要类群，它们与仓库害虫之间存在着既相互联系又相互制约的关系，在仓库害虫种群数量的消长中，起着非常重要的自然调控作用。据统计，全世界仓库益虫有 180 余种，国内常见的有近 20 种，它们分属于 9 目 40 科。其中以膜翅目种类最多，其次是鞘翅目，主要种类分布以金小峰科、肿腿蜂科最多，其次是花蝽科、步甲科、隐翅虫科、姬蜂科、茧蜂科等。常见的种类有麦蛾茧蜂、米象金小蜂、窗虻、黄色花蝽、仓双猎蜂、普通肉食螨、蜘蛛以及形簇虫、裂簇虫、微粒子虫和单孢虫等一些寄生性的原生动物。我国从美国引进的黄色花蝽已在国内饲养成功，并能在仓库内顺利繁衍后代，建立种群。据国外相关报道，在带穗玉米堆中释放黄色花蝽，对锯谷盗种群可达到97%～99%的控制效果。

3．人为因子

人类的活动对种子仓库害虫既能起到控制作用，也能助长其传播蔓延。从国外引进各种作物的种子或进口大量的粮食，如果不经过严格的检疫与处理，很容易造成仓库害虫远距离的传播和蔓延。从国内进行种子和粮食的调运，如果不经过严格检疫和处理也会造成仓库害虫区域性的传播和蔓延。造成仓库害虫发生以及蔓延情况，往往是由于种子品质较差，含水量较高，破损粒和杂粒多，仓库内不卫生，种子进仓前仓库没有经过消毒和清扫或消毒和清扫不彻底，同一库房存放不同种类的种子，贮运工具没有及时清理，仓库管理人员管理不够严格，害虫发生后防治不及时等。

4．气候因子

与种子仓库害虫生命活动以及种群发生相关的气候因子主要包括温度、湿度、气体成分和光照等，这些因子综合作用于害虫，并且各因子的作用也不相同。

（1）温度

温度变化对种子仓库害虫的影响主要有以下几方面。

1）影响发育速度。在适宜温区内随着温度的升高昆虫的生长发育速度加快，即发育速度与温度成正比；而昆虫完成某一阶段发育所需的时间则随着温度的升高而缩短，即发育时间与温度呈反比。

2）影响昆虫全年发生的代数和种群密度。同一害虫在不同地区和不同环境条件下由于温度不同所发生的世代数也不相同，如玉米象在北方地区每年发生 1～2 代，在南方地区每年发生 3～5 代，而在亚热带地区每年则可发生 6～7 代。当害虫处于最适温度时对它的繁育最为有利，在这种情况下，种群密度也将会大大增加。

3）影响害虫分布地域。不同地区的温度变化不同，对害虫分布也会带来一定的影响。

4）影响害虫的寿命。一般情况下，昆虫的寿命随温度的升高而缩短。

5）影响害虫的行为活动。在适温范围内，昆虫的活动随温度的升高而加强。

（2）湿度

对种子仓库害虫而言，湿度主要包括种子中所含的水分和空气中的相对湿度。种子仓库害虫体内的水分主要来自于种子中的水分，而仓库中种子含水量的变化又受空气湿度的影响。种子中含水量的多少支配着害虫体内水分的多少，空气中湿度的高低又支配着昆虫体内水分的蒸发，湿度过高或过低均会对害虫产生影响。种子仓库害虫一般喜潮湿环境，适宜在种子含水量 13%以上、空气湿度 70%以上的条件下生活。

（3）气体

种子仓库害虫由于生存在仓库内的小气候环境中，仓内气体成分的变化直接影响到它的呼吸作用。当种子堆中的氧气大量消耗，二氧化碳浓度增高时，将会对仓库害虫的生命活动带来不利的影响。据实验观察，当仓内种子堆中的氧气含量在15%左右时，蛾类成虫的生命活动就会受到抑制；当氧气含量在8%以下时，对各种仓库害虫的生命活动都会起到不同程度的抑制作用。气调贮藏就是通过改变仓库害虫生存环境中氧气的含量，达到抑制和杀死仓库害虫的目的。常用的方法是将仓库密封，充二氧化碳和充氮气等。

（4）光照

光线的强弱对种子仓库害虫的生长发育有一定的影响。一般在仓库发生的害虫喜欢在黑暗的环境条件下生活。

二、主要仓库害虫的种类及其生活习性

（一）玉米象

玉米象属鞘翅目象虫科，世界各地均有分布。在我国除新疆尚无记载外，其他省、市、自治区都有发现。玉米象食性很杂，主要为害禾谷类作物的种子、油料、豆类、荞麦、中药材等，尤以小麦、玉米、高粱、大麦被害最重。幼虫主要在禾谷类种子内蛀食。此虫是一种最主要的初期性仓库害虫，贮存的种子因玉米象咬食而造成许多碎粒及粉屑，易引起后期性仓库害虫的发生，且因排出大量虫粪而增加种子的湿度，容易引起螨类和霉菌的发生，造成严重损失。

1．形态特征

玉米象（见图 1-4-21）成虫个体大小因食料条件不同而差异较大，一般体长 2.3～4 mm，呈筒形，暗赤褐色至黑褐色，有光泽。卵呈椭圆形、乳白色、半透明，下端稍圆大，上端较细，并着生一帽状圆形小隆起。孵化前，卵的上端为褐色。幼虫无足型，长 2.5～3.0 mm，乳白色，头和口器褐色，体柔软、肥胖、多皱纹，背面隆起，腹面平坦，呈半球形。蛹长 2.8～4.0 mm，椭圆形，初化蛹时为乳白色，后变淡黄色。喙（见图 1-4-22）向下钩贴于胸部。

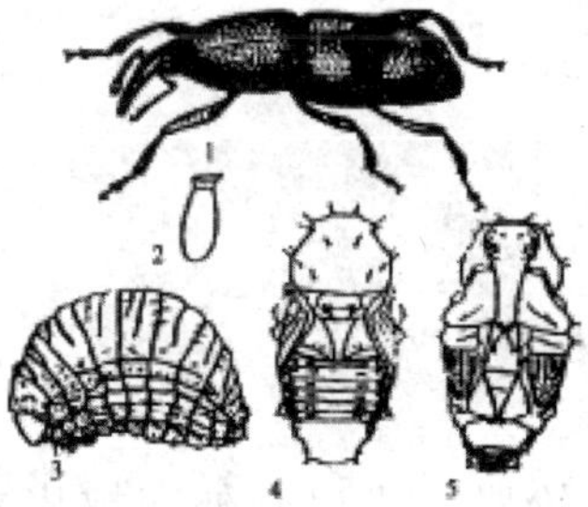

图 1-4-21　玉米象

1—成虫；2—卵；3—幼虫；4—蛹的背面；5—蛹的腹面

（引自姚康著《仓库害虫及益虫》，1986）

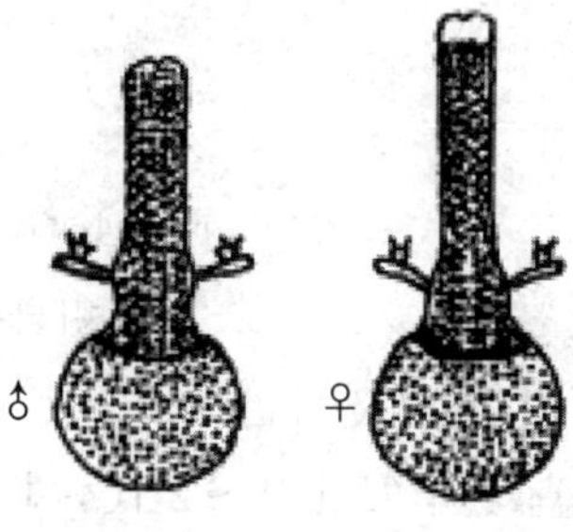

图 1-4-22　玉米象雌、雄成虫喙部比较

（a）雄成虫喙部　（b）雌成虫喙部

（引自姚康著《仓库害虫及益虫》，1986）

2. 生活史及习性

玉米象每年发生 1～7 代。主要以成虫在仓内种子及黑暗潮湿的缝隙、包装材料、垫席下和仓外砖石、垃圾、杂草及粉尘中越冬，少数幼虫也可在种粒内越冬。越冬成虫于次年春季转暖时又潜回种堆内取食、为害、繁殖。以幼虫越冬者则在 5 月底或 6 月初羽化为成虫。每头雌虫平均产卵约 300 粒，多者可达 570 粒。卵孵化出幼虫后即在种粒内蛀食，幼虫经 4 龄后在种粒内化蛹，羽化成成虫又继续为害其他种粒。成虫性活泼，善爬行，有假死性、趋温、趋湿及趋光等习性。玉米象生长发育最适宜条件是温度 24～30 ℃、相对湿度 90%～100%：种子含水量 15%～20%。当种子含水量小于 9.5%时停止产卵，在种子含水量只有 8.2%时即不能生活。成虫如果暴露在−5 ℃下经过 4 d 即可死亡，暴露在 50 ℃下经过 1 h 即可死亡。

（二）谷蠹

谷蠹属鞘翅目长蠹科，世界各地均有分布，国内除吉林、新疆、西藏外均有分布。谷蠹食性复杂，主要为害禾谷类种子以及中药材、干果、薯干等，以小麦、稻谷受害最为严重，并能引起种子堆发热，导致后期性仓库害虫及霉菌发生。

1. 形态特征

谷蠹（见图 1-4-23）成虫体长 2.3～4.0 mm，体呈长圆筒形，暗褐色至暗赤褐色，略有光泽。卵呈椭圆形，乳白色，一端粗大，另一端略尖而弯。幼虫蛴螬型，体长 5～3 mm，头小，三角形，长略大于宽，黄褐色，胸部粗而肥，胴部略向腹部弯曲，有 3 对等大的胸足，全身疏生黄色细短毛。蛹体长约 3 mm，前胸背板圆形。

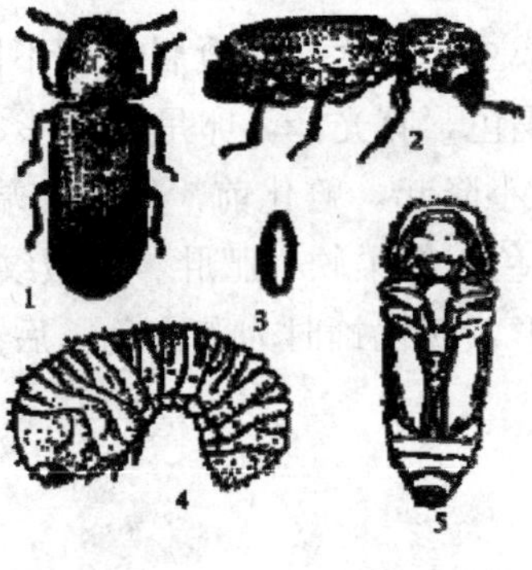

图 1-4-23　谷蠹

1—成虫背面观；2—成虫侧面观；3—卵；4—幼虫；5—蛹

（引自姚康著《仓库害虫及益虫》，1986）

2. 生活史及习性

谷蠹 1 年发生 1～2 代，以成虫在子粒、木板、竹器或飞出仓外在树皮翘缝中越冬，少数以幼虫越冬。成虫抗干、抗热性强，生长发育的最适温度为 27～34 ℃。即使谷物水分为 8%～10%、相对湿度 50%～60%，温度达到 35～40 ℃时，也能生长繁殖。

谷蠹耐寒性较差。温度在 0.6 ℃时，仅能存活 7 d，温度在 0.6～2.2 ℃时，生存不超过 11 d。越冬成虫于次年在气温上升到 13 ℃左右时，开始交配产卵，一般成虫羽化后 5～8 d 即可产卵，卵单产 2～3 粒，产在种粒蛀孔内或种粒缝隙间，也可产在包装物或墙壁缝隙内。幼虫孵化后钻入种粒内蛀食，成虫、幼虫均可破坏完整子粒，且喜食种胚。幼虫一般 4 龄，末龄幼虫在种粒内或粉屑中化蛹。前蛹期 1～4 d，蛹期 3～7 d，成虫寿命可达 1 年。

（三）大谷盗

大谷盗属鞘翅目谷盗科，遍及世界各地，国内各地均有发生。大谷盗食性复杂，除为害稻谷、小麦、玉米、油料、中药材种子外，还能破坏包装用品和木质器材。

1．形态特征

大谷盗（见图 1-4-24）成虫体长 6.5～10 mm，扁平长椭圆形，黑褐色，无毛，有光泽。卵长 1.5～2 mm，宽约 0.25 mm，细长，乳白色，一端较尖，无光泽。幼虫体长 15～20 mm，长而略扁，灰白色。蛹近纺锤形，扁平，长约 9 mm，淡黄色，头部及前胸背板散生黄褐色长毛。鞘翅细长伸达腹部第 5 节，腹末狭小近方形。

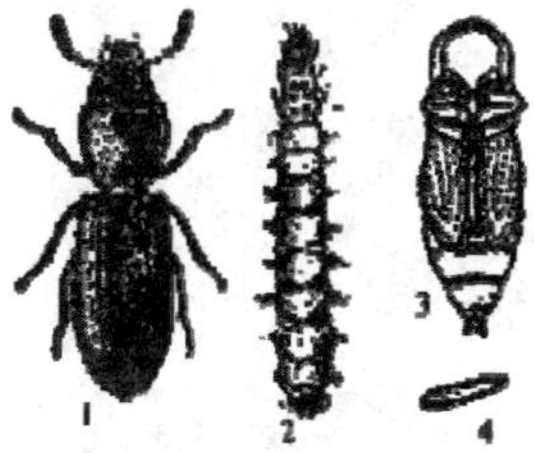

图 1-4-24 大谷盗

1—成虫背面观；2—幼虫；3—蛹腹面；4—卵

（引自陈耀溪著《仓库害虫》）

2．生活史及习性

大谷盗一般 1 年发生 1～2 代，条件不适宜，需经 2～3 年才完成一代。多以成虫越冬，少数以幼虫越冬。越冬成虫于次年 3—4 月间开始产卵，越冬幼虫于次年春季化蛹，5—6 月开始羽化为成虫并交配产卵或成块产在种粒间或仓库缝隙中。成虫寿命较长，一般均在 1 年以上，幼虫 4～5 龄或龄期更长，老熟幼虫多蛀入缝隙中做蛹室化蛹。

（四）锯谷盗

锯谷盗属鞘翅目锯谷盗科，遍及全世界，国内各地均有发生。锯谷盗食性很杂，主要为害禾谷类和油料作物的种子以及中药材、干果、糠麸、烟草等多种农产品及加工品，是主要的后期性仓库害虫之一。

1．形态特征

锯谷盗（见图 1-4-25）成虫体长 2.5～3.5 mm，体稍扁平，略细长，淡红褐色至深褐色，无光泽。卵长椭圆形，乳白色，表面光泽，长 0.7～0.9 mm。幼虫扁平而细长，后半部较肥大，至尾端又缩小，散生淡黄白色细毛。蛹体长 2.5～3.0 mm，乳白色，无毛。

2．生活史及习性

锯谷盗 1 年发生 2～5 代。主要以成虫形式聚集在仓库内各种缝隙、孔洞和垫底物料中越冬。越冬成虫在次年春季气温回升后交尾产卵，卵多生在种子碎屑或种堆上，散产或聚产。成虫性活泼，爬行速度快，不善飞，喜欢向上爬行和群集在种子堆高处，平时多聚集在种子堆的上层和表层。幼虫活泼，有假死性，只能为害碎屑和种胚，不能为害完整的种粒。适宜发育温度为 30～35 ℃。锯谷盗耐药性较强，对许多药剂的防治，特别是熏蒸剂的防治效果较差。由于该虫是后期性害虫，所以在破碎的种子中发育最快，在种子碎屑中发育次之，在完整的种子中发育最慢。

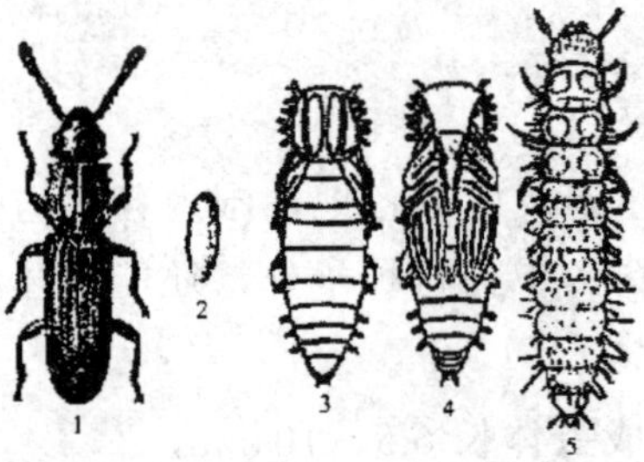

图 1-4-25　锯谷盗

1—雌成虫；2—卵；3—蛹的背面；4—蛹的腹面；5—幼虫

（引自姚康著《仓库害虫及益虫》，1986）

（五）麦蛾

麦蛾属鳞翅目麦蛾科，是世界性害虫。国内除西藏、新疆外，其他省区均有发生，是稻麦产区的重要害虫。以幼虫蛀食麦类、稻谷、玉米、高粱等作物为主。被害种粒大部分被蛀空。以小麦、水稻受害最严重，其次是玉米和高粱，被害作物种子损失率达 56%～75%，是一种严重的初期性害虫。在野外也能蛀食禾谷类杂草的种子，子粒被害后，常被蛀空，其为害的严重性仅次于玉米象和谷蠹。

1. 形态特征

麦蛾（见图 1-4-26）成虫体长 4～6.5 mm，翅展 8～16 mm，黄褐色或淡褐色，有光泽。卵长 0.5～0.6 mm，扁平椭圆形。幼虫体长 5～8 mm，初孵化时为红黄色。蛹体细长，为 5～6 mm，黄褐色。

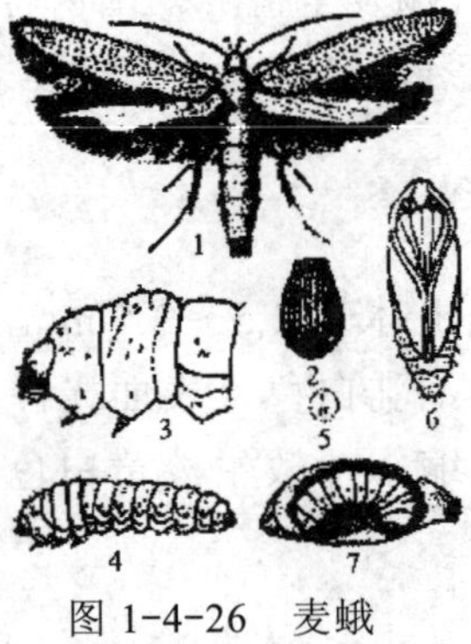

图 1-4-26　麦蛾

1—成虫；2—卵；3—幼虫身体前部；4—幼虫；5—幼虫第；

6—蛹的腹面；7—麦被害状

（引自姚康著《仓库害虫及益虫》，1986）

2．生活史及习性

麦蛾1年可发生4～6代。以老熟幼虫在仓库种粒内越冬，极少数以蛹及初龄幼虫在种粒内越冬，但成活率不高。越冬幼虫次年春季化蛹羽化为成虫。幼虫孵化后多由种粒胚部或损伤处蛀入种粒内为害。每粒一般寄生1头。被害的种粒大部分被蛀空。老熟幼虫在粒内结成薄茧化蛹，后羽化为成虫。麦蛾的发育适宜温度范围为21～35 ℃。当种子含水量在8%以下，或者相对湿度在26%以下时，幼虫不能生存。

（六）谷蛾

谷蛾又名欧洲谷蛾，属鳞翅目谷蛾科，遍及全世界，国内华东、华南、华中及西南等省区都有发生。主要以幼虫为害禾谷类、豆类、花生、苜蓿等作物种子，以及干果、中药材等。

1．形态特征

谷蛾（见图1-4-27）成虫体长5～8 mm，翅展10～16 mm，体呈灰白色，散生黑褐色鳞片。卵极小，长约0.3 mm，扁平椭圆形，淡黄白色，表面光滑，有光泽。老熟幼虫体长7～9 mm，宽1.2～1.6 mm，头部较小，暗褐色，胴部呈白色或近于白色。蛹长约6.5 mm，体形稍细长。腹面黄褐色，背面色泽较深。

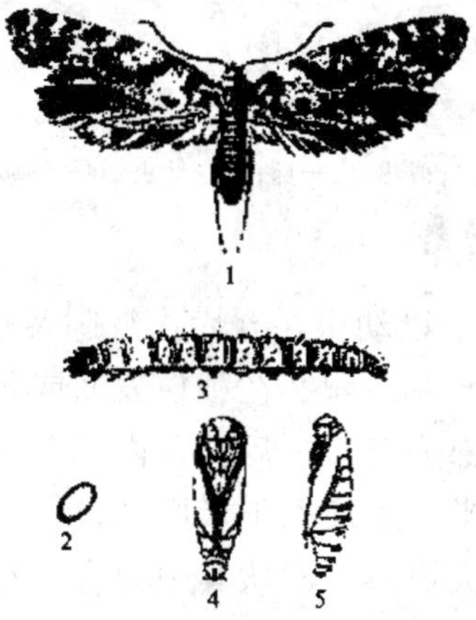

图1-4-27　谷蛾

1—成虫；2—卵；3—幼虫；4—蛹腹面；5—蛹的侧面

2．生活史及习性

谷蛾1年发生2～3代，在仓内或田间都能繁殖，以幼虫在较潮湿的种子上或仓内缝隙中越冬，幼虫体外被有强韧的灰褐色薄茧。越冬幼虫在次年春季化蛹、羽化。成虫卵产在仓内种子表面或仓内缝隙中，在田间成虫则产卵于作物穗部。卵孵化为幼虫后即咬食种粒外部或蛀入种子内部，并吐丝连缀种粒，潜伏其中为害。幼虫排粪量较多，并带有臭味，容易污染种粒。幼虫老熟后即爬到各种缝隙内化蛹，田间多在叶面背部化蛹，蛹藏在灰黑色的薄茧内。谷蛾喜欢黑暗及潮湿，多发生于潮湿的种子中或未成熟的作物穗部。

（七）印度谷螟

印度谷螟又名印度谷蛾，属鳞翅目卷螟科，遍及全世界，国内除西藏外，其余省、市、自治区均有发生。印度谷螟主要以幼虫为害玉米、小麦、豆类、油料等作物种子及干果、中药材等。

1．形态特征

印度谷螟（见图 1-4-28）成虫体长 6.5～9 mm，翅展 13～18 mm，密被灰褐色及赤褐色鳞片。卵长约 0.3 mm，椭圆形，一端较尖，一端略凹入，表面粗糙，有许多小粒状突起，乳白色。成熟幼虫体长 10～13 mm，腹部背面带淡粉红色，头部黄褐色。蛹体长 5.7～7.2 mm，细长形，腹部略弯向背面。

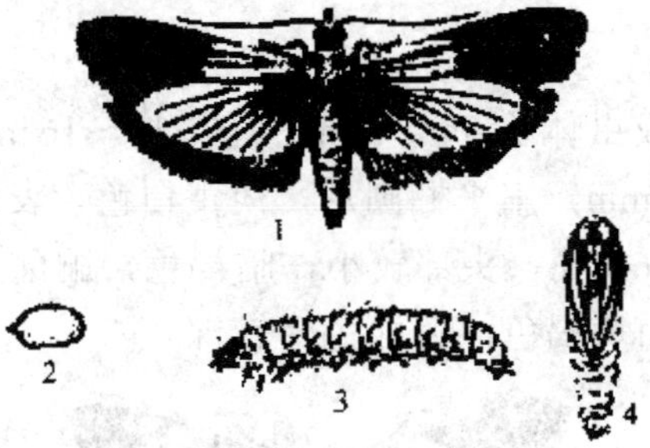

图 1-4-28　印度谷螟

1—成虫；2—卵；3—幼虫；4—蛹腹

2．生活史及习性

印度谷螟 1 年发生 4～6 代，以幼虫在仓库内缝隙及包装材料上越冬。越冬幼虫次年春季化蛹，羽化的成虫即交配产卵，卵产在种粒表面或包装袋缝隙中，散产或聚产。初孵化幼虫先在种堆表面及上半部为害，之后转入内部及下半部为害。幼虫先蛀食种粒胚部，然后再剥食外皮，喜食玉米，常蛀入玉米胚部，潜伏其中为害。幼虫吐丝量大，常在种子表面吐丝结网或缀种粒成块，并潜伏其中为害。幼虫老熟后即离开种堆，爬向仓库各种缝隙吐丝结茧化蛹或越冬，少数则在种堆中吐丝连缀种粒所成的小团块内化蛹或越冬。印度谷螟适宜生长发育的温度范围为 24～30 ℃，在 27～30 ℃时，每完成一代约需 36 d，21 ℃下则需要 6～8 周。

（八）粉斑螟

粉斑螟属鳞翅目卷螟科，遍及全世界，国内各地均有发生，为害稻谷、豆类、油料等多种作物的种子，食性很杂。

1．形态特征

粉斑螟（见图 1-4-29）成虫体长 6～7 mm，翅展 14～16 mm，雌蛾较大，腹部呈灰白色。幼虫体长 12～14 mm，头部呈赤褐色，两侧各具有单眼 6 个。胴部呈乳白色至灰白色，中部较粗，两端略细。蛹长约 7.5 mm，粗而短。

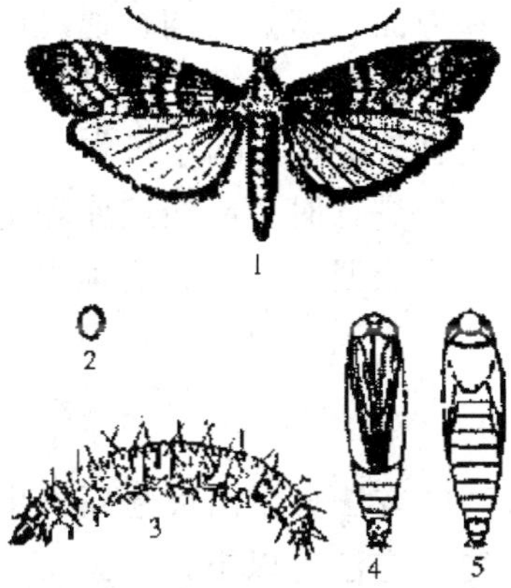

图 1-4-29 粉斑螟

1—成虫；2—卵；3—幼虫；4—雄蛹；5—雄蛹背面观

2. 生活史及习性

粉斑螟每年发生 4 代以上，以幼虫在包装用品、种粒、仓内墙壁缝隙中吐丝结网聚集越冬。次年春季化蛹，羽化的成虫即可交尾产卵，卵多散产或聚产在种子表面或包装材料缝隙内。卵孵化后以成虫尸体或粉屑为食，之后则吐丝连缀粉屑及种粒成巢，潜伏其中为害。老熟幼虫多在包装用品、仓内缝隙或粮堆内做白色强韧薄茧化蛹。

三、种子仓库害虫的综合防治技术

我国的植保方针是“预防为主，综合防治”，具体表现在种子仓库害虫的防治上，就是要求“进仓种子无虫和种仓无虫”，也就是要通过各种防治方法和措施的应用，在种子的收获、保管、加工、运输、贸易等过程中，防止种子仓库害虫的发生和传播，或是在种子仓库害虫发生初期及时、迅速地采取措施控制种群数量。种子仓库害虫的综合防治方法主要有以下几种。

（一）检疫防治

检疫防治又称法规防治，是由国家或地方政府为了防止危害性有害生物随着种子人为引入和传播，以法律手段和行政措施强制实施的保护措施，通过阻止危害性有害生物的传入和扩散，达到避免种子遭受有害生物危害的目的。检疫防治可改变种子仓库害虫群落的组成成分，是一项根本性的预防措施。

（二）机械防治

机械防治就是利用人工或动力机械设备，将种子仓库害虫从种子中分离清除出来。种子经过机械处理后，不但可以清除害虫和害螨，而且还能把种子中的杂质除去，降低水分，提高种子质量，有利于保管。机械防治的主要方法有风选、筛选等。风选除虫是根据仓库害虫和种子的比重不同，在一定的风力作用下，使害虫与种子分离。筛选除虫是根据种子与害虫的大小、形状和表面状态的不同，通过筛面的相对运动把种子和害虫分离开，目前常用的筛子有振动筛和淌筛（溜筛）两种。

在应用机械防治时，应注意在仓外进行，切不可在仓内或加工车间进行，以免各种仓库害虫仍在仓内扩散蔓延。当工作进行时，应在工作场地周围用辛硫磷或马拉硫磷等农药喷洒出一道防护药带，以防止害虫四处逃散。清理出来的杂物，应及时进行消毒处理或烧毁处理，在机械防治中应特别注意不要损伤种子。

（三）物理防治

物理防治是指利用自然或人工的方法直接消灭仓库害虫，或者恶化它们的生活环境，抑制害虫的发生和为害。常用的物理方法有以下几种。

1. 高温杀虫法

在高温的环境条件下可杀死种子仓库害虫，并因空气湿度、害虫的种类及虫态等温度有所不同，一般为 40～45 ℃。应用高温杀虫时，应在保证不影响种子质量的前提下进行。具体可采用自然干燥法和人工干燥法。自然干燥法又称日光暴晒法。夏季太阳直射温度一般可达 50 ℃以上，这个温度几乎对所有的仓库害虫都有致死作用。晒种厚度一般在 3～5 cm，种面摊成波浪形，以便增加受热面积。晒种时应每隔 30 min 翻耙一次，以提高晒种效果，还应在晒场周围设置防虫线，以阻杀或诱杀潜逃的害虫。人工干燥法又称加热干燥法，就是利用机械设备进行加热，烘干种子，降低水分含量，达到杀死害虫的目的。进行人工干燥时，应严格控制种温和加温时间，否则会影响种子的发芽率。实验证明：一般种子水分含量在 17%以下时，出机种温不宜超过 42～43 ℃，受热时间应在 30 min 以内。如果种子水分含量超过 17%时，则应采用二次干燥法。

2. 低温杀虫法

低温杀虫法是利用冬季冷空气或由人工生成的冷气来降低种子温度，以达到抑制害虫的发育、繁殖和为害的目的。一般仓库害虫生命活动的最低温度界限为 8～15 ℃，低于此温度，仓库害虫的发育与繁殖就会停止。当温度为-4～8 ℃时，仓库害虫进入冷眠状态，而长期处于冷眠状态下就会发生脱水死亡。采用低温灭虫法应注意种子水分，若种子水分过高，则会使种子发生冻害而影响发芽率。一般含水量在 20%以上的种子不宜在-2 ℃下冷冻，含水量在 18%～19%时，不宜在-5 ℃下冷冻，含水量在 17%左右不宜在-8 ℃下冷冻。冷冻以后，趁冷密闭贮藏，对提高杀虫效果有显著作用。在种温与气温差距悬殊的情况下进行冷冻，杀虫效果特别显著，这是因为害虫不能适应突变的环境条件，其生理机能会遭到严重破坏而加速死亡。具体可采用仓外薄摊冷冻、仓内冷冻等方法。仓外薄摊冷冻的做法是在寒冷晴朗的天气，气温在-5 ℃以下，在下午 5 点以后，将种子出仓冷冻，摊晾厚度以 6～10 cm 为宜，如果在-5～10 ℃的温度下，只要冷冻 12～24 h 即可达到杀虫效果。进仓时最好结合过筛，除虫效果更好。仓内冷冻杀虫的做法是在气温达到−5 ℃时，将仓库门窗打开，使干燥空气在仓内对流，同时结合倒袋、翻动种子堆表层，使冷空气充分引入种子堆内，提高冷冻杀虫效果。

3. 清洁卫生

清洁卫生防治可以恶化种子仓库害虫的环境条件和种子仓库害虫侵入贮藏、加工场所，有利于种子的安全贮藏。实施清洁卫生防治必须建立一整套完整的清洁卫生制度，具体操作应遵循以下四个环节。一是清洁，即对种子仓库和加工车间内的垃圾、存放的种子、杂物等进行认真彻底的清理，并将清除物及时妥善处理，远离种子仓库（最好在 50 m 以外）。仓内不要存放害虫爱躲藏的物品和不经常使用的物品。二是改造仓库，种子仓库内的裂缝、孔隙及大小洞穴等残破处，是种子仓库害虫潜伏、产卵、繁殖的场所。因此要及时采取剔刮、嵌缝、粉刷等工作来改变种子仓库的面貌，消除害虫的栖息场所，也便于检查时观察到害虫。三是隔离，种子仓库、晒场、加工车间等场所经清洁、改造、消毒后，还要防止种子仓库害虫的再度感染，应做到有虫和无虫、干燥和潮湿的种子分开贮藏，没有感染虫害的种子不存入未消毒的仓库。包装器材及仓储用具应保管在专门的库房，已被仓库害虫感染的工具、包装材料等不应与未被感染的放在一起，更不能在未感染害虫的仓库内和种子上使用。工作人员在离开被仓库害虫感染的种子仓库和种子时，应将衣服、鞋、帽等加以清洁、整理、检查后，方可进入其他库房，以免人为传播。

（四）化学防治

化学防治就是利用化学药剂破坏种子仓库害虫正常的生理机能或造成不利于害虫和微生物生长发育的条件，从而使仓库害虫和微生物停止生长或致死的防治方法。化学防治具有高效、速效、经济的优点，但使用不当容易造成工作人员的中毒，或者影响种子的生活力，还会引起仓库害虫产生抗药性。在种子仓库害虫的防治中尽管化学防治效果良好，但也应注意与其他方法的配合使用，取长补短，以便发挥更好的防治效果。

目前，用于防治种子仓库害虫的化学药剂主要有以下两类。

1. 胃毒剂和触杀剂

胃毒剂和触杀剂是利用液体或固体状态的药剂，通过胃毒作用或触杀作用，使仓库害虫致死的药剂。通常将一定比例的药剂拌入堆放的种子中，或是直接喷洒到仓库地面或墙角处。选用这一类药剂一般要求具有毒性低、药效长、适应性强、使用范围广、对仓库和环境条件无特殊要求、施用安全等特点。常用的该类杀虫剂有马拉硫磷、辛硫磷、敌百虫、敌敌畏等。

2. 熏蒸剂

在适当气温下，利用有毒气体或固体挥发所产生的蒸气毒杀害虫的过程称为熏蒸，用于熏蒸的药剂叫熏蒸剂。熏蒸剂具有渗透性强、杀虫效率高、易于通风散失等特点。

熏蒸剂的使用必须在适当的气温条件下，在密闭的场所内，并在短时间内药剂能释放一定浓度的气体。因此，熏蒸剂特别适于防治种子仓库害虫。当仓库已经发生虫害或害虫潜伏在不易被发现和不易接触到的地方，用一般药剂不能立即收效时便可使用熏蒸剂防治。熏蒸剂的种类有溴甲烷、磷化铝、氯化苦等。

行动（Action）

活动　以种子仓库为例，总结种子仓库虫害的防治技术

1）检疫防治。
2）机械防治。
3）物理防治。
4）化学防治。

评估（Evaluate）

完成了本节的学习，通过下面的练习进行自我检查：
简述种子仓库害虫的综合防治技术。

任务五　种子仓库鼠害的防治技术

目标（Object）

种子仓库鼠害是危害种子数量、质量及商品性的主要危害之一，通过对本节的学习，要求能够了解：

1）仓库鼠类的危害性。
2）仓库鼠类的种类和生活习性。
3）仓库鼠类的防治技术。

任务（Task）

为做好种子贮藏期间的管理工作，做好种子仓库鼠害的综合防治是种子仓库管理的重点项目。为此须掌握仓库鼠类的防治技术。

准备（Prepare）

一、仓库鼠类的危害性

鼠是啮齿动物，种类多、数量大、分布广。特别是近几年来，由于老鼠天敌的减少，使老鼠的数量明显增加，对种子和粮食的危害相当严重。据观察，一只家鼠每日平均能吃 25 g 种子，一年就可吃掉种子 90 kg，而且易使种子混杂；鼠排泄的粪便对种子可造成污染；鼠类身上常带有多种病原体，能传染疾病，给人体健康带来威胁；鼠类还破坏包装器材及仓库建筑，造成一定的经济损失。

二、仓库鼠类的种类和生活习性

（一）褐家鼠

褐家鼠俗名大家鼠、沟鼠、水老鼠、大京鼠、大灰鼠。

1. 主要形态特征

褐家鼠体长 150～250 mm，体粗壮；鼻端圆钝；尾粗而短，其尾约为体长的 3/4；耳较短；背毛灰色，腹毛灰白；足的背面毛近白色，其尾背面毛为赤褐色，腹面毛为白色。体毛较稀（见图 1-4-30）。

2. 生活习性

褐家鼠是我国分布最普遍的家鼠之一，在仓房、土墙下、垃圾堆、阴沟以及露天囤垛等处栖息。善于钻洞、挖沟，一般有洞口 2～4 个，洞道长 50～150 cm，最深可达 1.5 m。性凶猛，有同类残杀性。感觉灵敏，机警，行动狡猾，昼夜均出外活动，上半夜活动频繁。喜食含脂肪多的粮食和肉类。繁殖力强，每年繁殖 6～10 胎，每胎产仔 5～14 只。

（二）黄胸鼠

黄胸鼠俗称黄腹鼠、长尾鼠、屋顶鼠。

1. 主要形态特征

黄胸鼠体长 130～190 mm；鼻端部尖锐；背毛棕褐色，腹毛呈土黄色，前足背面中央的毛为暗褐色，尾毛黑色，尾长超过体长（见图 1-4-31）。

图 1-4-30　褐家鼠

（引自路纪琪等著《河南啮齿动物志》，1997）

图 1-4-31　黄胸鼠

（引自路纪琪等著《河南啮齿动物志》，1997）

2. 生活习性

黄胸鼠善于攀爬，可在粗糙的墙壁上行走，也能在屋梁上奔跑，喜欢栖息屋顶，洞穴构造简单。食性复杂，主要食米类、豆类、面粉和稻谷等，有时也吃肉、鱼、瓜果等。主要在夜间活动，尤以黄昏与黎明最为活跃，白天有时出洞活动，但时间短、次数少。终年均能繁殖，每年繁殖 4～6 胎，每胎产仔 5～7 只，最多可达 13 只，繁殖高峰在每年 5～6 月。

（三）小家鼠

小家鼠俗称小老鼠、小耗子、小鼠。

1．主要形态特征

小家鼠体长 60～100 mm；尾长约为体长的 2/3；毛杂，背面有灰色，间有灰褐色毛或以灰褐色毛为最多，腹部有灰白色至灰黄色毛；一般多为灰白色；嘴短（见图 1-4-32）。

2．生活习性

小家鼠活动敏捷，善于攀登、跳跃，常栖居室内、仓库或囤顶，洞穴构造简单，但洞口较多。喜食面粉、大米等，贪食，行动不太机警。昼夜均进行活动。每年繁殖 6～8 胎，年胎产仔 6～8 只，最多可产 11 只。小家鼠是仓库中数量最大的一群。

（四）黑线姬鼠

黑线姬鼠俗名田姬鼠、长尾黑线姬鼠、田鼠。

1．主要形态特征

黑线姬鼠体长 70～125 mm；尾长约为体长的 2/3；体背中央有线，从尾基部直达头顶。背毛浅棕色，间杂黑色，腹毛灰白色（见图 1-4-33）。

图 1-4-32　小家鼠
（引自路纪琪等著《河南啮齿动物志》，1997）

图 1-4-33　黑线姬鼠
（引自路纪琪等著《河南啮齿动物志》，1997）

2．生活习性

黑线姬鼠喜挖洞，栖息在田野近水源的耕作地区，一般在田埂、土坎、坟地做洞。洞口多有两个，深 150～200 mm。有贮食习惯。季节迁移现象明显，通常冬季迁入室内生活，春暖后迁入田间。喜在黄昏、黎明时活动，上午 9—11 时、下午 2—4 时也会出来觅食。食性杂，危害多种农作物，对稻谷、麦类、玉米危害最重。繁殖力强，1 年繁殖 2～5 胎，每胎产仔 3～11 只。

三、仓库鼠类的防治技术

（一）防鼠驱鼠

经常清除仓房四周和场地的杂草、垃圾、砖瓦、砾石，随时整理包装器材和散落种，扫除鼠类的隐蔽场所。发现鼠洞应及时用碎玻璃、沙土、石灰等将鼠洞堵塞，并可在仓房设置防鼠板、防鼠门等，外墙可通过对墙体的适度改进，在外墙离地 50 cm 处，用水泥糊成墙裙，表面收光，或者镶嵌 4 mm 平板薄玻璃或玻璃钢，可以切断鼠路，防止鼠窜入仓内。储种货场应将下水道口用铁丝网覆盖。包装器材喷浓度为 0.05% 的放线菌酮药液，能防鼠达数月之久。因放线菌酮对鼠的口腔膜有刺激作用。有人发现电视机发出的短波有驱鼠作用，国外已有电波驱鼠器械，在仓房应用一次后，可数月不再有鼠害。

（二）器械捕鼠

捕鼠的器械很多，如鼠夹（包括铁丝夹、木板夹、铁板夹、钢弓夹、环形夹等）、捕鼠笼、粘鼠胶、自动捕鼠器等。在使用器械前应详细阅读说明书，并观察鼠路、鼠迹。鼠虽食性复杂，活动范围广，但它有一定的出没道路与活动场所，并能留下痕迹。因此可以从足迹、粪便、洞穴、危害等情况加以判断。足迹深而清晰的是新道，足迹浅而模糊的是旧道；粪便黑软有光泽的为新粪，灰白、坚硬、无光泽的为陈粪，粪便和足迹少的为鼠的过路，多的是活动场所；种包间某一处光滑而无灰尘的地方是经常出没的通道；种包间或地面突然出现散落种的，是鼠路过或停留危害的迹象。掌握情况，选择适当的捕鼠方法和器械才能收到良好的效果。

根据鼠的习性，捕杀时应注意以下几点。

1）根据鼠的警觉性要先诱后杀。

2）捕鼠器械的布放要变化多端。

3）勤换诱饵。

4）勤检查捕鼠器械。

（三）化学药剂灭鼠

化学灭鼠剂有很多，仓库常用的杀鼠剂主要有磷化锌、安妥、鼠钠盐等。通常将杀鼠剂配制成药饵使用。

（四）天敌捕杀

鼠类的天敌有猫、黄鼠狼、蛇等，但主要天敌是猫。猫捕鼠能力强，又便于驯养，适合基层种子仓库的鼠害防治。一个站库只要饲养 2～3 只猫，即可达到无鼠害的目的。由于猫体型是老鼠的几倍，一般不易通过门缝进仓，因此只要在仓门下方适当部位设置一个 15 cm 见方、可开合的孔洞，夜晚打开孔洞，让猫自由出入，随时捕杀入仓老鼠。

行动（Action）

活动　以种子仓库为例，总结种子仓库鼠害的防治技术

1）防鼠驱鼠。

2）器械捕鼠。

3）化学药剂灭鼠。

4）天敌捕杀。

评估（Evaluate）

完成了本节学习，通过下面的练习进行自我检查：

问题：仓库鼠类的防治技术有哪些?

任务六　种子仓库病原微生物的防治技术

目标（Object）

种子仓库病原微生物是危害种子数量、质量及商品性的主要因素之一，通过本节的学习，应了解：

1）种子病原微生物概述；

2）种子病原微生物的控制技术。

任务（Task）

为做好种子贮藏期间的管理工作，做好种子仓库病原微生物的综合防治是种子仓库管理的重点项目。为此，必须掌握仓库病原微生物的防治技术。

准备（Prepare）

一、种子病原微生物概述

（一）种子病原微生物的来源

种子微生物是寄附在种子上的微生物的统称，其种类繁多，包括细菌、放线菌和部分真菌等。其中和贮藏种子关系最密切的主要是真菌中的霉菌，其次是细菌和放线菌。种子微生物因作物种类、品种、产区、气候情况和贮藏条件等的不同而存在差异。据分析，每克种子常带有数以千计的微生物，而每克发热、霉变的种子上寄附着的霉菌数目可达几千万个以上。

各种微生物和种子的关系是不同的，大体可以分附生、腐生和寄生三种，但大部分是以寄附在种子外部为主，且多属于异养型。由于它们不能利用无机型碳源，无法利用光能或化学能制造营养物质，必须依靠有机物质才能生存。因此，种子就成了微生物赖以生存的主要生活物质。

种子微生物从其来源上可以分为原生微生物和次生微生物两类。

1. 原生微生物

原生微生物主要指种子收获前在田间所感染和寄附的微生物类群，其中包括附生、寄生、半寄生和一些腐生微生物。它们一般都是湿生性菌类，生长处最低相对湿度均在 90%以上，谷类种子水分约在 20%以上，其中小麦水分则为 23%以上。它们主要是半寄生菌，其典型代表是交链孢霉，广泛地寄生在禾本科、豆科以及十字花科等许多种子的表面或寄生于种皮下，形成皮下菌丝。当种子收获入库后，其他贮藏霉菌侵害种子时，交链孢霉等便相应地减少和消亡。这种情况往往表明种子生活力的下降或丧失，所以交链孢霉等真菌的存在及其变化可以作为判断种子新鲜程度的参考。有些霉菌，虽然是典型的贮藏真菌，却可以在田间危害种子。如黄曲霉可在田间感染玉米和花生，并产生黄曲霉毒素污染作物。

2. 次生微生物

次生微生物主要是指种子收获后，以各种不同的方式，在脱粒、运输、贮藏及加工期间，传播到种子上的一些微生物类群，其中主要是霉菌。凡能引起种子霉腐变质的真菌，通常称为霉菌。这类霉菌种类很多，有近 30 个霉菌属，危害最严重而且发生较普遍的是曲霉和青霉。它们所要求的最低生长湿度都在相对湿度 90%以下，一些干生性的曲霉可在相对湿度 65%～70%时生长，如灰绿曲霉、局限曲霉可以在低水分种子上缓慢生长，可损坏胚部使种子变色，并为破坏性更强的霉菌提供后继危害的条件；白曲霉和黄曲霉的为害是导致种子发热的重要原因；棕曲霉在我国稻、麦、玉米等种子上的检出率均较低。在微生物学检验中，如曲霉菌的检出率超过 5%，则表明种子已经或正在变质。青霉可以杀死种子，使子粒变色，产生霉臭，导致种子早期发热，“点翠”生霉和霉烂。

贮藏种子微生物的变化主要取决于种子含水量、种堆的温湿度和通气状况等生态环境，以及在这些环境中微生物的活动能力。新鲜的种子通常以附生细菌为最多，其次是原生真菌，而霉腐菌类的比重很小。在正常情况下，随着种子贮藏时间的延长，总菌量逐渐降低，其菌类将被以曲霉和青霉为代表的霉腐微生物取而代之。芽孢杆菌和放线菌在陈种子上有时也较为突出。贮藏真菌增加越多，而原生真菌减少或消失越快，种子的品质也就越差。在失去贮藏稳定性的种子中，种子微生物区系的变化迅速而剧烈，以曲霉、青霉为代表的霉腐菌类迅速取代正常种子上的微生物类群，旺盛生长并大量繁殖，同时伴有种子发热、生霉等一系列种子劣变症状的出现。

（二）种子贮藏主要的病原微生物种类

1. 真菌

为害种子的真菌种类较多，大部分寄生在种子的外部，部分能寄生于种子内部的皮层和胚部。许多真菌属于对种子破坏性很强的腐生菌，但对贮藏种子的损害作用不尽相同，其中以青霉属和曲霉属占首要地位。

（1）青霉属

青霉（见图 1-4-34）是半知菌亚门真菌，在自然界分布较广，是导致种子贮藏期间发热的一种最普遍的霉菌。青霉属菌落呈绿色、黄绿色、蓝绿色、灰绿色、常无色、淡灰黄、黄色或略呈红紫色。

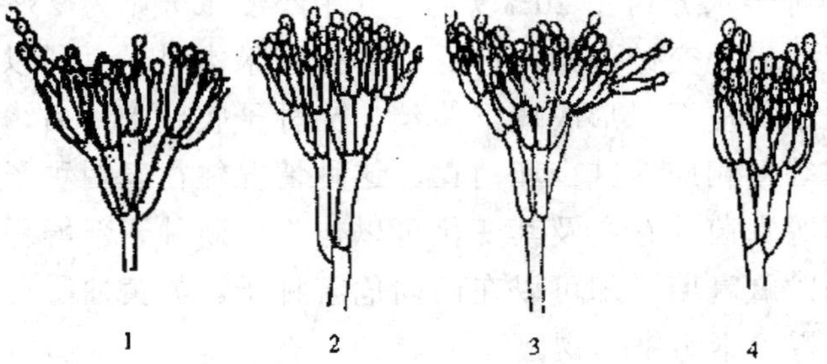

图 1-4-34　青霉

1—橘青霉；2—圆弧青霉；3—产黄青霉；4—草酸青霉

（引自胡晋著《种子贮藏加工》，2001）

此类霉菌在种子上生长时，先从胚部侵入或在种子破损部位开始生长，最初长出白色斑点，逐渐丛生白毛（菌丝体），数日后产生青绿色孢子，因种类不同而逐渐转变成青绿、灰绿或黄绿色，并伴有特殊的霉味。青霉分解种子中有机物质的能力很强，能引起种子发热、“点翠”，并有很重的霉味。有些青霉能引起大米黄变，故称为“大米黄变菌”。多数青霉为中生性，孢子萌发的最低相对湿度在 80%以上，但有些能在低温下生长，适宜于在含水量 15.6%～20%的种子上生长，生长适宜温度一般为 20～25 ℃；纯绿青霉可在−3 ℃左右引起高水分玉米胚部点翠而霉坏。因此，青霉是在低温下对种子危害较大的重要菌类。青霉均属于好氧性菌类。

（2）曲霉属

曲霉（见图 1-4-35）广泛存在于各种种子和粮食上，是导致种子发热霉变的主要毒菌，腐生性强。除能引起种子霉变外，有的种类还能产生毒素，如黄曲霉毒素对人畜有致癌作用。曲霉属分 18 个群，包括 132 个种和 18 个变种。曲霉属为半知菌，其有性阶段属于子囊菌亚门，但多数科的有性阶段尚未发现。在种子上菌落呈绒状，初为白色或灰白色，后来因菌种不同，又生成乳白、黄绿、烟灰、灰绿、黑色等粉状物。不同种类的曲霉，生活习性差异很大，大多数曲霉属于中温性，少数属高温性。白曲霉、黄曲霉等的生长适温为 25～30 ℃，黑曲霉的适宜温度为 37 ℃，而烟曲霉嗜高温，其生长适温为 37～45 ℃，45 ℃以上仍能生长，常在发热霉变的中后期大量出现，促进种温的升高和种子败坏。种子上主要的几种曲霉形态特征如图 1-4-35 所示。

灰绿曲霉能在低温下为害低水分种子，也能在水分 18%以上的种子上为害。它具有很强的分解种子有机质的能力，产生多种有机酸，使子粒脆软、发灰，并带有浓厚的霉酸气味。黄曲霉易于危害水分较高的麦类、玉米和花生。当花生仁水分在 9%以上且温度适宜时，黄曲霉便可在其上发展。黄曲霉有很强的糖化淀粉的能力，使子粒变软发灰，常具有褐色斑点和较重的霉酸气味。曲霉是好氧菌，但少数能耐低氧。

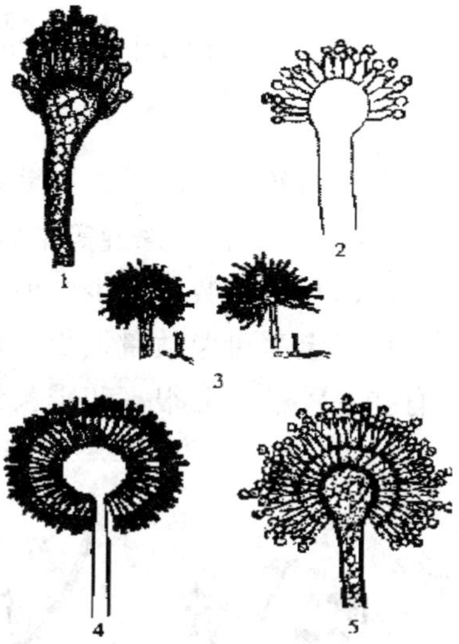

图 1-4-35　曲霉

1—烟曲霉；2—阿姆斯特丹曲霉；3—白曲霉；4—黑曲霉；5—杂色曲霉

（引自胡晋著《种子贮藏加工》，2001）

2．细菌

细菌是种子微生物中的主要类群之一。种子上的细菌主要是球菌和杆菌（见图 1-4-36），其重要代表菌类有芽孢杆菌属、假单胞杆菌属和微球菌属等类群中的一些种。种子上的细菌，多数为附生细菌，在新鲜种子上的数量占种子微生物总量的 80%～90%，一般对贮藏种子无明显危害。随着贮藏时间的延长、霉菌数量的增加，其数量逐渐减少。有人认为分析这些菌的数量可作为判断种子新鲜程度的标志。陈旧的种子或发热的种子上，以腐生细菌为主，它们主要是芽孢杆菌属和微球菌属。种子上细菌的数量超过霉菌，但是通常情况下对引起贮藏种子的发热霉变不如霉菌严重，原因是细菌一般只能从子粒的自然孔道或伤口侵入，限制了它的破坏作用。细菌是湿生性的，需要高水分的环境。

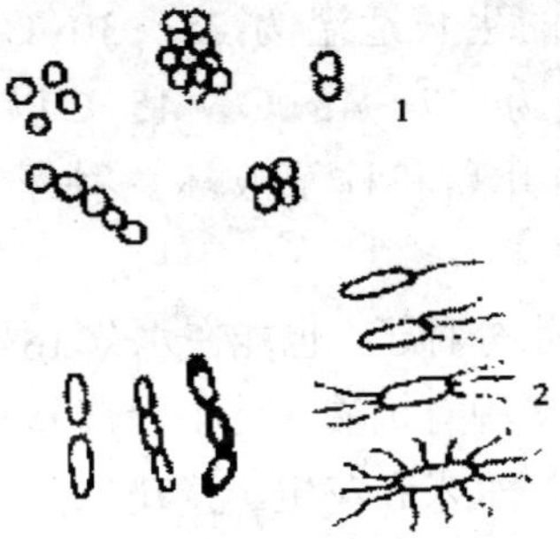

图 1-4-36　细菌

1—球菌；2—杆菌

（引自胡晋著《种子贮藏加工》，2001）

3. 放线菌和酵母菌

大多数菌体是由分枝菌丝所组成的丝状体，以无性繁殖为主，在气生菌丝顶端形成孢子丝（见图 1-4-37），孢子丝有直立、弯曲、螺旋等形状。放线菌主要存在于土壤中，绝大多数是腐生菌，在新收获的清洁种子上数量很少，但在混杂有土粒的种子及贮藏后期或发过热的种子上数量较多。种子上酵母菌数量很少，偶然也有大量出现的情况，通常对种子品质并无重大影响，有些在种子水分很高和霉菌活动之后，才对种子具有进一步的腐解作用。

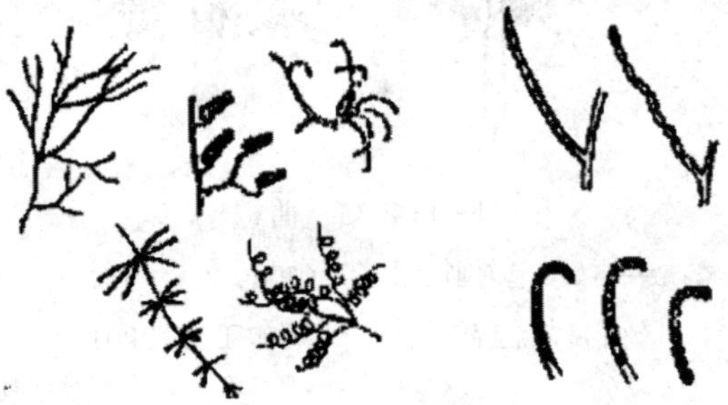

（a）　　（b）

图 1-4-37　放线菌

（a）放线菌的形态　（b）放线菌孢子的形态

（引自胡晋著《种子贮藏加工》，2001）

二、种子病原微生物的控制

（一）影响种子病原微生物的因素

1. 种子水分和空气湿度

种子水分和空气湿度是微生物生长发育的重要条件。不同种类的微生物对水分的要求和适应性是不同的。据此可将微生物分为干生性、中生性和湿生性三种类型。

几乎所有的细菌都是湿生性微生物，一般要求相对湿度均在95%以上。放线菌生长所要求的最低相对湿度通常为90%～93%。酵母菌也多为湿生性微生物，它们生长所要求的最低相对湿度范围为88%～96%，但也有部分酵母菌是中生性微生物。植物病原真菌大都是湿生性微生物，只有少数属于中生性类型。霉菌有三种类型，在贮藏种子中，危害最大的霉菌微生物都是中生性的，如青霉和大部分曲霉等。干生性微生物几乎都是一些曲霉菌，主要有灰绿曲霉、白曲霉、局限曲霉、棕曲霉、杂色曲霉等。接合菌中的根霉、毛霉等，以及许多半知菌类，则多为湿生性微生物。

不同类型微生物的生长最低相对湿度界限是比较严格的，而生长最适相对湿度则都以高湿度为宜。在干燥环境中，可以引起微生物细胞失水，使细胞内盐类浓度增高或蛋白质变性，导致代谢活动降低或死亡，大多数菌类的营养细胞在干燥的大气中干化而死亡，造成微生物群体的大量减少。这就是种子贮藏中应用干燥防霉的微生物学原理。

采用各种办法降低种子水分，同时控制仓库种子堆的相对湿度使种子保持干燥，可以控制微生物的生长繁殖以达到安全贮藏的目的。一般来说，只要把种子水分降低并保持在不超过相对湿度65%的平衡水分条件下，便能抑制种子上几乎是全部微生物的活动（以干生性微生物在种子上能够生长的最低相对湿度为依据）。虽然在这个水分条件下还有极少数灰绿曲霉能够活动，但发育非常缓慢。因此，一般情况下，相对湿度65%的种子平衡水分可以作为长期安全贮藏界限，种子水分越接近或低于这个界限，则贮藏稳定性越高，安全贮藏的时间也越长；反之，贮藏稳定性越差。

2．温度

温度是影响微生物生长繁殖和存亡的重要环境因素之一。种子微生物按其生长所需温度可分为低温性、中温性和高温性三种类型。三种类型的微生物的划分是相对的，也有一些中间类型。微生物生长最高、最低温度界限也随人类对自然的深入探索而有所变化。

在种子微生物中，以中温性微生物最多，其中包括绝大多数的细菌、霉菌、酵母菌以及植物病原真菌。大部分侵染贮藏种子引起变质的微生物在 28～30 ℃生长最好。高温性和低温性微生物种类较少，只有少数霉菌和细菌。通常情况下，中温性微生物是导致种子霉变的主角，高温性微生物则是种子发热霉变的后续破坏者，而低温性微生物是种子低温贮藏时的主要危害者，如在我国北方寒冷地区贮藏的高水分玉米种子上，往往能看到这类霉菌活动的情况。

一般微生物对高温的作用非常敏感，在超过其生长最高温度的环境中，在一定时间内便会死亡。温度越高，死亡速度越快。高温灭菌的机理主要是高温能使细胞蛋白质凝固，破坏了酶的活性，因而杀死微生物。种子微生物在生长最适温度范围以下，其生命活动随环境温度的降低而逐渐减弱，直至停止生长而处于休眠状态。一般微生物对低温的忍耐能力（耐寒力）很强。因此，低温只有抑制微生物的作用，杀菌效果很小。一般情况下，把种温控制在 20 ℃以下时，大部分侵染种子的微生物的生长速度就显著降低；

温度降到 10 ℃左右时，发育更迟缓，有的甚至停止发育；温度降到 0 ℃左右时，虽然还有少数微生物能够发育，但大多数则是相当缓慢的。因此，在种子贮藏中，采用低温技术具有显著抑制微生物生长的作用。

在贮藏环境因素中，温度和水分二者的联合作用对微生物发展的影响极大。当温度适宜时，对水分的适应范围较宽；反之则较严。在不同水分条件下微生物对生长最低温度的要求也不同，种子水分越低，微生物繁殖的温度就相应增高，而且随着贮藏时间的延长，微生物能在种子上增殖的水分和湿度的范围也相应扩大。

3. 仓房密闭和通风

仓房密闭和通风主要是通过气体成分对微生物进行影响。根据微生物对氧气的不同要求，分为好气性、嫌气性和兼嫌气性类型。种子上带有的微生物绝大多数是好气性微生物（需氧菌）。引起贮藏种子变质霉变的霉菌大都是强好气性微生物（如青霉和曲霉等）。缺氧的环境对其生长不利，密闭贮藏能限制这类微生物的活动，减少微生物传播感染以及隔绝外界温湿度不良变化影响的作用，所以低水分种子采用密闭保管的方法，可以提高贮藏稳定性和延长安全贮藏期。种子微生物一般能耐低浓度的氧气和高浓度的二氧化碳环境，所以一般性的密闭贮藏对霉菌的生长只能起一定的抑制作用，而不能完全制止霉菌的活动。试验证明，在氧气含量与一般空气相同（20%）的条件下，二氧化碳浓度增加到 20%～30%时，对霉菌的生长没有明显的影响；当浓度达到 40%～80%时，才有较显著的抑制作用。霉菌中以灰绿曲霉对高浓度的二氧化碳的抵抗能力最强，在浓度达到 79%仍能大量存在。此外，还应该注意到种子上的嫌气性微生物的存在，如某些细菌、酵母菌和毛霉等。在生产实际中，高水分种子保管不当（如密闭贮藏），往往产生酒精味和败坏，其原因就是由于这类湿生性微生物在缺氧条件下活动的结果，所以高水分种子不宜采用密闭贮藏。但种子堆内进行通风也只能在能够降低种子水分和种子堆温湿度的情况下才有利，否则将更加促进需氧微生物的发展。因此，种子贮藏期间做到干燥、低温和密闭，对长期安全贮藏是最有利的。

4. 日光

日光包括波长 390～770 nm 的可见光，以及部分不可见的紫外线和红外线。种子微生物的生长大都不需要光线。散射的日光对微生物没有明显的危害，而直射的强烈日光，则具有较强的杀菌作用，并能抑制多数霉菌孢子的萌发。其杀菌机理，主要是红外线的热效应和紫外线具有的杀菌力。

一般腐生菌对日光的抵抗力比寄生菌要强一些。如许多霉菌虽经强烈日光照射，但只能抑制菌丝生长，仍可存活。日光可以杀菌防霉，是人们早已知道的事实，在贮藏工作中，普遍利用日光暴晒来处理种子，可起到降低水分和防霉的良好效果。

5. 种子状况

种子的种类、形态结构、化学品质、健康状况和生活力的强弱，以及纯净度和完整度，都直接影响着微生物的生长状况和发育程度。

新种子和生活力强的种子，在贮藏期间对微生物有着较强的抵抗力，成熟度差或胚部受损的种子容易生霉。子粒外有稃壳和果种皮保护的比无保护的种子更具有抵抗微生物侵入的能力，保护组织厚而紧密的种子更易贮藏，所以在相同贮藏条件下，水稻和小麦比玉米易于保管，红皮小麦比白皮小麦的贮藏稳定性高。

贮种的纯度和净度对微生物的影响也很大。组织结构、化学成分和生理特性不同的种子混杂在一起，即使含杂的量不多也会降低贮藏的稳定性，被微生物侵染后会相互传染。种子如清洁度差、尘杂多，则易感染微生物，在含尘杂多的部位产生窝状发热。这是因为尘杂常带有大量的霉腐微生物，且容易吸湿，促进微生物生长。此外，同样水分的种子，不完整粒多的，容易发热霉变。这是因为完整的种子能抵御微生物的侵害，而破损的种子易被微生物感染。由于营养物质裸露，有利于微生物获得养料，加之不完整子粒易于吸湿，更有利于微生物的生长。除了上述影响微生物活动的因子外，种子微生物之间还存在着互长、共生、寄生和拮抗的关系。

（二）种子病原微生物的控制技术

1. 提高种子的质量

高质量的种子对微生物的抵御能力较强。为了提高种子的生活力，应在种子成熟时适时收获，及时脱粒和干燥，并认真作好清选工作，去除杂物、破碎粒、不饱满的子粒。入库时注意新、陈种子，干、湿种子，有虫、无虫种子及不同种类的不同纯净度的种子分开贮藏，以提高贮藏的稳定性。

2. 干燥防霉

种子含水量和仓内相对湿度低于微生物生长所要求的最低水分时，就能抑制微生物的活动。为此，种子仓库要能防湿防潮，具有良好的通风密闭性；种子入库前要充分干燥，使含水量保持在与相对湿度65%相平衡的安全水分界限以下；在种子贮藏过程中，可以采用干燥密闭的贮藏方法，防止种子吸湿回潮。在气温变化的季节还要控制温差，防止结露。高水分种子入库后则要抓紧时机，通风降湿。

3. 低温防霉

控制贮藏种子的温度在霉菌生长适宜的温度下，可以抑制微生物的活动。保持种子温度在15 ℃以下，仓库相对湿度在65%～70%以下，可以达到防虫防霉、安全贮藏的目的，这也是一般所谓“低温贮藏”的温、湿度界限。控制低温可采用自然低温的方法，具体做法可以采用仓外薄摊冷冻，趁冷密闭贮藏；仓内通冷风降温（做法可参见低温杀虫法）。如我国北方地区，在干冷季节，利用自然低温，将种子进行冷冻处理，不仅有较好的抑菌作用和一定的杀菌效果，而且可以降水杀虫。此外，目前各地还采用机械制冷，进行低温贮藏。进行低温贮藏时，还应把种子水分降至安全水分以下，防止在高水分条件下，一些低温性微生物的活动。

4. 化学药剂防霉

常用的化学药剂是磷化铝。磷化铝水解生成的磷化氢具有很好的抑菌防霉效果。根据经验，为了保证防霉效果，种堆内磷化氢的浓度应保持不低于 0.2 g/m^3。控制微生物活动的措施与防治仓虫的方法有些是相同的，在实际工作中可以综合考虑应用。如磷化铝是有效的杀虫熏蒸剂，杀虫的剂量足以防霉，所以可以考虑一次熏蒸，达到防霉杀虫的目的。

目前，国内外还开展了植物防霉剂的研究。我国从山苍子中提取的柠檬醛具有防霉的作用，并对黄曲霉毒素有去毒的效果。国外有人应用香料、调味剂、草药等进行抑菌防毒的试验，结果发现肉桂、丁香、大茴香、牙买加胡椒对黄曲霉、杂色曲霉和棕曲霉有抑制作用。

5. 气调防霉

气调防霉就是通过控制贮藏环境气体成分进行防霉，可用除氧、充二氧化碳、充氮气等方法，达到抑制微生物活动的目的，具体可以在密封的尼龙薄膜罩内进行，但在种子贮藏上应用较少。

行动（Action）

活动　以种子仓库为例，总结种子仓库微生物的防治技术

1）保持和提高种子的质量。

2）干燥防霉。

3）低温防霉。

4）化学药剂防霉。

5）气调防霉。

评估（Evaluate）

完成了本节学习，通过下面的练习进行自我检查：

种子仓库微生物的防治方法是什么？

任务七　新技术在种子贮藏中的应用

目标（Object）

在种子贮藏和加工领域，新的理论与技术诸如种子引发、种子超干保存、种子超低温贮藏、核心种质保存以及计算机管理与应用正在或将在种子贮藏加工领域得到应用。通过本节的学习，应了解：

1）种子引发；

2）种子超干贮藏；

3）种子超低温贮藏；

4）种子贮藏的计算机管理。

任务（Task）

了解种子贮藏新技术在种子加工与贮藏方面的应用，为实现农业现代化服务。为此，须掌握

1）种子加工贮藏方面的新技术；

2）根据贮藏需要采用新技术。

准备（Prepare）

由于分子生物学、分子遗传学、数量遗传学和基因工程等学科的突飞猛进，促进了科学和技术的发展。

一、种子引发

（一）种子引发的概念及效应

广义地讲，种子引发属于种子处理的范畴。种子引发是控制种子缓慢吸收水分使其停留在吸胀的第二阶段，让种子进行预发芽的生理生化代谢和修复作用，以促进细胞膜、细胞器、DNA 的修复和酶的活化，处于准备发芽的代谢状态，但防止胚根伸出。

种子引发的概念最早由 Heydecke 等人（1973）提出。经大量研究，种子引发的效应主要体现在以下几个方面：①在低温或高温下加速发芽；②提高发芽和出苗的一致性；③增加产量；④提高在逆境下的出苗率；⑤提高幼苗干重、鲜重和苗高；⑥克服远红外光的抑制作用；⑦提早成熟；⑧聚乙二醇（PEG）作为抗菌剂的载体，提高抗病能力；⑨减少热休眠效应；⑩防止幼苗猝倒病；⑪提高陈种子、未成熟种子的活力；⑫免除吸胀冷害的发生和损失。

现在，美国有的种子公司已有芸薹属、胡萝卜、芹菜、黄瓜、茄子、莴苣、洋葱、辣椒、番茄和西瓜等引发种子的销售。

（二）种子引发方法及技术

目前常用的种子引发方法有渗调引发、滚筒引发、固体基质引发（SMP）和生物引发。根据方法的不同，又有不同的技术。其中渗调引发是各种引发方法的基础，其一般程序如下：①将种子置于盛有引发溶液的容器内；②将装有种子的容器置于恒温下（通常为 10～30 ℃）并经一定时间；③用蒸馏水漂洗吸湿至一定程度的种子；④通

风干燥种子；⑤种子用于播种或贮藏。根据不同的情况和所用种子的不同，以上处理条件会有所改变，如渗透溶液种类、渗透溶液的浓度、处理的时间、处理的温度、处理期间的光强、处理期间的通气、盛放处理种子的容器类型以及处理后种子的干燥方式和程度等均可以改变。

渗透调节通常以 PEG 为材料，将种子放在适当浓度的 PEG 溶液中，以控制渗透压，调节水分进入种子。PEG 是一种高分子有机化合物，常用 PEG 相对分子质量为 6 000 或 8 000，它不能透过细胞壁进入细胞内。

在种子引发过程中，由于种子在高湿温暖的条件下极易受到真菌等微生物的侵染和危害，因此，在种子引发过程中应注意病原菌的控制，如在引发前可用克菌丹处理。随着种子引发研究的不断深入，新的引发效果不断地被发现，引发技术也不断地更新，但引发的效果在种、品种、甚至种子批间也会有差异。正因如此，处理的条件难以有一个确定的标准，这一点对种子引发的大规模应用带来了一定难度。目前这一领域的研究方兴未艾，日益受到各国科学家的关注和重视。种子引发的研究可为种子包衣、丸化、液播等新工艺新技术提供材料、方法和理论依据。

二、种子超干贮藏

超干种子贮藏亦称超低含水量贮存，是指种子水分降至 5%以下，密封后在室温条件下或稍微降温的条件下贮存种子的一种方法，常用于种质资源保存和育种材料的保存。

传统的种质资源保存方法是采用低温贮存，目前据不完全统计，全世界有基因库 1 300 余座，大部分的基因库都以温度-20～-10 ℃、含水量 5%～7%的条件贮存种子。但是低温库建库资金投资和操作运转费用是相当高的，特别是在热带地区，因此，有必要探讨其他较为经济简便的方法来解决种质的保存问题，种子超干贮藏正是这样一种探索中的种质保存新技术，以通过降低种子水分来代替降低贮藏温度，达到相近的贮藏效果而节约种子贮藏的费用。

据有关研究，芝麻种子水分由 5%降到 2%，在 20 ℃下种子寿命延长了 40 倍，并证明含水量 2%的芝麻种子贮藏在 20 ℃的条件下与含水量 5%的种子贮藏在-20 ℃条件下效果一样。可见，种子超干贮存大大节省了制冷费用，节省能耗，有很大的经济意义和潜在的实用价值，是一种颇具广阔应用前景的种子贮存方法。

1985 年，国际植物遗传资源委员会首先提出对某些作物种子采用超干贮藏的设想，并作为重点资助的研究项目。1986 年，英国里丁大学首先开始种子超干研究。我国从 20 世纪 80 年代后期开始这一研究，浙江农业大学、北京植物园、中国农业科学院国家种质库相继开展了种子超干研究并取得了一些研究成果。

种子超干贮藏的技术关键如下所述。

（一）超低含水量种子的获得

要使种子含水量降至 5%以下，采用一般的干燥条件是难以做到的。如用高温烘干，就会降低活力以至丧失生活力。目前采用的方法有冰冻真空干燥、鼓风硅胶干燥、干燥剂室温下干燥等，这些方法一般对种子的生活力没有影响。

为避免种子因强烈过度脱水而造成形态和组织结构上的损伤，郑光华等研究专家找到了有效的干前预处理方法，使其在亚细胞和分子水平上，特别是膜体系构型的重组方面发挥了重要作用。同时采取先低温（15 ℃）后高温（35 ℃）的逐步升温干燥法，使大豆种子（对照）的干裂率由 87%降为 0，而且不损伤种子活力。

（二）超干种子引发前的预处理

由于对种子吸胀损伤的认识不足，以往误将超干种子直接浸水萌发的不良效果归于种子的干燥损伤。为此，根据种子“渗控”和“修补”的原理，采用 PEG 引发处理或回干处理和逐级吸湿平衡水分的措施能有效地防止超干种子的吸胀损伤，获得高活力的种苗。

三、种子超低温贮藏

种子超低温贮藏是指利用液态氮（−196 ℃）为冷源，将种子等生物材料置于超低温下（一般为−196 ℃），使其新陈代谢活动处于基本停止状态，从而达到长期保持种子寿命目的的贮藏方法。在−196 ℃低温下，原生质、细胞、组织、器官或种子代谢过程基本停止并处于“生机暂停”的状态，大大减少或停止了与代谢有关的劣变，从而为“无限期”保存创造了条件。

近 40 年来，低温冷冻保存技术发展很快，尤其在医学和畜牧业中，利用低温冷冻技术成功地保存了血红细胞、淋巴细胞、杂交瘤细胞、骨髓、角膜、皮肤、人和动物的精液、动物胚胎等。利用低温冷冻技术保存植物材料的研究，自 20 世纪 70 年代以来已有较大进展，利用液氮可以安全地保存许多作物的种子、花粉、分生组织、芽、愈伤组织和细胞等。这种保存方式不需要机械空调设备及其他管理，冷源是液氮，容器是液氮罐，设备简单，保存费用只相当于种质库保存的 1/4。液氮保存的种子不需要特别干燥，一般收获后，常规干燥种子即可，也能省去种子的活力监测和繁殖更新，是一种省事、省工、省费用的种子低温保存新技术，适合于长期保存珍贵稀有种质。

根据不完全统计，目前已有 200 余个植物种能成功地贮藏在液氮内。种子超低温贮藏的主要关键技术问题如下所述。

（一）寻找适合液氮保存的种子含水量

只有在适合的含水量范围内，种子才能在液氮中存活。

（二）冷冻和解冻技术

不同种子的冷冻和解冻特性有差异，需分别探讨，以掌握合适的降温和升温速度。

（三）包装材料的选择

根据报道，包装材料有牛皮纸袋、铝箔复合袋等。有的包装材料能使种子与液氮隔绝。如种子与液氮直接接触，有些种子会发生爆裂现象，从而影响种子的寿命。

（四）添加冷冻保护剂

常用的冷冻保护剂有二甲基亚砜（DMSO）、甘油、PEG 等，最近有报道说脯氨酸的效果也很好。使用冷冻保护剂的量应是足够到有冷冻保护作用，但又不超过渗透能力和中毒的界限。

（五）解冻后的发芽方法

经液氮贮存后种子的发芽方法是一个容易被研究者忽视的问题，液氮保存顽拗型种子难以成功，可能与保存后的发芽方法不当有关，致使还有生活力的种子在发芽过程中受损伤或死亡。例如，茶籽在超低温保存后，最适发芽方法是在水分（质量分数）5%的沙床中于 5±1 ℃预吸处理 15 d，然后移到 25 ℃的环境中发芽。预处理后的种子，细胞膜修复能力增强，渗漏物减少，发芽率提高。液氮超低温保存的技术还需进一步完善，该项技术的创建和完善为植物遗传资源保存开辟了新途径。

四、种子贮藏的计算机管理

随着计算机技术的飞速发展以及在种子领域的应用，促使种子贮藏工作朝着自动化、现代化方向发展。种子仓库的自动化管理，可通过电脑控制各种种子仓库贮藏条件，给予不同情况的种子以最适合的贮藏措施。

目前国内种子仓库应用的电子计算机开发系统主要有两种：一种为种情检测系统，是对种子仓库的温度、湿度、水分、氧气、二氧化碳等实行自动检测与控制；另一种为设备调控系统，主要是对仓库的干燥、通风、密闭输运和报警等设备实行自动化管理与控制。

（一）种子安全贮藏专家系统

种子安全贮藏计算机专家系统开发是从影响种子安全贮藏的诸多环境因素的信息采集入手，通过系统的实验室实验、模拟实验和实播实验，以及对大量调查研究资料的收集处理分析，获得种子安全管理的特性参数和基本种情参数；然后将这些参数模型化，并建立不同的子系统，集合成为“种子安全贮藏专家系统”软件包。它能起到一个高级贮种专家的作用，可为管理者和决策者提供一套完整的、系统的、经济有效和安全的最佳优化贮种方案，是最终实现种子贮藏管理工作科学化、现代化和自动化的重要环节之一。目前，开发中的安全贮种专家系统由四个子系统组成。

1. 种情检测子系统

该子系统是整个系统的基础和实现自动化的关键。

2. 贮种数据资料库子系统

该子系统是专家系统的“知识库”。

3. 贮种模型库系统

将有关贮种变化因子及其变化规律模型化，并组建成计算机模型，然后以这些模型为基础，根据已有的数据库资料和现场采集来的数据，模拟贮种变化规律，并预测种堆变化趋势，为决策提供动态的依据。其内容包括大气模型、关系模型、种堆模型等。

4. 判断、决策执行系统

该系统是专家系统的核心。首先，它通过数据库管理系统和模型库管理系统将现场采集到的数据存入数据库，并比较修改已有的数据，然后用这些数据作为模型库的新参数值，进行种堆的动态变化分析，预测其发展趋势；其次，根据最优化理论和运筹决策理论，对将采用的防治措施和贮藏方法进行多种比较和分析判断，提出各种方案的优化比值和参数，根据决策者的需要，给出应采取的理想方案，并计算出其投入产出的经济效益和社会效益。

种子安全贮藏专家系统的开发是一项浩大的系统工程，目前只开始了部分工作，通过种子安全贮藏专家系统的不断开发和应用，我国种子贮藏工作的管理水平和种子质量将会得到显著提高。

（二）计算机在种质资源管理上的应用

在种质资源管理上计算机得到了广泛应用。美国马里兰州贝尔茨维尔的农业部农业研究中心的种质资源研究室较早建立了遗传资源情报记录管理系统，应用电子计算机对保存的种质材料进行情报管理。美国科罗拉多州的国家种子贮藏实验室设立了电子计算机中心，进行品种资源的情报管理。日本在科学城建立了现代化的种子贮藏室，利用计算机管理 170 多种作物的种质，其数据库已贮存了 30 多万条品种信息，实现全国联机检索。在墨西哥的国际玉米和小麦改良中心等也都建立了一套完整的种质资源数据库管理系统。国际水稻研究所（IRRI）管理系统，现已保存 8 万份以上的水稻种质材料，建立了国际水稻基因库的信息系统（IRGCIS），基因库的数据对全世界用户免费开放。

我国早在“七五”期间建成了农作物种质资源数据库。近年来更是完善和丰富了中国作物种质资源信息系统（CGRIS），并在全国建立了数十个信息服务点，为全国科研、教学、生产部门提供了数千万个数据项值的种质信息；建成了染色体和同工酶谱图像分析系统，为作物基因图谱构建、基因定位以及 DNA 序列测定中绘制图形和识别图谱奠定了良好的基础。此外，建成了中国作物种质资源电子地图系统，为我国作物遗传多样性和作物起源、演化、分类研究以及资源考察提供了可靠依据。

行动（Action）

查阅网络资料，了解种子贮藏中的新技术。

评估（Evaluate）

完成了本节的学习，通过下面的练习进行检查：

1）是否对种子贮藏新技术有一定了解？

2）能否根据贮藏需要采用新技术？

强化训练

实训指导一　玉米种子采收、加工、处理、包装、贮藏库实地参观

一、目的要求

通过实地参观玉米种子加工企业，了解玉米种子采收、加工、处理、包装及种子贮藏所用的基本方法、主要设备及发展状况。

二、实训场所

选择具有玉米种子加工先进设施设备的校外实训基地作为玉米种子加工与贮藏实训的参观对象。

三、材料用具

记录本、笔。

四、方法和步骤

（一）听取介绍

听取企业负责人介绍玉米种子加工与贮藏中心的基本情况及参观过程中的注意事项。

（二）参观

1）参观玉米种子采收、加工过程，了解种子采收、加工所用的基本方法、主要设备及发展状况。

2）参观玉米种子处理、包装的过程，了解种子处理、包装所用的基本方法、主要设

备及发展状况。

3）参观玉米种子贮藏库的类型，了解种子贮藏所用的基本方法、主要设备及发展状况。

（三）问题交流

组织学生分组与仓库管理人员或技术人员进行加工与贮藏相关问题的交流。

（四）参观总结

1）对玉米种子采收、加工、处理、包装及种子贮藏所用的基本方法、主要设备及发展状况进行总结。

2）向配合参观实训的企业及负责人致谢。

五、作业

根据介绍、参观、交流的情况，结合理论教学的基础内容和自己的理解，完成玉米种子采收、加工、处理、包装及种子贮藏所用的基本方法、主要设备及发展状况的实习报告。

实训指导二　各类种子加工机械识别

一、目的要求

通过实地参观拥有种子加工设备的企业，了解种子加工机械的基本原理及使用方法。

二、实训场所

选择具有种子加工先进设施设备的校外实训基地作为玉米种子加工机械参观实训的对象。

三、材料用具

记录本、笔。

四、方法和步骤

（一）听取介绍

听取企业负责人介绍种子加工机械的基本情况及参观中的注意事项。

（二）参观

1）参观玉米种子加工机械，了解种子加工机械的加工原理及操作使用方法。

2）参观蔬菜、花卉种子加工机械，了解种子加工机械的种类、加工原理及操作使用方法。

（三）问题交流

组织学生分组与种子加工技术人员进行加工机械相关问题的交流。

（四）参观总结

1）总结种子加工机械的种类、基本原理及操作方法。

2）向配合参观实训的企业及负责人致谢。

五、作业

根据介绍、参观、交流的情况，结合理论教学的基础内容和自己的理解，完成种子加工机械的种类、基本原理及操作方法的参观实训报告。

实训指导三　种子收购计划的制订

一、目的要求

通过种子收购计划的制订，培养同学们种子采收、去杂、防杂知识应用的能力，分配种子加工机械使用和调度的能力，以及销售发运的协调能力及人力、物力等管理计划能力。

二、实训场所

选择某一生产玉米、蔬菜（以番茄、西瓜、南瓜为例）、花卉（以秋菊为例）种子的种子生产企业制订种子收购计划。

三、方法和步骤

1）根据相关栽培知识，确定相关作物的适宜采收期，并组织人力、物力。

2）根据相关作物的面积及品种预测产量，做好所需加工设备的检修、场地、包装、质量检测设备及库房的准备工作，并做好人力、物力的计划和准备。

3）种子入库前做好与营销部门的沟通协调，合理安排贮藏地点及方式。

4）收购计划制订好后，召集各部门负责人研究完善收购计划。

5）实施收购计划。

四、作业

根据提示，结合理论教学的基础内容和自己的理解，完成种子收购计划制订的实训报告。

实训指导四　种子采收和去杂

一、目的要求

通过种子采收和去杂的实训，培养学生从果实形态、植株特征等方面鉴别杂株杂果的能力。

二、实训场所

选择某一生产蔬菜瓜类（以番茄、西瓜、南瓜为例）种子的种子生产企业，开展种子采收及实训。

三、方法和步骤

1）根据相关栽培知识，确定相关作物的适宜采收期，并组织人力、物力。

① 采收：种子作物必须在充分成熟时采收，才能有利于种子的生长发育，提高种子的产量，保证种子的品质和活力。但不同作物有不同的留种方式，需选择不同的组织繁殖，其成熟度各异。确定种子成熟的方法，一般要根据色泽、饱满度、硬度、形状、大小、生长期等进行判断；也可根据该品种某一个或几个主要成熟特征，判断其最适宜成熟度。另外也要根据当地成熟季节的气候确定适宜的采收期。

② 去杂：在采收前，一般要根据授粉标记或果实及植株的色泽、形状、大小等特征将其他品种或病果、裂果从制种田中剔除出去，做好去杂工作。

③ 取种：取种是指成熟的种子从生长的部位分别取出的过程。果菜类等种子采种时往往是连同果实整体进行，也有部分果菜类同果实采收后，共同完成种子一段时间后熟再取种，这种取种方法叫湿取种。大部分农作物和蔬菜花卉取种是在脱水后通过脱离、打碾进行，这种方法叫干取种。

2）根据相关作物的面积及品种预测产量，做好所需加工设备的检修、场地、包装、质量检测设备及库房的准备工作，并做好人力、物力的计划和准备。

3）种子入库前做好与营销部门的沟通协调，合理安排贮藏地点及方式。

4）收购计划制订好后，召集各部门负责人研究完善收购计划。

5）实施收购计划。

四、作业

根据提示，结合理论教学的基础内容和自己的理解，完成种子收购计划制订的实训报告。

实训指导五　种子加工方案的制定

一、目的要求

通过种子加工方案的制定，了解不同农作物种子所需的加工方法及加工机械的使用方法。

二、方法和步骤

（一）玉米种子加工方案的制定

1）确定玉米种子的采收期，根据成熟先后组织采收。

2）准备玉米加工机械，做好检修及加工标准的制定。

3）准备包装材料，做好入库前库房的准备工作。

（二）番茄种子加工方案的制定

1）确定番茄种子的采收期，根据成熟先后组织采收。

2）准备番茄加工机械，做好检修及加工标准的制定。

3）准备包装材料，做好入库前库房的准备工作。

三、作业

根据参观实训及理论教学的基础内容和自己的理解，完成种子加工方案制定的实训报告。

实训指导六 番茄种子的加工

一、目的要求

通过实训，掌握番茄种子收获的关键环节，掌握番茄种子的取种、发酵、清洗、处理及晾晒的操作方法和处理技术。

二、材料用具

成熟番茄、番茄取籽机、塑料筒、塑料盆、浓盐酸、pH试纸、晾筛等。

三、方法和步骤

（一）加工工艺

红熟—采收—后熟—取籽—发酵—洗种—浸种—晾晒—处理—精选—贮藏。

（二）加工技术

1）采收：番茄果实由黄变红时，先逐行逐株检查摘除杂异果、畸形果和自交果（根据人工去雄授粉时作的标记辨认），一般在授粉50～60 d完全红熟后即可采收。

2）取籽：采收后让果实再后熟1～2 d后，用机械或人工取籽，进行果肉与种子的分离处理，取出带有胶状黏质的种子，置于容器中自然发酵。

3）发酵：当发酵液面产生一层白色菌膜，手摸种子无黏滑感，部分种子沉于缸底即可结束发酵。果肉与种子的分离处理过程中，禁用铁、铝等金属器具，以避免种子接触金属器具后，种皮变黑，影响种子的商品性。

4）淘洗、晾晒：用清水快速将种子淘洗干净，清洗后的种子放在尼龙纱布做成的晾床上，置于干燥通风处阴干。严禁在烈日下暴晒，更不能放在水泥地板或铁器上晾晒。

5）初、精选：待种子水分下降到8%以下时及时收种，利用风压式提升机或风车对种子初选、精选。加工、入库过程防止鼠害及人为的机械混杂。

6）收购前处理：有些番茄种子在收购前，还要做脱绒处理、盐酸处理、消毒处理等。

① 脱绒处理：通过处理可以减少包装量，降低运输成本，提高播种品质。可以用脱绒机脱绒或手工脱绒，手工脱绒时可以将适量种子装于布袋中反复在水泥地面上摔打脱绒。

② 盐酸处理：种子在水中淘洗干净后用1%分析纯盐酸浸种15 min，浸种时摆动种子，捞出后用清水稍微冲洗即可，有时要求干种子的pH值范围须达到2.4～2.7，清洗后的种子放在尼龙纱布做成的晾床上，置于干燥通风处阴干，可以起到杀菌和改善种子表面发黑程度的作用，提高种子的商品性。

③ 消毒处理：种子在水中淘洗干净后，用 1 %的次氯酸钙浸种 20 min，捞出后在清水中反复淘洗 3 遍，晾干。

7）收购、封样、入库：种子入库前，要做净度、水分检测；入库后要对封样种子做发芽率及纯度检测，严禁不合格种子流通。

（三）贮藏技术

置于阴凉干燥通风处贮藏。外运种子在贮藏时，需用内衬防水防潮塑料膜的多层编织袋来贮藏袋装种子。

四、作业

根据番茄种子的取种、发酵、清洗、处理及晾晒的操作方法和处理技术，按照加工工艺流程，完成实训报告。

实训指导七　蔬菜种子加工顶岗实训

一、目的要求

通过蔬菜种子加工的顶岗实训，促使学生开展种子的加工活动，掌握加工工艺，学会选择和操作加工机械，掌握种子收购标准，学会种子包装及贮藏的基本技术。

二、实训场所

选择某一生产蔬菜种子的种子企业开展顶岗实训。

三、材料用具

种子加工场地、加工设备等。

四、方法和步骤

1）根据企业种子加工需要，合理安排实训岗位，实训学生在相关校外指导教师的指导下开展工作。

2）制定加工工艺。

3）在轮岗实训期间要做好各实训环节的技术总结。

五、作业

根据实训过程，结合理论教学的基础内容，完成种子加工的顶岗实训报告。

实训指导八　玉米种子加工顶岗实训

一、目的要求

通过玉米种子加工的顶岗实训，帮助学生开展种子加工活动，掌握加工工艺，学会选择和操作加工机械，掌握种子收购标准，学会种子包装及贮藏的基本技术。

二、实训场所

玉米种子加工企业。

三、材料用具

种子加工场地、加工设备等。

四、方法和步骤

1）根据企业种子加工需要，合理安排实训岗位，实训学生需在校外指导教师的指导下开展工作。

2）制定加工工艺。

3）在轮岗实训期间要做好各实训环节的技术总结。

五、作业

根据实训过程，结合理论教学的基础内容，完成种子加工的顶岗实训报告。

实训指导九　种子机械包衣

一、目的要求

了解种子包衣剂的配方、种子包衣剂类型及其特点；了解种子包膜和丸化机械及其操作程序；同时了解种子包衣过程的安全防护、包衣种子的保存和安全使用。

二、实训场所

就近的种子加工厂（或包衣厂）。

三、实训内容

1）了解当地主要作物种子包衣剂类型、特点及其使用配方。
2）参观当地企业主要的包衣机械，了解包衣方法和注意事项。

四、实训思考

1）通过实训及现场观察，你认为种子包衣后有何特点？
2）经过包衣后的种子在正确使用中要注意哪些问题？

实训指导十　种子入库前的“四项指标”检测

一、目的要求

了解种子入库前的“四项指标”的检测方法，同时了解种子入库前的“四项指标”检测重要性。

二、实训场所

组织学生在校内或就近的种子仓库检验室现场演示参观。

三、实训内容

1）掌握种子净度分析的方法和注意事项。
2）掌握种子纯度分析的方法和注意事项。
3）掌握种子水分分析的方法和注意事项。

4）掌握种子发芽率分析的方法和注意事项。

四、实训思考

1）通过实训，你认为 “四项指标”检测的重要性有哪些？
2）经过“四项指标”检测后的种子在入库后应注意哪些问题？

实训指导十一　种子取样和封样

一、目的要求

熟悉各种扦样器和分样器的构造及使用方法，掌握种子批的扦样方法和封样。

二、实训场所及用具

校内或附近种子公司；种子仓库的作物种子，各种扦样器、各式分样器、样袋。

三、实训内容及步骤

（一）掌握种子取样方法

1）袋装种子取样方法：袋装种子先确定取样袋数，再均匀设置取样点，然后从各取样点中扦取初次样品。

2）散装种子取样方法：先按种子堆水平面积分区设点，再按种子堆高度分取样层，然后由上到下扦取初次样品。

（二）配置混合样品

各袋或各点扦出的初次样品充分混合形成混合样品。

（三）掌握种子封样

把混合样品装入样袋，然后贴封条封样。

四、实训思考

1）在种子取样中应注意哪些问题？
2）在种子封样中应注意哪些问题？

实训指导十二　种子贮藏方案的制定

一、目的要求

通过走访与深入实际调查，了解当地主要作物种子的贮藏特性与贮藏方法，并比较当地主要作物种子在贮藏特性上的区别，分别制定相应的贮藏方案。

二、实训场所

与学校建立校企合作的种子生产与经营企业或公司、种子贮藏加工厂或自己联系的种子生产商等。

三、方法内容

通过走访或实际参观，听取经验，了解当地主要作物种子的贮藏特性与贮藏方法。

1）当地主要作物种子贮藏特性（或生理特性）的调查。

2）当地主要作物种子的贮藏方法（包括种子的贮藏技术要点、关键措施等）调查。

四、作业

根据走访调查的情况，结合自己的理解，进行整理、比较、总结，制定出科学合理的种子贮藏方案。

实训指导十三　种子的包装、入库及运输

一、目的要求

了解种子包装的意义和要求；了解包装材料的种类、特性；掌握种子的包装方法和

包装机械的操作；掌握种子入库前的准备及入库方法；了解种子的运输方式。

二、实训场所

组织学生到就近校企合作的种子加工厂及大型种子仓库现场演示参观。

三、实训内容

1）了解当地主要包装材料的种类、特性。
2）了解当地主要作物种子的包装方法和注意事项。
3）参观种子的包装机械并了解其操作方法。
4）了解种子入库前的准备及入库方法。
5）了解种子的运输方式。

四、实训思考

1）通过实训及现场观察，你认为种子包装后有何特点？
2）种子入库前怎样做好仓库的准备？
3）当地种子入库的方法有哪些？各有何特点？
4）当地种子运输的方式有哪些？各有何特点？

实训指导十四　种子贮藏期间水分、发芽率的抽查

一、目的要求

学会种子贮藏期间的水分检查方法及种子发芽率的抽查方法，了解种子贮藏情况，为种子安全贮藏提供科学依据。

二、实训场所及用具

校内或附近种子公司的种子仓库。电烘箱、天平、样品盒、温度计、粉碎机、干燥器、磨口瓶、坩埚钳、手套、角匙、毛笔及当地常用的电阻式和电泳式水分仪；发芽箱、

方形或长方形透明塑料盒、9 cm 玻璃培养皿、发芽纸、消毒沙等。

三、实训内容

1）掌握种子贮藏期水分测定的标准方法。

① 低恒温烘干法（103 ℃，8 h），并在空气相对湿度 70%以下的室内进行。

② 高温烘干法（130～133 ℃，1 h）。

③ 高水分种子预先烘干法。

2）掌握种子贮藏期水分快速测定方法。了解常用的几种种子水分速测仪的构造、原理，掌握它们测定种子水分的正确使用方法。

3）掌握种子贮藏期发芽率的测定方法。

四、作业

1）根据所采用的水分测定方法，将有关检验数据填入种子水分测定标准法记录表（见表 2-14-1），然后进行种子水分计算，将水分测定结果填入对应表格。

2）分析采用不同的种子水分测定方法测定种子水分时应注意的问题。

3）采用种子标准发芽实验测定，将有关测定数据填入种子发芽试验结果报告单（见表 2-14-3）。

表 2-14-1　种子水分测定标准法记录表

测定方法	作物名称	样品	称量盒重（g）	试样重	试样加盒重（g）		烘失水分	
					烘前	烘后	（g）	（%）
低温烘干法		1						
		2						
		平均						
高温烘干法		1						
		2						
		平均						

表 2-14-2　种子水分电子仪器速测法记录表

测定方法	作物编号	1	2	3	平均
LSKC—4 型粮食水分快速测定仪					
TL—4 型粮食水分测定仪					

续表

测定方法	作物编号	1	2	3	平均
PM—8188 电脑水分测定仪					
LDS—1D 电脑水分测定仪					

表 2-14-3　种子发芽试验结果报告单

<table>
<tr><td colspan="2">送验单位</td><td></td><td></td><td>产　地</td><td></td></tr>
<tr><td colspan="2">作物名称</td><td></td><td></td><td>代表数量</td><td></td></tr>
<tr><td colspan="2">品种名称</td><td></td><td></td><td></td><td></td></tr>
<tr><td rowspan="3">发芽试验</td><td>正常幼苗（%）</td><td>不正常幼苗（%）</td><td>新鲜不发芽种子（%）</td><td>硬实（%）</td><td>死种子（%）</td></tr>
<tr><td></td><td></td><td></td><td></td><td></td></tr>
<tr><td colspan="5">发芽床：　温度：　实验持续时间：
发芽前处理和方法：</td></tr>
</table>

检验单位（盖章）：　　检验员：　　复核员：

填报日期：　年　月　日

实训指导十五　种子库温度检查

一、目的要求

学会种子库温度检查方法，了解种子贮藏情况，为种子安全贮藏提供科学依据。

二、材料用具

校内或附近种子公司种子库、曲柄温度计或杆状温度计、记录本、铅笔。

三、方法步骤

1）划区定点。如散装种子在种子堆 100 m^2 面积范围内，将它分成上、中、下三层，每层设 5 个检查点共有 15 处，即用 3 层 5 点 15 处的测定方法。包装种子则用波浪形设点的测定方法。

2）定时检查。一天内检查温度以上午 9—10 时为宜，以免受外温的影响。除了检查种温外，还要记录仓温和气温。

3）观察记载。

四、作业

学生分组进行，把观察结果填入下表（见表 2-15-1），并写出处理意见。

表 2-15-1　仓储种子情况记录表

品种名称	入库年月	种子数量	检查日期（月日时）	气温（℃）	仓温（℃）	种子温度（℃）														
						1			2			3			4			5		
						上	中	下	上	中	下	上	中	下	上	中	下	上	中	下
处理意见																				

实训指导十六　种子贮藏期有害生物的防治

一、目的要求

通过实训参观，听取仓库管理人员对种子贮藏期各种仓库害虫、鼠类和种子微生物对贮藏种子的危害性，影响其活动的主要因子，以及当地对其所采取的有效防治措施与控制技术的介绍，进一步掌握种子贮藏期有害生物的综合防治与控制技术。

二、实训场所

种子贮藏加工实验室或校企合作种子贮藏加工厂或种子仓库。

三、实训内容

（一）种子仓库害虫的防治技术

1）检疫防治：检疫防治可改变种子仓库害虫群落的组成成分，是一项根本性的预防措施。

2）机械、物理防治：①机械防治主要有风选、筛理等方法。②物理防治主要有高温杀虫法、低温杀虫法、清洁卫生。

3）化学防治：主要的化学药剂有胃毒剂、触杀剂和熏蒸剂。

（二）仓库鼠类的防治技术

1）防鼠驱鼠：经常清除仓房四周和场地的杂草、垃圾、砖瓦石砾，随时整理包装器材和散落种子，扫除鼠类的隐蔽场所。

2）器械捕鼠：捕鼠的器械很多，在使用器械前应详细阅读说明书，并观察鼠路、鼠迹。掌握情况，选择合适的捕鼠方法和器械才能收到良好的效果。

3）化学药剂灭鼠：仓库常用的杀鼠剂主要有磷化锌、安妥、鼠钠盐等。通常将杀鼠剂配制成药饵使用。

4）天敌捕杀：主要是利用猫捕鼠。

（三）种子病原微生物的控制技术

1）提高种子的质量：高质量的种子对微生物的抵御能力较强，贮藏的稳定性高。

2）干燥防霉：使种子含水量和仓内相对湿度低于微生物生长所要求的最低水分，抑制微生物的活动。

3）低温防霉：种子温度保持在 15 ℃以下，仓库相对湿度保持在 65%～70%以下，可以防霉。

4）化学药剂防霉：常用磷化铝一次熏蒸，达到防霉杀虫的目的。

5）气调防霉：采用除氧、充二氧化碳、充氮气等方法，达到抑制微生物活动的目的。

四、实训思考

通过现场参观实训，你认为应如何对种子贮藏期有害生物进行有效的综合防治与控制？

知识拓展

资料一　粮食种子的加工贮藏

任务一　小麦种子的加工贮藏技术

小麦适应性强，分布广，用途多，是世界上最重要的粮食作物，在我国是仅次于水稻的主要粮食作物，尤其在北方地区是使用最广的细粮作物。小麦种子含水量较低，易于运输和贮藏加工。

一、小麦种子的加工技术

小麦种子的加工是指小麦种子从收获到播种前所采取的一系列加工处理方法，主要包括小麦的脱粒、初清选、干燥、精选、处理和包装等一系列过程。

（一）小麦种子加工技术

1. 小麦种子的收获

小麦收获期很短，验收合格的小麦良种田及制种田必须适时收获。为确保来年小麦用种质量，在良种田及制种田收获时期，要采取单收单打，最好做到一场一种；机械收获时，要将机仓内存留的小麦清理干净后方可进行收割；在种子晾晒和打场时，要与非种子小麦间隔一定的距离，坚决杜绝机械或人为造成的种子混杂而影响到小麦种子质量。验收合格的小麦良种及制种田在晾晒和打场时，需选择在晴朗天气进行。

2. 小麦种子的初清选

当小麦良种田及制种田种子脱粒后，要及时对种子进行初清选。种子清选时场地宜选无损伤的水泥地面或干燥的土晒场进行。利用人工扬场或带式扬场机除去混入小麦种子里的碎茎秆、碎叶片、泥沙以及杂草碎片等掺杂物。

3．小麦种子的干燥

（1）自然干燥

小麦种子收获后要及时进行自然干燥，降低种子含水量。脱粒前小麦可捆紧竖起在田间进行自然干燥，穗向上堆放晒干。使种子水分降低到一定程度。脱粒并经初清选后的小麦良种田及制种田种子要在晴天均匀摊铺晾晒在准备好的晒场上。晾晒时先把晒场地打扫干净晒热，晾晒的小麦种子摊铺厚度一般以不超过 5 cm 为宜，最好摊成波浪形，形成种子垄。在晾晒时应常翻动，使上下层干燥均匀。

（2）其他干燥方法

如果脱粒并经初清后的小麦良种田及制种田种子在没有理想的自然干燥天气条件时，为降低种子含水量可用种子通风干燥方法、加热干燥方法、红外线辐射干燥法等干燥方法对小麦种子进行干燥。使种子水分降到种子的安全水分。

4．小麦种子的精选

经初清选后的种子中还混有大麦、燕麦、杂草种子等其他异作物或异品种种子，以及秕子粒、被害虫取食或污染劣变的种子，冬小麦良种种子中还可能混有黑麦等其他异作物或异品种种子。为了提高小麦良种和制种种子纯度、发芽率和种子活力，必须对初清种子进行精选，使其达到小麦良种种子标准。小麦种子一般可分三步进行精选。

1）先使用风筛清选机利用风选和筛选从小麦种子中剔除大麦种子、小子粒和秕子粒等大、小杂质和轻杂质，使种子在宽度和厚度上达到基本一致。

2）再用窝眼筒清选机利用带有不同直径窝眼的滚筒剔除比小麦种子长的燕麦种子和比小麦种子短的草籽等杂质。

3）最后用比重清选机利用气流和振动的台面，把经过风筛清选机和窝眼筒清选机加工后，在外形尺寸基本一致的小麦种子中剔除那些不饱满、发霉、虫蛀和受病虫害损伤的子粒，进一步提高种子的质量。

5．小麦种子处理

我国当前对小麦种子的处理主要是在播种前对种子进行包膜或普通处理，因此春小麦种子在精选加工后先贮藏过冬，到来年春天播种时再进行种子处理。在处理前要对出仓的春小麦种子进行一次检查，确认种子的净度、发芽率、种子含水量都符合要求时，方可进行种子的包衣或其他普通处理。

（1）种子包衣

小麦种子包衣时多选用复合型和生物型的种衣剂，用种子包膜包衣机对其进行种子包膜。包衣时要保证工作人员的安全，不污染环境，并使药液均匀地黏附在种子表面。

（2）温汤浸种

未包衣小麦种子在播种前应先在冷水中浸 5～6 h，再放到 54～55 ℃的温水中不断搅动，经 10 min 后取出，用冷水淋洗晾干后即可播种。此法可杀死潜伏在种子内的散黑穗病菌。

（3）冷浸日晒

未包衣的小麦种子在播种前先在冷水中浸 5 h 左右，可在上午 6 时浸种至 11 时取出，将种子薄薄地摊在晒场上暴晒，每隔 30 min 翻动 1 次，下午 5 时收起。若麦粒干燥不充分，可在第 2 天继续暴晒到小麦种子充分干燥为止。这种方法能杀死种子内外的病菌。

（4）药剂处理

用内吸性杀菌剂和杀虫剂对小麦进行拌种可防治多种病虫害。

（5）石灰水浸种

播种前 8 d 左右，用生石灰水 1 kg，先用少量清水化开，再放到缸或木桶里，然后加清水 100 kg，充分搅匀后浸种子 60～70 kg。浸种 24 h 后将麦种捞出，用清水洗净晾干待播。此法应注意：石灰要用白色成块的新石灰，不宜用久放或已吸潮解体的散石灰；浸种期间不得搅动，以免将水面形成的石灰膜层（此膜层可隔绝空气，使麦粒上的病菌因缺氧而死亡）破坏而影响效果。

（6）肥料浸拌种

1）增产菌拌种：播种前取适量增产菌，兑入适量清水，搅拌均匀后再拌入麦种中。用增产菌拌种可使小麦增产 10%以上，麦种可拌入 50 mL/667m^2 增产菌。

2）根瘤菌拌种：根瘤菌具有促进根系发育和促进分蘖的作用，用其拌种可以夺取小麦高产。麦种拌入 500 g/667m^2 根瘤菌，一般可增产 10%～15%。

3）矮壮素拌种：用矮壮素拌种具有控旺、抗倒伏的效果。播种前取 50%的矮壮素 250 g，兑入 5 kg 水，搅拌均匀后喷洒在 50 kg 麦种上，然后堆闷 4 h，待药液被麦种充分吸收后播种。

4）多元微肥拌种：用多元微肥拌种可以提高植株的抗病能力，进而提高产量。拌种时先用温开水化开 50 g 多元微肥，再加入适量清水，搅拌均匀后拌麦种 10 kg，晾干后播种。

5）磷酸二氢钾溶液浸种：用磷酸二氢钾溶液浸种具有壮苗、促进分蘖、提高产量的功效。播种前将 120 g 磷酸二氢钾溶解在 50 kg 清水中，配制成 0.2%～0.3%的溶液，将麦种浸泡 12 h 后捞出，晾干后播种。

6. 小麦种子包装

小麦种子达到干、饱、净以后再进行包装、入仓。小麦种子主要按种子重量进行包装，贮藏、运输包装主要采用麻袋及聚乙烯袋等；销售包装主要采用聚乙烯袋。包装规格及包装标志、标签按我国种子标准要求进行，以加强种子质量管理。用种子定量包装机对小麦种子进行自动计量缝包。

（二）小麦种子加工工艺流程

小麦种子的加工工艺流程为收获小麦果穗—风筛预清选—干燥—风筛基本清选—圆孔筛清选—窝眼筒清选—比重精选—种子包衣—计量包装—运库存放。

1. 具体的流程

小麦种子加工工艺流程如图 3-1-1 所示。

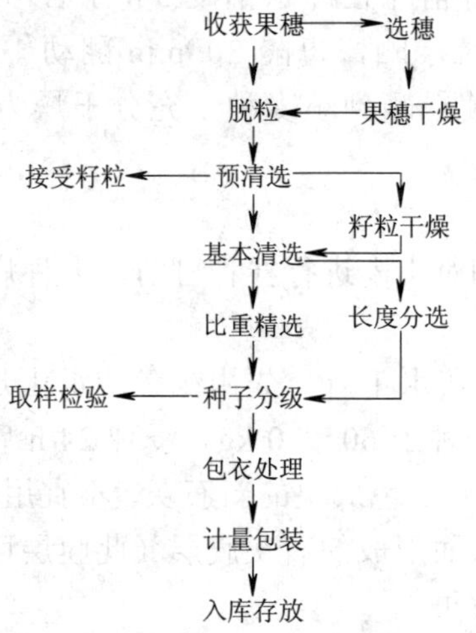

图 3-1-1　小麦种子加工工艺流程图

2. 要点

1）有芒的需要除芒。

2）燕麦及杂草种子较多时，要用长度分选。

二、小麦种子的贮藏技术

小麦收获时正逢高温多湿季节，即使经过充分干燥，入库后如果管理不当，种子仍易吸湿回潮、生虫、发热、霉变，必须引起重视。

（一）小麦种子的贮藏特性

1. 易吸湿

小麦种子为颖果，稃壳在脱粒时分离脱落，果实外部没有保护物。种皮较薄，组织疏松，通透性好，在干燥条件下容易释放水分，但在空气湿度较大时也容易吸收水分。麦种吸湿的速度因品种而不同。在相同条件下，红皮麦粒的吸湿速度比白皮麦粒慢；硬质小麦的吸湿能力比软质小麦弱；大粒小麦比小粒、虫蚀粒弱。但是，总体上讲，小麦种子具有较强的吸湿能力，在相同条件下，小麦种子的平衡水分较其他麦类为高，吸湿性较稻谷为强。因此，麦粒在暴晒时降水快，干燥效果好；反之，在相对湿度较高的条件下，容易吸湿提高水分。麦种在吸湿过程中还会产生吸胀热，产生吸胀热的临界水分为 22%，水分在 12%～22%之间，每吸收 1 g 水便能产生热量 336 J。麦种原本水分越低，吸水后产生的热量越多。所以，干燥的麦种一旦吸湿不仅会增加水分，还会提高种温。

2．通气性差

麦种的孔隙度一般在 35%～45%，通气性较稻谷差，适宜于干燥密闭贮藏，保温性也较好，不易受外界温度的影响。但是，当种子堆内部发生吸湿回潮和发热时，则不易排除。

3．耐热性好

小麦种子具有较强的耐热性，特别是未通过休眠的种子，耐热性更强。据试验，水分在 17%以下的麦种，种温在较长的时间内不超过 54 ℃；水分在 17%以上，种温不超过 46 ℃的条件下进行干燥和热进仓，不会降低发芽率。根据小麦种子这一特性，实践中常采用高温密闭杀虫法防治害虫。但是，小麦陈种子以及通过后熟的种子耐高温能力有所下降，不宜采用高温处理，否则会影响发芽率。

4．后熟期长

小麦种子有较长的后熟期，有的需要经过 1～3 个月的时间。后熟期的长短因品种不同，通常是红皮小麦比白皮小麦长。一般是春性小麦 30～40 d，半冬性小麦 60～70 d，冬性和强冬性小麦在 80 d 以上。其次，小麦的后熟期长短与成熟度有关，充分成熟后收获的小麦后熟期短一些；提早收获的小麦则长一些。通过后熟作用的小麦种子可以改善麦粉品质。但是麦种在后熟过程中，由于物质的合成作用不断释放水分，这些水分聚集在种子表面便会引起“出汗”，严重时甚至发生结顶现象。有时种子的后熟作用还会引起种温波动即“乱温”现象。这些都是麦种贮藏过程中需要特别注意的问题。

小麦种皮颜色不同，耐藏性也会存在差异，一般红皮小麦的耐藏性强于白皮小麦。由于麦种很容易回潮并保持较高的水分，为仓虫、微生物的繁衍提供了良好的条件。为害小麦种子的主要害虫有玉米象、米象、谷蠹、印度谷螟和麦蛾等，其中以玉米象和麦蛾为害最多。被害的麦粒往往形成空洞或被蛀蚀一空，完全失去使用价值。因此，贮藏麦种应特别注意防回潮、防害虫和防病菌的“三防”工作。

（二）小麦种子的贮藏技术要点

1．干燥密闭贮藏

麦种容易吸湿从而引起生虫和霉变，如能采用密闭贮藏防止吸湿回潮，可以延长贮藏期限。但是，密闭贮藏的麦种对水分要求十分严格，必须控制在 12%以内才有效，超出 12%便会影响发芽，水分越高发芽率下降越快。据试验，水分为 11%、13%和 15%的麦种，在室温条件下同样用铁桶密封贮藏。经过 1 年半后，水分为 11%的麦种发芽率仍能保持在 94%以上；水分为 13%的种子发芽率下降到 69%，失去种用价值；而水分为 15%的麦种，经过一个高温季节发芽率便会下降，1 年半后发芽率全部丧失。即使在低温条件下密闭贮藏麦种，同样需要保持干燥。如温度在 15～20 ℃，水分为 11.3%的麦种，经 12 个月的贮藏，发芽率完好；水分为 14%的麦种，贮藏 5 个月，发芽率便开始下降；如果水分在 16.5%，仅贮藏 2 个月，发芽率便下降。所以，麦种收获后要趁高温天气及时干燥，将水分降到 12%以下，然后用缸、坛、瓮或木柜、铁桶等容器密闭贮藏。密闭贮藏既能避免种子受潮湿空气的影响，又能预防种子吸湿而生虫。

2．密闭压盖防虫贮藏

此法适用于数量较大的全仓散装种子，对于防治麦蛾有较好的效果。具体做法为：先将种子堆表面耙平，后用麻袋 2～3 层，或篾垫 2 层或干燥砻糠（谷壳）灰 10～17 cm 覆盖在上面，可起到防湿、防虫作用，尤其是砻糠灰有干燥作用，防虫效果更好。覆盖麻袋或篾垫要求做到“平整、严密、压实”，就是指覆盖物要盖得平坦而整齐，每个覆盖物之间衔接要紧密，不能有脱节或凸起，待覆盖完毕再在覆盖物上压一些适当重量的物品，使覆盖物与种子之间没有间隙，以阻碍害虫活动及交尾繁殖。

压盖时间与效果有密切关系，一般在入库以后及开春之前效果最好。如在种子入库以后采用压盖，要多加检查，以防后熟期“出汗”发生结顶。到秋冬季交替时，应揭去覆盖物降温，但要防止表层种子发生结露。如在开春之前采用压盖，应根据各地不同的气温状况，必须在越冬麦蛾羽化之前压盖完毕。在冬季每周进行面层深扒沟一次，压盖后能使种子保持低温状态，防虫效果更佳。

3．热进仓储藏

热进仓储藏是利用麦种耐热特性而采用的一种贮藏方法，对于杀虫和促进种子后熟有很好的效果。该法具有方法简便、节省能源、不受药物污染等优点，而且不受种子数量的限制。具体做法为：选择晴朗天气，将小麦种子进行暴晒使水分降至 12%以下，使种温达到 46 ℃以上但不超过 52 ℃，此时趁热迅速将种子入库堆放，并须覆盖麻袋 2～3 层密闭保温，将种温保持在 44～46 ℃之间，经 7～10 d 之后掀掉覆盖物，进行通风散温直至种温与仓温相同为止，然后密闭贮藏即可。

为提高麦种热进仓储藏效果，必须注意以下事项。

（1）严格控制水分和温度

麦种热进仓储藏成败的关键在于水分和温度，水分高于 12%会严重影响发芽率，一般可控制在 10.5%～11.5%之间。温度低于 42 ℃杀虫无效，温度越高杀虫效力越大，但温度越高持续时间越长，对发芽率影响越大。一般掌握在种温 46 ℃密闭 7 d 较为适宜，44 ℃则应延长至 10 d。如果暴晒种温达到 50 ℃以上时，将麦种拢成 2 000～2 500 kg 的大堆，保温 2 h 以上然后再入库，杀虫效果更好。

（2）入库后严防结露

经热处理的麦种温度较高，库内地坪温度较低，二者温差较大，种子入库后容易引起结露或水分分层现象。上表层麦种温度易受仓温影响而下降，与堆内高温产生温差会使水分分层。有时这两部分种子（近地坪层和上表层种子）反而会生虫和生霉。所以，麦种入库前须打开门窗使地坪增温或铺垫经暴晒过的麻袋和砻糠，以缩小温差。如果用缸、坛、瓮等容器贮藏种子，必须与麦种同时暴晒增温。入库时无论麦种数量多大应一次完成，以免造成种子之间产生温差。入库后应在面上加覆盖物，密闭门窗，这样既可保温又可预防结露。对于一些缸、坛等容器也应密封，以防麦种子在冷却过程中吸湿回潮。

（3）抓住有利时机迅速降温

高温密闭杀虫达到预期效果后，应迅速通风降温，这项工作应在短期内完成。因为长时间的高温密闭虽对杀虫有效，但对保持种子发芽率并不一定有益。同时降温时间不宜过长，如果降温时间延续太长，麦种受外界温湿度影响而增加水分，有时还有可能感染害虫。

（4）通过后熟期的麦种不宜采用热进仓储藏

这是因为通过后熟作用的麦种耐热性降低，经高温处理后虽能达到杀虫目的，但对发芽率会有较大影响。所以，热进仓储藏应在麦种收获后立即进行。

任务二 玉米种子的加工贮藏技术

玉米是一种高产作物，适应性强，我国各地几乎都有种植。玉米是异花授粉作物，自然杂交率很高，保纯较难。玉米也是我国的主要粮食作物之一，玉米种子在收获后的加工、贮藏中极易发生发热霉变与低温冻害等种子劣变现象，因此采用科学合理的加工方法加工玉米种子和安全、有效地贮藏玉米种子具有重要意义。

一、玉米种子加工技术

玉米种子的加工是从收获到播种前对玉米种子采取的各种处理程序，是把种子加工成商品种子的工艺流程，内容包括清选、干燥、精选分级、种子处理和包衣、种子包装等一系列过程。其目的在于提高种子净度、发芽力、品种纯度、生活力，降低种子水分，提高种子耐贮性和种用价值，满足生产需求。

种子加工是种子产业化体系的重要环节，直接为农业生产服务。其意义体现以下方面。

1）通过种子清选清除玉米种子中的茎、叶、穗和损伤种子的碎片、异作物种子、杂草种子、泥沙、石块、空秕种子等掺杂物，以提高种子纯净度，为种子安全干燥和包装贮藏作好准备。

2）通过种子干燥使种子含水量降低到安全水分，才能使种子安全贮藏。

3）通过种子精选分级，提高种子质量，包括种子净度、发芽力、纯度、生活力等方面。促进田间成苗，减少播种量，节约成本，提高产量。

4）通过种子包衣，减少化肥农药用量，达到便于播种，提高抗逆性、抗病性，加快发芽，促进成苗，增加产量，保护环境的目的。

5）通过种子的包装，提高种子的商品性，防治伪劣种子坑害消费者。

（一）玉米种子加工技术

1．剥苞叶

玉米收获后要求先剥苞叶，后晒干脱粒。剥苞叶用的剥皮机，主要由剥皮辊、压制器、子粒回收器三部分构成。现有机型剥净率只达 80%左右。

2．选穗

人工选穗，根据玉米品种特征特性剔除异品种玉米果穗、虫蛀玉米果穗、发霉玉米果穗、未成熟玉米果穗，以提高玉米种子质量。

3．干燥

玉米果穗干燥一般采用自然干燥和机械烘干干燥。

（1）自然干燥

自然干燥就是利用日光、风等自然条件，使种子含水量降低，达到或接近种子安全贮藏水分的标准，一般比较安全，可降低能源消耗和种子加工成本。对面积较小的玉米制种田的玉米种子果穗在收割前可采用“站秆扒皮”或“高茬晾晒”方法晾晒；对一些暂时不能脱粒或数量较少又无干燥条件的玉米种子，可搭晾晒架、晾晒棚或挂藏室将玉米穗制成吊子挂起来晾晒干燥，在自然干燥期保证种子含水量降低到 16%以下。实践中总结出来的最好的自然降水法是高茬晾晒，即在收割玉米秸时留茬高 50 cm 左右，将需晾晒的玉米果穗扒皮栓成挂，挂在玉米秸茬上，每株玉米秸茬挂 6～10 个玉米果穗。

（2）烘干干燥

在自然干燥有困难时，果穗自然晾晒降水达不到 16%以下时可采用机械烘干以作补充。将果穗送入果穗干燥室，双向通风，严格控制温度，使子粒含水量降到 18%以下为准。烘干是玉米种子收获后的关键，是解决潮湿玉米果穗因得不到晾晒而发芽、变质、霉烂的最好方法。国内烘干机有多种类型，如塔式、斜坡式等，主要由果穗干燥室、双向通风系统、回动系统的部分组成。

若果穗水分为 13%～16%，一般采用机械子粒烘干。将子粒直接送入烘干仓，架在烘干仓中部，通过为电脑控制加热器，运用热空气由下向上或由上向下反复流动，直到子粒含水量降到 12.5%左右为止。烘干法要严格控制温度，确保种子的活力和生活力。实践表明，种温在 40 ℃以下，连续烘干 72～96 h，一般对发芽率无明显影响，高于 43 ℃则对种子有害。

4．脱粒

常用的玉米脱粒机，按脱粒滚筒的不同有纹秆式和钉齿式两种。玉米脱粒机要求在脱粒时对种子破损不超过 1%，并且吸尘性能要好，使脱粒种子基本达到无尘，能抛掷玉米芯，脱净率要高，基本达到 99%。在玉米脱粒时要对杂交玉米果穗再次进行选穗，根据玉米品种特征特性剔除在人工选穗环节中遗漏的异品种玉米果穗，保证杂交玉米种子的纯度和质量。

5．清选

脱粒后的玉米种子通过风筛清选机械除去混入玉米种子中的玉米茎秆、玉米碎叶、破碎的玉米穗轴、损伤的种子碎片、异作物种子、杂草种子、不饱满种子以及在脱粒时混入的泥沙、石块等杂物，提高玉米良种及玉米杂交种的净度和质量。

6．精选分级

一般采用双筛箱、双风道风筛式精选机对玉米种子进一步精选。选出饱满优良的种子并分成等级。其目的是从玉米种子中进一步分离出在清选时遗漏的异作物、异品种以及饱满度低、比重低、活力低的玉米种子。玉米良种在包装前一定要分级，分级时依据种子大小、比重、空气动力学特性选用合理筛孔，依种子长度分离可用窝眼筒将长短不同的玉米种子分离；依玉米种子厚度分离可用长孔筛；依玉米种子宽度分离可用圆孔筛。一般进行三等分级，尽量为播种提供最佳性状，达到苗齐、苗全、苗壮的目的。

7. 种子包衣

种子包衣是种子加工中一项极为重要的技术环节，种子包衣作业是把种子放入包衣机内，通过机械的作用把含有农药、微肥、菌肥、生长调剂等活性成分的种衣剂均匀地包裹在种子表面的过程。种子包衣的主要目的是提高种子抗逆性、抗病性，促进发芽成苗，达到苗全、苗壮的目的。

（1）科学选用种衣剂

经大量的田间试验和生产实践，筛选出成膜性好、悬浮颗粒小、药液成分稳定的立克莠种衣剂、20%的克·福悬浮种衣剂等。在生产中取得了良好的应用效果。

（2）调配好药种比例

种子包衣机进行药种比例调配时，只需操作药液贮箱上的计量泵的计量开关，即可将药种比例调配到适宜的浓度范围。一般用20%的克·福悬浮种衣剂进行玉米种子包衣，药种比调配在1:50为宜。

（3）调节好种子流量和药量大小

要充分保证进入种衣机的种子流量能连续、均匀地供给包衣机，通过调节计量泵转速调节药量大小，保证药液能够连续、均匀地供给包衣机，才能保证包衣均匀和药种比一致。

（4）提高种子包衣成膜效果

经精选过的种子送入自动化包衣机后，达到迅速成膜、均匀一致的效果，要求自然成膜时间保持在40 min以上，成膜后机械包装过程中脱落率不高于1%，贮藏半年后脱落率不高于5%。

（5）包衣注意事项

种子包衣过程中要注意加工人员的安全防护，各环节机械除尘、通风，尽量减少人与药剂及用药剂处理过的种子接触。

8. 种子包装

玉米种子精选分级后进行合理的包装，可防止混杂、病虫感染、吸湿回潮、减缓种子劣变，保证种子生活力，提高种子的商品性，便于种子安全贮藏、运输和销售。

目前，玉米种子包装主要以重量包装为主，每袋2～10 kg，然后将小包装装入50 kg的大包装袋中，以便运输和仓储。

（二）玉米种子加工工艺

鲜穗加工程序：穗选—果穗烘干—脱粒清选—子粒烘干—风筛选—比重选—分级—包衣—计量包装—入库。

自然晾晒果穗加工程序：穗选—脱粒清选—子粒烘干—风筛选—比重选—分级—包衣—计量包装—入库。

1．具体的流程

玉米种子加工工艺流程如图 3-1-2 所示。

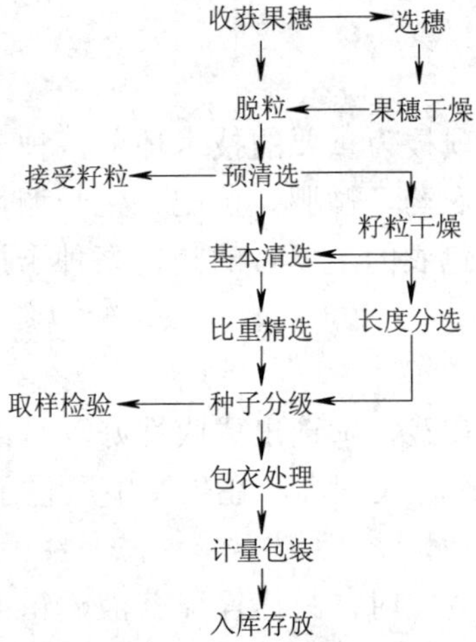

图 3-1-2　玉米种子加工工艺流程

2．要点

1）扒皮：相对旋转的橡胶辊。

2）选穗：人工选穗。

3）干燥：果穗干燥室，双向通风，回动系统。

4）脱粒：要求具备破损少、吸尘、抛掷玉米芯三个功能。

5）预清：一般都采用单筛箱的风筛选。

6）分级圆孔筛用于宽度分级，长孔筛用于厚度分级，窝眼筒用于长度分级。

7）基本精选：一般都采用双筛箱、双风道风筛式精选机。

3．玉米种子加工工艺流程注意事项

1）玉米种子干燥时，要考虑配置储仓，储仓分储存湿种子用的和储存干种子用的两种。前者应当有通风装置，以便能延缓种子发芽、霉变的时间，干储仓主要是用来调整生产的。

2）在包衣机上一定要设置小储仓，以确保喂料均匀，有利于物料和药剂计量的准确性。

3）包衣后的种子与未包衣的种子不允许共同使同一用提升机和计量秤等，以防种子转商后造成人畜中毒。

二、玉米种子的贮藏方法

（一）玉米种子的贮藏特性

1．种胚大，呼吸旺盛，容易发热

玉米在禾谷类作物种子中属大胚种子，种胚的体积几乎占整个子粒的 1/3 左右，重量占全粒的 10%～12%，从它的营养成分来看，其中脂肪占全粒的 30%～54%，蛋白质占 30%以上，并含有大量的可溶性糖。由于胚中含有较多的亲水基，比胚乳更容易吸湿。在种子含水量较高的情况下，胚的水分含量比胚乳更高，而干燥种子的胚，水分却低于胚乳（见表 3-1-1）。因此玉米种子吸水性较强，呼吸量比其他谷类种子大得多，在贮藏期间稳定性差，容易引起种子堆发热，导致霉变。有资料报道，含水量 14%～15%的玉米种子在 25 ℃条件下贮藏，呼吸强度为 28 mgO_2/（kg・24h），而相同条件下的小麦种子呼吸强度仅为 0.64 mgO_2/（kg・24h）。

表 3-1-1　玉米胚与胚乳水分变化的比较

不同处理的玉米	全粒水分（%）	胚部水分（%）	胚乳水分（%）	备　　注
新剥玉米粒	31.4	45.2	29.0	刚从植株上剥下时测定的水分
收获 5 d 后的玉米	23.8	36.4	22.4	收获后剥去苞叶 5d 后测定的水分
烘干的玉米	12.8	10.2	13.2	—
晾晒后的玉米	14.4	11.2	14.8	—

2．玉米种胚易遭虫霉为害

玉米种胚易遭虫霉为害的原因是胚部水分高，可溶性物质多，营养丰富。为害玉米的害虫主要是玉米象、谷盗、粉斑螟和谷蠹，为害玉米的霉菌多半是青霉和曲霉。当玉米水分适宜于霉菌生长繁殖时，胚部会长出许多菌丝体和不同颜色的孢子，称为“点翠”。因此，完整粒的玉米霉变，常常是从胚部开始的。实践证明，经过一段时间贮藏后的玉米种子，其带菌量比其他禾谷类种子高得多。因此，在生产上玉米经常发生“点翠”现象，这是玉米较难贮藏的原因之一。

在穗轴上的玉米种子由于开花授粉时间不同，顶部子粒成熟度差，加上含水量高，在脱粒加工过程中易受损伤，据统计，一般损伤率在 15%左右。损伤子粒呼吸作用较旺盛，易遭虫、霉为害，经历一定时间会波及全部种子。所以，入库前应将这些破碎粒及不成熟粒清除，以提高玉米种子贮藏的稳定性。

3．玉米种胚容易酸败

玉米种子脂肪绝大部分（77%～89%）集中在种胚，这种分布特点再加上种胚吸湿性较强，因此，玉米种胚非常容易酸败，导致种子生活力降低。特别是在高温、高湿条件下贮藏，种胚的酸败比其他部位更明显。据试验，玉米在温度为13 ℃、相对湿度为 50%～60%的条件下贮藏 30 d，胚乳的酸度为 26.5（酒精溶液，下同），而胚的酸度则高达 211.5。在温度为 25 ℃、相对湿度为 90%的条件下，胚乳酸度为 31.0，胚则高达 633.0，可见玉米种胚容易酸败，高温高湿会加快酸败的速度。

4．玉米种子易遭受低温冻害

在我国北方，玉米属于晚秋作物，一般收获较迟，加之种子较大，果穗被苞叶紧紧包裹在里面，在植株上水分不易蒸发，因此收获时种子水分较高，一般在 20%～40%之间。由于种子水分高，入冬前来不及充分干燥，极易发生低温冻害，这种现象在下列情况下更易发生：①低温年份，种子成熟期推迟，或不能正常成熟，含水量偏高；②种子收获季节阴雨连绵、空气潮湿或低温天气来得早；③一些杂交组合生育期偏长、活秆成熟或穗粗、粒大、苞叶包裹紧密。据试验，玉米水分高于 17%时易受冻害，发芽率迅速下降。

5．玉米穗轴特性

玉米穗轴在乳熟及蜡熟阶段柔软多汁。成熟时轴因表面细胞木质化而变得坚硬，轴心（髓部）组织却非常松软，通透性较好，具有较强的吸湿性。种子着生在穗轴上，其水分的大小在一定程度上取决于穗轴。潮湿的穗轴水分含量大于子粒，而干燥的穗轴水分则比子粒少。果穗在贮藏期间，种子和穗轴水分变化与空气相对湿度有密切关系，都是随着相对湿度的升降而增减。将玉米穗轴和玉米粒放在不同的相对湿度条件下，其平衡水分有明显变化。据实验，在空气相对湿度低于 80%的情况下，穗轴水分低于玉米粒；当相对湿度高于 80%时，穗轴水分却高于玉米粒。前者情况，穗轴向子粒吸水，可以使玉米粒降低水分，而后者却相反，玉米粒从穗轴吸水，使种子增加水分。因此，相对湿度低于 80%的地区以穗藏为宜，超过 80%的地区则以粒藏为宜。

（二）玉米种子贮藏技术要点

能否保管好玉米种，关键在于种子水分。低水分种子如不吸湿回潮，则能长期贮藏而不影响生活力。经验表明，北方玉米种子水分在 14%以下，种温不高于 25 ℃；南方玉米种子水分在 13%以下，种温不超过 30 ℃，可以安全过夏。玉米霉变的临界水分见表 3-1-2。

表 3-1-2　玉米霉变的临界水分

含水量（%）	13	14	15	16	17	18	19	20
温度（℃）	30	27	24	21	18	15	12	9

玉米贮藏有果穗贮藏和粒藏法两种，可根据各地气候条件、仓房条件和种子品质而选择采用。常年相对湿度较低的丘陵山区和我国北方，常采用穗藏法。常年相对湿度较高或仓房条件较好的地区则采用粒藏法。

1．果穗贮藏

此法优点如下所述。

1）新收获的玉米果穗，穗轴内的营养物质可以继续运送到子粒内，使种子达到充分成熟，且可在穗轴上继续进行后熟。

2）穗藏孔隙度大，达51%左右，便于空气流通，堆内湿气较易散发。高水分玉米有时干燥不及时，经过一个冬季自然通风，可将水分降至安全标准以内，至第 2 年春即可脱粒，再行密闭贮藏。

3）子粒在穗轴上着粒紧密，外有坚韧果皮，能起一定的保护作用。除果穗两端的少量子粒可能感染霉菌和被害虫蛀蚀外，一般能起防虫、防霉作用，中间部分种子生活力不受影响，所以生产上常采用这部分种子作播种材料。

果穗贮藏同样要注意控制水分，以防发热和受冻害。果穗水分高于 20%，在温度为−5 ℃的条件下便受冻害而失去发芽率；水分高于 17%，在温度为−5 ℃时也会轻度受冻害，在−10 ℃以下便失去发芽率；水分大于 16%时，果穗易受霉菌危害，在 14%以下方能抑制霉菌生长。所以，过冬的果穗水分应控制在 14%以下为宜。干燥果穗的方法可采用日光暴晒和机械烘干。暴晒法一般比较安全，烘干法对温度应作适当控制，种温在 40 ℃以下，连续烘干 72～96 h，一般对发芽率无影响，高于 50 ℃对种子有害。

果穗贮藏法有挂藏和堆藏两种。挂藏是将果穗苞叶编成辫，用绳逐个连接起来，挂在避雨通风的地方，也可采用搭架挂藏，也有将玉米苞叶连接后围绕在木桩上挂成圆锥体形状，并在圆锥体顶端采用披草防雨等各种形式。堆藏则是在露天地上用高粱秆编成圆形通风仓，将剥掉苞叶的玉米穗堆在里面越冬，次年再脱粒入仓，此法在我国北方采用较多。

2. 粒藏法

粒藏法可提高仓容量，密度在 55%～60%，空气在子粒堆内流通性较果穗堆差。如果仓房密闭性能较好，可以减少外界温湿度的影响，使种子在较长时间内保持干燥，在冬季入库的种子，则能保持较长时间的低温。据试验，利用冬季低温，种温在 0 ℃时将种子入库，面上盖一层干沙，到 6 月底种温仍能保持在10 ℃左右，种子不生霉不生虫，并且无异常现象。

对于采用子粒贮藏的玉米种子，果穗收获后不要急于脱粒，应以果穗贮藏一段时间为好。这样对种子完成后熟作用、提高品质以及增强贮藏稳定性都非常有利。玉米种子的后熟期因品种而不同，一般经过 20～40 d 即可完成，而经过 15～30 d 贮藏之后，就可达到最高的发芽率。

粒藏种子的水分一般不宜超过 13%，南方则在 12%以下才能安全过夏。据各地经验，散装堆高随种子水分而定。种子水分在 13%以下，堆高 3～3.5 m，可密闭贮藏；种子水分在 14%～16%，堆高 2～3 m，需间隙通风；种子水分在 16%以上，堆高 1～1.5 m，需通风，保管期不超过 6 个月，也可采用低温保管，但要注意防止冻害。

三、北方玉米种子越冬贮藏技术

我国北方玉米种子贮藏的突出问题是种子成熟后期气温较低，收获时种子水分较高，又难晒干，易受低温冻害。因此，如何安全越冬是北方玉米种子贮藏管理的重点。根据研究结果与实践经验，从收获前开始，利用北方秋季凉爽干燥的气候条件，抓好晒种降水这一关键环节，在低温来临之前将水分降至受冻害的临界水分以下，即可安全越冬。

（一）贮藏前应及时干燥

1. 站秆扒皮，收前降水

在种子乳熟末期至蜡熟期之间，将玉米果穗的苞叶扒开，使果穗暴露在空气当中，可收到明显的降水效果。这一措施已成为辽宁、吉林等省普遍采用的玉米种子干燥措施。扒皮时间在 9 月上中旬，收获前 10～20 d 进行。试验表明收前 20 d 扒皮可多降水 9.7%，收前 15 d 扒皮多降水 8.6%，收前 9 d 扒皮则多降水 6.5%。站秆扒皮最适宜的时机是种子蜡熟初期，过早会影响产量，太晚则降水不明显。站秆扒皮尤其适用于那些生育期偏长，活秆成熟和子粒脱水较慢的品种。

2. 适期早收，高茬晾晒

玉米种子的生活力形成较早。试验表明，乳熟末期的玉米种子已具有较好的种用品质，是适期早收的临界期，而蜡熟期收获比较理想，不仅活力高，而且不影响产量。

高茬晾晒的具体做法是先收父本，将父本从地上 30 cm 处割断。母本从地面割倒后，2～4 个成 1 串，挂在父本行的高茬上进行风干。

（二）选择适宜贮藏方式

1. 玉米果穗通风贮藏

玉米穗贮藏时由于孔隙度较大，便于通风干燥，可利用秋冬季节继续降低种子水分，同时穗轴对种胚具有一定的保护作用，可以减轻霉菌和仓虫的感染。

玉米果穗通风贮藏有多种方式，根据种子量的大小不同可灵活选用。少量种子可采用立桩搭挂、木架吊挂、棚内吊挂等方式进行。种子量较大时可选择地势高、通风好的地方与秋季主风向垂直搭砌玉米穗仓。具体方法是在地面用砖、木等垫高 30～50 cm，做好仓底，铺上秫秸，上面砌玉米穗仓。仓的厚度为 70～100 cm，高度和长度依种子量而定，也可砌成多排仓，但各排之间要留有一定距离，以免相互挡风。为便于搭砌通风仓，有的地方将玉米果穗先装入通气良好的编织袋，然后建仓，效果很好。有条件的单位也可建造永久性玉米仓：四周用方木作固定柱，在地上 30～50 cm 处架好仓底，四周用木板条或金属做成通风仓壁，顶盖用人字架做遮雨（雪）棚，既通风又防雀、防雨。

玉米果穗入仓时应进行挑选，将未成熟、含水量高的果穗挑出继续干燥，当种子水分降至 20%以下时，可入仓储藏而不必倒仓，一直贮藏至春播前脱粒，也可在入冬前种子水分降至 16%以下时入种子库贮藏。

2. 低温密闭隔年贮藏

通风仓中的玉米果穗至春季含水量可降至 13%左右，如果当年不用于播种，最好脱粒后进行密闭贮藏。方法是在早春（3—4 月份）脱粒，然后趁自然低温作囤密闭贮藏，以保持种子干燥、低温的贮藏状态。密闭可采用压盖、囤套囤等方式，隔热材料以膨胀珍珠岩效果较好，稻壳等容重较低的代用材料也有一定效果。隔离层厚度以 20～40 cm 较适宜，并要注意密闭隔热层的完整性。

（三）贮藏管理中的注意事项

1. 严格控制水分以防冻害

种子贮藏效果的好坏，很大程度上取决于种子的含水量。低温是种子贮藏的有利条件，但在北方寒冷天气到来之前，种子只有充分晒干，才能防止冻害。入仓及贮藏期间，含水量要始终保持在 14%以下，种子方可安全越冬。如果玉米种子含水量过高，种子内部各种酶类进行新陈代谢，呼吸能力加强，严寒条件下，种子就会发生冻害，降低或丧失发芽能力。据有关资料介绍，当玉米种子含水量低于 14%时，室外温度在−40 ℃以下，不降低发芽率；当含水量在 19%时，室外温度在−18～−12 ℃，

8 d 就丧失发芽力；当含水量在 30%时，在同样的室外温度下，仅 2 d 时间，就会全部冻死。

2. 加强种子管理，定期检查种子含水量、发芽率

北方玉米种子冬贮时间较长，因此在贮藏期间要定期检查种子含水量。如发现水分超过安全贮藏标准，应及时通风透气，调节温湿度，以免种子受冻或霉变。另外还应定期进行种子发芽试验，检验种子是否受害。若发芽率降低，应查明原因，及时采取补救措施。

3. 创造良好的贮藏环境

对不符合标准和条件差的仓库要进行维修，种子仓库要做到库内外干净清洁，仓库不漏雨雪，室外贮藏要防止雨雪淋浸，还要认真做好防虫、防鼠工作。

4. 要有合理的贮藏保管方法

贮藏方法是否合理直接影响贮藏效果。贮藏方法大致有室外贮藏、冷室贮藏、暖室贮藏等几种。若种子含水量在 14%以下，室内外越冬均安全。但一般多以冷室贮藏为宜，也可室外贮藏，但应注意防止雨雪淋浸。不论采取什么方法贮藏，都应把种子袋垫离地面 30 cm 以上，堆垛之间要留有一定空隙。还应注意，在室外贮存的种子，遇冷后不应再转入室内；同样在室内贮存的种子，不可突然转到室外，否则，温度的骤然变化会使种子的发芽率降低。

四、南方玉米种子越夏贮藏技术

南方各地的夏收早玉米应注意种子水分，只有充分干燥的种子才能安全度过炎夏高温期。

杂交玉米种子经济价值较高，每年过剩种子如转为商品粮，降价销售，会造成经济损失，如能通过有效的贮藏管理措施，保持良好的种子生活力和活力，以供翌年播种，就可减少损失和满足生产用种。玉米种子越夏贮藏的关键是做好“低温、干燥、密闭”。

（一）低温

“低温”是指在 7—9 月份高温多湿季节采取合理通风的办法，使仓温不高于 25 ℃，种温不高于 22 ℃。种子是热不良导体，种温不会随外界温度变化而迅速改变。在 6 月底以前温度上升时不要轻易开仓，以免热空气进入仓内，提高仓温。即使发现种子含水量超过越夏种子贮藏安全标准（12%），也只能通过早春低温季节的低湿度空气通风和仓内除湿等措施来降低种子含水量，以防高温季节晒种而提高种温。7—9 月份这 3 个月，虽系高温季节，但也有晴、雨、阴，早、中、晚的气温差异，此期的通风主要是以降温为目的的通风，多采用阴天或晴天的傍晚，以排风扇、电动鼓风机等机械进行强力通风，迅速降低仓温。种温是影响种子呼吸强度的重要因素，仓储期控制好种温是重要的一环。有条件的地方最好将越夏玉米放在低温仓库贮藏。

（二）干燥

“干燥”是指严格控制越夏种子的水分。整个贮藏期要保证种子水分在安全水分范围内，既要考虑到种子本身入仓水分的标准，又要考虑到影响水分变化的各个因素。在控制种子贮藏水分工作中，着重做到种子入库时“五不准”（即未检验的种子不准入库，净度达不到国家标准的种子不准入库，水分超过安全水分标准的种子不准入库，受热害的种子不准入库，受污染的种子不准入库）和“五分开”（即贮藏中做到亲本种与一代种分开贮藏，一级、二级种子分开贮藏，高活力种子与低活力种子分开贮藏，异品种分开贮藏，带病虫种和无病虫种分开贮藏）；同时，密切注意种子入仓后第1个月内水分的变化。种子入库季节正值高温高湿，同时也是种子生理成熟的重要时期，入库种子常会因后熟作用发生“出汗”而提高种子含水量，也会因种温与仓温（特别是地坪）的温度差异出现“结露”而使局部种子含水量急剧增加。对隔年种子有两个特殊的要求：一是通过水分仪速测种子的含水量，保证杂交玉米亲本和一代种子入库含水量不高于11.5%；二是通过机械清选，使种子净度达到国标一级净度标准，尽量除去秕粒、破碎粒和泥沙这些易吸湿、易生虫和易受微生物侵害的杂物。发芽率较低的种子剔出后不宜进行越夏，应在当年及时处理。

（三）密闭

“密闭”是指在种子贮藏性能稳定之后，特别是水分达到越夏要求后，用塑料薄膜密闭种子堆和仓房门窗。仓门的密闭并非一年四季长闭仓库，具体工作严格掌握以下两点。

1）种子入库1个月内除投药杀虫时需密闭外，其余时间应尽量抓住机会开门通风，以降温、降湿。

2）在10月中、下旬气温处于下降阶段之际，应寻找机会及时开门通风使种温下降。

总之，密闭的目的是为了减轻仓外温度、湿度对仓温、种温、种子水分的影响，使种堆处于低温、低湿状态。

五、包衣玉米种子的贮藏

（一）包衣种子的贮藏特点

据研究，在正常贮藏条件下，贮藏1年的包衣与不包衣种子的发芽势和发芽率基本无差异。包衣种子由于种衣剂含有杀菌杀虫成分，具有防霉、防虫的作用。但包衣种子易吸湿回潮，当其含水量超过安全水分时，化学药剂会渗入种胚，伤害种子，因此贮藏时保持包衣种子的干燥状态是十分重要的。根据国家标准《主要农作物包衣种子技术条件》（GB 15671—1995）的规定，包衣后的种子不能立即搬运，需根据所使用种衣剂的要求，待种衣成膜后方可入库。包衣种子要专库分批贮存，仓库要求干燥，在常温下贮存期不得超过4个月。

（二）包衣玉米种子越夏保存方法

1）欲越夏保存的玉米种子，应先做种子发芽试验和活力测定，选择发芽率和活力水平高的种子批作越夏保存。

2）降低种子含水量，达到安全水分标准。

3）采用防湿包装和干燥低温仓库贮藏。

4）在贮藏期间做好防潮和检查工作，发现问题及时处理，确保贮藏安全。

5）出仓前做好种子发芽试验和活力测定，选择具有种用价值的种子进行销售。

任务三　高粱种子的加工贮藏技术

高粱在世界作物中名列第五，仅次于小麦、水稻、玉米和大麦，也是我国北方的主要杂粮，有粒用、糖用、饲用和工艺用等多种类型。为配套制种，还有不育系、保持系和杂交种等。

一、高粱种子加工技术

（一）高粱种子加工

1．收割

蜡熟后期的高粱种子应马上割倒，在田间充分晾晒。矮秆、穗茎短的品种因叶易包裹穗，应将叶片扒下，穗茎担在垄台上，穗不沾土。晾晒不宜成捆，隔几天翻一次。湿秆品种更要尽早采取降水措施，防止茎秆水分向穗转移，如上冻前达不到安全水分，会导致发芽率、芽势降低，种子质量下降。

2．脱粒

正常年份一般品种含水量降至16%即可脱粒，脱粒选人工摔打、滚打碾压或机械脱粒均可，但机械脱粒转速不宜超过600 r/min，否则易造成肉眼看不见的种子生理损伤，影响发芽率。

3．初清

脱粒后用扬场机或人工扬场清除颖壳，之后即可装袋收入暂存仓。

4．烘干

烘干一般用于晚熟品种、降水慢的品种，以及冻害严重发生年的补救措施。种子烘干设备由种床（仓）、加热炉、风机、温控、搅拌装置组成。种子入仓后，加热装置的热量由送风机吹至种床下面，靠风机的压力使热风由种床筛孔上升穿透种子层，把种子水分由顶部排出。加热温度应在30～43 ℃之间，先低后高，严格掌握，并经常搅拌。严防温度过高，产生焦化，使种子丧失发芽率。入仓至出仓3～5 h即可，使水分达到16%，热种出机进入缓苏仓进行冷却，冷却过程严防出现结霜、结露。

5．精选

精选的加工原理是利用种子的子粒大小（长度、宽度、厚度），以及各种杂质在气流中的临界速度不同和调节正负压进行分级，操作以调节两个风力调节阀至子粒不被吹出为宜。风机转速为1 600 r/min。上层筛片可选用6.0 mm圆孔筛或4.5 mm×12 mm长孔筛，筛除杂物，一般品种下层筛片选用3.0 mm的圆孔筛，筛除小粒、瘪粒。用于精量播种的种子应根据种子子粒大小，再选用一至二层筛板将种子分成大中小三级，以中粒种子为主。加工的主要技术关键为选好适当孔径的筛子。除风筛精选机外，还有重力精选机、窝眼精选机等精选机械。

6．包衣

种子包衣是将杀虫剂、杀菌剂、复合肥料、微量元素、生长调节剂和缓释剂等经特殊工艺加工成复合剂，利用成膜剂将其包裹在种子表面，迅速形成一层药膜、缓慢释放和内吸传导三大特点，使药、肥等物质集中于种子周围，随种子发芽、成长，由根系被缓慢吸收，用其防治病、虫、鼠害，供给各种肥料及微量元素，促进幼苗生长，达到提高产量的目的。种子包衣的药效是一般拌种方法的2～4倍。种子包衣是利用专用机械把种衣剂通过喷嘴或甩盘，形成雾状后喷洒在种子上，再用搅轴或滚筒进行搅拌，使种子表面裹一层均匀的药膜。进行种子包衣时应该注意以下几个问题。

1）种衣剂是剧毒的胶悬剂，附着性强，因此一定要按规定进行作业。种子包衣后，立刻装入标准包装袋，严防人畜直接接触。

2）根据各地气候、土壤养分、病虫害发生情况和种子特性选用不同的类型。如以防治虫鼠害为主时，应选用吉种衣剂3号；以防治丝黑棒病为主时，选用吉种衣剂2号。

3）根据药剂的要求，严格掌握种药比例（一般高粱为70:1)。作业之前准确确认药剂有效成分含量，先试包少量种子，进行出苗试验，成苗正常再进行正常作业。作业时必须确保供药系统正常工作，种子和药剂按比例范围兑入。

4）根据加工数量，选用合适的机型。专人管理，严格执行操作规程，搅拌速度均匀，种子破损率少。

5）包衣的种子必须是经过精选加工的一级良种，水分低于标准水分1%，有利于节约种子、节约药剂，利于安全越冬。

7．计量包装

高粱种子精选处理后进行合理的包装，可防止混杂、病虫感染、吸湿回潮、减缓种子劣变，保证种子活力，提高种子的商品性，便于种子安全贮藏、运输和销售。目前，高粱种子主要按种子重量用聚乙烯包装材料进行包装。

（二）高粱种子加工工艺流程

接收高粱种子—扬场机初清选—干燥—风筛清选—比重精选—种子包衣—计量包装—运库存放。

二、高粱种子贮藏技术

（一）高粱种子的贮藏特性

1．种粒结构与成分

高粱种粒一般外被颖壳，内有种皮、胚和胚乳等。其主要化学成分见表3-1-3。

表 3-1-3　高粱种粒主要化学成分（%）

种粒部分	粗蛋白	粗脂肪	粗纤维	无氮浸出物	灰分	钙	磷
整粒	7.4～11.4	2.8～4.5	1.0～8.0	64.2～73.9	1.8～4.9	0.02～0.19	0.11～0.41
糠层	10.3	9.2	10.0	54.5	6.0	0.37	0.68
颖壳	2.2	0.5	26.4	44.8	17.4	—	0.11

高粱种子种皮内还有不同程度的色素和单宁（抗鸟害的杂交高粱单宁含量可达2.36%～7.25%）。由于单宁的存在，高粱种子对鸟、虫和霉菌有防御作用。但单宁有致癌性，食品中以含单宁少或不含单宁为宜。单宁含量在蜡熟期比完熟期高，经低温（−2 ℃）贮藏可以减少。此外，据研究，高粱种粒内还有 20 种以上的甲基甾醇、脱甲基甾醇和三萜类物质，这些物质对动物有很强的生理作用，如降低消化率和氨基酸的利用率等。

2．水分高、杂质多、易霉变

北方地区高粱种子收获时天气寒冷，不易干燥，入仓水分多在 16%～25%之间；同时经常混入护颖等杂质，既易吸湿，又易堵塞种堆空隙，不利于通风散湿，易发生霉变。霉变时，粒面生白色菌丝，继而在胚部出现绿色菌落，粒面变黑。种皮和胚乳间由于单宁氧化而呈现紫圈。整个霉变过程约 15 d，温度可达 50～80 ℃。

（二）高粱种子贮藏技术要点

1．除杂降水

高粱在获种脱粒后杂质较多，必须清选除杂，以保证种子的通透性，减少吸湿和虫病。降低水分，使种子保持干燥，这是做好高粱种子贮藏的关键。据东北地区的经验，高粱种子的相对安全水分如表 3-1-4 所示。

表 3-1-4　高粱种子相对安全水分

水分（%）	13	14	15	16	17	18
温度小于（℃）	30	25	20	15	10	5

2．低温密闭

高粱种子适宜低温密闭贮藏，据东北地区实地保管经验，凡在低温季节经过清理除杂入库的高粱种子，水分在 14.5%～15.0%的也可以安全度夏。据吉林省实验，2 月份低温入库的高粱种子水分为 14.6%，种堆上部温度为−10 ℃，中部为−6 ℃，到 8 月份上部种温 20 ℃，中部为 16 ℃，可安全度夏。另一高粱种子水分为 14.4%，3 月份入库，种温达到 23 ℃，已稍有发热，并使种子水分增加到 15.2%。据报道，少量种子在充分干燥后，于低温下密闭贮藏，经 17 年还可保持 98%的发芽率。

高粱种子容易发生的害虫有米象、印度谷蛾和麦蛾。虫害多发生在距种堆表层 5～10 cm 处，下部很少见。因此必须在入库前做好清仓消毒和害虫防治工作。在夏季要做好防潮、防热工作；在气温下降季节，要防止种子结露，以利于较长时间的贮存。

任务四　粟类作物种子的加工贮藏技术

谷子是我国古老的栽培作物之一。谷子耐旱、耐瘠薄，抗逆性强，适应性广，是很好的抗旱作物；谷子外壳坚实，能防湿、防热、防虫、不宜霉变，可长期保存。谷子去壳后称小米。

一、谷子的加工方法

（一）谷子加工技术

1. 收获

谷子收获过早或过晚，都会影响产量和品质，谷子开花时间较长，同一个穗上小花开花时间相差 10 d 左右，成熟期不一致。收获过早子粒尚未成熟，不但产量低而且品种差，收获过晚则易落粒减产，一般以蜡熟末期或完熟初期，即颖壳变黄、谷穗断青、子粒变硬时收获最好。

最佳收获期的特征是：穗中下部子粒颖壳已具有本品种所固有的色泽，子粒背面颖壳呈现灰白色，即所谓的“挂灰”时，子粒变硬、断青，这说明全穗已充分成熟，不论其茎叶青黄与否都要开镰收获，以防落镰减产。谷子有后熟作用，收后不应立即脱粒，可先运到场上垛好，7～10 d 后打场脱粒。这样做可使胚乳发育完全，成熟性状好，产量、质量都得以提高。

2. 脱粒

谷子的脱粒可采用畜力或车辆碾场，也可采用机械脱粒。碾场时谷穗平铺的厚度以 13～16 cm 为宜，注意清理干净场地，防止杂质、沙粒等混入谷子，影响质量。

谷子脱粒机包括：机架、进料口、出料口、脱粒室、凹板筛，机架前后端分别设置有脱粒室、风机箱。脱粒室呈圆筒箱体结构，内装有脱粒辊，脱粒辊设置有搅拌筛板，其轴端部套有驱动轮，脱粒室下方依次装有单层凹板筛、双层凹板筛。风机箱内设置有大、小分选室，大分选室设置有风扇，风扇轴端套有驱动轮，风机箱大分选室设置有与双层凹板筛对应的吸料管，小分选室设置有与分料箱对应的输料管，机架前端分别装有旋风筛筒、分料箱，旋风筛筒呈上部圆筒、下部圆锥结构，其上部圆筒进风口通过导风管与风机箱大分选室连接。通过设置的凹板筛和旋风筛筒可将谷子脱粒后的杂料去除干净，脱净率高、清选效果好。其特点是采用线速度不同的一组喂入滚将谷子小穗压扁、撕裂，送入脱粒室，在滚筒和凹板筛的打击、揉搓作用下，经风机将其清选，完成谷子脱粒、清选任务。

3. 晾晒

（1）自然干燥

谷子收获后要及时进行自然干燥，降低种子含水量。脱粒前谷子可捆紧竖起在田间进行自然干燥，穗向上堆放晒干，使种子水分降低到一定程度。脱粒并经初清后的谷子种子要在晴天均匀摊铺晾晒在已准备好的晒场上，晾晒时先把晒场打扫干净并晒热，摊铺厚度一般以不超过 3 cm 为宜，最好摊成波浪形，形成种子垄。在晾晒时应常翻动，使上下层干燥均匀。

（2）其他干燥方法

如果脱粒并经初清后，没有理想的自然干燥的天气条件时，为降低种子含水量可用种子通风干燥方法、加热干燥方法、红外线辐射干燥法等干燥方法对谷子种子进行干燥，使种子水分降到安全水分。

4. 精选

谷子良种种子经初清选种子中还混有糜子、谷莠、杂草种子等其他异作物或异品种种子，秕子粒、被害虫取食或污染劣变的种子，为了提高谷子良种种子纯度、发芽率和种子活力，必须对初清种子进行精选，使其达到谷子良种种子标准。这时可使用谷子精选机械对已干燥的谷子进行精选。

5. 种子处理

我国当前对谷子种子的处理主要是在播种前对种子进行包膜或药剂浸拌种处理，因此谷子种子在精选加工后先贮藏过冬，到来年春天播种时再进行种子处理。在处理前要对出仓的谷子种子进行一次检查，确认种子的净度、发芽率、种子含水量都符合要求时，方可进行种子的包衣或其他普通处理。

6. 种子包装

谷子种子达到干、饱、净以后再进行包装、入仓。谷子种子主要按种子重量进行包装，贮藏、运输包装主要采用布袋及聚乙烯袋等；销售包装主要采用聚乙烯袋。包装规格及包装标志、标签按我国种子标准要求进行，以加强种子质量管理。用种子定量包装机对谷子种子进行自动计量缝包。

7. 种子入库

包装好的谷子种子存放在准备好的仓库内贮藏。

（二）谷子加工流程

接收谷子种子→风筛预清选→干燥→风筛基本清选→圆孔筛清选→窝眼筒清选→比重精选→种子包衣→计量包装→运库存放。

二、谷子的贮藏方法

（一）谷子、小米的贮藏特性

1. 谷子的贮藏特性

谷子外被有坚硬的外壳，有防虫和防霉作用，同时，谷子耐热性好，暴晒后，对加工米质无任何影响，因此，谷子很好保管。但谷子往往含杂质和不熟粒较多，粮堆内孔隙小，当水分含量高时，粮堆内的湿、热气不易散开，易导致发热霉变。在贮藏期间，要注意降低温度和水分，抑制谷子的呼吸作用，减少微生物的侵害。

2．小米的贮藏特点

小米失去了保护层，子粒较小，粮堆孔隙度小，杂质多，内外气体不易交换。小米一般含糠较多，糠内含有较多的脂肪，高温条件下易变质、变味。当温度和水分偏高时，会发热霉变。发热初期粮面湿润，4～5 d 后米色显著变浅，失去光泽，并产生脱糠现象，米堆内米粒开始结块，个别米粒开始生霉，粮温上升加快。再经 3～5 d 米色即霉变为褐色，并有浓浓的霉味。

（二）谷子、小米的贮藏方法

谷子收获后应及时晒干，降低水分（12.5%以下），同时清除杂质和不熟粒，入仓后，要注意通风防湿，进行低氧密闭保管，如遇反潮，要及时作晾晒处理。

1．谷子的贮藏方法

谷子的贮藏方法有两种：一是干燥贮藏，即在干燥、通风、低温的情况下，谷子可以长期保存不变质；二是密闭贮藏，即将贮藏用具及谷子进行干燥，使干燥的谷粒处于与外界环境条件相隔绝的情况下进行保存。

2．小米的贮藏方法

小米常采用低温密闭法贮藏，也可存放在阴凉、干燥、通风较好的地方，其安全贮藏的水分应控制在 12%以下。贮藏前水分过大时，不能暴晒，可在库内阴干。入库时应吹风过筛，去除糠杂。入库后加强检查，发现吸湿脱糠、发热等现象时，要及时吹风降温、湿，除糠降温，以防霉变。小米易遭蛾类幼虫等危害，发现后可将上部生虫部分排出单独处理。家中小量存放时，可在容器内放一袋新花椒防虫。

任务五　荞麦种子的加工贮藏技术

荞麦是蓼科荞麦属作物，广泛分布于亚洲和欧洲，仅甜荞和苦荞两个栽培种。荞麦营养成分全面，子粒富含黄酮、类黄酮、固醇和硫胺类结合蛋白，对一些慢性疾病具有潜在的疗效。荞麦中 80%的类黄酮物质是芦丁，芦丁能降低血压和血管的通透性，防止动脉硬化和毛细管脆性增加引起的出血症，并具有抗浮肿和抗氧化活性。与其他作物相比，荞麦具有较高的营养价值和独特的药用价值，并且荞麦生育期短，是理想的填闲、倒茬、以秋补夏、一熟变两熟的作物。目前，杂交种没有推广普及，因此必须重视和加强对现有荞麦良种的加工处理、贮藏工作，使其保持优良种性，延长良种使用年限，以提高产量和品质。

一、荞麦种子的加工技术

（一）荞麦种子加工工艺

1．收获

荞麦的花序为无限花序，成熟不一致。收获过早，子粒不饱满，秕粒多，且含叶绿素较高，脂肪转化过程未完成，影响产量、品质和发芽率；过迟则易开裂落粒。最佳的收获期是叶片大部分干枯脱落，若有早霜危害应提前收割堆放。子粒褐化后达75%～80%时，收获应抢在晴天早晨露水未干时进行，轻放成笼状，晾3～4 d，促进后熟，然后轻运、暴晒、脱粒。收获期应注意气象预报，特别是大风天气，防止落粒和倒伏造成的减收损失。

2．清选

荞麦多种植在高山贫瘠之地，管理粗放。种子含杂较多，杂质中多为小土块、石块、草棍、碎茎、叶、皮壳，甚至在子粒上黏附泥土以及其他作物的子粒和杂草子粒等。通过筛选、风选，除去杂质、秕粒，晾晒、风干。

3．干燥

脱粒后，还要选天气晴好且无风的日子，将荞麦粒放于太阳下进行晾晒，切记不要直接放于水泥地上，要放于干净的塑料布上摊晒，注意及时翻动。晾晒2 d左右就可以贮藏备用或用于留种等用途了。

4．精选种子

荞麦种子不耐贮藏，陈旧的种子生活力明显降低。要想荞麦高产不仅要选用良种，而且要选用高质量的种子。精选种子的目的是去除空粒、秕粒、破粒、草粒和杂质，选用饱满整齐的种子。这样可以提高种子的发芽率，为培育壮苗打下基础。精选的方法有风选、筛选、水选和人工精选等，但风选效果不如水选。

5．种子处理

种子处理的方法有晒种、浸种、拌种、闷种等。

（1）晒种

晒种能提高种子的发芽势和发芽率，改善种皮的透气性和透水性，促进种子成熟，提高酶的活力，增强种子的生活力和发芽力。晒种还可借助阳光中的紫外线杀死一部分附着于种子表面的病菌，减轻某些病害的危害。晒种以选择播种前7～10 d的晴朗天气，将荞麦种子薄薄地摊在向阳干燥的地上或席上，经常翻动，晒种时间应根据气温的高低而定，气温较高时晒1 d即可，气温较低时连续2～3 d即可。

（2）温汤浸种

温汤浸种有提高种子发芽力的作用，其方法是用40 ℃的温水浸种10～15 min，先把漂在上面的秕粒捞出弃掉，再把沉在下面的饱粒捞出晾干即可。温汤浸种也有提高出苗率和减轻病虫害的功效。用10%左右的草木灰浸出液浸种或用其他微量元素溶液，如钼酸铵（0.005%）、高锰酸钾（0.1%）、硼砂（0.03%）、硫酸镁（0.05%）、溴化钾（3%）浸种也可促进荞麦幼苗的生长和产量的提高。

（3）药剂拌种

在病害严重的地方，可选用多菌灵、退菌特、五氯硝基苯药拌种。在地下害虫严重的地方，可选择辛硫磷、甲拌磷、甲基异柳磷等药剂拌种。

（4）闷种

为了缩短播种至出苗时间，提高出苗率，可以在温汤浸种后闷种1～2 d，待种子开始萌动时立即播种。

二、荞麦种子贮藏技术

荞麦种子的入库标准如下：

1）夹杂物不得超过 1%，尤其是尘泥要清除干净；

2）水分不能超过 12%；

3）种皮破裂的或瘦小而皱皮的不熟粒不宜贮藏。

贮藏的环境要求干燥、低温。

贮藏的种子要勤检查，发现问题及时处理。要注意防潮、防霉变、防鼠害，并注意标签清楚，防止机械混杂。

资料二　经济作物种子的加工贮藏

任务一　棉花种子的加工贮藏技术

棉花是重要的经济作物。我国的棉花种植根据气候、土壤和栽培等条件的不同，划分为黄河流域棉区、长江流域棉区、西北内陆棉区、北部特早熟棉区和华南棉区。目前，我国棉花生产区主要分布在黄河流域、长江流域和新疆地区。

一、棉花种子加工技术

棉花种子加工是在不改变良种原有素质的前提下，通过采用一系列物理、化学方法，去掉棉籽表面的短绒，然后进行精选及药物处理，从而提高种子的整体素质，改善其播种品质，使良种本身具有的优良生物学特性充分发挥出来。棉花种子加工工艺流程如图 3-2-1 所示。

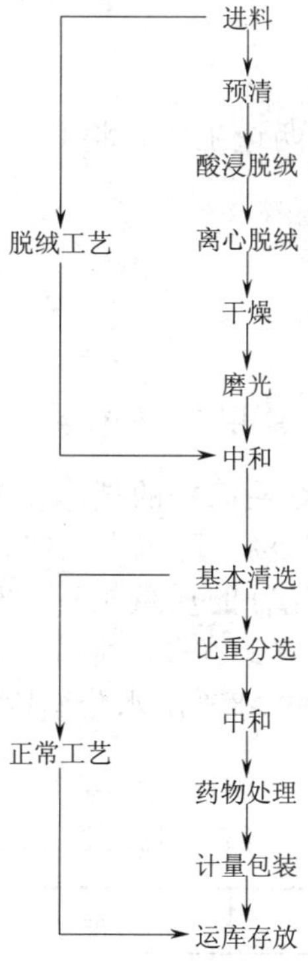

图 3-2-1　棉花种子加工工艺流程图

（一）棉花种子脱绒

棉花种子脱绒方式分为机械脱绒和化学脱绒两大类。

1）机械脱绒方式

目前使用较多的是刷轮式棉种脱绒机。该机采用纯机械方式脱去短绒，其特点是：操作简单、维修方便，加工成本低，生产过程只需电力，不需要其他附属设施和辅料，但破损率偏高。

2）化学脱绒方式

目前普通应用的有泡沫酸脱绒和稀硫酸（过量）脱绒两种工艺。稀硫酸（过量）脱绒与泡沫酸脱绒的主要区别是：过量式酸脱绒用硫酸量超过实际用量的3～4倍和棉种搅拌，然后将多余的酸液甩掉回收过滤再用。而泡沫酸脱绒是将脱绒用量稀硫酸液加上一定量的发泡剂，使硫酸液体积增大30～50倍，以泡沫的形式覆盖棉籽表面，棉籽靠毛细管的作用吸收酸液附在短绒上，所以对有刀伤和裂纹的棉种发芽影响不大。

泡沫酸脱绒成套设备由风力进料、定量喂入、酸处理系统，泡沫供给系统，烘干、摩擦系统，中和系统，供热系统组成。

棉种脱绒质量含有两方面的意义。一是外观质量，即脱绒后是否是光籽，若残留有超标的短绒，就会影响精选效果、种衣剂处理和机械化播种。二是指棉种的内在质量，即脱绒过程是否对种子的生长发育造成不利影响，种子的水分是否达到安全贮存标准，种子表面的残酸量是否达到要求等。脱绒质量与种子原始水分、健籽率、种子含绒量、稀硫酸供给量、热风温度和流量、干燥时间以及种子最高温度等因素的控制有关。

（二）精选

通过风筛清选机和重力精选机两道工序，将其中的杂质、灰尘和未成熟、破损、瘪籽等清除干净。

（三）种子包衣

用种子包衣机包衣即可。

（四）棉花种子质量指标及常用工艺参数（见表3-2-1）

1）泡沫酸（稀硫酸）脱绒前对毛棉籽的技术要求：净度≥97%，健籽率>75%，破籽率≤5%，发芽率≥70%，水分<12%，短绒率≤9%。

2）泡沫酸（稀硫酸）脱绒后光籽的质量指标：残绒率≤0.5%，残绒指数（27），残酸率<0.15%，净度≥99%，发芽率≥80%，水分≤12%，破损率（含化学损伤）<7%。

3）包衣棉种的质量指标：发芽率≥80%，水分≤12%，破籽率<8%，包衣合格率≥90%，种衣牢固度≥99.65%。

表3-2-1　泡沫酸、稀硫酸脱绒主要工艺参数（供参考）

序　号	项　目	泡　沫　酸	稀　硫　酸
1	酸绒比	1∶5～5.5	1∶5～5.5

续表

序号	项目	泡沫酸	稀硫酸
2	酸水比	1∶10	1∶10
3	发泡剂用量	0.5 kg（t 棉种）	
4	烘干机进口温度	150～170 ℃	120～140 ℃
5	烘干机出口温度	<54 ℃	<54 ℃
6	摩擦机进口温度	80～110 ℃	80～100 ℃
7	摩擦机出口温度	<54 ℃	<54 ℃
8	烘干机出口种温	<45 ℃	<45 ℃
9	摩擦机出口种温	<50 ℃	<50 ℃
10	烘干、摩擦时间	40～50 min	30～40 min

二、棉花种子的贮藏方法

（一）棉籽的贮藏特点

棉籽种皮厚，通常在种皮外表附有短绒，导热性很差，在低温干燥条件下贮藏，寿命可达 10 年以上，在农作物种子中是属于长寿的类型。但如果水分和温度较高，就很容易变质，生活力在几个月内便可完全丧失。

1．耐藏性好

成熟后的棉籽，种皮结构致密而坚硬，外有蜡质层可防外界的影响。种皮内含有 7.6% 左右的鞣酸物质，具有一定的抗菌作用。所以，从生物学角度讲，棉籽属于长寿的种子。但是未成熟种子则种皮疏松皱缩，抵御外界温、湿度的影响能力较差，寿命也较短。一般从霜前花轧出的棉籽，内容物质充实丰满，种壳坚硬，比较耐贮藏。而从霜后花轧出的棉籽，内质松瘪，种皮柔软，在相同条件下，水分比霜前采收的棉籽为高，生理活性也较强，因此耐藏性较差。

棉籽的不孕粒比例较高，据统计，中棉约占 10%，陆地棉约占 18%。棉籽经过轧花后机械损害粒比较多，通常占 15%～29%，特别是经过轧短绒解决后的种子，机损率有时可高达 30%～40%。上述这些种子本身生理活性较强，又易受贮藏环境中各种因素的影响，不耐贮藏。

棉籽入库前，要进行一次检验，其安全标准为：水分不超过 11%～12%，杂质不超过 0.5%，发芽率应在 90%以上，无霉烂粒，无病虫粒，无破损粒，霜前花籽与霜后花籽不可混在一起，后者通常不作留种用。

2．通气性差

通常棉籽外表着生的单细胞纤维称为棉绒。轧花之后仍留在棉籽上的部分棉绒称为短绒，约占种子重量的 55%左右，它的导热性较差，具备相当好的保温能力，不易受外界温湿度的影响。如果棉籽堆内温度较低时，则能延长低温时间；相反，堆内的热量也不易向外散发。短绒属于死坏物质，易吸附水分子，在湿润条件下易滋生霉菌，相对湿度在 84%～90%时霉菌生长很快，并释放出大批热量，积攒在棉籽堆内而不能散发引起发热，干燥的棉籽很容易燃烧，在贮藏期间要特别注意防火工作。

3. 含油分多，易酸败

棉籽的脂肪含量较高，约为 20%，其中不饱和脂肪酸含量比较高，易受高温、高湿的影响使脂肪酸败。特别是霜后花中轧出的种子，更易酸败而丧失生活力。棉籽入库后的主要害虫是棉红铃虫，幼虫由田间带入，可在仓内继续蛀食棉籽，危害较大。幼虫在仓内越冬，到第 2 年春暖后羽化为成虫飞回田间。因此，棉籽入库前后做好防虫、灭虫工作十分重要。

留种用的棉籽短绒上会带有病菌，可用脱短绒机或用浓硫酸将短绒除去，以消除这些病菌，并可节约仓容，来年春天播种时也比较方便，种子不致互相缠结，使播种落子均匀，对吸水发芽也有一定促进作用。但应留意脱去绒的棉籽在贮藏中容易发热，须加强检查和适当通风。

（二）棉籽贮藏技巧要点

棉籽从轧出到播种须经过 5～6 个月的时间。在此期间，如果温湿度控制不适当，就会引起棉胚内部游离脂肪酸增加，呼吸旺盛，微生物大量繁殖，以致发热霉变，丧失生活力。轧花时要减少破损粒提高健籽率，以保证种子品质。除此之外，应注意以下环节。

1. 合理堆放

棉籽可采取包装和散装两种包装方式。散装虽对仓壁压力很小，但也不宜堆得过高。一般只可装满仓库容量的一半左右，最多不能超过 70%，以便通风换气。堆装时必须压紧，可采用边装边踏的方法把棉籽压实，以免潮气进入堆内使短绒吸湿回潮。华中及华南地区的棉籽，堆放不宜压实。棉籽入库最好在冬季低温阶段冷籽入库，可延长低温时间。但是当堆内温度较高时，则应倒仓或低堆再插入用竹篾编成的通气篓，以利通风散热。

2. 严格控制水分和温度

我国地域大，贮藏方式应因地制宜。华北地区冬春季温度较低，棉籽水分在 12%以下，已适宜较长时间保管，贮藏方式可以用露天围囤散装堆藏；冬季气温过低，须在外围加一层保护套，以防四周及外表棉籽受冻。水分在 12%～13%以上的棉籽要注意经常性的测温工作，以防发热变质。如水分超过 13%以上，则必须重新晾晒，使水分下降后，才能入库。棉籽要降低水分，不宜采用人工加温机械烘干法，以免引起棉纤维燃烧。

华中、华南地区温湿度较高，必须有相应的仓库设备，采取散装堆藏法。安全水分要求达到11%以下，堆放时不宜压实，仓内须有通风降温设备，在贮藏期间，保持种温不超过15 ℃。长期贮藏的棉籽水分必须控制在10%以下。

3. 检查管理

（1）温度检查

在9—10月应每天检查1次。入冬以后，水分在11%以下的，每隔5～10 d检查1次；12%以下则应每天检查。方法可采用每隔3 m插竹管一根，管粗约为2 cm，一端制成圆锥形以便于插入堆内。竹管分上中下三层，各层置温度计一支，定时定点进行观测。

（2）杀虫

棉籽入库前如果发现有虫，可在轧花后进行高温暴晒，或是将60 ℃左右的热空气通过种子5 min，再装袋闷2 h，可将棉红铃虫杀死；也可在仓内沿壁四周堆高线以下设置凹槽，在槽内投放杀虫药剂，当越冬幼虫爬入槽内时便可将其杀死。

（3）防火

棉籽有短绒，本身含油量又高，碰到火种容易引起燃烧，而且在开始燃烧时往往不易发觉，一旦被发觉时已酿成火灾，因此应予以充分重视。在管理上要严禁火种接近棉籽仓库，仓库周围不能堆放易燃物品。工作人员不能带打火机、火柴等物入库，更不能在库内抽烟。在库内甚至不能发生铁器碰撞现象，以免产生火花引起火灾。

4. 脱绒棉籽的保管

脱绒棉籽是指经过脱绒机械或硫酸处理过的种子。这些棉籽因经过处理，其外壳虽然未破碎，但种皮一般都受到机械磨损或腐蚀，透水性增加，容易受外界温湿度的影响，不耐贮藏。在贮藏过程中容易引起发热现象。所以，对脱绒棉籽应加强管理，在堆法上采用包装通风垛或围囤低堆等通风形式更为有利。

（三）包衣棉籽的贮藏方法

通常来说包衣后的种子不应作长期贮藏，由于用剩包衣棉籽带剧毒农药，无法转商，只能深埋解决，既浪费种子，又会污染环境。

根据研究，只需认真做好安全贮藏，种子发芽率和田间出苗率仍能基本保持原有水平，翌年仍能使用，既能节约种子，又能增加经济效益。包衣棉籽贮藏特点和方法简介如下。

1）脱绒包衣棉种易于在夏秋两季吸潮、发热导致发芽率降低。因此，必须堆成通风垛，在种垛上中下各处均匀放置温度计，掌握温度的变化情况。高温潮湿季节须每天检测1次，棉籽温度须保持在20 ℃以下。如有异常，立即采取倒仓或通风降温等办法。最好放入低温库保管，确保种子安全越夏。

2）脱绒包衣棉籽种皮脆、薄，机械损害多，压力一大经常出现种皮破裂的情况。因此，仓储中袋装种子高度不应超过 2m。

3）包衣棉种带有剧毒，发出刺激性气味，仓内不应贮存其他种子。同时，应注意人身安全，以防中毒。

任务二　甜菜种子的加工贮藏技术

甜菜是二年生草本藜科，甜菜属糖料作物，从播种到种根收获直到新种子的成熟和收获，在自然条件下需要 2 年才能完成其生活史。种根经过冬季贮藏，第 2 年栽植田间，重新长出叶丛和根系成新的种子。我国栽培种分为叶用甜菜、根用甜菜、饲用甜菜和糖用甜菜，其中经济价值最高的是糖用甜菜。

一、甜菜种子的加工技术

（一）种根收获

1．收获时期

种根收获在霜冻前结束。根据各地区的气候条件，在河西地区 9 月中下旬即可出现早霜，10 月上旬有严重霜冻，结合多年来的实践证明该地区种根的收获宜在 9 月末完成。秋收时期，甜菜茎叶和杂草含的水分较多，又容易携带病菌，这些茎叶和杂草埋入甜菜堆内，很容易腐烂，进而导致堆内温度升高，对甜菜保藏十分有害。因此，积堆时，严禁把甜菜茎叶及杂草混入堆内。

2．收获方法

采用甜菜起掘机起收种根。起掘机有两种：一种是铲式起掘机，入土深度 25～30 cm，切断种根根尾，甜菜仍直立原处，需人工拣堆。另一种是犁式起掘机，可将甜菜起出土面自动集堆，后一种起掘机需修削多少就起掘多少，起掘后的甜菜不能过夜以免受冻、失水。此外在无起掘机的情况下，也可以用五铧犁或川式大犁起收。种根起收时，一定要做到“四随”，即随起、随捡堆、随修削、随假贮。必须做到当日起收，当日假贮完毕，保证种根不受冻害和失水萎蔫。

3．种根质量

种根质量好坏，可从以下四个方面进行衡量：一是根重，原种种根 400 g 以上，生产用种种根 100～500 g；二是根头要求当年无抽薹，根头小，不多头，不空心；三是根体、根形正常，根体直，无大的分叉根，无病虫危害；四是外观根色正常，不萎蔫失水，无冻害和较重的机械损伤。

4. 种根修削方法

按照种根质量标准入选的甜菜，需要认真修削成种根。先轻轻去掉根上的泥土用刀背（切勿伤表皮），摘净根头枯死的叶柄。然后用刀自下向上削去叶柄，以不伤根皮和顶芽为准，保留叶柄 3～5 mm。削好的种根，其根头应是铅笔尖形，叶柄基部呈鱼鳞状。注意不要削掉根头顶芽，因为没有顶芽不能作种根。也不要将叶柄留得过长，叶柄过长窖藏时容易腐烂。

（二）甜菜种子收获

甜菜是无限花序，成熟期差异大，易落粒。种子有后熟作用，一般当全株有 1/2 左右种球变为杏黄色，剖开种子内呈干粉状时，即可进行收获。收获过早，种子大部分还没有成熟，会造成种子减产和发芽率低；收获过晚，下部种子会脱落，造成损失。一般可在 8 月上旬收获。

收获方法是用镰刀割下枝条，刚割下的枝条，种子很难用人工脱下，应“头对头”堆成长 3～4 m、高 1.5 m 左右的堆，经 2～3 d 后，抽出堆中间靠下的枝条，抽出的枝条如有一半或一半以上的种子脱落就要集中力量马上脱粒，如抽出的枝条上种子没有脱落或很少脱落，可再等 1 d。总之要每天看，不能有误，稍有疏忽，就会影响种子的发芽率，甚至造成整堆种子报废。

（三）种子干燥

脱下的种子，应马上晾晒干燥。晾晒时种子不能摊得过厚，要经常翻动。

（四）种子清选

晒干的种子应先过筛，再用清选机清选。

（五）种子包衣和丸化

种子包衣技术是以种子为载体，以种衣剂为原料，将处理药剂均匀、有效地包在种子表面上。包衣剂可以提高甜菜种子发芽率，提高甜菜苗抗虫和促进壮苗；包衣机械要求可以对甜菜种子分级并均匀包衣。

甜菜种子丸粒化设备的工作原理是，加工后的甜菜种子放在可转动的水平滚筒内，种子外形随添料缓慢增大。从甜菜种子造粒工序开始至包装工序结束需 2 d 时间，千粒重 12 g 最大增加至 30 g。丸粒化后甜菜种子每 10 万粒为 1 个单位包装成 1 盒，正好是 1 hm^2 的播种量。包装上具有种子认证（蓝）标签，内容分别为作物名称、品种名称、认证单位编号、生产批号、数量、是否包衣、种衣剂类型、丸粒化种子粒径、生产日期和条形码等。由于加工中心收种水分为 12%，经过加工的甜菜种子可直接贮藏或进行丸粒化处理，常温下可保存 2 年。

二、甜菜种子的贮藏技术

（一）甜菜种子贮藏特性

甜菜种子能贮藏多长时间，与贮藏温度和水分有直接关系。相关试验表明，在一定限度内，温度、水分与种子贮藏寿命之间相互关系是：在 0～50 ℃、种子水分在 5～14% 的条件下，贮藏温度每升高 5 ℃，种子水分每增加 1%时，甜菜种子的寿命就缩短 85%。甜菜种子吸湿性强，在自然条件下贮藏，很容易丧失生活力。因此，在贮藏时要注意水分、温度的变化。

甜菜种子外面被木质化的花萼包围，吸湿性强，在自然条件下贮藏，很容易丧失生活力。在降雨量多、空气湿度大的广东、广西、福建等地，甜菜种子贮存 1 年，几乎全部丧失发芽力，失去生产价值。而在气候干旱的甘肃、河北、山西、内蒙古等地，甜菜种子贮藏 2～5 年，发芽率每年递减 5.3%～6.5%，一般在良好的保藏条件下，贮藏 3～4 年仍然具有生产价值。

（二）甜菜种子贮藏方法

甜菜种根贮藏期达 200～220 d，在这 7 个多月的时期里，必须创造适宜的环境条件，保证种根不冻不热，处于良好的休眠情况，以减少根体营养耗费和安全经过春化阶段，为来年采种打好基础。窖藏期间的适宜温度是 0～2 ℃，适宜的湿度为 85%～95%，如果窖温过高，轻则种根发芽过长，耗费养分；重则腐烂变质，造成严重损失。窖温过低，则种根易受冻，腐烂变质。现介绍几种使用的甜菜贮藏方法。

1．暂时贮藏

暂时贮藏是指种根收获后到入冬窖藏前这段时间的田间或窖外假贮。因为种根收获后，新陈代谢旺盛，气温较高，窖温也较高，如果种根收获后立刻入窖，会使窖温更高，致使种根发芽，甚至造成腐烂变质。在田间或窖外假贮 30 d 左右，能够逐步下降种根的呼吸强度，使受冻或萎蔫种根浮现出来，以便在入冬窖藏时将这些种根淘汰掉，而健康的种根已处于休眠情况，也有利于保证窖藏品质。

当天起收当天修削好的种根，需要当天进行暂时贮藏。如果种根地离窖较近，可在田间就地假贮；如果种根地离窖较远，最好立刻运往种根窖旁，在窖外假贮。暂时贮藏的方法很简单，挖一条深 30～50 cm、宽 70～100 cm 的沟，沟的长度视种根多少而定，将种根堆贮沟内，堆高 70～100 cm，呈半圆形，此后在种根堆上覆 15～20 cm 厚的土即可。

2．越冬贮藏

大地封冻前，田间暂时贮藏的种根需要及时运入种根窖内进行越冬贮藏。依据种根的用途，越冬窖藏有两种方法：原种种根，通常采取永久式种根窖贮藏；生产用种种根，通常采取简易式种根窖贮藏。

（1）永久式种根窖贮藏

永久式种根窖不仅能够大批贮藏种根，而且便于单株检糖作业。因此，我国各地甜菜育种部门和糖厂原种站均采取永久式种根窖贮藏种根。

1）种根窖的规格。窖宽 8～12 m，高 3.5 m 左右，长度可依据需要进行判别。窖顶每隔 3～5 m 设一通风孔。窖内中间作通道和选种根场地，两侧用水泥板隔成小室。

2）种根入窖。种根入窖前，需要把窖清理干净，并用硫磺进行熏蒸消毒。入窖时打开暂时贮藏堆，严格淘汰冻害根和严重萎蔫根，发芽过长的种根需要重新修削。将优质的种根装袋运入窖内，按不同的品种、品系等分别装入不同小室，切勿混杂。堆内设测温筒，以便观测堆内温度。堆顶应覆盖湿润沙子，避免种根萎蔫失水。

3）种根窖的管理。刚入窖的种根，呼吸作用仍较强烈，堆温及窖温均易增高，应及时通风散热。期间外界温度变化大，窖温常随外界温度变化而变化。窖温的提高常影响湿度变化，应留意调节窖内湿度，通常要求窖内湿度维持在 90%～95%。随着外界温度的不断下降，入窖 15 d 后窖温才可能逐步巩固。窖温通常在 2 ℃左右，堆温在 3 ℃左右。进入 12 月，窖温在 1 ℃左右，堆温在 2 ℃左右。1—2 月，窖温可降至 0 ℃左右，堆温 1 ℃左右。

（2）简易式种根窖贮藏

简易式种根窖俗称闷窖，是一种地下式土窖，适于生产用种种根的贮藏。

1）闷窖的规格。通常深 2 m，宽 1 m，长 5 m。每亩种根贮藏窖需要延长 2 m 左右。为了节省窖藏用地，窖的长度可以随需要延长，但每隔 5 m 需留 30～50 cm 厚的土格隔开，此种窖称为串联式闷窖。也可以采用并列式，窖与窖之间应相隔 3～5 m 宽。在地下水位较高的地区，可以选择地势倾斜的地段挖窖，窖的规格同前，但需要在窖底中间顺坡向挖出宽 30 cm、深 30 cm 的顺水沟，并在地势低的一端挖 1 个掏水坑，以便将积水掏出。

2）种根入窖。入窖前先将窖内扫除干净，窖底撒施少量的生石灰粉消毒。种根入窖易选择晴朗天气。入窖时先打开临时贮藏堆，严格淘汰受冻和萎蔫种根，将优质的种根装入闷窖，堆高 1.3～1.5 m，上面摆平，覆上厚 5～10 cm 的湿润沙子或砾状干土。然后在窖顶铺上高粱秸秆或玉米秸秆，两端各留出一大一小的空隙作出入口和通气孔。覆土前将通气口做成凹状的洞，用草捆堵好，便于随时打开。覆土时先将高粱秆的两端压土踩实，再向中间覆土。覆土可分 2 次进行，第 1 次覆土 30 cm 左右，第 2 次覆土高至 0.8～1.0 m。最后覆土封窖。

3）闷窖的管理。一是窖温观测：通常每 10～20 个窖设一个观测窖，每天测定窖内空间温度和种根堆内温度。入窖后窖内空间温度，通常随外界温度变化而变化，种根堆内温度一开始会逐步上升，约 10 d 后又逐步下降。二是窖温管理：入窖初期，严防堆温上升过高（4 ℃以上），避免发芽和腐烂。其方法是利用通风口调节窖温，20 d 左右若窖温降至 1～2 ℃，说明窖内温度已经正常，能够封锁通风口。

任务三　大豆种子的加工贮藏技术

一、大豆种子的加工技术

（一）大豆种子加工工艺流程（见图 3-2-2）

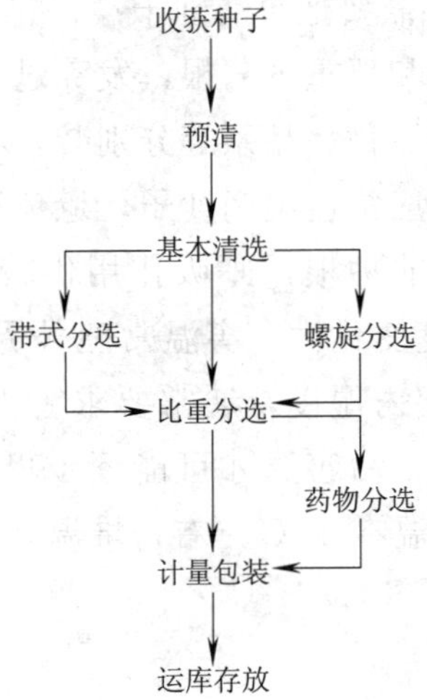

图 3-2-2　大豆种子加工工艺流程图

（二）大豆种子加工工艺流程注意事项

1）长孔筛对半粒种子筛选效果好。

2）筛面倾角不宜过大。

3）提升及流管部分要防止种粒破碎。

二、大豆种子的贮藏技术

（一）大豆种子的贮藏特性

大豆除含有较高的油分（17%～22%）外，还含有非常丰富的蛋白质（35%～40%）。因此，其贮藏特性不仅与禾谷类作物种子有较大差别，就是与其他一般豆类比较也有所不同。

1. 吸湿性强

大豆子叶中含有大量蛋白质（蛋白质是吸水力很强的亲水胶体），同时由于大豆的种皮较薄，种孔（发芽口）较大，所以对大气中水分子的吸附作用很强。在 20 ℃的条件下，相对湿度为 90%时，大豆的平衡水分可达 20.9%（谷物种子在 20%以下）；相对湿度在 70%时，大豆的平衡水分仅为 11.6%（谷物种子均在 13%以上）。因此，大豆贮藏在潮湿的条件下，极易吸湿膨胀。大豆吸湿膨胀后，其体积可增加 2～3 倍，对贮藏容器产生极大的压力，所以大豆晒干以后，必须在相对湿度 70%以下的条件贮藏，否则容易超过安全水分标准。

2．易丧失生活力

大豆水分虽保持在 9%～10%的水平，但如果种温超过 25 ℃，仍容易丧失生活力。大豆生活力的影响因素除水分和温度外，种皮色泽也有很大的关系。黑色大豆保持生活力的期限较长，而黄色大豆最易丧失生活力。种皮色泽越深，其生活力越能保持长久，这一现象也出现在其他豆类中，其原因是由于深色种皮组织较为致密，代谢作用较为微弱的缘故。

贮藏期间的通风条件影响大豆的呼吸作用，也会间接影响生活力。当大豆水分为 10%，在 0 ℃时放出 CO_2 的量为 100 mg/（kg • 24h）；当温度升高到 24 ℃时，通风贮藏，其呼吸强度增至 1 073 mg/（kg • 24 h）（即增强 10 倍多），而不通风的仅为 384 mg/（kg·24h）（不足 4 倍）。呼吸强度增高，放出水分和热量又进一步促进呼吸作用，很快就会导致贮藏条件的恶化从而影响生活力。

根据 Tool 等人的研究，两个大豆品种（大粒黄、耳朵棕）在高水分（大粒黄为 18.1%，耳朵棕为 17.9%）、高温度（30 ℃）的条件下贮藏 1 个月，大粒黄种子仅有 14%的发芽率，而耳朵棕种子则完全死亡。同样水分如在 10 ℃下贮藏 1 年，发芽率分别为 88%和 76%；而自然风干的种子（大粒黄水分为 13.9%，耳朵棕为 13.4%）在 10 ℃下贮藏 4 年，发芽率分别为 88%和 85%。低水分种子（大粒黄水分为 9.4%，耳朵棕为 8.1%）在 30 ℃下贮藏 1 年，大粒黄和耳朵棕种子仍有 87%和 91%的发芽率；同样的低水分种子在 10 ℃下贮藏 10 年，发芽率分别为 94%和 95%。

3．破损粒易生霉变质

大豆颗粒呈椭圆形或接近圆形，种皮光滑，散落性较大。此外大豆种子皮薄、粒大，干燥不当易损伤破碎。同时种皮含有较多纤维素，对虫霉具有一定抵抗力。但大豆在田间易受虫害和早霜的影响，有时虫蚀率高达 50%左右。这些虫蚀粒、冻伤粒以及机械破损粒的呼吸强度要比完整粒大得多。受损伤的暴露面容易吸湿往往成为发生虫霉的先导，引起大量种子生霉变质。

4．导热性差

大豆含油分较多，而油脂的导热率很小，所以大豆在高温干燥或烈日暴晒的情况下，不易及时降温以致影响生活力和食用品质。大豆贮藏期可利用这一特点以增强其稳定性，即大豆进仓时，必须干燥而低温，仓库严密，防热性能好，则可长期保持稳定，不易导致生活力下降。据黑龙江省试验，大豆贮藏在木板仓壁和铁皮仓顶的条件下，堆高 4 m，于 1 月份入库，种温为-11 ℃，到 7 月份出仓时，仓温达 30 ℃，而上层种温为 21 ℃，中层为 10 ℃，下层为 7 ℃。如果仓壁加厚，仓顶选用防热性良好的材料，则贮藏稳定性将会大大提高。

5．蛋白质易变性

大豆含有大量蛋白质，在高温、高湿条件下，很容易老化变性，以致影响种子生活力和工艺品质及食用品质，这和油脂容易酸败的情况相同，主要由于贮藏条件控制不当所引起，应引起注意。

大豆种子一般含脂肪 17%～22%，由于大豆种子中的脂肪多由不饱和脂肪酸构成，所以很容易酸败变质。

（二）大豆种子在贮藏期间的变化

大豆在贮藏期间发生一系列变化，除在一般农作物种子中所见到的发热、生霉、结露、生虫、酸败、变质等情况外，还会发生大豆种子所特有的问题，其中比较突出的就是浸油和红变。

大豆浸油是在大豆贮藏过程中常常遇到的一种不正常变化。当水分超过 13%、温度达 25 ℃以上时，即使大豆还未发热生霉，但经过一段时间，豆粒会发软，两片子叶靠近脐的部位呈现深黄色甚至透出红色（一般称为红眼）。以后种温逐渐升高，豆粒内部红色加深并逐步扩大，即所谓红变，严重时有明显的浸油脱皮现象，子叶呈蜡状透明。这一变化不仅严重影响种子的生活力，同时也会大大降低食用价值，导致出油率下降，油色变深，做成豆制品带有酸味，豆浆颜色发红。

大豆发生浸油和红变现象的原因，一般认为是在高温、高湿作用下，使蛋白质凝固变性，破坏了脂肪与蛋白质共存的乳化状态。脂肪渗出呈游离状态，即发生浸油现象，同时脂肪中的色素逐渐沉积以致引起子叶变红。从外观看，大豆的浸油、红变也表现出一定的发展过程。首先，种皮光泽减退，种皮与子叶呈斑点状粘连，略带透明，习惯上称为“搭皮”，再进一步发展到脱皮，稍加压碾，种皮即破碎脱落，而子叶内面出现红色斑点，逐步扩大，呈明显的蜡状透明，带赤褐色，在整个变红过程中，种皮色泽也不断加深，由原来的淡黄色发展成为深黄、红黄直至红褐色。

大豆浸油红变与吸湿生霉之间存在一定的关系，即浸油红变可以单独出现而不伴随着吸湿生霉，而吸湿生霉的发展过程中都会出现浸油红变。根据实践经验，大豆水分超过 13%、种温超过 25 ℃，就会发生红变。红变的严重性随着保持高温时间的延长而增加，但发展速度较生霉变质要慢一些。据哈尔滨市香坊仓库观察结果，水分达 13.4%的大豆放在 25 ℃的温度下贮藏，3 d 后出现红眼豆 0.7%，10 d 后增至 2.6%，20 d 后增至 21.8%。

（三）大豆种子贮藏技术要点

为了保证大豆的安全贮藏，应做好如下几项工作。

1. 充分干燥

充分干燥是大多数农作物种子安全贮藏的关键，对大豆来说，尤为重要。一般要求长期安全贮藏的大豆水分必须在 12%以下，如超过 13%，就有霉变的危险。大豆干燥以带荚为宜，首先要注意适时收获，通常应等到豆叶枯黄脱落，摇动豆荚时大豆互相碰撞发出响声时收割为宜。收割后摊在晒场上铺晒 2～3 d，荚壳干透有部分爆裂，再行脱粒，这样可防止种皮发生裂纹和皱缩现象。大豆入库后，如水分过高仍须进一步暴晒。据有关单位试验：大豆经阳光暴晒对出油率并无影响，但阳光过分强烈，易使子叶变成深黄脱皮甚至发生横断等现象。在暴晒过程中，温度以不超过 44～46 ℃为宜，而在较低温度下晾晒，更为安全稳妥；晒干以后，应先摊开冷却，再分批入库。

2．低温密闭

大豆由于导热性不良，在高温情况下又易引起红变，所以应该采取低温密闭的贮藏方法。一般可趁寒冬季节，将大豆转仓或出仓冷冻，使种温充分下降后，再进仓密闭贮藏，最好表面加一层压盖物。与未加覆盖相比，加覆盖的种子堆表层的水分要低，种温也低，并且能保持原有的正常色泽和优良品质。有条件的地方将种子存入低温库、准低温库、地下库等效果更佳，但地下库一定要做好防潮去湿工作。贮藏大豆对低温的敏感程度较差，因此很少发生低温冻害。

3．及时倒仓过风散湿

大豆收获期正值秋末冬初季节，气温逐步下降，大豆入库后，还要进行后熟作用，大豆的后熟会放出大量的湿热，如不及时散发，就会引起发热霉变。为了达到长期安全贮藏的要求，大豆入库 3～4 周后，应及时进行倒仓过风散湿，并结合过筛除杂，以防止出汗发热、霉变、红变等异常情况发生。

根据实践经验，大豆在贮藏过程中，进行适当通风很有必要。贮藏在缸坛中的大豆，由于长期密闭，其发芽率比仓库内贮藏的要低。适当通风不仅可以保持大豆的发芽率，还能起到散湿作用，使大豆水分下降；因大豆在较低的相对湿度下，其平衡水分较一般种子为低。

任务四 向日葵种子的加工贮藏技术

向日葵适应性强，具有耐干旱、耐低温、耐盐碱、耐瘠薄、节水、省工、播期灵活、适合机械化收获、种植成本低、商品效益比较高等特点。大面积其他作物难以利用的可耕轻盐碱地、低洼地、瘠薄地和河滩地，适宜种植向日葵，同时向日葵也是中部干旱带和南部山区以及灌区灌水困难地区的优势作物。向日葵有观赏、油用、食用、中间型等类型，制种也分为向日葵制种、食用葵制种和观赏葵制种三类。

一、向日葵种子的加工技术

（一）清选

向日葵种子清选加工，是指通过采用较先进的分选设备剔除夹杂在种子中的秸秆、茎叶、空壳、秕粒、草籽、泥沙等杂质，从而提高种子纯净度，直至净度达 99%以上，以便下一个流程对种子进行分级、包衣。首先，待清选种子必须经过充分晾晒，使种子水分降到 10%以下；其次，通过调节风量来控制空壳、秕粒和裸仁及其他杂质的分离。通过种子清选加工，向日葵种子本身纯净度大大提高，子粒饱满，纯净无杂。实践证明，清选加工后的向日葵种子本身发芽率将提高 3%～5%。

（二）精选分级

经过清选加工的葵花种子纯度、净度较高，要想进一步获得高品质种子，降低播种量和精细播种，并适于机械化播种操作，需要对向日葵种子进行精选分级处理，使每一级别种子大小均匀一致，以提高市场竞争力。采用种子加工车进行分级筛选，通过选取不同网眼规格的筛片，一般一次加工可将种子分成3级。注意在操作过程中通过选择筛片大小来控制1级和3级种子的留量，使其多出2级种子（事实上的1级种子）。而1级出来的种子应多为“双粒”和“畸形”种子和部分大杂质；3级种子为半成仁或小粒饱满种子，如要再分级，可将第1次分级出来的1级、2级、3级种子通过更换筛片各自再单独分选，这样可细分出多级种子。分级筛选后的向日葵种子整齐度高。通过机器中气流的清选功能，附着在种子本身上的一些灰尘、绒毛等也会被彻底清除，为提高包衣品质创造了条件。

（三）种子包衣

种子包衣技术是以种子为载体，以种衣剂为原料，将处理药剂均匀、有效地包在种子表面上。向日葵种子区别于其他作物的特点是，它的果实称为瘦果，表面有棱线，种皮膜质，果皮是由碳素物质组成的硬壳层，并含有少量油脂，这给包衣带来了一定的难度。而决定包衣质量的指标是指包衣能否成膜，成膜好了就不会脱落，种衣剂能真正附着在种壳上面。

包衣剂应选用成膜性较好，具广谱抗病虫性能的种衣剂。各种研究结果表明，使用的种衣剂，不但要集良种、植保等技术于一体，还要根据向日葵本身特点及目前大田生产需要适当增加一些微量元素，同时增加一部分植物营养激素，真正起到提高出苗率、提高抗性、促进苗期植株生长发育、增产的综合效果。包衣剂种类要采取一个品种一种颜色包衣剂的原则，以便品种识别。同时根据市场需求增加防病保产措施应用，均产生明显效果，为向日葵产业发展提供了技术支持。目前，市场上种子包衣机种类较多，各种型号应有尽有。应尽量选用功能齐全，喷药均匀，较长滚筒型包衣机，以利于种子表面所附着包衣剂均匀一致，种子商品性能好。向日葵种子包衣加工有一定时间限制，冬季寒冷天气不适合包衣处理，气温在8 ℃以下包衣效果不佳，传导药剂的管泵易冻阻，包衣不均匀，且包衣后不易干燥，影响包衣质量。存放不当，易影响发芽率。

（四）定量包装

向日葵种子的定量包装，是指为便于种子贮藏、销售和计量工作而进行的一种加工处理方式。良好的种子定量包装不仅有利于种子贮藏、运输和销售的现代化，而且也是保证种子质量和数量、满足农户需求、方便经销商的保障措施。种子定量包装发展过程分为3个阶段。第1个阶段是，最初采用2.5 kg留袋和1.5 kg梦袋，采用符合国外供应商要求的布袋，它有利于宣传进口品种，提高种子档次，但因为定量大，不利于销售，且成本也高。第2个阶段是，采用0.5 kg留袋和0.4 kg岁袋两种包装，材质上转为塑料袋，但根据向日葵的种植面积及播量仍不适合市场需求。第3个阶段是，缩小定量，采用0.2 kg留袋，同时改变包装外观，在增加美观性的同时，突出产品特点，提高产品档次。这种小包装已得到市场认可，经销商满意、农户方便。这主要是由供应商直接进行纸袋大包装，并附加中文标签，突出了进口品种特点，降低了包装成本，便于大面积种植户购买播种。定量包装最好选用流水线生产包装，计量准确，生产成品效率高。

二、向日葵种子贮藏技术

影响向日葵安全贮藏的因素是种子含水量及清洁度。食用种安全贮藏含水量为10%～12%，手捏即能开裂，油用种含水量高，易受潮霉变，其安全贮藏含水量的7%～9%。向日葵收打过程中，常常混杂一些破碎花盘、苞叶、残花等有机杂质，引起种子含水量增高，不利于贮藏。因此必须晒干扬净，清洁度要达到98%左右。如果种子含水量高，呼吸作用加强，会引起发热和油分分解，导致含油量降低，油度变劣，丧失发芽力，甚至发霉。据观察，油用型向日葵种子含水量为14%时，堆积1，25 d后堆内温度可达到85 ℃。贮藏向日葵种子一定要晒干，不能堆放太厚。麻袋裸放冬季不超过6层，其他季节不超过4层。囤堆高度冬季不超过2.5 m，其他季节不超过1.5 m。库房保持干燥和低温，不要放在生火做饭的屋子里，防止种子衰老、变质或丧失发芽力。贮藏期不能过长，据试验，在夏季室温20～25 ℃的环境中，贮藏1～3年，种子发芽率可保持95%～99%，第4年下降为85%～95%，第5年下降为57%～85%，第6年下降为9%～24%。生产用种越新越好。

任务五　油菜种子的加工贮藏技术

油菜是世界四大油料作物之一。油菜油占我国食用油50%左右，是我国最主要的食用植物油。油菜适应性强，分布范围广，我国分为冬油菜区和春油菜区，分布区域与冬、春小麦的区域界线基本一致，以冬油菜为主。按分类学特点和农艺性状，油菜可分为白菜型、芥菜型和甘蓝型三种类型。我国是白菜型油菜和芥菜型油菜的原产地之一，甘蓝型油菜原产欧洲。

油菜籽是我国传统的主要食用油原料之一，常在4月下旬至5月上中旬成熟，收获期短，又是农忙之时，加之梅雨连绵，若不能及时晒干，易引起品质急速变劣。因此，应采取科学的加工贮藏方法。

一、油菜种子的加工

油菜种子经过加工处理后，单产一般可提高5%～10%。油菜种子质量是决定油菜生产质量的重要因素，在收获后进行加工处理，可提高其质量，使油菜种子优异的生物学、遗传学特性得以充分保留和发挥，实现保质、增产、增收。

油菜种子加工是指对油菜种子从收获到播种前采取的各种工艺技术处理，改变油菜种子的物理特性，改进和提高种子的品质，以获得具有高净度、高发芽率和高活力商品种子的过程。种子加工工序的选择主要取决于种子的类别、杂质的种类以及种子要求达到的质量标准。不同种类种子的形态特征、化学性质、物理特性各不相同，对加工设备的性能与加工工艺要求也不同。针对油菜种子的物理特性和加工要求，油菜种子加工过程主要包括预清选、干燥、清选、包衣/丸化、烘干、计量包装等技术环节。

（一）预清选

清选是种子加工的初级阶段，预清选是后续干燥和精选分级加工的基础性加工，新收获的种子在干燥前一般都要经过初清选。最常用的清选机有振动筛、带式扬场机等。例如，5X—4.0 型精选机用于初清选和基本清选，目的是除去混入种子中的茎叶、土块等粗（大）杂物，为种子进一步加工奠定基础。目前，由于对预清选后种子的质量要求不高，国内一些加工生产线并未配备相应的预清选设备，但从生产线的作业流畅性、自动化程度、生产效率、烘干种子时的节约能耗等角度来看，配备预清选设备是必要的。油菜种子进入干燥机前必须进行清杂，否则易造成油菜种子在干燥机内流动不畅，严重时还可能引发火灾。

（二）干燥

油菜种子蛋白质含量高、子粒小，与玉米、小麦、水稻等粮食作物相比，更容易吸湿，且不易散热。而且，油菜种子收获期正值梅雨季节，高温、高湿环境易使刚收获的油菜种子发生霉变。因此，生产中应尽可能在短期内将油菜种子干燥至安全储藏水分，以保持种子旺盛的生命力和活力，提高种子质量，使种子能安全经过从收获到播种的贮藏阶段。油菜种子的安全贮藏水分应视当地气候特点和贮藏条件而定，一般应控制在 8%～10%的范围内。油菜种子品质易受温度影响，应严格控制烘干过程中的最高料温，实际生产中根据不同的干燥机类型，最高料温一般≤75 ℃。

由于油菜种子具有独特的理化特性和干燥特性，用于油菜种子干燥的干燥机结构和干燥工艺与普通的粮食干燥机有较大区别。我国典型的油菜种子干燥机主要有仓式固定床干燥机、空心桨叶式干燥机、滚筒式干燥机、流化床干燥机和混流式干燥机等。若用干燥塔干燥油菜种子，不宜采用顺流、逆流干燥方式，宜采用混流干燥塔，应采用预热+干燥+冷却+干燥+冷却的干燥工艺，且在各干燥段的干燥时间要较短，这是控制油菜种子在干燥塔内产生酸败的有效措施之一。另外，烘干后的油菜种子因带有余温，会加速种子酸败，为了保证贮藏品质，烘后油菜种子必须进行冷却，使其温度不超过环境温度 5 ℃。

近年来，国内有些科研单位正将微波干燥、远红外干燥等先进干燥技术用于油菜种子的烘干试验研究，并取得了一定的成果。

（三）清选

种子清选是利用种子物理特性的差异，用机械方法或借助某些机械、电的作用，将异作物、杂草及无生命杂质清除干净。目的是清除种子中的嫩籽、瘪籽、虫蛀籽和破碎籽，并把大小不一的种子分开，以提高种子的健籽率和整齐度。目前国内一般用于油菜种子清选的设备与过程主要包括：采用平面回转筛或风筛选剔除混杂物、尘土、过大或过小以及不饱满的种子，使种子粒径基本上保持一致，这种设备的清选效果较好，关键是要选好筛片，现在使用的主要机型有 5XY—1.5 型、5X—0.7 型和 5XF—1.3A 型；采用永磁滚筒去除铁类杂质；采用比重去石机或重力分选机，将油菜籽中的石块、比重较大的杂质与种子分离开来。

（四）种子包衣、丸化

1. 包衣

采用种子包衣技术，一般可增产 10%左右。常用的包衣设备有 5BY—3 和 5BY—5.0 型种子包衣机。油菜种子包衣加工目前尚处于发展初期，其基本原理是将种子与特制的种衣剂按一定药种比充分搅拌混合，使每粒种子表面涂上一层均匀的药膜形成包衣种子。目前，我国油菜种子使用包衣处理，对促进幼苗生长，有效防控油菜苗期的病虫害，并促进全苗、齐苗、壮苗，以及提高单株有效角果数和角果粒有明显的作用，从而促进了油菜的增产增收。

2. 丸化

油菜种子丸粒化就是在种子外包上一层氮、磷、钾、硼及激素、农药等，使小粒种子大粒化。种子经丸粒化后，操作方便，播种均匀，不用间苗，省种省工，出苗整齐，能预防苗期病虫害，培育壮苗，增产效果明显。近年来，油菜种子丸粒化技术研究有很大突破，有利于推进油菜生产，做到精量播种，实现机械化直播、人工点直播，大幅度减少油菜制种面积，减轻劳动强度，减少苗期间苗用工。国内学者也对油菜种子丸粒化的处理工艺、增产效应等进行了试验研究，初步推动了油菜种子丸粒化技术的发展。目前，我国在油菜种子丸粒化技术装备上已经开展了大量研究工作，可用于油菜种子丸粒化的设备主要有农业部南京农业机械化研究所研制的 5WH—150 型种子丸化机，南京农牧机械厂生产的 5ZY—1 200 型种子丸粒化机和 5ZY—450 型种子丸粒化机，中国农机院生产的 5BW—50 型种子丸粒化、包衣一体机，南京天宇机械有限公司生产的 5BW—200 型种子包衣丸化机等。

（五）烘干

包衣剂和处理药液一般为水溶液，在包衣丸化过程中，会使种子吸水回潮而水分增加，不仅使种子呼吸强度增加，易发生劣变；而且这种药液还会伤害种子胚根，影响种子正常发芽和成苗。因此，在油菜种子包衣、丸化处理后，应对处理后的种子及时晒干或烘干，且密封包装，存放在干燥处，否则油菜种子还会继续吸水膨胀且萌动，使丸衣层开裂，并影响其发芽率。

采用一般的干燥箱和振动流化床装置对丸化后的油菜种子进行干燥试验研究，结果发现烘箱烘干温度从 40～70 ℃逐步升高，可将烘干时间由 233 min 降到 95 min；采用振动流化床，烘干温度为 40 ℃左右，烘干时间仅需 10 min 左右，且烘干后的丸衣种包裹层不开裂。也有些种子丸粒化设备本身具有烘干功能，所以无须另外配备烘干装置，如 5WH—150 型种子丸化机、5BW—200 型种子包衣丸化机等。

（六）计量包装

油菜种子经过包衣、丸化以及干燥程序后，可根据生产、经营的实际需要按不同规格（大计量或小计量）称重和包装，必要时粘（或挂）上标签入库，表明整个加工过程结束。对油菜种子进行计量包装，可有效防止种子混杂、病虫害感染、吸湿回潮、种子劣变，可提高种子商品特性，保持种子旺盛活力，便于安全贮运及销售。

二、油菜种子的贮藏技术

油菜籽由种皮和胚两部分组成，其主要成分是脂肪（40%）、蛋白质（27%）和水。油菜种子呈球形，粒小且轻，粒径 1.27～2.10 mm，单粒重为 4.2 mg，容重为 660～800 kg/m^3，空隙率为 36%，比表面积为 3 m^2/kg，漂浮系数为 8.2 m/s。它含油量较高，一般认为不耐贮藏。但如能掌握它的贮藏特性，严格控制条件，也能达到安全贮藏的目的。

（一）油菜种子的贮藏特性

油菜种子贮藏特性主要包括以下三个方面。

1．吸湿性强

油菜种子种皮脆薄，组织疏松，且子粒细小，暴露的表面积大。油菜收获期正近梅雨季节，很容易吸湿回潮；但是遇到干燥气候也容易释放水分。据浙江省的经验，在夏季比较干燥的天气，相对湿度在 50%以下，油菜种子水分可降低到 7%～8%以下；而相对湿度在 85%以上时，其水分亦可很快回升到 10%以上。所以常年平均相对湿度较高的地区和潮湿季节，特别要注意防止种子吸湿。

2．通气性差，容易发热

油菜种子近似圆形，密度较大，一般在 60%以上。由于种皮松脆，子叶较嫩，种子不坚实，在脱粒和干燥过程中容易破碎，或者是收获时混有泥沙等因素，往往使种子堆的密度增大，不易向外散发热量。然而油菜种子的代谢作用又比较旺盛，释放出的热量较多。如果感染霉菌以后，分解脂肪释放的热量比淀粉类种子高 1 倍以上。所以油菜种子容易发热，尤其是那些水分高、感染霉菌，又是高堆的种子。据上海、苏南地区等地经验，发热时种温可高达 70～80 ℃。经发热的种子不仅易失去发芽率，同时含油量也迅速降低。

3．含油分多，易酸败

油菜种子的脂肪含量较高，一般在 36%～42%之间，在贮藏过程中，脂肪中的不饱和脂肪酸会自动氧化成醛、酮等物质，发生酸败。尤其在高温、高湿的情况下，这一变化过程进行得更快，结果使种子发芽率随着贮藏期的延长而逐渐下降。

油脂的酸败主要由两方面原因引起：一是不饱和脂肪酸与空气中的氧发生作用，生成过氧化物，它极不稳定，会很快分解成为醛和酸；另一个原因是在微生物作用下，使油脂分解成甘油及脂肪酸，脂肪酸进而被氧化生成酮酸，酮酸经脱羧作用释放出二氧化碳便生成酮。实践中油脂品质常以酸价表示，即中和 1 g 脂肪中全部游离脂肪酸所耗去的氢氧化钾的质量（mg）。所耗氢氧化钾量越多，酸价越高，表明油脂品质越差。

油菜种子在贮藏期间的主要害虫是螨类，它能引起种子堆发热。螨类在油菜种子水分较高时繁殖迅速，只有保持种子干燥才能预防螨类为害。

（二）油菜种子在贮藏期间的变化

1. 水分的变化

油菜种子的大量贮藏在种堆内往往会发生水分再分配现象，比其他种子更为明显。其原始水分不论较高（12%～13%）或较低（8%左右），经过高温季节的贮藏期，在上、中、下三层的水分都逐渐趋向平衡，其差距不超过 0.5%，这里仅指散装，若为袋装，则将受到一定的限制。

2. 酸价和含油量的变化

油菜种子在贮藏期间，由于脂肪酶的作用，油分被分解而产生游离脂肪酸，积累在种子内部，因而使酸价增高；尤其在高温、高湿情况下，这种变化过程进行得更快，结果使含油量随着贮藏期的延长而逐渐下降。据浙江省经验，油菜种子经 4 个月的贮藏期，酸价从 1.40 增高到 2.38，同时含油量由 41.55%下降为 40.85%，酸价增高的快慢，除受水分和温度的影响外，与种子堆的高度以及种子所在层次也有关系，一般种子堆越高则酸价增高越快，而中、下层的种子则较上层为快。油菜籽油所含脂肪酸以不饱和的芥子酸所占比重最大，占 50%以上；其次为油酸，约占 30%；此外还有一定比重的亚油酸，约占 15%，以及少量的其他脂肪酸。油菜种子中所含这些不饱和脂肪酸在脂肪酶（特别是脂肪氧化酶）的作用下，被空气中的氧所氧化形成过氧化物，这种过氧化物具有极强的氧化力，能继续氧化种子中的各种物质，而其本身也容易分解成为醛和酮，从而使油脂发生酸败，种子丧失生活力。如在低温、低湿条件下，这一变化过程则可大大延缓。

3. 生活力变化

水分较高的油菜种子进仓后如通风不良，生活力很易丧失，尤其在散装堆放较高的情况下。浙江省余杭县等地的经验表明：水分在 8.5%左右的油菜种子用袋装法堆藏，堆高 6～12 袋时由于通风条件良好，贮藏 1 年后，发芽率尚达到 61%。油菜种子贮藏在北方干燥低温条件下，发芽率和含油量亦都有逐年下降趋势，在开始 3～4 年降低比较缓慢，到 5 年以上，则显著下降，不能作为种用。据中国科学院陕西分院测定的结果可说明这一情况，具体见表 3-2-2。在南方高温多湿地区，油菜种子的生活力更难保持，如果要长期保藏，必须采取措施，使不受外界环境的影响。比较简便的方法就是将油菜种子与生石灰密封在白铁罐里，使水分降到 6%～7%以下，则经 5 年的贮藏时间，也能保持发芽率在 80%以上。

油菜种子用低温贮藏，虽然水分在 8%左右，其生活力亦可保持很长时间。根据浙江农业大学种子教研室的观测结果：油菜种子水分在 7.9%～8.5%范围内，用塑料袋密封贮藏，放在冰箱中（温度在 8 ℃左右），经过 10 年以上，发芽率仍保持在 95%以上。

表 3-2-2　油菜种子贮藏年限对发芽率和含油量的影响

贮藏年限（年）	发芽率（%）	发芽势（%）	含油量（%）
当年	99.5	99.0	45.35
1	94.0	85.0	43.35
2	78.5	45.5	42.04
3	77.0	45.0	41.91
4	73.0	45.0	41.59
5	17.0	1.0	40.85
6	16.0	0.5	39.60

4．发热生霉

油菜种子收获后，正值高温多湿的梅雨季节，接着便是炎夏季节，对保藏种子很不利。油菜种子含油量高，胚细胞在物质代谢过程中耗氧很快，在相同的温、湿度条件下，其呼吸强度较其他作物种子为大，释放出来的热量多，在高温季节很容易发热霉变。尤其在高水分情况下，只要 1～2 d 就会引起严重的发热酸败现象，而且发热时间往往持续很久。浙江省余杭、海宁及平湖等地的试验表明：入库油菜种子水分为 10%～11%时，到了高温季节（7 月中旬左右），就有发热征象，种温超过仓温 3～5 ℃，并有浓厚霉变味；到 8 月下旬上升到 42 ℃，如不进行处理，可持续发热直到秋凉 11 月份而出现霉变。发热的部位在 7 月份开始时，仅限于中上层某一局部范围内，8 月中旬发展到全部上层及中层，9 月下旬发展到下层，造成全堆发热。引起油菜种子发热生霉的因素除水分与温度外，含杂质多少也有一定关系，杂质过多，使油菜种子堆通气不良，妨碍散热散湿，容易引起不良后果。

（三）油菜种子贮藏技术要点

1．适时收获，及时干燥

油菜种子收获以在花薹上角果有 70%～80%呈现黄色时进行为宜。太早嫩籽多，水分高，不易脱粒，内容欠充实，较难贮藏；太迟则角果容易爆裂，子粒散落，造成损失。脱粒后要及时干燥，晒干后须经摊晾冷却才可进仓，以防种子堆内部温度过高，发生干热现象（即油菜种子因闷热而引起脂肪分解，增加酸度，降低出油率）。

2．清除泥沙杂质

油菜种子入库前，应进行 1 次风选，以清除尘芥杂质及病菌之类，以增强贮藏期间的稳定性。此外对水分及发芽率进行 1 次检验，以掌握油菜种子入库前的情况。

3．严格控制入库水分

油菜种子入库的安全水分标准不宜机械规定，应视当地气候特点和贮藏条件而定。就大多数地区一般贮藏条件而言，油菜种子水分控制在 9%～10%以内，可保证安全，但如果当地特别高温多湿且仓库条件较差，最好能将水分控制在 8%～9%以内。根据四川省经验，水分超过 10%，经高温季节，就会发生不正常现象，开始结块；水分在 12%以上就会形成团饼，出现霉变现象。

4．低温贮藏

贮藏期间除水分需要控制外，种温也是一个重要因素，必须按季节严加控制，在夏季一般不宜超过 28～30 ℃，春秋季不宜超过 13～15 ℃，冬季不宜超过 6～8 ℃，种温与仓温相差如超过 3～5 ℃就应采取措施，及时进行通风降温。

5．合理堆放

油菜种子散堆的高度应随水分多少而增减，水分在 7%～9%时，堆高可达 2～2.5 m；水分在 9%～10%时，堆高只能在 1.5～1.8 m 之间；水分在 10%～12%时，堆高只能在 1.5 m 左右；水分超过 12%时，应进行晾晒才能进仓。散装的种子可将表面耙成波浪形或锅底形，使油菜种子与空气接触面加大，有利于堆内湿热的散发。

油菜种子如采用袋装贮藏法，应尽可能堆成各种形式的通风垛，如工字形、井字形等。油菜种子水分在 9%以下时，可堆高 10 包，9%～10%的可堆 8～9 包，10%～12%的可堆 6～7 包，12%以上的不宜超过 5 包。

6．加强管理勤检查

油菜种子进仓时即使水分低，杂质少，仓库条件合乎要求，在贮藏期间仍须遵守严格的检查制度，一般在 4—10 月份，对水分在 9%～12%的油菜种子，应每天检查 2 次，水分在 9%以下应每天检查 1 次。在 11 月至来年 3 月份，对水分为 9%～12%的油菜种子应每天检查 1 次，水分在 9%以下的，可隔天检查 1 次。

根据浙江省有关部门总结的经验，按水分高低油菜种子保管时间和方法也有所不同，具体参见表 3-2-3。

表 3-2-3　油菜种子安全贮藏标准

油菜种子水分（%）	安全保管时间	散装堆高	袋装高度
8～9	适于长期贮藏	2～2.5 m	12～13 袋
9～10	可保管 2 个月	1.5～1.8 m	10 袋
10～12	可保管 1 个月	1.5 m	6～8 袋
12～13	可保管 10～15 d	1 m	6 袋
13～14	可保管 7～15 d	至多 80 cm，须经常翻动	经常倒袋通风
14 以上	可保管 1～2 d	应及时处理	应及时处理

资料三　蔬菜瓜类种子的加工贮藏技术

一、蔬菜瓜类种子的加工技术

蔬菜种子成熟收获后，需对种子进行处理和加工，其程序主要包括干燥、清选和包装。

（一）干燥

蔬菜种子采收后如不干燥，湿种子堆放易发热或霉变烂死，有些种子因含水量大，容易发芽。因此，种子干燥是确保种子安全贮藏、延长使用年限的一项重要措施。种子经过干燥后，不仅可降低种子含水量，而且可以杀死部分病菌和害虫，削弱种子的生理活性，增强种子的耐贮性。

种子干燥的快慢首先与空气的温度、相对湿度及空气流动速度有关。如果将种子置于温度较高、相对湿度低、风速大的条件下，则干燥速度快，反之就慢。较小的种子，种子表面疏松，较多毛细管空隙，比较容易干燥；反之，较大的种子，种子表面有蜡质层，毛细管小，则比较难干燥。但提供种子干燥的条件必须在确保不影响种子生活力的前提下进行。如刚收获的种子含水量较高，且大部分种子处于后熟阶段，生理代谢作用旺盛，因此，在干燥时常采用先低温通风，再高温慢速干燥的方法。否则即使种子达到干燥的要求，由于种子生活力已受到影响，也就失去了干燥的意义。

其次，种子本身的结构及其化学成分也对干燥的要求有所不同。对于主要成分为淀粉类的蔬菜种子，如菠菜、甜菜等，种子结构疏松，传湿力较强，比较容易干燥，可以用较快的干燥方法，干燥效果也较明显。对于蛋白质类种子，如大豆、蚕豆等，种子的种皮疏松，易失水，如放在高温快速干燥条件下，子叶内的水分蒸发缓慢，种皮内的水分蒸发很快，很容易使种皮破裂而失去保护作用，同时在高温下蛋白质容易变性而失去亲水性，影响种子生活力。因此，对于这类种子通常采用低温慢速的干燥方法。在实际应用上，豆类种子往往带荚暴晒，当种子充分干燥后再脱粒，其原因也在于此。对于油质类种子，如十字花科的多种蔬菜种子，这类种子中含有大量的脂肪，属不亲水性物质。相对地说，这类种子的水分比上述两类种子容易散发，可用高温快速条件进行干燥。但这类种子子粒小，种皮松脆易破，在高温下还容易走油。因此，在实际应用上，常采用子粒与颖壳混晒的方法，这样既可促进干燥，又能减少翻动次数和防止走油。

种子干燥的方法主要有自然干燥、太阳干燥及人工机械干燥三种。

1. 自然干燥

自然干燥是指处于成熟期或贮藏期的种子，由于种子内水气与空气湿度的差异，自然失去水分的过程。它受空气温度、湿度和风速的影响较大。华南地区在春夏季，下雨较多，种子无太阳可晒，丝瓜往往采收种瓜后挂于室内通风处让其晾干再取种。芥蓝也是收获种株后，让其自然干燥一段时间后取出种子再晒种。

2. 太阳干燥

太阳干燥方法简易，成本低，经济且安全，一般情况下不易丧失生活力，通常用于甜瓜、黄瓜、南瓜、番茄、茄子、西瓜以及其他脱粒后仍是潮湿的种子。但有时会受到气候条件的限制，同时必须注意晒前全面清理晒场，以避免造成机械混杂，此外，所有蔬菜种子都不宜直接放在水泥晒场上暴晒，以防温度过高，损伤种子。在利用太阳干燥时，还要薄摊勤翻，增加种子与日光、干燥空气的接触面，使种子干燥均匀。

3. 人工干燥

人工干燥也称机械烘干法，它具有降水快、工作效率高、不受自然气候条件限制等优点。但机械干燥设施较为昂贵，而且技术要求较严格，使用不当种子容易丧失生活力。在有条件的单位，可以借用粮食上的烘干设施，但必须选择安全可靠的机械干燥设施。

（二）清选

种子的清选直接影响种子的产量和质量，清选工作做得好，既可增加种子产量，也可提高种子的质量。通过清选把一切枯枝碎叶、果实残渣、土块、病瘦、虫卵等清除干净，从而提高种子的使用价值，减少病虫的传播。

种子清选常用的方法有风扬分离、筛选分离以及比重分离。

1. 风扬分离

风扬分离是利用鼓风机使轻的种子与重的种子分离，使种子与较轻的果荚碎屑、灰尘等分离。

2. 筛选分离

筛选分离是利用筛孔的大小、形状使种子分层过筛，将夹杂物清除。

3. 比重分离

比重分离的原理主要是根据种子和夹杂物在密度或比重上的不同来进行分离。例如洋葱、番茄、黄瓜等用流水洗种，根据种子比重的不同，来收集种粒重大的种子，清除较轻的夹杂物。

三者有时单独使用，有时也将二者或三者结合起来使用。

（三）包装

在种子贮藏、运输及销售等过程中，为了防止品种混杂、变质和病虫为害，保证种子具有旺盛的生活力，应对种子进行恰当的包装。另外，规范的种子包装也有利于增强国内外市场竞争能力，防止假冒伪劣的散装种子坑害菜农。

对于包装的基本要求，一方面要求包装容器必须防潮、无毒、不易破裂、重量较轻。目前广泛使用的有麻袋、布袋、纸袋、铁皮罐、聚乙烯铝箔复合袋及聚乙烯袋等。麻袋、布袋主要用于大量种子短期贮藏或运输时的包装。铁皮罐适于长期贮存、销售，主要用于短命种子以及价格昂贵的种子包装。纸袋、聚乙烯铝箔复合袋、聚乙烯袋等主要用作种子零售的小包装。另一方面要求包装的种子含水量和净度应符合标准，并应在包装容器上加印或粘贴与所包装种子相符合的标签，包括注明作物和品种名称、采种年月、种子的质量标准、种子数量及栽培要点等。

二、蔬菜瓜类种子的加工工艺

（一）蔬菜种子加工工艺流程（见图 3-3-1）

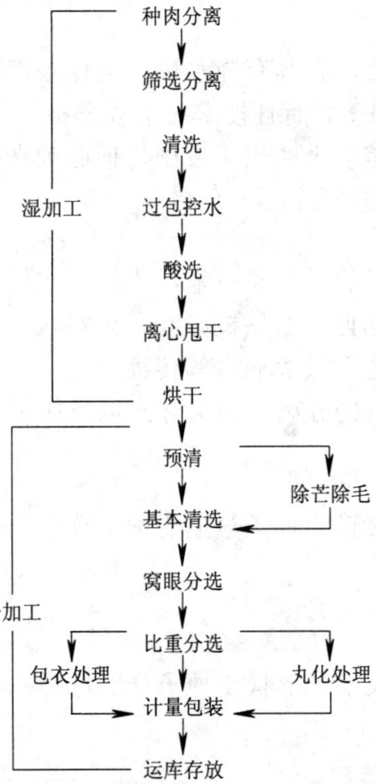

图 3-3-1　蔬菜种子加工工艺流程图

（二）蔬菜种子加工工艺流程注意事项

1）许多蔬菜种子采收时先采用湿加工，具体来说就是：采摘—除杂—破碎—种肉分离—种子酸洗—漂洗—甩水—烘干—蔬菜种子干加工。

2）由于蔬菜种子通常为小批量多品种，设计工艺流程时要考虑清机方便。

3）由于蔬菜种子经济价值较高，为防止提升破碎，通常采用开式提升机。

三、蔬菜瓜类种子的贮藏

种子收获后一般都不会立即播种，特别是商品种子往往需要一段贮藏时间，因此，在贮藏期间内保证种子的生活力也是保证生产需要的必要措施。

在贮藏过程中，有多方面的因素影响着种子的生活力。一是种子本身的因素，即种子寿命与其本身的遗传性有关。根据在同样贮藏条件下对种子寿命的研究结果，可以把种子分为长命、中间及短命三种类型：寿命在 15 年以上的称为长命种子，3～15 年的为中间寿命种子（或称长命种子），3 年以下的为短命种子。二是贮藏环境的因素，即贮藏期间的温度、湿度以及空气成分对贮藏种子的生活力也有决定性的影响，它们通过影响种子的呼吸作用而起作用。种子若处于高温、高湿和有氧的条件下，其呼吸作用旺盛，加速贮藏营养的分解消耗以及产生大量的热，从而造成种子变质霉烂。如果种子处于高温、高湿和缺氧的条件下，种子被迫进行较强的无氧呼吸，还会造成有毒物质的积累，从而导致种子中毒以及失去发芽力。一般在低温、干燥条件下贮藏可大大延长种子寿命和使用年限。

此外，种子在母株上形成时的生态条件，种子收获、脱粒、干燥、加工和运输过程中处理不当，以及贮藏过程中的病虫害也都会对贮藏种子的生活力造成一定的影响。

任务一　茄果类蔬菜种子采收

一、番茄种子的采收

（一）加工工艺

红熟—采收—后熟—取籽—发酵—洗种—浸种—晾晒—处理—精选—贮藏。

（二）加工技术

1．采收

番茄果实由黄变红时，先逐行逐株检查，摘除杂异果、畸形果和自交果（根据人工去雄授粉时做的标记辨认），一般在授粉 50～60 d 完全红熟后即可采收。

2．取籽

采收后让果实再后熟 1～2 d，用机械或人工取籽，进行果肉与种子的分离处理，取出带有胶状黏质的种子，置于容器中自然发酵。

3．发酵

当发酵液面产生一层白色菌膜，手摸种子无黏滑感，部分种子沉于缸底即可结束发酵。果肉与种子的分离处理过程中，禁用铁铝等金属器具，只能用塑料、瓦缸等器具，以避免种子接触金属器具后，种皮变黑，影响种子的商品性。

4．淘洗

用清水快速将种子淘洗干净。

5．脱水、晾晒

清洗后的种子用机械脱去大水（彩图 31），然后放在尼龙纱布做成的晾床上，置于干燥通风处阴干，严禁在烈日下暴晒．更不能放在水泥地板或铁器上晾晒。

6．初选、精选

待种子水分下降到 8%以下时及时收种，利用风压式提升机或风车对种子初选、精选。加工、入库过程防止鼠害及人为的混杂。

7. 收购前处理

番茄种子在收购前，一般还要做脱绒处理、盐酸处理、消毒处理等。

(1) 脱绒处理

通过脱绒处理可以减少包装量，降低运输成本，提高播种品质。可以用脱绒机脱绒或手工脱绒，手工脱绒时可以将适量种子装于布袋中反复在水泥地面上摔打脱绒。

(2) 盐酸处理

种子在水中淘洗干净后用 1%的分析纯盐酸浸种 15 min，浸种时摆动种子，捞出后用清水稍微冲洗即可，有时要求干种子的 pH 值范围须在 2.4～2.7 之间，清洗后的种子放在尼龙纱布做成的晾床上，置于干燥通风处阴干。盐酸处理可以起到杀菌和改善种子表面发黑程度的作用，提高种子的商品性。

(3) 消毒处理

种子在水中淘洗干净后，用 1%的次氯酸钙浸种 20 min，捞出后在清水中反复淘洗三遍，晾干。

(三) 贮藏技术

置于阴凉干燥通风处贮藏。外运种子在贮藏时，需用内衬防水防潮塑料膜的多层编织袋来贮藏袋装种子。

二、辣椒种子的采收

(一) 加工工艺

红熟—采收—后熟—掏籽—晾晒—精选—贮藏。

(二) 加工技术

辣椒在种果完全红熟后及时采收，采收后果实后熟 2～3 d，果实变软后掏籽，若后熟时间过长，种子过于饱满反而不易发芽。种子在通风干燥处阴干（以上适合甜椒）。线椒、羊角椒等取籽时，先用手（戴塑胶手套）搓捻种果，使种子与胎座分离，然后剥开种果，抖出种子，放在圆竹筛筛去残留胎座等杂质，筛出种子。剥离种子时不用水淘洗，经水洗晾晒后的种子色泽多呈白灰色，若遇连阴天气种子不易晒干，还容易发霉变质。种子干燥放置在通风处的凉席或尼龙纱筛上晾晒，忌在水泥地或金属器物中暴晒。

采种量少时，将饱满成熟的浆果采下，用细线将果柄穿起来，挂在通风处让其后熟。在从果实中剥出种子，放在竹匾上，上面覆盖纱布，勿使强光直射种子，等种子晒干后，藏在密闭容器内。

(三) 贮藏技术

置于阴凉干燥通风处贮藏。外运种子在贮藏时，需用内衬防水防潮塑料膜的多层编织袋来贮藏袋装种子。

三、茄子种子的采收

（一）加工工艺

红熟—采收—后熟—掏籽—晾晒—精选—贮藏。

（二）加工技术

茄子种子发育较慢，开花 60 d 后种子才能完全成熟。当种果充分老熟、果皮呈黄褐色（有些品种不转色或转色慢，依授粉天数确定）时，即为采收种果的最佳时期。采收杂交种果时，检查种果授粉标记是否明显。种果采收后，在阴凉、干燥、通风的地方后熟 7～10 d，种株中途死亡而提前采收的种果，后熟过程更加重要。取籽时如有烂果，应把果实腐烂部分切掉。种子清洗时去掉浮在水面上的秕籽和杂质，再放在凉席或晒布上摊开晾晒，忌用铁器。水分下降到手握成团，松手即将散开时可以晒种。1～2 h 翻动 1 次，分 2～3 次晒干，每次晒半天。水分<8%即可精选入库。

（三）贮藏技术

置于阴凉干燥通风处贮藏。外运种子在贮藏时，需用内衬防水防潮塑料膜的多层编织袋来贮藏袋装种子。

任务二　白菜、甘蓝类蔬菜种子采收

一、白菜类蔬菜种子的采收

（一）加工工艺

角果变黄—采收—晾晒—精选—贮藏。

（二）加工技术

当角果略变黄色，种子稍发硬，连茎秆拔起，束成小捆，放于干净平整的场地上晒干脱粒，脱粒后用 22～24 目筛子筛去各种杂物，再用 28 目筛子筛去细小沙土，再用风压式提升机或离心式螺旋精选机精选，水分低于 8%时入库。以甘蓝（包心菜）当例，种子采收时，每株上下部角果成熟度很不一致，需分期采收，晒干脱粒。晒时需遮阳每晒 3～4 h，停片刻再晒。

（三）贮藏技术

置于阴凉干燥通风处，装入布袋保存贮藏。

二、花椰菜和青花菜种子的采收

（一）加工工艺

角果变黄—采收—晾晒—脱粒—精选—贮藏。

（二）加工技术

大部分角果变黄后收割花枝，放置通风处，后熟 5～6 d 后，再晾干脱粒，可用风压式提升机或离心式螺旋精选机精选。待种子充分干燥，水分在 7%以下时入库保存。

（三）贮藏技术

置于阴凉干燥通风处，装入布袋保存贮藏，禁用塑料袋装种子。花椰菜种子以当年采收的发芽率最高，贮藏期间需注意防潮，随着年限增加，发芽率逐渐降低。

三、芥蓝种子的采收

（一）加工工艺

角果变黄—采收—晾晒—脱粒—精选—贮藏。

（二）加工技术

芥蓝花期约维持 30 d，自初花到种子成熟约需 80 d，当 85%的种荚变黄、子粒转黑成熟时割下，就地晾晒，后熟 3～5 d，运至场上脱粒、精选。晾晒至水分不高于 8%时，用螺旋式精选机精选入库。

（三）贮藏技术

置于阴凉干燥通风处贮藏。外运种子在贮藏时，需用内衬防水防潮塑料膜的多层编织袋来贮藏袋装种子。

四、苤蓝及紫苤蓝种子的采收

（一）加工工艺

角果变黄—采收—晾晒—脱粒—精选—贮藏。

（二）加工技术

当大部分种荚外皮变黄、荚内种子呈红褐色时便可采收。种荚晾干后便可打碾收种。晾晒时由于种子容易发芽、变色，严禁被雨水打湿。

（三）贮藏技术

置于阴凉干燥通风处贮藏。外运种子在贮藏时，需用内衬防水防潮塑料膜的多层编织袋来贮藏袋装种子。

五、球茎甘蓝和抱子甘蓝种子的采收

（一）加工工艺

角果变黄—采收—晾晒—脱粒—精选—贮藏。

（二）加工技术

抽薹期根据株型、叶型等清除杂株。6月开花期间，放蜂或用鸡毛掸子人工辅助授粉，以提高种子产量。角果于7月至8月上旬变黄，当70%～80%角果黄褐色时收割，及时晾晒、打碾、精选，种子含水量低于7%时入库。

（三）贮藏技术

置于阴凉干燥通风处贮藏。外运种子在贮藏时，需用内衬防水防潮塑料膜的多层编织袋来贮藏袋装种子。

任务三　瓜类作物种子采收

一、西瓜种子的采收

（一）加工工艺

成熟—采收—后熟—取籽—发酵—洗种—浸种—晾晒—精选—贮藏。

（二）加工技术

从坐果到果实成熟所需时间约为45 d，开始采收前10 d内瓜田停止灌水，收获时注意杂交标记，清除无标记果、病果、裂果。采收后熟后用不锈钢刀切开取出瓜瓤及种子，用西瓜水发酵1昼夜，瓜瓤发成糊状后，用大小合适的纤维筛网或塑料篮子沥出种子，用清水冲洗干净种子表皮黏液后，用1%的分析纯盐酸浸种10 min，pH值范围须达到1～2，浸种时摆动种子，捞出后用清水稍微冲洗即可进行晾晒。种子加工过程中禁用铁器，以免种子变色，影响种子的商品性。种子含水量低于7%后用风压式提升机精选入库，必要时需手工挑除畸形、过大、过小、色泽差、霉变等不符合质量标准的种子。

（三）贮藏技术

置于阴凉干燥通风处贮藏。外运种子在贮藏时，需用内衬防水防潮塑料膜的多层编织袋来贮藏袋装种子。

二、黄瓜种子的采收

（一）加工工艺

成熟—采收—后熟—取籽—发酵—洗种—晾晒—精选—贮藏。

（二）加工技术

黄瓜种子采收及加工过程中按照以下几个步骤操作，可确保质量达到国家标准，即净度99%，含水量低于8%，种子无粘连现象。

1. 采种

黄瓜人工授粉后40 d左右，瓜皮变黄即可采收，父母本分开采种，将种瓜从有种部分剖开，扒出种子，量多时放在编织袋内，扎上袋口；量少时放入非铁容量（忌用铁器），挤碎瓜瓤，留适量种液准备发酵。

2．发酵

常温下发酵 24 d 小时左右，不能被雨水冲淋，忌倒入清水，其间可定期搅动，阴雨天时可根据天气情况决定是否淘洗。

3．淘洗

种子发酵后，淘洗是关键，将种子倒在瓷盆或塑料桶内，不久，种子就分成三层：瓜瓤、叶子等杂质浮在上层，可捞出；中层为秕籽和杂质的混合物；饱满种子沉在底部。将上层倒出后，不搓洗清淘，直至种子无黏结块，无其他杂质。

4．晾晒

淘洗后的种子及时晾晒，晾晒处要求平整、干净，将种子摊薄，并定期翻身，直至晾干。干种子手感扎手，折断种子不连皮。

5．初选

晒干的种子要及时进行加工。首先，用手不断搓种子，直到种子粒粒分开；其次，用筛子筛，用簸箕簸，清除杂质。

6．精选和包衣

种子初选完成后，再用良种精选机进行精选，选出来的饱满种子，用种衣剂进行包衣、晾干，至含水量 8%以下即可进行种子包装、销售。

（三）贮藏技术

置于阴凉干燥通风处贮藏。外运种子在贮藏时，需用内衬防水防潮塑料膜的多层编织袋来贮藏袋装种子。

三、甜瓜种子的采收

（一）加工工艺

成熟—采收—后熟—取籽—发酵—洗种—晾晒—精选—贮藏。

（二）加工技术

制种用甜瓜应完全成熟后采收留种。

1．果实采收

果实在开化坐果 40 d 后开始成熟，果皮叶绿素逐渐消失，呈现本品种所特有的色泽。具体表现为果柄变细，果皮龟裂，网纹明显，有些品种会自然脱落。采收前认真清理自交果、病果、烂果、无标记果，防止混杂。

2．取种发酵

果实采收后，后熟 3～4 d，后熟时间不易过长，否则会因温度过高导致种子在果内发芽。后熟好的果实用不锈钢刀挖出瓜瓤，在瓷器或瓦缸中发酵，忌用铁铝等金属器皿。发酵时间 24 h，阴天可适当长些，但不能超过 30 h。发酵过程中不断搅动，使发酵均匀。果肉、果汁与种子完全脱离后用清水冲洗三四遍，直至冲洗净种子表面黏液为止。

3．晾晒与入库

冲洗干净的种子放在阴凉通风干燥的地方阴干。

由于甜瓜种子秕籽率高，建议先用风压式提升机精选，再用手工精选，挑除畸形、过大、过小、色泽差、霉变等不符合质量标准的种子。

（三）贮藏技术

置于阴凉干燥通风处贮藏。外运种子在贮藏时，需用内衬防水防潮塑料膜的多层编织袋来贮藏袋装种子。

四、西葫芦种子的采收

（一）加工工艺

成熟—采收—后熟—取籽—洗种—晾晒—精选—贮藏。

（二）加工技术

西葫芦坐瓜 40～50 d 后即可成熟采收。采收前清除田间的自交瓜，标记不清的瓜，病瓜，杂色、畸形等不符合标准的瓜。后热 7～10 d，用不锈钢刀将瓜剖开，掏出种子，注意随掏随洗。摊薄铺开在纱网上晾晒，晾干后搓去膜质，精选收存，防止霉变。

（三）贮藏技术

置于阴凉干燥通风处贮藏。外运种子在贮藏时，需用内衬防水防潮塑料膜的多层编织袋来贮藏袋装种子。

五、南瓜种子的采收

（一）加工工艺

成熟—采收—后熟—取籽—揉搓—洗种—晾晒—精选—贮藏。

（二）加工技术

南瓜在授粉 45～60 d 后成熟，当种瓜皮色变暗、划破果皮无水珠形成时即可采收。只收标记瓜，去除无标记或标记不清的瓜，种瓜后熟 10～20 d。没有老熟的、因病害提前收获的南瓜应分开收获，由于成熟度不够或部分品种因后熟时间过长有时会出现果内发芽，应缩短后熟期。掏籽时用不锈钢刀剖开取籽，将瓜瓤与种子装于编织袋内揉搓至种子与瓜瓤分离后，用水搓洗，用大筛孔筛沥出种子，漂洗干净，用苏纳米溶液浸种 15 min，取出用清水冲洗后可用洗衣机脱水，然后摊于纱网上在通风处晾干，半干时可用风压式提升机初精选，有利于种子晾晒，水分低于 8%时，再用机械精选，必要时再用手工精选，挑除畸形、过大、过小、色泽差、霉变等不符合质量标准的种子后，计量标示入库。

（三）贮藏技术

置于阴凉干燥通风处贮藏。外运种子在贮藏时，需用内衬防水防潮塑料膜的多层编织袋来贮藏袋装种子。

六、冬瓜及节瓜种子的采收

（一）加工工艺

成熟—采收—后熟—取籽—洗种—晾晒—精选—贮藏。

（二）加工技术

冬瓜果实从授粉后至生理成熟，中早熟品种需 40～50 d，晚熟品种需 60～80 d，在采收前 10 d 停止灌水，清除烂、病、畸形瓜及标记不清的瓜。后熟 10～20 d 取籽，种子洗净后直接晾，先暴晒至 70%～80%的水分丧失后，在通风处晾干、精选。

（三）贮藏技术

置于阴凉干燥通风处贮藏。外运种子在贮藏时，需用内衬防水防潮塑料膜的多层编织袋来贮藏袋装种子。

七、苦瓜种子的采收

（一）加工工艺

成熟—采收—后熟—取籽—发酵—洗种—晾晒—精选—贮藏。

（二）加工技术

苦瓜果实生长迅速，从开化到种子成熟只需 20～28 d。当种瓜顶部由绿色转成黄色或橘黄色、果实发软时采收，种子被鲜红的果瓤所包围，果实顶端极易开裂，散出种子。采收种子可依据种瓜成熟度分次进行。种子采收后发酵 6～12 h，搅拌使种子和瓜瓤分离，用清水洗干净，然后放在纱网上，置于通风处晾晒，不宜暴晒。

（三）贮藏技术

置于阴凉干燥通风处贮藏。外运种子在贮藏时，需用内衬防水防潮塑料膜的多层编织袋来贮藏袋装种子。

八、瓠瓜种子的采收

（一）加工工艺

成熟—采收—后熟—取籽—洗种—晾晒—精选—贮藏。

（二）加工技术

瓠瓜留种应选择具有本品种特征、生长强壮、抗病力强、结果早的植株，选第 2、3 瓜留种，人工授粉可增加着果率。坐瓜后增施磷肥，促进种子充实。当种瓜外皮发黄、茸毛完全消失、果皮坚硬时采摘，后熟 20～30 d 剖瓜取种，或是将种瓜采收后挂于通风干燥处，于第二年播种时剖取种子。

（三）贮藏技术

置于阴凉干燥通风处贮藏。外运种子在贮藏时，需用内衬防水防潮塑料膜的多层编织袋来贮藏袋装种子。

任务四 叶菜类蔬菜种子采收

一、芹菜种子采收

（一）加工工艺

成熟—采收—晾晒—精选—贮藏。

（二）加工技术

7 月中下旬种子成熟，应适时收割。由于芹菜的复伞花序是由下层向上层开放，单株花期较长，种子成熟期很不一致，在中下层种粒变黄后就要整株收割。种株脱水达到 70%后脱粒，过干易使花枝进入种子中，杂质多，精选困难。水分低于 7%时，再用风压式提升机精选，计量标示入库。

（三）贮藏技术

置于阴凉干燥通风处贮藏。外运种子在贮藏时，需用内衬防水防潮塑料膜的多层编织袋来贮藏袋装种子。

二、菠菜种子采收

（一）加工工艺

成熟—采收—晾晒—精选—贮藏。

（二）加工技术

菠菜种子成熟后容易脱落，收获过晚会导致硬实种子增多。当种株半数以上的枝叶变黄、果皮呈黄绿色时收割。在晒场上堆成小堆后熟干燥，隔 2～3 d 翻动一次，以防堆内发热，在气候潮湿地区，收后可捆成小把悬于棚内的架上风干。晒干后用磙子压碾或脱粒机脱粒，经风洗和筛选后晒种 3～4 d 收藏，水分低于 7%时，再用风压式提升机精选，计量标示入库。

（三）贮藏技术

置于阴凉干燥通风处贮藏。外运种子在贮藏时，需用内衬防水防潮塑料膜的多层编织袋来贮藏袋装种子。

三、莴苣种子采收

（一）加工工艺

成熟—采收—初选—晾晒—精选—贮藏。

（二）加工技术

结球莴苣成熟期不一致，应分次收获。采收前应先清除田中杂草，以免草籽混入。当种株叶片发黄、能看到植株上有50%种子冠毛出现时，用塑料纺织袋套种株摇动收获，当80%种株叶片发黄时可以一次性收割。在田间铺塑料棚膜，当天摔打收籽，注意花枝不能晒干，否则混入到种子，精选困难。收获后及时用风车（最好用1.0～0.8的条形筛）及风压式提升机精选，水分低于7%后，计量标示入库。

（三）贮藏技术

置于阴凉干燥通风处贮藏。外运种子在贮藏时，需用内衬防水防潮塑料膜的多层编织袋来贮藏袋装种子。

四、芥菜类蔬菜种子采收

（一）加工工艺

成熟—采收—晾晒—精选—贮藏。

（二）加工技术

芥菜开花结实习性与油菜相似，6 月开花，7 月种子成熟，果荚有 60%变黄后即可收割，晒干后脱离精选。

【贮藏技术】

置于阴凉干燥通风处贮藏。外运种子在贮藏时，需用内衬防水防潮塑料膜的多层编织袋来贮藏袋装种子。

五、芫荽种子采收

（一）加工工艺

成熟—采收—晾晒—精选—贮藏。

（二）加工技术

开花结束后，当植株上部有 30%～40%的子粒变黄时即可收割。收获时选择无风雨天气，清晨收获。将刈割的种株捆成小捆，搭成“人”字形架晾晒，种株脱水达到75%

以上即可脱粒，种株不能过于干燥，否则，脱粒时种子内茎、叶、花枝等杂枝携带过多，造成精选困难。脱粒后精选，清除干枯茎秆、不饱满子粒等杂质，充分晒干，当水分低于8%以下时入库。

（三）贮藏技术

置于阴凉干燥通风处贮藏。外运种子在贮藏时，需用内衬防水防潮塑料膜的多层编织袋来贮藏袋装种子。

六、茼蒿种子采收

（一）加工工艺

成熟—采收—晾晒—精选—贮藏。

（二）加工技术

春播茼蒿7月下旬至8月中旬种子成熟，但成熟期不一致，应分批采收。采收前先应清除干净种子田中杂草，以免草籽混入。较早成熟的花序分次收获1～2次后，8月下旬后一次性采收，连同秸秆一起收割，在平整干净的场地摊开晾晒。收割宜在早晨进行，下雨天不能收割，以防种子变黑，色泽变差。在花序不完全干燥时打碾，以防花萼等混入种子难以精选。由于茼蒿种子小而轻，精选时可先用电风扇小风吹扬，再用不同网目筛或风压式提升机分离精选多遍。

（三）贮藏技术

置于阴凉干燥通风处贮藏。外运种子在贮藏时，需用内衬防水防潮塑料膜的多层编织袋来贮藏袋装种子。

任务五　块根茎类蔬菜种子采收

一、萝卜种子的采收

（一）加工工艺

成熟—采收—晾晒—精选—贮藏。

（二）加工技术

萝卜角果成熟后不开裂，在70%～80%的种角黄熟后一次性收割，在晒场上晾晒后熟7～8 d，全部角果枯黄后碾打脱粒。后熟期间防雨淋，勤翻动种株堆垛，以免种子在角果内发芽或沤热霉变，使发芽率降低。风压式提升机或离心式螺旋精选机精选。待种子充分干燥，水分在7%以下时入库保存。

（三）贮藏技术

置于阴凉干燥通风处贮藏。外运种子在贮藏时，需用内衬防水防潮塑料膜的多层编织袋来贮藏袋装种子。

二、胡萝卜种子采收

（一）加工工艺

成熟—采收—晾晒—脱粒—搓毛—精选—贮藏。

（二）加工技术

种子采收是种子生产的关键环节，特别是对于机械化采收，必须确定一个最佳时期，如果采收过早，后期种子的成熟度不够，影响种子质量；如果采收过晚，早期种子就很容易散落，从而影响种子的产量。对于机械采收，一般在主薹花序变成褐色、一级侧枝花序开始转变成褐色时进行，或者一级侧枝花序变成褐色，二级侧枝花序开始转变成褐色时进行。目前，国内生产基地通常采用人工采收，而且可以分批采收。胡萝卜种子人工采收最佳时期是种子完全转色，一般是花序第一朵小花开放之后 50～55 d 才能完成，但不同品种或气候条件，种子成熟期会有差异。

由于胡萝卜花序和种子的特殊性，机械化采收时需要采用专门的采收机器，主要在于如何将种子从花序上脱落，并与杂质分离。一般采用机动采收机，首先切下花序，运到一个大的旋转鞭打容器中，将种子与花序分离。通过风扇和筛子将种子与杂质分开，种子进入收集容器中，杂质返回到地里。国内主要采用人工采收方法，首先将成熟花序剪下并晾干，采用胡萝卜脱扬机将种子从花序上脱落，通过网筛将花序、花梗剔除。由于胡萝卜种子带有刺毛，容易相互粘在一起，影响后期包装、播种等，并极易吸潮，影响其贮藏寿命，必须将其除去，可采用专门的搓毛机进行处理。

种子精选是非常重要的过程，不仅可以提高种子质量、净度，适合一些地区机械化播种要求，而且可以提高其商品价格。主要采用大型的风选机或比重机，有时可两者结合，这样可以将不同大小种子区分开。目前，国外多数种子公司还采用包衣，可以防治种子自身病原菌以及早期的病害。

北方一般 8 月上中旬收获种子。仅留主茎整枝的种子成熟一致，可一次性采收，其他方式整枝的种子可分次采收。当大多数伞状花序由绿变黄、花梗向内弯曲、整个花序呈鸟巢状时，就可收获。花伞晾晒 1 d，待花薹尚未晾干时脱粒、去杂，再晒干种子，待含水降到 8%时贮藏。注意花薹不能完全晾晒干，否则脱粒时会使小果柄和种子一起脱落，造成种子精选困难。

（三）贮藏技术

置于阴凉干燥通风处贮藏。外运种子在贮藏时，需用内衬防水防潮塑料膜的多层编织袋来贮藏袋装种子。

三、牛蒡种子的采收

（一）加工工艺

成熟—采收—晾晒—脱粒—精选—贮藏。

（二）加工技术

牛蒡一般在 7—8 月开花，从开花到种子成熟需 30～40 d，花序由绿色变成黄褐色时即可收获。种子成熟后种子容易自行脱落，需分批分期收获。花序带刺钩，收获时需戴手套，用剪刀剪取花序，晒干后脱粒精选。

（三）贮藏技术

置于阴凉干燥通风处贮藏。外运种子在贮藏时，需用内衬防水防潮塑料膜的多层编织袋来贮藏袋装种子。

任务六　豆类种子采收

一、菜豆种子的采收

（一）加工工艺

成熟—采收—（阴凉处）后熟—脱粒—精选—贮藏。

（二）加工技术

当种荚变黄，种子充分成熟时即可采收。如采收过早，种子尚未完全成熟，子粒不饱满，影响发芽率和产量；采收过晚，植株下部种荚易发霉或腐烂，在多雨高温条件下，种子易在荚内发芽。当种荚由绿变黄，弯曲不折断时即可采收。蔓生种分批采收，矮生品种先采收 1～2 次，以后全株收割，在阴凉处后熟 5～7 d，干燥后脱粒。菜豆种子脱粒要防止机械操作。干燥过程忌高温暴晒，否则种皮开裂。种子精选时去除烂、裂、霉变、发黄、没有成熟、畸形等不符合标准的种子。水分降到 8%～10%以下时便可收购入库。

（三）贮藏技术

置于阴凉干燥通风处贮藏。

二、豌豆种子采收

（一）加工工艺

成熟—采收—（阴凉处）后熟—脱粒—精选—贮藏。

（二）加工技术

豌豆在种荚成熟时再灌 1 次水，保持田间湿润，防止种荚干裂。当 60%～70%的果荚达到老熟呈黄色或软荚品种呈皱缩的干荚时即可采收，可以一次性摘下种荚或连株收割，干燥，后熟脱粒精选。种子含水量降到 15%以下时收购入库，种子标准与菜豆相同。贮藏期前用磷化铝熏蒸，方法参照多花菜豆。

（三）贮藏技术

置于阴凉干燥通风处贮藏。

三、豇豆种子的采收

（一）加工工艺

成熟—采收—（阴凉处）后熟—脱粒—精选—贮藏。

（二）加工技术

豇豆种荚枯黄时即可采收，分批进行。遇阴雨天也要及时采摘，剥出豆种晾干，防止荚内发芽。脱粒时应避免将种子打碎，清除烂籽、芽籽、碎籽、小籽等。水分降到8%～10%即可入库。

（三）贮藏技术

置于阴凉干燥通风处贮藏。

四、大豆种子的采收

（一）加工工艺

成熟—采收—（阴凉处）后熟—脱粒—精选—贮藏。

（二）加工技术

大豆进入鼓粒成熟期需水较多，注意灌水，收获前15 d停止灌水。大豆收获期在完熟期，当茎和荚全部变黄，荚中子粒与荚壁脱离，豆叶全部脱落，用手摇动植株有响声，子粒含水量降到20%～25%，即为最佳收获期。机械联合收获的最佳时期是70%～80%的大豆叶片脱落，豆粒开始变黄，少部分豆荚变为黄色，个别仍呈现青色的黄熟期。收获后及时晾晒脱粒，精选，当种子水分含量降至12%即可入库贮藏。

（三）贮藏技术

置于阴凉干燥通风处贮藏。

五、蚕豆种子的采收

（一）加工工艺

成熟—采收—（阴凉处）后熟—脱粒—精选—贮藏。

（二）加工技术

蚕豆成熟自下部豆荚开始，当大部分植株中下部豆荚变黑，叶片呈橘黄后一次性采收。在晒场及时翻动晾晒，果荚干燥后脱粒精选。成熟后的种皮有青绿色、绿色、褐色、黄色或灰白色等，根据品种特性进行种子精选，制种产量200～250 kg/667m^2。

（三）贮藏技术

置于阴凉干燥通风处贮藏。

六、多花菜豆种子的采收

（一）加工工艺

成熟—采收—晾晒—脱粒—精选—贮藏。

（二）加工技术

多花菜豆全生育期为 115～120 d，北方地区春播 150 d 采收干荚。豆荚均自下而上成熟，分期采收，带荚晒干，集中脱粒。种子含水量在 14%以下时入库贮藏。种子在贮藏期间易受豆象危害，贮藏前要用磷化铝熏烟。用量为 200 kg 豆种用 56%的磷化铝 3.3 g，在密闭的容器内熏 3 d，晾 4 d 后即可正常贮藏。

（三）贮藏技术

置于阴凉干燥通风处贮藏。

七、绿豆、小豆、瓜儿豆种子的采收

（一）加工工艺

成熟—采收—晾晒—脱粒—精选—贮藏。

（二）加工技术

绿豆自下而上依次成熟，种荚成熟后，荚壳变成黑色或褐色，成熟的荚很容易自背缝裂开并卷向腹缝线，将种子弹出，种子无休眠期，成熟后若不及时收摘，遇到雨天，种子会在荚中发芽，霉变。直立型摘荚 3～4 次，最好在上午露水未干以前采摘。蔓生型绿豆在 70%～80%的荚成熟时一次性收割，晒干脱粒。种荚及时摊开晒干，晒干后立即脱粒保存。精选过程中剔除杂色、破碎种子及秕粒等。

（三）贮藏技术

置于阴凉干燥通风处贮藏。

任务七　葱蒜类蔬菜种子采收

一、大葱种子的采收

（一）加工工艺

成熟—采收—晾晒—脱粒—精选—贮藏。

（二）加工技术

7 月下旬至 8 月上中旬种子陆续成熟，分 2～3 次采收。大葱种子寿命短，除种子较

小，种皮坚硬，透水透气性差等原因外，主要与贮藏期间的高温、高湿环境有关。据有关试验，大葱种子放在盛有氯化钙的干燥器内，置于 0 ℃低温下贮藏，5 年后发芽率几乎未降低。当年种子用不完时，应贮藏在干燥低温条件下。种子当年发芽率 95%，第二年降低到 70%，并且发芽慢，易发生先期抽薹现象，需用当年新种子。采收脱粒后可用风压式提升机精选，水分降至 8%以下时入库保存。

（三）贮藏技术

置于阴凉干燥通风处贮藏。

二、韭菜种子的采收

（一）加工工艺

成熟—采收—晾晒—脱粒—精选—贮藏。

（二）加工技术

韭菜花期较短，单株花期为 7～10 d，全田花期不齐。从开花到种子成熟需 30～40 d，当大多数蒴果已出现黄绿色，花序顶部 5～6 个蒴果裂开露出黑色种子即为收获适期。成熟果实开裂，种子散落，要分批采收。采收时带花茎约 30 cm 割取，放于通风干燥处后熟，铺棚膜，收集散落种子，干燥 10～14 d 后脱粒，用细孔筛，风车反复精选，花梗及一部分皮壳用水选除去。水选应选晴天，用细孔塑料盆等放入 70%的种子，然后将盆浸入水中搅拌，使秕料和杂质浮上水来除去，水选应迅速进行，再淋去种子水分，摊薄晾晒，干燥时先在阳光下翻晒 1～2 d，种子表面干燥后阴干，翻晒时间过长发芽率下降。收获种子后，植株又转入分株生长，到第二年夏季又转入生殖生长。

（三）贮藏技术

置于阴凉干燥通风处贮藏。

三、大蒜采种

（一）加工工艺

成熟—采收—晾晒—挑选—贮藏。

（二）加工技术

蒜种收获后先用蒜叶盖住蒜头晾晒，待茎叶干后再剪去，收获好蒜头。

（三）贮藏技术

置于阴凉干燥通风处贮藏。种蒜头在通风干燥的室温条件下贮藏，空气相对湿度 75%以下。如果在冷凉潮湿条件下贮藏蒜种，播种后二次生长显著，蒜瓣失去食用或种用价值。

四、洋葱种子的采收

（一）加工工艺

成熟—采收—晾晒—脱粒—精选—贮藏。

（二）加工技术

洋葱花球成熟不一致，从开花到种子成熟约需 70 d，分 3～4 次采收。当一个花球内有约 20%的蒴果自然开裂，种子露出即将脱落时即可采收。酒泉地区在 7 月下旬至 8 月初种子成熟。采收时选择在晴天上午或阴天，将花球带一段花茎割下，花球摊薄堆放在塑料棚膜上，在干燥阴凉处后熟。花球干燥后搓揉脱粒，用风压式提升机精选，水分降至 8%以下时，收获入库。

（三）贮藏技术

置于阴凉干燥通风处贮藏。

任务八 稀特蔬菜种子的采收

一、叶菜类稀特蔬菜种子的采收

（一）苦苣种子采收

苦苣在 6 月抽薹开花，8 月种子成熟。有 60%～70%的果荚变黄时即可收割，在晒场后熟，晒干打碾收获，种子晒干精选入库。

（二）马齿苋种子采收

马齿苋在 6 月上旬开始开花，花期长而不一致。中上部主茎花先开，侧枝花后开。种子采收期长，但在 9 月中下旬霜冻来临后停止采收种子。种子成熟后容易落粒自播，田间湿度较大时又长出自生苗。因此，在盛花期后应控制灌水，蒴果变黄后及时采收。

（三）香芹种子的采收

与芹菜相同。

（四）落葵种子的采收

落葵陆续开花、结籽、成熟，成熟后即会自行脱落，应分批及时采收。花后 30 d 浆果成熟，成熟期一般在 8—9 月，将成熟的果实摘下，浸入水中搓破果肉，使种子下沉，然后捞出晾干，精选，发芽力可保持 5 年。

（五）番杏种子的采收

种子成熟不一致，易于脱落，在果皮呈黄褐色时分批采收，晒干。落地种子秋秀或翌春均能发芽，发芽率可保持 4～5 年，制种产量 100 kg/667m^2 以上。

（六）山菠菜种子的采收

花期一般在 6—9 月，成熟 8—10 月，制种产量 75～100 kg/667m^2。

（七）苋菜种子的采收

参照鸡冠花制种，种子成熟后易脱落，及时收获，制种产量 70～100 kg/667m^2。

（八）荠菜种子的采收

花谢后，茎微黄，种荚由青转黄，七八成熟时在晴天上午收割，晾晒几小时后搓下种子晾干，忌暴晒。

二、芳香植物种子的采收

（一）薄荷种子的采收

9 月上旬种株中下部花序花萼干枯开始转为褐黄色，70%～80%的花序转色后即可收割，种株收割晾晒干，经过脱粒、精选，水分达到 8%即可入库。

（二）紫苏种子的采收

8—9 月种子开始成熟，种子易散落。在果穗下部 2/3 处的果萼已变成褐色时采收，在早晨露水未干时剪下成熟果穗，晒干，脱粒。

（三）罗勒种子的采收

罗勒在 7 月上中旬开花，以后侧枝陆续开花，8 月中下旬种子成熟，当植株上 60%～70%种子成熟时一次性收割，晒干，脱粒。

（四）茴香种子的采收

8 月下旬至 9 月初有 80%植株变黄，果实转为黄色即可收割，晒干后打碾，精选种子，制种产量：茴香亩产 120～150 kg。球茎茴香亩产 60～80 kg。

（五）莳萝种子的采收

6 月初开花，7 月中旬种子成熟，收获方法与茴香相同，亩产 50～100 kg。

（六）孜然种子的采收

6 月下旬至 7 月上旬子粒变黄，及早收获。淋后子粒呈褐色，降低品质。收获时连根拔起植株，在晒场上晾晒 2～3 d，打碾，过筛，微风扬净，精选入库。在无病害及干热风影响时，制种产量 80～150 kg/667m^2。

（七）藿香种子的采收

8 月中旬果实成熟，果穗上有 50%～60%的果萼变成茶褐色时，即可进行采收。将果穗剪下，将入密封性好的塑料纺织袋，去掉果穗顶部嫩头，晒干，搓出种子，精选入库，制种产量 12～20 kg/667m^2。

（八）百里香种子的采收

花期一般为 7—9 月，果期 9—10 月，选择晴天收获种子，采种后及时阴干。

（九）香蜂花种子的采收

种株生长两三年后开花结果，夏末秋初开花，秋末种子成熟。当花序有一半种果转为黄色时，应及时采收，以免散落。

（十）牛至种子的采收

9 月下旬种子成熟，收割果穗，螺旋霉素后抖落种子，除去杂梢，精选后贮存。秋收后种株培肥，培土，灌水防寒。

三、葱类稀特蔬菜种子的采收

（一）沙葱种子的采收

8 月初至 10 月中旬，及时分批采收种子。选择果实黄色变干、花梗干枯的果实采收。采收在早晨和傍晚潮湿时进行，否则容易落果。采收后晾晒，待果实干燥后筛选，去掉果皮和瘦秕种子，放入布袋或密封铝箔袋低温保存，注意防潮。

（二）楼葱种子的采收

5—6 月栽植，夏秋收获；有分株习性的品种，8—9 月分株繁殖，冬季和翌春收获。

（三）香葱种子的采收

成熟后分批采收花序，晾干脱粒收获种子。

四、花、果类稀特蔬菜制种种子的采收

（一）黄秋葵种子的采收

当果实开始变褐色、蒴果刚开裂时即可采收。待种果完全晒干，剥开果皮取出种子，每个种果有 90～100 粒种子，种子晒 2 d 后贮藏。黄秋葵种子容易丧失活力，应放在冷库中贮存，第二年可保持 95%的发芽率。黄秋葵从播种到第一嫩果形成约需 60 d，以后整个采收期长达 60～70 d，制种产量 150～180 kg/667m^2。

（二）朝鲜蓟种子的采收

在现蕾初期清除顶花蕾，促进侧枝生长，选留分板 3～5 个，每株可以成花 10～25 个，6 月中旬陆续开花结实，待种子充分成熟后将花切下，取出种子晒干，贮藏。

（三）酸浆种子的采收

酸浆果实成熟后外宿花萼枯黄，果实淡黄色，乳黄紫色，香味浓郁。收取无病虫，无畸形果实，后熟 3～5 d，破碎放在瓦盆中发酵 1 d，除去杂质，洗净，晾干，贮藏，制种产量 40～60 kg/667m^2。

（四）龙葵种子的采收

浆果成熟期减少灌水，开花约 40 d 后，果实由绿到淡紫褐色到紫红色，紫黑色时采收留种。分期采收，果实置室内 2～3 d，在木桶内踩烂，洗净后晒干。

资料四　花卉种子的加工贮藏技术

一、花卉种子的加工技术

花卉种子成熟收获后，需对种子进行处理和加工，主要包括判断成熟、去杂、采收、晾晒、脱粒、清选、精选、包装、贮藏等程序。

（一）成熟

一般植株干枯或花托变干即可采收。

（二）去杂

采收前 10 d 左右先要将制种田中的杂株、杂草清理干净，以免混杂。

（三）干燥

花卉种子采收后如不予干燥，湿种子堆放易发热或霉变烂死，有些种子因含水量大，容易发芽。因此，种子干燥是确保种子安全贮藏、延长使用年限的一项重要措施。种子经过干燥后，不仅可降低种子含水量，而且可以杀死部分病菌和害虫，削弱种子的生理活性，增强种子的耐贮性。

种子干燥的方法主要有自然干燥，太阳干燥以及人工机械干燥三种。

（四）清选

种子的清选直接影响到种子的产量和质量；清选工作做得好，既可增加种子产量，也可提高种子的质量。通过清选把枯枝碎叶、果实残渣、土块、病虫、虫卵等清除干净，从而提高种子的使用价值，减少病虫的传播。

种子清选常用的方法有风扬分离、筛选分离、窝眼分离以及比重分离。

1）风扬分离是利用鼓风机使轻的种子与重的种子分离，使种子与较轻的果皮、碎屑、灰尘等分离。

2）筛选分离是利用种子宽度的不同，使用大小、形状不同的筛孔，使种子分层过筛，将夹杂物清除。

3）窝眼分离是利用种子长度的不同，将种子与杂物分离。

4）比重分离的原理主要是根据种子和夹杂物在密度或比重上的不同来进行分离。如洋葱、番茄、黄瓜等用流水洗种，根据种子比重的不同，来收集种粒重大的种子，清除较轻的夹杂物。

四者有时单独使用，有时也将二者或三者结合起来使用。

（五）种子的包装

在种子贮藏、运输及销售等过程中，为了防止品种混杂、变质和病虫为害，保证种子具有旺盛的生活力，应对种子进行适当的包装。另外，规范的种子包装也有利于增强种子商品在国内外市场的竞争能力，防止假冒伪劣的散装种子坑害菜农。

对于包装的基本要求，一方面要求包装容器必须防潮、无毒、不易破裂、重量较轻。目前广泛使用的有纸袋、铁皮罐、聚乙烯铝箔复合袋及聚乙烯袋等。麻袋、布袋主要用于大量种子短期贮藏或运输时的包装。铁皮罐适于长期贮存、销售，或短命种子以及价格昂贵的种子包装。纸袋、聚乙烯铝箔复合袋、聚乙烯袋等主要用作种子零售的小包装。另一方面要求包装的种子含水量和净度应符合标准，并应在包装容器上加印或粘贴与所包装种子相符合的标签，包括注明作物和品种名称、采种年月、种子的质量标准、种子数量及栽培要点等。

二、花卉种子的加工工艺

（一）花卉种子加工工艺流程（见图 3-4-1）

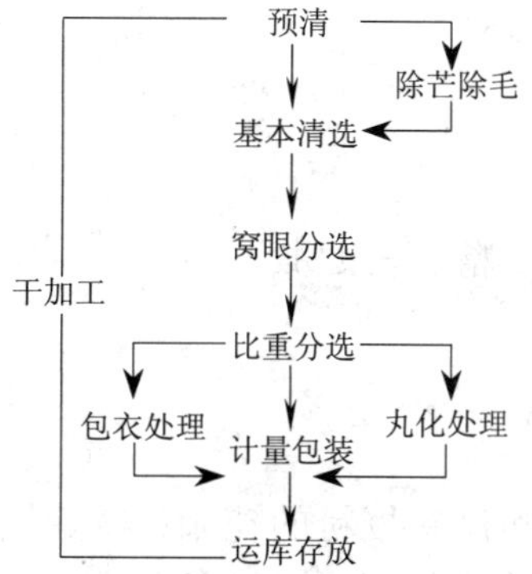

图 3-4-1　花卉种子加工工艺流程图

（二）花卉种子加工工艺流程注意事项

1）许多花卉种子采收时先采用干加工：除杂—采摘—干摘—清选—精选—包衣—计量包装。

2）由于花卉种子通常为小批量多品种，设计工艺流程时要考虑清机方便。

3）由于花卉种子经济价值较高，为防止提升破碎，通常采用风压式提升机。

三、花卉种子的贮藏

花卉种子贮藏方法一般常用的有干藏、沙藏、水藏三种。

（一）干藏

大多数花卉种子都可采用此法收藏。先将种子晾干，剔除杂质，装入纱布缝制的袋内，如一串红、鸡冠花、紫茉莉等。不要装入密闭的塑料袋或玻璃瓶内，以免不透气，影响种子呼吸，可把种子袋挂在室内阴凉通风处，保持室温 5～10 ℃即可。

（二）沙藏

可将采收的牡丹、芍药、玉兰等种子，放于 0～5 ℃的低温湿沙内贮藏。沙子含水量以“手握成团，一触即散”为宜。这类种子在自然条件下有一段休眠期，经过休眠达到后熟。一般在春季进行播种，播种前 1 个月从沙中取出。

（三）水藏

有些花卉种子采收后应放于水中贮藏，如睡莲种子。水藏使用的水温一般要求在 5 ℃左右，低于 0 ℃时种子会受到冻害，影响出芽。

花卉作物种子品种繁多，但实际生产中一年生花卉制种较多，主要采用干取种方式，加工工艺及技术多有类同，下面对一年生花卉、多年生花卉、球根花卉作分别介绍。

任务一　一年生花卉种子采收

一、主要一年生花卉制种

（一）加工工艺

成熟—采收—晾晒—脱粒—精选—贮藏。

（二）加工技术

1. 万寿菊种子的采收

杂交授粉结束后清除花蕾和没有授粉的花朵，撤除棚膜，及时清除父本，加强管理，成熟的花朵采收后捡去花朵冠毛（保留 1 mm 长的冠毛）及花瓣、花丝残留，手工搓取种子，晾晒精选，种子水分达到 8%以下即可收购入库。

2. 鸡冠花种子的采收

鸡冠花花期长，成熟期不一致，须分批采收。当植株中下部叶片变黄，花头颜色暗淡，检查有少量种子散落时进行收割，放在干净的纺织布上晾晒。花序干燥后打碾，精选，种子水分达到 8%以下即可收购入库。

3. 矮牵牛种子的采收

矮牵牛花期 6 月初开始，7 月中下旬开始成熟。蒴果成熟后，自行开裂，散落种子，须在蒴果尖端发黄时起直至微开裂时采收。后期有 60%～70%果实成熟时，一次性收割，晾晒 5～7 d 抖落种子，下面铺棚膜，简单风选后用水漂洗精选，种子水分达到 8%以下即可收购入库。

4. 百日草种子的采收

百日草瘦果成熟的时间参差不齐，采种要分期分批进行。种子成熟的标志是：周围小花已干枯、中部小花已失色时即可采收。在早晨有露水时采收，收获的果枝放置于半荫通风处自然风干、脱粒、精选，种子水分达到 8%以下即可收购入库。

5．一串红种子的采收

一串红有无限结实特性，种子易脱落，采种工作应把握时机，种子分期采收。一般应在整个花序中部小花萼筒由红转白，萼片颜色变成干枯、褐色，坚果（园艺上称为种子）外皮由绿白色变为黑（黄）褐色，即可采收。摘采整个花序，充分晾干后脱粒，精选，种子水分达到8%以下即可收购入库。放室内通风干燥处贮藏。

6．波斯菊和硫华菊种子的采收

花期在7—10月，种子陆续成熟，种子成熟后易脱落，应分次收获。充分晾干后脱粒，精选，种子水分达到8%以下即可收购入库。放室内通风干燥处贮藏。

7．麦秆菊和银包菊种子的采收

麦秆菊种子成熟不一致，成熟后白色冠毛散开，日照强烈，冠毛干燥，瘦果浮起，种子易散落，应选在早晨湿润时采收。坚持每天采收，选择瘦果大部分成熟的头状花序剪下，晒干后置于干燥阴凉处，集中脱粒，清选出种子，种子水分达到8%以下即可收购入库。

种子在干燥、避光、通风，温度在2～4 ℃下进行贮藏。

8．喇叭花类种子的采收

后期有60%～70%果实成熟时，一次性收割，晾晒5～7 d抖落种子，下面铺棚膜，简单风选后用水漂洗精选，种子水分达到8%以下即可收购入库。

9．香豌豆种子的采收

荚果在黄熟后能自行开裂，散出种子，一般可在荚果已呈麦秆黄色，手感干燥脆硬时采收，多次采收。果荚后熟3～5 d，晾晒精选时去除不饱满种子。

10．花烟草种子的采收

花烟草于7月初开花，种子成熟不一致，蒴果成熟后容易开裂。授粉后在花枝50%以上呈褐色、其余蒴果开始转为褐色时收获。收获后在晴天高温下晒2～3 d，便可进行种子脱粒、风选，种子水分达到8%以下即可收购入库。

11．猴面花种子的采收

种子成熟时自行散落，宜分批采收。在蒴果成熟尚未开裂前采收，清选出种子，种子水分达到8%以下即可收购入库。

12．翠菊种子的采收

8—9月果实陆续成熟，成熟后分2～3次采收，后熟4～5 d抖落种子。各品种产量差异较大，易受降雨、干热风等气候影响。清选出种子，种子水分达到8%以下即可收购入库。

二、常见一年生花卉种子采收

（一）加工工艺

成熟—采收—晾晒—脱粒—精选—贮藏。

（二）加工技术

1．羽扇豆种子的采收

6 月中下旬除去地膜，降低田间湿度，果实成熟期分批采收，制种产量 30～50 kg/667m^2。

2．香雪球和岩生庭荠种子的采收

田间管理参照香雪球，制种产量 5～15 kg/667m^2。

3．凤仙花种子的采收

花期 6—8 月。盛花期后控制灌水，种子成熟后及时分批采收。落地种子在收割残缺后用扫帚收取，晒场风选。制种产量：矮秆、重瓣品种 10～20 kg/667m^2，高秆品种 50 kg/667m^2。

4．曼陀罗种子的采收

6 月下旬开花。果实成熟不一致，8 月下旬果实变黄开裂时开始采收，果实晾晒干燥后自然开裂，收集种子，制种产量 30～40 kg/667m^2。

5．亚麻花种子的采收

成熟期 7—8 月，田间果实 50%～70%转黄时及时收割。收获过晚，麻茎易站干，遇雨或灌水后返青。收割后码垛晒干，降雨时注意覆盖，避免垛内漏雨积水，果实霉烂出芽。制种产量 12～30 kg/667m^2。

6．松叶牡丹种子的采收

春播 7 月开花，8—10 月果实陆续成熟，成熟即开裂，种子易散落，需在果实呈黄褪色时采收。分批将成熟的果实采下，晒干，搓碎果皮，清选出种子，或者及时从地膜上清扫种子，防止雨水浸泡。制种产量：重瓣品种 15～25 kg/667m^2，单瓣品种 40～70 kg/667m^2。

7．勋章菊种子的采收

种子分批收获，毛籽产量 25～30 kg/667m^2（带冠毛）。

8．凉菊和山卫菊种子的采收

应分批收获种子。

9．黑种草种子的采收

不需摘心，播种约 80 d 后开花，8 月上旬收获，先摘取早熟果实，待 70%的种果变黄时一次性收获，后熟 3～5 d 即可脱粒精选。产量：长果品种 12～15 kg/667m^2，圆果品种 40 kg/667m^2。

10．茼麻种子的采收

蒴果变为黄褐色时分期采收。制种产量：重瓣 5～10 kg/667m^2，单瓣 20 kg/667m^2。

11．白晶菊和黄晶菊种子的采收

种子成熟脱落，及时采收。制种产量 12～20 kg/667m^2。

12．古代稀种子的采收

高秆品种设立支柱，果实分批采收。制种产量 10 kg/667m^2。

13．阿米芹种子的采收

8 月初果实陆续成熟，分期剪花盘收获。晾晒 1～2 d，果梗潮湿时手工搓取种子，精选，晒干。制种产量：大阿米芹 120 kg/667m^2，小阿米芹 600 kg/667m^2。

14．春黄菊种子的采收

春黄菊田间管理参照翠菊，生长期有蚜虫危害，应注意防治。制种产量 30～50 kg/667m^2。

15．紫茉莉种子的采收

花期在 7—10 月，果熟期在 8—10 月。种子陆续成熟，收获期长，易落粒，应分期及时采收，并扫回落地种子。制种产量 150 kg/667m^2。

16．荆芥种子的采收

在 8—9 月荆芥果穗变成红色，种子呈深褐色或棕色时，剪下果穗晒干，然后抖动或用木棍敲打脱落，除去杂质；或者把果穗扎成小把，晒干脱离粒。用布袋盛装，在通风干燥处贮藏。制种产量 50～100 kg/667m^2。

17．藿香蓟种子的采收

7 月下旬种子陆续成熟，选晴天或阴天无雨露时及时采收，将果穗从茎部摘下，盛入纺织袋内，晾晒 2～3 d 后，搓出种子。制种产量 15～25 kg/667m^2。

18．刺针草种子的采收

8 月种子陆续成熟，容易落地，在早晨湿润或傍晚时分批收获，晒干后用木棒脱粒，制种产量 15～25 kg/667m^2。

19．琉璃苣种子的采收

种子成熟期间控制灌水，让成熟种子自然落地，清选后再过筛精选。9 月下旬收割，花枝在晒场上干燥。用木棍脱粒后筛选。制种产量 80～150 kg/667m^2。

20．旱金莲、金莲花、银莲花种子的采收

（1）旱金莲种子的采收

果实成熟不一致，易落粒，果皮由绿转为淡黄绿色时随时分批采收。落地种子收回精选。制种产量 30～50 kg/667m^2。

（2）金莲花种子的采收

5—6 月进入开花期，开花后即进入结果期，8—9 月种子陆续成熟。开花至果熟约需 30 d，种子成熟后花茎枯萎，分批采收。

（3）银莲花种子的采收

种子分批采收，田间管理见金莲花。

21．花环菊种子的采收

种子分批收获。制种产量：高秆、大花、重瓣、茼蒿叶品种 30～50 kg/667m^2。

三、主要一、二年生花卉种子的采收

（一）金鱼草种子采收

金鱼草从播种至开花需 70～90 d，6—7 月开花。高秆品种保留 20～30 朵花摘心打

顶，时间为 8 月中旬。开花至果熟需 60～80 d，大部分花枝变黄时，一次性收割，置阴凉处充分干燥、脱粒、精选。制种产量：矮秆及矮秆杂品种 3～5 kg/667m^2；中高秆常规品种 15 kg/667m^2；杂交品种 1.5～2 kg/667m^2。

（二）石竹种子采收

石竹开花期在 6 月下旬，果实成熟期在 7 月下旬至 8 月。不同种类采收方法不同：五彩石竹前期人工采收 2～3 次，后期一次性采收；少女石竹一次性采收；须苞石竹人工采收单个花头；锦团石竹分次采收整花序。果实在通风干燥处晾晒 7～10 d，用木制工具打碾收获，收获后用精选机精选。制种产量：少女石竹、须苞石竹 5～20 kg/667m^2；锦团石竹 15 kg/667m^2；瞿麦、五彩石竹 35～50 kg/667m^2。

（三）飞燕草种子采收

高茎品种易倒伏，早熟期不一致，熟后自然开裂，种子易散失，须及时采收。在 7 月将已熟种子先采收 1～2 次，再全部收割晒干脱落。制种产量：翠雀 20 kg/667m^2；多年生翠雀及杂交品种 10～20 kg/667m^2；飞燕草及大花飞燕草 20～40 kg/667m^2。

（四）福禄考种子采收

福禄考花期长，授粉 30～35 d 后果实成熟。蒴果成熟不一，成熟时自行开裂。分 2 次收获，晾干脱粒、精选。制种产量 15 kg/667m^2。

（五）羽衣甘蓝种子采收

当母本角果黄熟、种子呈棕黑色和红褐色时即可分批采收，防止后期遇雨，种子在种株上发生胎萌或霉烂。脱粒后的种子及时晾晒，防止霉变，不能放在水泥地面或铁板上暴晒。当种子含水量降至 7%时，收购入库。制种产量 20～40 kg/667m^2。

（六）矢车菊种子采收

矢车菊 7—8 月果实陆续变黄，在多数花序枯黄时，刈取全株，花枝捆绑向上放置，晾晒 6～7 d 摔打脱粒，精选，置阴凉干燥处保存。制种产量：矮秆品种 10～15 kg/667m^2，大矢车菊、香矢车菊、矢车菊高秆品种约 40 kg/667m^2。

（七）金盏菊种子采收

果实成熟后易脱落，在果实变黄时分 2～3 次采收。制种产量 40～80 kg/667m^2。

（八）益母草种子采收

益母草四季均可开花，但以夏、秋季开花结实较好。制种生产花果期 6—9 月，果熟期限 8—10 月。立秋后果穗逐渐成熟，在 60%～70%的果穗变为黄褐色、小坚果呈淡褐色时，在早晨露水干后收割，晾晒脱粒，清除杂质，精选贮藏。制种产量 100～120 kg/667m^2。

四、常见一二年生花卉种子的采收

（一）矮雪轮和高雪轮种子采收

收获留种矮雪轮、高雪轮定植后 6 月中下旬开花，花后留下紫红色的膨大萼筒。7 月中旬蒴果成熟，成熟后不开裂，一次性收获，晒干脱粒。制种产量 15～20 kg/667m^2。

（二）虞美人种子采收

蒴果成熟期不一致，蒴果变黄时分批采收留种。

（三）花菱草种子采收

春播花期在当年 7 月，开花 30 d 后蒴果成熟，蒴果果皮变淡土黄色时，在清晨有露水时分批采收。在棚膜上晒干，花头向里堆放，以防果实开裂，种子被弹射到外面。制种产量：矮生品种 5～10 kg/667m^2，高秆品种 20 kg/667m^2。

（四）蛇目菊和金鸡菊种子采收

收获留种蛇目菊种子成熟不一，易散落，就地采收。自播繁衍能力强，采种时轻剪花头晒干。制种产量：高秆品种 60 kg/667m^2，矮秆品种、狭叶金鸡菊 40～45 kg/667m^2。

（五）金光菊种子采收

花期控水，霜前 70%的果实成熟后一次性收获。制种产量：矮秆单瓣品种 10 kg/667m^2；高秆重瓣品种 20 kg/667m^2，单瓣品种 30 kg/667m^2。

（六）钓种柳种子采收

生长期、花前、花后追肥，北方寒冷地区需在阳畦越冬。开花结实率 70%，果实成熟后易开裂，应及时采收。制种产量 20 kg/667m^2。

（七）醉蝶花种子采收

6 月下旬进入开花期，8 月份蒴果成熟时裂开，种子易散落，在蒴果由绿发黄时应及时采收。制种产量约 50 kg。

（八）轮锋菊种子采收

7 月上旬开花。8 月果实转为黄色时分批采收。晾晒 5～7 d 后，用木棍或手工脱粒、精选。制种产量：混色品种 60 kg/667m^2，单色品种 30～40 kg/667m^2。采收后植株自然生长，冬前灌水，越冬期防牲畜践踏。

（九）桂竹香种子采收

开花后追施速效氮肥，促进角果成熟。待 60%～70%的长角果色变黄时，一次性收割，铺在棚膜上晒干，脱粒，收藏，种子可贮藏 5～6 年。制种产量 25～40 kg/667m^2。

（十）彩叶草种子采收

彩叶草7月开花，果熟期8—9月，待60%～70%的花序由青变黄时收割，在铺有棚膜的晒场晾晒，注意防雨，晒干后脱粒，精选入库。制种产量30～50 kg/667m^2。

（十一）柳穿鱼种子采收

花期在6—7月，种子成熟不一致，分次采收。种子产量约40 kg/667m^2。

（十二）婆婆纳种子采收

婆婆纳春季播种苗7月开花，越冬苗在5—7月开花，种子在7—8月陆续成熟。穗花婆婆纳可以在果穗有60%～70%果实变黄褐色时，剪取果穗收获取种，婆婆纳、波斯婆婆纳等单花类型在果实变黄褐色时要及时分批采收，防止落果、蒴果开裂。

（十三）卷耳、蜡花种子采收

1）卷耳制种：卷耳制种参照石竹制种技术。制种产量30～50 kg/667m^2。
2）蜡花制种：后期封垄后减少灌水。制种产量100 kg/667m^2。

（十四）飞蓬、小飞蓬种子采收

果皮呈浅黄色或黄褐色，表面有白色细毛，含1粒种子，种子于8月即渐次成熟随风飞散。种子繁殖，以幼苗或种子越冬，繁殖速度极快。

任务二　多年生宿根花卉种子采收

一、主要多年生花卉种子采收

（一）天竺葵种子采收

天竺葵连续开花，种子陆续成熟，重瓣品种需人工授粉。夏季授粉后35～40 d或冬、春季授粉后40～50 d种子成熟。蒴果变黄时分批采收，过晚果实开裂，种子散落。采收后的果实放在纱网或布料上干燥，用木条拍打收取种子。种子呈白色，手工搓去尾毛，精选入库。

（二）蜀葵种子采收

采收后的果实放在纱网或布料上干燥，用木条拍打收取种子，手工搓去尾毛，精选入库。

（三）补血草和勿忘我种子采收

补血草种子成熟期在8—9月，种子成熟后易散落，需适期早采。将花枝剪下，存放于通风、干燥的晒场后熟。花枝干燥后脱粒精选，补血草枝叶有刺毛，种子包裹紧密，人工取种困难，用粉碎机脱粒后筛选择。制种产量受采收评选活动影响较大，一般5～20 kg/667m^2。

（四）耧斗菜种子采收

果实成熟不一致，分期采收，晒干脱粒，精选。制种产量 15 kg/667m^2。

（五）毛地黄种子采收

花期在 6—8 月，果熟期在 8—10 月。

（六）除虫菊种子采收

除虫菊花萼由绿变黄褐色时种子成熟，先采摘 1～2 次，然后集中割下，先在阴凉通风处晾干，避免暴晒。搓出种子，精选，用布袋装，保存于干燥通风处。

（七）蓍草种子采收

蓍草在 8 月下旬花序陆续成熟，主序花枝剪收 2～3 次后，有 70%～80%的侧枝花序成熟即可一次性收割。晾晒 3～5 d，在茎秆潮湿时打碾收获、精选。制种产量：凤尾蓍、各叶蓍 30 kg/667m^2，一年生蓍草 50 kg/667m^2。

（八）风铃草种子采收

株高超过 1.0 m 以上时开花，果实成熟时开裂，应及时采收，果实晒干后脱粒。冬季割除植株地上部分，苗基部培土，防寒越冬。制种产量 5～20 kg/667m^2。

（九）龙胆种子采收

9 月下旬至 10 月中旬种子陆续成熟，二年生龙胆结实少，产量低，以三年生以上的无病害、健壮杜株采种。开花期每株苗留花 3～5 朵，其余花摘掉，一般花后 22 d 果实开始裂口。当果实顶端出现枯萎，50%以上的果荚基部发黄、欲裂但未开口、种子由绿转为黄褐色时开始采收。采收时将果实连果柄一起摘下，放于阴凉干燥处阴干，后熟 7～8 d，待果夹开裂后用木棒敲打果实，晒干，精选后置阴晾干燥处保存。

（十）紫菀种子采收

紫菀花期长，种子成熟不一致，应分批采收。从 8 月初开始，可采收到 10 月初，但以霜前采收质量好，果实采收后晾晒取籽。制种产量 50 kg/667m^2。

（十一）松果菊和草原松果菊种子采收

松果菊开花期长，花谢后即可采收，需及时分期采收，防止种子散落。制种产量 20～30 kg/667m^2。

（十二）黄芩种子采收

当年生黄芩开花数量少，种子产量低，制种以 2～3 年生、发育良好的植株开花多、产量高。黄芩开花期在 6—8 月，果期在 8—10 月。种子成熟不一致，极易脱落，果实淡棕色时采收。随熟随采，剪下果穗，晒干脱粒。制种 8～15 kg/667m^2。

(十三)柴胡种子采收

8—10 月份种子成熟，成熟不一致，果实由绿转为褐色、果实变硬时分期收获，连同枝秆收回，在通风干燥处后熟晾干，脱粒，风选，制种产量 50～80 kg/667m^2。

(十四)鸢尾种子采收

8 月蒴果成熟，果实易开裂，种子散落，在蒴果开始变成黄褐色时剪取果实，晾晒后脱粒，精选。制种产量 50～100 kg/667m^2。结实率中国鸢尾最高，德国鸢尾次之，荷兰鸢尾最低，宿根类高于球茎类。

二、常见多年生花卉种子采收

(一)桔梗种子采收

桔梗于 6—7 月开花，花期长，开花多，果实成熟期一致，果实自上而下逐渐成熟。9—10 月份蒴果变黄，果顶初裂时分批采收。采收时应连果梗、枝梗一起割下，置室内通风处后熟 3～4 d，然后晒干，脱粒，精选择，低温干燥贮藏。

(二)长春花种子采收

长春花花期在 5—11 月上旬，果实陆续成熟。成熟后果荚开裂，因此，在 6—10 月，果皮由青变黄时随熟随采收。在通风干燥处晾晒 3～4 d 后熟，荚壳裂开收获种子。清除绿色未充分成熟的种子，精选入库。

(三)山梗菜种子采收

山梗菜于 7 月中下旬开始成熟。松散型品种在 60%～70%的果实成熟时一次性收割。晾晒 5～7 d 后抖动取种，简单风选后用水漂洗清选。制种产量 10～15 kg/667m^2。紧凑型品种在 8 月下旬收割，晾晒后在塑料纺织袋内打落种子，过细筛（50#）后，用水漂洗种子，晒干，饱满种子呈暗红色，秕种子呈黄色。制种产量 5～10 kg/667m^2。

(四)水飞蓟、大蓟、小蓟种子采收

水飞蓟当年生花期在 6—7 月，果期在 7—9 月，越年后花期在 5—6 月，果期在 6—8 月，7 月开始采摘，果实冠毛色转白时采收。果实易开裂，种子散落，应及时采收。因茎、叶具尖刺，采收时用剪刀剪下果实，晒干精选。入库水分 8%～10%，黑籽率＞65%，种子表面光滑饱满。制种产量：水飞蓟 80～170 kg/667m^2，大蓟 30～50 kg/667m^2，小蓟 60～100 kg/667m^2。

(五)荷包牡丹种子采收

6 月下旬至 7 月在果荚变黑色，种子成熟时及时采收。将花序剪下晒干，脱粒，精选干净，种子不宜长期贮藏，在常温、干燥条件下发芽力容易下降。

(六)落新妇种子采收

8 月份花枝陆续成熟，当花穗颜色变淡、花枝开始变成黄褐色时采收。分批收割 1～2 次花穗后可一次性收割，晒干用木棍脱粒，种子风选后快速水选，晾干。

（七）马兰和马蔺种子采收

1．马兰种子采收

夏末开花，种子在9月陆续成熟，头状花序由绿转黄褐色时分批采收。制种产量20～30 kg/667m^2。

2．马蔺种子采收

北方地区3月底返青，4月下旬开花，8月蒴果成熟，蒴果变成黄褐色时剪取果实晾晒。干燥后脱粒收获，精选。制种产量150 kg/667m^2。

（八）马利筋种子采收

8—9月种子成熟，分期收获。制种产量20 kg/667m^2。秋末初冬，灌水越冬。

（九）银叶菊种子采收

花期在6—9月，种子于7月开始成熟，同一花枝种子成熟时间间隔长，分多次采收。

（十）石碱花种子采收

石碱花果实成熟后分两次收获，早期成熟的硕果收获1次后，其他在70%的蒴果变黄时一次性收获，晾干后脱粒精选。制种产量17～20 kg/667m^2。

（十一）射干种子采收

射干种子繁殖2年开花，无性繁殖，当年开花，结实。6—7月开花，开花期不施肥。9—10月当蒴果枯黄并将开裂时，剪下果实，晾干脱粒收获种子。

（十二）甘草种子采收

留种，在开花结荚期摘除靠近分枝梢部的花与果，即可获得大而饱满的种子。采种应在荚果内种子由青变褐时，即灌浆中期为好，此时种子率低，处理简单，出苗率高。采种时间也不宜过早，否则影响种子发芽率。制种产量50～80 kg/667m^2。

（十三）女娘花种子采收

设立支架防倒伏，种子分次收获。制种产量15 kg/667m^2。

（十四）侧金盏花种子采收

6月进入花期，应保证水分供应，盛花期后控水促进种子成熟，果实转为黄褐色时采收1～2次，然后在8月下旬到70%～80%的果实变黄时一次性收割，晾晒3～5 d，干燥时用木棍脱粒后，精选。制种产量高秆品种60～120 kg/667m^2，矮秆品种20～30 kg/667m^2。

（十五）天人菊种子采收

天人菊花期长，种子成熟期不一致，虽然瘦果能长期留在花序上，但仍应分批采收。在8—10月间，选择瘦果大部分成熟的头状花序剪下，晒干后，去杂，清选种子，在干燥、避光、通风，3～5 ℃的环境下贮藏。

（十六）唐松草种子采收

唐松草 6 月下旬开花，9 月初种子成熟，种子成熟后极易脱落，应及时采收。收获时，将结有种子的花枝一同采下，放入布袋中，置于日光下晒干，用木条轻轻敲打脱粒，清除杂质，放在通风干燥处保存。

三、观赏草类种子采收

（一）三色堇种子采收

授粉 7～10 d 后果实膨大，小花品种 20～30 d、大花品种 30～40 d 后果实成熟。成熟不一致，种子易散失，应及时采收。当果柄伸直、果实上翘、果皮由青绿变为黄白色、种子赤褐色时采收。采收用白色纱网袋盛放。检查每个果实的杂交标记，每天采收两次，果实在干燥通风处阴干，注意防止冬春季气温骤变，冻坏种胚。选除秕籽、劣籽及色泽不好的种子，贮藏水分 9.0%。制种产量：小花品种 60～120 kg/667m^2，大花品种产量高于小花品种。

（二）报春花种子采收

授粉结实期忌叶面喷水，注意通风，保持干燥。否则，漏斗状萼片中易积水，果实腐烂。授粉后柱头不脱落，高花种 25～30 d 果实膨大，矮花种 13～18 d 膨大，果实膨大 80～90 d 后成熟。随着果实的膨大、成熟，柱头渐渐干枯，直到柱头完全干枯，果实底部的种子完全变为黄褐色，即可采收。3—4 月当果实顶部慢慢开裂时，将果实连同果柄采下，先将种子放入通风处阴干 5～6 d，再晒干搓出种子，自然脱落的种子分开收获。种子放入网袋等通风干燥的容器内保存。制种产量 5～10 kg/667m^2。

（三）洋桔梗种子采收

洋桔梗 7 月开花，温室中自交授粉延续多代，长势弱，花色不稳定，向单瓣花退化。温室制种应采用异株人工辅助授粉，防止植株性状弱化。露地开花期避免使用农药，防止危害授粉昆虫。果实成熟较长，8 月下旬至 9 月份果实陆续成熟。蒴果变成黄褐色、果荚没有开裂时分批采收，晒干后收获种子。

（四）瓜叶菊种子采收

瓜叶菊极易杂交产生变异，开花期有条件的放蜂或人工辅助授粉。开花后期摘除 1/3 叶，使养分集中供应种子成熟，40 d 后种子陆续成熟。5 月下旬，花瓣向下萎缩，花心呈白绒球状时分批采收以免脱落。干燥后除去花托、冠毛等杂质，入库保存。

（五）紫罗兰种子采收

紫罗兰种子在花谢后 60～90 d 成熟。果实发黄时一次刈割晒干，后熟脱粒。种荚比较硬，用木棒脱粒。每株约采收角果 20 个，有 1 000～2 000 粒种子。制种产量：矮秆品种和无分枝性重瓣品种产量约 10 kg/667m^2，分枝性高秆单瓣品种约 40 kg/667m^2。

（六）香石竹种子采收

杂交 10 d 左右后子房膨大，纸帽脱落。此时应加强肥水管理和病虫害控制，增施钾、硼肥。40～50 d 后，膨大的子房顶部由绿变褐时，种子成熟，及时采收。采收的种子按组合保存，防止混杂，用干燥器皿保存种子。

四、几种不易区分花卉种子的采收

（一）非洲菊种子的采收

非洲菊开花后期在 3—4 月，外界气温升高，温棚内加强通风，降低湿度。在温室中成熟期长，成熟不一致，应分批采收。当蒴果呈黄褐色、有少量白色冠毛开伞即可采收，晒干后搓出种子。收获的种子置阴凉处，及时播种。

（二）非洲雏菊种子的采收

8 月中旬种子陆续成熟，成熟后均自然脱落，需分批采收。采收后晾干，用脱毛机脱毛。制种产量：矮生品种 25～30 kg/667m^2，高秆品种 50～60 kg/667m^2。

（三）南非万寿菊种子的采收

定植及田间管理参照非洲雏菊，花蕾期喷施钙、硼等微肥以保蕾，促进开花。制种产量 10～20 kg/667m^2。

（四）异果菊种子的采收

缓苗后摘心 1 次，15～20 d 施肥 1 次，开花期也不例外。成熟后果荚容易开裂，应分批采收。制种产量 10～25 kg/667m^2。

五、常见温室制种花卉种子采收

（一）蒲包花种子采收

蒲包花进入开花期进行人工授粉，可提高结实率，有条件的放风促进授粉或利用鼓风机吹风促进授粉。花后遮阳，通风降温，使蒴果充分成熟，5 月上旬种子逐渐成熟，种子细小，应及时采收成熟蒴果，收获种子。

（二）雏菊种子采收

雏菊开花 40 d 后种子陆续成熟，冬季温度低，种子成熟慢，应分批采收。制种产量 1～15 kg/667m^2，发芽力保持 3 年。

（三）花毛茛种子采收

花毛茛茎叶完全枯黄、营养全部积聚到块根时及时采收，忌过早或过晚，晴天采挖，避免碰伤块根，剪去枯死的茎叶，剔除病伤残块根。按大小分级后，用水冲洗干净，放入 50% 多菌灵的 800 倍溶液中浸泡 2～3 min，消毒灭菌，摊晾在通风、无阳光直射的场所。

（四）同瓣草种子采收

授粉 7 d 后果实开始膨大，40 d 左右成熟。果皮由绿变黄褐有微裂口时采收。过早采收，种子未完全成熟，影响发芽率；过晚采收，果实迸裂，造成收种困难，或因棚内温度高，湿度大，种子发霉，影响种子的质量和产量。

任务三　球根花卉种子采收

一、主要鳞茎花卉种子采收

以郁金香种子采收为例。果实充分成熟后连花剪下，置通风处阴干，让蒴果自动开裂，种子装入纸袋，挂在通风凉爽处贮藏。

二、主要球茎花卉种子采收

以唐菖蒲种子采收为例。球茎收获，开花 40～45 d 后，地上部分开始枯黄时收获球茎。过早采收球茎不充实，过晚易患病。在晴朗的天气，拔起植株，在球茎基部 0.5～1.0 cm 处剪去地上茎，用药剂消毒后，摊开晾晒，晾干后，球茎大小分为 3 级保存。

球茎贮藏：贮藏要求在通风、干燥，不结冻，相对湿度不高于 70%，1～5 ℃的环境下贮藏。

三、主要块根花卉种子采收

（一）大丽花种子采收

大丽花的种子在授粉 30～40 d 后成熟，在霜冻前应及时收获花朵置于向阳通风处吊挂起来催熟。若在成熟前遇霜冻，会丧失发芽力。采收的种子应及时晾晒，脱粒，精选后放置在 2～5 ℃低温下保存。露地生长的矮生大丽花，经霜打叶凋后，割除茎叶，保留 15 cm 根茎，将块根挖出，在阳光下晾晒 2～3 d，置于 3～5℃的室内贮藏。

（二）乌头种子采收

乌头种子于 8—9 月陆续成熟，当花枝变黄、50%以上的果实变成黄褐色时剪下花枝，晾晒干后脱粒，在阴凉处贮藏。收获种子后的种株可采集附子，做扩大制种面积或做药用。收附子时，大的做药用，小的留在植株上，假植于沙质土壤中，种时取出栽种或定植在制种田中，可与秋天作物套种，休眠越冬。

四、主要块茎类花卉种子采收

以仙客来种子采收为例，果实经过 90～120 d 后，种子成熟。当果实发黄变软、果柄从果实基部开始萎蔫、花萼失水、果皮从柱头基部缓慢开裂向外翻卷、露出棕褐色种子时采收。收获的果实在阴晾处放置 3～4 d，再晒干，用布袋或纸袋保存，置于阴凉、通风、干燥处贮藏。果实中有种子 30～70 粒，最高达到 120 粒，最低仅几粒。

资料五　牧草种子的加工贮藏技术

任务一　牧草种子的收获

牧草种子的收获在种子生产中是一项时间性很强的工作，必须给予极大的重视，并在事前做好一切准备及有关组织工作。

一、种子的收获时间

确定种子收获的时间要考虑两个问题：一是能获得高额产量和品质优良的种子；二是要注意尽可能地减少收获不当所造成的损失。

大量研究表明，种子的含水量与种子的成熟度有着密切关系，随着种子的发育成熟，种子的含水量呈规律性降低，是确定种子收获时间的最可靠指标。常见牧草种子收获适宜期及种子脱落性见表 3-5-1

表 3-5-1　常见牧草种子收获适宜期及种子脱落性

牧 草 种 类	大型机械收获适宜期	简单机具收获适宜期	种子的脱粒性
羊草	完熟期，花序呈黄褐色，长营养枝灰绿色	蜡熟期或部分完熟，花序黄色，长营养枝及生殖枝灰绿色	及时收获，种子脱落不多
披碱草	完熟期，花序呈紫色至橘黄色，上部及中部叶绿色，下部叶发黄	蜡熟至完熟初，花序褐色，淡橘黄色	种子脱落性强，应及时收获
垂穗披碱草	完熟期，花序呈黄色或灰色，基部叶绿色，橘黄色	蜡熟期，花序紫色	种子脱落性强，应及时收获
老芒麦	完熟期	蜡熟期	种子强烈脱落
冰草	完熟期，植株除茎生叶外均呈穗色或黄褐色	蜡熟期，穗和秆黄色	较易脱落
野大麦草蜡熟期，穗深	蜡熟期，上部小穗变黄，其他呈淡紫色	紫色带黄色，秆黄色	种子成熟时，穗轴一节节地脱落
猫尾草	完熟 30%～40%的花序上部开始脱落，植株上部白色，3%～5%植株上部花序种子明显脱落	蜡熟至完熟始期，种子不脱落，于手中轻轻磨搓时，种子与穗脱离	在干旱的天气时种子在花序上保存较好，下雨天气后，成熟的种子发生强烈的脱落，未完全成熟的花序不脱落
无芒雀麦	完熟期，花序向一个方向变形散开，种子坚硬，长营养枝绿色	蜡熟期，种子坚硬，坚压花序时部分种子脱落	种子脱落不多，成熟整齐

续表

牧草种类	大型机械收获适宜期	简单机具收获适宜期	种子的脱粒性
多年生黑麦草	种子蜡熟，主穗绿色，当打击花序时，种子强烈脱落	种子部分蜡熟，当打击花序时，上部种子脱落	种子脱落性强，收获必须在1～2 d内完成
草地羊茅	种子蜡熟末至完熟初，花序上部分的种子开始脱落	蜡熟初期，种子不脱落	种子完熟后强烈脱落，应在1～2 d内收毕
鸭茅	完熟期，下中部叶片黄色，花序呈黄褐色	蜡熟期，中上部叶片尚为绿色	过于成熟时易脱落
草地早熟禾	完熟期，成熟时，小笼在花序上卷成团，大田外貌淡灰色	蜡熟期，种子脱落较难，大田外貌淡褐色	及时收获、脱落不多
苏丹草	主茎圆锥花序成熟时，花序及茎干燥，呈黄褐色；绝对不能使留种区受到霜冻	主茎圆锥花序大部分成熟或蜡熟	种子较容易脱落
扁穗雀麦	完熟期，生殖枝大部分或上部花序呈黄色，上部部分叶片黄色，茎生叶及营养枝绿色	蜡熟期，花序黄色	种子脱落较严重
紫花苜蓿	90%～95%的荚果变成褐色	70%～80%的荚果变成褐色	
黄花苜蓿	60%～75%的荚果变成褐色	40%～50%的荚果变成褐色	
红豆草	70%～75%荚果变褐色	50%～60%的荚果变褐色	
草木栖	植株下部荚果变成褐色或黑色	植株下部荚果种子蜡熟或完熟	种子成熟时间很长，植株下部分的种子首先成熟，种子强烈脱落
白三叶	90%～95%的头状总状花序变褐色，种子坚硬，正常黄色及紫色	70%～80%的总状开花呈褐色	及时收获种子脱落不多
箭筈豌豆	75%～85%的豆荚成熟后	60%～70%的豆荚成熟后	种子脱落性较强
白花山藜豆	大多数豆荚呈黄色时收获	中下部豆荚变成黄色时	种子脱落性较强

二、种子的收获方法

收获牧草种子可以用康拜因等大型机具或人工收割。用机械收割速度快、省工时，但对收获易脱落的种子时要注意方法和时间，尽量考虑降低机具转速和行走速度，以清晨收获为宜，刈割高度在20～40 cm。

由于牧草生长特性复杂，花序形态各异，许多牧草结实种子排列不成穗状，在植株上的位置很分散，而且同一植株上种子成熟期又不同，这样就必须采用特殊的收获方法。

（一）直接收获法

在牧草种子成熟后直接用联合收割机收获种子，适应于种子较大或生殖枝高而整齐的禾本科牧草，如燕麦、新麦草等。在豆科牧草中，适用于株型直立并且经干燥剂处理的种类，如红三叶、紫花苜蓿等牧草。豆科牧草种子成熟时，植株还未停止生长，茎叶处于青绿状态，给种子收获带来很大困难。因此，在种子收获之前要进行干燥处理，常用飞机或地面喷雾器对田间生长的植株施化学干燥剂，在喷后3～5 d，直接用联合收割机进行收割。干燥剂为一些接触性除莠剂，如敌草快用量为1～2 kg/hm^2，敌草隆用量为3～4 L/hm^2，利谷隆用量为3.2 kg/hm^2。对于收获季节多雨地区采用联合收割机直接收获将是最佳选择。

（二）采集收获法

针对禾本科牧草，通过专用的牧草种子采集收获机，无需刈割牧草即可直接收获种子。在不切割牧草的情况下，用采集器将种子从穗上直接脱粒，以风或输送带等形式将种子集中在特定的容器内。主要适合穗头高低整齐、种子主要生长在植株顶部、种子成熟期不一致而且落粒性强的禾本科牧草。

任务二　牧草种子干燥的原理与方法

牧草种子收获后、贮藏前，降低其含水量以保证种子在贮藏期间品质不变的技术措施，谓之种子干燥。种子含水量的高低对种子寿命、品质及安全贮藏都有很大影响。刚收获的种子含水量高，如不及时干燥，会很快霉烂、变质、发芽率降低。同时干燥可加速种子后熟，杀死有害微生物和害虫。因此，种子干燥是生产优质种子及贮存种子必不可少的措施。刚收获后的种子必须立即进行干燥处理，使其含水量降到规定的标准。

一、种子干燥的原理

种子是一个具有吸湿性和散湿性的凝胶。当空气中相对湿度较高，且其水蒸气压力超过种子内部含水量的蒸汽压时，种子就从空气中吸收水分。反之，当空气中的相对湿度较低时，所产生的蒸汽压低于种子内水分所产生的蒸汽压，种子就开始向空气中蒸散水分。显然，不管用何种干燥方法，只有种子水汽压超过空气中的水汽压，种子才能失水，才能达到干燥种子的目的。而且这种水分蒸汽压的差异越大，干燥种子的速度越快。

种子的干燥有两个基本过程：种子内部的水分以气态或液态的形式沿毛细管扩散到种子表面，再由表面蒸发到干燥介质中去。当扩散速度大于蒸发速度时，蒸发速度的快慢对干燥过程起着控制作用；反之，当蒸发速度大于扩散速度时，扩散速度的大小对于干燥过程起着控制作用。合理的干燥工艺应该是：使内部扩散速度等于外部蒸发速度。影响种子干燥速度的因素取决于空气温度、相对湿度及空气流通速度。空气温度高、空气相对湿度低、空气流通速度快时就加速了种子的干燥。此外，种子干燥速度还取决于种子代谢强度、热容量、导热率、种子化学成分和结构及种子的形态和大小等。迅速排出种子中的游离水而又不影响种子品质是种子干燥的基本原则。

二、牧草种子干燥的方法

种子收获后，含水量仍然较高，不利于贮藏，而且种子含水量是影响种子质量寿命的重要因素，种子安全贮藏的含水量一般要求不高于 13%。因此刚收获的种子必须立即进行干燥，使其含水量达到规定的标准，以减弱种子内部生理生长作用对营养物质的消耗，杀死或抑制有害微生物，加速种子的后熟，最终提高种子质量。

种子干燥的方法有自然干燥和人工干燥。种子的自然干燥是利用日光晒干、阴干、通风干燥等方法来降低种子的含水量。

用马拉收割机或人工刈割后捆成草束，将种子留在植株上自然干燥。在草束中干燥时，为了加快其干燥速度和不致产生霉烂，可将草束垛成“人”字形，架晒于晒场上。如不在草束中干燥，可将其均匀摊开在晒场上，厚度 5～10 cm。在阳光下干燥时，每日宜翻动数次，加速其干燥过程。在条件许可时，亦可采用木质或铁丝长架及幕式架进行干燥。牧草干燥至一定时间，即可进行脱粒。种子的湿度仍较高时，应进行暴晒或摊晾，以达到贮藏所要求的含水量。

用联合收割机收获时，种子的湿度往往较高，应立即进行晒晾。晾晒场地以水泥晒场为好，因其场面结实，地下水不易上升，场面温度升高也比较快。在晒场上晾晒的种子应摊成波浪式，其水分蒸发面大，干燥效果较平摊式为好。摊晒的种子，一般小粒种子厚度不超过 5 cm，中粒种不超过 10 cm，大粒种子不宜超过 15 cm。摊晒时要勤翻动，使其上下层暴晒均匀，这样种子干燥较快。在晒场附近没有场房时应搭上棚舍，以备夜间或下雨时堆放种子，第二天或雨后再行摊晒。

在现代草业种子生产中，种子常采用人工干燥的方法，如通风干燥、干燥机干燥和加热干燥等。通风干燥，就是用鼓风机把种子扩散在空气中的水分及时地用风带走来干燥种子的方法，风速越大，干燥的速度越快。用干燥剂干燥是一种在密封条件下把干燥机和种子放在一起的干燥方法。该法不需要提高温度，更不需要通风，非常安全，而且能把种子的含水率干燥到很低的水平。干燥剂有液体和固体两种。液体干燥剂有氯化锂，固体的有氧化硅胶、生石灰、氯化钙等。加热干燥是首先把空气加热，以其为热湿的载体使种子干燥。该法干燥速度快，工作效率高，不受自然气候条件的限制。但操作技术要求严格，稍有不慎就会使种子丧失生活力。加热干燥种子的原理是：由热空气把热量传递给种子，使种子内部的水分发生转移，并通过种皮蒸发。加热干燥法根据传热方式的不同，又分为对流干燥法、辐射干燥法、传导干燥法、微波干燥法等。常用的干燥机有滚筒式干燥机、成批循环式干燥机、塔式干燥机等。无论用何种干燥机进行种子的干燥。种子的出机温度应保持在 30～40 ℃

以内。如果种子含水量较高，最好进行两次干燥。并采取先低后高的原则，使种子不致因干燥而降低其品质。对于带有芒、绒毛而流动性又差的草种，应在干燥前进行去芒。

任务三　牧草种子清选与加工原理和技术

牧草种子加工就是指对牧草种子从收获到播种前采取的各种技术处理，以改变种子的物理特性，提高种子品质，获得具有高净度、高发芽率、高纯度和高活力商品种子的过程，是种子产业发展的核心。经加工的种子具有以下几方面的显著优点：第一，种子质量明显提高，可以减少播种量，降低农业生产成本；第二，按不同的用途和销售市场，加工成为不同等级的种子并实行标准化包装销售，提高种子的商品性，有效地防止假冒伪劣种子的流通与销售；第三，牧草种子加工处理后，子粒饱满，大小均匀，播后生长整齐，成熟期一致，有利于机械化播种和收获，提高劳动效率；第四，牧草种子经过加工，去掉大部分含病虫害的子粒并包衣，使药剂缓慢释放，既减少化肥农药施用量，又使农药由开放式施用转向隐蔽式施用，利于环境保护。种子加工主要包括预清选、干燥、精选、分选、包衣和计量包装等工艺流程，每个流程要遵循的技术规程如下。

一、种子加工的内容和程序

种子加工是指从种子脱粒、预清、清选、干燥到精选分级、药物处理、包装贮藏的系列作业过程。

种子加工的目的是提高种子质量、方便播种、减少用种量，增加产量，是种子工程的重要内容。

种子种类繁多，形态各异，加工的要求有差异，但大多数种子加工的内容仍应包括：初清、精选分级、拌药处理、称重、包装等。

二、牧草种子的清选原理

预清选的主要目的是除去秸秆等大的杂质和皮屑、灰尘等轻杂物，为进一步加工打下基础。除尘要求能除粉尘和禾本科种子中的长芒、长绵毛、稃片、颖壳和穗轴以及豆科种子的荚壳及破碎的叶子等杂物或附属物等轻杂物，有效地保障加工场所的空气清洁度，排除发生粉尘爆炸的隐患，保护操作人员的身体健康。

（一）清选原理

原始种子批为一混合群体，包括各类型种子和杂质，清选分级就是利用不同种子和杂质的物理性差异，将各种子和杂质进行分离，从而达到对种子进行精选分级的目的。

1．根据种子尺寸特性分离——筛选机

根据种子长、宽、厚的不同，利用不同形状和规格的筛孔，可将种子分离分级：

按种子长度分离——用窝眼筒筛；

按种子宽度分离——用圆孔筛；

按种子厚度分离——用长孔筛。

2．根据空气动力学原理进行分离——风选机

依据气流对种子和杂质产生的阻力不同进行分离。

处在气流中的物体（种子）都要受到气流的阻力（F）：

种子或杂质的重量>F——下落；

种子或杂质的重量<F——被带走；

种子或杂质的重量=F——悬浮，此时的气流速度称临界风速。

空气动力学分离即利用种子批中不同组分的临界风速的差异将种子精选分级。

3．根据种子比重分离——重力筛选

种子比重因种子种类、饱满度、含水量及受病虫危害的程度不同而有差异，种子与杂质间的比重差异更大，故可用比重差异进行选种。比重差异越大则分离效果越好。

依比重分离又分液体分离（如盐水选种、泥水选种）和重力精选。

4．按种子表面特性即粗糙程度分离——用于牧草种子

常用机械有：绒辊清选机（光滑或粗糙程度不同）和摩擦分选机（摩擦系数不同），另有色选机等。

（二）清选方法

种子的清选主要是除去混在种子里的空壳、茎叶碎片、泥沙、石砾等掺杂物。种子精选，一般为种子精选分级工作，主要是从种子混合物中分离异植物种或品种和饱满度差、活力低的种子。主要方法有以下几种。（加工机械请参考第二单元种子加工及资料十六）

1．风选

风选，是利用种子与混杂物之间或种子本身悬浮速度的差异，借助气流除杂或分级的方法。按照气流的运动方向，风选形式可分为三种：垂直气流风选、水平气流风选和倾斜气流风选。垂直气流风选是利用种子间悬浮速度的差异，选取一定的气流速度，使种子向上运动或向下运动，从而将种子与杂质分离。水平气流风选是利用各种种子间具有不同飞行系数（是种子在水平气流中空气动力学性质的特征）的原理将其分离。倾斜气流风选也是利用不同飞行系数的种子被气流带动的距离远近不同将其分开。同样条件下，种子在倾斜气流中的飞行系数大于在水平气流中的飞行系数。因此，采用倾斜气流风选可以取得比水平气流风选好的分离效果。

2. 比重清选

比重清选，主要是根据种子间比重、容重、摩擦系数以及悬浮速度等物理性质的不同，利用它们在运动过程中产生的力量自动分级，借助适当的工作面进行清选。根据所用介质的不同，比重清选可分为干式和湿式两类。湿式是以水为介质，利用种子间的比重和在水中沉降速度的不同进行清选。干式是以空气为介质，利用种子间的比重，表面摩擦系数及悬浮速度的不同，借助一定的运动形式的工作面进行清选。比重清选对于大小、形状、表面特征相似的种子，其重量不同可用比重清选法分离；发霉、虫蛀、皱瘪种子大小与优质种子相似，但比重较小，利用比重法清选效果较好。

3. 表面特征清选

表面特征清选，是依靠牧草种子混杂物表面特征的差异进行清选。该法常用设备有倾斜布、倾斜面清洗机和磁性分离机。

倾斜布面分离机，靠一倾斜布面向上运动将种子和混杂物分离，待清选的种子从设在倾斜布面中央的料口喂入，圆形或表面光滑的种子，可以从布面滑下或落下，表面粗糙或表面不规则的种子及杂物，因摩擦阻力大于其重力在布面上的分量，所以会随布面上升，从而达到分离的目的。布面清选机的布面常用粗帆布、亚麻布、绒布或橡胶、塑料等制成。分离强度可通过喂入量、布面转动速度和倾斜角来调节，而这些又都需要通过特定的种子来确定。

利用磁力清除牧草种子中磁性金属杂质的方法称为磁选。当物料通过磁场时，由于种子为非导磁性物质，在磁场内能自由通过。其中的磁性金属杂质则被磁化，同磁场的异性磁极相互吸引而与种子分开。

螺旋分离机的主要工作部件是固定在垂直轴上的螺旋槽，待清选的种子由上部加入，沿螺旋槽滚滑下落，并绕轴回转，球形光滑种子滚落的速度较快，故具有较大的离心力，就会飞出螺旋槽，落入挡槽内排出；而非球形或粗糙种子及其杂质，由于滑落速度较慢，就会沿螺旋槽下落，从另一口排出。

4. 窝眼清选

窝眼清选是根据种子长度的不同来进行分离，常用的分离装置有盘式和滚筒式两种。通过窝眼清选，长度小于窝眼口径的种子就落入窝内，随着旋转上升到一定高度后落入分离槽中，随即被搅龙运走。长度大于窝眼口径的种子不能进入窝眼，沿着旋转轴从另一端留出。

盘式窝眼清选机主要是由多个固定在水平轴上的窝眼盘组成，当窝眼盘旋转时将短种子拾起而将长种子留下。

滚筒式窝眼清选机利用离心力和种子长度差异进行种子分离，由旋转的水平滚筒和一个可移动的、带锯齿水平槽组成。在种子清选过程中为提高清选质量，常常将多个窝眼筒组成一起进行种子清选。

5. 长度清选

长度清选是利用种子间的长度差异进行分离。常用的长度分离设备为碟片精选机。

6．筛选

筛选是利用被筛种子之间粒度（粒宽、厚度、长度）的差别，借助筛孔分离杂质或将种子进行分级的方法。种子经筛选后，凡是留在筛面的未穿孔的种子称筛上物，穿过筛孔的种子称筛下物，通过一层筛面，可以得到两种种子。在筛选过程中，如要达到除杂或分级的目的，必须具备以下三个基本条件：即筛下物必须与筛面接触；选择合理的筛孔形状和大小；保证筛选种子与筛面之间具有适宜的相对的运动速度。

筛面有栅筛、冲孔筛面和编织网等多种。筛孔的形状有圆形孔、方形孔、长形孔、三角孔等。筛孔的大小限定了种子过筛的尺度。因此，应按照被筛种子粒度的大小来确定。

常用的筛选机有 SG 高速振动筛、SM 平面回抖筛，GCP63×3—1 型选糙平转筛、GCPΦ 851 06×4 型选糙平转筛，GCP100×3（R80）型选糙平转筛、圆筒初清筛等。

三、牧草种子的包衣丸化

（一）种子包衣

种子包衣是发达国家普遍采用的种子处理技术。它是一项以种子为载体，种衣剂为原料，包衣机为手段，集生物、化工、机械等多学科成果为一体的综合性种子处理新技术。

牧草种子包衣技术是将保水剂、营养剂、抗病剂、杀虫剂等包覆在种子表面，进行丸衣化处理并使其表皮光滑的技术。该技术具有如下优点：一是增加了牧草的抗逆性，在牧草出苗、生长过程中提高了牧草抗旱、防虫和抗病的能力；二是增加了种子的活力，使种子快速萌芽、出苗；三是促进了牧草生长，经过包衣种子处理的牧草，生长速度明显提高，增产效果显著；四是增加了牧草种子的流动性，使牧草种子有利于机械播种；五是增加了种子重量，有利于飞播；六是多年生牧草还可以延长其高产期的年限；七是经包衣处理的牧草种子在生长过程中，减少了大量的栽培管理劳力。

牧草种子包衣抗旱效果显著。由于我国北方牧区地处干旱、半干旱地区，在牧区饲草料基地建设、草原生态建设以及牧区水土保持植被恢复等方面，尽管采用了各种技术和手段，如工程措施、生物措施等，但由于干旱缺水，植被恢复的程度并不理想。特别是在缺乏有效灌溉条件的地方，牧草出苗率、保全率都较低，生态建设的效果常常不尽如人意。

（二）包衣种子的类型

目前包衣种子的类型有以下五种。

1）包膜种子：仅一层薄薄的种衣剂包裹在外。

2）重型丸粒种子：用于小粒、形状不规则的种子，如烟草、芹菜等。

3）速生丸化种子：在播种前处理加工进行催芽，这种丸粒种子能提前出苗和保证一次全苗。

4）扁平丸粒种子：用于飞机播种的牧草、林木种子，即把细小的种子制成较大较重的扁平丸粒片，避免播种时被风吹刮，从而提高飞播时的准确性和落地的稳定性，保证播种质量。

5）快裂丸粒种子：播种后丸粒经过一段时间能自行裂开，有利于种子出芽、生长。

（三）牧草种子包衣技术

牧草种包衣技术的关键在于包衣剂（或称种衣剂）配方。经过研究试验，科研人员研制出适合我国北方草原生态建设的草种包衣剂复合型配方，其主要成分为胶液、有效成分（或称活性成分）和增重剂（或称填充剂）。胶液为植物胶和乳胶，有效成分有微肥、微量元素、杀虫剂、杀菌剂、植物生长促进剂和保水剂等，增重剂为微细黏土。

包衣工艺技术有两种，即种子包膜技术和种子丸化技术。

1．种子包膜技术

包膜技术是指将配制好的种衣剂液体拌入种子，使每粒种子周围包覆一层药膜，国内作物种子包衣多见这种工艺。该工序要求种衣剂在种子表面分布均匀，严格控制好药种比例，并根据不同作物和不同防治对象选用不同剂型的种衣剂。用根瘤菌剂、促生菌（溶淋菌）、农药、肥料、生长调节剂、高分子树脂吸水材料、杀虫剂、除草剂、驱鼠剂，加黏土、滑石粉、硅藻土、泥灰、炉灰等惰性物质，加阿拉伯树脂、聚乙烯醇、纤维素钠、淀粉等黏合剂，制成包衣剂与牧草种子混合、搅拌、丸化、干燥后，就在种子外表均匀地包上了一层不易脱落的药膜。播种后，这层药膜能在土壤中建立一个适于牧草萌发的微环境。

国际上的种衣剂有四大类：物理型、化学型（药肥型）、生物型（激素型）和特异型（逸氧、吸水功能等），国外多为单一剂型，如美国FMC公司的呋喃丹35ST为单一杀虫剂型，友利来路公司的卫福200为单一杀菌剂型。

目前我国已研制了复合种衣剂、生物型种衣剂20多个剂型。种衣剂的主要成分包括：活性组合（农药、肥料、激素）、胶体分散剂（聚醋酸乙烯酯与聚乙烯醇的聚合物等）、成膜剂（PVAC、PVRN 等）、渗透剂（异辛基琥珀酸磺酸钠等）、悬浮剂（苯乙基酚聚氧乙基醚等）、稳定剂（硫酸等）、防腐剂、填料、警戒色等。

种子包膜的关键是用好的种子包衣机进行作业。包膜工艺并不复杂，种子经过精选分级后，在包衣机内种衣剂通过喷嘴或甩盘，形成雾状后喷洒在种子上，再用搅拌轴或滚筒进行搅拌，使种子外表敷有一层均匀的药膜，包膜后的种子外表形状变化不大。包膜时，种子与种衣剂必须要保持一定的比例。

2．种子丸化技术

种子丸化材料主要包括三部分：惰性填料、活性物质、黏合剂。

惰性填料主要包括黏土、硅藻土、泥炭、云母、蛭石、珍珠岩、铝矾土、淀粉、砂、石膏、活性炭、纤维素、磷矿粉、硅石、水溶性多聚物等，这些惰性填料中有些材料不仅仅是作为填料，同时还起到保护、供氧、改善土壤条件等作用。

活性物质主要包括杀菌剂（克菌丹、福美双等）、抗菌素、杀虫剂、化肥、菌肥、植物生长调节剂等。

黏合剂主要有羧甲基纤维素（CMC）、甲基纤维素、乙基纤维素、阿拉伯树胶、聚乙烯醇（PVA）、聚乙烯醋酸纤维（盐）、石蜡、淀粉类物质、朊藻酸钠、聚偏二氯乙烯（PVDC）、藻胶、琼脂、树脂、聚丙烯酰胺等。

另外，因为丸化材料本身带菌或操作过程中造成污染，必须加入防腐剂。为了区分不同品种的种子，须加入着色剂。常用染料有胭脂红、柠檬黄、靛蓝三种，它们三者按不同比例配制即可得多种颜色。

种子丸化的加工工艺是种子丸化技术中的一个重要环节，丸化质量的好坏直接影响种子的质量。被丸化种子需精选（包括脱茎、脱绒等）。

丸化种子的质量必须达到国家一级种子标准。机械加工一般选用旋转法或漂浮法。种子丸化机械国外有多种机型，一般由机座、电机、减速箱、滚动罐、气泵、喷雾装置等组成。作业时，除种子和粉料由人工加入外，喷雾和鼓风由仪表自动控制。目前我国也研制生产了自行设计的包衣机，如南京食品机械所研制的 6ZY 型种子包衣机等。

种子丸化过程可分四个时期。

（1）成核期

种子放入滚动罐中匀速滚动，同时向罐内喷水雾，待种子表面潮湿后，加入少量粉料，在滚动中粉料均匀地包在种子外面，重复上述操作，形成以种子为核心的小球，杀虫剂、杀菌剂一般在此阶段加入。

（2）丸粒加大期

罐内改喷雾状黏合剂，同时投入粉料、化肥及生长素等混合物，喷黏合剂和加粉料要做到少量多次，直至接近要求的种子粒径。

（3）滚圆期

此期仍向罐内喷雾状黏合剂，同时投入较前两个时期更细的粉料，吹热风并延长滚动时间，以增加丸粒外壳的圆度和紧实度，待大部分丸粒达到要求后，停机取出种子过筛，除去过大过小的丸粒种子、种渣。

（4）撞光染色期

将过筛后的种子放回滚动罐中，加入滑石剂和染色剂，不断滚动，使种子外壳有较高的硬度、光滑度，并用不同颜色加以区分。

丸衣时要掌握以下关键技术：种子萌发需要水分、温度和氧气，因此要求包衣剂具有良好的透气性和保水性能；要求包衣剂在土壤中遇水开裂，但不溶解，保证包衣营养可以被种子慢慢地吸收，促进发芽生长。如包衣剂溶解过快，种子裸露于土壤，就失去了包衣的意义；杀虫、杀菌、除杀剂，选择不当则抑制种子萌发、出苗。包衣机械的选择应能保证包衣种子的均匀丸粒化。合适的包衣种子平均抗压强度，抗压强度低则包衣剂易裂解，包装时容易出现机械破碎。

种子加工采用包衣技术时，可在保证种子纯正度的基础上，针对不同地域，不同土、肥、气、热条件，生产产品结构丰富的包衣或包衣种子，满足不同客户的需求。

在对流动性较差的种子进行包衣时，要适当控制给料速度，以免包衣机出料口发生堵塞。

对于采用高压空气进行种衣剂雾化的种子包衣机（见图 3-5-1），要求药、种混合机械密闭并配备有独立的袋式除尘系统，以减小雾化的种衣剂颗粒对人和环境造成的危害。此外，操作人员应适时采取必要的防护措施，如戴橡胶手套、防毒口罩等。

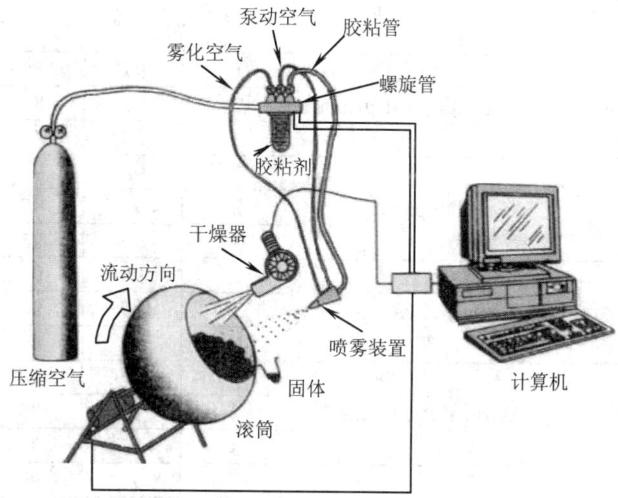

图 3-5-1　种衣剂雾化的种子包衣机

（四）包衣牧草种子的包装要求

种子包衣后必须改进种子的包装方式。实验证明，包衣种子成膜时间一般为 10～20 min，若将包衣种子装入麻袋，麻袋纤维易粘连种子，效果不好。聚乙烯袋包装透气性差，对种子不利，最好用塑料编织袋包装，既透气又不会粘连种子。

四、牧草种子质量分级标准

我国牧草种子质量分级依据净度、发芽率、其他种子数和水分为依据，将种子质量分为三级，三级以下的牧草种子不予收购、出售，不准作为种用，牧草种子质量分级指标如表 3-5-2 所示。该质量分级指标适用于商品经营的牧草种子及草种生产基地、特约繁殖区（队、户）生产的牧草种子，也适用于生产单位自用的、互相交换的牧草种子。凡粒大、流动性强、栽培历史较久、采种容易的草种子分级指标要求较高，反之则低。一年生高于多年生，豆科高于禾本科。水分和其他种子未超过限量，净度和发芽率有一项不符合标准时，依种子用价如：55%～70%为净度×发芽率的值，按下列规定评定级别：一级种子用价大于 85%，二级种子用价为 70.1%～84.9%，三级种子用价为 55%～70%。如水分和其他种子数量均超过数量，则按种子用价评级降一级；如水分和其他种子数量有一项超过限量，则不降级。

表 3-5-2　牧草种子质量分级指标

序　号	中　文　名	学　名	级　别	最低净度（%）	最低发芽率（%）	其他种子（最高粒/kg）	最高水分（%）
1	匍匐剪股颖	Agrostis Stolonifera	1	85	85	1 000	12
			2	80	75	2 000	12
			3	75	65	4 000	12

续表

序号	中文名	学名	级别	最低净度（%）	最低发芽率（%）	其他种子（最高粒/kg）	最高水分（%）
2	沙打旺	Astragalus Adsurgens	1	97	85	500	12
			2	90	80	1 000	12
			3	85	70	2 000	12
3	莜麦	Avena Nuda	1	98	95	100	12
			2	95	90	200	12
			3	90	85	400	12
4	燕麦	Avena Sativa	1	98	95	100	11
			2	95	90	200	12
			3	90	85	400	12
5	鹰嘴紫云英	Astragalus Sinicus	1	97	90	500	12
			2	90	85	1 000	12
			3	85	80	2 000	12
6	园根	Brassica Rapa	1	97	90	500	12
			2	90	85	1 000	12
			3	85	80	2 000	12
7	扁穗雀麦	Bromus Calharlicus	1	97	95	200	12
			2	90	85	400	12
			3	85	80	600	12
8	无芒雀麦	Bromus Inermis	1	95	90	500	12
			2	90	85	1 000	12
			3	80	80	2 000	12
9	狗牙根	Cynodon Dactylon	1	85	85	1 000	12
			2	80	75	2 000	12
			3	75	65	4 000	12
10	鸭茅	Dactylis Glomerata	1	90	85	1 000	12
			2	85	75	2 000	12
			3	80	65	3 000	12
11	马蹄金	Dichondra Repens	1	95	90	500	12
			2	90	85	1 000	12
			3	85	80	2 000	12
12	马唐	Digitaria Sanguinalis	1	95	90	200	12
			2	90	85	500	12
			3	80	75	1 000	12
13	披碱草	Elymus Dahuricus	1	95	90	1 000	11
			2	90	85	2 000	11
			3	85	80	4 000	11
14	垂穗披碱草	Elymus Nutans	1	95	90	1 000	11
			2	90	85	2 000	11
			3	85	80	4 000	11
15	老芒麦	Elymus Sibiricus	1	90	90	1 000	11
			2	85	80	2 000	11
			3	75	75	4 000	11

续表

序　号	中文名	学　名	级　别	最低净度（%）	最低发芽率（%）	其他种子（最高粒/kg）	最高水分（%）
16	弯叶画眉草	Eragrostis Curvula	1	85	85	1 000	12
			2	80	75	2 000	12
			3	75	65	4 000	12
17	稗子	Echinochlos Crus-galli	1	95	90	500	11
			2	90	85	1 000	11
			3	85	80	2 000	11
18	墨西哥饲用玉米	Euchlaena Mexicane	1	98	85	100	12
			2	95	80	200	12
			3	90	70	400	12
19	苦荞	Fagopyrum Tataricum	1	95	95	200	12
			2	90	90	400	12
			3	85	85	600	12
20	苇状羊茅	Festuca Arundinacea	1	95	90	500	11
			2	90	85	1 000	11
			3	85	80	2 000	11
21	羊茅	Festuca Ovina	1	90	90	500	11
			2	85	80	1 000	11
			3	80	70	2 000	11
22	紫羊茅	Festuca Rubra	1	90	80	500	11
			2	85	70	1 000	11
			3	80	60	2 000	11
23	小葵子	Guizotia Abyssinica	1	95	90	500	12
			2	85	80	1 000	12
			3	75	70	2 000	12
24	苦卖菜	Lactuca Indica	1	95	85	500	12
			2	90	80	1 000	12
			3	80	75	2 000	12
25	菊苣	Cichorum Intybus	1	95	90	500	12
			2	90	85	1 000	12
			3	80	80	2 000	12
26	山黧豆	Lathyrus Sativus	1	98	95	50	12
			2	95	90	100	12
			3	90	85	200	12
27	银合欢	Leucaena +Leutocephala	1	98	85	50	11
			2	95	75	100	12
			3	90	65	200	12

续表

序号	中文名	学名	级别	最低净度（%）	最低发芽率（%）	其他种子（最高粒/kg）	最高水分（%）
28	多花黑麦草	Lolium Multiflorum	1	97	90	500	12
			2	90	85	1 000	12
			3	85	80	2 000	12
29	多年生黑麦草	Lolium Perenne	1	97	90	500	12
			2	90	85	1 000	12
			3	85	80	2 000	12
30	紫花苜蓿	Medicago Sativa	1	95	90	1 000	12
			2	90	85	2 000	12
			3	85	80	4 000	12
31	白花草木樨	Melilotus Albus	1	95	85	500	12
			2	90	80	1 000	12
			3	85	70	2 000	12
32	黄花草木樨	Melilotus Officihalis	1	95	85	500	12
			2	90	80	1 000	12
			3	85	70	2 000	12
33	红豆草	Onobrychis Viciafolia	1	98	90	50	13
			2	95	85	100	13
			3	90	75	200	13
34	巴哈雀稗	Paspalum Notatum	1	95	75	500	12
			2	85	60	1 000	12
			3	80	50	2 000	12
35	猫尾草	Phleum Pratense	1	90	85	1 000	12
			2	85	75	2 000	12
			3	80	65	4 000	12
36	草地早熟禾	Poa Pratensis	1	85	85	1 000	12
			2	80	75	2 000	12
			3	75	65	4 000	12
37	子粒苋	Raphanus Sativus	1	95	90	1 000	12
			2	90	85	2 000	12
			3	80	75	4 000	12
38	萝卜	Raphanus Sativus	1	97	90	500	12
			2	90	85	1 000	12
			3	85	80	2 000	12
39	酸模	Rumex Acetosa	1	97	90	500	12
			2	90	85	1 000	12
			3	85	80	2 000	12

续表

序号	中文名	学名	级别	最低净度（%）	最低发芽率（%）	其他种子（最高粒/kg）	最高水分（%）
40	黑麦	Secale Cereale	1	97	95	100	12
			2	90	90	200	12
			3	85	85	400	12
41	串叶松香草	Silphium Perfoliatum	1	97	85	200	13
			2	90	80	400	13
			3	85	70	600	13
42	苏丹草	Sorghum Sudanense	1	98	90	200	12
			2	95	85	500	12
			3	90	80	1 000	12
43	高丹草	S.vulgare Pers. X S . Sudanense Stapf	1	98	90	200	12
			2	95	85	500	12
			3	90	80	1 000	12
44	圭亚那柱花草	Stylosanthes Guianensis	1	97	80	1 000	12
			2	90	70	2 000	12
			3	85	60	4 000	12
45	矮柱花草	Stylosanthes Humilis	1	97	60	1 000	12
			2	90	50	2 000	12
			3	85	40	4 000	12
46	红三叶	Trifolium Pratense	1	97	90	1 000	12
			2	90	85	2 000	12
			3	85	80	4 000	12
47	白三叶	Trifolium Repens	1	95	80	1 000	12
			2	90	70	2 000	12
			3	85	60	4 000	12
48	光叶紫花苕	Vicia Villosa	1	98	90	100	12
			2	90	85	200	12
			3	85	80	400	12
49	广布野豌豆	Vicia Cracca	1	98	90	100	12
			2	90	85	200	12
			3	85	80	400	12
50	小葫豆	Vicia Faba	1	98	95	无	13
			2	95	90	无	13
			3	90	85	无	13

续表

序　号	中 文 名	学　名	级　别	最低净度（%）	最低发芽率（%）	其他种子（最高粒/kg）	最高水分（%）
51	春箭筈豌豆	Vicia Sativa	1	98	95	50	13
			2	95	90	100	13
			3	90	85	200	13
52	结缕草	Zoysia Japonica	1	90	80	1 000	12
			2	85	70	2 000	12
			3	80	60	4 000	12
53	玉米	Zea Mays	1	98	95	100	13
			2	95	90	200	13
			3	90	85	400	13

（一）质量要求

1）种子饱满、新鲜、有光泽、无霉味。
2）形态、色泽应具有该草种特征。
3）触摸有干燥感，无湿润感。

（二）质量分级指标

牧草种子质量分级指标如表 3-5-2 所示。

（三）健康指标

牧草种子应健康、无病原体及害虫侵袭。

（四）检验方法

用感观方法鉴定种子的形态、色泽、饱满度、气味、有无霉变等特征。

任务四　牧草种子包装技术

一、牧草种子包装

种子加工以后，为防止品种混杂、感染病虫害、种子变质，保证安全贮运，便于销售，防止假冒等，应实行种子包装。

（一）包装工作的要求

要求包装的种子符合含水量、发芽率和净度标准；包装的容器必须防湿、清洁、无毒、不易破裂，重量轻等；按牧草种类或大田播种量，确定合适的包装数量，以利使用和销售；包装容器外应加印或粘贴标签，注明作物和品种的名称、品种特征、栽培技术要点，还要注明种子重量、产地、采种年月、种子品质指标等，最好附有醒目的成熟商品图案或照片。

（二）包装材料

大田作物种子包装一般用麻袋、棉布袋、无缝多层纸袋等，有些公司用防潮包装，如弹性的多层纸袋（具有一层沥青或一层聚乙烯）、有聚乙烯衬里的麻袋或布袋等。

（三）密封容器中种子含水标准

种子在密封前，须将种子水分降至一定标准，这是种子安全贮藏的关键。例如，美国种子法中的规程和条例规定在密封容器中的种子，不得超过如下水分标准：

牧草种子水分百分率（以湿重为基数）：饲用甜菜为7.5%，绛三叶、紫羊茅、一年生黑麦草、多年生黑麦草为8.0%，其他全部为6.0%。

二、牧草计量包装

在种子包装材料、标签的使用以及计量精度等方面，国家有关部门及相关法律已作出了明确的规定。应定时对包装好的成品进行抽检，严格把关，做到包装质量、计量精度合格。应根据实际情况选用适当的计量包装机械，不仅能节省资金，也不会造成资源浪费。

（一）牧草种子包装单位

我国种子包装单位尚无统一标准，下面列举几个目前常用的：麻袋——50 kg装，编织袋——50 kg、25 kg、10 kg、5 kg装，纸、金属罐——50 g、100 g、500 g……装，铝箔纸、聚乙烯薄膜——10 g、50 g……装，按粒包装——50粒、100粒……80 000粒装。

贮、运应用大包装，销售用小包装。

（二）包装材料的性能要求

耐用性——贮、运、销过程中不易破损，抗拉，抗搬。

防潮性——在相对湿度较高的贮藏环境中，包装材料应能防止种子进一步吸湿，以保证种子贮藏安全。

适用性——包装应低成本，且安全、美观。

（三）包装材料的种类和特点

透气性包装材料——麻织品、棉织品、纸袋、编织袋，透气性好，多数抗拉力强，但防潮性差，不宜在高温、高湿条件下使用。

防潮、抗湿包装材料——聚乙烯、纸与塑料复合材料。

金属、玻璃材料——透气性差或不透气，防潮、抗湿力强，但包装时要求种子含水量相对较低。

（四）包装操作

种子包装包括两大步骤，即装填和封口。

装填和封口的完成可用人工也可用机械，封口多采用缝合、热合、胶粘或石蜡封口。

（五）包装标志

包装标志是防止假劣种子流通、提高种子质量的重要环节，便于市场管理和用户选购，无标志的种子不得经营；同时，包装标志也是经营单位形象的展示，具有广告效应。包装标志可分为外标志和内标志两种：外标志是印制在包装容器外面，主要内容有商标、作物种类、品种、重量、净度、纯度、水分、发芽率、包装日期、生产经营单位等；内标志多以标签置于包装容器内或挂在袋外，内容可与外标志相同亦可有所不同，主要为了便于核对识别。

任务五　牧草种子的贮藏

种子贮藏是种子生产的一个重要环节。牧草种子从收获到再次播种，由于农业生产极强的季节性和茬口与品种安排的规律性，一般都要经过一定的贮藏时期。贮藏的目的是促使牧草种子在整个贮藏时期保持其收获与干燥后所具有的特性，即应保持其使用价值，特别是种子的发芽势、发芽率和种子活力，并防止机械混杂，保持品种纯度，防止虫、霉、鼠、雀危害，进一步提高种子的净度。因此，贮藏的正确与否及贮藏条件的好坏，都关系到种子的品质，影响到下一代牧草的生产。牧草种子生产、保藏、销售单位都应十分重视这一工作。随着草地建设事业的日益发展，所需草种数量日益增多，种子贮藏任务越来越大。通过适当贮藏，有效地控制各种生物因素的生命活动，削弱外界环境条件的不良影响，从而达到安全贮藏的目的。

一、牧草种子寿命与贮藏

种子从生理成熟到生活力丧失的生活期限称为种子寿命。种子寿命既受种子本身的遗传基因控制，又与种子成熟度、饱满度、机械损伤程度有关。温度和湿度是影响种子贮藏寿命的重要外界因素。控制贮藏温度和湿度可以人为地延长或缩短种子寿命。

种子在仓储期间寿命的长短受内外因素的制约。

（一）内在因素

内在因素包括牧草种类、品种、种子的形态构造、化学成分、硬实率、含水量、生理休眠状况和生活力等。

（二）外在因素

外在因素包括仓库构造、严密程度、隔热程度和仓内的湿度、温度。其中以种子含水量和仓内温、湿度对种子仓储寿命影响最大。仓储期间种子含水量的多寡又与入库前种子含水量和仓内湿度有关。仓库湿度低，种子水分向外散发，含水量会有所降低；仓库湿度高，种子从空气中吸附水分，含水量提高。由此可见，空气中相对湿度的高低对于种子含水量有很大影响。在空气相对湿度高的条件下，干燥的种子由于吸湿性可再次变湿。

根据苏联对红三叶等 7 种豆科牧草和虉草等 11 种禾草在不同相对湿度下，干燥种子吸湿性的报道，豆科牧草在 70%的相对湿度下，种子的含水量为 7.60%～11.04%。如果湿度增至 80%，种子的含水量提高到 11.08%～17.04%；如果相对湿度增至 85%，种子的含水量升至 18.1%～18.88%。相应地，禾草科则为 11.04%～13.21%，13.17%～15.96%及 14.48%～18.57%。牧草种类不同吸湿性各异，豆科牧草的吸湿性高于禾本科牧草，在豆科牧草中尤以红三叶及黄花苜蓿为最；本科牧草中则以无芒雀麦、羊茅及草地早熟禾较突出。产生这种差别的原因是与种子中蛋白质含量及种子颖片等外覆物的大小及状况有关。种子在高温、高湿条件下生命活动旺盛，寿命变短。严重时，由于呼吸作用增强，释放出热能和水分，能引起霉变和虫害，使种子完全丧失生活力。在低温、低湿条件下，种子生命活动极微弱，寿命可大大延长，可比在一般条件下延长数倍至数十倍。一般种子含水量高于 14%，能使种子寿命缩短，甚至发生霉变等意外事故；低于 13%则比较安全。含水量如能稳定在 6%～8%之间，则各种不利因素的影响几乎均可排除，最为安全。但含水量也不宜过低，低于 4%～5%时也会对种子造成损害。

关于牧草种子寿命的长短，长期以来进行了很多研究。苏联全苏饲料研究所在相同的贮藏条件下，曾对 8 种豆科和 12 种禾本科牧草和饲料作物，在实验室的条件下进行了不同贮藏年限下种子发芽能力的试验。试验证明，在 8 年贮藏期间内，所有豆科牧草仍保持有一定的发芽能力，其中发芽率保存较好的有箭筈豌豆、豌豆、紫花苜蓿等，较差的为山黧豆、红三叶、绛三叶。在 12 种禾本科牧草中，几种一年生牧草及饲料作物以及一年生禾草中的小糠草发芽率较高；而无芒雀麦、苇状羊茅等寿命最短；保藏 5 年以后基本上已丧失利用价值。草地羊茅及多年生黑麦草的寿命也不长，贮藏 7 年后也基本上丧失其利用价值。

1974—1978 年，内蒙古农牧学院对一些栽培牧草进行了相同条件下有关种子寿命保存情况的比较试验。所有牧草种子保存于室内柜抽屉中，放置于布袋或瓦罐中（冬季无暖气设备），试验中包括豆科牧草种子 12 种、禾草 10 种，所得结果如表 3-5-3、表 3-5-4 所示。

表 3-5-3　禾本科牧草种子贮藏年限与发芽率

种　　类	贮藏年限（年）	发芽率（%）	供试品种数
苏丹草	11～13	82～64	3
	8	70	1
一年生黑麦草	5	93.5	1
扁穗雀麦	9	91.0	1
日本雀麦	9	86.0	1
纤毛鹅冠草	8	91.0	1
老芒麦	8	82.0	4
	9	64.0	1
	6	84.0	1

续表

种　类	贮藏年限（年）	发芽率（%）	供试品种数
无芒雀麦	8	78.6	10
	9	45.0	2
	11	0	1
冰草	8	33.0	1
虉草	5	88.5	1
高牛尾草	5	19.5	1

表 3-5-4　豆科牧草种子贮藏年限与发芽率

种　类	贮藏年限（年）	发芽率（%）	硬实率（%）	有生活能力的（%）	供试品种数
紫花苜蓿	4	91.1	65	97.6	3
	13～16	92～88.7	4.2～2.1	96.2～90.8	27
	18	77.0	0	77.0	1
白花草木樨	14	46.0	53.0	99.0	1
百脉根	6	69.0	3.0	72.0	1
天蓝苜蓿	6	8.5	90.5	99.0	1（野生）
达呼里黄	5	5.0	92.5	97.5	1（野生）
野火球	5	8.5	79.5	88.0	1（野生）
红豆草	5	74.0	14.3	88.3	1
	8	51.0	—	—	1
	10	9.0	—	—	1
绛三叶	13	80.5	8.0	88.5	1
红三叶	7	69.0	—	—	1
	8	54.0	—	—	1
	14	47.0	14.0	61.0	1
箭筈豌豆	6	97.0	—	—	1
	10	60.0	—	—	1
黄扇豆	10	91.0	—	—	1
豌豆	13	74.0	—	—	1

综合苏联全苏饲料研究所和内蒙古农牧学院的有关试验，可以看出以下内容。

1）所有豆科及禾本科牧草，经一定贮藏年限后，其发芽率均有不同程度的降低，其降低的情况视种子不同而异。

2）一年生牧草，无论豆科或禾本科，均有较长的寿命，保存 8～10 年，尚具有较高的发芽率，有相当的利用价值。

3）豆科牧草一般说来寿命较长，其中紫苜蓿寿命最长，保存 18 年仍具有种用价值。在豆科牧草中，无论野生种或栽培种，凡硬实率较高者，在贮藏期内，都能保存较高的发芽能力，种子寿命较长；但红豆草及红三叶的寿命较短，其种用价值仅为 4～5 年。

4）多年生禾本科牧草的寿命不及豆科牧草；8～10 年后发芽率均有明显的下降，其中寿命最短的为高牛尾草；其次为无芒雀麦、苇状羊茅、冰草等。此外，球形草种和小粒草种子不易受损，寿命较长。

关于种子丧失生活能力的原因，人们进行了广泛的研究，并提出了各种导致种子生活力丧失的说法。例如，种子内可利用的贮藏营养物质耗竭；种子本身代谢产生的中间产物（氢氰酸、乙醇、氮等）积累的毒害作用；大分子（蛋白质、核酸、膜蛋白等）的变性；氧化作用，大分子降解和细胞器的纯化等综合作用。由于生命活动原因很多，错综复杂，所以，至今还不能圆满解释导致种子生命力衰退死亡的真正原因。

二、牧草种子的贮藏方法

根据贮藏设施和技术特点，可将种子贮藏分为常规贮藏、低温贮藏和其他贮藏三种基本类型。

（一）常规贮藏

1. 库址选择

种子库应选择在地势高且干燥、地下水位低、高于洪水水位、地上没有河渠渗透的地方建库。建筑地段地下无断层，地表土层坚实，要求每平方米能承受 100 t 以上的压力。尤其是地下库，要求土质均匀程度高。不应在有可能塌陷的地方建库。此外，要具备足够的场地，既要保证仓库的面积，又要有相应面积的配套建筑物，如晒场、加工室、检验室、保管室和车库等，以适应种子保管业务的需要。同时，种子库距种子产地及交通线要近，以便于运输，降低成本。

2. 建库标准

种子库应坚固，并有防潮性能和隔热性能，其建筑材料应尽量采用防潮隔热材料，以利种子安全贮藏。同时，种子库应具有密闭和通风性能。通风的目的是促进堆内的气体交换，以便降温散湿，防止种子霉变；密闭可以减少种子与外界空气的接触，阻止种温和水分的增加，提高贮藏的稳定性，并保证药剂的熏蒸效果。

此外，种子库应具有防虫、防鼠、防雀和防火的功能。内壁四周及天花板都要抹平、刷白，以便清查虫迹，库内各个面上不留缝隙，以杜绝害虫栖身之处，也便于清理种子，防止混杂；地面、墙脚建筑要坚固，防止鼠洞穿通。库房门要设防鼠闸，窗外设防雀网。另外，整个库房建筑还要符合防火要求，并便于机械化作业等。

3. 种子在库内堆放形式

种子在库内贮藏主要有散装堆放和袋装堆放两种形式。

（1）散装堆放

散装堆放有全仓散堆、单间散堆、围仓散堆和围囤散堆几种形式。散装堆放节省包装材料，操作方便，适用于种子量大、仓容不足、种子质量较好、库房条件较好时采用。但散装堆放内壁易受潮湿，只能作短期贮藏。其贮藏容量计算公式如下：

散装库容量（kg）=1 立方米种子容量（kg）×仓库实用面积×可堆高（m）

围囤总容量（kg）=1 立方米种子容量（kg）×围底面积×围高（m）

（2）袋装堆放

袋装堆放可以防止种子混杂，便于防虫、通风。根据种子水分及通风条件分为全仓实堆、“非”字形堆及通风堆等多种形式，可根据仓库条件、季节、牧草种类选择。堆垛的排列应与库房同一方向，种子袋距内壁 0.5 m，垛与垛之间留出 0.6 m 的走道，以便通风、管理及检查。袋装堆放的贮藏容量计算公式如下：

包装容量（kg）=每包种子重量（kg）×包数

（二）低温贮藏

低温贮藏是将种子置于一定低温的条件下贮藏。这一温度必须能抑制微生物及害虫的活动，显著地减弱种子的呼吸强度，延长种子寿命。这是一种较为理想的种子贮藏方法。

低温贮藏的技术关键是在于如何获得低温和保持低温。取得低温的方法有自然低温和人工机械制冷两种。

1．自然低温贮藏种子

自然低温可采用冬季低温贮藏和地下贮藏两种方法。

（1）冬季低温贮藏

冬季低温贮藏主要是利用种子导热性能差的特点和冬季寒冷的空气。冬季低温使种子温度降低到一定的程度。如气温在 0～15 ℃之间时，种子温度应为−2～−5 ℃，这时趁冷将种子入库，密封隔热。这种方法对保持低温、防止种子霉变及虫害具有良好的效果。如内蒙古自治区常在寒冷的季节将安全含水量以下的种子冻至−10 ℃以下，趁冷将种子入圆仓或其他仓库，上面盖上塑料薄膜，然后用含水量低于0.4%的干沙子或草木灰盖压。其作用是隔热密封。此法可使种子中心温度常年保持在 10 ℃左右，达到长期安全贮藏的目的。

（2）地下贮藏

地下贮藏有温度低而稳定、密封性能好、防虫效果好、不占地面等优点。根据地下水位的高低，地下仓可以采用全地下和半地下等多种形式。地下仓在建筑上主要把握排水、防潮和壳顶三项要点，这三关是密切联系的有机整体。对地下水和土壤渗水都要有排水系统，地面上也要把地面径流引开，减少对地下仓的渗透。仓库的仓壁要用沥青油毡或聚苯乙烯防潮，壳顶采用球形壳顶等。

2．人工机械制冷低温贮藏种子

利用现代科学技术，人工制冷低温强度可自行调节。人工机械制冷贮藏种子，目前主要用于品种资源的长期保存。譬如，美国于 1995 年建立的品种资源库，共有 10 个贮藏室，每室 36 m^2，贮藏温度为 4 ℃，其中 3 个贮藏室可降温至−12.2 ℃，相对湿度 32%，库容为 18 万个种子罐，每罐为 0.471 kg。之后美国相继建立了 200 多处品种资源库。1965 年，日本建立了国家品种资源库，自动控制库内温湿度，中期库 63 m^2，温度在−10±10 ℃；相对湿度为 30%～50%。1977 年又修建了全自动化的低温资源库，可贮藏 6 万份材料，贮藏温度为−15～−20 ℃。我国从 20 世纪 80 年代开始，在北京相继建立了两座国家品种资源库。Ⅰ号库贮藏净面积为 325 m^2，分大小 2 间：小间面积为 111 m^2，温度 10 ℃；大间面积为 214 m^2，温度为 0 ℃。Ⅱ号库的种质贮藏区由 2 个长期库、4 个可调库、2 个缓冲间和 2 个机房组成。2 个长期库的净面积为 307 m^2，温度为−18±20 ℃，相对湿度为 57%以下，可容纳 55 万份种质材料，贮藏年限一般为 50 年，有的可达 200 年。

（三）种子贮藏期间的管理

种子在贮藏期间应多加管理。其任务是保持或降低种子含水量和种子温度，控制种子及种子堆内害虫及微生物的生命活动，注意防除鼠害。因此，在种子贮藏期间应认真作好防潮隔湿、合理通风及各项检查工作。

1. 防潮隔湿

种子吸湿的途径主要有三个方面，即从空气中吸湿、地面返潮和漏进雨雪。因此，防潮隔湿的工作应着重抓好这三个环节。

种子能不断从空气中吸收和散发水汽，使种子内水汽压与空气中水汽压趋向平衡。空气湿度大，种子很容易吸收水分。这种情况虽发生在种子堆的上层，但由于吸湿的机会多，接触面大，如不加注意，也会影响种子的安全贮藏。要防止种子从空气中吸湿，须在密封性能好、外界温度高时，注意关闭门窗，防止湿气进入仓内。密闭时间要求长的，应该把门窗缝贴上胶条，增强密封效果；密封性能差时，应用各种材料覆盖。

因仓库漏水，淋湿种子所造成的损失较大，特别是在雨季，要经常注意对仓库进行检查，以便及时发现问题，及加维修。对于已被雨水淋湿的种子，要及时进行干燥处理。

2. 种子库通风

种子贮存在仓库里，应进行适时通风。通风的作用在于加速种子堆内的气体交换，利用低温或干燥的空气来降低种子堆内的温度和湿度，以提高种子贮藏的稳定性。

掌握库内湿度、温度。通过打开门窗及原设计的各种通风道口，让库内外空气自然对流，即可达到通风的目的，也可以利用风机和风管组成的通风系统进行强制性的机械通风；能否通风的判断条件是：①库外大气湿度、温度低于库内湿度、温度时，可以通风；②库外大气温度与湿度有一项与库内相同，而有一项小于库内时，可以通风；③库外大气温度、湿度有一项高于库内，另一项低于库内时，应在计算仓内外绝对湿度进行比较后才能确定能否通风。若仓内绝对湿度高于仓外时，可以通风；反之，则不能通风。绝对湿度的计算方法是

$$\text{绝对湿度}(g/m^3)=\text{某温度时饱和气压}\times\text{该温度时相对湿度}(\%)$$

3. 种子库的检查

在种子贮藏期间，要定期对种子质量的变化和安全条件的维持状况进行检测，发现问题及时解决。温度、湿度、发芽率、病虫害的变化是种子贮藏安危的重要指标，也是检测工作的主要内容。

（1）种子温度的检测

种温检测要做到定期、定时、定层、定点，以便及时、全面地掌握种子堆温度的变化情况。定期，根据季节、种子情况，决定测温时间的间隔；定时，每次检测各个种温应在同一时间；定层，即同一批种子的堆，要分上、中、下三层测温，上层距堆面 0.5 m，下层距地面 0.5 m；定点，固定对每层的四角及中央五点进行测定，散堆面大的可分段设点，并增加检测点；包装的按垛进行检查。温度测定的次数和周期，根据种子含水量和季节而定（见表 3-5-5）

表 3-5-5　种温检测的周期（天）

种子含水量	夏季和秋季		冬　季		春　季		
	新收获的种子	已完成后熟的种子	0 ℃以上	0 ℃以下	低于 5 ℃	5～10 ℃	10 ℃以上
15%以下	每天	3 天	5～7 天	15 天	5～7 天	5 天	3 天
15%以上	每天	每天	3 天	7 天	5 天	3 天	每天

（2）种子湿度的检测

检查种子水分的周期取决于种温的变化。种温在 0 ℃以下时，每月检查一次；0 ℃以上时每半月检查一次；20 ℃以上时，每 10 天检查一次。禾本科牧草种子种温在 30 ℃以上、豆科牧草种温在 25 ℃以上时，应每天检测。水分检测点与温度检测点配合使用，检测出的数据，供种子堆立体分析使用，不得平均。

（3）种子发芽的检测

一般每季测一次，夏冬季及药剂熏蒸前后都应增加一次测定，最后一次检测应在种子出库前 10 d 进行。种子温度和湿度不稳定时，则根据情况增加检测次数。

（4）虫、鼠、雀、霉的检测

对仓虫，种温在 15 ℃以下（1—3 月），每月检查一次；种温在 15～20 ℃（春、秋季），半个月检测一次；种温在 20 ℃以上（4—10 月），每周检查一次。危险部位应增加检测点数，除种子堆外，对墙壁、梁、柱、仓具等均须进行检查。鼠雀检测主要看粪便、查脚印，在过道、墙角等处地面撒石灰粉查看脚印，库内外还要查鼠洞。霉变检查重点是复查墙角堆角，表层下 50 cm 外及柱脚等易返潮、结露和不通风的地方。检查方法是看色泽，闻气味，用脚踏印堆试其光滑程度，用手扇动看种子的散落性和有无结块等现象。

三、牧草种子在贮藏期间必须注意的问题

1）种子在入库前必须检查种子湿度，在北方条件下禾本科种子湿度不应超过 15%；豆科牧草种子不应超过 13%。这个湿度基本是种子保存性的临界湿度，在这个湿度范围内，水分处于胶体结合状态，高于这个范围则变成液滴状态，不利于种子贮藏。

2）种子入库前必须进行清选、分级、除去杂质，并按等级存放。

3）种子在贮藏期间，必须经常进行检查，防止种子堆变湿、升温，注意虫、鼠害的发生，库房要通风、干燥、防雨、防倒和防止种子发生自热，种子堆发生自热不能超过 30 ℃，温度过高将使种子丧失发芽率。

种子在库内贮藏的形式有库内散袋装贮藏、包装贮藏两类。仓内散装贮藏有全库散装、围囤散装、围包散装等方式，散袋装高度视库房条件而不同。仓内包装贮藏适用于优良种子，包装垛离墙 0.5 m，垛与垛之间相距 0.6 m，高度视库房而定，以不妨碍空气流通和库内交通为原则。堆列应与库房方向一致，库房地面应铺垫仓板。

资料六　强制性种子质量标准要求

一、粮食作物种子

粮食作物种子的质量要求如表 3-6-1 至表 3-6-4 所示。

表 3-6-1　禾谷类种子质量要求（%）

作物名称	种子类别		纯度不低于	净度不低于	发芽率不低于	水分不高于
水稻	常规种	原种	99.9	98.0	85	13.0（籼）
		大田用种	99.0			14.5（粳）
	不育系、恢复系、保持系	原种	99.9	98.0	80	13.0
		大田用种	99.5			
	杂交种	大田用种	96.0	98.0	80	13.0（籼）
						14.5（粳）
玉米	常规种	原种	99.9	99.0	85	13.0
		大田用种	97.0			
	自交系	原种	99.9	98.0	80	13.0
		大田用种	99.0			
	单交种	大田用种	96.0	98.0	85	13.0
	双交种	大田用种	95.0			
	三交种	大田用种	95.0			
小麦	常规种	原种	99.9	99.0	85	13.0
		大田用种	99.0			
大麦	常规种	原种	99.9	96.0	85	13.0
		大田用种	99.0			
高粱	常规种	原种	99.9	98.0	75	13.0
		大田用种	98.0			
	不育系、保持系、恢复系	原种	99.9	98.0	75	13.0
		大田用种	99.0			
	杂交种	大田用种	93.0	98.0	80	13.0
粟和黍	常规种	原种	99.8	98.0	85	13.0
		大田用种	98.0	98.0	85	13.0

注：1．GB 4404.1—2008。

2．长城以北和高寒地区的种子水分允许高于 13.0%，但不能高于 16.0%，若在长城以南（高寒地区除外）销售，水分不能高于 13.0%。

3．稻杂交种质量指标适用于三系和两系稻杂交种子。

4．在农业生产中，粟俗称谷子，黍谷称糜子。

表 3-6-2 豆类种子质量要求（%）

作物种类	种子类别	品种纯度不低于	净度不低于	发芽率不低于	水分不高于
大豆	原种	99.9	99.0	85	12.0
	大田用种	98.0			
蚕豆	原种	99.9	99.0	90	12.0
	大田用种	97.0			
赤豆（小红豆）	原种	99.0	99.0	85	13.0
	大田用种	96.0			
绿豆	原种	99.0	99.0	85	13.0
	大田用种	96.0			

注：1．GB 4404.2—2008。

2．长城以北和高寒地区的大豆种子水分允许高于 12.0%，但不能高于 13.5%。长城以南的大豆种子（高寒地区除外）水分不得高于 12.0%。

表 3-6-3 种薯质量要求（%）

作物名称	种子类别	质量指标			备注
		纯度	薯块整齐度	不完善薯块	
马铃薯	（常规种）原种	99.5	85.0	1.0	GB 4406-84
	（常规种）（大田用种）一级	98.0	85.0	3.0	
	（常规种）（大田用种）二级	96.0	80.0	5.0	
	（常规种）（大田用种）三级	95.0	75.0	7.0	
甘薯	（常规种）原种	99.5	85.0	1.0	GB 4406-84
	（常规种）（大田用种）一级	98.0	85.0	3.0	
	（常规种）（大田用种）二级	96.0	80.0	5.0	
	（常规种）（大田用种）三级	95.0	75.0	7.0	

表 3-6-4 马铃薯脱毒种薯的块茎质量指标（%）

块茎病害和缺陷	允许率	备注
环腐病	0	GB 18133-2000
湿腐病和腐烂	0.1	
干腐病	1.0	
疮痂病、黑痣病、晚疫病 轻微症状（1%～5%表面有病斑） 中等症状（5%～10%表面有病斑）	 10.0 5.0	
有缺陷病（冻伤除外）	0.1	
冻伤	4.0	

二、经济作物种子

经济作物种子的质量要求如表 3-6-5 至表 3-6-7 所示。

表 3-6-5　纤维类种子质量要求（%）

作物名称	种子类别	质量指标				备　注
		纯度	净度	发芽率	水分	
棉花	毛籽（常规种）原种	99.0	97.0	70	12.0	GB 4407.1—1996
	毛籽（常规种）（大田用种）	95.0				
	光籽（常规种）原种	99. 0	99.0	80	12.0	
	光籽（常规种）（大田用种）	95.0				
黄麻	（常规种）原种	99.5	98.0	90	12.0	
	（常规种）（大田用种）	96.0				
红麻	（常规种）原种	99.0	98.0	80	12.0	
	（常规种）（大田用种）	97.0				
亚麻	（常规种）原种	99.0	96.0	85	9.0	
	（常规种）（大田用种）	97.0				

表 3-6-6　油料类种子质量要求（%）

作物名称	种子类别	质量指标				备注
		纯度	净度	发芽率	水分	
油菜	三系亲本原种	99.0	97.0	80	9.0	
	三系亲本（大田用种）	97.0				
	杂交种一级	90.0	97.0	80	9.0	
	杂交种二级	83.0				
	（常规种）原种	99.0	98.0	90	9.0	
	（常规种）（大田用种）	95.0				
花生	（常规种）原种	99.0	98.0	75	10.0	
	（常规种）（大田用种）	96.0				
芝麻	（常规种）原种	99.0	97.0	85	9.0	
	（常规种）（大田用种）	97.0				
向日葵	（常规种）原种	99.0	97.0	85	12.0	
	（常规种）（大田用种）	96.0				

表 3-6-7　糖用甜菜单胚种子使用技术指标（%）

种　类	单粒率	发芽率	单芽率	净度	三倍体率	水分	粒径	脱壳率
遗传单胚包衣种	90	85	90	98.0	75	14.0	2.0-4.0	—
遗传单胚磨光原种	90	75	90	98.0	75	14.0	2.0	3
遗传单胚磨光一级大田用种	90	85	90	98.0	75	14.0	2.0	3
遗传单胚磨光二级大田用种	90	80	90	98.0	75	14.0	2.0	3
机械单胚种	90	80	90	98.0	75	14.0	2.0-4.0	3

注：1．二倍体单胚种子不检三倍体率项目。
2．本表中三倍体率指标体系指雄性不育多倍体品种。
3．粒径项目检验使用圆孔筛。

三、瓜类作物种子

瓜类作物种子质量要求如表 3-6-8 至表 3-6-10 所示。

表 3-6-8　瓜类种子质量要求（%）

作物名称	种子类别	质量指标				备注
		纯度	净度	发芽率	水分	
冬瓜	（常规种）原种	98.0	99.0	70	9.0	GB/T 16715.1—1996
	亲本（大田用种）	96.0		60		
西瓜	亲本原种	99.7	99.0	90	8.0	
	（亲本）（大田用种）	99.0				
	杂交种一级	98.0	99.0	90	8.0	
	杂交种二级	95.0				
甜瓜	亲本原种	99.7	99.0	90	8.0	NY 474—2002
	（亲本）（大田用种）	99.0				
	杂交种一级	98.0	99.0	90	8.0	
	杂交种二级	95.0		85		
	常规种（大田用种）一级	98.0	99.0	90	8.0	
	常规种（大田用种）一级	95.0		85		
中国哈密瓜	（常规种）原种	99.0	98.0	85	12.0	GB 4862—84
	常规种（大田用种）	96.0				

表 3-6-9　白菜、甘蓝类种子质量要求（%）

作物名称	种子类别	质量指标				备注
		纯度	净度	发芽率	水分	
结球白菜	亲本原种	99.9	98.0	75	7.0	GB 16715.2—1999
	亲本（大田用种）	99.0				
	杂交种一级	98.0	98.0	85	7.0	
	杂交种二级	96.0				
	（常规种）原种	99.0	98.0	85	7.0	
	（常规种）大田用种	95.0				
不结球白菜	（常规种）原种	98.0	98.0	85	7.0	
	（常规种）大田用种	98.0				
甘蓝	亲本原种	99.9	98.0	70	7.0	GB 16715.4—1999
	亲本（大田用种）	99.0				
	杂交种一级	96.0	98.0	70	7.0	
	杂交种二级	93.0				
	（常规种）原种	99.0	98.0	85	7.0	
	（常规种）大田用种	95.0				
球茎甘蓝	（常规种）原种	99.0	98.0	85	7.0	
	（常规种）大田用种	95.0				
花椰菜	（常规种）原种	99.0	98.0	85	7.0	
	（常规种）大田用种	96.0				

表 3-6-10 茄果类种子质量要求（%）

项目名称		级别	纯度不低于	净度不低于	发芽率不低于	水分不高于
茄子	亲本	原种	99.9	98.0	75	8.0
		良种	99.0			
	杂交种	一级	98.0	98.0	85	8.0
		二级	95.0			
	常规种	原种	99.0	98.0	75	8.0
		良种	96.0			
辣椒	亲本	原种	99.9	98.0	75	7.0
		良种	99.0			
	杂交种	一级	95.0	98.0	80	7.0
		二级	90.0			
	常规种	原种	99.0	98.0	75	7.0
		良种	90.0			
番茄	亲本	原种	99.9	98.0	85	7.0
		良种	99.0			
	杂交种	一级	98.0	98.0	85	7.0
		二级	95.0			
	常规种	原种	99.0	98.0	85	7.0
		良种	95.0			

注：GB 16715.3—1999。

资料七 我国种子加工发展概况

种子加工是种子产业链中的重要一环，是提高种子质量，实现种子质量标准化的重要手段。新中国成立前，我国种子加工技术十分落后，精选种子的工具主要是农家使用的风车、筛子、簸箕等。新中国成立后，随着种子事业的发展，种子加工机械从无到有、从单机到配套、从国外引进到国内自主制造，获得了较快的发展。回顾我国种子加工机械化的发展历程，大致可分为下面几个阶段。

一、起步阶段

20 世纪 50 年代初期，我国从苏联引进了少量种子加工精选设备，投放在东北、新疆等大型机械化农场。随后又从匈牙利等国引进了若干台清选机。1957 年在河南开封联合收割机厂试制了我国第一台 0.8 型种子清选机，它一直生产到 20 世纪 60 年代中期，1959 年我国沈阳农具厂试制了一种 3.0 型复式清选机，这两种机型都没有做到批量生产，推广数量少。1965 年我国还从日本引进过 5 台谷物脱粒机。直到 1975 年，我国种子加工机械数量还很少，更没有成型的专业生产企业。

1975 年在全国种子工作会议上，提出要发展种子加工机械。1976 年国家投资将原河北省石家庄市良棉轧花厂改造建成国内第一家种子机械专业生产企业—— 石家庄市种子机械厂。1977 年黑龙江省宝清县八五二农场建立了种子清选机厂（现黑龙江省白桦清选机厂）。与此同时，农业机械部和农业部组织专家研究选型，并于 1976—1977 年从民主德国皮特库斯公司引进了 K541 型复式种子清选机，从瑞士布勒公司引进 MTLB—100 型重力（比重）清选机作为样机，进行测绘、仿制，生产出两种国产的种子加工单机，并分别命名为 5XF—1.3A 型风筛清选机和 5XZ—1.0 型重力（比重）清选机。在此期间国内其他一些科研单位和企业也开发研制了一批种子加工单机，如 5X—0.7 型清选机及其他类型的烘干机、小型脱粒机、小型轧花机等。另外，很多种子经营单位积极购置机械，进行加工精选，这些都标志着我国种子加工机械化工作开始。

二、“四化一供”阶段

1978 年国务院批转原农林部《关于加强种子工作的报告》，要求各部门要密切配合，尽快实现种子加工机械化。此后各级政府和种子部门都把种子加工机械化摆上了重要议事日程，加大投资力度，成立种子加工机械专门机构，组织示范推广。从此我国种子加工机械的生产和推广工作都得到了较快发展。

机械制造部门按照国务院的要求，努力仿制、试制、生产各种种子加工机械，短时间内生产企业就发展到近 30 家，产品有 20 多种类型 200 多个型号规格，年生产能力超过 5 000

台，单机生产率 0.5～0.7 t/h。但这时生产和使用的主要是单机，成套设备很少。种子部门积极响应国务院的号召，购置加工机械，组织对比试验，进行大面积示范，建立机构，培训队伍，利用各种会议、媒体扩大宣传。更重要的是，1978 年开始建设的“四化一供”试点县，按种子加工机械化的要求，都必须配备加工精选设备。为了学习国外的先进技术，提高种子加工精选质量。1978 年 9 月经国务院批准，农业部与联合国粮农组织签订“技术合作计划”，利用粮农组织提供的 50 万美元，由粮农组织从奥地利海德公司为我国订购两套种子加工成套设备，一套是每小时加工 4 t 玉米种子的设备，安装在北京市通县种子公司；另一套是每小时加工 5 t 水稻、小麦种子的设备，安装在江苏省无锡县种子公司。

1979—1980 年，河北、山西、内蒙古、吉林、黑龙江、山东、江苏、河南等省、自治区自筹外汇，进口各种不同类型的种子加工成套设备。如河北正定从瑞士布勒公司引进精选加工成套设备，山西忻州从美国克力伯公司引进种子干燥、精选加工成套设备，内蒙古通辽从美国玉米州公司引进玉米果穗干燥、精选加工成套设备，吉林怀德（公主岭）从美国玉米州公司引进玉米果穗烘干部分、从瑞士布勒公司引进玉米种子和精选加工成套设备，吉林省吉林市从日本山本制作所引进水稻种子干燥、精选加工成套设备，黑龙江绥化从美国玉米州公司引进玉米果穗干燥、精选加工成套设备，山东聊城从美国拉莫斯公司引进棉籽轧花、从美国西方石油设备公司引进棉籽泡沫酸脱绒设备，河南偃师从丹麦西伯利亚公司引进子粒烘干、精选加工成套设备。在积极引进国外成套设备的同时，1980 年利用建设第二批“四化一供”试点县的资金，由黑龙江省农副产品加工机械化研究所在黑龙江省呼兰县利用已经推广使用的两种单机连线组建成一条简易种子加工流水线，这是我国种子加工成套设备的雏形。开始试制生产种子加工机械时，农业机械部把种子加工机械主要安排在技术、设备比较差的县级小厂，因此质量普遍不高。为抓好种子精选机的质量，1978 年农业机械部生产局和农业部种子局联合召开了制造和使用单位参加的种子精选机质量汇报座谈会，认真地研究提高种子加工机械质量的措施。经过几年的努力，国产种子加工单机质量有了很大的改进和提高。甘肃省酒泉种子机械厂生产的 5XF—1.3A 型复式种子精选机，1985 年获国家优质产品银质奖，还有部分产品出口到国外。

三年来经过多方面的努力，到 1981 年，全国各地已拥有各种不同类型种子精选机 5 000 多台，种子烘干机 260 多台，烘干室、烘干房、烘干炕 1 400 多个，同时引进了 10 套现代化种子加工设备。精选的作物也从麦类、稻谷、玉米扩大到高粱、谷子、豆类、麻类和绿肥。使用的范围也由试点县发展到全国各省、自治区、直辖市各级种子公司（站）。1978 年精选种子不到 5 万 t，1979 年增加到 20 万 t，1980 年达到 60 万 t。为总结经验，加快种子加工机械化发展速度。1981 年 8 月，农业部种子局在河北省秦皇岛市召开了第一次全国种子加工精选工作经验交流会议，各省、自治区、直辖市种子公司经理，部分地、县种子公司经理和种子加工机械厂的厂长，国家发展计划委员会、农业机械部等有关方面同志共 90 多人参加了会议。会上除全面交流情况外，与会代表总结出前一段发展种子加工机械化的四条经验和种子加工精选五大好处。四条经验：一是各级党政领导重视；二是试验、示范做得好，宣传工作做得广泛深入；三是建立和培训了一支队伍；四建立规章制度和岗位责任制。五大好处是：千粒重、净度、发芽率提高；用种量减少；提高了工效，减轻了劳动强度；节约粮食和农业成本；增产效果显著。会议还讨论了“六五”计划和设想，并提出新的要求，即提高认识，继续抓好试验、示范，加强经营管理，培训技术队伍，积极试制、生产、配置新设备。

“六五”期间种子加工机械化投资渠道有所拓宽，除种子专项投资外，还有商品粮基地等其他方面的资金扶持，因而加快了发展进程。

在加工机械装备方面，一是国内多个科研、生产部门，测绘、仿制和自主研制，如农业部农业工程研究设计院在研学了从奥地利海德公司引进的设备后，结合我国的实际情况，设计生产了每小时喂入量为 5 t 小麦种子的加工成套设备。上海向明机械厂开发出每小时喂入量为小麦种子 1 t 的种子加工成套设备。为解决多年来东北地区种子收获时，常遇低温早霜，种子脱水困难，极易受冻而丧失发芽率的问题，在研究学习了美国和法国相关设备后，由农业部种子局委托黑龙江省农副产品加工机械化研究所，利用原有仓库设计建造了玉米果穗烘干室等。二是继续引进国外新的技术，先进的成套加工设备。1983 年利用联合国开发署提供的资金，从美国西方石油设备公司引进棉籽稀硫酸脱绒设备，安装在重点产棉县湖北省仙桃市，其后农业部农业工程研究设计院与湖北省机电研究院研学了这方面的技术资料，开发研制了国产棉籽泡沫酸脱绒设备。

为了提高我国种子加工机械的技术水平，逐步实现国产化，1983 年，国家经济委员会给中国农业机械化科学研究院下达了每小时 1.5 t 种子加工成套设备研制及加工厂设计项目的研究课题。1984—1985 年给全国种子总站下达了推广种子精选机、0.5 t 小型蔬菜种子加工成套设备和种子烘干设备等三个课题，以加大种子加工机械研制和推广力度。另外，为抓好引进成套设备的使用、管理，提高作业效率和质量，1982 年全国种子总站召开了第一次种子加工厂工作会议，会议要求在建的厂要加快建设速度，争取早日投产；已建成的加工厂要学好操作技能，建成规章制度，保证正常运转。同时要加强技术培训，总结经验，做好宣传，起到示范指导作用。

为进一步推动种子加工机械化发展，1986 年在湖北省武汉市召开了第二次全国种子加工精选工作会议。会上统计，经过“六五”的建设，到 1985 年底，全国拥有种子精选机 9 514 台，累计加工各类种子 465 万 t，并评出 6 个省市级、17 个地县级种子机械加工先进单位，70 名先进个人和优秀机手。经过讨论，确定“七五”种子机械加工的指导思想为：坚持改革，立足服务，因地制宜，积极稳步发展各类种子机械，不断扩大加工新项目；加强管理，讲求实效，充分发挥种子机械在农业增产中的作用。同时研究讨论了“七五”期间进一步推广种子加工技术的具体意见。

“七五”、“八五”期间投资渠道进一步拓宽，除了种子方面的专项投资外，世界银行贷款、商品粮基地、优质棉基地、农业综合开发等项资金，都有购置种子加工机械的内容，另外，地方政府和种子公司（站），为提高商品种子的竞争力，也积极建立种子加工厂，因此种子加工机械化得到了更快的发展。

种子专项投资：“七五”、“八五”期间，特别是 1989—1992 年间，国家和地方联合投资建设的水稻、杂交玉米、小麦、瓜类等各种农作物商品种子基地和良种场，都安排一定额度的资金新建或配套完善种子加工设施。

世界银行贷款：1985 年签字生效的第一期种子加工项目（4 000 万美元）共引进各类种子加工成套设备 47 套，如四川新津县种子公司水稻种子加工厂，福建省种子公司的蔬菜种子加工设备都是一期世界银行项目引进的。1992 年开始实施的世界银行贷款第二期种子项目，引进主机，国内配套建设了 50 个省、市、县级单位的种子加工成套设备。

农业商品粮基地：1986—1995 年建设的商品粮基地，都规定必须有一定比例的资金，用于良种体系建设，而种子加工精选设备建设又是良种体系建设的主要内容之一。

农业综合开发资金：1991—1995 年农业综合开发资金用于原良种场的种子生产基地 1.5 亿元，其中也有相当一部分资金用于购置种子加工精选设备。

其他如发展优质农产品的资金等都有建设种子加工精选设备的内容。“七五”期间，还开展了种子加工机械普查，报废了一批旧的、质量较差的单机。

针对我国研制、生产种子加工机械历史短，经验不足，国产设备质量普遍较差的情况，1987 年，全国种子总站编写了《组建种子加工厂管理办法（试行）》和《种子加工成套设备（精选加工部门）验收规定（试行）》两个文件，印发全国各地执行，对促进国产种子加工成套设备质量提高起了一定作用，为以后制定种子加工成套设备行业标准奠定了基础。

为了进一步交流总结发展种子加工机械化的经验，召开了第三次全国种子精选工作会议。从会议上反映的情况看，“七五”期间种子加工机械化的发展发生了新的变化：由单机向机组和成套设备发展，由小型向中型发展，由粮食作物向棉花、蔬菜等多种作物发展，由单纯的加工精选向拌药、包衣、丸粒化、包装发展。特别值得指出的是国产化率大幅度上升，质量显著提高。会上统计，到 1989 年全国拥有种子精选机 8 480 台，因刚淘汰了一大批质量较差的旧机械，故总量有所下降，但成套设备发展到 223 套，整个加工机械质量有了很大提高。根据“七五”的经验，会上议定了“八五”的发展思路：以优质服务为宗旨，以提高种子质量和商品化水平为重点，加强管理，提高效率，积极开发新的加工项目，充分发挥现有设备的作用；统筹规划，合理布局，分类指导，择优选型，积极发展种子机械加工事业，稳步实现加工机械化，包装商品化。

由于“七五”、“八五”期间投入力度加大，加上各级领导和种子部门对种子加工精选工作更加重视，农民对种子质量要求也高，因此，1986—1995 年种子加工机械化发展速度较前 10 年要快得多。1995 年种子加工单机 9 000 多台，成套设备 612 套，比 1989 年增加 389 套；种子加工精选能力达 330 万 t，种子加工精选量 240 万 t，较“六五”都有较大幅度增长。涌现了一批获国优、部优、省优及各类博览会的金、银奖的机械设备，如中国农业工程研究设计院、湖北机电研究所与邯郸棉花机械厂、湖北荆州市江陵机械厂研制的棉籽泡沫酸脱绒成套设备，1990 年获国家科技进步一等奖；中国农业机械化科学研究院与北京通县农机修造厂联合研制的 ZTM—4.0 型种子加工成套设备，1992 年获国家“星火科技”三等奖；由中国农业机械化科学研究院、呼和浩特畜牧机械研究所与甘肃省酒泉种子机械厂、上海向明机械厂等研制的 5SJC150—700 蔬菜种子加工成套设备，1993 年获国家科技进步二等奖；黑龙江省农副产品加工机械化研究所研究的玉米种子果穗粒两级干燥工艺及设备，1996 年获国家科技进步三等奖。

三、种子工程阶段

1996 年开始实施种子工程。种子工程是以加工包装和标牌统供为突破口的“抓中间、带两头”的战略。因此“九五”期间对加工机械化工作，各级政府和种子部门无论重视程度、工作力度，还是投资金额都是前所未有的。根据种子工程规划，“九五”期末即 2000 年，商品种子销售量达到 600 万 t，并要全部经过精选加工、统一标牌，其中 50%要经过包衣。农业部根据规划要求把这些指标作为任务分解到省，定期检查督促，列表公布进度。

在党中央、国务院的高度重视和有关部门的大力支持下，经农业部有关单位协同努力，到 1999 年农业部组织建设了 215 个大中型种子加工中心、种子包装材料厂和种子机械厂，其中种子加工成套设备 2000 年已达到 767 套，比 1995 年增加 155 套，增长 25%。在种子加工厂的建设中，各地还总结了不少好的经验。如中国种子集团公司和山东省种子公司引进设备时，实行“主机进口，国内配套”；河南、江苏两省种子站实行“主机统一进口”，河南省还规定整个项目建设实行“统一管理、统一进口、统一招标、统一建设”。这些做法，操作比较规范，既节约了资金，又保证了质量。

为了保证种子精选任务的完成，1999 年全国农业技术推广服务中心在江西省南昌市召开了第四次全国种子加工工作会议。会议总结交流了种子精选加工推广工作的情况和经验，汇报了种子加工项目建设情况，着重研究了种子机械生产厂建设中存在的问题和解决措施，有效地指导了种子加工中心和种子机械生产企业在建项目的实施。

截止到“九五”种子工程结束，全国拥有种子加工能力 490 万 t，比 1995 年增加 160 万 t，增长 48%；种子加工精选质量 350 万 t，比 1995 年增加 150 万 t，增长 75%；种子包衣量 150 万 t，比 1995 年增加 110 万 t，增加了 2.75 倍；水稻、小麦、玉米、棉花四大作物的标牌统供量 360 万 t，比 1995 年增加 170 万 t，增长 89.4%。因此，“九五”种子工程是加工机械化大发展时期。

通过“九五”种子工程的实施，2000 年后种子企业对加工更加重视，特别是 2000 年《中华人民共和国种子法》的实施，将企业拥有种子加工机械作为申领许可证的必要条件之一，同时种子企业根据自身的发展需要，新建了一批种子加工包装中心，种子市场对种子加工工作提出了更高要求。种子加工机械化扎实稳步地向前推进。

资料八　国外种子加工机械概况

19 世纪中叶，欧洲开始生产简易的种子加工机械，如筛选机和比重清选机。20 世纪 80 年代，国外拥有种子加工机械生产企业约 100 家，其中较有实力的企业主要分布在欧洲和美国。在近 20 年的发展中，欧洲企业经历了兼并、重组与产品创新的阶段，美国、加拿大企业则步入产品革新与开拓的阶段。企业总数减少，实力增强。

一、企业基本情况

（一）德国 PETKUS 公司

德国 PETKUS 公司成立于 1852 年，位于德国的图林根州 Wutha 镇，是世界上第一家种子加工机械生产企业。20 世纪 90 年代该公司并购了 ROBER 和丹麦的 DANISH 公司后，实力更壮大。公司拥有激光加工中心和数控加工中心制造手段先进，生产系列种子加工机械和配套设施。我国从 20 世纪 80 年代初至今引进该公司的产品。

（二）丹麦 OIMBRIA 集团股份公司

丹麦 OIMBRIA 集团股份公司成立于 1947 年，位于丹麦日德兰半岛北部的 Thisted 小镇，20 世纪 80 年代，该公司先后并购了专业生产风筛清选机的 DELTA 公司和生产重力式清选机的 HEID 公司。该公司除生产清选加工设备以外，还生产种子烘干设备。“九五”种子工程期间我国购入一批种子清选加工设备，主要有该公司的 DS 系列的风筛式清选机和 GA 系列的比重清选机，具备高效的特点，很适合种子加工流程配置。

（三）丹麦 WESTRUP 公司

丹麦 WESTRUP 公司成立于 1958 年，合并了瑞典的 KAMAS 公司，并在多个国家设有子公司，实力雄厚。该公司生产各系列种子加工机械和配套设施，其生产的三角形台面的 KA—2200 型比重清选机在我国有少量引进。

（四）奥地利 HEID 公司

奥地利 HEID 公司成立于 1883 年，位于奥地利首都维也纳郊区 Stockerau 市，主要生产比重清选机、窝眼筒清选机和包衣丸粒化一体机。20 世纪 80 年代被丹麦 CIM—BRIA 集团股份公司收购，但公司仍保持自己的品牌，在专业产品上不断创新，其独具特色的比重清选机具有高效、节能和低噪的特点，其 CC 系列包衣丸粒化一体机采用直筒立式甩盘结构，性能优于传统包衣丸粒化设备，被世界多家知名种子公司所采用。此外，其窝眼板的加工尤为先进。

（五）丹麦 DAMAS 公司

丹麦 DAMAS 公司成立于 1863 年，是一家规模较大的公司，生产各系列种子加工机械和配套设施。公司拥有独到的风选技术，已应用于系列风筛清选机上。其风筛清选机为全封闭结构，隔噪效果较佳。公司长于草籽加工机械生产，我国已引进了少量该公司的产品。

（六）美国 OLIVER 公司

美国 OLIVER 公司成立于 1892 年，是一家拥有几十名员工的家族式企业，主要生产比重清选机和去石机。从 1987 年生产第一台现代比重选开始，其产品已得到广泛应用，我国引进较多。

（七）加拿大 LMC 公司

加拿大 LMC 公司是具有 60 多年历史的家族式企业，原在美国，其加拿大公司于 1987 年正式成立。主要生产各系列种子加工机械和配套设施等。其比重清选机和风筛清选机与众不同，能耗和噪声较低是其最大特点。风筛清选机采用框架结构，沉降系统简易可靠。比重清选机采用阶梯状风选台，可适用于不同大小的种子，不用更换台面。其产品在我国只有少量引进。

（八）美国 CARTER DAY 公司

美国 CARTER DAY 公司是一家专业生产风筛清选机、窝眼筒清选机、圆筒筛分级机和窝眼盘风选机的生产厂商，机械零部件均为自己生产，通用性和互换性高。该公司生产的风筛清选机与丹麦 CIMBRIA 公司生产的 Delta 系列基本相近。公司产品的特点是窝眼筒和圆筒筛更换方便。其产品在我国有少量引进。

国外著名的种子加工机械生产企业都配备有完善的实验室，对于特殊和不易加工的种子，可根据用户选送的代加工样品来组织试验方案，通过试验结果来确定加工工艺和设备配置。

此外，还有美国的 CRIPPEN、法国的 CERES、荷兰的 SEES PROCESS-ING、澳大利亚的 SATAKE、瑞士的布勒公司、日本的佐竹株式会社以及印度和韩国的多家公司等，都生产种子加工机械。

二、主要产品系列

目前，国外种子加工机械产品种类和系列较多，规格齐全，从实验室设备到每小时加工能力达几十吨的大型设备，从固定式到移动式，从纯机械式到机电液一体化调节的产品都已开发应用。以 WESTRUP 公司为例，其生产的风筛清选机共有 14 大系列 57 种机型，生产率从 1.2 t/h 到 15 t/h 共 15 个档次，大型风筛清选机从 20 t/h 到 60 t/h 共 10 档；初清机共有 4 大系列 14 种机型；比重清选机从 1.5 t/h 到 20 t/h 共 8 个机型；窝眼筒清选机从 1 t/h 到 27 t/h 共 13 个机型。

此外，在欧美等发达国家，应用于种子加工和处理的技术装备还有窝眼盘清选机、绒辊清选机、光电风选机、电磁风选机、混合机、灭菌机、槽式烘干机、箱式烘干机、滚筒烘干机、数粒机、标记刻录机与全自动打包、码垛、打捆系统等。

（一）风筛清选机（见表 3-8-1）

表 3-8-1　部分国家风筛清选机规格

公司	型号	生产率（t/h）	筛面面积（m^2）	筛箱数	动力（kW）	最大风量（m^3/h）	重量（kg）	外形尺寸（mm）（长×宽×高）	备注
丹麦	DELTA Super101	0.25	0.96	1	1.47	2 000	600	1 512×855×2 085	带底吹风
	DELTA Super102	2.5	3	2	9.6	4 500	1 930	3 086×1 215×3 062	
	DELTA Super104	5	7	2	9.95	8 200	2 495	3 086×1 815×3 062	
	DELTA Super105	7.5	10	2	9.95	9 800	2 995	3 086×1 855×3 289	
	DELTA Super106	12	15	2	12.65	11 000	3 655	3 870×1 855×3 545	
	DELTA Super107	20	18	2	12.65	11 000	4 080	3 905×1 855×3 856	
	DELTA Super108	25～30	24	2	14.45～17.95	11 000～14 000	5 300	3 905×1 855×4 380	
	DELTA 111	0.2		1	0.92	2 000	550	1 512×855×2 085	另有114～118机型均不带底吹风，其余与Super系列相同
	DELTA 112	2.5	3	2	2.6	4 500	1 295	3 086×1 215×2 270	
	VIBAM 1 026	5	5	1	3		1 000	2 080×1 620×1 740	全封闭结构
	VIBAM 1 014	10	10	2	4		1 200	2 260×1 660×2 375	
	Duo	8	8		5.05	1 600	1 860	2 465×1 290×2 845	
	Uni	4	4		4.05	1 600	930	2 465×1 290×1 675	
	Omega	7～34	9～30	1～2			3 100～5 200	4 000×1 975×2 470～4 260×1 975×5 000	循环气流，全封闭结构

续表

公司	型号	生产率（t/h）	筛面面积（m^2）	筛箱数	动力（kW）	最大风量（m^3/h）	重量（kg）	外形尺寸（mm）（长×宽×高）	备注
加拿大	ECLIPSE	2.2		2					框架结构，带底吹风，进出料在同侧，后沉降室前置在中部
	PRELUDE	3.5～5.3		2					
	1 360	7～10.6		2					
	1 386	7～10.6		2					
	486	7～12.4		2	9.375	190		3 940×2 270×2 520	
	NG508	7.9～15		2					
	NG568	12.4～23.9		2					
	NG668-3-3	12.4～24.8		2					
	NG668-2-4	15.9～30.1		2					
	NG768	17.7～31.9		2					
	TITAN	24～36		2	15.37	5 500～8 000		4 680×2 200×3 830	

（二）比重清选机

与第二单元种子加工相关机械类同。

（三）窝眼筒清选机

与第二单元种子加工相关机械类同。

（四）包衣机

与第二单元种子加工相关机械类同。

（五）刷种机及除芒机

大型刷种机一般只有ϕ600和ϕ800两种网筒的机型，加工多年生黑麦草生产率分别为0.6t/h和0.8t/h。有的机型配毛刷，有的机型配打板，加工用途不同，也有用于实验室或蔬菜、花卉种子加工的小型机型。制造商有荷兰的SEED PROCES-SING公司和丹麦的DAMAS、WESTRUP公司等。

大型除芒机有5t/h到20 t/h等5种规格，如DAMAS公司的产品。PETKUS公司的产品采用方钢丝编制网作为除芒室衬里，搅拌齿有方柱形和圆柱形两种。其他公司的产品有铸钢波纹衬里和光壁的机型。也有用于实验室或蔬菜、花卉种子加工的小型机型。

三、种子加工线与加工技术

欧美等发达国家的种子加工线自动化程度较高，通常配有PLC自动控制，流程中设有取样口或自动取样、检测装置。自动生产线设有流程显示、信息反馈、图像监控、电动或液压调节、全自动计量装袋、封口打码、码袋、打捆和杂质集中处理等装置。为了减少种子破碎、节省用地并提高作业机械化，生产线多采用立体或半立体布置，并采用箱式进、出料以及散存、叉车运输。

在国外，一般小麦等大田种子加工线的工艺配置与国内相仿。

牧草种子配有丸粒化设备，多数种子要进行丸粒化处理，有的还配有后混合设备。

甜菜种子加工线配有打磨、丸粒化、烘干和后清选等设备。

典型的玉米种子加工线工艺流程如下：果穗给料—机械剥皮—人工选穗—烘干—脱粒—初清—暂存—风筛清选分级—暂存—比重清选—包衣—包装—入库。玉米种子由大型运输车辆从产地运至加工厂，利用专门的接、卸料设备使果穗由皮带输送机均匀送至剥皮、选穗系统。通过果穗分配装置，果穗进入剥皮机除去苞叶和絮毛，随后进入选穗台。没有剥净的果穗返回剥皮机，不合格的果穗被剔除。好果穗继续送往烘干系统，由专用布带输送机分送至各烘干仓。烘干后的果穗先脱粒，后预清，然后进入暂存仓。种子清选分级时，先由暂存仓输送至风筛清选机，随后进行分级，分级后不同级别的种子进入各自的暂存仓。暂存仓后还接比重清选机，剔除轻秄后，好种子送包衣机包衣，再经计量、包装、堆垛后入库。为保证加工质量，在某些工序之间还加装随机取样装置、在线计量设备等。分级多是国外玉米种子加工的特点，玉米种子的分级数往往在 6 级以上，有的多达 12～16 级。而比重清选机放在分级后能保证更精确的分选，有利于提高种子的商品性和实现按粒精播。

蔬菜、花卉种子加工除了基本清选外，还有根据种子表面颜色差异对种子进行光电分选，这项技术已经商业化应用于番茄、辣椒、黄瓜及甘蓝等种子的精选上。根据种子种类和加工要求的不同，还可配除芒、刷种、风选、螺旋清选、介电选、弹性选、去石和混合等工艺，一些种子还要进行浸种引发和催芽处理。这类种子加工要求严格，在加工和处理的每个过程都要进行质量检验监控，确认合格后才能进入下道工序。

种子精选加工后，一般还需要包衣（丸粒化），由于国外种衣剂成膜性强且包衣设备性能好，包衣药种比能达到 1∶100 以上，高的甚至达到 1∶300。包衣后种子表面的水分很快就蒸发了，因此，国外不用专门的包衣后烘干机，但是种子丸粒化后是必须烘干的。种子丸粒化是通过批次添加杀虫剂、杀菌剂、微生物、微肥、保水剂、增重剂、颜料等，把微小、轻盈或不规则的种子分层包上一层壳，使之丸粒化，以达到商品化或农艺要求，其优点是可以隔离有毒成分，避免人畜接触，减少环境污染，目前已广泛应用于单胚甜菜、牧草、蔬菜和花卉等种子上。根据农艺要求或市场需求，各种材料可以独立或复合添加。

除了传统的称重计量外，如今许多生产线都采用数粒装袋，一般玉米种子每袋 8 万粒，甜菜种子每袋 10 万粒，大致为 1 hm^2 种植面积的用量。

资料九　种子加工机械术语

种子加工机械术语如下。

- 种子净度（seed purity）

种子净度是指种子清洁干净的程度。具体来讲，是指样品中除去杂质和其他植物种子后，留下的本作物净种子重量占分析样品总重量的百分率。净度分析时将试验样品分为净种子、其他植物种子和杂质3种成分。

- 净种子（pure seed）

净种子是指送检者所叙述的种。即使是未成熟的、瘦小的、皱缩的、带病的或发过芽的种子，如能明确地鉴别出它属于所分析的种，均应作为净种子。但已变成菌核、黑穗病子团或线虫瘿的不包括在内。

- 其他作物种子（other seeds）

其他作物种子是指净种子以外的任何植物种类的种子单位，包括杂草种子和异作物种子。

- 杂质（impurity）

杂质是指净种子和其他植物种子以外的种子单位和所有其他物质和构造。

- 种子物理特性（physical character of seed）

种子物理特性是指可根据其差异进行分选加工的种子在物理学方面的特性，如尺寸、形状、重量、表面粗糙程度、悬浮速度、颜色、导电性等。

- 种子加工（seed processing）

种子加工是指种子从收获后到播种前进行加工处理的全过程，主要包括：干燥、预加工、清选、分级、选后处理、定量包装、贮藏等。

- 种子干燥（seed drying）

种子干燥是指使用各种方法降低种子的水分，使其达到可以安全贮存要求的过程，以保持种子旺盛的发芽力和活力。种子的干燥方法分自然干燥和机械干燥两种。

- 种子预加工（seed preconditioning）

种子预加工是指为种子清选预先进行的脱粒、取籽、脱壳、脱绒、除芒、除翅、除刺毛、清洗、磨光与破皮等各种作业。

- 种子清选（seed cleaning, seed separating）

种子清选是指将种子与杂质、废种子分离的过程，主要可分为初清选、基本清选、精选。

- 初清选（precleaning）

初清选是指为了改善种子的流动性、贮藏性和减轻主要清选作业负荷而进行的初步清除杂质的作业。

- 基本清选（main cleaning）

基本清选是指利用风选和筛选对种子物料进行的以基本达到净度要求为目的的主要清选作业。

- 精选（precise separating）

精选是指在基本清选之后进行的各种分选清选作业。

- 种子分级（seed grading）

种子分级是指将清选后的种子按相互间物理特性差异分选为若干等级的过程。

- 风选（air separating）

风选是指按种子物料空气动力学特性差异进行的清选作业。

- 筛选（screen separating, sieve separating）

筛选是指按种子物料的宽度、厚度或外形、轮廓、尺寸差异用筛子进行的清选作业。

- 窝眼选（indent separating）

窝眼选是指用带窝眼的圆筒或圆盘等装置按种子物料长度差异进行的清选作业。

- 种子包衣（seed coating）

种子包衣是指在种子外表面包敷一层包衣剂的过程。包衣剂可包括杀虫剂、杀菌剂、染料及其他添加剂等。包衣后的种子形状不变而尺寸有所增加。

- 种子储存（seed storage）

种子储存是指按不同储存期限要求，将种子储存于容器或库房的过程。包括暂时储存、短期储存、中期储存和长期储存。

- 种子暂储（temporary storage of seed）

种子暂储是指在种子加工线上等待加工或等待下道工序加工的种子储存。

- 种子加工工艺流程（seed processing technology sequence）

种子加工工艺流程是指种子加工采用的方法、步骤和技术路线。

- 种子加工线（seed processing line）

种子加工线是指按加工工艺流程顺序连续执行所要求的各项加工作业所需机具的组合。

- 种子加工成套设备（seed processing complete equiment）

种子加工成套设备是指能够完成种子全部加工要求的加工设备及其配套、附属装置的总称。

- 种子加工中心（seed processing center）

种子加工中心是指用于种子加工的所有设备、装置、设施的总称。

- 主要加工设备（main processing equipment）

主要加工设备是指种子加工成套设备中用于生产加工的主机设备，通常包括干燥、预加工、风筛选、重力选、窝眼选、包衣机、包衣种子烘干、计量包装等设备。

- 辅助系统（auxiliary system）

辅助系统通常是指种子加工成套设备中除主要加工设备外的物料输送系统、除尘系统、电控系统、物料储存系统、安装检修平台、集杂系统等。

- 悬浮速度（临界速度）（suspension velocity）

悬浮速度是指物料在垂直上升气流中所受气流作用力等于自身重力时的气流速度。

- 筛体振幅（amplitude of screen box）

筛体振幅是指筛体从平衡原点到振动折回点极限位置之间的距离。

- 筛面倾角（screen slope）

筛面倾角是指筛面与水平面之间的夹角。

- 滚筒倾角（cylinder slope）

滚筒倾角是指窝眼筒或卧式圆筒筛等的滚筒轴线与水平面之间的夹角。

- 标准作物种子（standard crop seed）

标准作物种子是指在种子加工中为标定机器生产率而统一指定的作物种子，通常情况下特指小麦种子。

- 标准生产率（standard productivity）

标准生产率是指以加工一定状态的作物种子（通常情况指小麦种子），按喂入量标定机器生产率。

- 获选率（percentage of chosen seed）

获选率是指实际选出的好种子占原始种子物料中好种子含量的百分率。

- 除杂率（separating rate of impurity）

除杂率是指种子物料中已清除的杂质占原有杂质含量的百分率。

- 破损率（percentage of damaged seed）

破损率是指加工过程中好种子的破碎损伤量占好种子总质量的百分率。

- 包衣均匀度（evenness of dressing）

包衣均匀度是指用药物处理种子时，药物黏附均匀的种子数量占全部处理种子数量的百分率。

- 干燥不均匀度（nonuniformity of drying）

干燥不均匀度是指干燥后的同一批种子物料中，最大含水率与最小含水率的差值。

资料十　种子加工机械产品型号编制规则

按国家标准规定，种子加工机械产品必须有牌号、名称和型号，产品型号依次由分类代号、特征符号和主参数三部分组成；分类代号和特征符号与主参数之间，以短横线隔开（以下简称型号前部分和后部分），其编排方式如图 3-10-1 所示。

[1] [2] [3] —— [4] [5]

图 3-10-1　产品型号编排方式

1—大类分类代号（数字）；2—小类分类代号（字母）；3—特征代号（字母）；
4—主参数代号（数字）；5—改进代号（字母、数字）

种子加工设备产品编号编制基本原则如下。

1）种子加工与粮食处理设备产品的大类代号一律为“5”，型号前部分的字符总数为 2～5 个。

2）对国家标准中没有列出的产品，取其产品名称拼音字母中的 1～2 个字母作为小类分类代号进行续编，以不与国家标准中已采用的代号重复，不与其他机具发生混淆为原则。对种子加工清选机械，在“5X”后进行续编；对种子加工清选机械以外的其他加工机械，在“5Z”后进行续编。

3）为表示产品结构特征，可取产品特征拼音字母中的一个字母进行续编。

4）为表示产品的作业对象（适用范围），可取作业对象拼音字母中的一个字母进行续编。（注：小麦或小麦种子不标出）

5）以上续编字母按类别—特征—作业对象的先后顺序进行排列与识别。

6）主参数为“生产率”的，一般均按小麦或小麦种子选取生产率，对产品名称或型号中已指明专门用途的机具或不用于加工小麦、小麦种子的机具，则按其专指的作业对象选取生产率。

7）主参数生产率按 t/h 取整数或取到小数点后一位，特殊情况可例外，如：①种子加工小型试验机具采用 kg/h；②种子制丸机主参数采用“生产率/滚筒直径，kg/(h·mm)”。

8）热风炉主参数采用“供热量：MJ/h”；金属储存仓主参数采用“直径/容积：m/m^3”。

各类种子加工设备产品型号如表 3-10-1 所示。

表 3-10-1　种子加工机械型号

产品名称	类别代号	主参数
风筛清选机	5X	生产率：t/h
重力清选机	5XZ	生产率：t/h
圆筒筛分级机	5XY	生产率：t/h

续表

产品名称	类别代号	主参数
窝眼筒清选机	5XW	生产率：t/h
复式清选机	5XF	生产率：t/h
风选机	5XE	生产率：t/h
平面筛清选机	5XS	生产率：t/h
螺旋清选机	SXX	生产率：t/h
比重去石机	5XQ	生产率：t/h
种子加工机组	5XJ	生产率：t/h
种子包衣机	5B	生产率：t/h
搅龙种子包衣机	5BJ	生产率：t/h
滚筒式种子包衣机	5BG	生产率：t/h
种子脱粒机	5TZ	生产率：t/h
玉米种子脱粒机	5TZY	生产率：t/h
除芒机	5ZM	生产率：t/h
刷式清理机	5ZQ	生产率：t/h
种子制丸机	5ZW	生产率：t/h
种子加工成套设备	5ZT	生产率：t/h
种子干燥机	5HZ	生产率：t/h
混流式种子干燥机	5HHZ	生产率：t/h
混流循环式种子干燥机	5HEZ	生产率：t/h
横流式种子干燥机	5HEZ	生产率：t/h
横流循环式种子干燥机	5HEXZ	生产率：t/h
水稻种子干燥机	5HZD	生产率：kg/h
蔬菜种子干燥机	5HZS	生产率：kg/h
棉籽干燥机	5HM	生产率：kg/h
热风炉	5L	供热量：MJ/h
金属储存仓	5C	直径/容积：m/m^3

资料十一　种子学相关知识

一、种子的概念

自然界的种子种类繁多，具有相似或相异的形态特征。种子形态构造是鉴别各种种子和品种的重要依据，同时和清选、分级及安全贮藏有密切关系。同一科属的农作物种子，不但在形态上近似，在化学成分和生理特性方面亦有共同之处。因此，种子在形态学上的分类，可以表明农作物种子各个类型的共同特点，对种子的鉴别和加工、利用具有一定的参考价值。

种子在植物学上是指胚珠发育而成的繁殖器官。在农业生产上，种子是最基本的生产资料，其含义要比植物学上的种子广泛得多，凡是农业生产上可直接利用作为播种材料的植物器官都称为种子。所以，农业上所称种子是指农作物种植材料或者繁殖材料，包括子粒、果实和根、茎、苗、芽、叶等。

目前，世界各国所栽培的作物播种材料种类繁多，大体上可分为四大类。

（一）真种子

真种子是指植物学上所指的种子，它们都由胚珠发育而成，如豆类（除少数例外）、棉花、油菜及十字花科的各种蔬菜、黄麻、亚麻、蓖麻、烟草、芝麻、瓜类、茄子、番茄、辣椒、苋菜、茶、柑橘、梨、苹果等。

（二）类似种子的干果

某些作物的干果，成熟后不开裂，可以直接用果实作为播种材料。如禾本科作物的颖果（小麦及玉米等为典型的颖果，而水稻与大麦果实外面包有稃壳，在植物学上称为假果）；向日葵、荞麦、大麻、苎麻的瘦果；伞形科（如胡萝卜和芹菜）的分果；黄花苜蓿的荚果。在这些干果中，以颖果和瘦果在农业生产上最为重要。

（三）营养器官

许多根茎类作物具有自然无性繁殖器官，如甘薯的块根，马铃薯的块茎，芋的球茎，葱、蒜的鳞茎等。另外又如甘蔗和木薯用地上茎繁殖，莲用根茎繁殖，苎麻用细枝繁殖等。上述这些作物大多能开花结实，并且可供播种，但在农业生产上一般利用其营养器官种植，以发挥其特殊的优越性。一般只在进行杂交育种等少数情况下，才直接用种子作为播种材料。

（四）植物人工种子

植物人工种子是指将作物离体培养中产生的胚状体（主要指体细胞胚）包裹在含有

养分和具有保护功能的物质中而形成，在适宜条件下能够发芽出苗，长成正常植株的颗粒体，也称合成种子、人造种子。

二、种子的基本构造

农作物种子形形色色，形态、性状非常多样化，但从植物形态角度进行观察和研究，则绝大多数种子的构造基本上具有共同之点，即每颗种子都由种皮、胚、胚乳三个主要部分组成。

（一）果皮和种皮

果皮和种皮是包围在胚乳外部的保护构造。果皮由子房壁发育而成，一般分三层：外果皮、中果皮、内果皮。但水稻、小麦、玉米等作物的果皮分化均不明显。外果皮通常由一层或两层表皮细胞所组成，常有绒毛及气孔；中果皮大多数只有一层；内果皮由一层至数层细胞组成。种皮由一层或两层珠被发育而成，外珠被发育成外种皮，内珠被发育成内种皮。外种皮质厚而强韧，内种皮多成薄膜状。果皮和种皮组织的层次与厚薄、结构的致密程度、胞壁的加厚状况以及细胞所含的各种化学物质都会在不同程度上影响种子与外界环境的关系，因而对种子的休眠、寿命、发芽及种子加工过程等均可发生直接或间接的作用。果皮和种皮的表面状况（光滑程度、有无茸毛等）可以作种子清选和加工时选择操作方法和使用工具的依据，而种皮上的花纹、茸毛等特点，可用来鉴别作物的不同种类和不同品种。

（二）胚

胚是种子最主要的部分，通常是由受精卵发育而成的幼小植物体。各类种子的胚，因各部分的构造与发育程度不同，其形状各异，但所具备的基本器官完全相同，一般可分为胚芽、胚轴、胚根和子叶四部分。

1）胚芽：位于胚轴的上端，是叶、茎的原始体，其顶部就是茎的生长点。

2）胚轴：是连接胚芽和胚根的过渡部分。

3）胚根：在胚轴下面，为植物未发育的初生根，有一条或多条。

4）子叶：种胚的幼叶，具一片（单子叶植物称内子叶、子叶盘或盾片）、两片（双子叶植物）或多片（裸子植物）。子叶在种子内的主要功能是贮藏营养物质，或是从胚乳中吸收、转化营养物质供胚其他部分生长时使用。

（三）胚乳

胚乳按来源不同分为外胚乳和内胚乳两种。由珠心层细胞直接发育而成的，称为外胚乳；由胚囊中受精极核细胞发育而成的，称为内胚乳。有的胚乳在发育过程中被胚吸收而消耗殆尽，仅留下一层薄膜，因而成为无胚乳种子。在无胚乳种子中，营养物质主要贮藏在子叶内。在有胚乳种子中，一般内胚乳比较发达。胚乳的营养对幼苗健壮生长有着重要影响。

三、种子的植物学分类

在生产和科学实验中，人们根据不同的需要对种子进行分类。因此，存在多种分类方法。在植物学上，一般根据胚乳的有无，将种子分为有胚乳种子和无胚乳种子。

（一）有胚乳种子

此类种子均具胚乳。根据胚乳和子叶的发达程度及胚乳组织的来源又可划分为以下三种类型。

1）内胚乳发达：这类种子的胚只占种子的一小部分，其余大部分为内胚乳。属于这一类型的植物很多，如禾本科、大戟科、蓼科、茄科、伞形科等植物的种子。

2）内胚乳和外胚乳同时存在：这类植物很少，如胡椒、姜等。

3）外胚乳发达：这类植物在种胚形成发育过程中，消耗了所有的内胚乳，但由珠心层发育而成的外胚乳却被保留了下来，如苋科、藜科等。

（二）无胚乳种子

在种子发育的过程中，营养物质由内胚乳和珠心转移到子叶中。因此，这类植物种子的胚较大，有发达的子叶，而内胚乳和外胚乳则并不存在或几乎不存在，只有内胚乳及珠心残留下来的 1～2 层细胞，其余部分完全被成长的胚所吸收。种子内毫无胚乳残留的植物有眼子菜科的植物（其营养物质集中贮藏在下胚轴内）和豌豆、蚕豆等（其营养物质集中于子叶内）；种子内存在胚乳残留细胞的植物有十字花科、葫芦科、锦葵科、蔷薇科、菊科和大豆等豆科植物。

四、主要农作物种子的形态构造

种子的形态结构在种和品种之间常存在差异，因此很多性状可作为鉴别植物种和品种的依据，如种子的形状、大小、颜色，种子表面的光滑度、表皮上茸毛的有无、稀密及分布状况，胚和胚乳的部位，种脐的形状、大小、凸凹、颜色及着生部位等。此外，根据某些作物种皮的组织解剖特点，也可以鉴定种子的真实性。

现将主要农作物种子的形态、构造和解剖分述如下。

（一）水稻

水稻的子粒——稻谷，由米粒（糙米）及稃壳两部分构成，稃壳由护颖及内、外稃组成，护颖是子粒基部的一对披针形的小片，米粒由内外稃（各一片）所包裹，稃壳的顶端称稃尖。在许多品种中，外稃的尖端延伸为芒。各品种的护颖、内稃和芒所具有的颜色、特征及稃尖的颜色等性状可以作为鉴定品种的依据。

糙米是一颗真正的果实，其有胚的一侧被外稃所包裹，米粒的这一侧在习惯上称为腹面，另一侧则称为背面（禾本科其他作物的子粒恰好相反）。糙米由皮层（包括果皮和种皮）、胚乳及胚三部分组成，果皮包括表皮、中层（中果皮）、横细胞和管状细胞；种皮以内是糊粉层，糊粉层内部为淀粉层——由贮藏淀粉的细胞组成的胚乳。

水稻的胚很小，由胚芽、胚轴、胚根、盾片四部分组成，胚芽和胚根不在一条直线上，而是几乎呈直角分布。

（二）小麦

普通小麦的子粒不带稃壳（裸粒），由皮层、胚乳和胚三部分组成。种子的腹面有一纵沟，称腹沟。胚在种子背面的基部，在种子的另一端有茸毛。小麦腹沟的宽狭、深浅以及茸毛的疏密状况，都可以作为鉴别品种的依据。

小麦的果皮由表皮、中层、横细胞、内表皮等组成。种皮以下为不透明细胞组成的膨胀层，属外胚乳，其内部为内胚乳。内胚乳的外层是由近方形的较大的细胞组成的糊粉层，糊粉层内部为内胚乳的淀粉层，由大型薄壁细胞组成，细胞具各种不同的形态，内部充满了各种大小不同的淀粉粒，淀粉粒的间隙中含有蛋白质。淀粉粒与蛋白质结合的牢固程度，在普通小麦与硬粒小麦之间有明显差别，硬粒小麦的淀粉与蛋白质结合得特别牢固。

小麦的胚部形态与水稻相似，但胚芽与胚根在一条直线上，胚部占整个子粒的比例较水稻大。

（三）玉米

玉米子粒的基本构造与上述两类作物相同，但子粒大小却相差悬殊。栽培玉米的子粒是一个完整的颖果，果皮种皮紧贴在一起不易分离，在子粒上端的果皮上可观察到花柱遗迹（一般在邻近胚部的胚乳部位的果皮上）。玉米的胚特别大，约占子粒总体体积的30%，占总重量的10%～14%；透过果种皮，可清楚地看到胚和胚乳的分界线。

玉米子粒的基部有果柄，但有时脱落，不连在子粒上，在子粒基部的果柄脱落处呈褐色，这是由于该部位存在基部褐色层（基部黑色层）。充分成熟子粒的基部褐色层因色素累积颜色明显，因此可以作为种子成熟的重要标志。

玉米子粒的形态在类型和品种之间存在很大差异，而且同一果穗上的种子由于着生部位不同，其子粒大小及粒形的差异也很显著。玉米子粒颜色有多种，总的可分为白色系统、黄色系统及紫色系统三类。

（四）大豆

大豆为无胚乳种子，仅包括种皮和胚两部分，子叶很发达，胚芽、胚轴、胚根所占的比例很小，而且不在一条直线上。在种子侧面的种皮可以观察到脐、脐条、内脐和发芽口等部位。大豆的种皮因品种不同而有多种颜色，一般品种为黄色。种皮上易产生裂缝，保护性能较差。种皮由角质层、栅状细胞、柱状细胞、海绵细胞等多层细胞组成。种皮以内是内胚乳遗迹，此层亦称蛋白质层，成薄膜状包围着种胚。

（五）棉花

棉花种子具有坚厚的种皮和发达的胚。种子的腹面可观察到一条略微突起的纵沟，称为脐条。脐条的一端为内脐，另一端（种子尖端部分）为种脐，发芽口亦在相同部位，此处附有种柄，但有时种柄脱落。棉花的种皮由表皮、外褐色层、无色层、栅状细胞、内褐色层等层次组成。

棉籽的外胚乳和内胚乳各有一列细胞，此层胚乳遗迹呈薄膜状，包围在胚的外部。子叶发达，表面积很大，呈多层不规则皱折填满种子内部，其上有深色的腺体，含有对人畜具毒害作用的棉酚。子叶细胞内充满了蛋白质及油脂。

（六）油菜

油菜籽亦属无胚乳种子，包括种皮及胚两部分，子叶为折叠型，2 片面积较大的子叶对折包在种皮内，子叶的外部仅存在胚乳遗迹。油菜种皮颜色在类型和品种之间存在差异，总的分黑褐色、黄色及暗红色三类。种皮上仅能观察到脐，发芽口等部位很难用肉眼辨别出。

油菜种皮包括四层细胞：第一层为表皮，压缩成一薄层，由厚壁无色（有些类型为黄褐色）细胞组成；第二层为薄壁细胞，细胞较大，呈狭长形，成熟后干缩；第三层为厚壁的机械组织，由红褐色的长形细胞构成，细胞壁大部木质化，此层细胞亦可称为高脚杯状细胞；第四层是带状色素层，由排列较整齐的一列长形薄壁细胞组成，此层的色泽因类型、品种而不同，某些芥菜型呈褐色，白菜型和甘蓝型则呈浅色。色素层以下是胚乳蛋白质层的细胞，一般列入种皮。种皮以内即为富含油脂和蛋白质的子叶细胞。

油菜种皮的第一层至第三层细胞是区别油菜和十字花科其他植物种子的重要依据。因为这三层细胞的形状、大小和胞壁厚薄在十字花科不同的种子之间存在明显的差别。

五、种子的化学成分

种子因类型、作物和品种不同，化学成分存在明显的差异。种子的化学成分包括许多种类，除了水分和主要营养成分蛋白质、淀粉和脂肪以外，还含有少量的矿物质、维生素、酶及色素等物质。各种化学成分的含量不仅在作物品种之间存在较大差异，而且因气候、土壤及栽培条件的影响而有很大变化。但在正常稳定的条件下，同一品种的化学成分变动的幅度较小。了解种子的化学成分不仅可以使我们确定种子在各方面的利用价值，还能使我们深入了解种子的生理机能，做到妥善、合理地对种子进行加工，尽量避免在加工过程中使种子活力和生活力受到损失。

（一）种子水分

种子水分是种子生理代谢作用的介质和控制开关。在种子发育、成熟、发芽以及收获以后的不同时期，种子的物理性质和生化变化都与水分的状态及含量有密切关系。

水分在种子中以两种状态——游离水（自由水）和结合水（束缚水）存在。游离水具有一般水的性质，可作为溶剂，在0℃时能结冰，容易从种子中蒸发出去。而结合水却牢固地和种子中的亲水胶体（主要指蛋白质、糖类及磷脂等）结合在一起，不容易蒸发，不具有溶剂的性质，在低温下不会结冰。

种子的生命必须在游离水存在的状态下才能旺盛进行。当种子水分减少至不存在游离水时，种子中的酶首先是水解酶就进入钝化状态，种子的新陈代谢变得很微弱。当游离水出现以后，酶就由钝化状态转变为活化状态，这个转折点的种子水分（即种子的结合水达到饱和程度并将出现游离水时的水分）称为临界水分。临界水分因作物种类不同而不同。

在一定温度条件下，种子中出现游离水以后，种子就不耐贮藏，种子的活力和生活力就会很快降低和丧失。而在临界水分以下，则一般认为种子可以安全贮藏。因此，人们在长期实践中，摸索出和临界水分相似的种子安全贮藏水分，称为“安全水分”。种子加工过程中，对种子进行干燥，就是将种子水分降到安全水分以下，保证包装和贮藏安全。禾谷类种子的安全水分一般为12%～14%，油料作物种子一般为8%～10%甚至更低，具体取决于其含油量。

（二）种子的营养成分

种子的营养成分主要包括糖类、脂肪和蛋白质。糖类和脂肪是呼吸作用的基质，蛋白质主要用于合成幼苗的原生质和细胞核。在糖类或脂肪缺乏时，蛋白质也可通过转化作用成为呼吸基质。

1．糖类

糖类是种子中三大贮藏物质之一，在种子发芽时，提供生长发育所必需的养料和能量。种子中所含的糖类总量占干物质的 25%～70%，具体因作物种类不同而不同。其存在形式包括不溶性糖和可溶性糖两大类，前者是主要的贮藏形式。

（1）不溶性糖

种子中的不溶性糖主要包括淀粉、纤维素、半纤维素和果胶等，完全不溶于水或吸水形成黏性胶溶液。淀粉在植物种子中分布广泛，是禾谷类种子中最主要的贮藏物质，它以淀粉粒的形式储存在胚乳细胞中，种子的其他部位极少，甚至完全不存在。种子中除淀粉外，主要的不溶性糖是纤维素和半纤维素，它们与木质素、果胶、矿物质及其他物质结合在一起，组成果皮和种皮细胞。纤维素通常不易被消化和吸收利用，半纤维素则可以作为种子的贮藏物质（贮藏在细胞壁中）或作为幼苗的“后备食物”，在种子发芽时能被半纤维素酶水解而吸收利用。

（2）可溶性糖

大多数禾谷类种子中的可溶性糖含量不高，一般占干物质的 2%～2.5%，其中主要是蔗糖。未成熟种子的可溶性糖含量很高，其中单糖占了不小的比率，并随着成熟度的增高而相应下降。当种子在不良条件下贮藏时，亦会引起可溶性糖含量的增高。

2．脂类

脂类物质包括脂肪和磷脂两大类，前者以贮藏物质的状态存在于细胞中，后者是构成原生质的必要成分。

（1）脂肪

脂肪属高能量贮藏物质，等量脂肪贮藏的能量比糖或蛋白质几乎高 1 倍。因此，自然界中大部分的种子均以脂肪作为主要的贮藏物质。

种子在贮藏过程中，容易发生脂肪酸败现象。脂肪的酸败包括水解和氧化两个过程。在水分较高的种子中，脂酶发生作用，将脂肪水解为游离脂肪酸和甘油。水解过程所需的脂酶，既存在于种子中，又大量存在于微生物中。种子中脂质的氧化一般是酶促作用的氧化，但也存在自动氧化过程。在脂肪氧化酶或其他物理因素的催化下，脂肪酸氧化为极不稳定的氢过氧化物，然后继续分解形成低级的醛和酸等物质。不同作物种子的酸败情况不完全一致，高水分的或碾伤的水稻子粒都会发生水解性酸败，不饱和脂肪酸含量高的种子会发生氧化性酸败。不饱和脂肪酸含量越高的种子，发生氧化性酸败的概率越高，氧化速率越快，变质越为迅速。脂肪酸败会对种子品质造成严重影响，使种子完全失去种用价值。

（2）磷脂

种子中的脂类物质除脂肪外，还有化学结构与脂肪相似的磷脂，但前者是贮藏物质，后者是细胞原生质的成分——各种细胞膜的必要成分，对于限制细胞和种子的透性，维持细胞的正常功能是必不可少的。

3．蛋白质

种子中的大部分蛋白质是贮藏蛋白质——属于简单蛋白质，主要以糊粉粒或蛋白体的状态存在于细胞内，只有极少量的蛋白质才是复合蛋白质，主要是脂蛋白和核蛋白。

（三）种子的生理活性物质

种子中存在某些化学物质，其含量虽然很低，但具有调节种子生理状态和生化变化的作用，促使种子生命活动强度的增高或降低。这类物质被称为生理活性物质，包括酶、维生素和激素。

种子内的生物化学反应是由种子本身所含有的有机物质所催化、调节和控制的，这就是酶。根据酶催化的反应类型，种子中的酶主要有氧化还原酶类（参与氧化还原反应）、转移酶类（转移某些基团，如氨基、羧基等）、水解酶类（在有水的条件下催化某些化合物的分解，如糖类、脂肪、蛋白质等的分解）、裂解酶类（在无水条件下也能催化化合物的分解，包括双键破坏）、异构酶类（调节分子内部的转化，为分子内的氧化还原反应和转移反应）、合成酶类（在传递能量的有机磷酸化合物参与下使分子连接起来）。

种子在正常的贮藏条件下，各种酶的活性一般是很低的，但酚氧化酶、过氧化酶等氧化还原酶类尚有相当的活性。前两种酶在种被中存在较多，其耗氧作用可影响种被的透气性甚至透水性，脂肪氧化酶则能导致脂质的氧化而成为种子衰老和劣变的重要原因。在不良的贮藏条件下，种子的水解酶、脂肪氧化酶和参与呼吸作用的酶类活性增强，于是种子内的水解作用、脂质氧化作用和呼吸作用均受到促进，这类种子不仅耐藏性变差，而且活力也会逐步降低。

种子中含有多种水溶性维生素（B 族维生素及维生素 C）和脂溶性维生素（维生素 E）。种子中并不存在维生素 A，但却含有维生素 A 的前体胡萝卜素。维生素 E 大量存在于油质种子及禾谷类种子的胚中，是一种重要的阻氧化剂，对防止油脂的氧化具有显著作用。

种子中含有生长素、赤霉素、细胞分裂素和乙烯、脱落酸等几类激素，具有促进种子及果实的生长、发育、成熟、贮藏物质积累、促进（或抑制）种子萌发和幼苗生长等多方面的作用。各种激素在成熟过程中均存在先增高后降低的趋势，呈单峰或双峰曲线，一般在发育过程中增高，至种子成熟后期迅速降低。在种子发芽过程中，萌发促进物质在一定时期内又迅速增加，但在衰老的种子中，赤霉素、细胞分裂素和乙烯等萌发促进物质产生的能力降低甚至完全丧失。与此相反，萌发抑制物质脱落酸在种子中的含量则可能因种子衰老而增多。

（四）其他化学成分

种子中还含有色素、矿物质及一些特殊的化学成分。种子内所含的色素种类有叶绿素、类胡萝卜素、黄素酮以及花青素等。种子中的矿物质有 30 多种，各种矿物质的含量差异很大，一般以磷的含量为最高，它是细胞膜的组成成分，且与核酸及能量代谢有密切关系。种子中的矿物质元素大多与有机物质结合存在，随着发芽变成无机状态，在生长部位的合成过程中转化为新组织的成分。有些种子中还含有一些特殊的化学成分，含量不高，但可能对本身具有某些生理作用或对人畜具有有益或有害的作用，应引起注意。如棉花种子中含有的棉酚是一种有毒物质，人类食用后会影响生育能力；还有一些种子中含有咖啡碱、可可碱等，可供人类利用。

六、种子寿命

作物种子具有一定的寿命，这是农业生产得以延续和发展的必要条件。种子寿命的延长有利于繁种次数的减少和繁育费用的降低。

（一）种子寿命的概念

种子寿命是指种子生活力在一定环境条件下能够保持的期限。实际上每颗种子都有它一定的生存期限，但目前尚无法逐一加以测定，只能用取样的方法，每隔一段时间，从种子群体中取出一小部分作为代表，测定其存活率。当一批种子的发芽率从收获后降低到半数种子存活所经历的时间，即为该批种子的平均寿命，也称半活期。半活期是种子死亡的高峰期，因此，在农业生产上用半活期作为种子寿命的概念显然不适宜。农业上对种子寿命的评价通常是指种子生活力在一定条件下能保持90%以上发芽率的期限。

植物种子寿命的差异性很大，这种差异是由多方面因素造成的：首先是由植物本身的遗传性所决定的，一般禾谷类种子寿命较短，葫芦科植物种子寿命较长；其次是受种子所处的环境条件的影响，包括种子留在母株上时的生态条件以及收获、脱粒、干燥、加工、贮藏和运输过程中所受到的影响。

（二）种子特性

1．种皮结构

凡种皮结构坚韧、致密、具有蜡质层和角质层的种子，其寿命较长；反之，种皮薄、结构疏松、外无保护结构和组织的种子，其寿命较短。在收获、加工、干燥、运输过程中种皮遭受机械损伤的种子，其种皮的保护性能下降，种子的寿命也明显下降。

2．化学成分

种子中有三大贮藏物质：糖类、蛋白质、脂肪，其中脂肪较其他两类物质更容易水解和氧化，对种子的生活力造成很大的威胁。因此，含油量高的种子比淀粉种子和蛋白质种子难贮藏。

3．种子的生理状态

种子若处于活跃的生理状态，其耐藏性是很差的。生理状态活跃指标是种子呼吸强度增强。凡未充分成熟的种子，受潮受冻的种子，尤其是已处于萌动状态的种子，或者发芽后又重新干燥的种子，均由于旺盛的呼吸作用而寿命大大缩短。

4．种子的物理性质

种子大小、硬度、完整性、吸湿性等因素均会对种子寿命产生影响。小粒种子、瘦粒种子、破损种子，其比面积大，且胚部占整粒种子的比率高，因而呼吸强度明显高于大粒、饱满和完整的种子，其寿命较短。吸湿性强的种子，相应地含水分和微生物较多，容易引起种子劣变。在种子入库前，对种子进行干燥和清选加工是保证种子安全贮藏、延长种子寿命的有效方法。

5．胚的性状

一般情况下，大胚种子或者胚占整个子粒比例较大的种子，其寿命短。在禾谷类种子中，玉米种子的胚较大，较其他禾谷类种子难贮藏。

6．正常性种子和顽拗性种子

植物种子对贮藏的水分和温度有不同的反应，据此按种子的贮藏特性不同可以将种子分为正常性种子和顽拗性种子。正常性种子具有适于干燥低温贮藏的特性。一般而论，种子水分和贮藏温度越低，越有利于延长种子寿命，大多数农作物种子属于这一类型。顽拗性种子具有不耐低温贮藏和不耐脱水干燥的特性。一般来说，脱水干燥会造成种子损伤，0 ℃以下低温会引起冻害，如茶籽、板栗、咖啡、可可和橡胶等林木种子。

（三）环境因素

1．湿度

若种子不是完全密闭在容器内，它必定和周围环境的湿度产生交换而自动平衡水分。当种子中出现自由水时，种子的呼吸强度激增的同时，自由水的出现使种子中的酶得以活化，使各种生理过程尤其是物质的分解过程加速进行，这样的种子很难再安全贮藏。因此，种子水分越高，寿命越短。

2．温度

在水分得到控制的情况下，贮藏温度越低，正常性种子的寿命越长。一般而论，最有利于延长种子寿命的贮藏温度为-10～-20 ℃。在这种情况下，种子水分需要低于临界水分。

3．气体

据研究，氧气会促进种子的劣变和死亡，而氮气、氦气、氢气和二氧化碳则延缓低水分种子的劣变进程，但高水分种子则加速劣变和死亡。因此，在低温、低湿条件下，采取密闭方式，使种子的生命活动维持在最微弱的状态，可以延长种子的寿命。但当种子水分和贮藏温度较高时，采用密闭的方法，会使处于旺盛呼吸的种子被迫转入缺氧呼吸，因而产生大量二氧化碳和酒精，使种子很快窒息死亡。此时，应立即采用通风摊晾的办法，使种子水分和温度迅速下降。

4．光

强烈的日光中紫外线较强，对种胚具有杀伤作用，且强光与高温相伴随，种子经强烈而持久的日光照射后，也容易丧失活力。小粒而颜色深的种子放在夏季强烈的日光下暴晒，最初会降低其发芽势，继续再晒，可将胚部细胞杀死。但大粒而种皮颜色浅的种子则受害程度较轻。

七、种子活力

种子活力是衡量种子质量的重要指标，也是种用价值的主要组成部分，它与种子田间出苗密切相关。种子活力又是种子生命过程中十分重要的特性之一，它与种子发育、成熟、萌发及种子贮藏寿命和劣变等生理过程有紧密联系。

（一）种子活力的概念

1997 年国际种子检验协会（ISTA）的代表大会通过了种子活力的定义，即“种子活力是决定种子或种子批在发芽和出苗期间的活性水平和行为的那些种子特性的综合表现。种子表现良好的为高活力种子”。官方种子分析家协会（AOSA）（北美）于 1980 年采用了较为简单直接的定义："种子活力是指在广泛的田间条件下，决定种子迅速整齐出苗和长成正常幼苗潜在能力的总称。"

因此，与种子活力有关的各方面特性表现如下。

1）种子发芽和幼苗生长的速度和整齐度。

2）田间表现，包括出苗、生长的速度和整齐度。

3）贮藏、运输后的表现，特别是发芽能力的保持。活力强度可持续影响植物生长，以及作物整齐度、产量和产品品质。

（二）种子活力的重要意义

种子活力是衡量种子品质的重要指标，高活力种子具有明显的生长优势和生产潜力，对农业生产具有十分重要的意义。

1．提高田间出苗率

高活力种子播到田间后出苗迅速、均匀一致，保证全苗和作物的田间密度，为增产打下良好的基础。

2．抵御不良环境条件

高活力种子生命力较强，对田间逆境具有较强的抵抗能力。如在干旱地区，高活力种子可适当深播，以便吸收足够的水分来萌动发芽，并有足够能量顶出土面，而低活力种子在深播情况下无力顶出土面。

3．增强对病虫杂草竞争能力

高活力种子由于发芽迅速、出苗整齐，可以逃避和抵抗病虫为害；同时，由于幼苗健壮、生长旺盛，具有和杂草竞争的能力。

4．抗寒力强，适于早播

通常高活力种子对早春低温具有抵抗能力，故可适当提早播种。一般在早播条件下，可以适当早收提高产量。对于蔬菜来说，早收则可提早上市，明显提高经济效益。

5．节约播种费用

高活力种子成苗率高，可比低活力种子减少播种量。

6．增加作物产量

高活力种子不仅可以全苗壮苗，而且可提早和增加分蘖及分枝，增加有效穗数和果枝，因而可以明显增产。

7．提高种子耐贮性

高活力种子可以较好地抵抗各种逆境，如高温、高湿等不良条件。需要作长期贮藏的种子最好选用高活力种子。

（三）加工贮藏对种子活力的影响

1．种子机械损伤

种子在收获后，必须经过干燥、精选、装袋、运输和贮藏过程，这期间都可引起种子间或种子与金属碰撞而造成的机械损伤。种子机械损伤的程度往往与收获时的种子水分有关。据试验，玉米种子水分为 14%时，机械损伤仅为 3%～4%；当水分为 8%时，损伤高达 70%～80%。玉米种子在水分较高（20%）时损伤也较重。这是因为种子水分低，质地较脆易破损或折断，水分过高则种子质软易擦伤或碰伤。机械损伤严重则会损坏种胚，使种子不能发芽或幼苗畸形，轻则破损种皮，降低种皮保护作用，加速种子老化劣变，并易遭微生物、仓虫为害，最终导致种子失去生活力和活力。

2．种子干燥

种子成熟采收后应及时进行干燥，延迟干燥和干燥温度过高将使种子活力降低。常用的干燥方法是提高温度，降低环境相对湿度，使种子水分下降。种质资源则往往采用干燥剂降低种子环境相对湿度使种子水分降低。但如果干燥不当（干燥温度过高或干燥剂比例过高），会使种子脱水过速，导致种子胚细胞损伤。

3．种子贮藏

种子贮藏的时间、方法和贮藏期间的环境条件（温度、湿度和氧气等的水平不同）对种子活力均有影响。在水分得到控制的情况下，贮藏温度越低，正常性种子的寿命越长。一般而论，最有利于延长种子寿命的贮藏温度为−10～−20℃。据研究，氧气会促进种子的劣变和死亡，而氮气、氦气、氢气和二氧化碳则能延缓低水分种子的劣变进程。因此，在低温、低湿条件下，采取密闭方式，使种子的生命活动维持在最微弱的状态，可以延长种子的寿命。

4．种子微生物及仓虫

在种子贮藏期间，由于种子本身带有微生物和病菌，促进呼吸作用增强和有毒物质积累，加速种子劣变，导致活力下降。有些病菌在种子萌发期间侵害种胚，使幼苗腐烂，影响田间出苗，特别是在低温、潮湿土壤中发芽，为害很大。种子虫害直接破损种子完整性，并促进贮藏种子的呼吸代谢，加速种子老化变质，严重时使种子失去发芽能力和出苗能力。

资料十二　种衣剂相关知识

一、种衣剂的概念及其作用原理

（一）种衣剂的概念

通常将种子处理剂分为三种：拌种剂、浸种剂和种衣剂。

拌种剂和浸种剂属于种子处理的不同方式，它们的共同特点是在播种前农民根据防治对象的不同选用不同的农药或含有农药的水溶液来处理种子，是传统的、田间地头的种子处理方法之一。而种衣剂是在种子外表形成具有一定功能和包覆强度的衣膜（或保护层），我们把具有这种功能的药剂称为种衣剂。

“种衣剂是由有效成分、黏结剂和其他助剂加工制成，可直接或稀释后包覆于种子表面，形成具有一定强度和通透性的保护层膜的农药制剂。”这是在 1997 年农业部标准制定座谈会上提出的种衣剂概念；这个概念把种衣剂归入农药产品进行管理，其中的“有效成分”指的是“农药有效成分”，产品中的微量元素、微肥等，不作为有效成分看待。在种衣剂产品中，比如说 17%克・多・酮小麦种衣剂，这里的有效成分就是指“克百威、多菌灵、三唑酮”，有效成分含量 17%；概念中有“稀释后”，指的是有些种子处理剂在应用时要加水或溶剂稀释后再进行包衣，国内目前也有这样的品种。国内的悬浮种衣剂品种大多是固定剂型，直接应用于种子包衣，严禁与肥料、农药混用。

（二）作用机理

包衣种子播种后，种子上的种衣首先起到消毒作用，以防止某些病菌随良种推广调运而传播蔓延。包衣种子播入土中，种衣在种子周围形成一层保护屏障，可以避免土壤中病虫的侵袭；种子发芽后，种衣起小药库作用，内吸性的药剂从“小药库”缓慢释放，被种子和植株吸收传导到未施药部位，继续起防病治虫作用。种衣中的微量元素或激素则起到种肥作用，刺激根系生长，增强抗逆性。

种衣剂不同于一般的拌种剂或浸种剂，它被包在种子上能立即固化成膜，不需长时间晾晒和干燥处理；播入土中的种衣遇水只能吸胀，而几乎不被溶解流失；同时对种子安全无害，从而保证了种子的正常吸水发芽和生长；药肥缓释，持效期长，利用率高。

二、种衣剂的分类

（一）按功能分类

1. 植保型

植保型即以防治芽期和苗期的主要病虫害为标的而拟定的活性物质配方，形成衣膜包裹在种子表面。

2. 包衣型

一般来说，在某些特殊情况下（如特种作物、特定的气候条件或特殊的地区）为了保证种子的发芽，在种子外表包裹一层保护层以确保其不受周边环境的影响。

3. 整形型

主要是针对蔬菜、花卉等价值较高的作物种子进行整形处理，俗称丸粒化。它是种子高度商品化的一种形式。

（二）按防治对象分类

1. 单一型

有单一的防病型、单一的防虫型或防缺素症型。这种形式前几年在西方国家很普遍，使用者可根据防治需要逐一购买，混配使用。国内这几年也开发有这一类产品，比如10.6%福・戊悬浮种衣剂，可以与 20%福・克悬浮种衣剂混配使用，对玉米丝黑穗病的防治有增效作用。

2. 复合型

有药肥复合型、病虫兼治型等，根据综合防治的需要做成一个配方，目前，该类剂型在我国正大面积推广。

（三）按农药加工剂型分类

按农药加工剂型分类有水悬浮型（FS）、水乳型（EWS）、悬乳型（SES）、干胶悬型（DFS）、微胶囊型（CS）、水分散粒剂型（WGS）等。

1. 水悬浮型种衣剂

水悬浮型种衣剂是目前我国推广种子包衣技术使用最广泛、使用量最大的种衣剂，它是把固体的农药和其他辅助成分超微粉碎成小于 4 μm 的颗粒而做成的一种特殊的农药水悬浮剂，国际标准代号为 FS。这种剂型的特点是使用方便，缺点是体积、运输量和包装量很大，包装物回收处理量大，不利于降低成本。为了克服这一缺点，近年来，国内又开发出浓缩型的水悬浮型种衣剂，使用时根据说明书加水稀释，然后包衣。

2. 水乳型种衣剂

水乳型种衣剂是根据某些特殊作物种子的防治需要而研制出的一种新的种衣剂剂型。它是把农药以液体形式以一个微米左右的微颗粒均匀的悬浮在种衣剂中，同时配以特殊的成膜材料和渗透剂。它的特点是活性物质的渗透性极强，能迅速穿过质地较为坚硬的种皮而被种子吸收，同时，特殊材料制成的衣膜保证了活性物质的单向渗透，具有特殊的效果。

3. 悬乳型种衣剂

悬乳型种衣剂是水悬浮型种衣剂和水乳型种衣剂的复配剂型。

4. 干胶悬型种衣剂

干胶悬型种衣剂是以农药干胶悬剂为基础再配以成膜材料而研制出的一种种衣剂新剂型。所有的活性物质等固体颗粒必须严格按照水悬浮型种衣剂的要求，平均粒径小于 4 μm。

使用时根据说明书配以定量的水进行稀释，使之恢复成悬浮型种衣剂，然后进行包衣。值得一提的是不能把拌种剂（WS）与该种干胶悬型种衣剂混为一谈。前者的基础是可湿性粉剂（WP），用这种拌种剂可以拌种但不能形成衣膜，同时可湿性粉剂颗粒太大，一般均在8～40 μm左右。就种衣剂所允许使用的农药而言，尤其是超高效农药，采用这种剂型很难起到应有的药效。干胶悬型种衣剂由于是固体粉末，所以运输和仓储方便，并节约了包装费用，一般适用于超高效农药为配方的种衣剂。应该注意的是：剧毒农药不宜采用此剂型加工，如呋喃丹，高浓缩的剧毒农药以超微固体形式存在，不管对生产者或使用者而言都是极不安全的。该剂型的缺点是生产时需要进行超微粉碎，使用过程需要进行稀释，粉尘处理比较困难，对生产环境和工作人员污染危害较大，使用不如水悬浮剂方便；该型产品对组分的细度要求较高，如果达不到应有的细度要求，作用就与可湿性粉剂差别不大。

5．微胶囊型种衣剂

微胶囊型种衣剂是把农药以5～20 μm或者更小直径的高分子小球包裹起来，形成一个一个的微胶囊，然后再按种衣剂的要求加工成水悬浮型的或干胶悬型的种衣剂。它具有控制释放的功能，从而可以延长药效，更可靠地确保种子的安全。微胶囊型种衣剂尚处在研制开发阶段。

6．水分散粒剂型种衣剂

水分散粒剂型种衣剂是在干胶悬型种衣剂的基础上进一步开发形成的，更有利于包装、运输和使用。在使用时要先与一定比例的水进行搅拌混合，然后才能进行包衣。搅拌混合时，容易起尘，种衣剂粉状物漂移易对环境操作人员造成危害；由于颗粒较大，包衣均匀度较悬浮种衣剂差。它与干胶悬型种衣剂的最大区别在于选用在水中能够快速分散的原材料，产品呈颗粒状，加工较容易，对细度的要求较低，使用较方便，生产成本较低，包装运输成本也较低。

（四）特异功能型种衣剂

1．抗旱型种衣剂

采用吸水树脂进行种子包衣，只要土壤中有水分存在，便可在种子周围形成“小水库”，其吸水量为树脂的300～1 000倍，并可在土壤中反复吸水、陆续供水，保证种子对水分的需求，促进种子发芽及幼苗生长。该种衣剂主要用于干旱、沙壤地区，在我国已有研究报道。

2．除草型种衣剂

除草型种衣剂含有易扩散的高效除草剂，专治“猫眼草”或苗床杂草，澳大利亚在牧草种子上应用此类种衣剂已获得成功，在我国尚未见报道。另外还有抗酸碱种衣剂、抗流失种衣剂、促进种子萌发种衣剂等。

（五）按作用作物分

有玉米种衣剂、小麦种衣剂、棉花种衣剂、大豆种衣剂、水稻种衣剂等。

三、种衣剂的组成与特点

种衣剂一般由活性物质、成膜剂、填料、辅助成分（微肥、植物生长调节剂、保水剂、供氧剂等）、警戒色、其他助剂（分散剂、渗透剂、流变添加剂、防冻剂、消泡剂等）等组成。

活性物质是种衣剂的主要成分，是病虫害防治功能中起主要作用的部分，它包括杀菌剂、杀虫剂、杀线虫剂、植物生长调节剂以及相应的保护剂、微量元素等。但种衣剂配方对所选用的农药活性物质有着特殊的要求，如不能影响种子的活性，在土壤中必须稳定，原药的酸碱度必须保持基本中性，对环境和土壤不产生严重的污染，残效期适中等。国际上种衣剂的开发和使用在20世纪60年代，开始阶段所选用的活性物质种类中的杀菌剂主要有多菌灵、福美双、萎锈灵、苯菌灵、甲霜灵等，杀虫剂主要有克百威、甲拌灵等，随着高效和超高效农药的问世，上述传统农药从20世纪90年代起逐步地从种衣剂配方中被淘汰，取而代之的是三唑醇、烯唑醇、戊唑醇、咯菌腈、灭菌唑、吡虫啉、七氟菊酯、氟虫腈、唾虫嗪等。我国的种衣剂研究开发起步于20世纪80年代末期，推广于 90 年代初，其农药活性物质的选用大部分仍以传统农药为主，目前正在加速向超高效农药过渡，国家已规定甲基异柳磷、辛硫磷、甲基环硫磷、甲拌磷等剧毒农药禁止或逐步禁止在种衣剂上使用。

成膜材料是种衣剂的一个关键成分，它必须在种子外表形成一层衣膜，并具有透气透水的功能和一定的强度，但又不被水分所溶解，随着种子的发芽、生长而逐步降解，它是一种特殊的高分子复合材料。

上述辅助成分中的微肥主要以特殊形态的锌、硼、锰、铜及少量稀有元素为主。

植物生长调节剂，根据植物需要，经常选用多效唑、烯效唑、缩节胺、生根剂、种子萌发促进剂等。

四、种衣剂的质量指标

按照国家标准的规定，悬浮种衣剂产品应在以下指标中合格。

（一）外观

紫红色（或其他警戒色）可流动的均匀悬浮液，长期存放允许出现少量沉淀或分层，但置于室温下经手摇动后应能恢复原状，不应有结块。

（二）有效成分含量

有效成分含量是种衣剂具有一定药效的保证。标准对有效成分的检测方法确定为液相色谱或气相色谱，这是我国种衣剂检测检验方法的重要变化，从技术角度解决了以前薄层层析法误差大、检测分析时间长、分析困难的问题，步入与国际质量控制接轨的新阶段。国家标准要求对生产企业的质量监测体系建设、设备配备提出了更高的要求。

（三）有害杂质含量

根据所选用原材料中有无对作物生长有不良影响的杂质而选定的指标，如果所选原材料中没有对作物生长有不良影响的杂质，标准中可以不列此项检验指标；如果所选原材料中含有对作物生长有不良影响的杂质，则必须对种衣剂产品中该杂质的存在及含量进行检验，保证控制在不影响作物正常发育生长的范围之内，确保种衣剂使用于作物是安全的。

（四）悬浮率

悬浮率与产品中固体组分的粒径大小、所用悬浮稳定剂等因素有关，能够较好地反映产品的储存稳定性和悬浮稳定性。悬浮率的测定采用标准硬水将试样配制成适当浓度的悬浮液，在规定的条件下，于量筒中静置 30 min，测定底部 1/10 悬浮液中种衣剂的质量，并计算悬浮率，悬浮率大于 90%为合格。

悬浮率是判定种衣剂中固体材料粒度大小的一个间接的测定办法，粒度决定包衣的均匀性，粒度越小，产品分布越均匀，包衣越均匀，田间播种后，其防治效果越均衡。粒度分布不均匀或严重超标就不可能均衡地发挥药效，布药过多的种子有可能产生药害，而吸药量不足的种子又达不到应有的防治效果。水悬浮型种衣剂的平均粒度至少应小于4 μm，没有专用的仪器很难测定。现在要求种衣剂生产企业采用激光粒度分布仪测定产品的粒度分布，就种子公司而言，用显微镜扫描，如发现特大的颗粒出现的概率很多，可以做出一个粗略的判断，再者悬浮型种衣剂如底部出现明显的固体沉淀甚至结块，这就说明质量没有达到标准。

（五）湿筛试验

筛析是检测种衣剂中机械杂质的含量，同时观察种衣剂是否有结块等现象。

按 GB/T 1615 中的湿筛法进行，98%为合格。

（六）黏度

黏度是种衣剂的一项重要指标，它与种衣剂的储存稳定性、包衣牢度和使用性能有关，根据作物种子包衣时对黏度的要求，标准确定为 100～600 Mpa·s。在 25 ℃条件下，用 NDJ—1 型旋转式赫度计或数显式黏度计测定。

（七）脱落率

种衣剂脱落率是衡量种衣剂衣膜牢固度的重要标志，与种衣剂的黏度、粒径大小、成膜剂类型、包衣比例及悬浮稳定剂的选用等因素有关。用乙醇溶解振荡前后种子表面上种衣剂干粉，采用分光光度法在 550 nm（以罗丹明 B 为警戒色的检测波长）条件下测定其量的变化。脱落率 8%的为合格。

1. 测定方法

称取一定量包衣后的种子于振荡仪中振荡一定时间，用乙醇萃取，测定吸光度，计算其脱落率。

2. 仪器与试剂

具塞三角瓶：250 mL。

分光光度计：751 G。

振荡仪：（500± 50）r/min。

乙醇：分析纯。

3. 试验步骤

称取 10 g 成膜性合格的包衣种子两份（精确至 0.002 g），分别置于 250 mL 具塞三角瓶中。一份加入 100 mL 乙醇，加塞置于超声波清洗器中振荡 10 min，使种子外表的种衣剂充分溶解，取出静置 10 min，取上清液 5 mL 于 50 mL 容量瓶中，用乙醇稀释至刻度，摇匀，为溶液 A。

将另一份置于振荡器中，振荡 10 min 后，小心将种子取至另一个三角瓶中，用溶液 A 的处理方法，得溶液 B。

将溶液 A、B 分别注入两个 1 cm 的石英吸收池中，以乙醇作参比，在 550 nm 波长下，测定其吸光度。

4．计算

脱落率按下式计算

$$X_5=\frac{A_1/M_7-B_1/M_8}{A_1M_7}$$

式中　X_5——脱落率；

A_1——溶液 A 的吸光度；

B_1——溶液 B 的吸光度。

M_7——配制溶液 A 所称取包衣种子的质量；

M_8——配制溶液 B 所称取包衣种子的质量；

（八）包衣均匀度

包衣均匀度是衡量种衣剂包衣质量的重要标志，与种衣剂黏度、粒径大小等因素有关。分别将 20 粒经包衣处理过的种子试样用乙醇萃取，染料被萃取到溶剂中后，分别测定吸光度，求包衣均匀度。包衣中有效成分含量在平均值±30%以内的种子数目应大于包衣种子总数的 90%。

（九）酸碱度

酸碱度是保证种衣剂有效成分的稳定性及对种子安全性的一项指标，pH 值控制在 5.0～7.0 之间。

（十）成膜时间

成膜时间是检验种衣剂在规定时间内能否成膜的一项指标，与能否提高生产率有很大关系。一般包衣后在 20 min 内固化成膜，包衣的种子互不粘连、不结块者为合格。

（十一）低温稳定性

低温稳定性是检验种衣剂经过低温贮藏后能否正常使用的一项指标。测定种衣剂在低温条件贮藏后，产品温度、悬浮率等物性指标的变化情况。冷贮在 0±1 ℃条件下保持 7 d；同时与室温下储存作为对照。储存结束，检测各项指标应符合标准要求。

（十二）热贮稳定性实验

热贮稳定性实验是检验种衣剂有效成分贮藏稳定性的指标。测定种衣剂在热条件贮藏后，产品农药有效成分的变化情况。热贮在 54±2 ℃条件下保持 14 d，同时与室温储存作对照。储存结束以后，检测有效成分的相对分解率≤5%和悬浮率符合标准规定的为合格。

资料十三　农作物种子标签

为了规范农作物种子标签的标注、制作与使用行为，指导企业正确标注农作物种子标签，明示质量信息，明确质量责任，加强质量监督，根据《中华人民共和国种子法》、《中华人民共和国农业转基因生物安全管理条例》、《农作物种子标签管理办法》等有关法律、法规、规章的规定，中华人民共和国国家质量监督检验检疫总局、中国国家标准化管理委员会于 2006 年 7 月 12 日发布了《农作物种子标签通则》(GB 20464-2006)，于 2006 年 11 月 1 日起实施。《农作物种子标签通则》规定了农作物商品种子标签的标注总则、标注内容、制作要求，确立了其使用监督的检查范围、内容以及质量判定规则，适用于中华人民共和国境内经营的农作物商品种子。

一、标签总则

（一）真实

种子标签标注内容应真实、有效，与销售的农作物商品种子相符。

（二）合法

种子标签标注内容应符合国家法律、法规的规定，满足相应技术规范的强制性要求。

（三）规范

种子标签标注内容表述应准确、科学、规范，规定标注内容应在标签上描述完整。

标注所用文字应为中文，除注册商标外，使用国家语言文字工作委员会公布的规范汉字。可以同时使用有严密对应关系的汉语拼音或其他文字，但字体应小于相应的中文。除进口种子的生产商名称和地址外，不应标注与中文无对应关系的外文。

种子标签制作形式符合规定的要求，印刷清晰易辨，警示标志醒目。

二、标签标注内容

对于应当包装销售的农作物种子，标签为固定在种子包装物表面及内外的文字说明及特定图案；对于可以不经包装销售的农作物种子，标签为在经营时所提供印刷品的文字说明及特定图案。文字说明是指对标注内容的具体描述，特定图案是指警示标志、认证标志等。种子标签的标注内容分应标注内容、应加注内容和宜加注内容三部分进行标注。

（一）应标注内容

作物种类、种子类别、品种名称、生产商进口商名称及地址、质量指标、产地、生产年月、种子经营许可证编号和检疫证明编号为种子标签应标注内容，标注时应符合下列规定。

1. 作物种类

按植物分类学上所确定的种或亚种或变种进行标注，宜采用GB/T 3.2和GB/T 2930.1，以及其他国家标准或行业标准所确定的作物种类名称。

在不引起误解或混淆的情况下，个别作物种类可采用常用名称或俗名。例如，“结球白菜”可标注为“大白菜”。

需要特别说明用途或其他情况的，应在作物种类名称前附加相应的词。例如，“饲用甜菜”和“糖用甜菜”。

2. 种子类别

1）按常规种和杂交种进行标注，其中常规种可以不具体标注。

2）常规种按育种种子、原种、大田用种进行标注，其中大田用种可以具体标注。

3）杂交亲本种子应标注杂交亲本种子的类型。例如，“三系”籼型杂交水稻的亲本种子，应明确至不育系或保持系或恢复系。或直接标明杂交亲本种，如西瓜亲本原种。

4）作物种类与种子类别可以联合标注，如水稻原种、水稻杂交种、水稻不育系原种、水稻不育系；玉米杂交种、玉米自交系。

3. 品种名称

属于授权品种或审定通过的品种，应标注批准的品种；不属于授权品种或无须进行审定的品种，宜标注品种持有者（或育种者）确定的品种名称。

标注的品种名称应适宜，不应含有下列情形之一。

1）仅以数字组成的，如：88-8-80。

2）违反国家法规或者社会公德或者带有民族歧视性的。

3）以国家名称命名的，如中国1号。

4）以县级以上行政区划的地名或公众知晓的外国地名命名的，如湖南水稻、北海道小麦。

5）以政府间国际组织或其他国际国内知名组织及标志名称相同或者近似，如FAO、UPOV、国徽、红十字。

6）对植物新品种的特征、特性或者育种者的身份或来源等容易引起误解的，如铁秆小麦、超大穗水稻、李氏玉米、美棉王。

7）属于相同或相近植物属或者种的已知名称的。

8）夸大宣传并带有欺骗性的。

4. 生产商、进口商名称及地址

（1）国内生产种子

国内生产的种子应标注：生产商名称、生产商地址和联系方式。

生产商名称、地址，按农作物种子经营许可证注明的进行标注；联系方式，标注生产商的电话号码或传真号码。

有下列情形之一的，按照下列规定相应予以标注。

1）集团公司生产的种子，标集团公司的名称和地址；集团公司子公司生产的种子，标子公司（也可同时标集团公司）的名称和地址。

2）集团公司的分公司或其生产基地，对其生产的种子，标集团公司（也可同时标分公司或生产基地）的名称和地址。

3）代制种或代加工且不负责外销的种子，标委托者的名称和地址。

（2）进口种子

进口种子应标注：进口商名称、进口商地址以及联系方式、生产商名称。

进口商名称、地址，按农作物种子经营许可证注明的进行标注；联系方式，标注进口商的电话号码或传真号码；生产商名称，标注种子原产国或地区能承担种子质量责任的种子供应商的名称。

5．质量指标

已发布种子质量国家或行业技术规范强制性要求的农作物种子，其质量指标的标注项目应按规定进行标注。如果已发布种子质量地方性技术规范强制性要求的农作物种子，并在该地方辖区内进行种子经营的，可按该技术规范的规定进行标注。

质量指标的标注值按生产商或进口商或分装单位承诺的进行标注，但不应低于技术规范强制性要求已明确的规定值。

未制定技术规范强制性要求的农作物种子的质量指标的标注项目执行下列规定。

1）粮食作物种子、经济作物种子、瓜菜种子、饲料和绿肥种子的质量指标的标注项目应标注品种纯度、净度、发芽率和水分。

2）无性繁殖材料（苗木）、热带作物种子和种苗、草种、花卉种子和种苗的质量指标宜参照推荐性国家标准或行业标准或地方标准（适用于该地方辖区的经营种子）已规定的质量指标的标注项目进行标注；未制定推荐性国家标准或行业标准或地方标准的，按备案的企业标准规定或企业承诺的质量指标的标注项目进行标注。

3）脱毒繁殖材料的质量指标宜参照推荐性国家标准或行业标准或地方性标准（适应于该地方辖区的经营种子）已规定的质量指标的标注项目进行标注；未制定推荐性国家标准或行业标准或地方标准的，按备案的企业标准规定或企业承诺的质量指标的标注项目进行标注，但至少应标注品种纯度、病毒状况和脱毒扩繁代数。

质量指标的标注值按生产商或进口商或分装单位承诺的进行标注，品种纯度、净度（净种子）、水分百分率保留一位小数，发芽率、其他植物种子数目保留整数。

6．产地

国内生产种子的产地，应标注种子繁育或生产所在地，按照行政区域最大标注到省级。进口种子的原产地，按照“完全获得”和“实质性改变”规则进行认定（《中华人民共和国海关关于进口货物原产地的暂行管理办法》对“全完获得”和“实质性改变”规则作了详细的界定），标注种子原产地的国家或地区（指中国香港、澳门、台湾）名称。

7．生产年月

生产年月标注种子收获或种苗出圃的日期，采用 GB/T 7408—2005 中 5.2.1 2a 规定的基本格式：YYYY-MM。例如，种子于 2001 年 9 月收获的，生产年月标注为：2001-09。

8．种子经营许可证编号和检疫证明编号

标注生产商或进口商或分装单位的农作物种子经营许可证编号。《农作物种子生产经营许可证管理办法》规定了农作物种子经营许可证编号的表示格式：（×）农种经许字（××××）第×号，其中第一个括号内的“×”表示发证机关简称；第二个括号内的“××××”为年号；“第×号”中的“×”为证书序号。

应采用下列方式之一，标注检疫证明编号：

1）产地检疫合格证编号（适用于国内生产种子）；

2）植物检疫证书编号（适用于国内生产种子）；

3）引进种子、苗木检疫审批单编号（适用于进口种子）。

（二）应加注内容

在制作种子标签时应根据种子特点和使用要求加注如下内容。

1）国内生产的主要农作物种子应加注主要农作物种子生产许可证编号和主要农作物品种审定编号。

2）进口的种子应加注进出口企业资格证书或对外贸易经营者备案登记表编号、进口种子审批文号；是主要农作物的种子还应加注在中国境内审定通过的主要农作物品种审定编号。

3）转基因种子应在标签上标明“转基因”或“转基因种子”、农业转基因生物安全证书编号、转基因农作物种子生产许可证编号，有特殊销售范围要求的需标注销售范围，可表示为“仅限于××销售（生产、使用）”，转基因品种安全控制措施要按农业转基因生物安全证书上所载明的进行标注。

4）药剂处理种子应加注：药剂名称、有效成分及含量、毒性大小、注意事项等内容。

5）分装种子应加注分装单位名称和地址、分装日期。

6）混合种子应标明“混合种子”及每一类种子的名称（包括作物种类、种子类别和品种名称）及质量分数；以及产地、检疫证明编号、农作物种子经营许可证编号、生产年月、质量指标等（只要存在着差异，就应标注至每一类）。如果属于同一品种不同生产方式、不同加工处理方式的种子混合物，应予注明。

7）应当包装销售的农作物种子应加注净含量。净含量的标注由“净含量”（中文）、数字和法定计量单位（kg或g）或数量单位（粒或株）三个部分组成。使用法定计量单位时，净含量小于1 000 g的，以g（克）表示，大于或等于1 000 g的，以kg（千克）表示。

8）农作物商品种子批中不应存在检疫性有害杂草种子；其他杂草种子依据作物种类的不同，不应超过技术规范强制性要求所规定的允许含量。如果种子批中含有低于或等于技术规范强制性要求所规定的含量的杂草种子，应加注杂草种子的种类和含量。杂草种子种类应按植物分类学上所确定的种（不能准确确定所属种时，允许标注至属）进行标注，含量表示法为：××粒/kg。

9）以质量认证种子进行销售的种子批，其标签应附有认证标志。

（三）宜加注内容

1. 种子批号

种子批号是质量信息可靠性、溯源性以及质量监督的重要依据之一。包装销售的农作物种子，宜在标签上标注由生产商或进口商或分装单位自行确定的种子批号。

2. 品种说明

有关品种主要性状、主要栽培措施、使用条件的说明，宜在标签上标注。主要性状可包括种性、生育期、穗形、株型、株高、粒形、抗病性、单产、品质以及其他典型性状；主要栽培措施可包括播期、播量、施肥方式、灌水、病虫防治等；使用条件可包括适宜种植的生态区和生产条件。对于主要农作物种子，品种说明应与审定公告一致；对于非主要农作物种子，品种说明应有试验验证的依据。

三、标签制作要求

（一）标签标注形式

应当包装销售的农作物种子的标注内容可采用下列一种或多种形式。

1）直接印制在包装物表面。

2）固定在包装物外面的印刷品。

3）放置在包装物内的印刷品。

这三种形式标注的内容应包括应标注内容和应加注内容，但是下列标注内容应直接印制在包装物表面或者制成印刷品固定在包装物外面。

1）作物种类与种子类别。

2）品种名称。

3）生产商或进口商或分装单位名称与地址。

4）质量指标。

5）净含量。

6）生产年月。

7）农作物种子经营许可证编号。

8）警示标志。

9）标明“转基因”或“转基因种子”。

可以不经包装销售的农作物种子的标注内容，应制成印刷品随种子一同提供给用户。

（二）标签印刷品的制作要求

1. 形状

固定在包装物外面的或作为可以不经包装销售的农作物种子标签的印刷品应为长方形，长与宽大小不应小于 12 cm×8 cm。

2. 材料

印刷品的制作材料应有足够的强度，特别是固定在包装物外面的应不易在流通环节中变得模糊甚至脱落。

3. 颜色

固定在包装物外面的或作为可以不经包装销售的农作物种子标签的印刷品宜制作不同颜色以示区别。育种家种子使用白色并有左上角至右下角的紫色单对角条纹，原种使用蓝色，大田用种使用白色或者蓝红以外的单一颜色，亲本种子使用红色。

4. 印刷要求

印刷字体、图案应与基底形成明显的反差，清晰易辨。使用的汉字、数字和字母的字体高度不应小于 1.8 mm。净含量字符高度符合表 3-13-1 的要求。

表 3-13-1　定量包装种子净含量标注字符高度

标注净含量（Q_n）	字符的最小高度（mm）
$Q_n \leqslant 50$ g	2
50 g $\leqslant Q_n \leqslant$ 200 g	3
200 g $\leqslant Q_n \leqslant$ 1 000 g	4
$Q_n >$ 1 000 g	6

警示标志和说明书应醒目，“高毒”、“中等毒”、“低毒”以红色字体印刷。

生产年月标示采用见包装物某部位的方式，应标示所在包装物的具体部位。

四、标签使用监督

种子标签使用监督检查内容包括以下三点。

（一）标注内容的真实性和合法性

种子标签的真实性监督检查是检查种子标签标注内容是否真实、有效，是否与销售的农作物商品种子相符。合法性监督检查是检查种子标签标注内容是否符合国家法律、法规的规定，是否满足相应技术规范的强制性要求。

（二）标注内容的完整性和规范性

种子标签标注内容表述应准确、科学、规范，对于应标注内容、应加注内容应在标签上描述完整。标注所用文字应为中文，除注册商标外，使用国家语言文字工作委员会公布的规范汉字。可以同时使用有严密对应关系的汉语拼音或其他文字，但字体应小于相应的中文。除进口种子的生产商名称和地址外，不应标注与中文无对应关系的外文。

（三）种子标签的制作要求

种子标签制作形式应在形状、材料、颜色、印刷要求上符合规定的要求。

资料十四 《中华人民共和国种子法》及配套法规有关内容

一、《中华人民共和国种子法》有关内容

（2004年8月28日第十届全国人民代表大会常务委员会第十一次会议通过）

第二条 在中华人民共和国境内从事品种选育和种子生产、经营、使用、管理等活动，适用本法。

本法所称种子，是指农作物和林木的种植材料或者繁殖材料，包括子粒、果实和根、茎、苗、芽、叶等。

第十七条 应当审定的农作物品种未经审定通过的，不得发布广告，不得经营、推广。

应当审定的林木品种未经审定通过的，不得作为良种经营、推广，但生产确需使用的，应当经林木品种审定委员会认定。

第二十条 主要农作物和主要林木的商品种子生产实行许可制度。

第二十六条 种子经营实行许可制度。种子经营者必须先取得种子经营许可证后，方可凭种子经营许可证向工商行政管理机关申请办理或者变更营业执照。

第二十九条 申请领取种子经营许可证的单位和个人，应当具备下列条件：

（一）具有与经营种子种类和数量相适应的资金及独立承担民事责任的能力；

（二）具有能够正确识别所经营的种子、检验种子质量、掌握种子贮藏、保管技术的人员；

（三）具有与经营种子的种类、数量相适应的营业场所及加工、包装、贮藏保管设施和检验种子质量的仪器设备；

（四）法律、法规规定的其他条件。

种子经营者专门经营不再分装的包装种子的，或者受具有种子经营许可证的种子经营者以书面委托代销其种子的，可以不办理种子经营许可证。

第三十三条 未经省、自治区、直辖市人民政府林业行政主管部门批准，不得收购珍贵树木种子和本级人民政府规定限制收购的林木种子。

第三十四条 销售的种子应当加工、分级、包装。但是，不能加工、包装的除外。

大包装或者进口种子可以分装；实行分装的，应当注明分装单位，并对种子质量负责。

第三十五条 销售的种子应当附有标签。标签应当标注种子类别、品种名称、产地、质量指标、检疫证明编号、种子生产及经营许可证编号或者进口审批文号等事项。标签标注的内容应当与销售的种子相符。

销售进口种子的，应当附有中文标签。

销售转基因植物品种种子的，必须用明显的文字标注，并应当提示使用时的安全控制措施。

第三十六条 种子经营者应当建立种子经营档案，载明种子来源、加工、贮藏、运输和质量检测各环节的简要说明及责任人、销售去向等内容。

一年生农作物种子的经营档案应当保存至种子销售后二年，多年生农作物和林木种子经营档案的保存期限由国务院农业、林业行政主管部门规定。

第四十三条 种子的生产、加工、包装、检验、贮藏等质量管理办法和行业标准，由国务院农业、林业行政主管部门制定。

农业、林业行政主管部门负责对种子质量的监督。

第四十六条 禁止生产、经营假、劣种子。

下列种子为假种子：

（一）以非种子冒充种子或者以此种品种种子冒充他种品种种子的；

（二）种子种类、品种、产地与标签标注的内容不符的。

下列种子为劣种子：

（一）质量低于国家规定的种用标准的；

（二）质量低于标签标注指标的；

（三）因变质不能作种子使用的；

（四）杂草种子的比率超过规定的；

（五）带有国家规定检疫对象的有害生物的。

第四十八条 从事品种选育和种子生产、经营以及管理的单位和个人应当遵守有关植物检疫法律、行政法规的规定，防止植物危险性病、虫、杂草及其他有害生物的传播和蔓延禁止任何单位和个人在种子生产基地从事病虫害接种试验。

第六十二条 违反本法规定，有下列行为之一的，由县级以上人民政府农业、林业行政主管部门或者工商行政管理机关责令改正，处以一千元以上一万元以下罚款：

（一）经营的种子应当包装而没有包装的；

（二）经营的种子没有标签或者标签内容不符合本法规定的；

（三）伪造、涂改标签或者试验、检验数据的；

（四）未按规定制作、保存种子生产、经营档案的；

（五）种子经营者在异地设立分支机构未按规定备案的。

二、《农作物种子生产经营许可证管理办法》有关内容

（《农作物种子生产经营许可管理办法》已经 2011 年农业部第 4 次常务会议审议通过，现予公布，自 2011 年 9 月 25 日起施行）

第六条 生产主要农作物商品种子的，应当依法取得主要农作物种子生产许可证（以下简称种子生产许可证）。

主要农作物杂交种子及其亲本种子、常规种原种种子的生产许可证由生产所在地县级人民政府农业行政主管部门审核，省级人民政府农业行政主管部门核发。其他主要农作物的种子生产许可证由生产所在地县级以上地方人民政府农业行政主管部门核发。

生产所在地为非主要农作物，在其他省（自治区、直辖市）为主要农作物，生产者申请办理种子生产许可证的，生产所在地农业行政主管部门应当受理并依法核发。

第七条 申请领取种子生产许可证，应当具备以下条件：

（一）申请杂交稻、杂交玉米种子及其亲本种子生产许可证的，注册资本不少于3 000万元；申请其他主要农作物种子生产许可证的，注册资本不少于500万元；

（二）生产的品种通过品种审定；生产具有植物新品种权的种子，还应当征得品种权人的书面同意；

（三）具有完好的净度分析台、电子秤、置床设备、电泳仪、电泳槽、样品粉碎机、烘箱、生物显微镜、电冰箱各1台（套）以上，电子天平（感量百分之一、千分之一和万分之一）1套以上，扦样器、分样器、发芽箱各2台（套）以上；申请杂交稻、杂交玉米种子生产许可证的，还应当配备PCR扩增仪、酸度计、高压灭菌锅、磁力搅拌器、恒温水浴锅、高速冷冻离心机、成套移液器各1台（套）以上；

（四）检验室100平方米以上；申请杂交稻、杂交玉米种子及其亲本种子生产许可证的，检验室150平方米以上；

（五）有仓库500平方米以上，晒场1 000平方米以上或者相应的种子干燥设施设备；

（六）有专职的种子生产技术人员、贮藏技术人员和经省级以上人民政府农业行政主管部门考核合格的种子检验人员（涵盖田间检验、扦样和室内检验，下同）各3名以上；其中，生产杂交稻、杂交玉米种子及其亲本种子的，种子生产技术人员和种子检验人员各5名以上；

（七）生产地点无检疫性有害生物；

（八）符合种子生产规程要求的隔离和生产条件；

（九）农业部规定的其他条件。

第十条 种子生产许可证应当注明许可证编号、企业名称、住所、法定代表人、注册资本、发证机关、公告文号、发证时间，以及生产种子的作物种类、品种名称、审定编号、植物新品种权号、生产地点、有效期限等项目。

许可证编号为“___（×）农种生许字（×）第×号”。其中，第一个括号内为发证机关简称，第二个括号内为首次发证年号，第三个号码为四位顺序号；“___”上标注生产种子的类型：b为杂交稻和杂交玉米种子及其亲本种子，c为其他主要农作物种子。

第三十二条 本办法所称种子生产，是指种植、采收、晾晒或者烘干种子的活动。

本办法所称种子经营，是指对生产的种子进行清选、分级、干燥、包衣等加工处理，以及包装、标志、销售的活动。

第三十三条 本办法所称种子加工成套设备，是指主机和配套系统相互匹配并固定安装在加工厂房内，实现种子精选、计量和包装流水作业功能的种子加工系统。主机主要包括风筛清选机（风选部分应具有前后吸风道，双沉降室；筛选部分应具有三层以上筛片）、重力式清选机和电脑计量包装喷码设备；配套系统主要包括输送系统、储存系统、除尘系统、除杂系统和电控系统。杂交水稻种子的加工成套设备还包括能够完成长度清选作业的窝眼筒清选机。

本办法所称固定资产，是指企业为生产产品、提供劳务、出租或者经营管理而持有的、使用时间超过12个月的非货币性资产，包括房屋、建筑物、机器、机械、运输工具以及其他与生产经营活动有关的设备、器具、工具等。

三、《农作物商品种子加工包装规定》有关内容

（2001 年 2 月 13 日农业部第一次常务会议通过 2001 年 2 月 26 日中华人民共和国农业部令第 50 号发布施行）

第一条 根据《中华人民共和国种子法》第三十四条的规定，制定本规定。

第二条 下列农作物种子应当加工、包装后销售：

（一）有性繁殖作物的子粒、果实，包括颖果、荚果、茹果、核果等；

（一）马铃薯微型脱毒种薯。

第三条 下列农作物种子可以不经加工、包装进行销售：

（一）无性繁殖的器官和组织，包括根（块根）、茎（块茎、鳞茎、球茎、根茎）、枝、叶、芽、细胞等；

（二）苗和苗木，包括蔬菜苗、水稻苗、果树苗木、茶树苗木、桑树苗木、七卉苗木等；

（三）其他不宜包装的种子。

第四条 种子加工、包装应当符合有关国家标准或者行业标准。

第五条 省级农业行政主管部门可以根据本规定，制定具体名录，报农业部备案，并予以公布。

资料十五 《中华人民共和国产品质量法》有关内容

（1993 年 2 月 22 日第七届全国人民代表大会常务委员会第三十次会议通过，根据 2000 年 7 月 8 日第九届全国人民代表大会常务委员会第十六次会议《关于修改〈中华人民共和国产品质量法〉的决定》修正）

第一条 为了加强对产品质量的监督管理，提高产品质量水平，明确产品质量责任，保护消费者的合法权益，维护社会经济秩序，制定本法。

第二条 在中华人民共和国境内从事产品生产、销售活动，必须遵守本法。

本法所称产品是指经过加工、制作，用于销售的产品。

建设工程不适用本法规定；但是，建设工程使用的建筑材料、建筑构配件和设备，属于前款规定的产品范围的，适用本法规定。

第四条 生产者、销售者依照本法规定承担产品质量责任。

第五条 禁止伪造或者冒用认证标志等质量标志；禁止伪造产品的产地，伪造或者冒用他人的厂名、厂址；禁止在生产、销售的产品中掺杂、掺假，以假充真，以次充好。

第八条 国务院产品质量监督部门主管全国产品质量监督工作。国务院有关部门在各自的职责范围内负责产品质量监督工作。

县级以上地方产品质量监督部门主管本行政区域内的产品质量监督工作。县级以上地方人民政府有关部门在各自的职责范围内负责产品质量监督工作。

法律对产品质量的监督部门另有规定的，依照有关法律的规定执行。

第九条 各级人民政府工作人员和其他国家机关工作人员不得滥用职权、玩忽职守或者循私舞弊，包庇、放纵本地区、本系统发生的产品生产、销售中违反本法规定的行为，或者阻挠、干预依法对产品生产、销售中违反本法规定的行为进行查处。各级地方人民政府和其他国家机关有包庇、放纵产品生产、销售中违反本法规定的行为的，依法追究其主要负责人的法律责任。

第十二条 产品质量应当检验合格，不得以不合格产品冒充合格产品。

第十三条 可能危及人体健康和人身、财产安全的工业产品，必须符合保障人体健康和人身、财产安全的国家标准、行业标准；未制定国家标准、行业标准的，必须符合保障人体健康和人身、财产安全的要求。

禁止生产、销售不符合保障人体健康和人身、财产安全的标准和要求的工业产品。具体管理办法由国务院规定。

第十六条 对依法进行的产品质量监督检查，生产者、销售者不得拒绝。

第二十六条 生产者应当对其生产的产品质量负责。

产品质量应当符合下列要求：

（一）不存在危及人身、财产安全的不合理的危险，有保障人体健康和人身、财产安全的国家标准、行业标准的，应当符合该标准；

（二）具备产品应当具备的使用性能，但是，对产品存在使用性能的瑕疵作出说明的除外；

（三）符合在产品或者其包装上注明采用的产品标准，符合以产品说明、实物样品等方式表明的质量状况。

第二十七条 产品或者其包装上的标志必须真实，并符合下列要求：

（一）有产品质量检验合格证明；

（二）有中文标明的产品名称、生产厂厂名和厂址；

（三）根据产品的特点和使用要求，需要标明产品规格、等级、所含主要成分的名称和含量的，用中文相应予以标明；需要事先让消费者知晓的，应当在外包装上标明，或者预先向消费者提供有关资料；

（四）限期使用的产品，应当在显著位置清晰地标明生产日期和安全使用期或者失效日期；

（五）使用不当，容易造成产品本身损坏或者可能危及人身、财产安全的产品，应当有警示标志或者中文警示说明。

裸装的食品和其他根据产品的特点难以附加标志的裸装产品，可以不附加产品标志。

第二十九条 生产者不得生产国家明令淘汰的产品。

第三十二条 生产者生产产品，不得掺杂、掺假，不得以假充真、以次充好，不得以不合格产品冒充合格产品。

第四十二条 由于销售者的过错使产品存在缺陷，造成人身、他人财产损害的，销售者应当承担赔偿责任。销售者不能指明缺陷产品的生产者也不能指明缺陷产品的供货者的，销售者应当承担赔偿责任。

第四十九条 生产、销售不符合保障人体健康和人身、财产安全的国家标准、行业标准的产品的，责令停止生产、销售，没收违法生产、销售的产品，并处违法生产、销售产品（包括已售出和未售出的产品，下同）货值金额等值以上三倍以下的罚款；有违法所得的，并处没收违法所得；情节严重的，吊销营业执照；构成犯罪的，依法追究刑事责任。

第五十条 在产品中掺杂、掺假，以假充真，以次充好，或者以不合格产品冒充合格产品的，责令停止生产、销售，没收违法生产、销售的产品，并处违法生产、销售产品货值金额百分之五十以上三倍以下的罚款；有违法所得的，并处没收违法所得；情节严重的，吊销营业执照；构成犯罪的，依法追究刑事责任。

第五十一条 生产国家明令淘汰的产品的，销售国家明令淘汰并停止销售的产品的，责令停止生产、销售，没收违法生产、销售的产品，并处违法生产、销售产品货值金额等值以下的罚款；有违法所得的，并处没收违法所得；情节严重的，吊销营业执照。

第五十二条 销售失效、变质的产品的，责令停止销售，没收违法销售的产品，并处违法销售产品货值金额二倍以下的罚款；有违法所得的，并处没收违法所得；情节严重的，吊销营业执照；构成犯罪的，依法追究刑事责任。

第五十九条 在广告中对产品质量作虚假宣传，欺骗和误导消费者的，依照《中华人民共和国广告法》的规定追究法律责任。

资料十六　种子加工典型设备介绍

一、种子机械

（一）5XC—5.0 初清机（彩图 1）

1. 5XC—5.0 初清机的主要用途

5XC—5.0 圆筒初清机适用于小麦、玉米、水稻等物料（种子）的初选，能分离去物料中的大杂（如石块、麻绳、断穗和茎叶等）。

2. 5XC-5.0 初清机的技术参数

生产率：5 000 kg/h。

电机总功率：1.5 kW。

外形尺寸：2 470 mm×915 mm×1 975 mm。

（二）5XD—5.0/8.0/10.0/12.0 系列风筛清选机（彩图 7）

1. 5XD—5.0/8.0/10.0/12.0 系列风筛清选机的主要用途

5XD—5.0/8.0/10.1/12.0 系列风筛清选机适用于对小麦、水稻、玉米等农作物种子的清选和分级，也适用于对商品粮及脱绒棉籽等农副产品的加工处理。既可单机使用，也可与其他设备配套使用，是种子加工成套设备中主要设备之一。

2. 5XD—5.0/8.0/10.0/12.0 系列风筛清选机的技术特点

1）橡胶球清筛，换种、换筛、清机方便快捷。

2）双筛箱自衡式结构，提高了整机运转的稳定性。

3）用改变风机转速的方法调节风量，使整机结构简化，调节平稳、方便。

4）筛箱底板结构可以转换，使分级能力提高。

5）筛箱振动频率可调，生产率和分离率可根据需要进行调节。

3. 5XD—5.0/8.0/10.0/12.0 系列风筛清选机的技术参数

（1）5XD—5.0 风筛式清选机的技术参数

生产率：5 000 kg/h。

电机总功率：5.15 kW。

外形尺寸：3 040 mm×1 850 mm×3 580 mm。

风机转速：140～700 r/min。

筛箱振幅：30 mm。

筛箱振动频率：70～350 次/min。

上筛二筛倾角：4°。
三筛四筛倾角（度）：5°。
筛片面积：7 m^2。
(2) 5XD—8.0 风筛式清选机的技术参数
生产率：8 000 kg/h。
电机总功率：7 kW。
外形尺寸：3 040（4 040）mm×1 850 mm×4 160 mm。
风机转速：140～700 r/min。
筛箱振幅：30 mm。
筛箱振动频率：70～350 次/min。
上筛二筛倾角：4°。
三筛四筛倾角：5°。
筛片面积：10 m^2。
(3) 5XD—12.0 风筛式清选机的技术参数
生产率：12 000 kg/h。
电机总功率：7.75 kW。
外形尺寸：3 840 mm×1 950 mm×4 280 mm。
筛箱振幅：30 mm。
筛箱振动频率：280 次/min。
筛箱倾角：上筛 4°；下筛 5°；
筛片面积：15 m^2。

（三）5XT—5.0 玉米加工车（彩图 17）

1. 5XT—5.0 玉米加工车的主要用途

该机适用于对玉米、小麦、高粱、脱绒棉籽、水稻等种子进行精选。该机型尤其适用于玉米种子的脱粒清选作业。尤其是水稻、高粱等，通过该机清选后，能够将小粒、碎粒、着壳粒、虫蛀及重杂质等分出来，提高种子质量。

2. 5XT—5.0 玉米加工车的主要特点

该机适应性比较广泛，通过更换筛片和风量调节能对小麦、玉米、高粱、脱绒棉籽、水稻等种子进行清选。各种种子，通过该机一次清选，可将种子净度提高一级。生产效率高，费用低。由于该机主要是按种子的外形尺寸和空气动力学特性来进行清选，因此，经清选后的种子外形尺寸基本一致，有利于机械化精量播种，达到节约粮食、减少种子用量的目的。该机不仅能够选种，而且能够清粮。

3. 5XT—5.0 玉米加工车的技术参数

生产率：5 000 kg /h。
电机总功率：13 kW。
筛箱振动频率：390 次/min。
筛箱振幅：20 mm。

外形尺寸：3 340 mm×1 860 mm×3 170 mm。

机器净重：1 250 kg。

（四）5XDS—5.0 分级机（彩图 8）

5XDS—5.0 分级机适用于小麦、水稻、玉米、棉籽及瓜子等物料的分级加工，既可单机使用，也可与其他清选设备组成加工机组使用。

（五）5BY—2.0 种子包衣机（彩图 40）

1. 5BY—2.0 种子包衣机的工作原理

该机由机架、拌送料器、药剂计量器等几部分构成，种子经机架上的喂料斗外的配重铁进行调节，但种子不得溢出计量斗，当斗内种子达到所调节的重量时，计量斗自动翻转，经机架下部的缓冲仓缓冲后进入搅拌器，同时，药液计量装置同步动作，将药液加入进药管，进入搅拌器，在搅拌器的作用下，将种子和药液拌匀，同时送到排料口排出，这时种子包衣过程就算完成了。

2. 5BY—2.0 种子包衣机的主要用途

该机采用螺旋送料搅拌器，结构紧凑，调节方便，采用容积式计量结构，可以在规定的配比范围内，对谷物、棉花及禾本科、牧草种子进行包衣处理。

3. 5BY—2.0 种子包衣机的技术特点

5BY—2.0 型种子包衣机是在引进美国样机的基础上，研制成功的，该机具有性能稳定，生产率高，操作方便、简单等特点，适用于对小麦、玉米、黄豆等谷物及经脱绒后的棉花种子的包衣。

该机采用螺旋送料搅拌器，结构紧凑，调节方便，采用容积式计量结构，可以在规定的配比范围内，对谷物、棉花及禾本科、牧草种子进行包衣处理。

4. 5BY—2.0 种子包衣机的技术参数

生产率：2 t/h（小麦）。

电机：Y90L—61 kW。

搅拌轴转速：280～380 r/min。

外形尺寸：1 266 mm×560 mm×1 100 mm。

药种配比范围：1:25～1:120。

整机重量：250 kg。

（六）5TY—1 刷种机（彩图 22）

该机主要适用于无壳南瓜籽的脱绒，脱绒后种子表面光滑，流动性好，易于清选。包衣时种衣剂的表面附着力强，包衣效果好。

（七）5W—5.0 窝眼式清选机（彩图 11）

1. 5W—5.0 窝眼式清选机的性能结构

该机为双滚筒，全封闭、全金属结构。窝眼筒直径为 800 mm，窝眼筒有效长度 2.7 m。

该机配置如下。①滚筒的转速：5.8～58 r/min。V形槽工作边高度和控制滚筒内的种子流速的调节板位置均为可调。滚筒由多个窝眼片组合而成的一个整体。端面是正圆；沿筒长度方向，每个窝眼体是一个完整的整体；窝眼片可以快速地更换以适应加工不同种子的需要，并易于清理堆积物。②V形槽内部采用螺旋输送方式。③窝眼筒清选机应配有喂料口，喂料端上部应有吸尘口，并连接通风管道，以便于收集尘土，出料口处明确标明长物料排出口与短物料排出口。

2. 5W—5.0窝眼式清选机的技术参数

生产率：5 000 kg/h。

电机总功率：2.2 kW。

外形尺寸：4 390 mm×1 088 mm×2 402 mm。

重量：2 000 kg。

滚筒长度：2 712 mm。

（八）5XYT—5.0玉米脱粒初清机（彩图2）

1. 5XYT—5.0玉米脱粒初清机的工作原理

该机主要由玉米果穗脱粒系统、筛选系统以及风机等组成。玉米果穗经人工上料或输送设备到达脱粒机的进料口，经进料口进入脱粒室。脱粒室内有格栅式凹板，带有弧形板和弧形齿板的主轴。主轴低速转动，通过弧形齿板、弧形板和格栅凹板的揉搓，达到子粒与穗轴分离的目的。弧形齿板及弧形板在脱粒主轴上带有旋向，使玉米果穗一边揉搓一边向前推进，在推进过程中，子粒与穗轴分离，穗轴经过脱粒机上的排芯口，排出机外。脱下的子粒通过栅格缝隙进入筛选系统。进入筛选系统的子粒，首先经过上筛，将玉米子粒中的大杂质去除，再经过下筛，将子粒中的小杂质去除，清选后的玉米种子，经过好种子排出口排出，脱粒后混在种子里面的轻杂和毛绒经风机与种子分离，这样就达到了脱粒与初清的效果。

2. 5XYT—5.0玉米脱粒初清机主要特点

5XYT—5.0揉搓式玉米脱粒初清机是引进美国20世纪90年代技术设计生产的系列新机型，尤其适用于玉米种子生产及经营企业使用。同比具有生产效率高、破碎率低、脱净率高、清选效果好等特点。无数次的试验结果表明，在玉米果穗子粒含水率小于18%时脱粒效果最好，因为此时脱粒破碎率、胚芽损伤率、裂纹率增值相对较低，会将这方面的损失降到最低。

3. 5XYT—5.0玉米脱粒初清机的技术参数

生产率：5 000 kg/h。

脱净率：>99%。

破碎率：<0.8%。

净度：>93%。

生产率：5 000 kg/h（果穗喂入量）。

（九）5XYT—10移动揉搓式玉米脱粒机（彩图18）

该机通过揉搓式脱粒结构，可将玉米低破碎率脱净，清选干净；主要适用于种子加工厂，对玉米种子的脱粒。

(十)5XF—1.3A 复式清选机(彩图 19)

该机使用于麦类、豆类、玉米、油菜籽、瓜籽等多种作物的清选、选种和分级。

(十一)5XY—700 圆筒分级机(彩图 10)

清选后的种子通过进料口进入进料体，然后进入滚筒，沿滚筒轴轴向是由六节筛片组成的，小于筛孔尺寸的瘦小子粒和杂质在转动过程中就被甩到滚筒外面，由料斗口排出。

(十二)5BY—5.0V/8.0V/10.0V/12V 种子包衣机(彩图 42)

1. 5BY—5.0V/8.0V/12V 种子包衣机的技术特点

1)采用独特的双级超速雾化装置，使种子和药液在高速旋转下，形成锥桶形幕状带的种子与雾化后的药液充分结合，极大地提高了药液与种子的附着力和包衣均匀度。

2)采用了先进的弹性搅龙包衣输送装置，更适合于易破碎的种子的包衣，清机方便，无破碎。整机采用全封闭式结构，避免了因种衣剂气味泄出对工作人员的危害。

3)设计了可调流量的蠕动计量泵供药，药体不接触泵体，保证了精确的药种配比，解决了以往柱塞泵因药液堵塞单向阀易出现的机械故障。药种配比在 1:25～1:125(范围内可调)。

4)电气控制设置了物料及药液流量传感器，极大地提高了机械的稳定性、可靠性和适应性。

5)该机除具有上述特点外，还可减少包衣剂损失 15%。

2. 5BY—5.0V/8.0V/1.0V/12V 种子包衣机的技术参数

(1)5BY—5.0V 型种子包衣机的技术参数

生产率：5 000 kg/h。

电机总功率：1.68 kW。

外形尺寸：2 080 mm×780 mm×2 150 mm。

重量：250 kg。

搅拌轴转速：280～380 r/min。

药种配比范围：1:25～1:200。

(2)5BY—8.0V 型种子包衣机的技术参数

生产率：8 000 kg /h。

电机总功率：3.54 kW。

外形尺寸：2 370 mm×800 mm×2 120 mm;

重量：660 kg。

药种配比范围：1:20～1:200。

(3)5BY—12V 型种子包衣机的技术参数

生产率：4 000～12 000 kg/h。

电机总功率：4.24 kW。

(十三)5XZ—10.0 比重式清选机(彩图 13)

1. 5XZ—10.0 比重式清选机的工作原理

比重式清选机的筛床面在长、宽两个方向都有一定的倾角，分别称为纵向倾角和横向倾角。工作时，筛床在传动机构的作用下做往复振动，种子落在筛床上，在下面风机气流作用下，台面上的种子进行了分层，较重的种子落在物料下层，受筛床振动的作用种子沿振动方向往上运动。较轻的种子浮在物料的上层，不能与筛床面接触，由于台面存在着横向倾角，向下飘落。另外由于筛床纵向倾角的作用，随着筛床的振动，物料沿筛床的长度方向向前运动，最终至出料口排出。由此可以看出，由于物料的比重差异，在比重清选机台面上，它们运动的轨迹是不同的，从而达到了清选或分级的目的。

2. 5XZ—10.0 比重式清选机的用途

该机按物料的比重大小进行清选，适用于对小麦、玉米、水稻、大豆等种子的清选，可有效地清除物料中颖壳，石头等杂物以及干瘪、虫蛀、霉变的种子；既可单机使用，也可与其他设备配套使用，是种子加工成套设备中主要设备之一。

3. 5XZ—10.0 比重式清选机的技术参数

生产率：10 000 kg/h。
功率：2.2 kW。
转速：910 r/min。
风机电机：功率 2×7.5 kW；转速 1 440 r/min。
筛箱振动频率：400～600 次/min，变频器可调。
筛床振幅：7 mm。
筛网：7 目/寸。
筛网面积：5.39 m^2。
外形尺寸：4 290 mm×1 840 mm×1 580 mm。

二、花卉蔬菜种子清选设备

（一）5XP—50 刷种机（彩图 23）

该机主要适用于无壳南瓜籽的脱绒，脱绒后种子表面光滑，流动性好，易于清选。包衣时种衣剂的表面附着力强，包衣效果好。

（二）5XL—100 蔬菜花卉种子清选机（彩图 25）

1. 5XL—100 蔬菜花卉种子清选机的工作原理

该清选机的工作原理是利用种子和其他夹杂物的物理机械性能的不同来进行的。本机利用以下几种特性实现分离。

1）风选部分主要是按重量及空气动力学特性，通过改变吸风道截面积大小得到不同气流速度而达到提升杂质和清选的目的。

2）筛选是利用种子和混杂物之间在外形尺寸上的差别，通过一定规格的筛孔来分离杂物和瘦子粒的。本机所用的筛片有圆孔和长孔两种。

2．5XL—100 蔬菜花卉种子清选机的主要用途

适用于辣椒种子，西红柿种子等质量较轻、体积较小的蔬菜花卉种子的风选。

3．5XL—100 蔬菜花卉种子清选机的技术参数

生产率：100 kg/h（油菜籽）。

配套动力：筛箱驱动减速机 JR28-Y0.75-4p-6.59-W，三相 380 V、0.75 kW、50 Hz；风机电机 Y802-2，三相 380 V、1.1 kW、50 Hz；

筛子倾角：上筛 4°，中筛 4°，下筛 4°。

进料高度：1 650 mm。

偏心距：15 mm。

筛箱振动频率：263 次/min。

外形尺寸：1 270 mm×1 100 mm×2 110 mm。

（三）5XC—100 蔬菜花卉清选机（彩图 24）

1．5XC—100 蔬菜花卉清选机的工作原理

该机是按不同种子的重量及空气动力学的特性，通过调整变频器频率大小，改变风机转速，使吸风道中得到不同的气流速度而进行风选的。

2．5XC—100 蔬菜花卉清选机的特点及用途

5XC—100 型花卉种子清选机结构简单，移动方便，通过调整变频器频率大小，改变风机转速，使吸风道中得到不同的气流速度，从而对辣椒种子、西红柿种子等质量较轻、体积较小的蔬菜花卉种子进行风选。各种种子通过该机一次风选后，大大提高种子净度，该机还可作为实验室的试验设备。

（四）5XZ—100 比重式蔬菜花卉清选机（彩图 27）

1．5XZ—100 比重式蔬菜花卉清选机的工作原理

该比重机采用自平衡结构，对纵向、横向倾角的调节可在机器工作状态下进行调整，使筛分效果更为理想。

2．5XZ—100 比重式蔬菜花卉清选机的主要用途

该机按物料的比重大小进行清选，适用于对苜蓿、油菜籽等种子的清选，可有效地清除物料中颖壳、石头等杂物以及干瘪、虫蛀、霉变的种子。该机成套使用和单机使用效果都很好。

3．5XZ—100 比重式蔬菜花卉清选机的技术特点

分选效果好，比重分离率高。工作时机器运转平稳、操作方便，主要参数都可较易调整。

4．5XZ—100 比重式蔬菜花卉清选机的技术参数

生产率：350 kg/h±10%（按油菜籽计，生产选苜蓿时为 240 kg/h）。

动力：筛床振动电机。

功率：0.55 kW。

转速：140～460 r/min，用减速机手柄调节。

风机电机：功率；2.2 kW，转速 1 440 r/min。
筛床振幅：15 mm。
筛网：40 目/寸。
筛网面积：0.536 m^2。
外形尺寸：1 650 mm×1 425 mm×1 700 mm。

（五）5XW—100 窝眼蔬菜花卉清选机（彩图 26）

1. 5XW—100 窝眼蔬菜花卉清选机的主要用途

1）分级：按种子长度进行分级。

2）精选：从种子中清除有害草籽（短杂草籽或长杂草籽）。可与清选机和比重选配套组成种子加工成套机组，以便清除清选机无法清除的短杂或长杂，同时又可单机独立作业，用户可根据清选需要，通过更换窝眼皮来进行选择。

2. 5XW—100 窝眼蔬菜花卉清选机的主要特点

该机是专为大专院校及科研院所实验室设计的一种新机型，也可对蔬菜、花卉、牧草等种子按长度大小进行清选分级。

3. 5XW—100 窝眼蔬菜花卉清选机的技术参数

生产率：100 kg/h。
电机总功率：0.75 kW。
窝眼筒参数：转速 0～53 r/min，倾角 0°，直径 Φ500 mm，长度 1 207 mm。
外形尺寸：2 272 mm×866 mm×1 756 mm。

4. 技术参数

生产率：100 kg/h。
电机总功率：1.5 kW。
外形尺寸：1 870 mm×1 010 mm×2 740 mm。

三、种子烘干设备

（一）5HHZ—12 批次式谷物烘干机（彩图 38）

1. 5HHZ—12 批次式谷物烘干机的工作原理

物料经提升机提入烘干机顶部的螺旋输送器后，均匀、连续地喂入烘干室中。随着物料的喂入，料层高度不断升高，当料层达到一定高度时，料位器启动，烘干室充满物料，进料工序结束。进料工序完毕后，烘干工序开始，位于烘干室底部的 4 个拨料滚将物料均匀、连续地拨入烘干室下部的螺旋输送器中，再由螺旋输送器送入提升机的入口，经提升机送入烘干机上部的螺旋输送器，由匀料机构送入烘干室，由于以上的过程是连续的，因此烘干室中的物料始终处于循环状态。烘干室中的物料在经过其下部的竖箱时，物料形成一层厚度很薄的粮层，粮层侧壁与气室相连，在引风机的作用下，被加热的空气经风道横穿料柱排出，将热气和从物料中排出的水分吸出，实现了物料的烘干。

2．5HHZ—12 批次式谷物烘干机的主要用途

本机适用于水稻、玉米、小麦等种子的烘干作业，也适用于粮食部门烘干粮食；可单机作业，也可作为种子加工成套的配套设备使用。

3．5HHZ—12 批次式谷物烘干机的技术特点

1）采用慢速、低温、大风量干燥工艺，干燥后能有效保持种子的活性，干燥质量好，适宜种子的干燥作业。

2）采用中压、轴流、多风叶通风机，风机效率高、噪声低、能耗小。

3）全机及整个烘干室做成密闭的结构，并设有吸尘装置，避免了干燥机工作时尘土飞扬，改善了工作的条件，有利于促进干燥及排除水分。

4）操作简便，并设有多种安全保护，能够方便、安全地操控设备，完成烘干作业。

4．5HHZ—12 批次式谷物烘干机的技术参数

生产率：12 000 kg/h。

电机总功率：6.625 kW。

烘干仓容积：20 m^3。

（二）5HTZ—5.0 连续式谷物烘干机（彩图 39）

1．5HTZ—5.0 连续式谷物烘干机的工作原理

冷空气与燃烧机（或热风炉）加热的空气进入混风室，再经配风室形成暖风，暖风在压力作用下通过五角盒的入口进入各烘干段并穿过物料层，物料接触来自各方向的暖风气流，使物料蒸发出水分，并将其带进排风道，从排风风机排出机外，达到烘干的目的。

2．5HTZ-5.0 连续式谷物烘干机的主要用途

本机适用于水稻、玉米、小麦棉花等各类种子的烘干作业，也适用于粮食部门烘干粮食，可单机使用也可作为种子加工成套的配套设备使用。

3．5HTZ-5.0 连续式谷物烘干机的技术特点

1）变截面组合结构，烘干性高。

2）气动往复式卸料机构。

3）闭环控制原理，PLC 自动控制，触摸屏人机界面，交互性好，操作简易。

4）热源采用轻质柴油、煤等燃料。

4．5HTZ-5.0 连续式谷物烘干机的技术参数

生产率：

降水幅度：5%。

电机总功率：11.6 kW。

外形尺寸：6 020 mm×1 570 mm×9 105 mm。

烘干仓容积：11 m^3。

储料仓容积：30 m^3。

（三）5HZD—1500 大型智能化环保节能果穗烘干系统（彩图 66）

1．5HZD—1500 大型智能化环保节能果穗烘干系统的技术领域

玉米种子果穗烘干是玉米种子加工的一个显著特点，玉米种子发育成熟，为了防止玉米果穗收获后，气温低，霜冻多，玉米种子不易晾干，以果穗方式分批送进加工厂，尽快进入烘干室烘干，一般是用 72 h 左右的时间，迅速使果穗从 35%左右的含水量，降至 12.5%～13%的安全贮藏水分。

2．技术原理

5HZD—1500 大型智能化环保节能果穗烘干系统干燥室采用双排列斜床堆放式种子干燥室，由通风机将被热风炉加热的热空气和大量冷空气吹进连接风道，混合后压入下扩散风道，进入一侧干燥风室的上部，并向下通过种子层对种子进行干燥。通过这一侧种子层后的热气流，又经过下扩散风道，进入另一侧干燥风室的下部，并向上通过该侧种子层后由排风口排出，从而达到另一侧种子干燥的目的。

3．5HZD—1500 大型智能化环保节能果穗烘干系统的性能指标

烘干仓数量：28 个。

处理量：1 500 t/批，分批次干燥。

热风炉：环保热风炉，1.4×10^{7}C 卡。

筛床倾角：26°。

四、种子输送设备

（一）ZDTG—3.0（5.0）水平提升机（彩图 49）

1．ZDTG—3.0（5.0）水平提升机的工作原理

减速机主动轴带动两个链轮同步转动，使其啮合的两跟链条在封闭轨道上同步移动，同时带动两根链条之间的料斗在轨道上移动。物料在 A 处喂入料斗，当料斗移动到 B 处时在翻转轮的作用下，料斗翻转，料斗口朝下，物料落入储料斗，从而使物料得以提升。空料斗在 C 处使其翻转为图示位置，以利于料斗向下移动，到达下部时料斗再一次翻转到图示的斜度，使其在轨道上向上移动至 A 点，从而使物料得到源源不断的提升。

2．ZDTG—3.0（5.0）水平提升机的主要特点

ZDTG—3.0（5.0）水平提升机是 20 世纪 90 年代研制开发的新机型，具有无破碎、不混种、易清种等优点。

3．ZDTG—3.0（5.0）水平提升机技术参数

配套动力：摆线针轮减速机（特高特长型用 1.1 kW）。

（二）皮带输送机（彩图 47、48）

1．皮带输送机的工作原理

皮带输送机的工作原理是由挠性隔板输送带作为物料承载件和牵引件的连续输送设

备。根据摩擦传动原理，由传动滚筒带动输送带运动。其特点是输送能力大，倾角大，提升高度高。

该机主要由隔板输送带、托辊、传动滚筒、支承架、减速机、从动滚筒、挡板、侧板、行走轮、托架、转向轮等组成。

2．皮带输送机的主要用途

该机主要用于对谷物、果穗等物料的输送。

3．皮带输送机的技术参数

可根据用户需求，设计不同的高度、不同的皮带宽度、不同功率的皮带输送机。

（三）螺旋提升机（彩图 46）

1．螺旋提升机的主要用途

该机主要是用于提升瓜子、谷物等不易产生破碎颗粒物的升运机械。

2．主要特点

该机主要由螺旋筒、螺旋轴、喂入量调节筒、支架等组成。物料从螺旋底端在高速旋转的螺旋叶片的作用下形成高速的离心力和向上的抛力，且与螺旋筒碰撞和摩擦作用下将其提升。

3．技术参数

生产率：250 000 kg/h。

电机总功率：1.5 kW。

（四）斗式提升机（彩图 45）

1．5TA—5.0 型斗式提升机技术参数

提升能力：≥5 000 kg/h。

功率：0.75 kW。

线速度：0.85 m/s。

提升能力：3 000～5 000 kg/h。

线速度：0.86 m/s。

2．5TC—30 斗式提升机的技术参数

提升能力：10 000～30 000 kg/h。

功率：7.5 kW。

线速度：0.8～1.3 m/s。

最大提升高度：30 m。

五、种子加工成套设备

1）5XT 系列种子加工成套设备彩图 69。

2）牧草种子加工智能化控制成套设备彩图 70。

参 考 文 献

[1] 王成芝．谷物干燥机原理与谷物干燥机设计[M]．哈尔滨：哈尔滨出版社，1997．

[2] 胡晋．种子贮藏加工[M]．北京：中国农业大学出版社，2000．

[3] 马志强，马志光．种子加工原理与技术[M]．北京：中国农业出版社，2009．

[4] 王立军，胡风新．种子贮藏加工与检验[M]．北京：化学工业出版社，2009．

[5] 王许玲，刘志宏．种子加工贮藏技术[M]．北京：中国农业大学出版社，2010．

[6] 屈长荣．种子检验技术[M]．天津：天津大学出版社，2010．

[7] 魏照信，陈荣贤．农作物制种技术[M]．兰州：甘肃科学技术出版社，2008．

[8] 尹章伟．包装概论[M]．北京：化学工业出版社，2003．

[9] 中国农业机械化科学研究院．谷物干燥机[M]．北京：中国农业机械出版社，1988．

[10] 李笑光．农作物干燥与通风贮藏[M]．天津：天津科学技术出版社，1989．

[11] 王若兰．粮食储运安全与技术管理[M]．北京：化学工业出版社，2005．

[12] 刘兆丰，沈尧烈，马守义，等．粮食仓储设备[M]．北京：机械工业出版社，2002．

[13] 王长春，王怀宝．种子加工原理与技术[M]．北京：科学出版社，1997．

[14] 颜启传．种子学[M]．北京：中国农业出版社，2001．